소방전기시설론

김현우 · 윤석호 · 전중함 공저

도서출판 상 학 당

머리말

건축물의 대형화・초고층화를 비롯하여 가스・전기・유류 등 에너지 사용의 급증과 더불어 인류문화 생활의 다변화는 소방활동에 대한 중요성에 대하여 더욱 강조하지 않을 수 없다. 또한 화재발생시에는 초기진압과 신속한 피난활동을 통해 인명과 재산을 보호할 수 있도록 체계적인 시스템과 전문적인 기술인력 확보가 요구되고 있다.

이 책은 대학 및 산업현장에서 소방전기설비를 공부하는 학생들에게 도움이 될 수 있도록 최신 소방법을 근거로 소방전기설비의 시공과 설계에 필요한 설치기준, 구조 및 원리 등을 상세히 설명하였다. 또한 설비의 회로구성과 배선 등을 상세히 설명하여 산업현장에서도 참고가 될 수 있도록 노력하였다.

각 장의 구성은 아래와 같이 총 5편 21장으로 구성되었다.

제1편 화재경보설비
제2편 피난유도설비
제3편 소화활동설비
제4편 방재전원설비
제5편 소화설비부대설비

특히 소방설비기사 등 국가시험을 준비하는 학생들을 위해 각 장마다 주관식과 객관식 과년도 문제 등을 수록하여 이해도를 향상시켜 국가기술자격시험 대비에 용이토록 하였다.

이 책을 편집하면서 가능하면 모든 분야에 걸쳐서 충실을 기하려 노력하였으나 미흡한 점이 많을 것으로 생각되며 기회가 닿는 대로 계속 보완할 것을 약속드리며, 선후배 제현들의 아낌없는 충고와 지도를 바라는 바이다.

끝으로 출판을 위해 많은 도움을 주신 도서출판 상학당의 남승우 사장님을 비롯한 임직원 여러분에게 진심으로 감사드린다.

공저자 씀

차 례

제 I 편

화재경보설비

제II편

피난유도설비

제III편

소화활동설비

제Ⅳ편

방재전원설비

제 V 편

소화설비부대설비

제1편

화재경보설비

자동화재경보설비는 화재 초기단계에서 발생되는 열 · 연기 등을 감지하여 화재신호를 벨 · 사이렌으로 경보함과 동시에 초기 소화활동 및 거주자에게 조기 피난을 유도하는 설비로서 감지기, 경보설비, 비상방송설비로 구성되어 있으며, 그 이외에도 누전경보기, 가스누설경보기 등으로 구성되어 있다.

제1장 자동화재탐지설비

화재로 인한 인적 · 물적 피해를 경감하기 위해서는 화재 초기에 화재여부를 감지하여 신속히 피난을 유도하고 초기 소화태세를 확립함과 동시에 소방서에 신속히 통보할 필요가 있다. 그러나 상시 사람이 감시하고 화재 발생시 이러한 일련의 조치를 일사분란하게 행한다는 것은 매우 어렵다.

자동화재탐지설비는 화재 초기단계에서 발생되는 열 · 연기를 자동으로 감지하는 감지기, 화재신호를 받아 벨 · 사이렌으로 음향을 발하는 음향설비, 발신기, 중계기, 전체 연동동작을 총괄하는 수신기 등으로 구성되어 있다.

수신기는 감지기나 발신기와 직접 연결되거나 또는 중계기를 사이에 두고 연결되어 있고 감지기, 중계기, 발신기가 작동했을 때 그 장소를 표시할 수 있으며, 그 외에도 여러 가지 기능시험을 할 수 있는 장치를 갖추고 있다.

1. 자동화재탐지설비 설치대상

① 근린생활시설(일반목욕장을 제외한다) · 위락시설 · 숙박시설 · 의료시설 및 복합건축물로서 연면적 600[㎡] 이상인 것

② 근린생활시설 중 일반목욕장 · 문화집회 및 운동시설 · 통신촬영시설 · 관광휴게시설 · 지하가(터널을 제외한다) · 판매시설 및 영업시설 · 공동주택 · 업무시설 · 운수자동차관련시설 · 공장 및 창고시설로서 연면적 1,000[㎡] 이상인 것

③ 교육연구시설(교육연구시설 내에 있는 기숙사 및 합숙소를 포함하며 숙박시설이 있는 청소년시설은 제외한다) · 동식물관련시설 · 위생 등 관련시설 및 교정시설로서 연면적 2000[㎡] 이상인 것

④ 지하구

⑤ 길이 1,000[m] 이상의 터널

⑥ 연면적 400[㎡] 이상인 노유자시설 및 숙박시설이 있는 청소년시설로서 수용인원

100인 이상인 것

⑦ ②항에 해당하지 아니하는 공장 및 창고시설로서 500배 이상의 특수가연물을 저장·취급하는 것

〈표 1-1〉 자동화재탐지설비 설치대상

<table>
<tr><th colspan="2">설 치 대 상</th><th>연면적/저장량/수용인원</th></tr>
<tr><td colspan="2">근린생활시설(일반목욕장 제외)·위락시설·숙박시설·의료시설 및 복합건축물</td><td>600[m²] 이상</td></tr>
<tr><td colspan="2">일반목욕장·관람집회 및 운동시설·통신촬영시설·관광휴게시설·지하가(터널을 제외한다)·판매시설·아파트 및 기숙사·업무시설·운수자동차관련시설·전시시설·공장 및 창고시설</td><td>1,000[m²] 이상</td></tr>
<tr><td colspan="2">교육연구시설(숙박시설이 있는 청소년시설을 제외한다)·종교시설·동식물관련시설·위생 등 관련시설 및 교정시설</td><td>2,000[m²] 이상</td></tr>
<tr><td colspan="2">제2호에 해당하지 않는 공장 및 창고시설로서 〈표 1-2〉에서 정하는 수량의 500배 이상의 특수가연물을 저장·취급하는 것</td><td>500배 이상</td></tr>
<tr><td>지 하 구</td><td colspan="2">행정자치부령이 정한 것(폭 1.8[m] 이상, 높이 2[m] 이상, 길이 50[m] 이상인 지하공작물로서 급·배수관용을 제외한 것을 말한다. 단, 전력 또는 통신용인 것은 500[m])</td></tr>
<tr><td colspan="2">청소년시설(숙박시설이 있는 시설에 한한다) 또는 노유자시설</td><td>400[m²] 이상이고 100인 이상</td></tr>
</table>

〈표 1-2〉 특수가연물 수량 기준

<table>
<tr><th colspan="2">품 명</th><th>수 량</th></tr>
<tr><td colspan="2">제1종 가연물</td><td>200[kg]</td></tr>
<tr><td colspan="2">면 화 류</td><td>200[kg]</td></tr>
<tr><td colspan="2">목모 및 대패밥</td><td>400[kg]</td></tr>
<tr><td colspan="2">제2종 가연물</td><td>600[kg]</td></tr>
<tr><td colspan="2">넝마 및 종이조각</td><td>1,000[kg]</td></tr>
<tr><td colspan="2">사 류</td><td>1,000[kg]</td></tr>
<tr><td colspan="2">볏 집 류</td><td>1,000[kg]</td></tr>
<tr><td colspan="2">석탄 및 목탄</td><td>10,000[kg]</td></tr>
<tr><td colspan="2">목제가공품 및 톱밥</td><td>10[m³]</td></tr>
<tr><td rowspan="2">합성수지류</td><td>발포시킨 것</td><td>20[m³]</td></tr>
<tr><td>그 밖의 것</td><td>3,000[kg]</td></tr>
</table>

또한 시각경보기는 자동화재탐지설비를 설치하여야 하는 특정소방대상물 중 다음 장소에 설치한다.

① 근린생활시설 · 위락시설 · 문화집회 및 운동시설 · 판매시설 및 영업시설
② 숙박시설 · 노유자시설 · 의료시설 및 업무시설
③ 통신촬영시설 중 방송국 · 교육연구시설 중 도서관
④ 지하상가

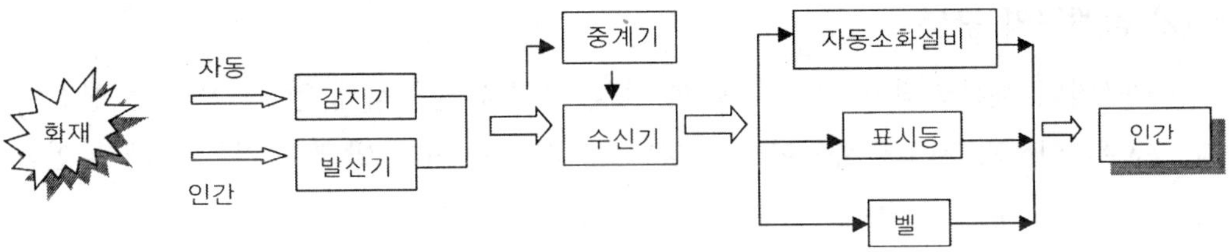

[그림 1-1] 자동화재탐지설비 동작개념도

【면제대상】

① 자동화재탐지설비를 설치해야 할 소방대상물에 스프링클러설비 · 물분무소화설비 또는 포소화설비(경보장치의 기능을 하기 위해서는 초기에 작동해야 하므로 헤드의 표시온도가 섭씨 75[℃] 이하이고 작동시간이 60초 이내인 폐쇄형 헤드를 설치한 것에 한한다)를 설치한 경우에는 자동화재탐지설비를 설치하지 아니할 수 있다.

② 스프링클러설비, 물분무소화설비, 포소화설비는 소화설비의 역할과 동시에 헤드가 개방되면 경보기능이 포함되어 있어 일정부분에 한해 면제가 가능하다.
단, 연기감지기 설치장소[제2장 〈표 2-4〉 참조]에는 위의 면제대상에 포함된다 하더라도 자동화재탐지설비를 설치하여야 한다.

2. 경계구역

(1) 경계구역의 설정

공통 신호방식(P형)에서는 감지기와 발신기에 의해 감지선로에 전류가 흐르는 경우와 전류가 흐르지 않는 경우의 오직 2가지의 신호만을 수신기에 보낼 수 있다.

이러한 방식은 화재 발생 여부를 전송할 수 있지만 화재 위치에 관한 정보는 전송할 수 없다. 그러므로 화재 위치에 대한 정보를 전송하기 위해서는 각 경계구역마다 별도의 회로 구성이 필요한데 자동화재탐지설비의 1회로가 화재의 발생을 유효하게 탐지할 수 있는 1개의 경계구역을 의미한다.

그러므로 화재 발생시 수신기에서 지구표시등 점등이나 LCD 표시창에 화재 위치를 문자로 표시하는데 지구표시등 또는 문자 하나하나가 1개의 경계구역이라 할 수 있다.

(2) 경계구역 구분

경계구역이 세분화되면 그만큼 화재 발생 구역을 정확하게 알 수 있다는 장점이 있지만 많은 회선과 지구표시등이 필요하다. 그러므로 화재 발생 위치를 쉽게 확인할 수 있고 경제적으로도 부담이 되지 않도록 설정하여야 한다.

건물 내의 공간은 일반적으로 거실과 같은 수평적 공간과 계단 및 파이프 닥트 등과 같은 수직적인 공간이 있다. 그러므로 경계구역을 수평적 공간과 수직적 공간으로 구분해서 설정하고 경계구역의 경계선은 복도 · 통로 · 방화벽 등으로 하며, 경계구역 번호는 아래층에서 위층으로 수신기 가까운 장소에서 먼 장소의 순서로 붙인다.

1) 수평적 경계구역

① 하나의 경계구역이 2개 이상의 건축물에 미치지 아니하도록 할 것

② 하나의 경계구역이 2개 이상의 층에 미치지 아니하도록 할 것. 다만, 500[㎡] 이하의 범위 안에서는 2개의 층을 하나의 경계구역으로 할 수 있다.

③ 하나의 경계구역의 면적은 600[㎡] 이하로 하고 한 변의 길이는 50[m] 이하로 할 것. 다만, 당해 소방대상물의 주된 출입구에서 그 내부 전체가 보이는 것에 있어서는 1,000[㎡] 이하로 할 수 있다.

〈표 1-3〉 수평적 경계구역

구 분	구 역	예 외
층 별	층마다	2개의 층이 500[㎡] 이하일 때는 하나의 경계구역
면 적	600[㎡] 이하	주된 출입구에서 건물 내부 전체가 보일 때는 1,000[㎡] 이하로 할 수 있다(강당, 옥내경기장, 체육관, 극장, 관람장)
한 변의 길이	50[m] 이하	지하구의 경우에는 700[m] 이하

④ 지하구에 있어서 하나의 경계구역의 길이는 700[m] 이하로 한다.

⑤ 특수감지기에 있어서 하나의 경계구역은 감지기별 성능 인정범위로 한다.

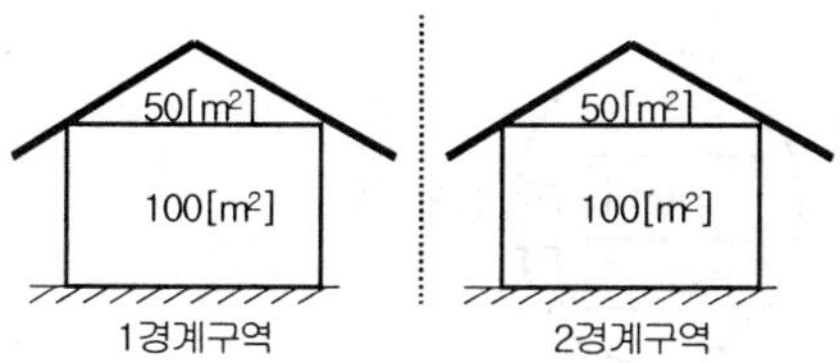

[그림 1-2] 건축물별 경계구역

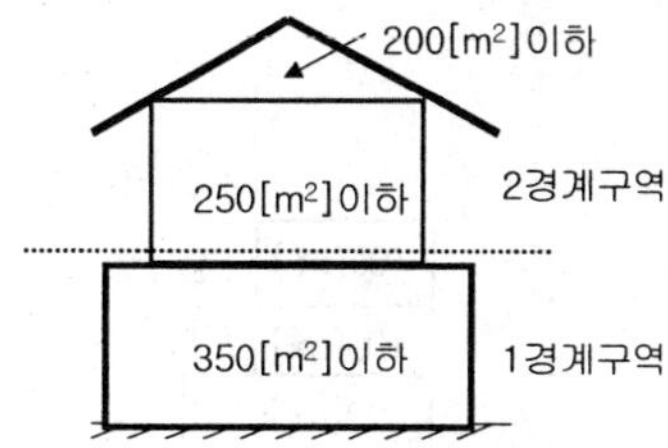

[그림 1-3] 층별 경계구역

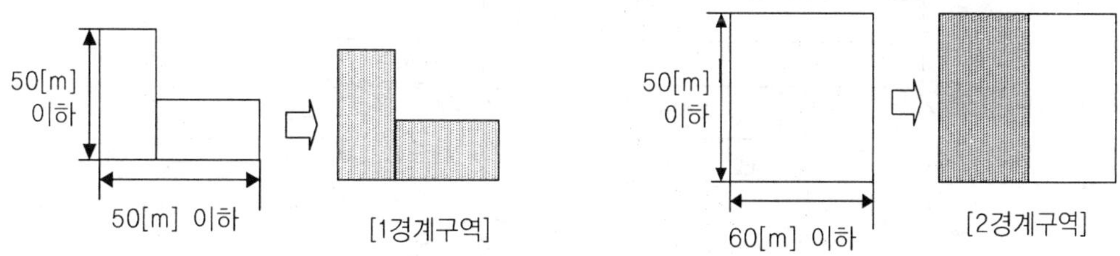

[그림 1-4] 길이별 경계구역 설정

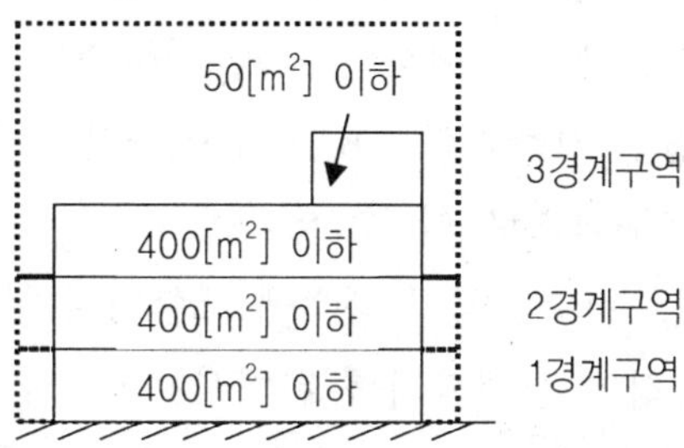

[그림 1-5] 층별 경계구역 설정

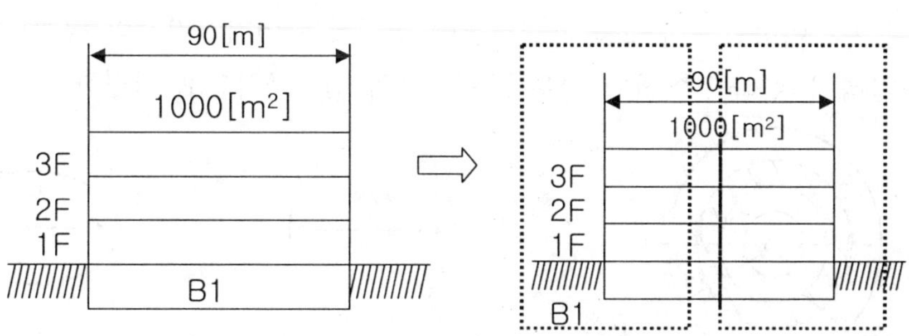

[그림 1-6] 층별, 면적별 경계구역설정

[그림 1-5]에서 각 층마다 하나의 경계구역으로 하여야 하며, 3층과 옥탑층은 1개 경계구역으로 할 수 있다. 그러나 지하층이 있는 경우에는 원칙적으로 면적에 관계 없이 하나의 경계구역으로 설정하는 것이 운용상 효과적이다.

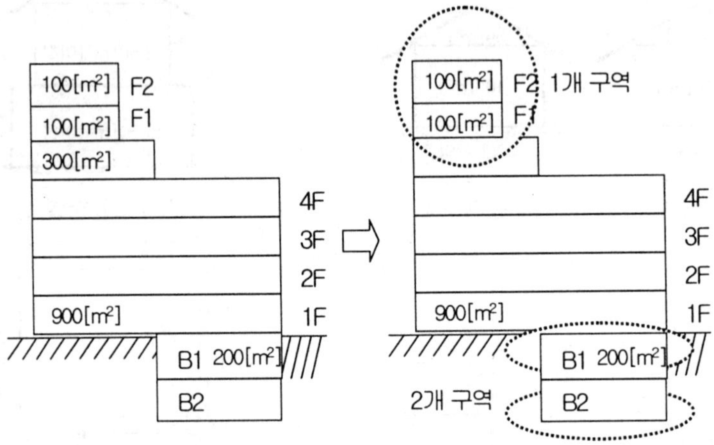

[그림 1-7] 옥탑층, 지하층 경계구역 설정

승강기탑, 전망탑, 옥탑등 이와 유사한 건축물의 옥상부분으로서 그 수평 투영면적의 합계가 당해 건축물의 건축면적 1/8 이하인 것과 지하층은 건축물의 층수에 산정하지 않는다. 따라서 옥탑층의 경우 건축물의 1/8 면적 이하인 경우와 지하층의 경우에는 층수와 관계없이 하나의 경계구역으로 할 수 있다.

[그림 1-7]의 경우 F1, F2는 건축면적의 층수에 포함되지 않으므로 하나의 경계구역으로 설정하여도 되지만 효과적인 화재감지를 위해서는 5층과 옥탑과는 별도의 경계구역으로 설정한다. 지하층의 경우에도 B1, B2의 경우 별도의 층으로 인정되고 500[㎡] 미만이지만 각각 2개의 경계구역으로 설정하는 것이 효과적이다.

층수가 2층 이하인 경우 2층 계단부분에 설치하는 연기감지기의 경계구역은 2층 거실을 포함하여 600[㎡] 이하인 경우에는 하나의 경계구역으로 설정하고, 1~2층의 합계

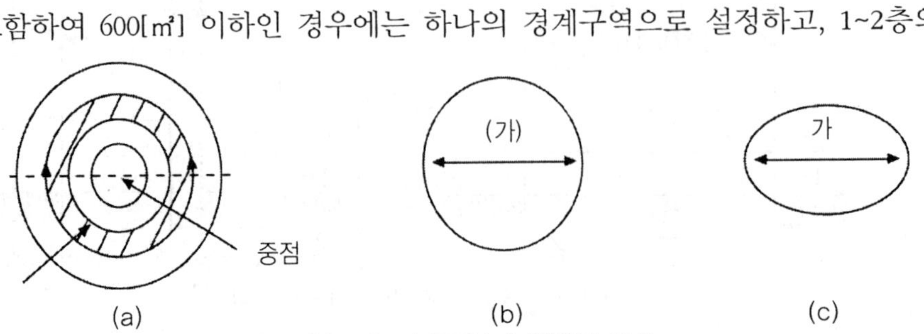

[그림 1-8] 경계구역이 원형일 경우

가 500[㎡] 이하이면 계단부분을 포함하여 1~2층 전체를 1개의 경계구역으로 설정한다.

[그림 1-8] (a)와 같이 원형의 안쪽 또는 바깥쪽에 방이 있는 경우 원형의 통로를 기준으로 하여 통로의 바깥쪽 반 둘레의 길이를 한 변의 길이로 하여 경계구역을 산정한다. 그리고 [그림 1-8] (b)와 같이 벽이 없는 원형 공간에 대한 경계구역을 산정할 때는 지름의 길이를 한 변으로 하여 경계구역을 정하며, 타원형의 공간인 경우는 긴 변의 지름을 한 변으로 한다. 또한 다각형의 공간인 경우는 가장 긴 대각선의 길이를 기준으로 하여 경계구역을 산정한다.

2) 수직적 경계구역

① 계단, 경사로, 엘리베이터 권상기실, 린넨슈트, 파이프 닥트 부분에 대하여는 별도의 경계구역을 설정한다.

② 층수가 높은 경우 하나의 경계구역을 높이 45[m] 이하(계단 및 경사로에 한한다)로 한다.

③ 지하층의 계단 및 경사로(지하층의 층수가 1일 경우는 제외한다)는 별도로 경계구역으로 하여야 한다. 하나의 건축물에 수평거리 50[m]의 범위 안에 2 이상의 계단, 경사로 등이 있는 경우에는 이를 1개의 경계구역으로 할 수 있다.

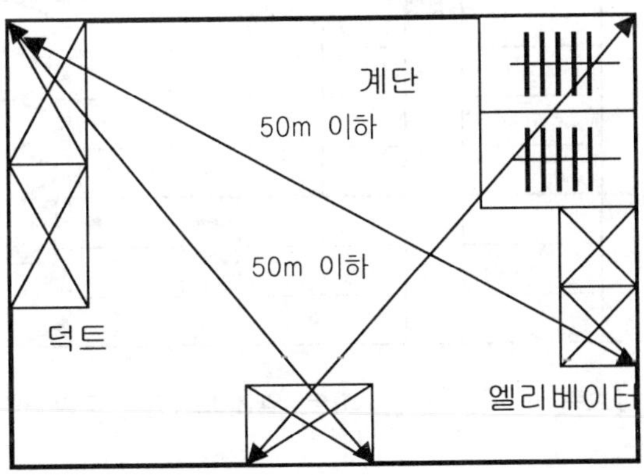

[그림 1-9] 수평거리 50[m] 경계구역

〈표 1-4〉 수직적 경계구역

구 분, 구 역	계단, 경사로	엘리베이터 권상기실 린넨슈트, 파이프 닥트
높 이	45[m] 이하	1개구역
지하층 구분	지상층과 지하층을 구분(단, 지하 1층만 있을 경우에는 제외)	1개구역

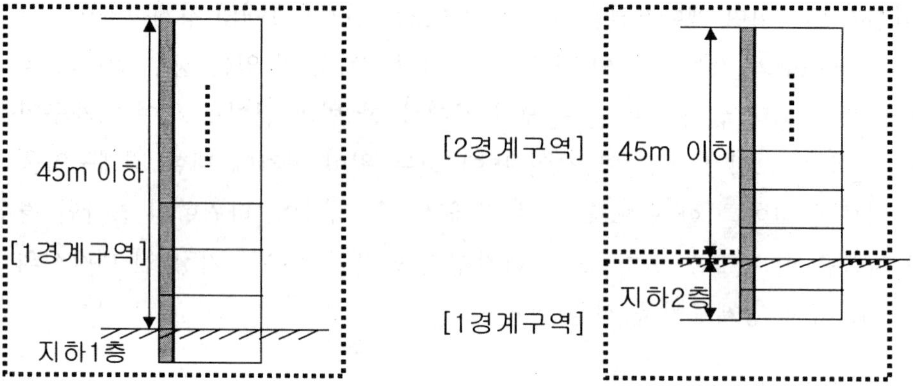

[그림 1-10] 수직경계 구역선정

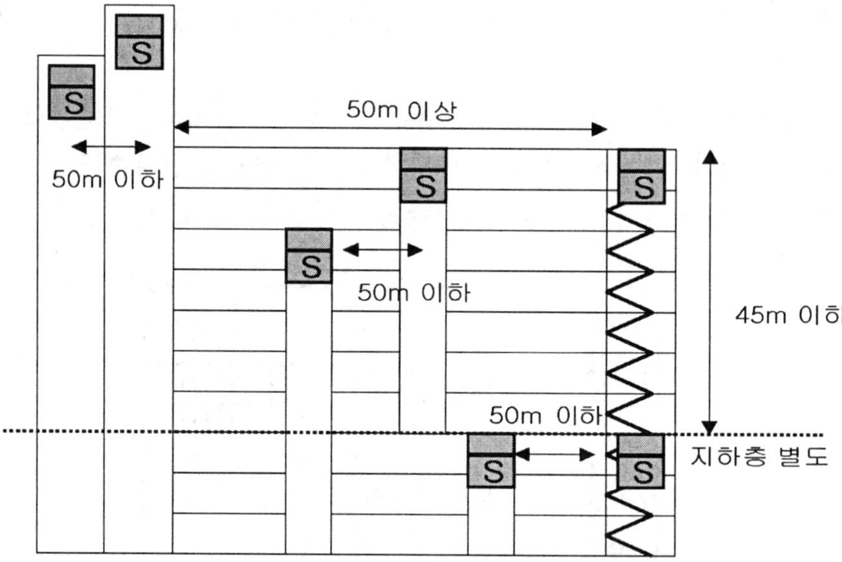

[그림 1-11] 계단실, 피트, 엘리베이터실 경계구역

[그림 1-10]에서 수직거리 45[m]이고 지하 2층인 건물은 2개 경계구역으로, 지하 1층인 경우에는 1개 경계구역으로 설정한다.

[그림 1-11]에서 덕트, 엘리베이터, 피트1~2는 수평거리가 50[m] 이내이므로 하나의 경계구역으로 설정할 수 있고, 지하층 피트는 계단과 수평거리가 50[m] 이하이므로 같이 하나의 경계구역을 설정하고, 계단 높이는 45[m] 이내이므로 계단 별도의 경계구역으로 설정한다.

3) 경계구역 면적산정

① 외기에 면하여 상시 개방된 부분이 있는 차고·주차장·창고 등에 있어서는 외기에 면하는 각 부분으로부터 5[m] 미만의 범위 안에 있는 부분은 경계구역의 면적에 포함하지 않는다.

② 감지기는 자동화재탐지설비뿐만 아니라 자동소화설비 등이 작동하기 위한 화재감지용으로도 사용된다. 스프링클러설비, 물분무 등 소화설비의 화재감지장치로서 화재감지기를 설치한 경우의 경계구역은 당해 소화설비의 방사구역과 동일하게 설정할 수 있다.

③ 감지기 설치가 면제된 장소도 경계구역 면적에 포함한다. 예를 들어 화장실·목욕탕 등은 실제로 경계를 할 필요는 없으나 경계구역 면적에는 포함시킨다. 그러나 별도의 경계구역을 설정하는 계단, 경사로, 엘리베이터 권상기실, 파이프 덕트 등을 경계구역 면적에 산정하지 않는다.

〈표 1-5〉 다른 소화설비의 경계구역 면적

소화설비	방호구역	설정기준
스프링클러 설비	바닥면적에 의한 구획	3,000[m²] 이하 설정
	1개층에 폐쇄형 헤드가 10개 이하인 경우	3개층 이내 설정
	개방형 헤드 설치시	50개 이하 설정
	계단실형 아파트(층당 2세대 이하인 경우)	전층을 하나의 구역으로 설정
	복도형 아파트	2개층마다 하나의 구역으로 설정
물분무 등 소화설비	방호대상 구역	방사구역마다 설정

예제 1 소방대상물이 지상10층, 지하3층, 층별 바닥면적 500[m²], 층간 높이 3[m], 계단 1개, 엘리베이터 1개인 경우 최소 경계구역 수는? 단, 계단과 엘리베이터를 별개로 한다.

【풀이】 수평적 경계구역 : 각 층마다 1개씩, 총 13개
수직적 경계구역 : 엘리베이터 권상기실 1개, 계단(지하3층이므로) 2개
총 = 16개

예제 2 아파트(계단실형 아파트로서 하나의 계단으로부터 출입할 수 있는 세대수가 층

당 2세대 이하임)로서 지상22층(바닥면적이 500㎡), 지하1층 주차장 2,000[㎡], 층별 높이 3[m], 엘리베이터 1개, 계단 1개, 준비작동식 스프링클러 설치시 최소 경계구역 수는? 단, 계단과 엘리베이터는 별개로 한다.

【풀이】 수평적 경계구역 : S・P가 설치되지 않은 층 1-15층까지 = 15개
S・P가 설치된 층 16-22층 1개, 지하 1층 1개
수직적 경계구역 : 계단높이 69m(계단탑 3m)로 2개, 엘리베이터실 1개
총 = 20개

3. 자동화재탐지설비의 구성

(1) 수신기의 종류

수신기는 자동화재탐지설비 중 인간의 두뇌와 같은 역할을 하는 것으로 감지기나 발신기에서 발하는 화재신호를 수신하여 소방대상물 관계자에게 경보해주거나 소방관서에 통보하는 장치이다.

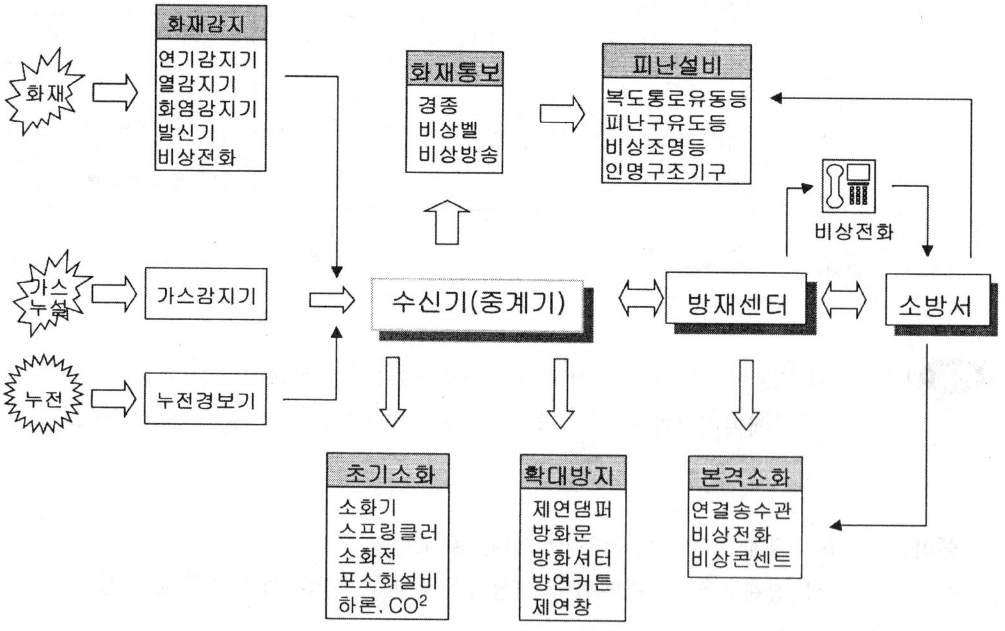

[그림 1-12] 자동화재탐지설비 연계동작

수신기의 종류로는 P(1급, 2급)형, M형, R형, GP형, GR형이 있으며, 필요에 따라 소화펌프 기동장치와 부수신기, 비상경보장치, 방화댐퍼, 화재통보 수신장치 등의 소방에 필요한 각종 감시기능과도 연결하여 사용할 수 있다.

- P(1급, 2급)형(Proprietary Type : 소유자형)
- R형(Record Type : 기록형)
- M형(Municipal Type : 공유형)
- GP형(가스누설경보기+P형 수신기)
- GR형(가스누설경보기+R형 수신기)

(2) 수신기의 구성

1) 작동원리

자동화재탐지설비는 감지기나 발신기로부터 발하여지는 신호를 공통신호로 수신하느냐 고유신호로 수신하느냐에 따라 P형과 R형으로 구분할 수 있다.

P형 시스템은 각 경계구역마다 수신기와 감지기 및 발신기간에 [그림 1-13]처럼 회로가 구성되어 있다. 평상시에는 회로의 종단에 저항이 설치되어 있어 적은 전류만 흐르는 상태에 있다.

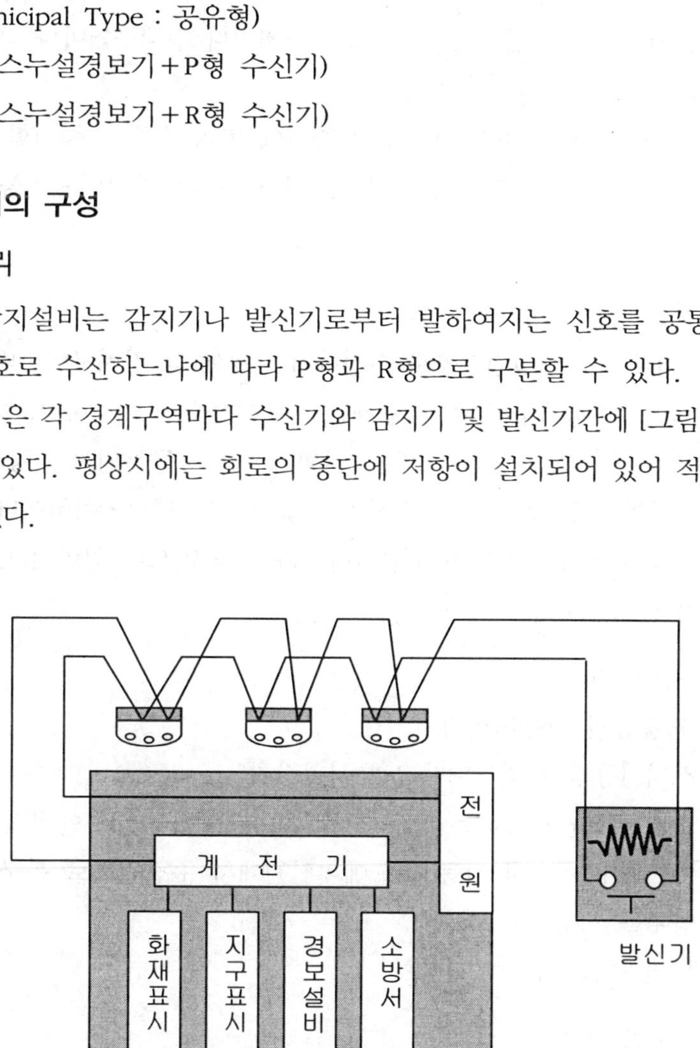

[그림 1-13] 자동화재탐지설비 동작원리

그러나 회로에 일정치 이상의 전류가 흐르게 되면 계전기가 작동하여 화재표시등, 지구표시등, 경보장치, 연동되는 소화시설을 작동시킨다. [그림 1-13]에서 화재가 발생하면 감지기가 동작하여 감지회로에 일정치 이상의 전류가 흘러 계전기가 동작된다. 또한 수동으로 발신기 누름스위치를 누르면 스위치가 닫혀 일정치 이상의 전류가 흘러 계전기가 동작된다.

P형 방식은 하나의 회로에 오직 1개의 화재신호만 보낼 수 있지만 R형 방식은 통신신호방식으로 한 쌍의 통신배선으로 여러 개의 감지기나 경계구역마다 각기 다른 신호를 전송할 수 있다.

그러므로 고유신호 방식은 경계구역 수의 증가에 따라 회로를 증설할 필요가 없다. 단 수신기와 감지기 혹은 중계기가 통신신호를 송・수신할 수 있는 기능이 있어야 한다.

2) P형 수신기

P형 수신기는 화재신호를 접점신호로 수신하기 때문에 각 경계구역마다 별도의 배선이 필요하다. 그러므로 경계구역 수가 증가할수록 회선수가 필요하며, 화재신호는 DC 24[V] 접점으로 이루어진다. P형 수신기는 1급과 2급으로 구분되며, P형 1급 수신기는 그 회로 수에 제한이 없는데 P형 2급수신기는 회로수가 5회로 이하이다.

또한 P형 2급 1회선용 수신기는 예비전원이 필요하지 않으나 연면적 350[㎡] 이하 소방대상물만 설치가 가능하다.

① P형 1급 수신기 구조

- 화재표시, 경종등의 작동시험장치
- 수신기와 감지기등과의 외부배선 도통시험장치
- 주전원에 교류전원을 사용하는 경우 정전시에는 자동적으로 예비전원으로 절환되며, 정전 복구시에는 역시 자동으로 예비전원에서 주전원으로 복구되는 장치
- 예비전원 양부를 시험하는 장치
- 발신기등과 연락하는 전화연락장치

② P형 2급 수신기 구조

- 화재표시 기능시험장치
- 주전원에 교류전원을 사용하는 경우 정전시에는 자동적으로 예비전원으로 절환되며, 정전 복구시에는 역시 자동으로 예비전원에서 주전원으로 복구되는 장치

• 예비전원 양부를 시험하는 장치

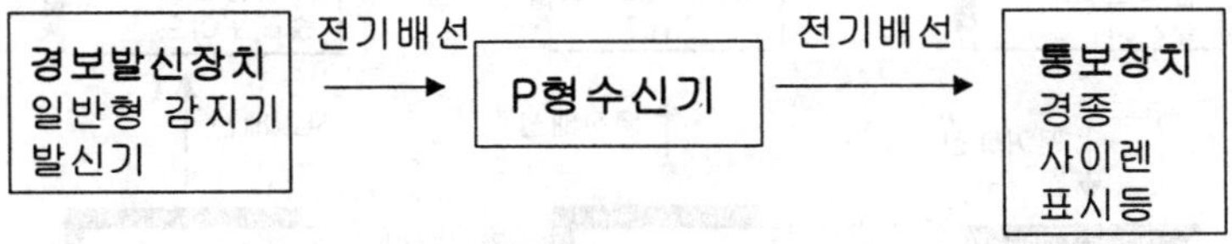

(a) P형 수신기의 구성

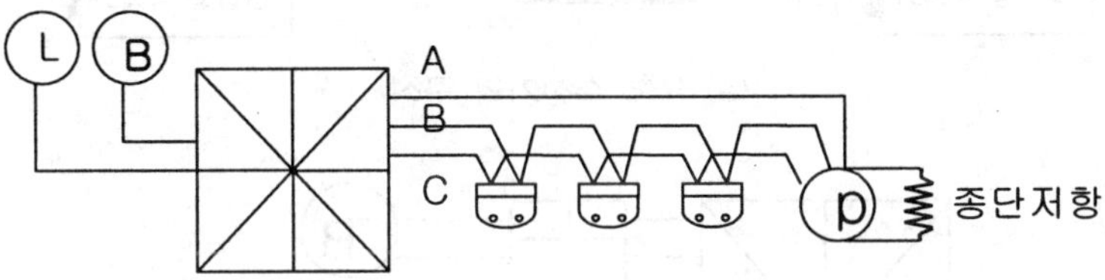

Ⓛ : 표시등　Ⓑ : 벨　A : 응답신호
B : 회로선　C : 공통선　Ⓟ : 발신기

(b) P형 수신기의 결선

[그림 1-14] P형 수신기

3) R형 수신기

R형 수신기는 감지기 · 발신기에서 보내는 접점신호를 반드시 중계기를 사용하여 고유신호로 전환하여 수신기에 전달하는 방식과 통신신호를 발신할 수 있는 주소형 감지기를 사용하여 직접 고유신호로 수신기에 전달하는 방식이 있다.

R형 수신기는 통신신호 방식으로 신호를 주고받기 때문에 하나의 선로를 통하여 많

〈표 1-6〉 P형 1급 수신기와 P형 2급 수신기 비교

항 목 \ 등 급		P형 1급	P형 2급	
접속회로 수		회로제한 없음	2~5회로	1회로
기능 및 장치	화재표시 작동 시험 기능	O	O	O
	도통시험 기능	O	×	×
	주전원과 예비전원간의 자동 절환 기능	O	O	×
	예비전원 양부 시험 기능	O	O	×
	전화 연락 기능	O	×	×
	발신기 응답표시	O	×	×

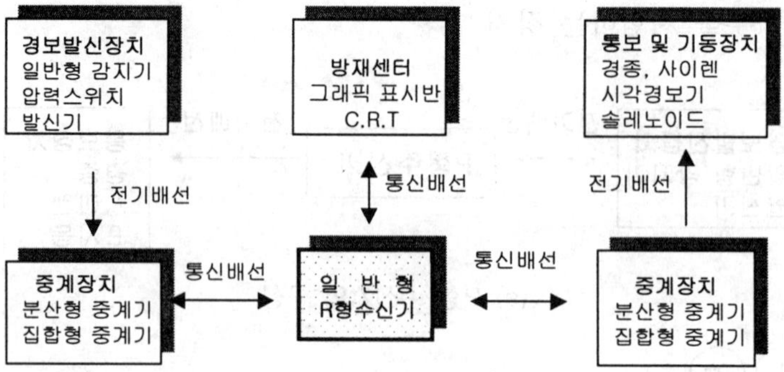

(a) R형 수신기의 구성

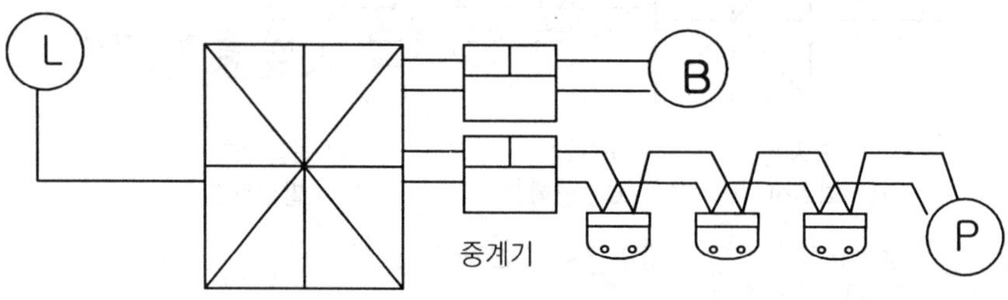

(b) R형 수신기의 결선

[그림 1-15] R형 수신기

은 신호를 주고받을 수 있어 배선 수를 획기적으로 감소시킬 수 있어 경계구역 수가 많은 대형건물에 많이 사용된다.

① R형 수신기 구조

- 화재표시 동작시험 장치가 있어야 한다.
- 수신기와 중계기 사이 배선의 단락 및 도통시험 장치가 있어야 하며 시험중에 다른 회선에서 화재신호를 받으면 화재표시가 되는 기능이 있어야 한다.
- 상용전원을 주전원으로 사용하는 경우에는 정전시 자동으로 주전원에서 예비전원으로 절환되어야 하며, 정전 복구시에는 자동으로 상용전원으로 복구되어야 한다.
- 예비전원 양부를 시험할 수 있는 장치를 가지고 있어야 한다.
- 광전식 감지기의 광원이 차단되거나 중계기로부터 외부부하로 전력을 공급하는 회로에 설치된 퓨즈의 용단이나 브레이커의 차단 등의 신호를 받는 경우에 자동적으로 음향신호 및 표시등으로 지시하는 고장신호 장치가 있어야 한다.

- 경계구역을 자동적으로 용이하게 판별할 수 있는 기록장치 · 지구등 또는 표시장치가 있어야 한다.

② R형 수신기의 특징

- 선로 수가 적어 경제적이다. 2본의 신호선에 중계기 100개분의 신호를 선택 수신한다.
- 선로길이를 길게 만들 수 있다.
- 화재 발생지구를 선명하게 문자와 숫자 또는 그림으로 나타낼 수 있다.
- 증설 또는 이설이 용이하다.
- 신호전달이 정확하다.

그러나 단점으로는 구조 · 원리가 복잡하고 수리 · 보수가 용이하지 못하며 가격이 고가이다.

〈표 1-7〉 P형과 R형 비교

구 분	P형 수신기	R형 수신기
신뢰성	외부선로의 단락 등으로 수신반에 고장이 발생되는 경우 전체 시스템에 영향	외부선로의 단락 등으로 특정 중계기에 고장이 발생되어도 기타 중계기는 정상적으로 동작되므로 전체 시스템에는 영향이 없음
유지관리	배선 수가 많아 유지관리가 어렵고, 수신반 내부결선이 복잡하여 수리가 어렵다.	배선 수가 적어 유지관리가 용이하고, 내부부품이 모듈화되어 있다.
회로변경	건축물의 증축이나 회로변경시 수신반까지 배선을 추가하여야 하며, 자탐설비의 회로가 증가되는 경우 수신반을 별도로 설치(수신기 1개당 100~200회로 공급)	회로 증설시 별도의 중계기를 신규로 설치하고 기설치된 중계기에서 신호선만 분기하면 되므로 건축물을 손상시키지 않고 회로증설을 시행할 수 있음(수신기 1개당 1,000회로 공급)
배선작업	배선 수가 많으므로 공사비가 많이 소요(500회로당 600~800가닥)	배선 수가 적으므로 공사비가 적게 소요(500회로당 8~25가닥)
경제성	수신반 자체 가격은 저렴하다.	수신반 자체 가격은 고가이다.
신호방식	접점신호(전기배선), 공통신호	통신신호(통신배선), 고유신호
중계기기능	전압확보	접점신호를 통신신호로 변환
설치건물	10층 이하 소규모 건물	대형건물, 대단위아파트, 공장
자기진단	없다	있다

4) M형 수신기

M형 발신기로부터 발하는 신호를 수신하여 화재의 발생을 수신하는 기기로 이 수신기는 소방관서에 설치되며 소방관서에서 신호발신 위치를 파악할 수 있다. M형 발신기와 연동하여 사용되며, 자동화재탐지설비 및 자동화재속보설비 겸용이다.

(3) 수신기의 기능

① 전력공급기능

수신기에 공급되는 AC 220[V] 전원을 DC 24[V] 전원으로 전환시켜 수신기 내부의 전원으로 사용할 뿐만 아니라 감지기・발신기・음향장치에 전원을 공급한다.

② 수신기능

감지기와 발신기로부터 화재신호를 수신한다.

③ 기동기능

감지기와 발신기로부터 화재신호를 수신하면 화재표시등을 점등시켜 화재발생과 화재발생 위치를 표시등 또는 문자로서 표시하고 경보장치를 기동하여 화재발생을 건물내의 사람들에게 알린다. 또한 자동화재탐지설비와 연동으로 구성된 소화설비를 가동시킨다.

④ 시험기능

자동화재탐지설비의 작동상태를 점검하기 위한 예비전원시험, 도통시험, 동작시험 등을 할 수 있다.

⑤ 복구기능

화재신호를 발신하는 원인이 제거된 후에 정상상태로 복구시키는 기능이 있다.

(4) 수신기의 표시등과 스위치 기능

[그림 1-16]의 P형 1급 수신기는 제조회사에 따라 표시등 및 스위치의 형태가 다양할 수 있으나 일반적으로 표시등과 스위치들의 기능은 다음과 같다. 그리고 각 수신기마다 사용설명서가 부착되어 있어 이를 참조하면 표시등과 스위치들의 기능을 알 수 있다.

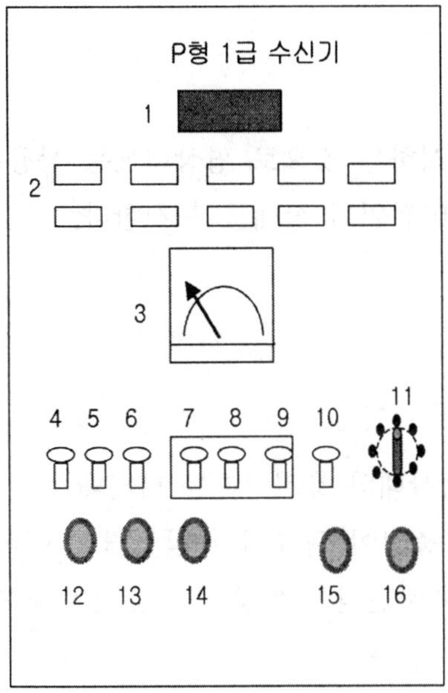

1.화재표시등
2.지구표시등
3.전압계
4.시험복구 스위치
5.예비전원시험 스위치
6.도통시험 스위치
7.주음향정지 스위치
8.지구음향정지 스위치
9.화재복구 스위치
10.화재작동시험
11.회로선택스위치
12.전화연락장치
13.전화등
14.교류전원등
15.스위치주의등
16.발신기등

[그림 1-16] P형 1급수신기

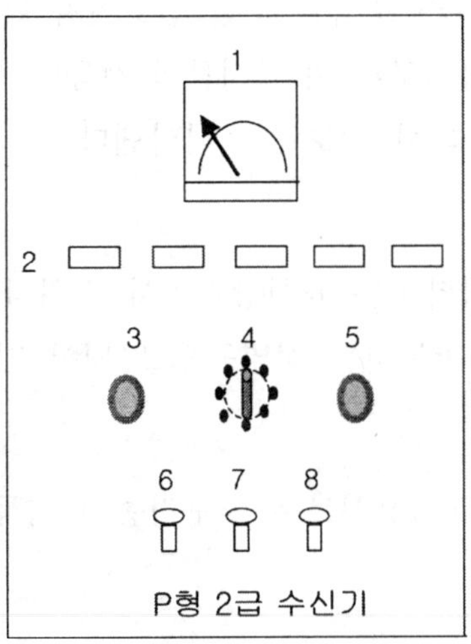

1.전압계
2.지구표시등
3.교류전원등
4.회로선택 스위치
5.스위치 주의등
6.주음향정지 스위치
7.지구음향정지 스위치
8.화재복구 스위치

[그림 1-17] P형 2급수신기

① 화재표시등

화재가 발생되었음을 표시하는 적색등이며 경계구역의 구별없이 지구등과 함께 점등된다.

② 지구표시등

화재신호가 발생된 각 경계구역을 나타내는 표시장치로서 감시하고자 하는 경계구역의 회로 수만큼 필요하다.

③ 전압상태 표시등

상용전원 및 예비전원의 전압을 표시하는 것으로 평상시에는 상용전원의 상태를 표시하며, 예비전원으로 전환시에는 예비전원의 상태를 표시한다.

④ 예비전원 표시등

예비전원 사용시 점등된다

⑤ 예비전원 감시등

축전지 감시등으로 예비전원의 접속상태와 충전상태를 나타내는 표시장치로서 이 표시등이 점등되어 있으면 예비전원의 충전이 완료되지 않았거나 예비전원을 연결하는 전선의 일부분이 단선된 상태, 또는 예비전원의 불량으로 충전이 되지 않고 있음을 나타낸다.

⑥ 발신기등

수신기에 수신된 화재신호가 발신기의 조작에 의한 신호인지 감지기의 작동에 의한 신호인지의 여부를 식별해주는 표시장치로서 이 표시등이 점등되면 화재등과 지구등에 표시된 화재표시가 발신기의 조작에 의한 신호임을 나타낸다.

⑦ 스위치 주의등

각종 스위치의 정상위치 여부를 나타내는 표시장치로서 스위치가 정상위치에 있지 아니할 때 점등되며, 점등과 소등을 반복하는 점멸등으로 되어 있다.

⑧ 지구경보등

지구경종의 작동상태를 나타내는 표시장치로서 지구경종이 명동되면 점등된다.

⑨ 부저

발신기의 전화잭에 휴대용 수화기를 꽂으면 작동한다.

⑩ 비상경보 스위치

지구경종을 모두 명동시킬때 사용하는 스위치로서 이 스위치를 조작하면 직상층 명동구조로 된 경우에도 전층이 동시에 명동된다.

⑪ 예비전원 시험스위치

예비전원 양부를 시험할 때 사용하는 스위치로서 조작한 후에 자동으로 복귀되는 스위치이다.

⑫ 주경종 스위치

주경종의 명동을 제어하기 위한 스위치로서 이 스위치를 시험위치로 하면 주경종의 명동이 정지된다.

⑬ 지구경종 스위치

지구경종의 명동을 제어하기 위한 스위치로서 시험위치로 조작하면 지구경종의 명동이 정지된다.

⑭ 도통시험 스위치

감지기 회로의 도통시험을 위한 스위치로서 본 스위치를 누르고 회로선택 스위치를 순차적으로 돌려가며 도통상태 표시등을 보면서 점검한다. 각 회로 시험시 전압계의 눈금이 2～6[V] 정도를 지시하면 해당 경계구역의 감지기의 선로 접속상태는 정상임을 나타낸다. 만일 전압계의 지시값이 0[V]를 지시하면 감지기 선로의 단선을 의미하며, 2[V] 이하를 지시할 경우에는 종단저항값이 과대한 것을 의미한다.

⑮ 작동시험 스위치

작동시험 스위치를 시험위치로 조작한 상태에서 회로선택 스위치를 돌려가면서 시험을 실시하였을 경우에 화재표시등, 해당지구표시등, 주경종, 지구경종이 동작되고 그 동작상태가 복구 스위치를 조작할 때까지 지속적으로 유지되면 정상임을 의미한다.

⑯ 자동복구 스위치

신호가 수신될 때만 표시등 및 경보장치가 작동하도록 하는 스위치로서 신호가 들어오지 않으면 자동적으로 복구된다. 자동복구 스위치를 누른 상태에서 동작시험을 하면 회로가 선택될 때만 표시등 및 음향장치가 작동되고, 다음 회로로 돌리면 그 전 회로의 상태는 복구된다. 그리고 본 스위치를 눌러놓고 감지기의 본체를 열고 베이스의 (+)와 (-)의 회로를 닫아 전류가 통하도록 하면 회로가 닫힐 때만 표시등 및 음향장치가 작동되고, 다시 회로를 열면 표시등 및 음향장치가 멈추기 때문에 각 감지기의 도통상태를 점검하는 데 용이하게 쓰인다.

⑰ 복구 스위치

감지기와 발신기에서 들어오는 신호를 처음부터 다시 인식하게 하는 스위치로서 수신기에 표시등과 음향장치가 작동상태에 있을 때 복구 스위치를 누르면 처음부터 다시 인식하게 되므로 신호가 계속 들어오면 다시 표시등과 음향장치가 작동되며, 신호가 들어오지 않으면 작동을 멈추게 된다.

⑱ 회로선택 스위치

스위치의 주위에 회로번호가 기재되어 있으며, 작동시험이나 회로도통시험을 실시할 때 필요한 회로를 선택하기 위하여 사용하는 스위치이다.

⑲ 전압계

수신기 내부의 DC전압을 나타내는 기기로 정상상태에서는 24[V]를 지시한다. 도통시험 스위치와 회로선택 스위치의 조작에 의하여 선로의 단선유무를 시험할 경우 예비전원시험 스위치의 조작에 의한 예비전원 양부시험을 할 경우 전압의 지시값으로 이상유무를 알 수 있다.

⑳ 전화잭

전화잭은 발신기와 통화하기 위해 휴대용 전화기 잭을 삽입하기 위한 것으로 P형 1급에만 있다.

㉑ 주경종 정지 스위치

주경종의 작동을 멈추게 하거나 감지기나 발신기에서 신호가 들어오더라도 주경종이 울리지 않도록 하는 스위치이다.

㉒ 지구경종 정지 스위치

지구경종의 작동을 멈추게 하거나 감지기나 발신기에서 신호가 들어오더라도 지구경종이 울리지 않도록 하는 스위치이다.

(5) P형 수신기의 점검방법

평상시에는 교류전원등만 점등되어 있고 스위치 주의등은 다른 스위치가 정상의 위치에 있지 않은 경우 점멸한다. 또한 주경종, 지구경종 스위치가 정지에 있으면 화재가 발생해도 경종이 울리지 않게 되므로 동작위치에 놓는다.

수신기를 시험하기 전에 아래와 같이 수신기 상태를 점검한다.

① 전압의 상태가 정상인지 확인하고 교류전원등이 점등되어 있는지 확인한다.

② 전압상태의 표시는 수신기에 따라서 전압계로 나타내는 것과 표시등으로 나타내는 것이 있다.

③ 전압계는 바늘이 24[V]를 지시하고 있으면 정상이다. 표시등은 정상에 있으면 정상이다.

1) 화재표시 작동시험

① 시험방법

시험용 스위치를 화재시험측으로 조작하여 스위치 주의등의 점등을 확인한 후 회로선택 스위치를 차례로 회전시켜 각각의 회로마다 작동시험을 한다. 또한 감지기 또는 발신기를 차례로 작동시켜 경계구역과 지구표시등과의 연동동작을 확인한다.

② 양부판정 기준

화재표시등, 지구표시등, 음향장치 연동, 감지기회로와 경계구역간의 접속상태를 확인한다.

2) 회로도통시험

① 시험방법

도통시험은 수신기 단자와 감지기 회로선의 접속상태, 감지기 회로의 단선유무를 점검하기 위한 시험이다. 도통시험은 수동으로 점검하는 수신기가 있고, 자동 단선 감시기능이 있는 수신기가 있다. 기기와의 접속 등을 확인하기 위해서는 다음 순서로 수행한다.

【수동점검】

㉮ 도통시험 스위치를 누른다.

㉯ 회로선택 스위치를 순차적으로 회전시키며 회로를 하나씩 선택하며 아래의 사항을 점검한다.

㉰ 전압계의 눈금을 확인하여 지시값이 0[V]는 단선, 2-6[V]는 정상, 24[V]는 단락(감지기나 발신기 작동 혹은 난락)인지를 확인한다.

㉱ 전압계가 없는 것은 정상을 표시하는 표시등이 점등되어야 한다.

㉲ 예비회로인 경우에는 단선으로 표시된다. 여기서 예비회로란 감지기회로와 연결되지 않은 회로를 말한다.

㉳ 종단저항값을 측정한다.

【자동단선 감시기능】

자동단선 감시기능이 있는 수신기는 회로가 단선이 되거나 접속이 안 된 경우에는 해당 회로의 지구표시등이 점멸한다. 그러므로 별도의 도통시험이 필요없다.

3) 공통선시험

① 시험방법

공통선이 담당하는 경계구역별로 다음 순서에 따라 시험한다.

㉮ 수신기 내의 접속단자의 공통선을 1선만 제거한다.
㉯ 회로선택 스위치를 차례로 회전시킨다.
㉰ 시험용계기의 지시등이 '단선'을 가리킨 경계구역의 회선수를 파악한다

② 양부판정 기준

공통선이 담당하고 있는 경계구역의 수가 7 이하이어야 한다.

4) 예비전원시험

① 시험방법

상용전원이 정전될 경우 자동적으로 비상전원으로 절환되고 정전 복구시에는 자동적으로 상용전원으로 절환되는 것을 다음과 같은 방법으로 확인한다.

㉮ 예비전원 시험스위치를 넣는다.
㉯ 전압계의 지시값이 지정값을 유지하는가를 확인한다.
㉰ 교류전원을 개방하여 자동절환 릴레이가 예비전원으로 투입되었는가를 확인한다.
㉱ 예비전원 상태표시등(축전지 이상 표시등)이 있는 수신기는 이 표시등이 점등되어 있으면 축전지에 이상이 있으므로 점검해야 한다.
㉲ 예비전원 스위치를 눌렀을 때 처음에는 24[V] 혹은 정상을 가르키다가 전압이 저하하면 예비전원의 용량이 부족한 것이다. 그러므로 노후된 수신기는 축전지의 용량의 예비전원 상태에서 동작시험을 해볼 필요가 있다.
㉳ 교류전원 차단기를 ON시켜서 교류전원 등이 점등되면 교류전원으로 복구되는지 확인한다.

② 양부판정 기준

예비전원의 전압・용량・자동절환 및 복구가 정상적으로 동작하는가를 확인한다.

5) 동시동작시험

① 시험방법

몇 개의 경계회로가 동작되어도 수신기의 기능에 이상이 없는가를 다음 순서를 통하

여 확인한다.

㉮ 각 회선의 화재동작을 복구시키지 않고 동시에 5회선을 동작시킨다.
㉯ 이때 주음향장치 및 지구 음향장치가 모두 작동되도록 한다.
㉰ 단, 수신기의 전원용량에 의해 5회선 동시 작동시 부하전류가 수신기 최대전류를 초과하는 경우에는 최대 부하전류를 넘지 않도록 주의한다.

② 양부판정 기준
각 회선을 동시 작동시켰을때 수신기・부수신기・표시기・음향장치 등에 화재작동을 표시할 수 있는 기능을 유지하여야 한다.

6) 저전압시험

① 시험방법
자동화재탐지설비용 전원전압이 저하한 경우 성능이 유지되는가를 다음 순서로 시험한다.

㉮ 자동화재탐지설비용 전압시험기 또는 가변저항기 등을 사용하여 전원전압(축전지 포함)을 조정한다.
㉯ 정격전압의 80[%] 이하로 한다.
㉰ 화재표시 작동시험에 준하여 시험한다.

② 양부판정 기준
화재신호를 정상적으로 수신할 수 있어야 한다.

7) 회로저항시험

① 시험방법
㉮ 감지기 회로의 배선 저항값이 수신기의 기능에 어떤 영향이 있는가를 시험하는 항목이다.
㉯ 저항계를 사용하여 감지기 회로의 공통선과 표시선 사이의 선로저항값을 측정한다.
㉰ 회로 끝단은 도통상태를 유지하여 측정한다.

② 양부판정 기준
1개 회로의 합성저항값은 50[Ω] 이하로 한다.

8) 지구음향장치 작동시험

① 시험방법

감지기 동작과 연동하여 지구음향장치가 정상적으로 동작하는지 임의의 감지기나 발신기를 작동시킨다.

② 양부판정 기준

감지기를 작동시켰을 때 수신기에 연결된 당해 지구음향장치가 작동하고 음량이 음향장치의 중심에서 1[m] 떨어진 위치에서 90[폰] 이상이어야 한다.

9) 비상전원시험

① 시험방법

상용전원이 정전되었을때 자동적으로 비상전원(축전지)으로 절환되며 정전복구시에는 자동적으로 상용전원으로 절환되는가를 확인한다.

축전지를 개로상태로 하고 전압계의 지시값이 80[%]를 유지하는가를 확인한다.

② 양부판정 기준

비상전원의 전압, 용량, 절환, 복구작동이 정상인가를 확인한다.

(6) 비화재보 방지기가 내장된 수신기

비화재보를 방지하기 위하여 수신기에 비화재보 방지기가 내장된다. [그림 1-18]의 비화재보 방지기는 열식 또는 연기식 감지기의 순간적인 작동으로 발생되는 비화재보에는 경보를 발하지 않고 자동으로 원상 복구되며, 지속적인 화재신호를 수신하였을 경우에만 화재경보를 발하게 된다.

그러나 수신기에 비화재보 방지기능이 있는 경우에는 축적형 감지기를 설치할 수 없다. 이는 이중으로 경보시간을 지연시키는 결과가 되기 때문이다.

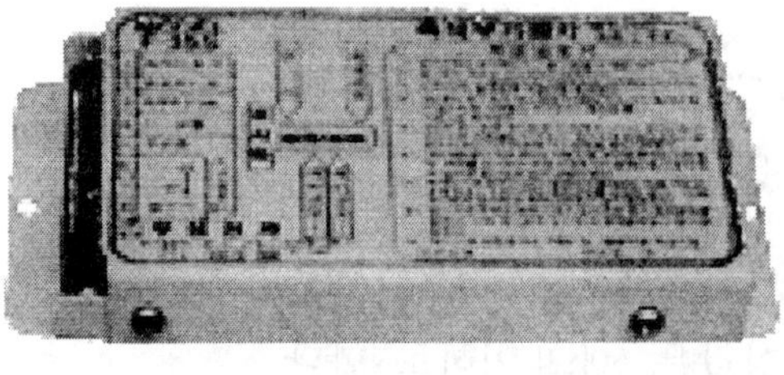

[그림 1-18] 비화재보 방지기

1) 비화재보 방지기의 기능

① 비화재보 방지기의 공칭 축적시간은 5초 이상 60초 이내로 하여야 하며, 10초 간격으로 정하여야 한다.

② 화재신호 수신 후 발신개시까지의 소요시간은 공칭 축적시간의 ±5초이어야 한다.

③ 화재신호로서 확정할 때까지는 지구음향장치를 울리지 아니하도록 하여야 한다.

④ 발신기로부터 화재신호를 검출한 경우에는 비화재보 방지기능을 자동적으로 해제하고 화재신호를 즉시 발신하여야 한다.

⑤ 수신기로부터 화재신호를 검출한 경우에는 당해 신호의 검출(비화재보 방지기 작동중이라는 표시)을 자동적으로 표시하여야 하며, 수신기 내부에 설치하는 구조인 것은 당해 신호를 검출한 표시를 수신기 외부에서 확인할 수 있는 조치를 할 수 있어야 한다.

⑥ 해제위치에 스위치를 설정하고 수신기 동작시험시 수신기의 화재등 및 지구등이 점등되어야 한다.

2) 비화재보 방지기가 내장된 수신기의 작동

① 감지기 작동시

지구경종은 정해진 시간 동안 작동되지 않으나 화재표시등, 지구표시등, 주경종은 작동할 수 있다.

② 발신기가 작동시

발신기가 작동하는 경우에는 사람이 작동한 것이기 때문에 장난을 제외하고는 화재일 가능성이 매우 높다. 그러므로 비화재보 방지기가 작동하지 않고 정상으로 작동하여 화재표시등과 지구표시등이 점등되고, 주경종 · 지구경종이 작동한다.

(7) R형 수신기

1) R형 수신기의 신호전송

R형 수신기는 고유신호인 통신신호로 교신한다. 통신신호를 발신하는 주소형(address) 감지기와 발신기의 경우에는 다음과 같이 R형 수신기와 직접 연결된다.

그러나 신호변환 장치가 내장되지 않은 감지기를 사용하는 경우는 공통신호(접점신호)를 고유신호(통신신호)로 변환시켜줄 수 있는 신호변환 장치인 중계기를 사용한다. 중계기는 접점신호를 통신신호로, 통신신호를 접점신호로 변환시켜주는 신호변환 장치의 역할을 한다.

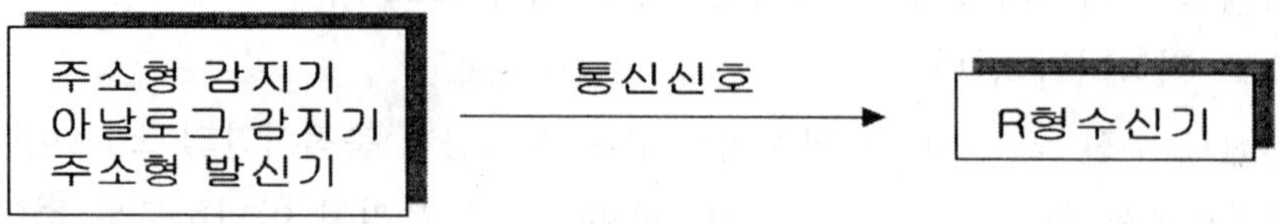

[그림 1-19] R형 수신기의 신호전송

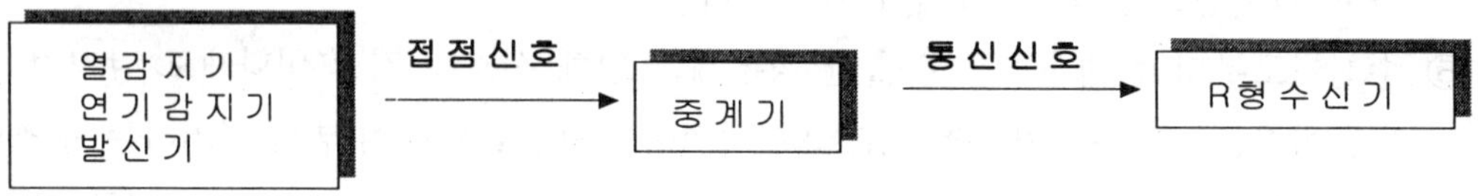

[그림 1-20] R형 중계기 신호전송

(8) 중계기

중계기란 감지기 또는 발신기(M형 발신기 제외) 작동에 의한 신호 또는 가스누설경보기의 탐지부에서 발신된 가스누설 신호를 받아 이를 수신기(M형 수신기 제외), 가스누설경보기, 자동소화설비의 제어반에 발신하며, 소화설비 · 제연설비 그밖의 이와 유사한 방재설비에 제어신호를 발생하는 설비를 말한다.

중계기 종류로는 P형 또는 R형 수신기에 사용하는 R형 중계기와 연기감지기 및 가스누설경보기의 탐지부 등의 특수 감지기에 사용하는 P형 중계기가 있다. 중계기를 거치는 신호는 입력신호와 출력신호로 구분할 수 있는데 입력신호는 자동화재탐지설비의 감지기와 발신기의 작동신호, 소화전 펌프의 작동확인, 압력스위치의 작동, 저수위신호, 스프링클러의 습식 및 준비작동식 밸브 개방확인, 방화셔터의 작동신호 등과 같이 수신기에 전달되어야 할 신호이다.

출력신호는 경보장치의 기동, 소화전 펌프의 작동, 스프링클러의 습식 및 준비작동식 밸브의 개방 등과 같이 수신기에 의해 작동되는 신호이다.

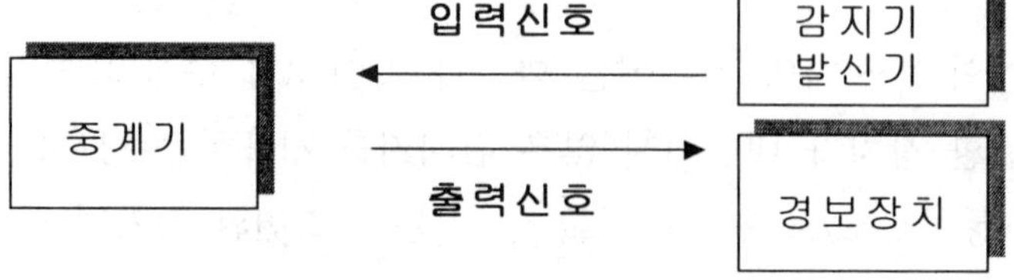

[그림 1-21] 중계기 신호전송

입력신호와 출력신호의 수에 따라 분산형 중계기와 집합형 중계기로 분류된다.

[그림 1-22] 분산형 중계기

[그림 1-23] 집합형 중계기

1) 분산형 중계기

분산형 중계기를 사용하는 시스템은 다음과 같이 자동화재탐지설비, 전실댐퍼, 알람밸브, 방화셔터 등의 각 계열별로 연결된다.

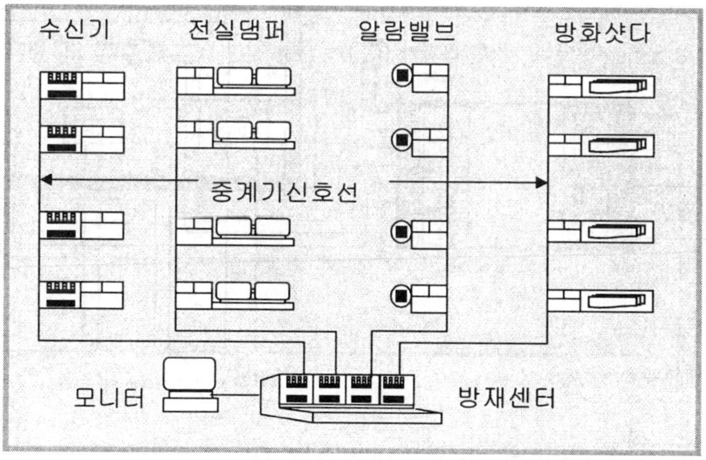

[그림 1-24] 분산형 중계기의 계통배선

필요한 중계기의 숫자는 경계구역, 전실댐퍼, 알람밸브, 방화셔터의 수만큼 필요하다. 입력/출력 포인트(point)에 따라 입력1/출력1, 입력2/출력2가 일반적으로 사용되고 있으며, 어떠한 중계기를 사용하느냐는 입력과 출력 신호가 몇 개인지에 따라 결정된다. 이러한 분산형 중계기의 전원은 수신기로부터 공급된다.

2) 집합형 중계기

집합형 중계기는 하나의 함에 많은 입력/출력 포인트를 구성한 것으로 우리나라에서는 입력32/출력32 중계기를 많이 사용하고 있다. 집합형 중계기의 전원은 수신기로부터 공급받는 것이 아니라 별도의 전원(AC220[V])을 사용하며, 내부에 정류기 및 비상축전지를 내장하고 있어 전원공급 계통사고시에도 정상적인 동작을 수행한다.

수신기와 중계기간의 선로에 문제가 있어도 중계기가 독립제어 기능에 의해 자동 절환되어 정상적인 방재업무를 수행한다.

3) 축적형 중계기

기존 중계기는 화재신호를 수신한 후 발신까지의 소요시간이 5초 이내로 비화재보의 문제점이 발생되는데 이를 개선한 것이 축적형 중계기이다. 이는 축적시간을 5초~60초 이하로 그 기간동안 신호가 계속되는가를 확인한 후 수신을 개시하는 방식이다.

그러므로 축적형 감지기를 접속하는 경우 감지기의 공칭 축적시간, 중계기, 수신기에

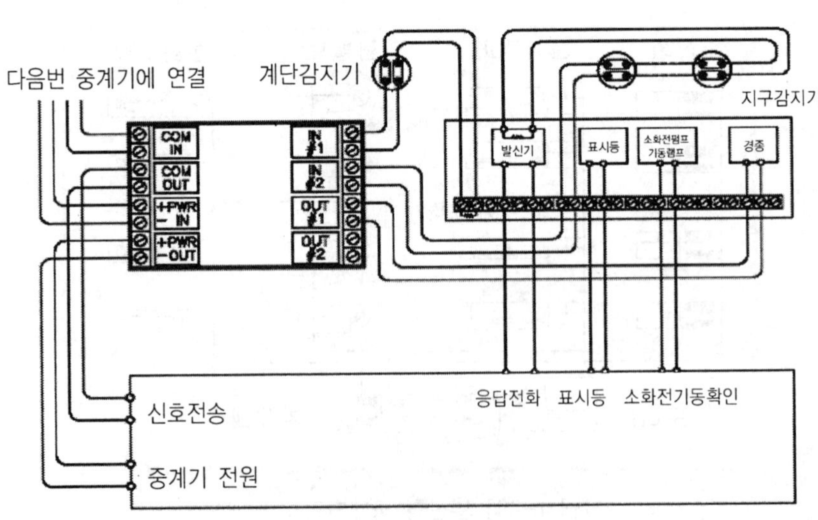

[그림 1-25] 중계기 결선회로

설정된 축적시간 합계가 60초를 초과해서는 안 된다.

또한 비축적형 감지기와 접속시에는 중계기·수신기에 설정된 축적시간의 합계는 20초를 넘지 않아야 한다. 또한 어느 경우건 발신기로부터 화재신호를 받을 때에는 축적기능을 자동으로 해제할 수 있어야 한다. [그림 1-25]는 중계기와 수신기·발신기·감지기간의 결선을 나타낸다.

4. 발신기

발신기란 화재발생시 수신기 또는 중계기에 수동으로 신호를 보내는 것을 말하며 수동조작이므로 신뢰성이 높다. 발신기는 경종·표시등과 함께 벽에 취부되며 발신기의 색은 적색으로 표시한다.

(1) 발신기 설치기준

발신기는 다음 기준에 의해 설치하여야 하며 지하구의 경우에는 발신기를 설치하지 아니할 수 있다.

① 조작이 쉬운 장소에 설치하고 스위치는 바닥으로부터 0.8[m]~1.5[m] 이하의 높이에 설치할 것.
② 소방대상물의 층마다 설치하되 당해 소방대상물의 각 부분으로부터 하나의 발신기까지의 수평거리가 25[m] 이하(지하가중 터널의 경우에는 주행방향의 측벽길이 50[m] 이내가 되도록 할 것. 다만, 복도 또는 별도로 구획된 실로서 보행거리가 40[m] 이상일 경우에는 추가로 설치하여야 한다)
③ 발신기의 위치를 표시하는 표시등은 함의 상부에 설치하되 그 불빛은 부착면으로부터 15° 이상의 범위 안에서 부착지점으로부터 10[m] 이내의 어느 곳에서도 쉽게 식별할 수 있는 적색등으로 하여야 한다.
④ 지하구의 경우에는 발신기를 설치하지 아니할 수 있다.
⑤ 발신기를 설치하는 경우 감지기 회로의 끝부분에 설치한다.
⑥ 사용전압의 130[%]인 전압을 24시간 연속하여 인가하는 경우 단선·광속변화 등이 발생되지 않아야 한다.
⑦ 발신기는 정격전압에서 정격전류를 흘려 1,000회 작동을 반복하는 경우 그 구

조・기능에 이상이 생기지 않아야 한다.

⑧ 발신기의 절연된 단자간의 절연저항 및 단자와 외함간의 절연저항은 직류 500[V]의 절연계로 측정하는 경우 20[MΩ] 이상이어야 한다.

⑨ 발신기의 단자와 외함간의 절연내력은 60[Hz]의 정현파에 가까운 실효전압 500[V](정격전압이 60[V]를 초과하고 150[V] 이하인 것은 1,000[V], 정격전압이 150[V]를 초과하는 것은 그 정격전압에 2를 곱하여 얻은 값에 1,000[V]를 더한 값)의 교류전압을 가하는 시험에서 1분간 견디어야 한다.

표시등은 항상 점등되어 있어야 하므로 비상전원을 확보하고 어느 위치에서도 알아볼 수 있도록 [그림 1-27]과 같이 설치한다. 전구 캡 속에는 전구 1개가 단선되는 경우 다른 전구 1개만이라도 점등되도록 전구 2개를 병렬로 접속한다. 최근에는 전구대신 고휘도 LED가 개발되어 사용하고 있으며 정격전압은 DC 24[V]용을 사용한다.

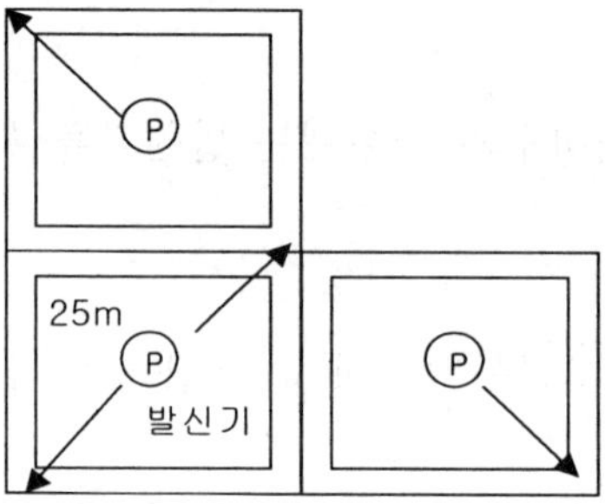

[그림 1-26] 발신기의 설치거리

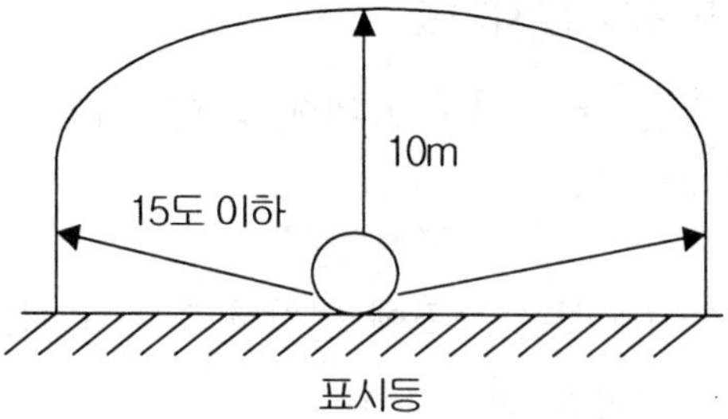

[그림 1-27] 표시등 위치

(2) 발신기의 종류

일반적으로 경보장치와 발신기가 같이 설치되며 옥내소화전이 설치되는 경우 소화전함 내에 같이 설치된다.

발신기는 누름식의 P형 발신기와 전화식의 T형 발신기, 그리고 M형수신기와 연결하여 사용하는 M형 발신기가 있다. P형 발신기는 수신기와 전화연락을 할 수 있는 전화잭이 있는 P형 1급 발신기와 전화잭이 없는 P형 2급 발신기가 있다. 동작방식은 화재감지에 의한 신호와 발신기에 의한 신호를 구분하여 처리하는 방식과 발신기를 동작시켰을 경우 소화전 펌프 등의 소화활동 기기를 동시에 기동시키는 방법이 있다. 그 외에도 설치장소별 다음과 같은 발신기가 있다.

(a) 발신기 (b) 발신기＋경종 (c) 발신기＋ 경종＋ 소화전

[그림 1-28] 발신기 설치

- 기능별 : P형(1급, 2급), T형, M형
- 설치장소별 : 옥외형, 옥내형
- 방폭구조 : 방폭형, 비방폭형
- 방수구조 : 방수형, 비방수형

(3) 발신기 구성요소

1) 발신기 위치 표시등

발신기의 위치를 표시하는 적색등으로 발신기가 소화전함 상단에 설치되는 경우 소화전의 위치표시등과 발신기의 위치표시등을 겸한다.

2) 누름스위치

수신기에 화재신호를 발신할 때 사용하는 것으로 안쪽으로 밀어넣으면 지속적으로 화재신호를 발신하여 지구음향장치나 주경종을 울리도록 하여 화재발생을 알리는 역할을 한다. 복구방법은 스위치를 누른 후 다시 잡아 당기면 원래 위치로 복구되는 것과 스위치를 누른 후 다시 한번 누르면 원래상태로 복구되는 형태가 있다.

3) 보호판

보호판은 스위치를 보호하기 위한 것으로 손끝으로 눌러 깨지거나 밀려 들어가는 지름 20[mm] 유기질의 유리로 미미한 외부충격이나 장난으로 인한 오동작을 방지하기 위하여 설치된다. 누름스위치는 가하는 압력이 2[kg]을 초과하고 8[kg] 이하인 범위에서 동작되어야 하며, 2[kg]의 힘에는 밀려들어가지 않아야 한다.

4) 전화잭

수신기가 설치된 수신기와 상호연락을 위하여 휴대용 수화기를 전화잭에 삽입하면 수신부와 통화가 가능하다. 또한 동시에 부저나 경보 사이렌이 발할 수 있게 된다. 전화잭은 소방시설 점검시 각 감지기별 작동상태를 감지기 설치장소와 수신부에서 동작 여부를 확인하기 위한 장치이다.

5) 응답등

발신기의 조작에 의하여 발신된 신호가 수신기에 전달되었는지를 조작자가 확인할 수 있도록 점등되는 등으로 주로 발광 다이오드가 사용되며 화재신호가 수신기에 전달되면 다이오드가 점등된다.

동작순서는 발신기 누름스위치를 누르면 수신기가 작동(화재표시등, 지구표시등, 발신기표시등, 경보장치기등)한 후 응답등이 점등 된다.

(4) 발신기별의 동작방법

1) P형 1급 발신기

화재발생을 수동으로 수신기 또는 중계기에 발신하는 것으로 P형 1급 수신기 또는 R형 수신기에 접속하여 사용한다. 발신기 구성은 누름버튼 스위치, 발신자가 발신한 신호를 확인할 수 있는 응답표시등, 수신기와 발신기간 전화장치로 구성된다.

누름버튼 스위치는 접점이 2극 또는 3극으로 구성된 동시접점이며 수신기가 동작하면 다른 신호선을 통해 발신기의 응답표시등이 켜진다. 이때 수신기로 발신하는 신호는 누름버튼 스위치가 눌러진 상태로 동작되므로 회로 단락상태는 계속 유지된다. 전화회로는 잭에 휴대용 전화기를 끼우면 동시에 수신기에 호출음이 울리게 되고, 수신기에 설치된 송수화기를 들면 호출음이 끊어지며 상호통화가 가능하다. 그러나 수신기에서 발신기 쪽으로 통화자를 호출할 수는 없다.

2) P형 2급 발신기

P형 2급 수신기에만 연결이 가능하며 전화회로 및 응답회로가 없으며, 단순히 누름버튼 스위치만 가지고 있다.

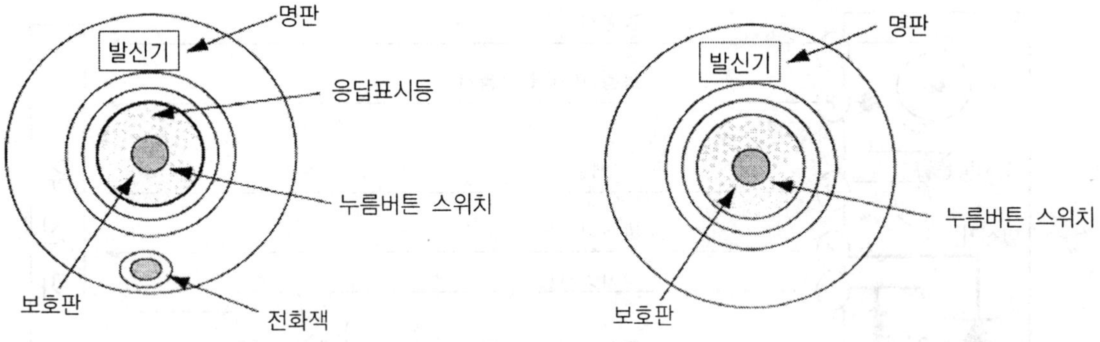

(a) P형 1급 발신기 (b) P형 2급 발신기

[그림 1-29] P형 발신기의 구조

3) T형 발신기

T형 발신기는 발신과 동시에 통화가 가능한 것을 말하는 것으로 누름버튼식이 아니고 전화기형의 송·수화기가 설치되어 있어 이것을 들면 신호가 송출되어 동시통화가 가능하다. T형 발신기는 화재신호를 정확히 전달할 수 있어 대규모의 소방대상물에 사용한다.

4) M형 발신기

누름버튼 스위치 작동시 발신기 고유의 신호가 소방관서에 설치된 M형 수신기에 전달되는 발신기이다. 모든 발신기는 하나의 배선에 접속되고 접속할 수 있는 발신기 수는 100개 이하이며 발신기에서 발신하여 수신완료까지의 소요시간은 약 10초~20초 정도이다.

(5) 발신기와 수신기 결선

[그림 1-30]은 발신기세트(경종, 표시등, 발신기응답등, 누름버튼 스위치, 전화용 잭 내장)와 수신기 구성회로를 나타낸다. 발신기와 감지기는 병렬로 연결되어 있어서 두 개 중 하나만 동작하여도 화재신호를 수신기에 전달할 수 있다.

[그림 1-31]은 발신기의 층별 간선계통도를 나타낸다. 1개의 발신기 세트는 7가닥의 신호선이 필요하며, 한 개 층(1개 경계구역)이 추가될수록 2가닥의 전선이 필요하게 된다.

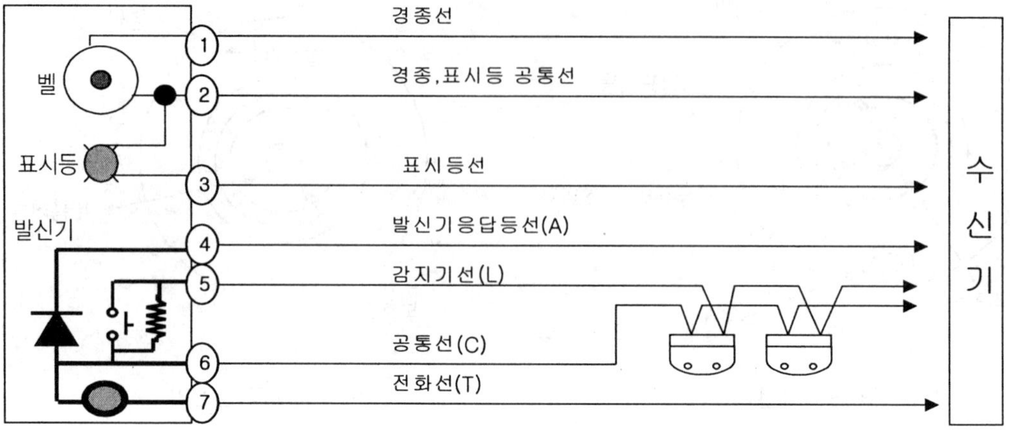

[그림 1-30] 발신기와 수신기 접속회로

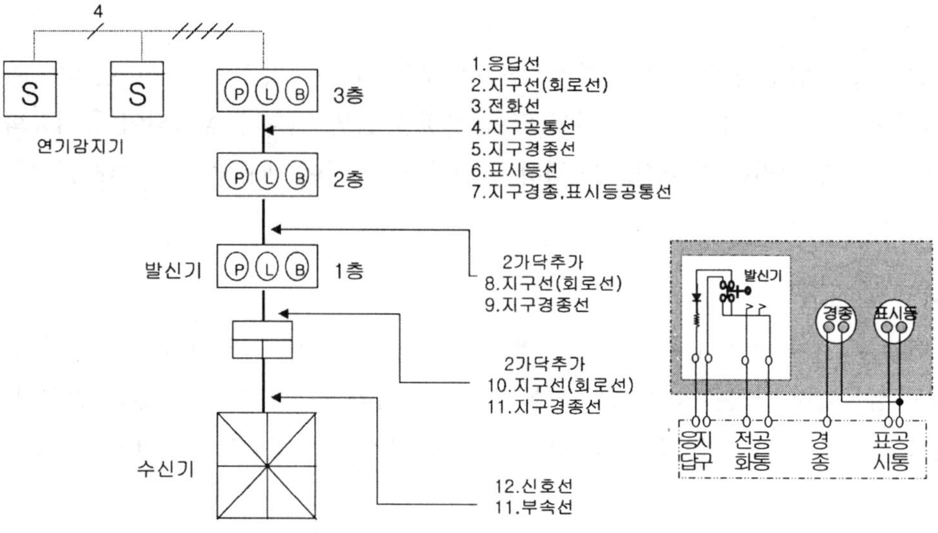

[그림 1-31] 발신기 간선계통도

(6) 지구 경종의 경보방식

[그림 1-32]는 화재시 경보기의 층별 명동방식으로 일제경보방식은 1, 2, 3이 동시에 경보를 발하는 방식이고, 직상발화 우선경보방식은 화재시 각 층을 구분하여 명동할 수 있는 방식이다. 일제경보방식은 수신기가 화재를 수신하였을 때 소방대상물의 전층을 동시에 경보하는 방식으로 이때 전선의 가닥수는 6+n(n : 지구신호)이다. 또한 직상발화 우선경보방식은 화재신호를 수신했을 때 소방대상물의 경보층을 구별하여 경보하는

방식으로 전선 가닥수는 5+2n(n : 지구신호)이다. [그림 1-33]은 경보기 명동방식의 상세결선도를 나타낸다.

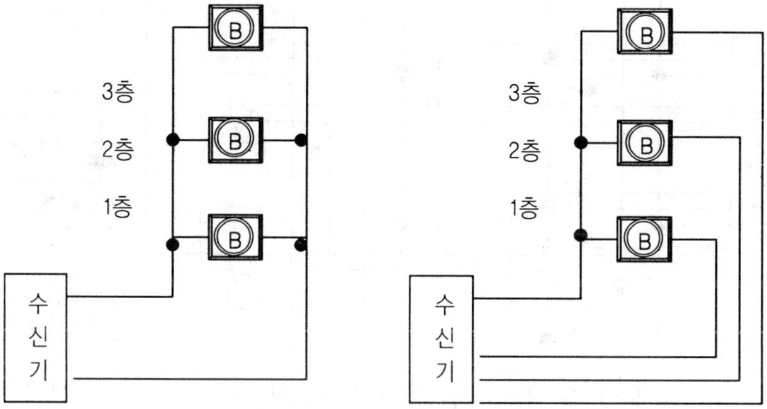

(a) 일제경보방식 (b) 구분명동방식

[그림 1-33] 경보기 명동방식

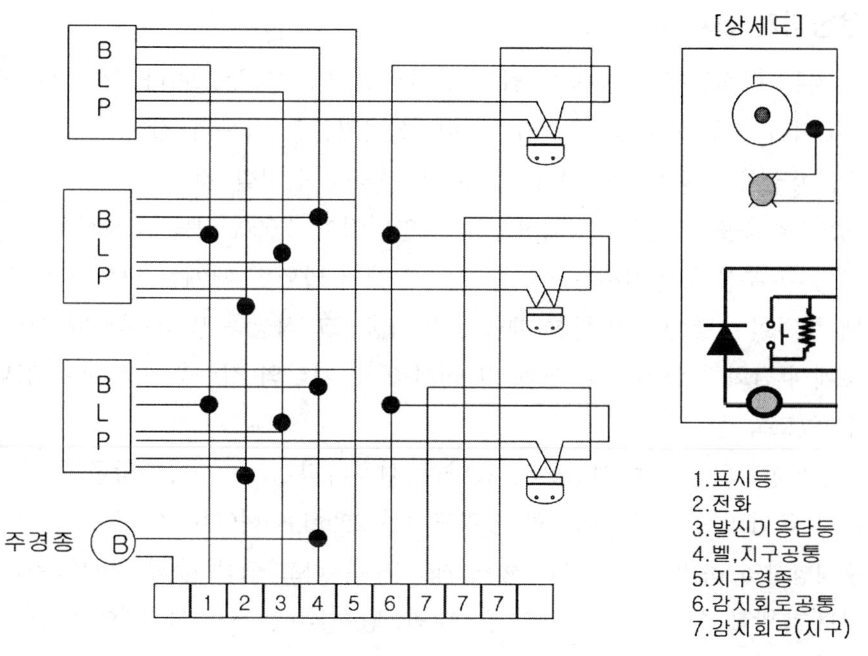

(a)일제경보방식

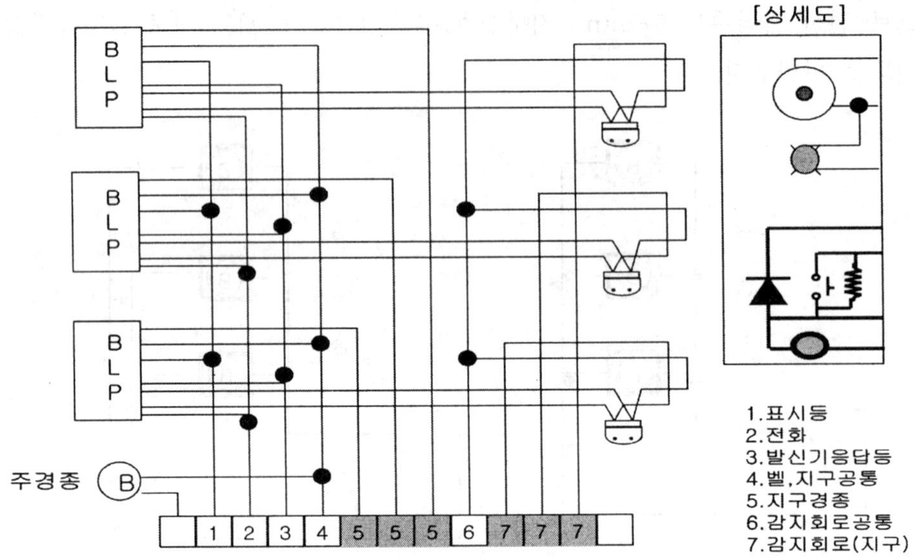

(b)직상발화우선경보방식

[그림 1-23] 경보기 명동방식 상세도

(7) 음향장치 설치기준

음향장치는 화재발생을 알리기 위한 장치로 발신기를 누르거나 감지기가 작동됨에 따라 연동되어 음향을 발생하는 기기이며, 설치기준은 다음과 같다.

① 주음향장치는 수신기의 내부 또는 그 근처에 설치할 것

② 5층(지하층을 제외한다) 이상으로서 연면적이 3,000[㎡]를 초과하는 소방대상물 또는 그 부분에 있어서는 2층 이상의 층에서 발화한 때에는 발화층 및 그 직상층에 한하여, 1층에서 발화한 때에는 발화층, 그 직상층 및 지하층에 한하며, 지하층에서 발화한 때에는 발화층, 그 직상층 및 기타의 지하층에 한하여 경보를 발할 수 있도록 할 것

③ 지구음향장치는 소방대상물의 층마다 설치하되 당해 소방대상물의 각 부분으로부터 하나의 음향장치까지의 수평거리가 25[m] 이하(지하가 중 터널의 경우에는 주행방향의 측벽 길이 50[m] 이내)가 되도록 하고 당해 층의 각 부분에 유효하게 경보를 발할 수 있도록 설치할 것. 다만, 방송설비를 자동화재탐지설비의 감지기와 연동하여 작동하도록 설치한 경우에는 지구음향장치를 설치하지 아니할 수 있다.

④ 음향장치는 다음 기준에 따른 구조 및 성능의 것으로 하여야 한다.

- 정격전압의 80[%] 전압에서 음향을 발할 수 있을 것

• 음량은 부착된 음향장치의 중심으로부터 1[m] 떨어진 위치에서 90[폰] 이상이 될 것
• 감지기 및 발신기의 작동과 연동하여 작동할 수 있는 것으로 할 것

⑤ 청각장애인용 시각경보장치는 다음 기준에 따라 설치하여야 한다.
• 복도, 통로, 청각장애인용 객실 및 공용으로 사용하는 거실(로비 · 회의실 · 강의실 · 식당 등을 말한다)에 설치하며 각 부분으로부터 유효하게 경보를 발할 수 있는 위치에 설치할 것
• 공연장 · 집회장 · 관람장 또는 이와 유사한 장소에 설치하는 경우에는 시선이 집중되는 무대 부분 등에 설치할 것
• 설치높이는 바닥으로부터 2[m]~2.5[m] 이하의 장소에 설치할 것

⑥ 하나의 소방대상물에 2 이상의 수신기가 설치된 경우 어느 수신기에서도 지구음향장치 및 시각경보장치를 작동할 수 있도록 할 것

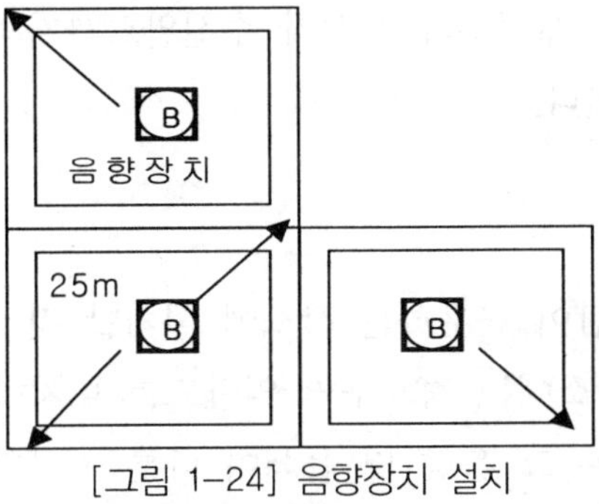

[그림 1-24] 음향장치 설치

5. 자동화재탐지설비 설치기준

(1) 수신기 설치방법

① 소방대상물의 경계구역을 각각 표시할 수 있는 회선 수 이상의 수신기를 설치하여야 한다.

② 4층 이상의 소방대상물에는 발신기와 전화통화가 가능한 P형 1급 수신기 또는 R형 수신기를 설치하여야 한다.

③ 소방대상물로서 연면적 350[㎡]를 초과하는 것에 있어서는 P형 1급 수신기, R형

수신기, 또는 회선 수 2 이상인 P형 2급 수신기를 설치한다.

④ 가스누설 탐지설비가 설치된 경우에는 가스누설 신호를 수신하여 가스누설 경보를 발할 수 있는 수신기를 설치해야 한다(가스누설 탐지설비의 수신부를 별도로 설치한 경우에는 제외한다).

⑤ 자동화재탐지설비의 수신기는 소방대상물 또는 그 부분이 지하층 · 무창층 등으로서 환기가 잘되지 아니하거나 실내면적이 40[㎡] 미만인 장소, 감지기의 부착면과 실내바닥과의 거리가 2.3[m] 이하인 장소로서 일시적으로 발생한 열 · 연기 또는 먼지 등으로 인하여 감지기가 화재신호를 발신할 우려가 있는 때에는 축적기능 등이 있는 것으로 설치하여야 한다.

⑥ M형 수신기는 화재수신 완료까지의 소요시간이 20초 이내이어야 하고 3개의 M형 발신기가 동시에 작동하는 경우에는 무간섭이며, 순차적으로 화재표시가 되어야 한다.

⑦ 수신기는 2회선이 동시에 작동하여도 화재표시가 되어야 하며 감지기의 감지 또는 P형(T형) 발신기 개시부터 수신기 수신완료까지의 소요시간은 5초(축적형은 60초) 이내이어야 한다.

(2) 수신기 설치기준

① 수위실 등 상시 사람이 근무하는 장소에 설치할 것

② 수신기가 설치된 장소에는 경계구역 일람도를 비치하여야 한다.

③ 수신기의 음향기구는 그 음량 및 음색이 다른 기기의 소음 등과 명확히 구별될 수 있는 것으로 할 것

④ 수신기는 감지기 · 중계기 또는 발신기가 작동하는 경계구역을 표시할 수 있는 것으로 할 것

⑤ 화재 · 가스 · 전기 등에 대한 종합방재반을 설치한 경우에는 당해 조작반에 수신기의 작동과 연동하여 감지기, 중계기 또는 발신기가 작동하는 경계구역을 표시할 수 있는 것으로 할 것

⑥ 하나의 경계구역은 하나의 표시등 또는 하나의 문자로 표시한다.

⑦ 수신기의 조작 스위치는 0.8[m]~1.5[m] 이하인 장소에 설치할 것

⑧ 하나의 소방대상물에 2 이상의 수신기를 설치하는 경우에는 수신기를 상호간 연동하여 화재발생 상황을 각 수신기마다 확인할 수 있도록 할 것

⑨ 전압계의 최대눈금은 회로정격전압의 140～200[%] 이하이어야 한다.

⑩ 표시등 전구는 사용전압 130[%]인 교류전압을 20시간 연속 가하는 경우 광속변화, 흑화현상이 없어야 한다.

⑪ 스위치는 각 접점의 작동을 10,000회 반복하는 경우 구조, 기능에 이상이 생기지 않아야 한다.

(3) 중계기 설치기준

① 수신기에서 직접 감지기회로의 도통시험을 행하지 아니하는 것에 있어서는 수신기와 감지기 사이에 설치할 것

② 조작 및 점검에 편리하고 화재 및 침수 등의 재해로 인한 피해를 받을 우려가 없는 장소에 설치할 것

③ 수신기에 감시되지 않는 배선을 통하여 전력을 공급받는 것에 있어서는 전원입력측의 배선에 과전류 차단기를 설치하고, 당해 전원의 정전 즉시 수신기에 표시되는 것으로 하며 상용전원 및 예비전원의 시험을 할 수 있도록 할 것

④ 중계기는 정격전압에서 2,000회 동작을 반복하는 경우 그 구조 및 기능에 이상이 없어야 한다.

⑤ 절연저항은 20[MΩ] 이상이어야 한다.

⑥ 수신개시로부터 발신개시까지 소요시간은 5초 이내이어야 한다.

(4) 전원 설치기준

① 전원은 전기가 정상적으로 공급되는 축전지 또는 교류전압의 옥내간선으로 하고, 전원까지의 배선은 전용으로 할 것

② 개폐기에는 '자동화재탐지설비용'이라고 표시한 표지를 할 것

③ 자동화재탐지설비에는 그 설비에 대한 감시상태를 60분간 지속한 후 유효하게 10분 이상 경보할 수 있는 축전지설비(수신기에 내장하는 경우를 포함한다)를 설치하여야 한다. 다만, 상용전원이 축전지 설비인 경우에는 그러하지 아니한다.

(5) 배선 설치기준

① 전원회로의 배선은 내화배선으로 하고, 그밖의 배선(감지기 상호간 또는 감지기로부터 수신기에 이르는 감지기회로의 배선은 제외한다)은 내화배선 또는 내열배선

에 따라 설치할 것

② 감지기 상호간 또는 감지기로부터 수신기에 이르는 감지기 회로의 배선은 다음 각목의 기준에 따라 설치할 것. 다만, 감지기 상호간의 배선은 600V 비닐절연전선으로 설치할 수 있다.

㉮ 아날로그식, 다신호식 감지기나 R형 수신기용으로 사용되는 것은 전자파 방해를 방지하기 위하여 쉴드선 등을 사용할 것. 다만 전자파 방해를 받지 아니하는 방식의 경우에는 그러하지 아니한다.

㉯ ㉮목 외의 일반배선을 사용할 때는 내화배선 또는 내열배선으로 사용할 것

③ 감지기 사이의 회로의 배선은 송배선식으로 한다.

④ 전원회로의 전로와 대지 사이 및 배선 상호간의 절연저항은 감지기회로 및 부속회로의 전로와 대지 사이 및 배선 상호간의 절연저항은 1경계구역마다 직류 250[V]의 절연저항 측정기를 사용하여 측정한 절연저항이 0.1[MΩ] 이상이 되도록 할 것

⑤ 자동화재탐지설비의 배선은 다른 전선과 별도의 관・덕트・몰드 또는 풀박스 등에 설치할 것. 다만, 60[V] 미만의 약전류회로에 사용하는 전선으로서 각각의 전압이 같을 때에는 그러하지 아니한다.

⑥ P형 수신기 및 GP형 수신기의 감지기 회로의 배선에 있어서 하나의 공통선에 접속할 수 있는 경계구역은 7개 이하로 할 것

⑦ 자동화재탐지설비의 감지기회로의 선로저항은 50[Ω] 이하가 되도록 하여야 하며 수신기의 각 회로별 종단에 설치되는 감지기에 접속되는 배선의 전압은 감지기 정격전압의 80[%] 이상이어야 할 것

⑧ 감지기회로의 도통시험을 위한 종단저항 기준은 다음과 같다.

㉮ 점검 및 관리가 쉬운 장소에 설치할 것

㉯ 전용함을 설치하는 경우 그 설치 높이는 바닥으로부터 1.5[m] 이내로 할 것

㉰ 감지기 회로의 끝부분에 설치하며 종단감지기에 설치할 경우에는 구별이 쉽도록 해당감지기의 기판 등에 별도의 표시를 할 것

⑨ 감지기 사이의 송배선식은 다음과 같다. 송배선 방식이란 수신기에서 감지기회로의 배선에 사용되며 다음과 같은 특징이 있다.

㉮ 감지기 (+), (−)단자에 2개씩의 접촉선을 사용하는 배선이다.

㉯ 수신기에서 2차측 외부배선(감지기・발신기)을 도중에 분기하지 않아야 배선

시작점에서 종점까지 도통시험 용이하게 할 수 있다.

⑩ 감지기 배선은 최소 굵기 1.2[mm]로 하고 전원선의 최소 굵기는 1.6[mm] 이상으로 한다(HIV 1.2[mm]).

⑪ 감지기 배선은 1.8[km]까지는 전압강하와 관계없이 1.2[mm] 전선을 사용할 수 있다. 배선저항에 따른 전압강하 때문에 기기 최저인가전압(약 17~18[V]) 이하로 되지 않도록 설계하여야 한다. 그러므로 배선거리는 다음 식으로 구할 수 있다.

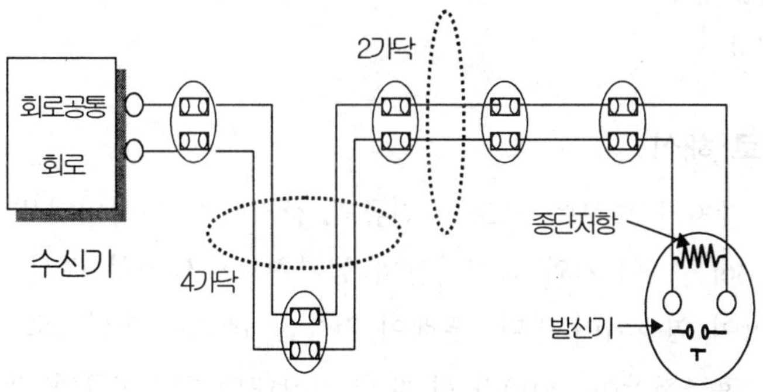

(a)종단저항을 말단에 설치하는 경우

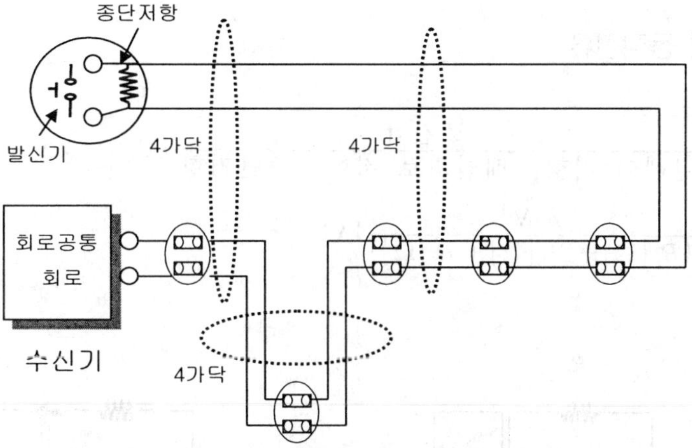

(b)종단저항을 수신기에 설치하는 경우

[그림 1-35] 송배선식 배선

$$\text{배선거리} = \frac{V}{2 \times I \times R \times n}$$

V : 허용전압강하[V]

I : 소비전류[A]

R : 배선저항(1.2[mm] : 15.8[Ω/km], 1.6[mm] : 8.92[Ω/km])

n : 기기수량

$$\text{전압강하 } e = \frac{35.6 L \cdot I}{1000 \times A}$$

A : 전선단면적[mm^2]

L : 전선길이[m]

I : 전류[A]

(6) 감지기회로 해석

정상상태에서 감지기 회로에 흐르는 전류와 감지기가 동작되었을 때의 동작전류는 다르다. [그림 1-36]은 수신기와 감지기간의 등가회로로서 P형 수신기와 릴레이, 배선, 감지기, 종단저항이 연결되어 있다. 릴레이 저항을 Rr[Ω], 배선회로 저항을 R_L[Ω], 종단저항을 R_t[Ω], 공급전압이 E[V]라 할 때 정상상태의 회로전류와 감지기 동작시 회로전류를 구할 수 있다.

1) 정상상태 동작전류

$$I = \frac{\text{회로전압}}{\text{릴레이 저항} + \text{배선회로 저항} + \text{종단저항}} [A]$$

$$= \frac{E[V]}{(R_r[\Omega] + R_L[\Omega] + R_t[\Omega])} [A]$$

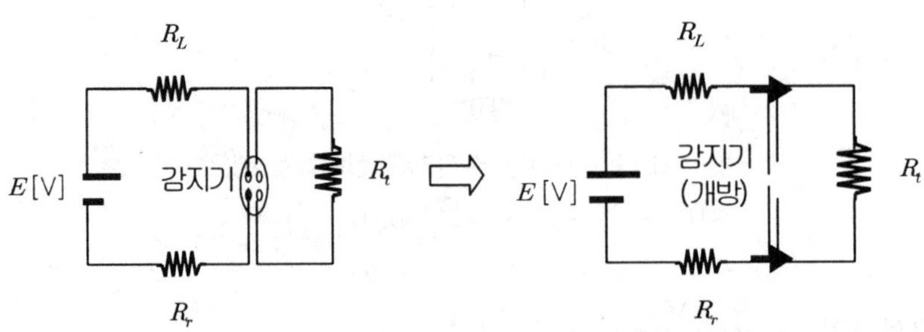

[그림 1-36] 정상상태 감지기 배선 등가회로

2) 감지기 동작시 회로저항

I＝회로전압/(릴레이저항+배선회로저항) [A]

$=E[V]/(R_r[\Omega]+R_L[\Omega])[A]$

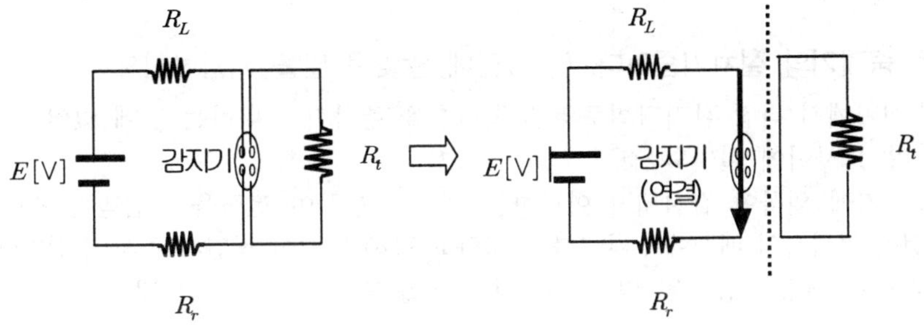

[그림 1-37] 화재시 감지기 동작 등가회로

6. 용어의 정의

① '경계구역'이라 함은 소방대상물 중 화재신호를 발신하고 그 신호를 수신 및 유효하게 제어할 수 있는 구역을 말한다.

② '수신기'라 함은 감지기나 발신기에서 발하는 화재신호를 직접 수신하거나 중계기를 통하여 수신하여 화재의 발생을 표시 및 경보하여 주는 장치를 말한다.

③ '중계기'라 함은 감지기 · 발신기 또는 전기적 접점 등의 작동에 따른 신호를 받아 이를 수신기의 제어반에 전송하는 장치를 말한다.

④ '감지기'라 함은 화재시 발생하는 열 · 연기 · 불꽃 또는 연소생성물을 자동적으로 감지하여 수신기에 발신하는 장치를 말한다.

⑤ '발신기'라 함은 화재발생 신호를 수신기에 수동으로 발신하는 장치를 말한다.

⑥ '시각경보장치'라 함은 자동화재탐지설비에서 발하는 화재신호를 시각경보기에 전달하여 청각장애인에게 점멸형태의 시각경보를 하는 것을 말한다.

⑦ '거실' 이라 함은 거주 · 집무 · 작업 · 집회 · 오락, 그밖에 이와 유사한 목적을 위하여 사용하는 방을 말한다.

제1장 자동화재탐지설비

주관식 연습문제

1. 다음은 중계기의 설치기준이다. ( )안에 알맞은 말을 기입하시오.
   - 수신기에서 직접 감지기회로의 도통시험을 행하지 아니하는 것에 있어서는 (①)와 (②) 사이에 설치할 것.
   - 수신기에 의하여 감시되지 아니하는 배선을 통하여 전력을 공급받는 것에 있어서는 전원 입력측의 배선에 (③)를 설치하고 당해 전원이 정전시 즉시 수신기에 표시되는 것으로 하며, 상용전원 및 (④)의 시험을 할 수 있도록 할 것.

2. P형 수신기에 비하여 R형 수신기의 특징 3가지만 쓰시오.

3. 답안지의 그림을 이용하여 P형 1급 수동발신기의 내부결선과 발신기 · 감지기 · 수신기 간의 결선도를 완성하시오.

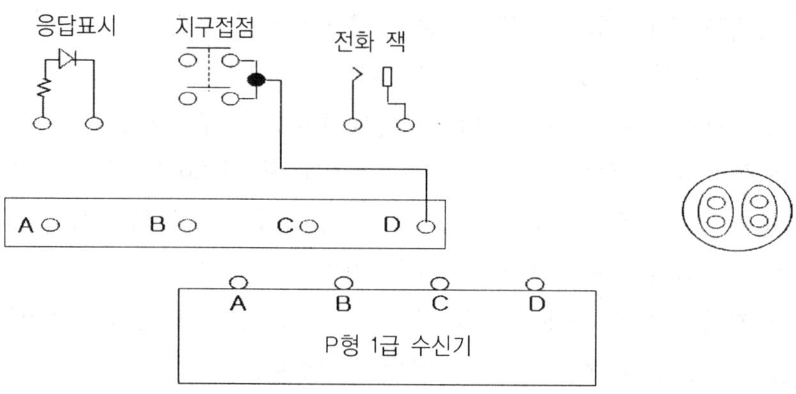

4. 지상 6층, 지하 2층으로서 연면적 3,500[m^2]인 소방대상물에 자동화재탐지설비의 음향장치를 설치하였다. 2층에서 발화한 경우 우선적으로 경보를 발하여야 할 층은?

5. P형 1급 수신기와 감지기와의 배선회로에서 종단저항은 10[kΩ], 릴레이 저항은 500[Ω], 배선회로의 저항은 50[Ω]이며, 회로전압이 24[V]일 때 각 물음에 답하시오.

   가. 평시감시전류는 몇 [mA]인가?

나. 화재시 감지기가 동작할 때의 전류는 몇 [mA]인가?

6. 자동화재탐지설비의 발신기 설치기준을 2가지로 쓰시오.

7. P형 1급 발신기이다. 경종 및 표시등은 발신기 세트에 내장되어 있고, 발신기 공통선과 경종표시등 공통선이 각각 1선씩일 경우 수신기와 연결되는 기본 가닥수는 몇 가닥인가?

8. 주어진 계통도를 보고 다음 각 물음에 답하시오. 단, 종단저항은 기기 수용상자 내에 설치하고 Ⓑ, Ⓟ, ◐은 각각 별도로 공통선을 취한다.

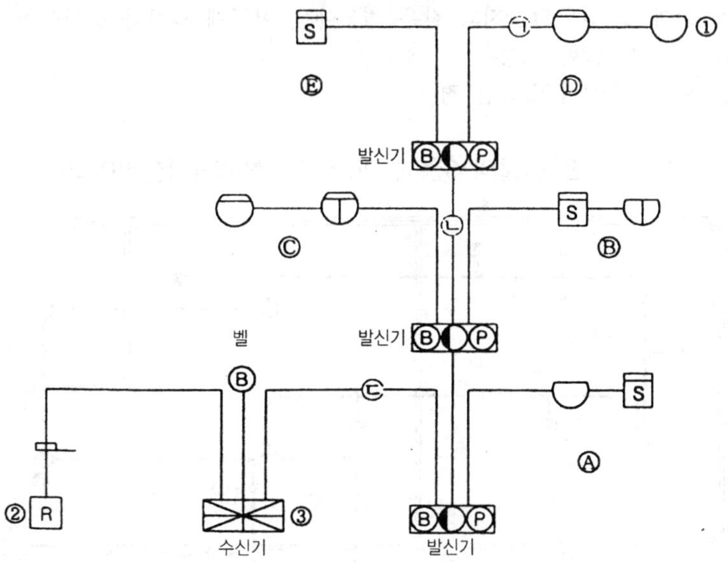

가. 도면의 ①~③에 해당되는 그림기호의 명칭은 무엇인가?
나. 도면의 ㉠~㉢에 해당되는 전선가닥수는 최소 몇 본인가?
다. ㉢전선에 대한 각 전선마다의 사용내역을 쓰시오.

9. 답안지에 주어진 지상 5층인 건물에 발화층 및 직상층 우선경보방식에 의하여 경보하고자 한다. 다이오드 4개를 추가로 사용하여 완성하시오.

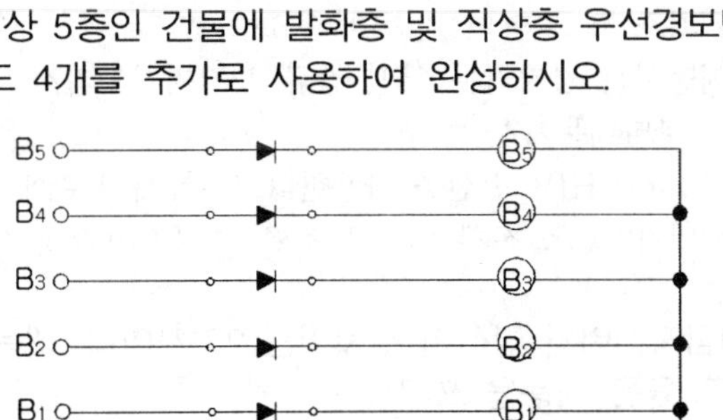

10. 자동화재탐지설비에 그림과 같은 심벌이 있었다. 이 심벌의 명칭을 쓰시오.

가.  나. 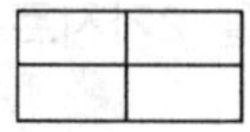 다. 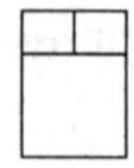

11. 자동화재탐지설비의 음향장치의 설치기준에 대한 다음 각 물음에 답하시오.

가. 정격전압은 최소 몇 [%] 전압에서 음향을 발할 수 있어야 하는가?

나. 음향은 부착된 음향장치의 중심으로부터 1[m] 떨어진 위치에서 몇 폰 이상이 되는 것으로 하여야 하는가?

다. 지상 6층, 지하 2층 이상으로 연면적이 3,000[m^2]을 초과하는 소방대상물 또는 그 부분에 있어서 답안지와 같은 경우에는 어떻게 경보를 발하여야 하는가?

① 2층에서 발화한 경우 :

② 지하 1층에서 발화한 경우 :

12. 다음 도면은 어떤 건물의 3층에 대한 자동화재탐지설비이다.

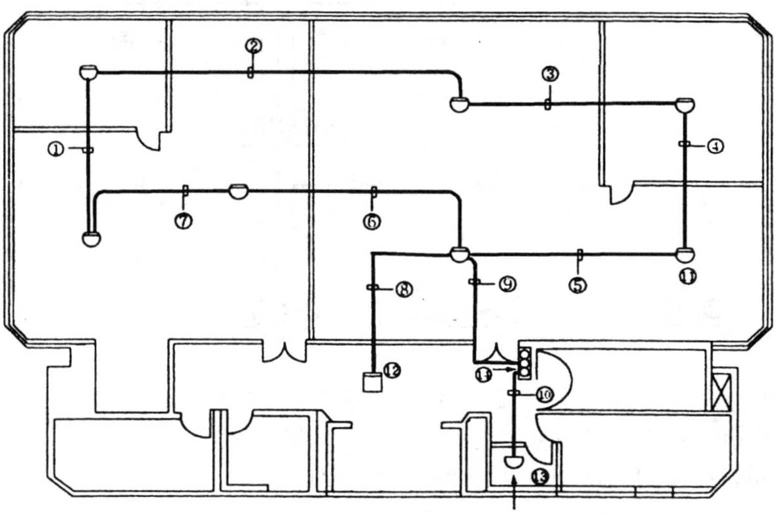

가. ①~⑩에는 최소 몇 가닥의 전선이 필요한가?

나. ⑪~⑬에 해당되는 감지기는 어떤 종류의 감지기인가?

다. ⑭는 무엇을 나타내는가?

라. 배선으로 1.2[mm] HIV 전선을 사용한다고 할 때 배관에 필요한 후강전선관의 굵기는 몇 [mm]인가? (단, 전체 배관은 같은 후강전선관을 사용한다.)

13. 다음은 자동화재탐지설비의 발신기 설치기준 2가지이다. 내용 중 잘못된 부분을 예시와 같이 지적하고 옳은 내용을 쓰시오.

(예시 : "가"번 누름스위치 → 스위치)

가. 조작이 어려운 장소에 설치하고, 그 누름스위치는 바닥으로부터 1[m] 이상 1.5[m] 이하의 높이에 설치할 것.

나. 소방대상물의 각 층마다 설치하되, 당해 소방대상물의 각 부분으로부터 하나의 발신기까지의 수직거리가 30[m] 이하가 되도록 할 것.

14. 자동화재탐지설비 수신기의 절연저항 시험에서 사용기기와 기기를 부착시키기 전에 기기를 부착시킨 후의 각각 측정할 곳은?

15. 자동화재탐지설비의 음향장치의 경보방식에는 2가지가 있다. 2가지 방식을 쓰고, 간략하게 구분하여 설명하시오.

16. 자동화재탐지설비의 감지기 배선은 발신기의 어느 단자에 연결되는지 2가지의 단자명을 쓰시오.

17. 중계기가 수신기에 의해 감시되지 않는 배선을 통해 전력을 공급받는다면 어떤 조치를 취해야 하는지 그 조치사항을 3가지만 쓰시오.

18. 그림은 P형 1급 수신기의 결선도이다. 다음 물음에 답하시오.

가. ①②③⑤의 배선의 용도는 무엇인가?

나. 본 결선도의 경보방식은 무엇인가?

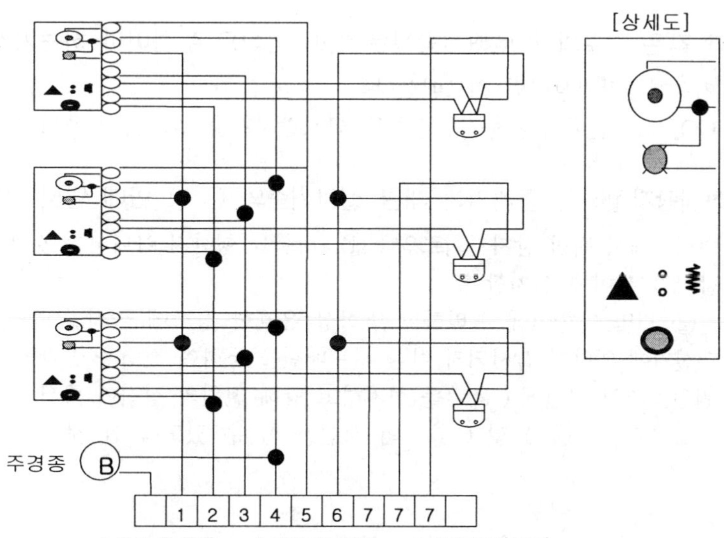

19. P형 1급 수신기의 예비전원을 시험하는 방법과 양부 판단기준에 대하여 기술하시오.

20. 지하 3층, 지상 7층 연면적 500[m^2]인 사무실 건물의 지하 1층에서 화재가 발생하였을 경우 어느 층에 한하여 경보를 발하여야 하는지 그 층들을 모두 쓰시오.

21. 그림은 지상 5층, 지하 1층의 건물에서 각 층의 자동화재 탐지설비를 나타낸 평면도이다. 이 도면을 보고 다음 각 물음에 답하시오.

가. 도면의 ①~④에 해당하는 전선가닥수는 몇 가닥인가?

나. 도면의 ⑤는 배관배선의 상승·인하·소통에서 소통을 나타내는 그림기호이다. 케이블의 방화구획 관통부에 대한 '소통'의 그림기호를 그리시오.

다. 수신기를 1층에 설치한다고 할 때 이 설비의 입상계통도를 그리고, 입상전선의 최소 가닥수를 표시하시오(단, 전선관 및 전선의 굵기와 감지기는 표시하지 않아도 된다).

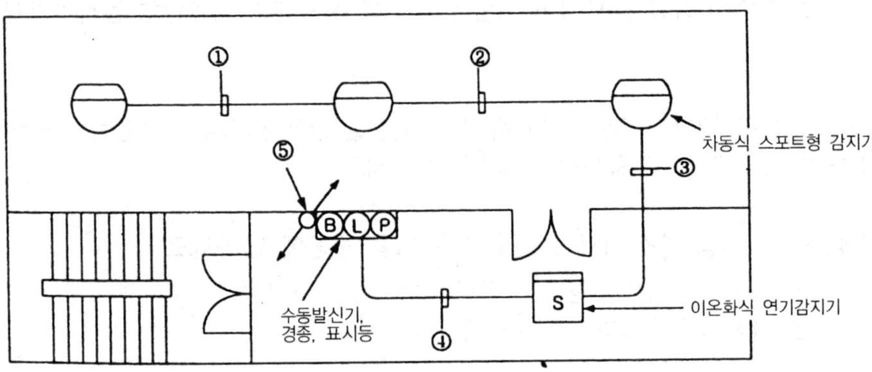

22. 다음과 같은 경우의 회로배선방식은 어떤 방식으로 하여야 하는가?

가. 자동화재탐지설비의 회로배선방식

나. CO_2 소화설비의 자동기동장치로 화재감지기를 설치한 경우의 회로배선방식

23. 자동화재탐지설비의 중계기에 대한 설치기준의 (　) 안에 알맞은 것은?

- 수신기에서 직접 감지기회로의 (①)시험을 행하지 아니하는 것에 있어서는 수신기와 감지기 사이에 설치할 것
- (②) 및 (③)에 편리하고 방화상 유효한 장소에 설치할 것
- 수신기에 의하여 감시되지 아니하는 배선을 통하여 전력을 공급받는 것에 있어서는 전원입력측의 배선에 (④)를 설치하고 당해 전원의 정전이 즉시 수신기에 표시되는 것으로 하며, (⑤) 및 (⑥)의 시험을 할 수 있도록 할 것

24. 자동화재탐지설비의 속보 세트의 결선도 및 계통도에 대한 것이다. 다음 각 물음에 답하시오.

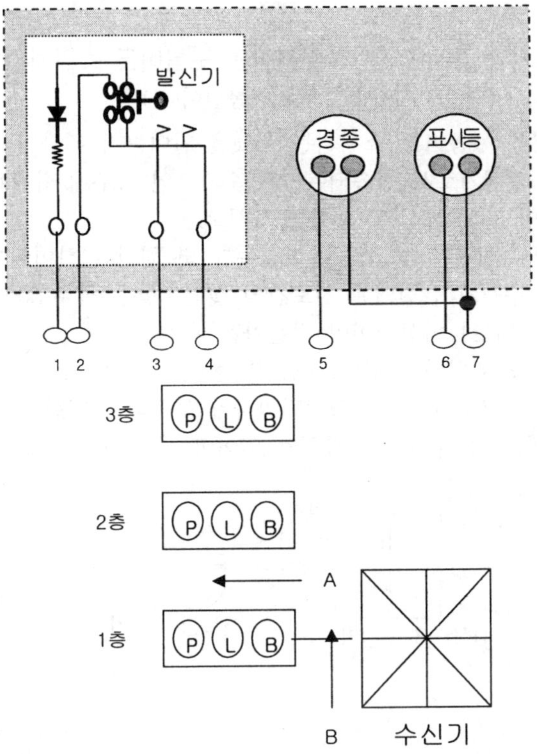

가. ①~⑦의 각 선의 명칭은?

나. 직상발화 우선경보방식일 경우 A, B의 최소 전선가닥수는 몇 가닥인가?

25. 수동발신기 세트의 지구경종과 표시등을 공통선을 사용하여 작동시키려고 한다. 이때 공통선에 흐르는 전류는 몇 [A]인가? 단, 경종은 DC 24[V], 2.4[W], 표시등은 0.72[W]이다.

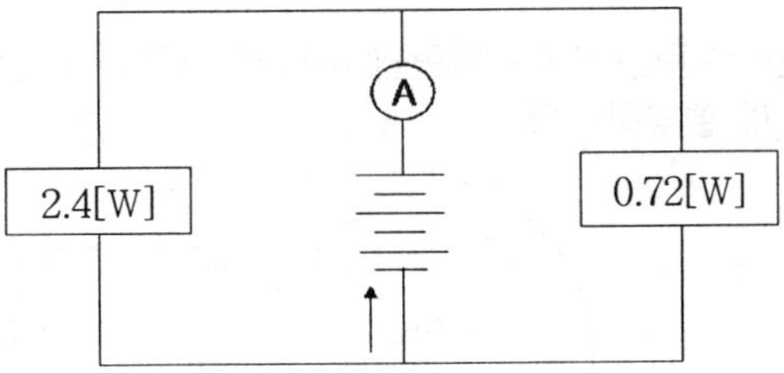

26. 연면적 5000[m^2]이고 지상 5층, 지하 1층이며 각 층에 각각 경계구역이 1인 건물의 자동화재탐지설비의 간선계통도를 그리고, 최소 선수를 표시하시오.(단, 수신기는 P형 1급 10회로 수신기이며, 설치장소는 지상 1층이다.)

27. P형 2급 수신기와 감지기 및 회로시험용 누름버튼 스위치간의 배선도를 보고 다음 각 물음에 답하시오.(단, N : 표시선, C : 공통선이다.)

가. 회로시험용 누름버튼 스위치는 무엇을 알아보기 위하여 설치하는 것인가?

나. P형 2급 수신기로서 접속되는 회선수가 1인 경우에 화재표시등 및 어떤 장치를 설치하지 않아도 되는지 그 장치를 쓰시오.

다. P형 2급 수신기는 접속되는 회선수가 몇 회선 이하이어야 하는가?

라. P형 2급 수신기의 절연된 선로간의 절연저항은 직류 500[V]의 절연저항계로 측정한 값이 몇 [MΩ] 이상이어야 하는가?

마. 누름버튼 스위치의 그림기호(접점기호)를 그리시오.

바. 주전원이 정지되고 또한 정지되었다가 복구되는 일련의 과정에서 P형 2급 수신기의 전원은 어떻게 유지되는 장치가 있어야 하는지를 상세하게 설명하시오.

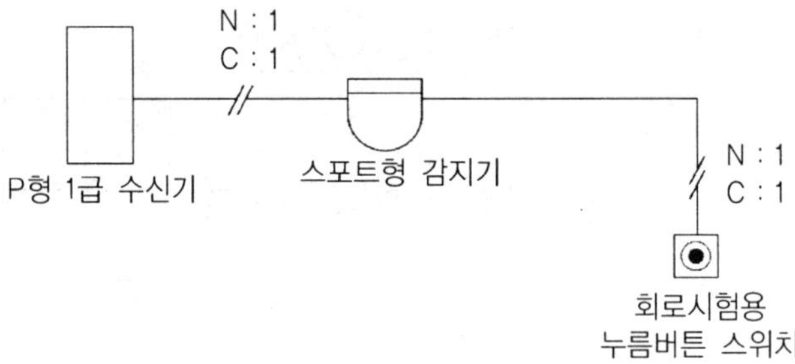

28. 자동화재탐지설비의 수신기의 화재표시 작동시험에서 가부 판정여부의 기준으로 3가지를 쓰시오.

29. 중계기가 수신기에 의해 감시되지 않는 배선을 통해 전력을 공급받는다면 어떤 조치를 취해야 하는지 그 조치사항을 3가지만 쓰시오.

30. 다음은 P형 1급 수동발신기의 외형을 나타낸 그림이다. ①, ②에 대한 명칭을 쓰고, 그 용도를 간략하게 설명하시오.

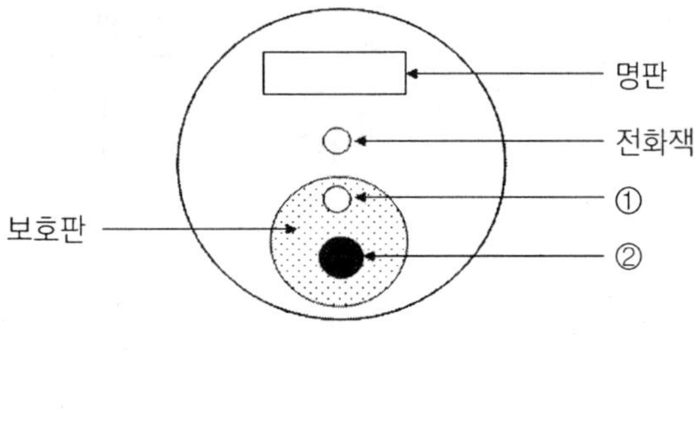

제1장 자동화재탐지설비

객관식 연습문제

1. P형 2급 발신기의 구성요소가 아닌 것은?
   가. 명판　　나. TM위치
   다. 보호판　　라. 응답램프

2. 수동발신기 스위치를 작동시켰더니 화재표시 동작을 하지 않았다. 그 원인으로 볼 수 없는 것은?
   가. 응답램프 불량　　나. 배선의 단락
   다. 발신기 접점불량　　라. 감지기 불량

3. M형 수신기는 어디에 설치하여야 하나?
   가. 경비실　　나. 아파트 복도
   다. 경찰서　　라. 관할 소방관서 내

4. 옥외형 M형 발신기는 100[V]에서 300[V]까지의 전압으로 작동하는 용량 3[A]의 무엇을 갖추어야 하는가?
   가. 보안기　　나. 중계기
   다. 수신기　　라. 경보기

5. 발신기를 기능에 따라 분류한 것이 아닌 것은?
   가. R형　　나. T형
   다. M형　　라. P형

6. 스위치 작동시 발신기 고유신호를 소방관서에 전달하는 발신기는 무슨형 발신기인가?
   가. P형 발신기　　나. R형 발신기
   다. A형 발신기　　라. M형 발신기

7. 자동화재탐지설비의 발신기는 소방대상물의 몇 개 층마다 설치하며, 당해 소방대상물의 각 부분으로부터 하나의 발신기까지의 수평거리가 몇 [m] 이하가 되도록 하는가?
   가. 격층, 25　　나. 격층, 30
   다. 각층, 25　　라. 각층, 30

정답

1. 라 2. 라 3. 라 4. 가 5. 가 6. 라 7. 다

8. M형 발신기의 작동스위치의 보호판에 사용하는 무기질 유리의 최대 두께는 몇 [mm] 이하이어야 되는가?

가. 2 나. 4
다. 6 라. 8

9. 다음 중 P형 1급 발신기의 구조나 기능이 아닌 것은?

가. 응답확인 램프 나. 스위치
다. 회로시험 라. 전화잭

10. 자동화재탐지설비의 발신기 설치기준으로 옳은 것은?

가. 소방대상물의 층마다 설치한다.
나. 수신기와 발신기간의 거리는 20[m] 이내가 되도록 한다.
다. 조작이 쉽지 않은 장소에 설치하여야 한다.
라. 스위치는 바닥으로부터 0.8[m] 이내에 설치하여야 한다.

11. 중계기는 화재신호를 수신하고부터 발신개시까지의 시간을 몇 초 이내로 하여야 하는가?

가. 3 나. 4
다. 5 라. 6

12. 중계기의 반복시험으로 정격 사용전압 및 정격 사용전류 상태로 몇 회 반복시험을 가하였을 때 구조나 기능에 이상이 없어야 하는가?

가. 1,000 나. 2,000 다. 3,000 라. 4,000

13. 수신기에서 직접 감지기 회로의 도통시험을 행하지 아니하는 자동화재탐지설비의 중계기는 어디에 설치하여야 하는가?

가. 수신기에 직접설치 나. 종단저항에 설치
다. 수신기와 발신기 사이에 설치 라. 수신기와 감지기 사이에 설치

14. 중계기의 구조 및 기능에 관한 설명으로 옳은 것은?

가. 정격전압이 60[V]를 넘는 중계기의 외함에는 접지단자를 설치한다.
나. 예비전원 회로에는 단락사고 등으로부터 보호하기 위한 개폐기를 설치한다.
다. 화재신호에 영향을 미칠 우려가 있더라도 조작부는 설치하여야 한다.
다. 수신개시로부터 발신개시까지의 시간을 30초 이내이어야 한다.

15. 옥내소화전설비의 위치를 표시하는 표시등은 함의 상부에 설치하되 그 불빛은 부착면으로부터 몇 도 이상의 범위 안에서 10[m] 이내의 어느 곳에서도 쉽게 식별할 수 있어야 하는가?

정답

8. 가 9. 다 10. 가 11. 다 12. 나 13. 라 14. 가 15. 다

다. 5　　　나. 10　　　다. 15　　　라. 20

16. 자계 내에 있는 가동코일에 전류가 흘러 진동판(cone)을 움직이게 하여 음이 발생되도록 한 구조로 진폭이 넓은 범위에 걸쳐 찌그러짐이 없고 저역재생이 양호하여 고층건물용으로 많이 보급되고 있는 확성기(speaker)는?

가. 다이내믹(dynamic) 확성기　　나. 마그네틱(magnetic) 확성기
다. 크리스탈(crystal) 확성기　　라. 콘덴서(condenser) 확성기

17. 경계구역에서 계단 · 경사로 등은 별도의 경계구역을 설치하되 하나의 경계구역의 높이는 몇 [m] 이하로 하는가?

가. 15미터 이하　　나. 25미터 이하
다. 35미터 이하　　라. 45미터 이하

18. 지하구의 길이가 3[km]일 경우 자동화재탐지설비의 경계구역은 최소 몇 개가 되어야 하는가?

가. 3　　나. 4
다. 5　　라. 6

19. 자동화재탐지설비의 경계구역을 설정할 때 계단, 경사로, 파이프덕트 기타 이와 유사한 부분에는 별도로 경계구역을 설정하는데 하나의 경계구역의 높이는 몇 [m] 이하로 하는가?

가. 45　　나. 50
다. 55　　라. 60

20. 자동화재탐지설비의 경계구역을 설정할 때 2개 층을 하나의 경계구역으로 할 수 있는 면적의 기준은 몇 [㎡] 이하인가?

가. 300　　나. 500
다. 1,000　　라. 1,500

21. 자동화재탐지설비의 경계구역을 설치할 때 하나의 경계구역의 면적은 정해진 면적 이하로 하여야 한다. 이때 한 변의 길이는 몇 [m] 이하로 하여야 하는가?

가. 30　　나. 40
다. 50　　라. 60

22. 자동화재탐지설비의 배선에 관한 기준으로 적합하지 않은 것은?

가. 전원회로의 전로와 대지사이 및 배선 상호간의 절연저항은 전기사업법에 의한 기술기준에 의한다.
나. 감지기회로 및 부속회로의 전로와 대지사이 및 배선 상호간의 절연저항은 1경계구역

정답

16. 가　17. 라　18. 다　19. 가　20. 나　21. 다　22. 라

마다 직류 250[V]의 절연저항 측정기로 측정할 때 0.1[MΩ] 이상으로 한다.
다. 감지기 사이의 회로의 배선은 송배전식으로 한다.
라. 감지기회로의 도통시험을 위한 종단저항은 수신기함의 외부에 설치하여야 한다.

23. 자동화재탐지설비의 전원으로 사용되는 축전지설비에 대한 설명으로 옳은 것은?
가. 배선은 IV전선을 사용한 합성수지관 공사로 하여야 한다.
나. 축전지설비의 전원용량은 1.5[kVA] 이상이어야 한다.
다. 축전지설비에는 원통밀폐형 연축전지 또는 무보수 밀폐형 니켈카드늄 축전지를 사용하여야 한다.
라. 감시상태를 60분간 지속한 후 유효하게 10분 이상 경보할 수 있는 용량이어야 한다.

24. 소방대상물 중 자동화재탐지설비 설치대상으로 P형 1급 수신기 또는 R형 수신기를 설치해야 할 대상은?
가. 1층 이상 소방대상물　나. 2층 이상 소방대상물
다. 3층 이상 소방대상물　라. 4층 이상 소방대상물

25. 자동화재탐지설비의 전원에 대한 기준으로 틀린 것은?
가. 전원은 전기가 정상적으로 공급되는 축전지
나. 축전지를 절약할 수 있는 자가발전설비
다. 교류전압의 옥내간선으로 한다.
라. 전원까지의 배선은 전용으로 한다.

26. 자동화재탐지설비의 수신기의 전압계 지시값이 0[V]인 경우 관계가 없다고 판단되는 것은?
가. 전압계의 고장　나. 정류기의 고장
다. 감지기의 고장　라. 전원전압 회로의 고장

27. P형 2급 수신기로 행할 수 있는 시험은?
가. 지구음향장치 작동시험
나. 발신기 등과 연락할 수 있는 전화연락 장치시험
다. 회로도통시험
라. 화재표시 작동시험

28. 자동화재탐지설비에서 비화재보가 빈번할 때의 조치로서 적당하지 않은 것은?
가. 감지기 설치장소에 급격한 온도상승을 가져오는 발열체가 있는지를 조사
나. 전원회로의 전압계 지시값이 0인가를 확인
다. 수신기 내부의 계전기 기능을 조사
라. 감지기 회로배선의 절연상태 조사

정답

23. 라 24. 라 25. 나 26. 다 27. 라 28. 나

29. 자동화재탐지설비의 감지기회로의 전로저항은 몇[Ω] 이하가 되도록 하여야 하는가?

가. 30　　나. 40
다. 50　　라. 60

30. R형 수신기의 기능과 가스누설경보기의 수신부 기능을 겸한 수신기는?

가. M형 수신기　　나. R형 수신기
다. GP형 수신기　　라. GR형 수신기

31. 자동화재탐지설비의 예비전원으로 축전지설비를 설치한 경우 옳은 것은?

가. 감시상태를 20분간 지속한 후 유효하게 10분 이상 경보할 수 있어야 한다.
나. 감시상태를 20분간 지속한 후 유효하게 20분 이상 경보할 수 있어야 한다.
다. 감시상태를 60분간 지속한 후 유효하게 10분 이상 경보할 수 있어야 한다.
라. 감시상태를 60분간 지속한 후 유효하게 20분 이상 경보할 수 있어야 한다.

32. 자동화재탐지설비의 감지기 작동과 연동해서 작동시키지 않아도 되는 소화설비는?

가. 분말소화설비　　나. 이동식 포말소화설비
다. 물분부소화설비　　라. 개방형 헤드를 설치한 스프링클러설비

33. 자동화재탐지설비의 수신기 종류에 해당되는 것은?

가. C형　　나. L형
다. R형　　라. G형

34. 수신기에 사용하는 전자계전기에 관한 설명 중 옳지 않은 것은?

가. 접점은 GS합금 또는 이와 동등 이상이어야 한다.
나. 자체 하중에 의하여 영향을 받지 않도록 부착한다.
다. 접점 밀봉형 이외의 것은 접점이나 가동부에 먼지가 들어가지 않도록 적당한 방진커버를 설치한다.
라. 동일 접점에서 동시에 내부부하와 외부부하에 직접 전력을 공급하도록 하여야 한다.

35. 자동화재탐지설비의 전원에 대한 기준으로 틀린 것은?

가. 전기가 정상적으로 공급되는 축전지
나. 축전지를 절약할 수 있는 자가발전설비
다. 교류전압의 옥내간선
라. 전원까지의 배선은 전용

정답

29. 다 30. 라 31. 다 32. 나 33. 다 34. 라 35. 나

36. 도통시험을 한 결과 단선이 된 회선이 있었을 때 그 원인으로 적당하지 않다고 생각되는 것은?

가. 말단에 종단저항이 없었다.
나. 회로선로가 단선이 되었다.
다. 도통시험 릴레이의 접점불량이다.
라. 시험스위치의 불량이다.

37. 소방대상물에 자동화재탐지설비의 감지기를 설치하지 않아도 되는 곳은?

가. 목욕실 · 변소, 기타 이와 유사한 장소
나. 습기가 별로 없는 건조한 장소
다. 사람의 왕래가 별로 없는 장소
라. 천장 또는 반자 높이가 15[m] 이상, 20[m] 미만인 장소

38. 수신기의 구조 및 일반기능에 대한 설명 중 옳은 것은?

가. 정격전압이 60[V]를 넘는 기구의 금속제 외함에는 접지단자를 설치하여야 한다.
나. 예비전원회로에는 단락사고 등으로부터 보호하기 위한 개폐기를 설치한다.
다. 극성이 있는 경우에는 오접속 방지장치를 하지 않아도 된다.
라. 내부에는 주전원의 양극을 별도로 개폐할 수 있는 전원스위치를 설치하여야 한다.

39. 자동화재탐지설비의 상시개로식의 회로말단에 발신기 등을 설치하여야 할 수 있는 시험은?

가. 도통시험 나. 절연내력시험
다. 절연저항시험 라. 접지저항 측정시험

40. 자동화재탐지설비의 전원에 관한 설명으로 틀린 것은?

가. 전원까지의 배선은 전용으로 한다.
나. 상용전원으로 축전지설비를 할 경우라도 비상전원은 생략할 수는 없다.
다. 개폐기에는 '자동화재탐지설비용'이라고 표시한 표지를 한다.
라. 전기가 정상적으로 공급되는 축전지 또는 교류전압 옥내간선으로 한다.

41. A, B 두 개의 신호 중 어느 하나만 입력하면 on하는 회로는?

가. OR 게이트 나. NAND 게이트
다. NOR 게이트 라. EXCLUSIVE OR 게이트

42. 자동화재탐지설비의 GP형 수신기에 연결된 감지기회로의 전로저항은 몇 [Ω] 이하이어야 하는가?

가. 30 나. 50 다. 100 라. 200

정답

36. 다 37. 가 38. 가 39. 가 40. 나 41. 가 42. 나

43. 자동화재탐지설비의 음향장치 설치기준 중 틀린 것은?

가. 주음향장치는 수신기의 내부 또는 그 직근에 설치할 것
나. 사용전압의 75% 전압에서 음향을 발할 수 있는 것으로 할 것
다. 부착된 음향장치의 중심에서 1[m] 떨어진 위치에서 90[폰] 이상이 되는 것으로 할 것
라. 감지기의 작동과 연동하여 작동할 수 있는 것으로 할 것

44. 화재표시 작동시험이 아닌 것은?

가. 저전압 시험　　　　나. 지구램프 작동시험
다. 화재작동 시험　　　라. 지구음향장치 작동시험

45. 감지기회로 및 부속회로의 전로와 대지 사이 배선 상호간의 절연저항은 1경계구역마다 직류 250[V]의 절연저항 측정기를 사용하여 측정한 절연저항이 몇 [MΩ] 이상이 되어야 하는가?

가. 0.01　　나. 0.05　　다. 0.1　　라. 0.5

46. 자동화재탐지설비용 R형 수신기의 장점이 아닌 것은?

가. R형 수신기는 화재시 동 신호를 소방관서에 즉시 연락하므로 소방차의 출동에 도움을 준다.
나. R형 수신기는 중계기·수신기간의 선로가 적으므로 대규모 건물에 설치할 때 P형 1급수신기보다 간선의 설치비용이 절감된다.
다. R형 수신기는 건물을 확장할 때 중계기와 수신기를 추가 설치하기가 용이하다.
라. R형 수신기는 중계기의 고장이나 퓨즈 단선 등을 즉각 알 수 있는 감시회로가 있어 신뢰성이 높다.

47. 사무실 건물에 설치된 자동화재탐지설비에 오보가 발생했을 경우 취하여야 할 사항이 아닌 것은?

가. 감지구역이 적당한가를 검정한다.
나. 감지기회로의 절연상태를 점검한다.
다. 감지기 설지상소에 석응성이 있는가를 점검힌다.
라. 감지기 회로의 도통시험을 행한다.

48. 수신기에서 시험용 스위치를 사용하여 화재작동시험을 한 결과 표시램프가 점등되지 않는 경우, 고장의 원인으로 볼 수 없는 것은?

가. 감지기회로 배선의 단선　　나. 표시램프 배선의 단선
다. 표시램프의 단선　　　　　　라. 표시램프 소켓의 접촉불량

정답

43. 나 44. 가 45. 다 46. 가 47. 가 48. 가

49. 자동화재탐지설비의 수신기에 이상이 발생되어 시험을 하였을 때 전압계가 0[V]를 가리키지 않는 시험은?

가. 도통시험　　나. 자동복구시험
다. 주경종 정지시험　　라. 복구시험

50. 자동화재탐지설비의 수신기 종류에 해당되는 것은?

가. C형　　나. G형　　다. L형　　라. R형

51. 자동화재탐지설비의 배선공사 방법으로 적당하지 않는 것은?

가. 가요전선공사　　나. 금속덕트공사
다. 케이블공사　　라. 애자사용공사

52. 자동화재탐지설비의 P형 1급 수신기에 관한 시험에서 접점이 구성되면 자기유지 기능이 작동되어 회로선택 스위치를 원위치로 되돌려도 복구스위치를 조작할 때까지 작동상태를 지속하는 것은?

가. 회로도통시험　　나. 예비전원시험
다. 절연저항시험　　라. 화재표시시험

53. 자동화재탐지설비에는 그 설비에 대한 감시상태를 60분간 지속한 후 유효하게 몇 분 이상 경보할 수 있는 축전지설비를 하여야 하는가?

가. 10　　나. 20　　다. 30　　라. 40

54. 4층 이상의 소방대상물에 설치할 수 있는 수신기는?

가. P형 2급, R형　　나. P형 2급, GP형
다. P형 2급, GR형　　라. P형 1급, R형

55. 감지기회로의 배선을 송배전식으로 하는 이유는?

가. 화재신호를 빠르게 보내기 위함이다.
나. 감지기에서의 열손실을 줄이기 위함이다.
다. 감지기 근처에서 단선에 의한 사고를 방지하기 위함이다.
라. 비화재시 전력소모를 방지하기 위함이다.

56. 감지기 설치공사에서 표시선의 기호는 어느 것인가?

가. A　　나. C　　다. T　　라. L

정답

49. 다 50. 라 51. 라 52. 라 53. 가 54. 라 55. 다 56. 라

57. R형 수신기에 대한 설명으로 틀린 것은?

가. 선로수가 적게 들어 경제적이다.
나. 선로길이를 길게 할 수 있다.
다. 증설 및 이설이 비교적 용이하다.
라. 중계기가 불필요하다.

58. 자동화재탐지설비의 배선 중 잘못된 것은?

가. 상시개로식 배선에는 말단에 종단저항 설치
나. 감지기 회로배선은 송배전식
다. 공통선에는 7경계구역 이하
라. 감지기 1회로의 저항은 60[Ω] 이하

59. 자동화재탐지설비에서 비화재보가 계속되고 있을 경우의 조치로 적당하지 않은 것은?

가. 감지기회로 배선의 절연상태를 조사한다.
나. 수신기 내부에 계전기의 기능을 조사한다.
다. 전원회로의 전압계의 지시값이 0인가의 여부를 조사한다.
라. 감지기의 설치장소에 이상하게 온도를 상승시키는 발열체가 있는가를 조사한다.

60. 수신기의 설치기준으로 옳지 않은 것은?

가. 수위실 등 상시 사람이 근무하고 있는 장소에 설치하고, 그장소에는 경계구역 일람도를 설치할 것
나. 수신기의 음향기구는 그 음향 및 음색이 다른 기기의 소음 등과 명확히 구별될 수 있는 것으로 할 것
다. 하나의 표시등에 2 이상의 경계구역이 표시되도록 할 것
라. 화재・가스・전기 등에 대한 종합방재반을 설치한 경우에는 당해 조작반에 수신기의 작동과 연동하여 감지기 중계기 또는 발신기가 작동하는 경계구역을 표시할 것

61. 전원으로부터 수신기까지의 배선방법으로 잘못된 것은?

가. MI케이블 사용　　나. 금속덕트 공사
다. 내화전선 사용　　라. 내화구조의 주요 구조부에 매입

62. 자동화재탐지설비의 배선을 다음과 같이 하였다. 옳지 않은 것은?

가. P형 수신기의 감지기회로의 전로저항을 50[Ω]이 되도록 하였다.
나. 차동식 분포형 감지기회로의 배선을 제외하고 차동식 스포트형 감지기회로의 배선을 송배선식으로 하였다.
다. 자동화재탐지시설의 배선은 3선식으로 하여야 한다.
라. P형 1급 수신기의 감지기회로의 공통선은 1개 담당에 대하여 7개 경계구역 이내로 하였다

정답

57. 라 58. 라 59. 다 60. 다 61. 라 62. 다

63. 감지기회로의 배선시 공통선 1회선에 몇 회로까지 결선할 수 있는가?

가 .3　　나. 5
다. 7　　라. 9

64. 자동화재탐지설비의 비상전원으로서 적당하지 않은 것은 어느 것인가?

가. 자가발전설비　　나. 비상전원 수전설비
다. 연축전지　　라. 포켓식 알칼리 축전지

65. 자동화재탐지설비의 결선방법 중 P형 수신기 감지회로의 배선에 있어서 하나의 공통선에 접속할 수 있는 경계구역은 몇 개 이하로 하여야 하는가?

가. 5　　나. 6
다. 7　　라. 8

66. 자동화재탐지설비의 부속장치로 적합하지 않은 것은?

가. 스프링클러 표시장치　　나. 방송설비 표시장치
다. 순회장치　　라. 피난구 유도등 설비

67. M형 수신기에 대한 기능의 설명으로 틀린 것은?

가. 화재작동 시험장치가 있어야 하며, 접속되는 회선수는 5회선 이하이어야 한다.
나. 외부배선의 회로저항 및 절연저항 측정장치가 있어야 한다.
다. 예비전원의 양부를 시험할 수 있는 장치가 있어야 한다.
라. 외부배선의 단선 및 지락시 자동으로 표시되는 고장신호장치가 있어야 한다.

68. 감지기의 배선방식에서 종단저항을 마지막 감지기에 설치하지 않고 수신기 또는 발신기 속에 설치하는 것이 일반적이다. 그 주된 이유는?

가. 도통시험을 용이하게 하기 위함
나. 절연저항 시험을 용이하게 하기 위함
다. 시공을 용이하게 하기 위함
라. 배선의 길이를 절약하기 위함

69. P형 1급수신기의 화재작동시험이 제대로 되지 않는다. 해당 점검부분이 아닌 것은?

가. 릴레이의 작동　　나. 램프의 단선
다. 회로의 단선　　라. 주전원의 차단

70. P형 1급 수신기의 시험중 수동발신기와 수신기 사이에 시험자 2인이 행하여야 하는 시험은?

가. 화재시험　　나. 도통시험
다. 예비전원시험　　라. 전화시험

정답

63. 다 64. 가 65. 다 66. 라 67. 가 68. 가 69. 라 70. 라

71. 수신기에 내장하는 음향장치는 사용전압의 최소 몇 [%]인 전압에서 소리를 내어야 하는가?

가. 65 나. 70 다. 75 라. 80

72. 자동화재탐지설비용 수신기의 전원전압 변동범위는?

가. ±5% 나. ±10% 다. ±15% 라. ±20%

73. 수신기의 화재표시 작동시험과 관계없는 것은?

가. 접점수고시험 나. 화재표시램프의 시험
다. 지구표시램프의 시험 라. 음향장치의 시험

74. 경보설비용 수신기의 회로 전압이 직류 24[V]인 것의 예비전원(직류전원)은 최소 몇[V] 이상을 유지하여야 기능에 이상이 없는가?

가. 17.4 나. 19.2
다. 21.6 라. 22.8

75. 벽걸이형 수신기의 스위치등 조작부 높이는 바닥으로부터 몇 [m] 이상 몇 [m] 이하 이어야 하는가?

가. 1-1.5 나. 1-1.8
다. 0.8-1.5 라. 0.8-1.8

76. P형 2급 수신기와 관련이 없는 사항은?

가. 접속되는 회선수가 5회로 이하이다.
나. 예비전원 양부시험장치가 있다.
다. 화재표시 작동시험장치가 있다.
라. 외부배선의 도통시험장치가 있다.

정답

71. 라 72. 라 73. 가 74. 나 75. 다 76. 라

제2장 감지기

감지기는 화재로 발생되는 열·연기를 이용하여 자동적으로 화재발생을 감지한 후 수신기에 전달하는 기기로 열을 이용하는 열감지기와 연기를 이용하는 연기감지기가 있다. 이러한 감지기는 화재 초기단계에서 발생되는 열·연기를 자동적으로 감지하여 건물 내의 관리자에게 벨·사이렌 등의 음향으로 화재발생을 알리는 동시에 수신기에 화재 발생 장소를 명확히 알림으로써 소화활동을 효율적으로 행할 수 있도록 하는 설비이다.

1. 감지기의 종류

감지기는 소방대상물의 종류·구조·주위환경 등에 따라 적절히 설치하여야 그 기능이 발휘할 수 있다. 그러므로 감지기의 종류(열·연기 등)와 감지위치 등을 고려하여 감지기를 선정하여야 한다.

또한 지하층·무창층 등으로서 환기가 잘되지 아니하거나 실내면적이 40[㎡] 미만인 장소, 감지기의 부착면과 실내바닥과의 거리가 2.3[m] 이하인 곳으로서 일시적으로 발생한 열·연기 또는 먼지 등으로 인하여 화재신호를 발생할 우려가 있는 장소에는 다음 각 호에서 정한 감지기 중 적응성 있는 감지기를 설치하여야 한다.

- 불꽃감지기
- 정온식 감지선형 감지기
- 분포형 감지기
- 복합형 감지기
- 광전식 분리형 감지기
- 아날로그 방식의 감지기
- 다신호방식의 감지기
- 축적방식의 감지기

또한 감지기는 부수적인 기능에 따라 다음과 같이 분류될 수 있다.

- 방수형의 유무에 따라 방수형과 비방수형
- 내식성의 유무에 따라 내식성이 있는 내산성형, 내알칼리형과 내식성이 없는 보통형
- 재사용 가능여부에 따라 재용형과 비재용형
- 방폭구조의 유무에 따라 방폭형과 비방폭형
- 음향장치의 내장여부에 따라 단독경보형과 분리형

〈표 2-1〉은 화재발생의 메커니즘과 화재발생시 발생하는 물리・화학적인 변화에 따른 사용환경에 적합한 감지기의 분류이다.

〈표 2-1〉 감지기의 분류

- 열감지기
  - 차 동 식
    - 스포트형(1종, 2종)
      - 공기식
      - 전기식
        - 열전대식
        - 열반도체식
    - 분포형(1종, 2종, 3종)
      - 공기식
      - 전기식
        - 열전대식
        - 열반도체식
  - 정 온 식
    - 스포트형(특종, 1종, 2종)
    - 감지선형(특종, 1종, 2종)
  - 보 상 식
    - 스포트형(1종, 2종)
- 연기감지기
  - 이 온 화 식
    - 스포트형
      - 비축적형(1종, 2종, 3종)
      - 축적형(1종, 2종, 3종)
  - 광 전 식
    - 스포트형
      - 산란광식
      - 감 광 식
        - 비축적형(1종, 2종, 3종)
        - 축적형(1종, 2종, 3종)
    - 분 포 형
      - 축적형(1종, 2종)
      - 비축적형(1종, 2종)
    - 공기흡입형
- 불꽃감지기
  - 자외선, 적외선, 복합형
- 특수감지기
  - 복합형 감지기
    - 열, 연복합형
  - 다신호식감지기
    - 종별, 온도, 축적구성
  - 아날로그식 감지기
  - 어드레스식 감지기

2. 감지기의 동작기능

감지기가 화재감지 기능을 수행하기 위해서는 화재시 발생되는 물리·화학적 변화량을 검출하는 센서기능, 화재여부를 판단하는 판단기능, 화재신호를 수신기로 송출하는 발신기능을 구비하여야 한다.

(1) 센서기능

화재시 온도·연기·일산화탄소·자외선·적외선·열복사선 등의 물리·화학적 변화량을 감지기에서 탐지하는 기능이다.

(2) 판단기능

감지기는 화재로 인한 물리·화학적 변화량이 정해진 양 이상으로 정해진 시간 이상 지속되면 이것을 화재라고 판단하게 된다. 감지기가 화재라고 판단하는 기준이 되는 물리·화학적 변화량를 감도라 하는데 감도는 특종, 1종, 2종, 3종으로 구분되며 특종으로 갈수록 감도가 예민해진다.

(3) 발신기능

감지기가 수신기에 보내는 신호방식에는 접점신호 방식과 통신신호 방식이 있다.

접점신호 방식은 수신기로부터 감지기에 연결된 전선에 회로를 구성하여 전류가 흐르면 화재이고, 전류가 흐르지 않으면 정상임을 표시하는 방식이다. 통신신호 방식은 감지기와 수신기에 통신장치를 내장하여 통신신호를 주고받는 방식을 말한다.

3. 감지기의 접점구성

감지기 내 접점을 닫히게 하는 방법은 열에 의한 공기팽창력을 이용하는 공기팽창식과 화재시 물리·화학적 변화에 의해 발생된 기전력을 이용하는 전기식이 있다.

(1) 공기팽창식

공기팽창식은 평상시에는 주접점(+)과 보조접점(-)이 떨어져 있으나 화재발생시 온도가 상승하면 공기실의 온도가 팽창하여 다이아프램을 위로 밀어올려 (+), (-) 접점에 연결되면서 접점이 구성된다.

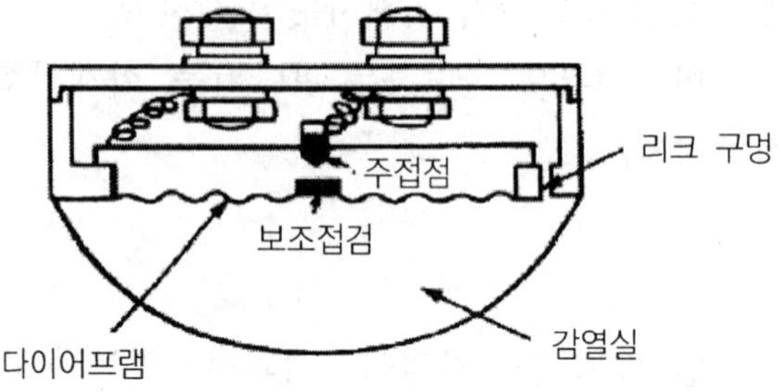

[그림 2-1] 공기팽창식 감지기

(2) 전기식

화재발생시 발생되는 열·연기·불꽃 등 물리·화학적 변화량에 의해 발생되는 기전력을 이용하여 전자릴레이를 동작시키는 방식이다. 전자릴레이는 철심에 전선을 감아놓고 전기를 흐르게 하면 전자력이 발생되어 릴레이 내부접점이 닫혀 신호를 전달할 수 있는 기기이다.

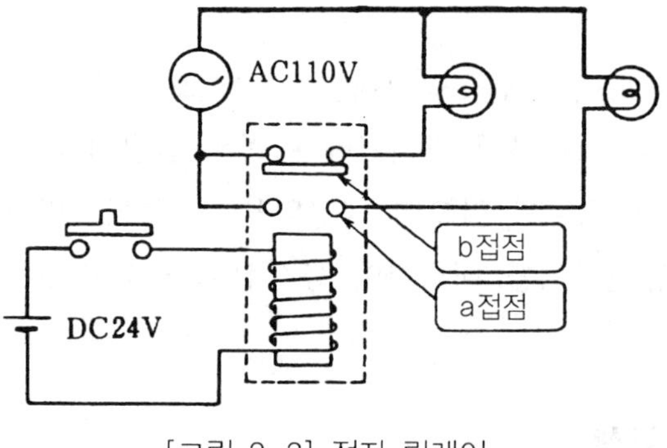

[그림 2-2] 전자 릴레이

4. 감지기 구성회로

감지기는 감지동작을 수행하는 본체와 감지기와 감지기, 또는 감지기와 수신기를 연결하는 베이스 그리고 작동표시부로 구성되어 있다.

(1) 감지기 본체

감지장치 센서부가 내장된 부분으로 베이스를 연결할 수 있는 구조로 되어 있다.

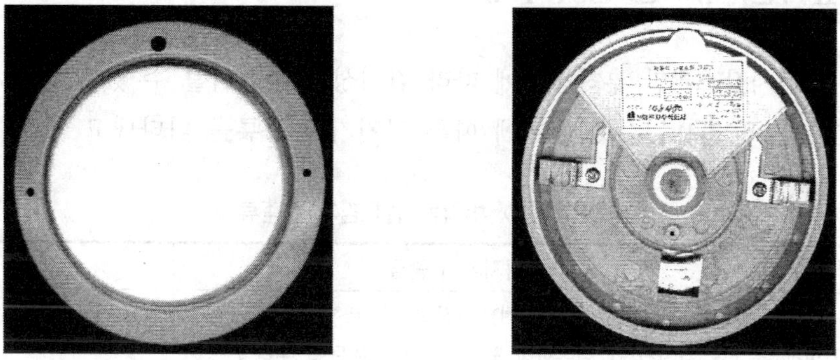

(전면) (후면)

[그림 2-3] 감지기 본체

(2) 베이스

베이스는 감지기를 고정부에 지지하는 구조이고, 감지기와 수신기 또는 감지기를 전선으로 연결시킬 수 있는 단자가 있다.

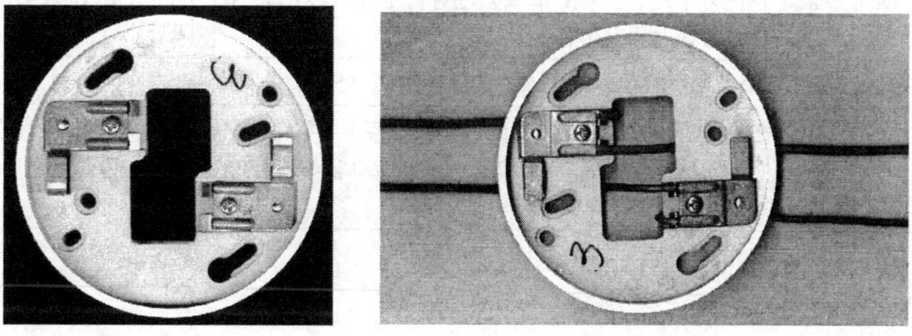

[그림 2-4] 감지기 베이스

(3) 작동표시장치

감지기가 작동되었을 때 표시하는 작동표시등이다. 작동표시등은 감지기가 작동하면 점등되고 수신기에서 복구스위치를 누르면 소등된다. 그러나 방폭구조의 감지기, 차동식 분포형 감지기 및 정온식 감지선형 감지기, 감지기가 작동한 경우 수신기에 그 감지기가 작동한 내용이 표시되는 감지기는 작동표시 장치를 설치하지 아니할 수 있다.

5. 부착높이별, 장소별 감지기 종류

감지기는 설치장소뿐만 부착높이에 따라 감지성능이 발휘될 수 있는 감지기를 설치하여야 한다. 〈표 2-2〉는 부착높이에 따른 감지기의 종류를 나타내고 있다.

〈표 2–2〉 부착높이별 감지기 종류

부착높이	감지기의 종류	기 타
4[m] 미만	차동식 (스포트형, 분포형), 보상식 스포트형, 정온식(스포트형, 감지선형), 이온화식 또는 광전식(스포트형, 분리형, 공기흡입형), 열복합형, 연기복합형, 열연기복합형, 불꽃감지기	모든 감지기
4[m] 이상 ~ 8[m] 미만	차동식(스포트형, 분포형), 보상식 스포트형, 정온식(스포트형, 감지선형) 특종 또는 1종, 이온화식 1종 또는 2종, 광전식(스포트형, 분리형, 공기흡입형) 1종 또는 2종, 열복합형, 연기복합형, 열연기복합형, 불꽃감지기	열감지기(특종, 1종) 연기감지기(1종, 2종)
8[m] 이상 ~15[m] 미만	차동식 분포형, 이온화식 1종 또는 2종, 광전식(스포트형, 분리형, 공기흡입형) 1종 또는 2종, 연기복합형, 불꽃감지기	차동식 분포형 연기감지기(이온화식, 광전식, 연기복합식) 1, 2종
15[m] 이상 ~20[m] 미만	이온화식 1종, 광전식(스포트형, 분리형, 공기흡입형) 1종, 연기복합형, 불꽃감지기	연기감지기(이온화식, 광전식, 연기복합식) 1종
20[m] 이상	불꽃감지기, 광전식(분리형, 공기흡입형) 중 아날로그 방식	행정자치부장관이 정하는 감지기

※비고) 1) 감지기별 부착높이 등에 대하여 별도로 형식승인받은 경우에는 그 성능 인정범위 내에서 사용할 수 있다
2) 부착높이 20[m] 이상에 설치되는 광전식 중 아날로그방식의 감지기는 공칭감지농도 하한값이 감광률 5%/m 미만인 것으로 한다.

【감지기 설치기준】

① 감지기(차동식 분포형의 것을 제외한다)는 실내로의 공기유입구로부터 1.5[m] 이상 떨어진 위치에 설치할 것
② 감지기는 천장 또는 반자의 옥내에 면하는 부분에 설치할 것
③ 보상식 스포트형 감지기는 정온점이 감지기 주위의 평상시 최고 온도보다 20[℃] 이상 높은 것으로 설치할 것
④ 정온식 감지기는 주방・보일러실 등으로서 다량의 화기를 취급하는 장소에 설치

하되 공칭 작동온도가 최고 주위온도보다 20[℃] 이상 높은 것으로 설치할 것

⑤ 차동식 스포트형, 보상식 스포트형 및 정온식 스포트형 감지기는 그 부착높이 및 소방대상물에 따라 감지기별 인정되는 바닥면적마다 1개 이상을 설치할 것

⑥ 스포트형 감지기는 45° 이상 경사되지 아니하도록 부착할 것

⑦ 감지기의 하단과 부착면과의 거리는 0.3[m] 이하로 한다.

⑧ 감지기 접점은 PGS합금으로 하고 접점 및 조정부는 노출되지 않는 구조이어야 한다.

⑨ 감지기는 감지기가 작동하는 경우에 단자접점에 저항부하를 연결하고 정격전압 전류를 가한 상태에서 반복조작을 1,000회 반복할 경우 구조・기능에 이상이 없어야 한다.

⑩ 감지기의 절연된 단자간의 절연저항 및 단자와 외함간의 절연저항은 직류 500[V]의 절연계로 측정하는 경우 50[MΩ](정온식 감지선형 감지기는 1[m]당 1,000[MΩ]) 이상이어야 한다.

⑪ 감지기의 단자와 외함간의 절연내력은 60[Hz]의 정현파에 가까운 실효전압 500[V](정격전압이 60[V]를 초과하고 150[V] 이하인 것은 1,000[V], 정격전압이 150[V]를 초과하는 것은 그 정격전압에 2를 곱하여 얻은 값에 1,000[V]를 더한 값)의 교류전압을 가하는 시험에서 1분간 견디어야 한다.

⑫ 차동식 감지기는 감도에 따라 1종과 2종으로 구분된다. 1종이란 실온보다 20[℃] 높은 온도에서 70[cm/sec]의 풍속에서 30초 이내에 동작하거나 실온보다 10[℃]의 비율로 상승하는 기류 중에서 4～5[분] 이내에 동작하는 것을 말한다. 2종이란 실온보다 30[℃] 높은 온도에서 80[cm/sec]의 풍속에서 30초 이내에 동작하거나 실온보다 15[℃]의 비율로 상승하는 기류 중에서 4～5[분] 이내에 동작하는 것을 말한다.

⑬ 정온식 김지기는 감도에 따라 특종, 1종, 2종으로 구분된다. 특종은 규제조건에서 40[초] 이하에서 작동되고 1종은 120[초], 2종은 300[초] 이내에 동작하여야 한다. 감지기가 작동하는 온도를 공칭 작동온도라 하며, 공칭 작동온도는 60[℃]～150[℃]까지 있으며, 60[℃]～80[℃]에서는 5[℃] 간격으로 80[℃]～150[℃]에는 10[℃] 간격으로 되어 있다.

〈표 2-3〉 정온식 감지기 온도표시

공칭 작동온도	80[℃] 이하	80[℃]～120[℃]	120[℃] 이상
색상	백색	청색	적색

【감지기 설치 제외장소】

① 천장 또는 반자의 높이가 20[m] 이상인 장소

② 헛간 등 외부와 기류가 통하는 장소로서 감지기에 따라 화재발생을 유효하게 감지할 수 없는 장소

③ 부식성가스가 체류하고 있는 장소

④ 고온도 및 저온도로서 감지기의 기능이 정지되기 쉽거나 감지기의 유지관리가 어려운 장소

⑤ 목욕실 · 화장실 기타 이와 유사한 장소

⑥ 파이프 덕트 등 이와 비슷한 것으로서 2개층마다 방화구획된 것이나 수평단면적이 5[㎡] 이하인 것

⑦ 먼지 · 가루 또는 수증기가 다량으로 체류하는 장소 또는 주방 등 평시에 연기가 발생하는 장소(연기감지기에 한한다)

⑧ 실내의 용적이 20[㎡] 이하인 장소

〈표 2-4〉 설치장소별 감지기 종류

<table>
<tr><th colspan="2">장 소</th><th>감 지 기</th></tr>
<tr><td rowspan="3">강 제
규 정</td><td>• 지하층, 무창층 등으로서 환기가 잘되지 아니하거나 실내용적이 적은 장소
• 감지기의 부착면과 실내바닥과의 사이가 가까운 곳으로서 일시적으로 발생한 열, 연기 또는 먼지 등으로 인하여 화재신호를 발신할 우려가 있는 장소
• 위험물을 저장 · 취급하는 장소</td><td>복합형 감지기
축적형 감지기
불꽃감지기
아날로그형 감지기
다신호식 감지기</td></tr>
<tr><td>• 계단 및 경사로(15[m] 미만의 것을 제외한다)
• 복도(30[m] 미만의 것을 제외한다)
• 엘리베이터 권상기실, 린넨슈트, 파이프 덕트, 기타 이와 유사한 장소
• 천장 또는 반자의 높이가 15[m] 이상 20[m] 미만의 장소</td><td>연기 감지기</td></tr>
<tr><td>• 주방, 보일러실 등으로서 다량의 화기를 단속적으로 취급하는 장소</td><td>정온식 감지기</td></tr>
<tr><td rowspan="2">권 장
규 정</td><td>• 화학공장, 격납고, 제련소</td><td>분리형 광전식 감지기
불꽃감지기</td></tr>
<tr><td>• 전산실, 반도체공장</td><td>공기흡입형
광전식 감지기</td></tr>
<tr><td>강 제
규 정</td><td>• 지하구</td><td>정온식 감지선형 감지기 또는 먼지 · 습기 등의 영향을 받지 아니하고 발화지점을 확인할 수 있는 감지기(차동식 분포형, 광전식 분리형)로서 행정자치부장관이 정하여 고시하는 감지기를 설치할 것</td></tr>
</table>

⑨ 기타 화재발생의 위험이 적은 장소로서 감지기의 유지관리가 어려운 장소

⑩ 지하구 또는 터널에는 먼지·습기 등의 영향을 받지 아니하고 발화지점을 확인할 수 있는 감지기를 설치하여야 한다.

또한 설치장소에 따라 화재유형이 달라지므로 각 장소에 적합한 감지기가 설치되어야 확실한 화재감지와 비화재보를 줄일 수 있다. 소방기술기준 규칙과 소방시설용 특수감지기에 관한 기준(행정자치부 고시)에는 각 장소에 따른 감지기 설치를 〈표 2-4〉와 같이 정하고 있다.

6. 감지기별 동작

감지기의 경계면적은 건축물의 높이와 건축구조물 종류에 따라 다르다. 〈표 2-5〉는 소방대상물의 종류에 따라 감지기별 경계면적을 나타낸다.

〈표 2-5〉 감지기별 경계면적

<table>
<tr><td colspan="5">부착높이
감지기의 종류</td><td colspan="2">4[m] 미만</td><td colspan="2">4[m] 이상~
8[m] 미만</td><td colspan="2">8[m] 이상~
15[m] 미만</td><td>15[m] 이상
~
20[m] 미만</td></tr>
<tr><td rowspan="8">열식</td><td rowspan="6">차동식</td><td rowspan="5">분포형</td><td colspan="2">공기관식</td><td colspan="7">1.공기관은 감지구역마다 20[m] 이상 설치
2.공기관 상호길이 : 6[m](내화 9[m])
3.검출부 하나에 접속하는 공기관의 길이 100[m] 이하</td></tr>
<tr><td colspan="2">열전대식</td><td colspan="7">1.열전대부는 감지구역 18[㎡](내화 22[㎡])마다 설치
2.검출부는 하나에 접속하는 열전대부 20개 이하</td></tr>
<tr><td rowspan="3">열반도체식</td><td></td><td>내화구조</td><td>기타구조</td><td>내화구조</td><td>기타구조</td><td>내화구조</td><td>기타구조</td><td></td></tr>
<tr><td>1종</td><td>65</td><td>40</td><td>65</td><td>40</td><td>50</td><td>30</td><td></td></tr>
<tr><td>2종</td><td>36</td><td>23</td><td>36</td><td>23</td><td>36</td><td>23</td><td></td></tr>
<tr><td>스포트형</td><td colspan="2">1종
2종</td><td>90
70</td><td>50
40</td><td>45
35</td><td>30
25</td><td></td><td></td><td></td></tr>
<tr><td>보상식</td><td>스포트형</td><td colspan="2">1종
2종</td><td>90
70</td><td>50
40</td><td>45
35</td><td>30
25</td><td></td><td></td><td></td></tr>
<tr><td>정온식</td><td>스포트형</td><td colspan="2">특종
1종
2종</td><td>70
60
20</td><td>40
30
15</td><td>35
30</td><td>25
15</td><td></td><td></td><td></td></tr>
</table>

		감지선형	1종 2종	감지구역의 부착면의 3[m](내화 4.5[m]) 이하 각 부분으로부터 수평거리가 1[m](내화 3[m]) 이하	
연기식	이온화식 광전식		1종	150	75
			2종	75	75
			3종	50	

【감지기 설치수량 산정방법】

예 1 거실인 경우

거실의 경우에는 거실마다 감지기의 종류, 설치장소의 높이, 거실의 구조에 따라 감지기 수량이 산정된다.

$$감지기\ 설치개수 = \frac{감지구역의\ 면적[m^2]}{설치감지기\ 1개의\ 감지면적[m^2]}$$

예 2 복도 및 통로인 경우(연기감지기)

$$감지기\ 설치개수 = \frac{감지구역의\ 보행거리[m]}{설치감지기\ 1개의\ 감지\ 보행거리[m]}$$

예 3 계단 및 경사로인 경우(연기감지기)

$$감지기\ 설치개수 = \frac{감지구역의\ 수직거리[m]}{설치감지기\ 1개의\ 감지\ 수직거리[m]}$$

예제 1 높이 3[m], 바닥면적 200[m²]인 내화구조로 된 거실에 다음의 감지기를 각각 설치할 때 필요한 감지기의 수량은 몇 개인가?

- 차동식 스포트형 감지기(1종)
- 보상식 스포트형 감지기(2종)
- 정온식 스포트형 감지기(1종)
- 연기감지기(1종)

$$감지기\ 설치개수 = \frac{감지구역의\ 면적(m^2)}{설치\ 감지기\ 1개의\ 감지면적(m^2)}$$

- 차동식(1종) : 3개
- 보상식(2종) : 3개
- 정온식(1종) : 4개
- 연기감지기 : 2개

예제 2 보행거리가 45[m]인 복도에 연기감지기(1종)를 설치하고자 한다. 몇 개의 감지기를 설치해야 하는가?

【풀이】

$$감지기\ 설치개수 = \frac{45[m]}{30[m]} = 2개$$

예제 3 수직거리가 40[m]인 계단에 연기감지기를 설치하고자 한다. 몇 개의 감지기를 설치해야 하는가?

【풀이】

$$감지기\ 설치개수 = \frac{40[m]}{15[m]} = 3개$$

(1) 열감지기

화재시 화염이나 불꽃의 열에 의해 감지하는 기기로 차동식 · 보상식 · 정온식 감지기가 있다.

1) 차동식 감지기

차동식 열감지기는 실내의 온도상승률[ΔT/Δt]의 기준값을 초과한 경우 동작한다. 화재발생시 온도상승이 일정시간 계속 지속되면 감지기가 동작하고 정해진 시간 이하에서는 동작하지 않는다. 그러므로 평상시 온도보다 몇 [℃] 높은 온도차가 정해진 시간 동안 계속 지속되면 동작하므로 차동식이라 한다.

차동식에는 일국소 부분의 열상승에 의해 동작하는 스포트형과 광범위한 열효과 누적에 의해 동작하는 분포형이 있다.

① 차동식 스포트형 감지기

주위온도가 일정온도 상승률 이상이 되는 경우 동작되는 것으로 한정된 부분의 열효과에 의하여 작동하는 것이며 신호접점의 종류에 따라 공기팽창식 · 열기전력식 · 열반도체식이 있고 감도에 따라 1종 · 2종으로 구분된다

㉮ **공기팽창식**

열에 의한 공기 팽창력을 이용한 것으로 감열실, 다이아프램, 리크(leak)구멍 및 접점으로 구성된다. 이 감지기는 일반 건물에서 흔히 볼 수 있는 감지기로서 화재가 발생하면 온도가 급격히 상승하여 감열실 내의 공기 팽창으로 다이아프램을 밀어올려 접점을 접촉시켜 신호를 발생한다.

그러나 난방등의 경우와 같이 실내온도가 완만하게 변할 때는 리크구멍을 통해 팽창된 공기가 빠져나가기 때문에 외부압력과 평형을 유지하여 접점이 닿지 않아 신호를 발생하지 않는다.

그러므로 공기구멍의 크기를 조절하여 감도를 조정할 수 있다. 공기팽창식 감지기의 구성부의 역할을 보면 다음과 같다

- 감열실 : 열을 유효하게 받는 부분으로 50～70[cc]의 공간
- 다이아프램 : 직경 35～45[mm], 두께 0.03～0.04[mm]으로 신축성 있는 얇은 금속판(황동판)
- 리크구멍 : 완만한 온도상승시 공기흐름을 조정하여 감열실의 열을 조절하는 구멍
- 접점 : 전기접점(고정접점+가동접점)으로 PGS(Platinum, Gold, Silver) 합금으로 구성
- 작동표시장치 : 감지기의 동작상태 표시

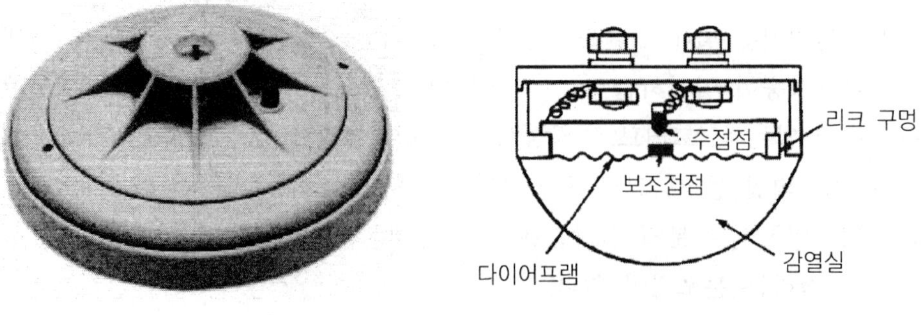

[그림 2-5] 공기팽창식 감지기

㉯ **열기전력식**

공기팽창식의 감열부와 다이아프램 대신 반도체 열전대와 고감도 계전기를 사용한다.

열감지기에 사용된 열전대는 P형 반도체와 N형 반도체가 결합된 것으로 감열실 내에 급격한 온도상승으로 감열실이 열을 받게 되면 검지센서와 보상센서간의 온도변화 폭을 감지하여 프로그램된 수준 이상이면 화재신호를 발생한다.

난방 등으로 인한 완만한 온도 상승에 대하여는 감지센서와 보상센서가 서로 균형을 유지하게 되어 비화재보 발생이 거의 없다.

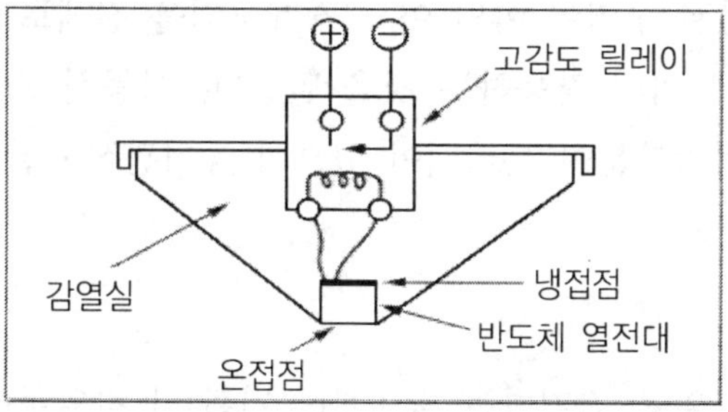

[그림 2-6] 열기전력식 감지기

㉰ **열반도체식**

금속은 온도가 높아지면 저항값이 증가하지만 코발트 · 구리 · 망간 등의 2종 금속체를 혼합하여 소결시켜 만든 반도체는 온도가 올라가면 저항값이 작아지는데 이러한 반도체를 서미스터(Thermistor)라고 한다. 서미스터 특성을 이용하여 만든 감지기를 열반도체식 감지기라고 하는데 이 감지기는 화재가 발생하여 온도가 올라가면 저항이 작아지면서 전류가 흘러 릴레이를 작동시키게 된다.

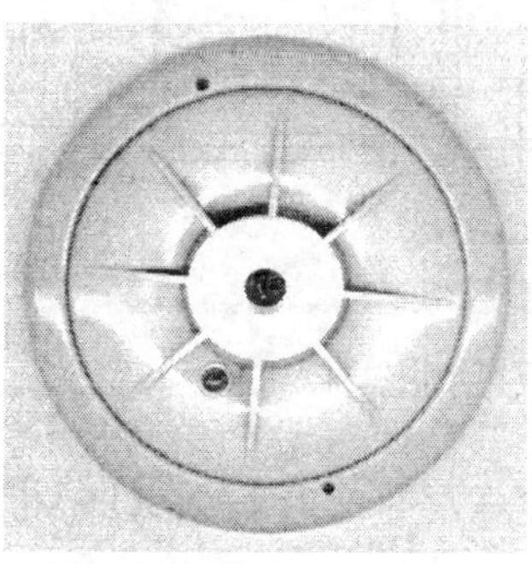

[그림 2-7] 열반도체식 감지기

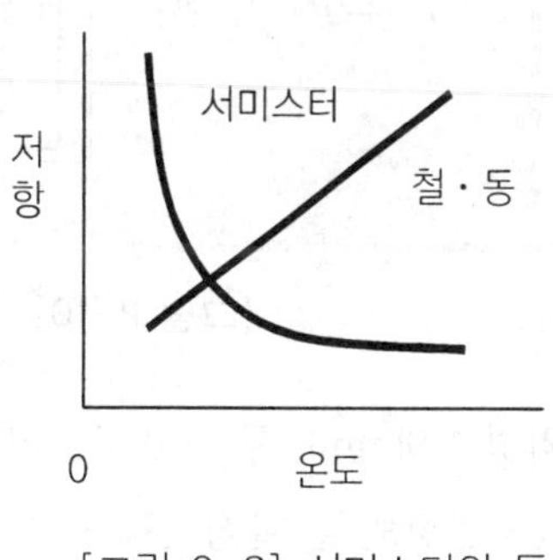

[그림 2-8] 서미스터의 특성

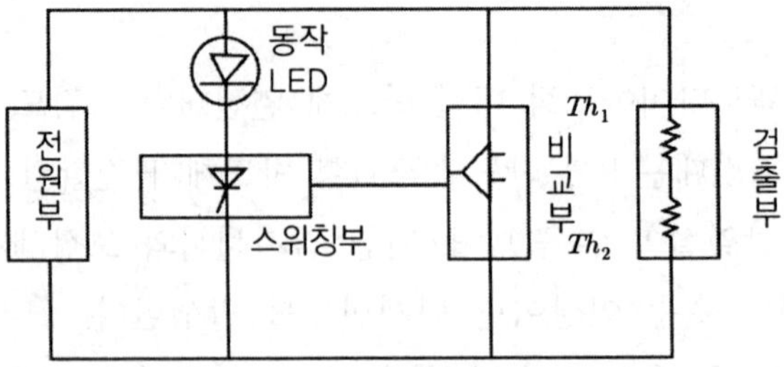

[그림 2-9] 반도체식 감지기 구조

② 차동식 분포형 감지기

차동식 분포형은 한정된 구역이 아닌 어느 경계구역을 전체로 넓은 범위를 감시하는 것으로 열효과의 누적에 의해 작동하는 것을 말한다. 차동식 스포트형과는 달리 열을 감지하는 감열부분과 검출부분이 분리되어 있으며 공기관식 · 열전대식 · 열반도체식이 있다.

㉮ 공기관식

공기관식 열감지기는 열은 감지하는 감열부(공기관)와 감열부에서 전해진 공기의 팽창을 감지하는 검출부(다이아프램, 리크구멍, 접점)로 구성된다.

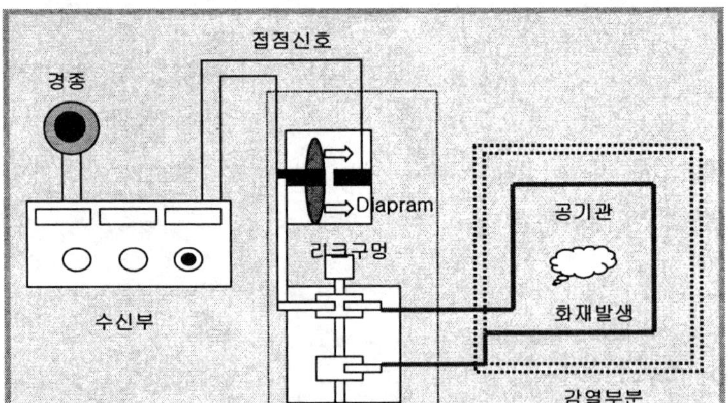

[그림 2-10] 공기관식 감지기 설치

공기관은 외경 1.9[mm], 두께 0.3[mm] 이상의 중공동관으로 되어 있으며 방의 천장부근의 구석 또는 천장면을 일정간격으로 둘러싸서 공기관 양끝을 검출부에 연결한다. 화재발생시 천장면에 둘러싸인 공기관 내의 공기가 가열 팽창되어 검출부 내의 다이아프램을 밀어올리게 되면 접점이 연결되어 수신기에 통보한다.

그러나 검출부에는 리크구멍이 설치되어 있어 평상시의 완만한 온도상승에는 화재경보가 발하지 않는다.

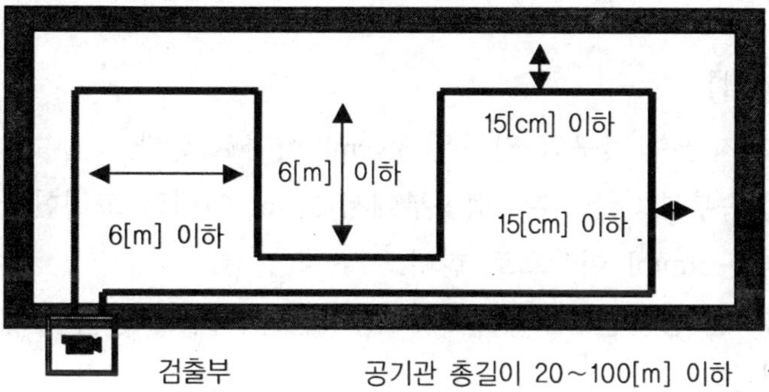

[그림 2-11] 공기관감지기 배치

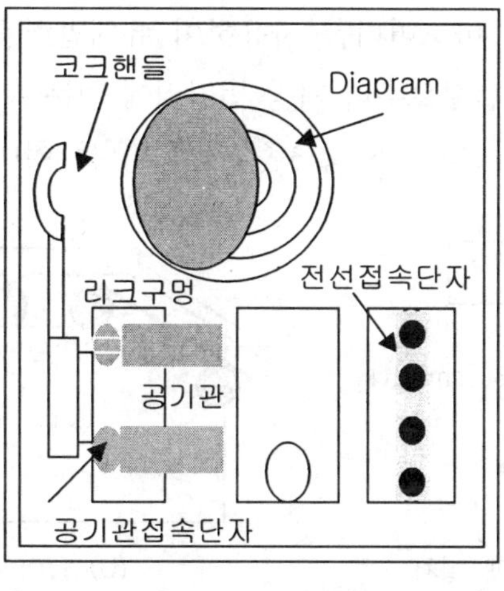

[그림 2 12] 공기관식 감지기 검출부

【공기관식 감지기 설치기준】

① 공기관의 노출부분(공기관의 길이)은 20[m]~100[m] 이내이어야 한다.

② 공기관과 감지구역 각 변과의 수평거리는 1.5[m] 이내이어야 하고, 공기관 상호거리는 6[m] 이하(내화구조는 9[m] 이하)가 되어야 한다(천장에서는 0.3[m] 이하).

③ 공기관은 도중에 분기하지 말고 검출부는 바닥에서 0.8~1.5[m]에 위치하고 검출부는 5° 이상 경사되지 않아야 한다.

만일 감지면적이 작은 창고·벽장 등의 부착면 각 변에 공기관을 부설하는 경우 20[m] 이상이 미치지 못하는 경우에는 감지동작이 빨라 오동작의 우려가 있기 때문에 공기관을 20[m] 이상을 유지하기 위해 2중, 3중 또는 코일감기를 한다. 또한 공기관의 최대 길이는 감지동작 지연을 방지하기 위해 100[m] 이내를 유지하여야 한다.

【공기관 고정방법】

① 직선부분 : 지지금속 기구의 간격은 35[cm] 이내로 한다.

② 굴곡부분, 접속부분 : 굴곡부·접속부에서 5[cm] 이내로 고정한다.

③ 굴곡부 반경은 5[mm] 이상으로 한다.

④ 공기관의 접속은 금속슬리브 양쪽으로 공기관을 끼우고 공기가 새지 않도록 접속부분에 납땜한다.

공기관의 작동시험은 펌프시험, 작동계속시험, 유통시험, 접점수고시험이 있으며 공기관 누설시험 측정기로서 마노미터를 사용하여 유체압력을 측정한다.

동작시험시 공기관 중 검출부로부터 가장 먼거리에 있는 부분이 매분 직선적인 비율로 상승하는 경우(1종 : 7.5℃, 2종 : 15℃, 3종 : 30℃) 1분 이내에 작동하여야 한다.

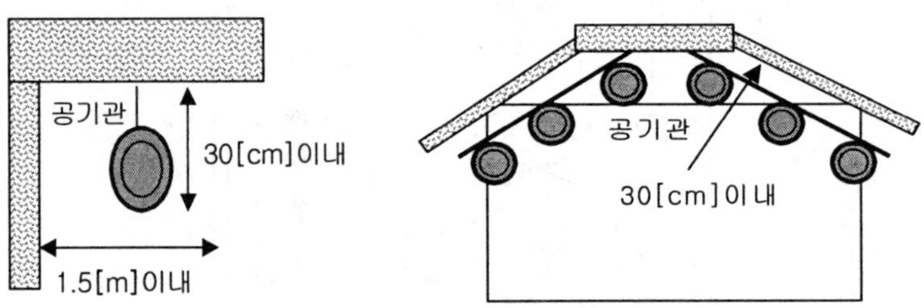

(a) 천장에 설치　　(b) 달아 매는 경우

[그림 2-13] 공기관식 감지기 고정방법

㉯ 열전대식

서로 다른 두 종류의 금속을 접합하여 한쪽은 온도를 일정하게 유지하고 다른쪽의 접점에 온도를 변화시키면 양접점의 온도차에 비례하는 열기전력이 발생하는 현상을 열전효과라 하며 이 열전효과를 이용하여 온도를 측정하도록 만든 것을 열전대라 한다. 동작원리는 화재가 발생하여 온도가 상승하고 감열실 내의 냉·온 접점간의 온도차가 발생하면 두 금속선에 발생되는 열기전력에 의해 고감도 미터릴레이가 접점을 닫아 화재신호를 수신기에 보낸다.

그러나 난방 등에 의해 실내온도가 서서히 상승할 때는 냉접점에서 발생하는 열기전력이 온접점의 열기전력과 서로 상쇄되어 동작하지 않는다.

열전대부와 전선은 슬리브 접속을 시행하며 검출부와 감열부가 분리되어 있다.

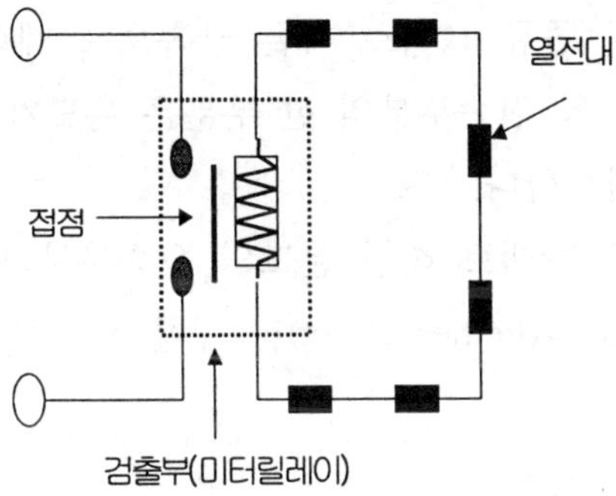

[그림 2-14] 열전대 감지기 동작원리

【제에백 효과】

열전류 특성이 다른 두 금속(철-콘스탄탄)을 접합하고 접합부분에 열을 가하면 두 금속 양단에는 열기전력이 발생한다. 즉 두 금속은 열전류 특성이 달라 같은 열을 가해도 온도상승이 달라지며, 고온부분에서 저온부분으로의 자유전자의 이동에 의해 열전류가 발생되어 금속의 양단자에 전위차가 발생되는 현상이다. 이 현상을 제에백 효과(Seeback)라 하고 두 종류 금속 A, B를 조합한 한 쌍의 금속을 열전대(Thermo couple)라 한다.

(a) 냉온접점 (b) 온도-열기전력 특성

[그림 2-15] 열전대 효과

이 열전대를 이용하여 온도측정기나 화재감지기로 사용하고 있다. 보통 열기전력은 1[℃]의 냉온접점간의 온도차에 대하여 40～50[μV] 정도이며, 철-콘스탄탄이 발생 기전력이 가장 크다(철-콘스탄탄 : 54[μV], 동-콘스탄탄 : 42[μV]).

【펠티에 효과】

제에백 효과의 역으로 두 종류의 서로 다른 금속으로 폐회로를 만들어서 폐회로에 전류를 흐르게 하면 금속의 양 접속부분의 한 부분은 온도가 상승하고 다른 한 부분은 온도가 하강하는 현상이 발생한다.

이 경우에 전류의 방향을 반대로 하면 온도의 상승부분과 하강부분이 서로 바뀌게 되는데 이 현상을 펠티에 효과(Peltier effect)라 부른다.

【열전대 설치기준】

① 열전대부는 감지구역 바닥면적 18[㎡]마다 1개 이상 설치해야 한다(내화구조는 22[㎡]). 다만, 바닥면적이 72[㎡] 이하인 소방대상물에 있어서는 4개 이상으로 한다(내화구조는 88[㎡]).

② 하나의 검출부에 접속하는 열전대부는 20개 이하로 한다.

㈐ 열반도체식

온도가 상승하면 전기저항이 작아지면서 열에너지를 전기에너지로 변환하는 열반도체 특성을 이용하여 화재를 감지하는 방식이다. 감열부는 수열판과 열반도체 소자로 되어 있으며 화재에 의해 온도가 상승하는 경우 열반도체 소자에 냉 · 온 접점간의 큰 온도차에 의해 열기전력이 발생하며 검출부 접점을 동작시켜 수신기에 화재신호를 보낸다. 열기전력을 발생시킬 때 단자와 열반도체를 접속하는 동-니켈선은 열반도체 기전력과 역방향의 기전력을 발생시킨다.

이 역기전력은 급격한 온도상승에 대해서는 기전력이 매우 크게 되고 완만한 온도상승에 대해서는 아주 작은 기전력이 발생되어 급격한 온도상승에 대한 기전력에 의해 검출부의 릴레이가 동작하게 된다.

열반도체는 Bi(비소), Sb(안티몬), Te(텔루늄) 등의 화합물로 구성되며 이 반도체는 열전대와 마찬가지로 열에 반응하여 기전력을 발생시키는 소자이다.

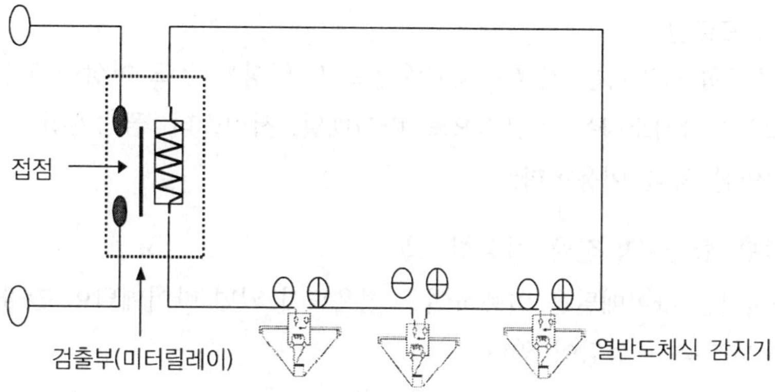

[그림 2-16] 분포형 열반도체식 감지기

【열반도체식 감지기 설치기준】

① 감지면적은 〈표 2-5〉와 같으며 각 면적마다 1개 이상을 설치할 것. 다만, 바닥면적이 〈표 2-5〉에 따른 면적의 2배 이하인 경우에는 2개(부착높이가 8[m] 미만이고, 바닥면적이 〈표 2-5〉에 따른 면적 이하인 경우에는 1개) 이상으로 하여야 한다.

② 하나의 검출기에 부착하는 감지기는 2∼15개 이하가 될 것

2) 정온식 감지기

정온식 감지기는 시간흐름에 관계없이 주위온도가 일정한 온도 이상이 되는 경우에 동작하는 감지기로 외관이 전선으로 되어 있지 않은 정온식 스포트형과 전선으로 되어 있는 정온식 감지선형이 있다.

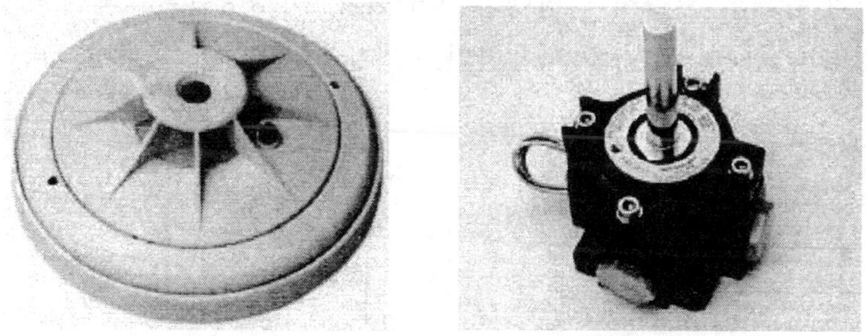

(a) 일반형 (b) 방폭형

[그림 2-17] 정온식 스포트형 감지기

① 정온식 스포트형

정온식 스포트형 감지기는 일국소의 주위온도가 일정한 온도 이상이 되는 경우에 작동하는 것으로서 감지소자는 일반적으로 바이메탈, 서미스터, 금속팽창계수, 액체팽창계수, 가용절연물 등을 이용한다.

㉮ 바이메탈 활곡 · 반전을 이용한 것

정온식 감지기는 바이메탈을 이용하여 일정온도가 되면 바이메탈이 활곡되거나 반전되어 접점을 닫도록 구성되어 있다.

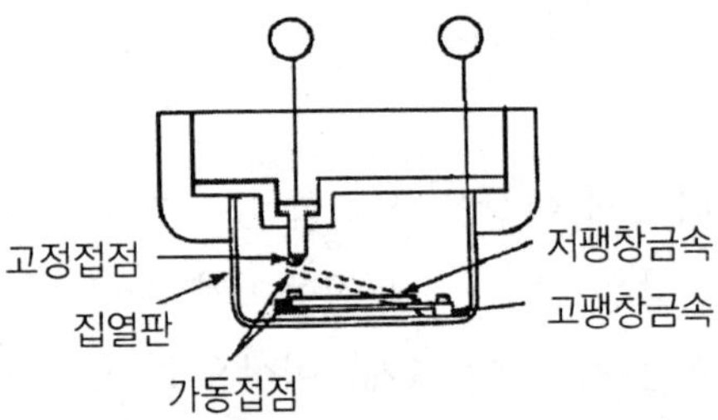

[그림 2-18] 바이메탈 활곡

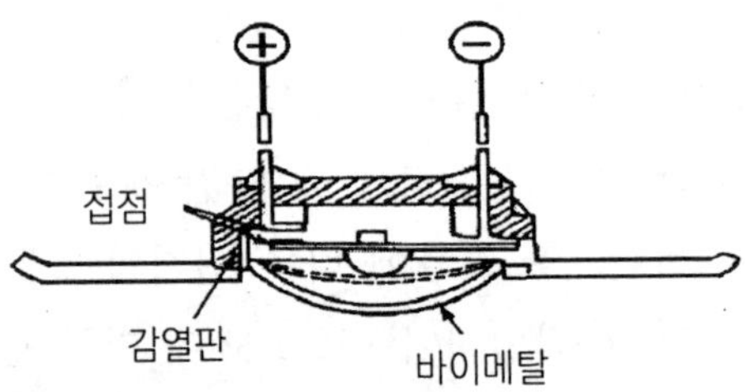

[그림 2-19] 바이메탈 반전

【바이메탈】

금속의 열팽창계수는 금속 종류에 따라 큰 차이가 있다. 이를 이용하여 열팽창계수가 다른 두 종류의 금속 A, B를 용착한 것이 바이메탈(Bimetal)이다.

금속 B가 금속 A보다 열팽창계수가 큰 것으로 한 후 열을 바이메탈에 가하면 열팽창계수 차에 의해 열팽창계수가 작은 금속인 A 쪽으로 완곡된다. 그러나 온도가 원상태로 되면 금속의 완곡도 없어져 원상태로 복귀된다. 고팽창금속으로는 황동을 사용하고 저팽창금속으로는 철+니켈 등을 사용한다.

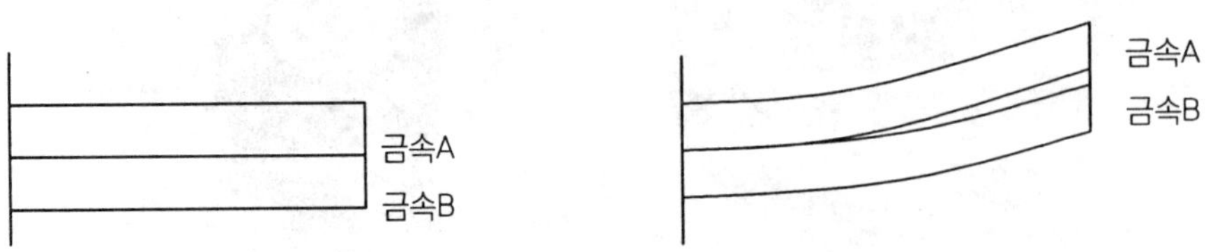

(a) 동작 전 (b) 동작 후

[그림 2-20] 바이메탈 열팽창

〈표 2-6〉 바이메탈 구성온도

바이메탈 구성	사용온도[℃]
황동과 니켈	100
황동과 인바르	150
모네메탈과 니켈강	250

㉯ 금속팽창계수를 이용한 것

외부통은 팽창계수가 큰 금속으로 하고 내부는 팽창계수가 작은 금속을 접점으로 고정한 감지기이다. 화재가 발생하면 내부에 설치된 저팽창금속은 거의 고정되어 있으나 외부통은 많이 팽창하게 됨으로써 내부의 양측으로부터 잡아당기는 결과가 되고 접점이 폐쇄되어 수신기에 신호를 보내게 된다.

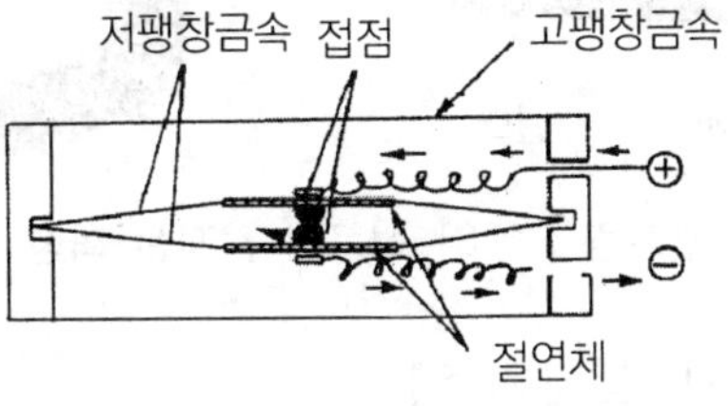

[그림 2-21] 금속팽창계수를 이용한 감지기

㉰ 액체팽창계수

이 감지기는 두 접점을 접촉하기 위하여 액체가 증발할 때 발생되는 기체의 팽창을 이용한 방식으로 현재는 거의 사용되지 않고 있다. 액체는 주로 알코올과 같이 쉽게 기체화되는 물질을 이용한다.

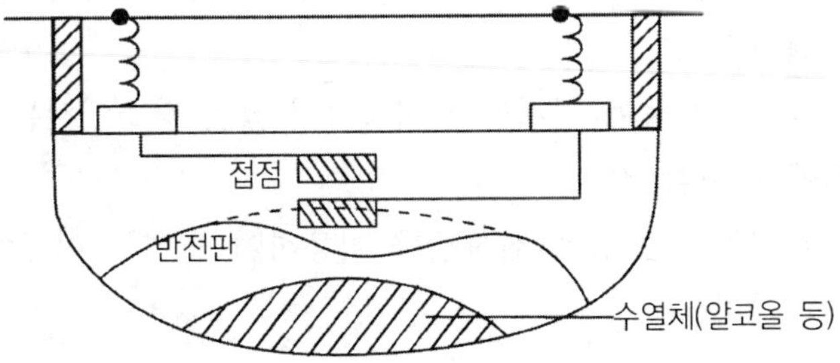

[그림 2-22] 감지기

② 정온식 감지선형

정온식 감지선형 감지기는 한정된 장소의 온도가 일정한 온도 이상이 되는 경우에 작동하는 것으로서 외관이 전선으로 되어 있는 것을 말한다. 감지소자는 가용절연물로 절연한 2개의 전선을 이용하는데 감지선 전체가 감지부로서 감지선 어떤 지점에서 화재가 발생되어 열이 전달될 경우 이 열은 감지선 내의 가용절연물을 녹이고 그 안에 있는 두 선을 접촉시킴으로써 화재신호를 전달한다.

비재용형으로 한번 작동 후에는 새로운 감지선으로 교체해야 하며, 주로 설치되는 장소는 케이블 트레이 · 컨베이어 · 연료탱크 · 교량 · 송유관 등에 사용된다.

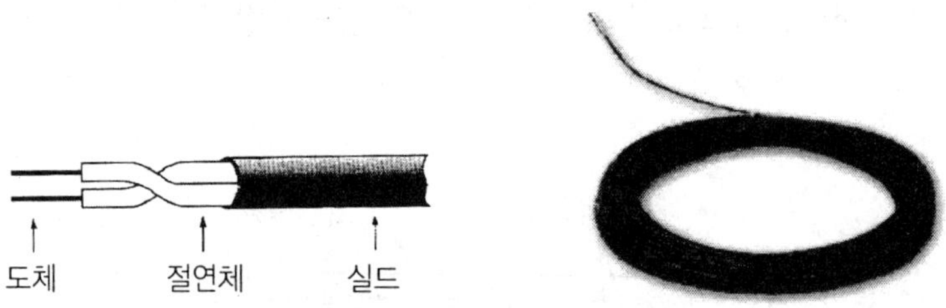

[그림 2-23] 정온식 감지선 외형

【정온식 감지선형 감지기 설치기준】

① 보조선이나 고정금구를 사용하여 감지선이 늘어지지 않도록 설치할 것
② 단자부와 마감 고정금구와의 설치간격은 10[㎝] 이내로 설치할 것
③ 감지선형 감지기의 굴곡반경은 5[㎝] 이상으로 할 것
④ 감지기와 감지구역의 각 부분과의 수평거리가 내화구조의 경우 1종 4.5[m] 이하, 2종 3[m] 이하로 할 것. 기타 구조의 경우 1종 3[m] 이하, 2종 1[m] 이하로 할 것
⑤ 케이블 트레이에 감지기를 설치하는 경우에는 케이블 트레이 받침대에 마감금구를 사용하여 설치할 것
⑥ 지하구나 창고의 천장 등에 지지물이 적당하지 않는 장소에서는 보조선을 설치하고 그 보조선에 설치할 것
⑦ 분전반 내부에 설치하는 경우 접착제를 이용하여 돌기를 바닥에 고정시키고 그 곳에 감지기를 설치할 것

3) 보상식 스포트형 감지기

보상식 스포트형 감지기는 차동식 스포트형 감지기와 정온식 스포트형 감지기의 성

능을 겸한 것으로 두 가지의 성능 중 어느 한 기능이 작동되면 신호를 발하도록 되어 있는 감지기이다.

차동식과 정온식은 화재시 발생하는 열의 증감형태에 따라 감지시간이 달라질 수 있다. 차동식은 화재시 온도가 빠르게 증가하면 화재 초기에 화재를 감지할 수 있으나 온도가 빨리 증가하지 않는 지연화재인 경우에는 화재감지가 늦어질 수 있다는 단점이 있으며, 정온식 감지기는 일정한 온도가 되어야 감지하기 때문에 화재 초기에 감지하기가 어렵다는 단점이 있다.

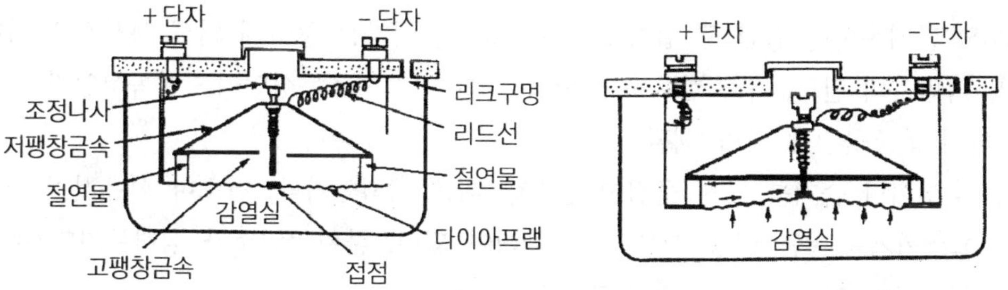

(a) 동작 전 상태 (b) 동작 후 상태

[그림 2-24] 보상식 감지기

화재시 차동식 감지기는 주위온도가 일정한 온도 상승률 이상으로 되었을 때 다이아프램을 밀어올려 접점을 닫아 신호를 수신기에 보낼 수 있다.

만일 온도가 완만하게 상승하는 경우 리크구멍으로 기류가 유출되어 작동하지 않는다. 그러나 일정온도에 도달하면 정온식 열감지기의 원리에 따라 저팽창금속과 고팽창금속 사이에 팽창률이 큰 금속편이 활처럼 구부러져 접점을 닫게 하는 정온식 특성으로 동작한다.

즉 차동식 열감지기가 동작하지 않는 온도상승 속도에 대하여 일정온도가 되면 반드시 동작할 수 있도록 정온특성을 보강한 감지기를 보상식 감지기라 한다.

(2) 연기감지기

1) 연기의 특성

화재발생 초기에 나타나는 열 · 연기 · 가스 등은 일상생활에서도 나타나는 물리 · 화학적 현상으로 화재 초기상태를 검출하는 것은 매우 어렵다. 특히 담배와 같은 물질 등이 연소할 때 발생되는 연기와 화재시 발생되는 연기를 구분하기란 매우 힘들다.

연기란 연소시에 탄소를 함유한 물질이 고온으로 분해하여 증발함으로써 발생되는 고체 또는 액체의 미립자로 된 에어로졸(aerosols)을 말한다. 그 입자의 크기는 0.5～10[μm] 정도로 다양하며 입자의 색깔도 다양하다.

화재 초기에는 입자크기가 작은 연기가 나오다가 연소가 진행될수록 입자가 큰 연기가 나오는 경향이 있다. 최근 내장재로 많이 사용되는 플라스틱 등의 재료는 연소시 열분해 속도가 빨라 이에 필요한 공기가 부족해 연기입자의 산화가 충분히 이루어지지 못하여 연기가 많이 발생한다.

화재 초기에는 작은 입자의 연기가 공기 중을 부유하면서 브라운 운동(Browning motion)을 지속하다 점점 큰 입자로 결합되고 큰 입자는 중량에 의해 서서히 낙하하게 된다. 미립자의 밀도, 가스 함유량에 따라 순한 연기·유독성연기·맹독성연기 등으로 구분하며 연소물질에 따라 색깔이 다르다.

즉, 수분이나 습기를 가진 물질이 연소할 때는 백색연기를, 건초나 섬유질이 연소할 때는 회색연기를, 폭약이나 TNT 등은 황색이 되며, 불완전연소가 심하든가 고무·석탄·석유 등이 연소할 때는 진한 검은색을 띤다.

2) 연기감지기의 특징

연기감지기는 물질이 연소할 때 단위시간당 일정량 이상의 연기 양이 될 때 화재를 감지하는 기기이다. 그러므로 연기감지기는 화재시 공기중에 부유하고 있는 완전연소되지 않은 연기를 검출·탐지하여 그 신호를 통보할 수 있다.

연기의 유동속도는 수평방향으로 0.5～1[m/s], 수직방향으로 2～3[m/s] 이다. 또한 감지방식에 따라 이온화식과 광전식으로 분류할 수 있다.

- 이온화식 : 검지부에 연기가 들어가면 이온전류가 변화하여 화재를 감지한다.
- 광전식 : 검지부에 연기가 들어가면 광전소자에 비추는 광선량 변화에 따라 화재를 감지한다. 감지기 농도는 1, 2, 3종이 있으며, 1종은 연기농도 5[%], 2종은 연기농도 10[%], 3종은 연기농도 15[%]에서 동작한다.

또한 연기농도의 축적시간에 따라 비축적형과 축적형이 있다.

- 비축적형 : 일정농도의 연기가 외부이온실에 유입되었을 때 30초 이내에 감지하여 화재신호를 발생한다.
- 축적형 : 일정농도 이상의 연기가 일정시간 지속될 때 작동하는 감지기이다. 이는

일시적으로 발생하는 연기에 의해 오동작하는 것을 방지하기 위한 것으로 30초 이내에 감지한 후 5~60초의 축적시간 후 신호를 발한다. 공칭 축적시간은 10, 20, 30, 40, 50, 60초의 6가지가 있고, 감도에 따라 1종·2종·3종으로 구분된다.

【연기감지기의 특징】

① 화재의 조기 발견으로 초기 피난유도에 적합하다.
② 마모가 없으며 다시 사용해도 감도를 재조정할 필요가 없다.
③ 감지기 1개당 경계할 수 있는 면적이 넓고, 8[m] 이상의 높은 천장에 설치할 수 있다.

【연기감지기 설치기준】

① 건물의 높이에 따라 〈표 2-5〉에 따른 바닥면적마다 기준으로 1개 이상 설치
② 감지기는 복도 및 통로에 있어서는 보행거리 30[m](3종에 있어서는 20[m])마다, 계단 및 경사로에 있어서는 수직거리 15[m](3종에 있어서는 10[m])마다 1개 이상으로 할 것. 다만, 계단 및 경사로에서는 15[m] 미만과 복도에서 30[m] 미만은 설치를 제외한다.
③ 천장 또는 반자가 낮은 실내 또는 좁은 실내에 있어서는 출입구의 가까운 부분에 설치할 것(천장 높이 2.3[m] 미만, 바닥면적 40[m²] 미만인 거실)
④ 천장 또는 반자 부근에 배기구가 있는 경우에는 그 부근에 설치할 것
⑤ 감지기는 벽 또는 보로부터 0.6[m] 이상 떨어진 곳에 설치할 것
⑥ 엘리베이터 권상기실·린넨슈트·파이프 덕트 기타 이와 유사한 장소
⑦ 천장 또는 반자의 높이가 15[m] 이상 20[m] 미만의 장소
⑧ 보행거리에 대하여 수직거리가 5[m] 미만이 되는 경사로는 통로에 준한다(단, 수직거리가 5[m] 이상인 경우에는 계단으로 본다).
⑨ 에스컬레이터에 있어서는 수직거리 15[m]마다 1개 이상 설치한다.

3) 이온화식 감지기

이온화식 감지기는 충전전극 사이에 방사선 물질(아메리슘 : Am241 또는 Am95)을 봉입하여 이온화된 공기에 의해 전류가 흐르도록 구성되어 있다. 방사능 물질에서 방출되는 α선은 공기를 이온화시키며 이온화된 공기는 전리현상으로 전도성을 갖게 된다. [그림 2-25]에서 양 전극 사이에 α선을 조사하면 양극간은 전리현상으로 약간의 전도성을 갖게 되고, (+), (−)이온은 각각 상대전극으로 이동하는 이온전류가 발생되는 이온

화 현상이 발생한다. 화재발생시 일정농도 이상의 연기가 충전전극 사이로 들어와 이온화된 공기와 결합하면 평상시에 흐르던 전류보다 적은 전류가 흐르게 된다.

이러한 전류의 변화량에 의해 릴레이가 작동하여 수신기에 신호를 보내도록 구성된 것이 이온화식 감지기이다.

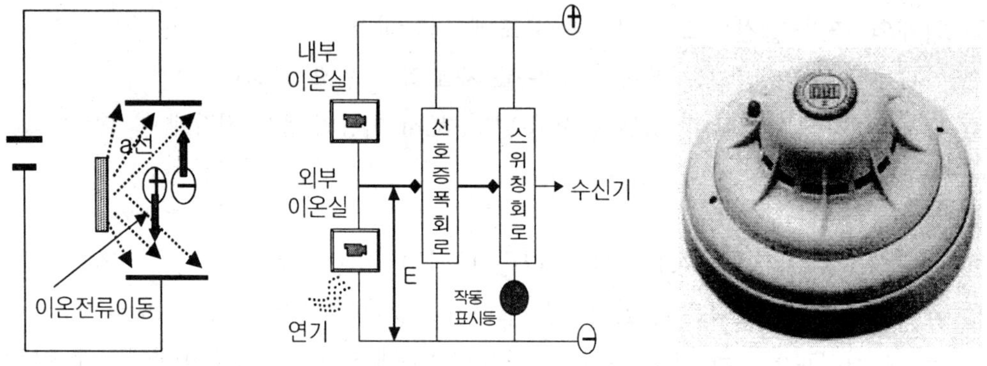

(a) 이온실의 원리 (b) 스위칭 동작 (c) 감지기 외형

[그림 2-25] 이온화식 감지기

감지기는 공기가 자유롭게 이동하는 외부이온실과 외기와 독립되어 밀폐된 내부이온실이 있으며 각 이온실에는 소량의 방사선원이 봉입되어 있다.

각 이온실의 공기분자는 방사되는 α선에 의해 이온전류가 흐르고 있다. 외부이온실에 연기가 들어가면 이온은 연기 중에 포함된 미립자에 흡착되어 이동속도는 늦어지고 α선도 연기의 미립자에 흡수되어 이온화 작용이 방해받게 된다.

그 결과 외부이온실에 흐르는 이온전류는 감소하게 되는데 이것은 내부저항이 증가하는 것과 같다. 외부이온실의 내부저항이 내부이온실의 내부저항보다 커지면 그 사이의 단자전압 차만큼의 전압이 발생되고 그 전압은 증폭기를 통하여 스위칭 회로(Tr, SCR)를 동작시켜 수신기로 화재신호를 보낼 수 있게 된다.

4) 광전식 감지기

광전식 감지기는 외부의 빛에 영향을 받지 않는 암실 형태의 챔버(chamber) 속에 연기가 빛을 차단하거나 반사하는 원리를 이용한 것으로서 빛을 발산하는 발광소자와 빛을 전기로 전환시키는 광전소자를 이용한다. 감지기 구조에 따라 스포트형, 분리형, 공기흡입형이 있다.

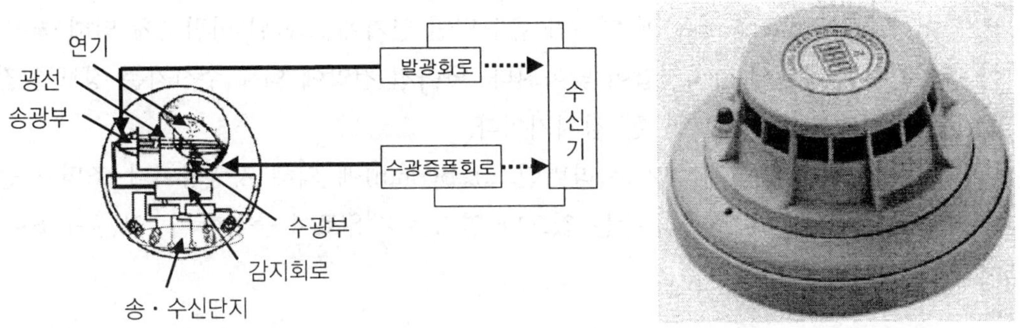

(a) 감지회로 구성 (b) 감지기 외형

[그림 2-26] 광전식 감지기

① 광전식 스포트형 감지기

광전식 스포트형 감지기는 발광소자와 수광소자를 감지기 내에 구성한 것으로 감지기 주위의 공기가 일정한 농도의 연기를 포함하게 되는 경우에 동작하도록 한 감지기이다. 빛의 산란을 이용하는 산란광식과 빛의 차단을 이용하는 감광식이 있다.

[그림 2-27]의 산란식은 감지기 내부에 연기가 유입되면 연기에 포함되어 있는 미립자가 발광부로부터 방사되는 빛에 의해 산란반사된다. 연기가 없는 경우에는 빛의 산란이 없으므로 광전소자는 빛을 전혀 받지 않기 때문에 수광부에는 변화가 없다. 화재가 발생하여 챔버(chamber) 안에 연기가 들어오면 산란반사에 의한 산란광이 수광소자를 동작시켜 수신기에 신호를 보낸다.

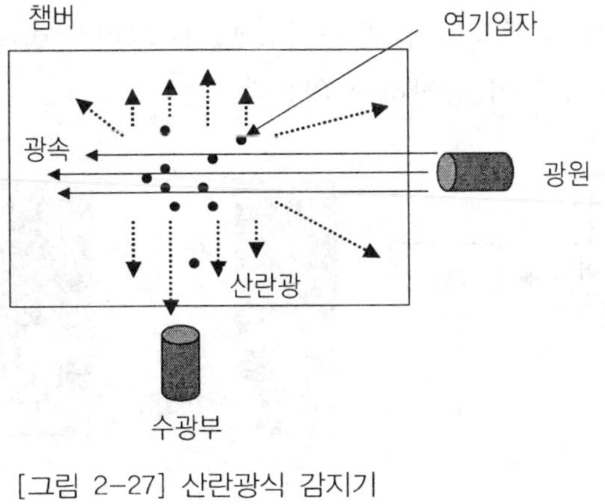

[그림 2-27] 산란광식 감지기

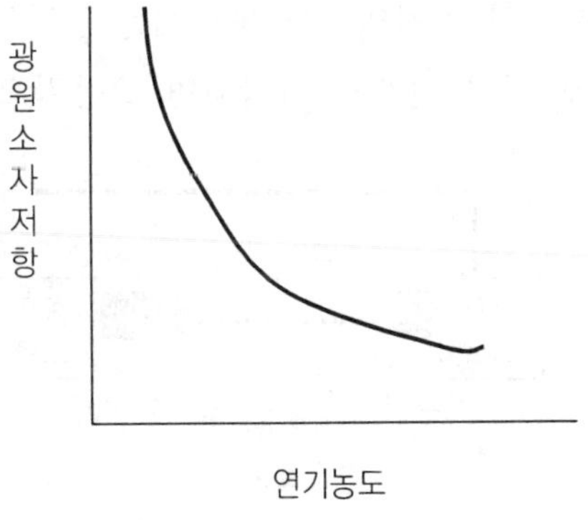

[그림 2-28] 연기에 따른 저항변화

감광식은 [그림 2-29]와 같이 송광부에서 방사되는 빛이 수광부에 직접 조사되는 구조로 되어 있다. 챔버(chamber)에 연기가 유입되면 연기에 포함된 미립자에 의해 빛의 양이 감소하여 수광부의 출력전압이 낮아진다. 낮아진 전압에 의해 수신기는 정보를 전달받아 화재신호를 발신하도록 한 감지기이다.

산란광식이나 감광식 감지기는 라비린스(Labyrinth)에 의해 자연광이나 조명광 등의 외광은 감지기 내부로 조사될 수는 없으나 연기는 자유로이 출입할 수 있는 구조로 되어 있다.

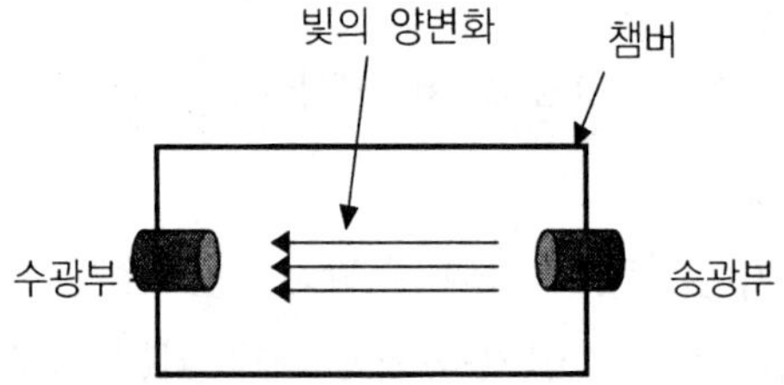

[그림 2-29] 감광식의 감지형태

② 광전식 분리형 감지기

광전식 분리형 감지기는 송광부와 수광부가 분리된 것으로 연기에 의해 빛 도달량의 감소를 측정하여 화재신호를 발하기 때문에 화재발생 초기단계에서 천장 부분에 넓게 확산되는 연기가 검지부에 들어가면 광전소자의 수광량이 변화하는 것을 이용하여 작동한다.

또한 감지농도를 스포트형보다 높게 설정해도 화재 감지성능이 떨어지지 않으며 일시적인 연기의 체류농도에는 동작하지 않는 등의 장점을 가지고 있다. 그리고 물체 등에 의해 전체가 차단되면 오동작으로 판단하여 동작하지 않는다.

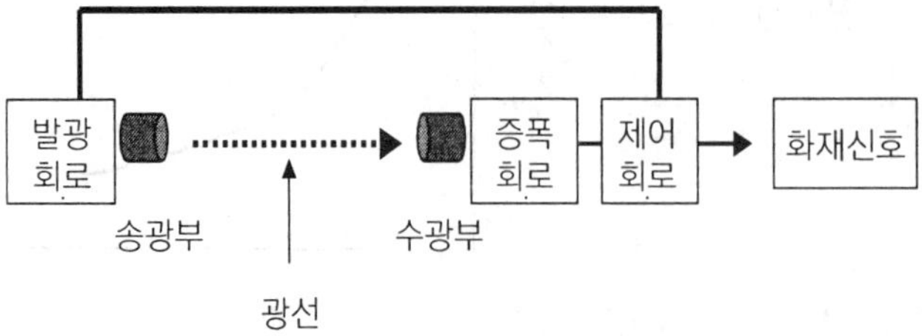

(a) 광전식 분리형 감지기 구성

(b) 분리형 감지기 외형

[그림 2-30] 분리형 감전식 감지기

광전식 분리형 송광부와 송광부의 거리는 5～100[m] 정도가 되기 때문에 큰 공간을 갖는 체육관이나 홀 등에 효과적으로 이용할 수 있으며, 화학공장 · 격납고 · 제련소 등에도 광전분리형 감지기 또는 불꽃감지기를 감지기의 공칭 감시거리 및 공칭 시야각 등을 고려하여 설치할 수 있다.

【광전식 분리형 감지기 설치기준】

① 감지기의 수광면은 햇빛을 직접 받지 않도록 설치할 것
② 광축(송광면과 수광면의 중심을 연결한 선)은 나란한 벽으로부터 0.6[m] 이상 이격하여 설치할 것
③ 감지기의 송광부와 수광부는 설치된 뒷벽으로부터 1[m] 이내 위치에 설치할 것
④ 광축의 높이는 천장 등(천장의 실내에 면한 부분, 또는 상층의 바닥 하부면을 말한다) 높이의 90[%] 이상일 것
⑤ 감지기의 광축의 길이는 공칭 감시거리 범위 이내일 것

③ 공기흡입형 감지기

일반적인 이온화식 또는 광전식 감지기는 공기의 유속이 빠른 곳이나 연기의 미립자가 극히 작은 경우에는 감지하지 못하는 경우가 있다. 공기흡입형 광전식 감지기는 방호구역 내의 공기를 강제로 흡입하여 화재의 초기단계에서 생성되는 0.005~0.02[μm] 정도의 미세한 연기입자를 검출하는 방법이다.

미세 연기입자는 습도 챔버 내에서 수적(water droplet)을 형성하면 부피가 커져 화재의 초기단계에서 보다 빠르게 화재를 감지할 수 있어 주로 반도체공장 · 전산실 · 제어실, IDS(Internet Data Center) 등의 대규모 공간의 화재 조기감시 시스템으로 채용된다.

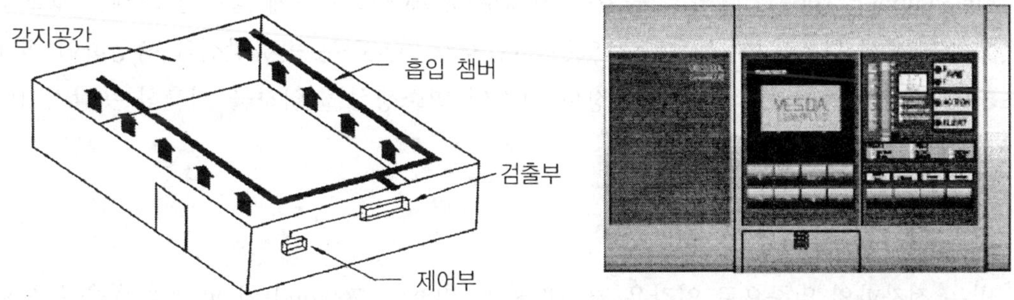

(a) 공기흡입형 감지기 구성 (b) 공기흡입형 감지기 외형

[그림 2-31] 공기흡입형 광전식 구조

습도 챔버는 인공적으로 안개를 만드는 장치인데 연기의 미세한 입자들이 습도가 높은 챔버 내로 들어가면 연기입자는 습기와 결합하여 육안으로도 볼 수 있는 큰 입자로 변화되어 쉽게 감지된다.

챔버를 이용한 공기흡입식 연기감지기의 동작순서는 다음과 같다.

- 감지하고자 하는 공간의 공기를 흡인한다.
- 분진을 필터링하고 습도가 거의 100[%]인 습도 챔버로 흡입한다.
- 챔버 내의 압력을 변화시켜 응축시킨다.
- 광전식 검지장치로 측정한다.
- 수적의 밀도가 설정값 이상이면 화재신호를 발신한다.

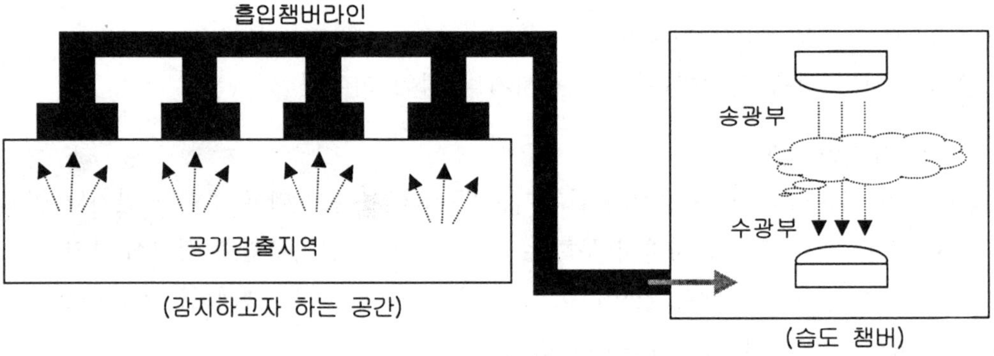

[그림 2-32] 공기흡입형 감지기의 감지원리

5) 크세논 램프형 초미립자 감지기

Air Sampling Tube로 흡입된 공기를 암실로 유도하고 여기에 강력한 크세논 램프로 빛을 조사해서 공기 중에 부유하고 있는 미립자가 반사하는 반사광선을 측정하여 화재 초기에 생성되는 0.005～0.02[μm] 정도 크기의 연소생성물 입자를 검출하는 감지기이다.

(3) 불꽃감지기

빛은 전자파의 일종으로 인간은 가시광선 영역(380～760[nm])의 파장의 빛을 눈으로 감지할 수 있다. 그러나 불꽃은 가시광선뿐만 자외선 · 적외선 파장을 방사하는데 이 영역을 검출할 수 있는 감지기가 불꽃감지기이다. 즉 사람의 눈에 보이지 않는 불꽃에 의한 방사에너지에 대하여 응답하는 감지기이다.

광선 검출소자는 빛에 의한 방사에너지를 전기에너지로 변환할 수 있는 특성을 갖춘 반도체소자(포토 Tr, 포토 다이오드)를 이용한다.

1) 빛의 분광특성

빛이란 전자파 중 파장이 380∼760[nm]인 가시광선을 말한다. 넓은 뜻으로는 자외선과 적외선도 포함된다. 파장이 380∼760[nm] 범위인 광선이 눈속에 들어오면 뇌로 전달되어 빛으로 느껴진다. 이때 파장이 555[nm]인 빛이 가장 밝게 느껴지며 이것보다 파장이 길어지거나 짧아지면 밝음의 느낌이 감소한다. 이와 같이 어떤 파장의 에너지가 빛으로 느껴지는 정도를 시감도라 한다. 최대 시감도는 파장이 555[nm]인 황녹색인 경우에 나타나고 이에 대한 다른 파장의 시감도비를 비시감도라 한다.

[그림 2-33]은 각 파장에 대한 비시감도 곡선을 나타낸 것이다.

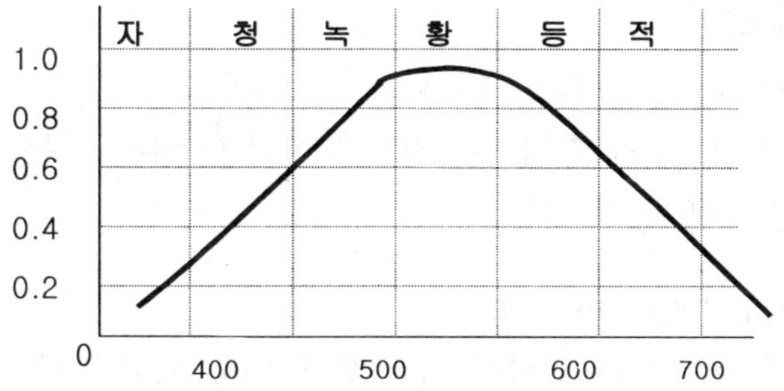

[그림 2-33] 비시감도 곡선

2) 불꽃감지기 영역

물질이 불꽃을 내며 연소할 때 발생하는 스팩트럼은 연소물질에 따라 다르지만 가시광선은 380∼760[nm] 정도이고, 380[nm]보다 짧은 파장을 자외선, 760[nm]보다 긴 파장을 적외선이라 한다.

[그림 2-34]는 연소물질의 온도에 따른 분광분포 특징을 나타낸다. (a)(b)는 오랜지색의 불꽃을 내는 촛불과 가솔린 연소시 분광 분포특성이다. (c)는 청백색 불꽃의 완전연소에 가까운 도시가스의 분광분포로 2, 3, 4.4[μm] 부근에서 최대 분광 특성을 나타낸다. (d)는 태양광이고 (e)는 백열전구, (f)는 2[μm] 부근에서 최대값을 갖는 고온물체의 분광분포를 나타낸다.

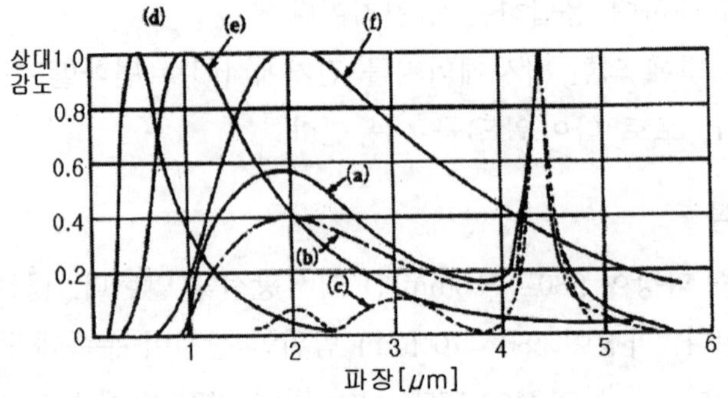

[그림 2-34] 연소물질별 분광분포

대부분의 분광은 4.4[μm] 부근에서 최대 분광에너지를 방사하고 있다. 이것은 연소에 의해 발생되는 CO_2에 의한 공명방사 에너지로 백열전구, 태양광 등에서는 볼 수 없는 특징이다.

3) 불꽃감지기의 분류

① 자외선 감지기(UV : Ultra Violet Detector)

화염 속에 포함된 자외선을 감지하는 것으로 화염에서 방사되는 자외선의 변화가 어느 한계 이상 되었을 때 동작한다.

② 적외선 감지기(IR : Infra Red Detector)

화염 속에 포함된 적외선의 변화가 어느 한계 이상 되었을 때 동작하는 것이다.

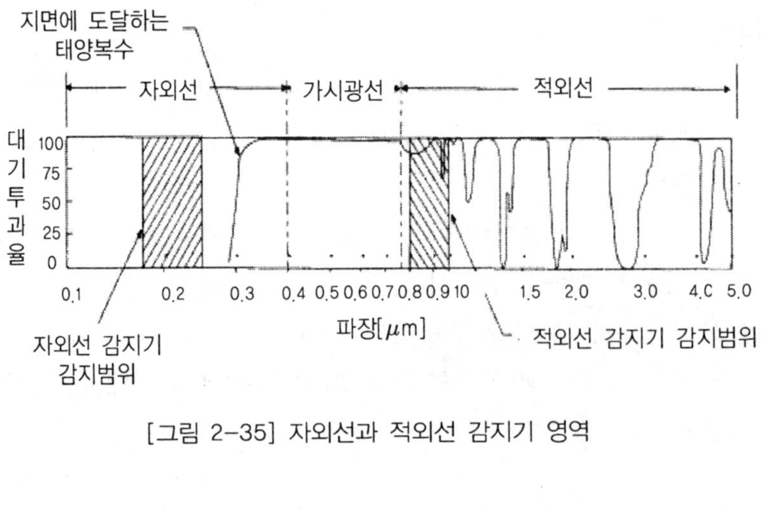

[그림 2-35] 자외선과 적외선 감지기 영역

③ 자외선과 적외선 복합형 감지기

자외선과 적외선의 성능을 갖춘 감지기이다.

④ 적외선 복합형 감지기

서로 다른 파장대의 적외선을 감지하는 감지기이다.

4) 불꽃감지의 원리

화재감지기에 응용되는 검출소자는 아래와 같은 원리를 통하여 빛에서 방사되는 에너지를 전기에너지로 변환하여 화재를 감지할 수 있다.

① 광기전력효과

PN접합 다이오드에 빛이 조사되면 전극간에 기전력이 발생하는 것을 이용한 것으로 광다이오드 · 포토 Tr · 실리콘 태양전지(SPD : Silicon Photo Diode)가 있다.

② 광도전효과

반도체에 빛이 조사되면 전기저항이 변화되어 광량에 비례하는 전류가 흐른다. 검출소자로는 PbS(황산납), PbSe(셀렌화납) 등을 사용한다.

③ 광전자 방출효과

빛이 광전음극에 입사되면 광전음극에서 10^5배 이상의 많은 2차 전자가 방출되는 효과를 이용한 방식이다.

5) 적외선 감지원리

① 탄산가스 공명방식

적외선 파장 중 약 4.4[μm]의 적외선 영역에 CO_2에 의한 공명방사가 발생한다. 공명방사란 물체 연소시 화염의 깜박거림 현상으로 연소열에 의해 CO_2가 뜨거워져 생기는 특유의 CO_2 파장이다. 따라서 검출소자는 장파장 영역에도 검출할 수 있는 Pbse를 이용한다.

② 플리커 방식

화염에서 발생되는 적외선의 깜박거림을 감지하는 방식으로 CO_2 공명방사와는 다르다. 태양광이나 조명등에서 발생되는 적외선은 시간에 따라 변화가 거의 없으나 화재시 연소물질에서 발생되는 깜박거림(플리커)은 크게 나타난다. 적외선 센서를 사용하여 불꽃의 흔들림을 검출한다.

③ 정반사 검출방식

자연광이나 조명등의 영향을 방지하기 위해 760[nm] 이하의 가시광선을 차단하고 적외선 파장 내의 불꽃 방사량만을 검출하는 방식이다.

④ 다파장 검출방식

불꽃에서 발생하는 파장은 2[μm]와 4.4[μm] 부근에서 나타나는데 이 두 파장을 동시에 검출하는 방식이다. 2파장 검출방식은 태양광이나 조명등에 영향을 받지 않아 신뢰도가 높다.

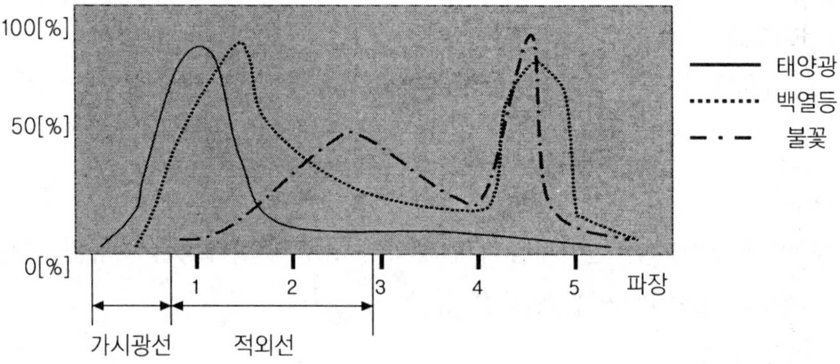

[그림 2-36] 2파장 검출방식

6) 자외선과 적외선 복합방식

자외선 감지기는 파장이 짧은 자외선을 사용하기 때문에 연기 등의 부유물에 의해서 자외선이 흡수되기 때문에 감도가 많이 떨어진다. 또한 형광등이나 기타 광선에서 발생되는 자외선에 의해서도 동작되기 때문에 오보가 많다. 그러나 적외선은 파장이 길기 때문에 연기나 기타 부유물에 흡수되지 않아서 먼지나 연기의 영향을 적게 받는다.

그러므로 자외선 감지기는 개방된 장소에 적외선 감지기는 폐쇄된 장소에 설치하면 감지기의 신뢰성를 높일 수 있다.

자외선을 방사하는 물체의 파장에서는 4.3[μm]의 적외선을 방사하는 양이 적고 그와 반대로 4.3[μm]의 적외선을 방사하는 물체에서는 자외선이 방사되지 않는다.

이러한 특성을 이용하여 자외선과 적외선이 동시에 존재하는 경우에만 화재로 통보토록 하면 신뢰성을 증가시킬 수 있다. 이러한 감지기를 자외선·적외선 복합감지기라 한다.

6) 적외선 복합방식

화염에서 방사되는 파장은 4.3[μm] 영역에서 강한 방사가 있고 3.8[μm] 영역에서는 방사가 거의 없다. 그러므로 4.3[μm]와 3.8[μm]에서의 방사량의 차이로 화재를 판단한다.

자연광에서는 4.3[μm]와 3.8[μm] 파장간에 방사량이 거의 같아 화재를 통보하지 못한다. 적외선 복합방식는 현재 가장 우수한 성능을 발휘하고 있으나 화염의 탄산가스 파장을 흡수하기 때문에 장거리 화염 감지가 곤란하여 50～100[m] 정도로 제한되고 검지소자로 사용되는 Pbse의 제조가 어렵다.

(a) 적외선 감지기(방폭형)

(b) 적·· 외선 감지기(방폭형)

[그림 2-37] 불꽃감지기

【불꽃감지기 설치기준】

① 공칭 감시거리 및 공칭 시야각은 형식승인 내용에 따를 것
② 감지기는 공칭 감시거리와 공칭 시야각을 기준으로 감시구역이 모두 포용될 수 있도록 설치할 것
③ 감지기는 화재감지를 유효하게 감지할 수 있는 모서리 또는 벽 등에 설치할 것
④ 감지기를 천장에 설치하는 경우에는 감시기는 바닥을 향하여 설치할 것
⑤ 수분이 많이 발생할 우려가 있는 장소에는 방수형으로 설치할 것

(4) 아날로그 감지기

아날로그식 감지기는 온도 또는 연기의 변화에 따라 각각 다른 출력을 발하는 감지기를 말한다. 이 감지기는 일반감지기와 같이 감지기 자신이 화재여부를 판단하여 발신하는 것이 아니라 검출된 온도 또는 연기의 농도에 대한 변화 정보만을 수신기에 송출하고 화재여부의 판단은 수신기가 하도록 하는 것이다.

일반감지기는 화재신호 여부의 상태를 알리지만 아날로그식 감지기는 변화하고 있는 온도와 연기의 농도값을 송신한다. 다신호식 감지기와 다른 점은 다신호식 감지기는 열 또는 연기가 설정값이 되면 순차적 신호를 발신하지만 아날로그식 감지기는 설정된 값이 없고 계속적으로 수신기에 온도 또는 연기의 변화 정보를 송신한다.

아날로그 신호를 수신할 수 있는 수신기를 설치하여야 하며 온도변화에 따라 예비경보·화재경보·연동설비 동작을 행한다.

(a) 열식 아날로그 감지기 (b) 연기식 아날로그 감지기 (c) 광전식 아날로그 감지기

[그림 2-38] 아날로그 감지기

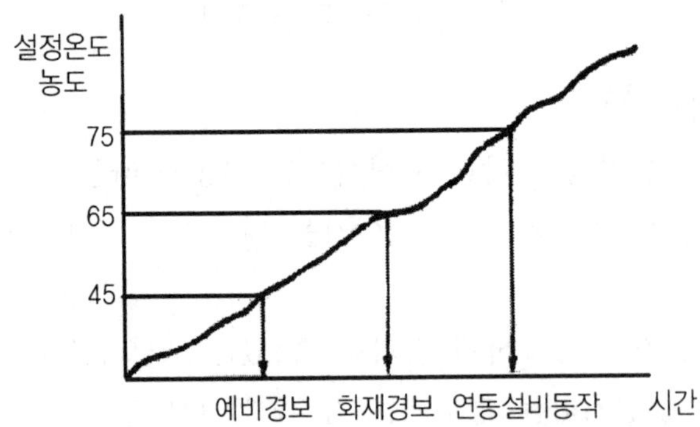

[그림 2-39] 아날로그 감지기 순차동작

【아날로그 방식의 감지기 설치기준】

- 아날로그 방식의 감지기는 공칭 감지온도 범위 및 공칭 감지농도 범위에 적합한 장소에 설치하고 다신호방식의 감지기는 화재신호를 발신하는 감도에 적합한 장소에 설치할 것.

(5) 복합형 감지기

소방대상물에 화재가 발생했을 때 열은 많이 발생하나 연기를 발생하지 않는 장소에는 연기감지기의 설치는 의미가 없고 반대로 연기는 다량 발생되나 열이 많이 발생하지 않는 장소에 열감지기를 설치하는 것도 의미가 없다.

따라서 오보로 인한 비화재보를 없애기 위해 화재가 발생하면 감지기가 확실하게 작동할 수 있도록 화재 감지원리 중 하나만의 원리에 의해 화재를 감지하는 것이 아니고 하나의 감지기에 두 가지 감지원리를 조합하여 화재를 감지하도록 한 것이 복합형 감지기이다. 복합형 감지기에는 열복합형, 연기복합형, 열·연기복합형 감지기가 있다.

1) 열복합형 감지기

이 감지기는 차동식 스포트형 감지기와 정온식 스포트형 감지기의 성능을 더한 것으로 두 가지 모두가 작동될 때 화재신호를 발신하거나 또는 두 개의 화재신호를 각각 발신하게 할 수 있다.

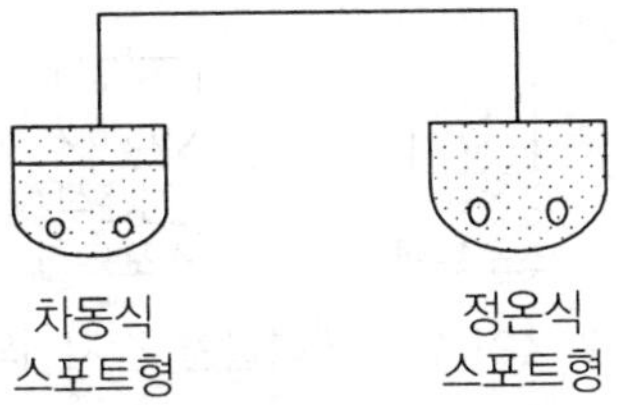

[그림 2-40] 열복합형 감지기의 구성

복합형 감지기와 보상식 감지기의 차이점은 복합형 감지기가 두 기능 모두 작동되거나 각 기능이 작동될 때 작동되는 것에 비하여 보상식은 어느 한 기능이 동작할 때 작동되는 차이점이 있다.

2) 연복합형 감지기

연복합형 감지기는 이온화식과 광전식 감지기의 성능이 있는 것으로서 두 가지 성능이 함께 작동될 때 화재신호를 발신하거나 또는 두 개의 화재신호를 각각 발신하는 것을 말한다.

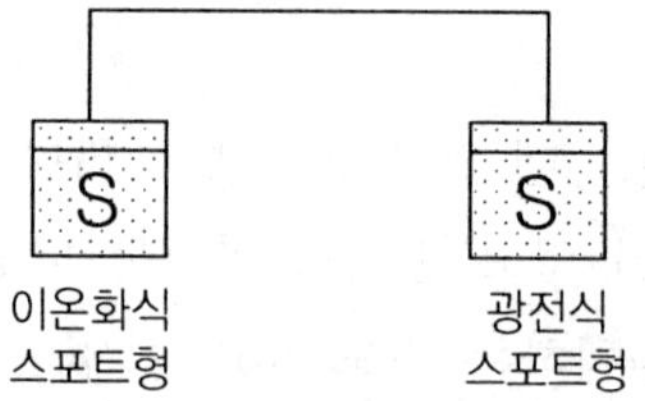

[그림 2-41] 연복합형 감지기의 구성

3) 열 · 연기복합형 감지기

열 · 연복합형에는 [그림 2-42]와 같이 4가지의 조합이 있는데 신호방식은 다른 복합형 감지기와 같다.

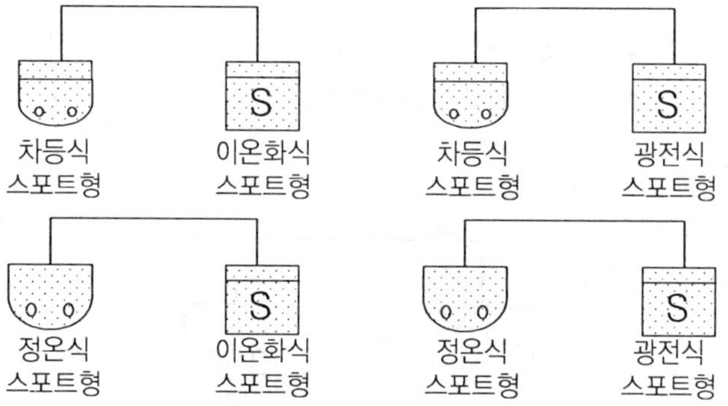

[그림 2-42] 열 · 연복합형 감지기의 구성

(6) 다신호식 감지기

다신호식 감지기는 1개의 감지기 내에 서로 다른 종별 또는 감도 등의 기능을 갖춘 것으로서 일정시간 간격을 두고 2회 이상의 화재신호를 발하는 감지기를 말한다. 즉 감도, 동작온도, 축적시간 등이 다른 감지방식의 감지기 2개를 하나의 감지기로 하여 2가지 이상의 신호를 발생시키는 감지기이다.

예를 들면 공칭 작동온도가 60[℃]와 70[℃]를 구성한 정온식 다신호식 감지기는 60[℃]와 70[℃]에서 신호를 2회 발신하게 된다. 첫번째 신호에서 관리자가 현장을 확인하거나 모니터를 통하여 화재여부를 확인함으로써 오보에 의한 시스템 신뢰도 저하를 방지할 수 있다.

복합형 감지기는 확실한 화재감지를 목적(실보방지)으로 하나 다신호식 감지기는 비화재보(오보방지)를 하기 위한 목적이 강하다.

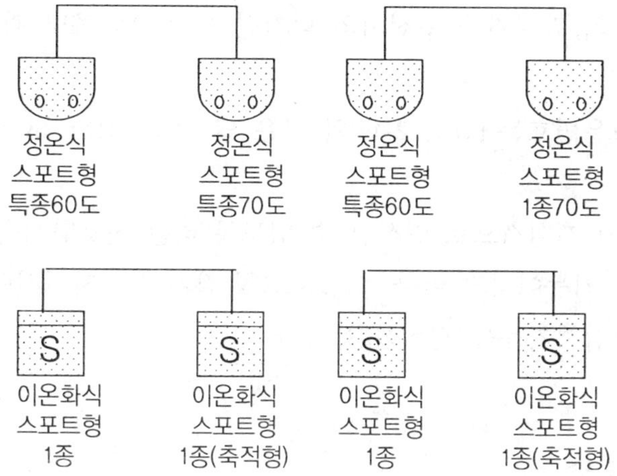

[그림 2-43] 다신호식 감지기의 구성

〈표 2-7〉 복합형 감지기와 다신호식 감지기의 차이점

구 분	복합형 감지기	다신호식 감지기
감지소자	감지원리가 다른 감지소자의 조합	감지원리는 같으나 종별, 감도, 축적 여부 등이 다른 감지소자의 조합
화재신호 발신	두 기능이 모두 작동되는 때 또는 각 기능이 작동되는 때	각 감지소자가 작동하는 때

(7) 주소형 감지기

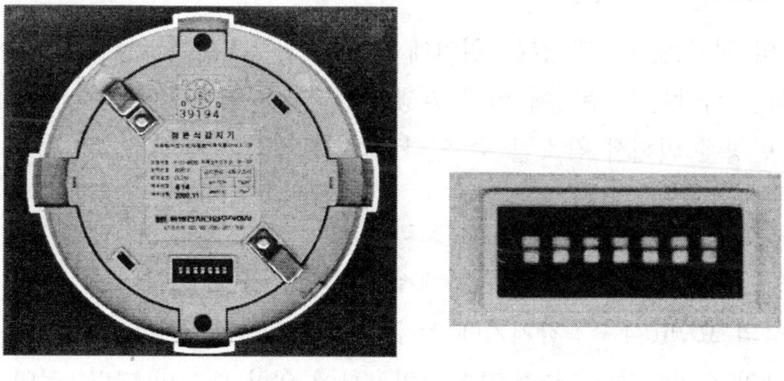

[그림 2-44] 주소형 감지기

주소형 감지기는 감지기 내에 마이크로프로세서를 내장시키는데 내장된 마이크로프

로세서를 통해 각각의 감지기를 수신기의 디지털 표시창에 해당 감지기의 고유번호가 표시된다.

주소형 감지기 고유번호는 [그림 2-44]와 같은 딥 스위치(Dip Switch)에 의해서 고유 번지를 지정한다.

이렇게 수신기에서 개별적으로 인식할 수 있도록 하는 신호방식을 고유 번지기능 또는 어드레스(adress) 기능이라고 한다. 아날로그형 감지기는 자기진단기능, 오염도 경보기능, 감지기 착탈 감시기능을 겸비하고 있다.

7. 감지기의 오동작

일상적인 생활에서 화재가 아닌 경우에도 소방경보 회로가 작동하거나 화재가 발생하였는데도 경보회로가 작동하지 않는 경우가 있다.

감지기의 오동작이란 화재를 감지하지 못하는 실보와 화재와 유사한 상황에서 작동되는 비화재보(오보)로 구분할 수 있다. 비화재보란 주위 환경이 순간적으로 화재와 같은 상태로 되었다가 정상상태로 되는 경우가 많은데 이와 같은 현상을 일과성 비화재보라 한다.

잦은 비화재보는 소방시설의 신뢰도를 떨어뜨려 사용자들이 자동화재탐지설비의 정상적인 동작을 정지시켜 실제로 화재시에는 작동되지 않아 큰 사고로 이어질 수 있다.

(1) 비화재보의 주요 원인

비화재보의 원인은 다음과 같은 원인에 의해서 발생되는데 인위적인 요인은 원인행위를 제공하는 사람들의 주의에 의해 발생을 줄일 수 있으며 또한 감지기의 설치위치나 종류의 변경에 의해서 감소될 수 있다.

① 인위적인 원인(60%) : 담배연기, 조리, 난방, 분진, 공조기, 배기가스
② 기능적인 요인(6%) : 감지기의 자체적인 원인(감도변화, 부품불량)
③ 관리상의 요인(0.4%) : 감지기에 누수, 청소불량, 해충, 쥐
④ 설치상의 요인(0.6%) : 부적절한 설치공사에 의한 배선의 단락, 절연, 불량, 부식, 변형
⑤ 기타 원인 : 33%

(2) 연기감지기 비화재보의 환경요인

1) 부식성가스

연기감지기는 고감도의 회로를 채택하고 있어서 부식되면 오동작을 발할 수 있다. 산란광식의 경우 부식생성물 가루가 광선을 반사하는 경우가 있고 이온화식에서는 방사원의 표면이 부식생성물로 덮여 이온전류가 감소하는 경우가 있다.

2) 전기적 노이즈

연기감지기는 미소한 신호를 증폭하는 회로를 가지고 있으므로 전기적 충격을 받으면 작동하는 경우가 많다. 전력차단기 부근에 감지기를 설치한 경우 등에 차단기의 작동시 감지기가 작동할 수 있다.

3) 환경부유물에 의한 센서의 오염

건축재료나 내장재료 등에서 방출되는 부유물 등이 장기간 센서에 부착하여 감지기의 감도를 변화시키는 것으로 건물신축 후 1~2년 정도 경과 후 발생한다.

4) 부품의 고장

감지기는 많은 정밀부품으로 구성되어 있고 감시와 신호발생에 직접 관련된 부품에 고장이 생기면 오신호를 발할 수 있다.

5) 배선의 문제

감지기 배선의 접지·단락 또는 절연불량이 될 때 발생한다.

(3) 비화재보를 방지하는 방법

비화재보를 방지하기 위해서는 소방대상물별로 다음과 같이 감지기 특성에 맞는 운용 및 관리가 중요하다.

1) 환경적 요인

감지기는 동작특성이 각각 다르므로 특성에 맞는 감지기를 설치하여야 하며, 환경변화에 대해 적절한 감지기로 교체하여야 한다.

2) 축적형 감지기 사용

물리·화학적 변화에 즉시 화재신호를 발하기보다는 5～60초 정도 감지상태가 지속되는 경우 신호를 발하는 축적형 감지기를 사용하면 비화재보를 감소시킬 수 있다.

3) 연기감지기 사용 억제

연기감지기의 비화재보는 열감지기보다 비화재보율이 10배 정도로 높다. 그러므로 필수적인 연기감지기 설치장소를 제외하고는 열감지기를 설치하는 것이 비화재보를 줄일 수 있다.

4) 다신호식 감지기

감도특성이 다른 두 가지(열・연기) 이상을 내장한 다신호식 감지기를 사용하여 두 가지 감지소자가 동작하였을때 화재신호를 발생하도록 한다.

5) 감지기 수량 억제

감지기 설치가 제외되는 장소는 감지기 설치를 억제하고 가능한 한 감시범위가 넓은 감지기를 사용하여 감지기 수를 줄인다. 왜냐하면 감지기 수량이 많으면 많을수록 비화재보의 확률이 커지기 때문이다.

그 이외에도 주기적인 점검과 청소, 교체를 통하여 유지보수를 철저히 시행하면 비화재보뿐만 아니라 실보도 방지할 수 있다.

제2장 감지기

주관식 연습문제

1. 감지기의 구조에 관한 다음 물음에 답하시오.

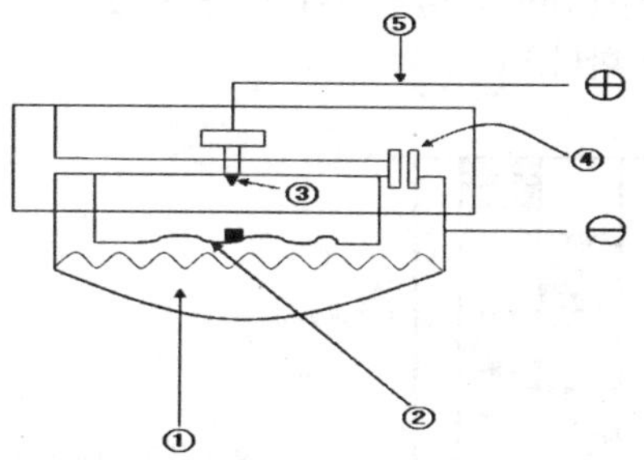

가. 감지기의 명칭을 쓰시오.
나. ①~⑤까지의 명칭을 쓰시오.

2. 감지기의 배선에 대한 다음 도면을 보고 각 물음에 답하시오.

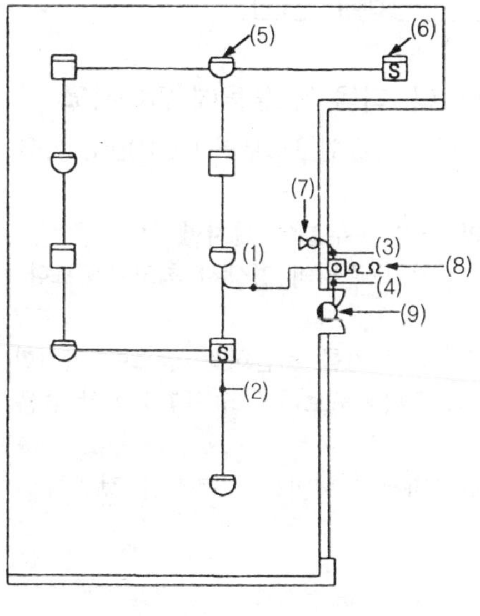

가. 도면상의 (1)~(4)에 해당하는 배선가닥 수는 최소 몇 가닥이 필요한가?
나. 도면상의 (5)~(9)에 해당하는 심벌의 명칭은 무엇인가?

다. 심벌 [S]을 [S](반원 표시) 으로 하였다면 이것은 무엇을 의미하는가?

3. 차동식 스포트형 2종 감지기를 부착면의 높이가 5.5[m]인 내화구조로 된 소방대상물에 설치하고자 한다. 이 경우 소방대상물의 바닥면적이 170[m^2]이라면 몇 개 이상 설치하여야 하는가?

4. 지상 2층, 지하 2층 건물의 계단에 연기감지기를 설치하고자 한다.

①, ②에 설치하는 연기감지기는 수직거리 몇 [m]마다 설치하여야 하는가?
(단, ①은 2종감지기, ②는 3종 감지기를 설치한다.)

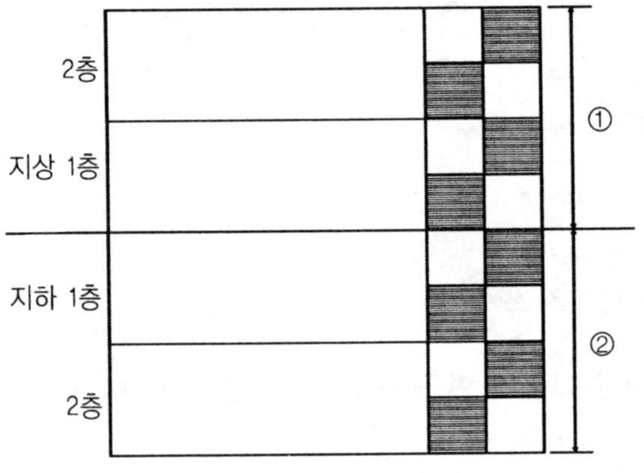

5. 자동화재탐지설비의 감지기에 대한 설명이다. 다음 각 물음에 답하시오.

가. 감지기(차동식 분포형은 제외)는 실내로 공기유입구로부터 (①)[m] 이상 떨어진 곳에 설치할 것
나. 감지기는 천장 또는 반자의 (②)의 면하는 부분에 설치할 것
다. 보상식 스포트형 감지기는 정온점이 감지기 주위의 평상시 최고온도보다 (③)[℃] 이상 높은 것으로 설치할 것
라. 정온식 감지기는 주방, (④) 등 다량의 화기를 취급하는 장소에 설치할 것.
마. 정온식 감지기의 공칭 작동온도는 최고 주위온도보다 (⑤)[℃] 이상 높은 것으로 설치할 것
바. 스포트형 감지기는 (⑥)도 이상 경사되지 아니하도록 부착할 것

6. 그림은 감지기의 결선도이다. 다음 각 물음에 답하시오.

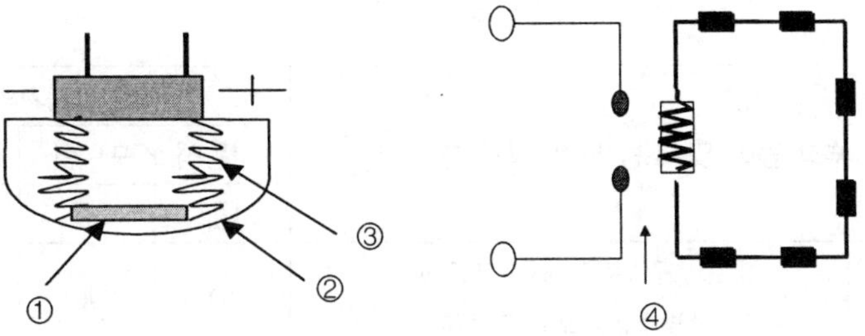

가. 감지기의 명칭은?
나. ①~④까지의 명칭을 쓰고, ①, ③번은 어떤 작용을 하는지 답하시오.
다. 감지기의 작동원리를 쓰시오.

7. 그림은 차동식 분포형 공기관식 감지기의 유통시험에 관한 것이다. 다음 각 물음에 답하시오.

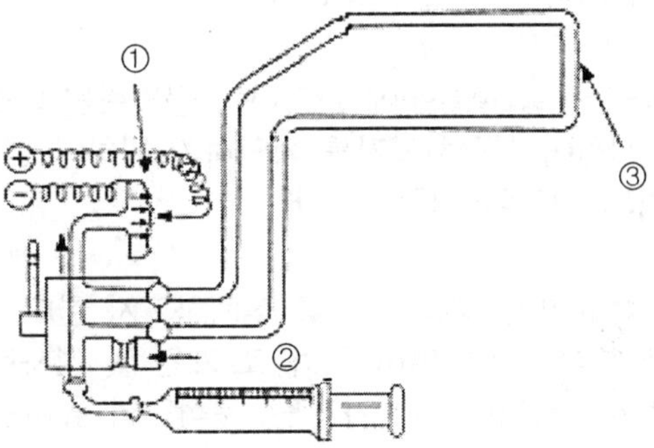

가. ①~③의 명칭은 각각 무엇인가?
나. 이 시험에서 확인할 수 있는 것을 3가지 쓰시오.
다. 시험시 검출부 시험공 또는 공기관의 한쪽 끝에 테스트 펌프를 접속시킨다면 다른 한쪽 끝에는 무엇을 접속시키는가?
라. 테스트 펌프로 공기를 불어넣어 마노미터의 수위를 100[mm]까지 상승시켰다면 유통시간은 어떻게 측정되는가?
마. ③의 최소 길이와 최대 길이는 각각 얼마인가?
바. ③의 굵기(두께)와 외경은 각각 얼마인가?

8. 감지기를 1개 이상 설치하여야 할 바닥면적의 기준을 나타낸 표이다. (   )안의 바닥면적은?

(단위 : m^2)

부착 높이 및 소방대상물의 구분		차동식 스포트형 1종	차동식 스포트형 2종	정온식 스포트형 특종	정온식 스포트형 1종	정온식 스포트형 2종
4[m] 미만	주요 구조부를 내화구조로 한 소방대상물 또는 그 부분	90	70	70	(①)	20
	기타 구조의 소방대상물 또는 그 부분	(②)	40	40	(③)	15
4[m] 이상 8[m] 미만	주요 구조부를 내화구조로 한 소방대상물 또는 그 부분	(④)	35	35	30	
	기타 구조의 소방대상물 또는 그 부분	(⑤)	25	25	15	

9. 공기관식 차동식 분포형 감지기에서 작동개시 시간이 허용범위보다 늦게 되는 경우가 있다. 그 원인에 대하여 간단히 설명하시오.

10. 감지기의 작동공기압(공기팽창압)에 상당하는 공기량을 테스트 펌프에 의해 불어넣어 작동할 때까지의 시간이 지정치인가를 확인하기 위하여 행하는 시험은 공기관식의 화재작동시험 중 어느 시험에 해당되는가?

11. 어떤 소방대상물에 연기감지기(3종)를 설치하고자 한다. 복도 및 통로에서는 보행거리 몇 [m]마다 1개 이상 시설하여야 하며, 또 계단 및 경사로에 있어서는 수직거리 몇 [m]마다 1개 이상 시설하여야 하는가? 단, 부착면의 높이는 4[m] 미만이라고 한다.

12. 그림은 차동식 분포형 열전대식 감지기의 구성도이다. 이 그림을 보고 다음 각 물음에 답하시오.

가. 그림에서 잘못된 부분에 대한 곳을 찾아 그 부분을 지적하고 옳은 그림으로 수정하여 그리시오.

나. 그림에서 ①과 ②는 무엇을 나타내는가?

다. 그림에서 ②의 부분을 로 표시하였다면 이것은 어떤 뜻인가?

라. 그림에서 ②를 1개 검출부에 최대로 접속할 수 있는 수량은 몇 개이며, 최소 접속개수는 1개의 감지구역마다 몇 개인가?

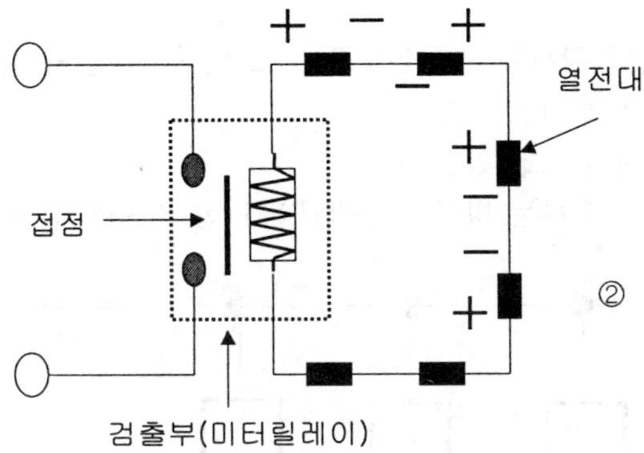

13. 나음 그림과 같이 자동화재탐지설비의 감지기를 배선하였을 경우 잘못된 점을 지적하여 옳게 도면을 그리고, 그 이유는 무엇인지 설명하시오.

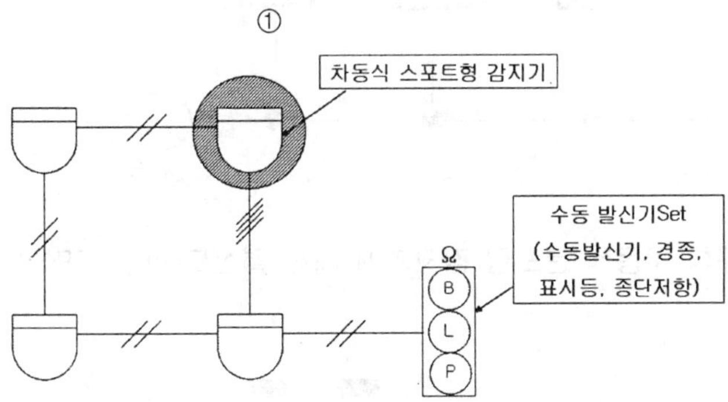

14. 공기관식 차동식 분포형 감지기의 설치기준으로 ( )안에 알맞은 것은?
   - 공기관의 노출부분은 감지구역마다 (①)[m] 이상이 되도록 할 것
   - 공기관의 감지구역의 각 변과의 수평거리는 (②)[m] 이하가 되도록 하고, 공기관 상호간의 거리는 (③)[m](주요 구조부를 내화구조로 한 소방대상물 또는 그 부분에 있어서는 (④)[m] 이하가 되도록 할 것
   - 하나의 검출부분에 접속하는 공기관의 길이는 (⑤)[m] 이하로 할 것
   - 검출부는 (⑥)도 이상 경사되지 아니하도록 부착할 것
   - (⑦)는 바닥으로부터 0.8[m] 이상 1.5[m] 이하의 위치에 설치할 것

15. 감지기회로의 도통시험을 위한 종단저항 설치기준 3가지를 쓰시오.

16. 공기관식 차동식 분포형 감지기의 설치기준에 대하여 5가지만 쓰시오.

17. 차동식 분포형 감지기와 차동식 스포트형 감지기의 작동원리를 간략하게 설명하시오.

18. 그림과 같은 이온화식 감지기의 구성도를 보고 다음 각 물음에 답하시오.

가. ①, ②의 명칭은 무엇인가?

나. ③에 구성되어야 할 회로는?

다. ①, ②에 주로 사용하는 방사선 동위원소를 한 가지만 쓰시오.

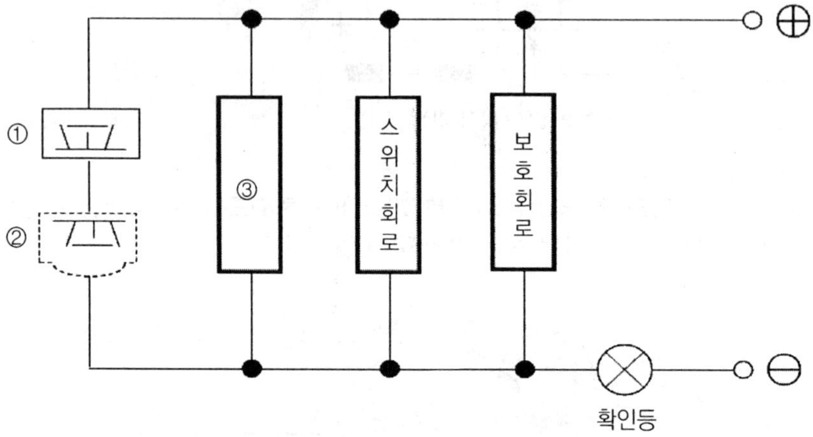

19. 그림은 열전대식 차동식 분포형 감지기에 대한 결선도이다. 도면을 보고 다음 각 물음에 답하시오.

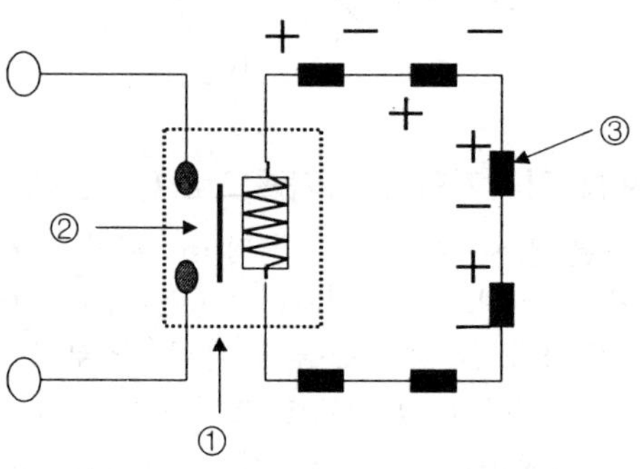

가. ①에 해당하는 곳은 무슨 부분인가?

나. ②, ③에 해당하는 곳의 명칭은?

다. 하나의 검출부에 접속하는 열전대부는 몇 개 이하로 하여야 하는가?

라. 열전대부는 감지구역의 바닥면적 몇 [m^2]마다 1개 이상으로 하여야 하는가? (단, 기타 구조인 경우임)

제2장 감지기

객관식 연습문제

1. 연기감지기의 설치기준에서 제2종 감지기의 부착높이가 4[m]이상, 20[m]미만인 경우 바닥면적 몇 [㎡]마다 1개 이상으로 하여야 하는가?

가. 50　　나. 75
다. 100　　라. 150

2. 공기관식 차동식 분포형 감지기의 유통시험시 필요하지 않는 기구는?

가. 백금카이로식 가열시험기　　나. 공기주입기
다. 고무관　　라. 마노미터

3. 주위온도가 일정상승률 이상이 되는 경우에 작동하는 것으로 일국소에서의 열효과에 의하여 작동하는 감지기는?

가. 정온식 스포트형 감지기　　나. 차동식 스포트형 감지기
다. 차동식 분포형 감지기　　라. 보상식 스포트형 감지기

4. 발신기나 중계기와 비교했을 때 감지기에만 해당되는 시험 항목은?

가. 주위온도시험　　나. 노화시험
다. 절연저항시험　　라. 절연내력시험

5. 검출기로서 미터 릴레이(meter relay)를 필요로 하는 감지기는?

가. 차동식 분포형 공기관식 감지기　　나. 보상식 스포트형 감지기
다. 감지선형 감지기　　라. 열전대식 감지기

6. 열전대식 분포형 감지기의 미터 릴레이는 완만한 온도상승에는 동작하지 않는다. 그 이유로 적당한 것은?

가. 리크밸브 장치가 있기 때문이다.
나. 중공 부분에 열기전력이 발생하기 때문이다.
다. 미터 릴레이 자체가 동작하지 않도록 고정되어 있기 때문이다.
라. 열기전력이 상쇄되는 장치가 있기 때문이다.

정답

1. 나 2. 가 3. 나 4. 나 5. 라 6. 라

7. 차동식 분포형 열전대식 감지기를 설치하는 데 있어서 하나의 검출부에 접속하는 수는 몇 개 이하가 적당한가?

가. 40개 이하　　나. 30개 이하
다. 20개 이하　　라. 10개 이하

8. 열전대식, 열반도체식 감지기의 화재작동시험에서 사용하는 시험기구는?

가. 마노미터　　나. 미터 릴레이
다. 공기관　　라. 소음계

9. 주요 구조부가 내화구조로 된 소방대상물의 자동화재탐지설비 중 열전대식 차동식 분포형 감지기의 설치기준으로 옳은 것은?

가. 열전대부는 감지구역의 바닥면적 18[㎡]마다 1개 이상으로 하고 하나의 검출부에 접속하는 열전대부는 15 이하로 한다.
나. 열전대부는 감지구역의 바닥면적 22[㎡]마다 1개 이상으로 하고 하나의 검출부에 접속하는 열전대부는 15 이하로 한다.
다. 열전대부는 감지구역의 바닥면적 18[㎡]마다 1개 이상으로 하고 하나의 검출부에 접속하는 열전대부는 20개 이하로 한다.
라. 열전대부는 감지구역의 바닥면적 22[㎡]마다 1개 이상으로 하고 하나의 검출부에 접속하는 열전대부는 20개 이하로 한다.

10. 공기관식 감지기의 화재감지 동작순서를 옳게 나타낸 것은?

가. 열→관내 공기 팽창→리크밸브 동작→회로접점 접속
나. 열→다이아프램 팽창→리크밸브 동작→회로접점 접속
다. 열→관내 공기 팽창→다이아프램 팽창→회로접점 접속
라. 열→리크밸브 동작→관내 공기 팽창→회로접점 접속

11. 차동식 스포트형 감지기의 구조에 해당되는 것은?

가. 공기팽창 이용　　나. 바이멘탈 이용
다. 열반도체 이용　　라. 공기팽창과 열기전력 이용

12. 스포트형 감지기는 몇 도 이상 경사되지 않도록 부착하여야 하는가?

가. 15　　나. 25　　다. 35　　라. 45

13. 공기관식 차동식 분포형 감지기의 오동작을 방지하는 안전장치에 해당하는 것은?

가. 다이아프램　　나. 공기관
다. 시험홀　　라. 리크구멍

정답

7. 다 8. 나 9. 라 10. 다 11. 가 12. 라 13. 라

14. 차동식 분포형 감지기의 검출부에 연결하는 공기관이 길이는 몇 [m] 이하로 하여야 하는가?

가. 50　　나. 100　　다. 150　　라. 200

15. 공기관식 차동식 분포형 감지기의 공기관을 지지하는 금속기구로 사용하는 것은?

가. 로크너트　　나. 부싱
다. 스테이플　　라. 와이어 커넥터

16. 보상식 스포트형 감지기는 정온점이 감지기 주위의 평상시 최고온도보다 섭씨 몇[℃] 이상 높은 것으로 설치하여야 하는가?

가. 10　　나. 20　　다. 30　　라. 40

17. 정온식 감지기는 공칭 작동온도가 최고 주위온도보다 섭씨 몇 [℃] 이상 높은 것으로 하여야 하는가?

가. 10　　나. 20　　다. 30　　라. 40

18. 차동식 분포형 감지기로서 공기관식의 구조 및 기능으로 옳은 것은?

가. 공기관은 하나의 길이가 10[m] 정도이다.
나. 공기관의 두께는 최소 8[mm] 이상이어야 한다.
다. 발광소자를 사용하여 공기관이 누설여부를 시험한다.
라. 리크 저항 및 접점수고를 쉽게 시험할 수 있다.

19. 공기관식 차동식 분포형 감지기에서 공기관이 노출부분은 감지구역마다 몇 [m] 이상이 되도록 하여야 하는가?

가. 5　　나. 10　　다. 20　　라. 30

20. 공기관식 차동식 분포형 감기지의 검출부의 공기관 접속방법은?

가. 슬리브에 삽입한 후 납땜한다.
나. 슬리브에 삽입한 후 밀착한다.
다. 공기관 접속단자에 삽입한 후 납땜한다.
라. 공기관 접속단자에 삽입한 후 압착한다.

21. 공기관식 차동식 분포형 감지기의 설치방법으로 옳지 않은 것은?

가. 공기관의 노출부분은 감지구역마다 20[m] 이상 되도록 할 것
나. 하나의 검출부분에 접속하는 공기관의 길이는 150[m] 이하가 되도록 할 것
다. 검출부는 5도 이상 경사가 되지 않게 부착될 것
라. 검출부는 바닥으로부터 0.8[m] 이상 1.5[m] 이하의 위치에 설치할 것

정답

14. 나 15. 다 16. 나 17. 나 18. 라 19. 다 20. 다 21. 나

22. 차동식 분포형 열전대식 감지기는 2종의 금속을 양단에 결합하여 양단에 온도차를 주었을 때 기전력이 발생하는 원리를 이용한 것이다. 이 원리에 해당되는 것은?

가. 톰슨효과 나. 제에백효과
다. 홀효과 라. 핀치효과

23. 공기관식 차동식 분포형 감지기의 검출부는 몇 도 이상 경사되지 아니하도록 부착하는가?

가. 2 나. 3 다. 5 라. 7

24. 전구역 열효과 누적에 따라 전구역에 설치된 동관 내의 공기가 팽창하여 팽창된 공기의 압력으로 접점을 접점시켜 동작하는 감지기는 다음 중 어느 것인가?

가. 차동식 스포트형 감지기
나. 차동식 분포형 공기관식 감지기
다. 차동식 분포형 열전대식 감지기
라. 차동식 분포형 열반도체식 감지기

25. 정온식 감지기의 공칭 작동온도의 범위로 옳은 것은?

가. 60~150[℃] 나. 70~160[℃]
다. 80~170[℃] 라. 90~180[℃]

26. 공기관식 차동식 분포형 감지기와 관련이 없는 것은?

가. 검출부 나. 배선
다. 공기관 라. 열전대선

27. 열전대식 차동식 분포형 감지기의 감지면적으로 옳은 것은?

가. 내화구조 20[m²], 그 외 대상물 18[m²]
나. 내화구조 22[m²], 그 외 대상물 18[m²]
다. 내화구조 20[m²], 그 외 대상물 16[m²]
라. 내화구조 22[m²], 그 외 대상물 16[m²]

28. 차동식 스포트형 감지기과 관련 없는 부품은?

가. 공기실 나. 다이아프램
다. 리크공 라. 바이메탈

29. 바이메탈을 사용하지 않은 감지기는?

가. 보상식 스포트형 감지기 1종 나. 차동식 분포형 공기관식 감지기
다. 정온식 스포트형 감지기 라. 보상식 스포트형 감지기 2종

정답

22. 나 23. 다 24. 나 25. 가 26. 라 27. 나 28. 라 29. 나

30. 평상시 완만한 온도상승시 감지기가 동작하지 않는 이유는?

가. 리크밸브가 있기 때문에　　나. 다이어램프이 있기 때문에
다. 마노미터가 있기 때문에　　라. 시험장치가 있기 때문에

31. 열전대식 분포형 감지기의 원리에 대한 설명으로 가장 적당한 것은?

가. 공기의 팽창을 이용　　나. 열기전력 발생을 이용
다. 열팽창력을 이용　　라. 서머스터의 저항변화를 이용

32. 차동식 분포형(공기관식) 감지기를 현장에서 가열시험을 한 결과 동작하지 않았다. 그 원인으로 볼 수 없는 것은?

가. 접점간격이 규정값 이상이었다.
나. 수신기에 이르는 배선이 단선되었다.
다. 공기관이 막혀 있었다.
라. 다이어프램이 부식되어 있었다.

33. 공기관식 차동식 분포형 감지기 감도에 따른 분류기준 중 옳지 않은것은?

가. 특종　　나. 1종　　다. 2종　　라. 3종

34. 열기전력을 이용한 차동식 스포트형 감지기의 구성부품이 아닌 것은?

가. 반도체 열전대　　나. 다이어프램
다. 고감도 릴레이　　라. 온접점과 냉접점

35. 정온식 감지선형 감지기에 대한 설명으로 옳은 것은?

가. 광범위한 열효과의 누적에 의하여 동작되므로 일종의 분포형 구조이다.
나. 일국소의 주위온도가 일정한 온도 이상이 되는 경우에 작동하는 것이다.
다. 감열부위의 재질은 일종의 카본 저항을 이용한 것이다.
라. 감도는 다른 정온식 감지기에 비하여 보상식 구조이므로 예민하다.

36. 그림은 정온식 스포트형 감지기의 심벌이다. 기능상 분류하면?

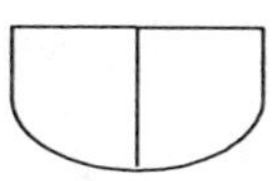

가. 내산형　　나. 내알칼리형
다. 방수형　　라. 방폭형

정답

30. 가 31. 나 32. 나 33. 가 34. 나 35. 나 36. 다

37. 정온식 스포트형 감지기를 설치하는 현장에서 성능검사를 하려고 한다. 이때의 시험장치는?

가. 메거　　　　나. 테스터
다. 마노미터　　　　라. 가열시험기

38. 정온식 감지기를 이용원리에 따라 분류한 것이다. 옳지 않은 것은?

가. 금속의 팽창을 이용한 것　　　　나. 금속의 용융을 이용한 것
다. 반도체를 이용한 것　　　　라. 열기전력을 이용한 것

39. 주방 · 보일러실 등 다량의 화기를 단속적으로 취급하는 장소에 설치하는 감지기는?

가. 차동식 분포형 감지기　　　　나. 차동식 스포트형 감지기
다. 정온식 스포트형 감지기　　　　라. 이온식 연기감지기

40. 정온식 감지기형 감지기에 사용되는 금속성 스프링 형태는?

가. I자형　　　　나. K자형
다. M자형　　　　라. U자형

41. 포소화설비를 기동시키기 위하여 정온식 스포트형 감지기를 교차회로 방식으로 설치한 그림이다. ①과 ②의 배선가닥수는 몇 가닥인가?

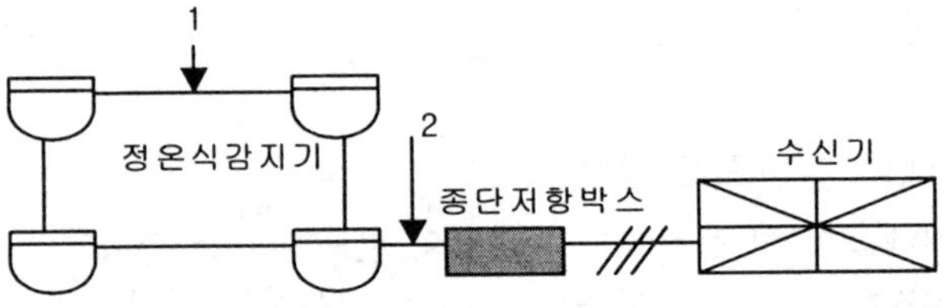

가. ① 4 ② 8　　　　나. ① 5 ② 5
다. ① 6 ② 6　　　　라. ① 6 ② 12

42. 일국소의 주위온도가 일정한 온도 이상되는 경우에 작동하는 것으로서 외관이 전선으로 되어 있는 감지기는?

가. 정온식 감지선형 감지기　　　　나. 정온식 스포트형 감지기
다. 차동식 스포트형 감지기　　　　라. 차동식 분포형 감지기

43. 일국소의 열효과에 의하여 작동하는 감지기는?

가. 공기관식　　　　나. 감지선형
다. 열기전식　　　　라. 광전식

정답

37. 라 38. 라 39. 다 40. 라 41. 가 42. 가 43. 다

44. 이온화식 연기감지기에 사용하는 방사선 동위원소로 적당한 것은?

가. Am214　　나. Am241
다. Am341　　라. Am414

45. 연기감지기의 설치에 대해서 잘못 설명한 것은?

가. 천장이 낮은 거실, 협소한 거실에서는 출입구의 가까운 부분에 설치한다.
나. 감지기는 벽에서 0.6[m] 이내의 위치에 설치한다.
다. 천장 부근에 배기구가 있는 경우에는 그 부근에 설치한다.
라. 3종 연기감지기는 통로에 있어서 보행거리 20[m]마다 1개 이상 설치한다.

46. 이온화식 연기감지기는 벽 또는 보로부터 몇 [m] 이상 떨어진 곳에 설치하는가?

가. 0.3　　나. 0.4
다. 0.5　　라. 0.6

47. 감지기 설치시의 배선기호에서 공통선은 어떤 기호로 표시하는가?

가. A　　나. T
다. C　　라. N

48. 이온화식 연기감지기에 이용되는 아메리슘의 방사선원은?

가. α선　　나. β선
다. γ선　　라. x선

49. 이온화식 연기감지기는 외부이온실, 내부이온실, 방사선원, 신호증폭회로 등으로 구성되며 회로 소자는 대부분 반도체기판(PCB)에 제작하여 감지기 내부에 밀폐하여 설치하고 있다. 다음 중 내부이온실과 관계 있는 것은?

가. 이물질 침입을 방지하기 위하여 철망을 씌우거나 이중구조로 하였다
나. 절연 등의 열화방지가 요구된다.
다. 신호전원을 증폭한다.
라. FET, TR을 사용하였다.

50. 이온화식 감지기의 강도시험은?

가. 작동시험, 부작동시험　　나. 노화시험, 방수시험
다. 방수시험, 내식시험　　라. 작동시험, 내식시험

51. 연기감지기의 설치기준으로 옳은 것은?

가. 천장 또는 반자가 낮은 실내에 있어서는 출입구와 멀리 떨어진 곳에 설치
나. 천장 또는 반자 부근에 배기구가 있는 경우에는 그부근에 설치
다. 감지기는 벽 또는 보로부터 0.3[m] 이내의 곳에 설치

정답

44. 나 45. 나 46. 라 47. 다 48. 가 49. 나 50. 가 51. 나

라. 좁은 실내인 경우에는 출입구와 멀리 떨어진 곳에 설치

52. 감지기의 내부구조에 냉·음극관이 있는 것은?

가. 차동식 분포형 공기관식 감지기
나. 정온식 감지기선형 감지기
다. 광전식 연기감지기
라. 이온화식 연기감지기

53. 이온화식 연기감지기에 대한 설명으로 틀린 것은?

가. 외부이온실의 방사선은 아메리슘이다.
나. 이온실 하나로 주기적 검출회로를 이용한 방식
다. 연기에 의하여 이온전류가 변화한다.
라. 연기에 의하여 생긴 산란광을 광전소자가 받는다.

54. 광전식 감지기에 대한 설명으로 옳지 않은 것은?

가. 광원이 끊어진 경우 이를 자동적으로 수신기에 신호를 보낼 수 있어야 한다.
나. 광전소자는 감도의 저하 및 피로현상이 적다.
다. 광원의 등이 켜지는 것을 쉽게 확인할 수 있도록 하여야 한다.
라. 광원은 광속의 변화가 켜야 한다.

55. 다음은 어떤 감지기를 설명하고 있는가?

[예] 화재의 조기발견
연기의 색에 영향을 받지 않음
외광에 의해서는 동작하지 않음
접점과 같은 가동부분이 없어 재조정 불필요

가. 광전식 감지기　　나. 차동식 감지기
다. 정온식 감지기　　라. 이온화식 감지기

56. 감지기의 기능성능과 관계없는 것은?

가. 공기관의 유통시험　　나. 접점 수고시험
다. 강도시험　　라. 연소시험

57. 차동식 분포형의 감지방식이 아닌 것은?

가. 공기관식　　나. 광전식
다. 열전대식　　라. 열반도체식

58. 광전식 감지기에 사용되고 있는 광전소자의 일반적인 특성이 아닌 것은?

가. 무접촉 검출이 가능하다.

정답

52. 라 53. 라 54. 라 55. 가 56. 다 57. 나 58. 다

나. 고속검출이 가능하고 응답속도가 빠르다.
다. 파장이 길고 직진성이 떨어진다.
라. 색의 판별이 가능하다.

59. 용적이 적은 실내에는 설치하지 않은 감지기는?

가. 광전식 축적형
나. 이온화식 비축적형 감지기
다. 열복합형 감지기
라. 열·연기 복합형 감지기

60. 복도나 계단, 경사로, 승강기 통로 등의 장소에는 어떤 감지기를 설치하는 것이 가장 좋은가?

가. 차동식 분포형 감지기
나. 광전식 감지기
다. 연기감지기
라. 이온화식 감지기

61. 자동화재탐지설비의 감지기 설치높이가 10[m]인 장소에 설치할 수 있는 감지기의 종류는?

가. 차동식 스포트형
나. 보상식 스포트형
다. 차동식 분포형
라. 정온식 스포트형

62. 자동화재탐지설비의 감지기의 높이가 8[m] 이상의 장소에 설치할 수 있는 감지기는?

가. 보상식 스포트형
나. 정온식 스포트형
다. 차동식 분포형
라. 차동식 스포트형

63. 차동식 스포트형 감지기를 부착하고자 한다. 부착높이 4[m] 미만에 1종 감지기를 설치할 경우 바닥면적 몇 [㎡]마다 1개 이상을 설치하여야 하는가?

가. 내화구조 : 80[m^2]. 기타 구조 : 30[m^2]
나. 내화구조 : 80[m^2]. 기타 구조 : 70[m^2]
다. 내화구조 : 90[m^2]. 기타 구조 : 30[m^2]
라. 내화구조 : 90[m^2]. 기타 구조 : 50[m^2]

64. 주요 구조부를 내화구조로 한 소방대상물에 차동식 스포트형 감지기 1종을 설치하려고 한다. 몇 개 이상 설치하여야 하는가? 단, 부착높이는 3.8[m]이고, 소방대상물의 바닥면적은 700[m^2]라 한다.

가. 8
나. 12
다. 16
라. 20

65. 부착면의 높이가 8[m] 이상, 15[m] 미만인 곳에는 일반적으로 설치하지 않는 감지기는?

가. 차동식 분포형 감지기
나. 이온화식 감지기
다. 광전식 감지기
라. 차동식 스포트형 감지기

정답

59. 나 60. 다 61. 다 62. 다 63. 라 64. 가 65. 라

제3장 비상경보설비

비상경보설비는 자동화재탐지설비와 그 외 다른 방법에 의해 감지된 화재의 발생이나 상황을 소방대상물 내부에 있는 사람에게 경보하여 초기소화를 용이하게 하고 피난활동을 신속하게 하기 위하여 설치하는 것으로 비상벨(경종) · 자동식 사이렌 · 단독경보형 감지기 등이 있다. 그러나 수용인원이 많은 대형건물에서는 비상방송설비를 설치하여야 한다.

1. 비상경보설비(경종, 자동식 사이렌) 설치대상

① 연면적 400[㎡]
② 지하층 또는 무창층의 바닥면적이 150[㎡](공연장인 경우 100[㎡]) 이상인 것
③ 지하가 중 터널로서 길이가 500[m] 이상인 것
④ 50인 이상의 근로자가 작업하는 옥내작업장
⑤ 가스시설 또는 지하구를 제외한다

또한 단독경보형 감지기를 설치하여야 하는 특정소방대상물은 다음과 같다.

① 연면적 1,000[㎡] 미만의 아파트 · 기숙사
② 교육연구시설 내에 있는 합숙소 또는 기숙사로서 연면적 2,000[㎡] 미만의 숙박시설
③ 자동화재탐지설비가 설치되지 않은 청소년시설(숙박시설이 있는 것에 한한다)

2. 경보설비의 종류

음향장치는 경종(alarm bell)과 사이렌(siren)이 있는데 경종은 수신기의 기동출력에 의해 모터가 동작되어 종을 타종하는 방식과 전자석을 이용한 방식이 있다. 그리고 사

이렌은 일정주파수를 발진시켜 스피커를 명동시키는 장치로 학교·공장 등의 옥외 경보용으로 사용되며 자동화재탐지설비의 음향장치로는 대부분 경종을 사용한다.

음향장치는 수신기의 내부 또는 근처에 설치하는 주음향장치와 소방대상물의 각각의 장소에 설치하는 지구음향장치가 있는데 지구음향장치는 발신기와 함께 속보세트에 내장되거나 옥내소화전설비가 설치되는 경우에는 옥내소화전함의 상단에 속보세트 형태로 설치된다.

(a) 경종

(b) 사이렌

(c) 사이렌(방폭형)

(d) 사이렌(방수형)

[그림 3-1] 경종과 사이렌

【검정기술기준】

① 경종의 소비전류는 50[mA] 이하이어야 한다.

② 경종의 절연된 단자간 및 단자와 외함 사이 절연저항은 직류 500[V]의 절연저항계로 측정하는 경우 20[MΩ] 이상이어야 한다.

③ 음향장치는 정격전압의 80[%] 전압에서 음향을 발할 수 있도록 하여야 한다.

④ 음향장치의 음량은 부착된 음향장치의 중심으로부터 1[m] 떨어진 위치에서 90[폰] 이상이 되는 것으로 하여야 한다.

3. 자동식 사이렌 구성

비상벨(경종) · 자동식 사이렌 경보설비는 전원부(상용전원, 비상전원), 조작부(발신기, 누름버튼 스위치), 표시부(표시등, 벨, 사이렌)로 구성되며 [그림 3-2]는 자동식 사이렌 회로구성을 나타낸 것이다.

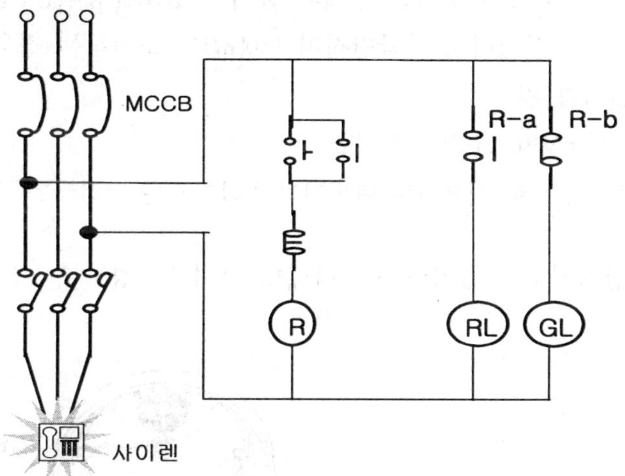

[그림 3-2] 자동식 사이렌 구성

4. 경보설비 설치방법

(1) 비상벨(경종), 자동식 사이렌

① 비상벨설비 또는 자동식 사이렌설비는 부식성가스 또는 습기 등으로 인하여 부식의 우려가 없는 장소에 설치하여야 한다.

② 주음향장치는 수신기의 내부 또는 그 근처에 설치한다.

③ 지구음향장치는 소방대상물의 층마다 설치하되 당해 소방대상물의 각 부분으로부터 하나의 음향장치까지의 수평거리가 25[m] 이하(지하가 중 터널의 경우에는 주행방향의 측벽길이 50[m] 이내마다)가 되도록 하고 당해 층의 각 부분에 유효하게 경보를 발할 수 있도록 설치하여야 한다. 다만, 비상방송설비의 설치기준에 적합한 방송설비를 자동화재탐지설비의 감지기와 연동하여 작동하도록 설치한 경우에는 지구음향장치를 설치하지 아니할 수 있다.

(2) 단독경보형 감지기

단독경보형 감지기는 화재감지와 경보를 독자적으로 행할 수 있도록 한 것으로 경보기 내부에 9[V] 배터리가 내장되어 화재시 자체경보를 발생하며 설치기준은 아래와 같다.

① 각 실(이웃하는 실내의 바닥면적이 각각 30[㎡] 미만이고 벽체의 상부의 전부 또는 일부가 개방되어 이웃하는 실내와 공기가 상호유통되는 경우에는 이를 1개의 실로 본다)마다 설치하되 바닥면적이 150[㎡]를 초과하는 경우에는 150[㎡]마다 1개 이상 설치할 것

② 최상층의 계단실의 천장에 설치할 것

③ 건전지를 주전원으로 사용하는 단독경보형 감지기는 건전지를 주기적으로 교환할 것

[그림 3-3]은 단독경보형 감지기를 나타내며 감지부 · 경보부 · 전원부가 일체로 구성되어 있다.

(a)감지기 외형

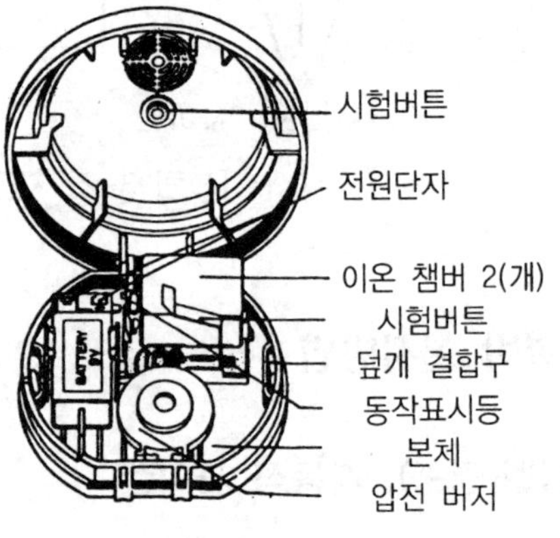

(b) 감지기 구조

[그림 3-3] 단독경보형 감지기

단독경보형 감지기는 이온화식 연기감지기와 유사하며 감지기 설치시 배선작업이 필요없기 때문에 설치가 용이하다. 1개 건물에 층간, 구역별 칸막이가 있는 경우에는 각 구역별로 설치하며 칸막이가 없는 경우에는 1개의 단독형 감지기로 모든 구역을 담당한다.

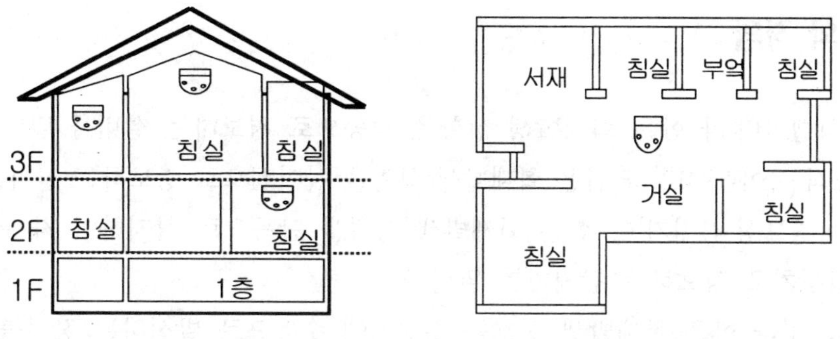

(a) 층간 칸막이 있는 경우　　(b) 칸막이가 없는 경우

[그림 3-4] 단독경보형 감지기 설치

(3) 비상경보설비의 특징

① 자동화재탐지설비 이외에 인위적으로 행하는 설비다.

② 지구탐지설비가 들리지 않는 곳까지 대피 및 화재발생을 전달할 수 있다.

③ 업무용 방송과 겸용할 수 있고 설비가 간단하고 경제적이다.

5. 비상전원 및 배선

① 전원은 전기가 정상적으로 공급되는 축전지 또는 교류전압의 옥내간선으로 하고 전원까지의 배선은 전용으로 할 것

② 개폐기에는 '비상벨설비 또는 자동식 사이렌설비용'이라고 표시한 표지를 할 것

③ 비상벨설비 또는 자동식 사이렌설비에는 그 설비에 대한 감시상태를 60분간 지속한 후 유효하게 10분 이상 경보할 수 있는 축전지설비(수신기에 내장하는 경우를 포함한다)를 설치하여야 한다.

④ 전원회로의 배선은 내화배선에 의하고 그밖의 배선은 내화배선 또는 내열배선에 따를 것

⑤ 전원회로의 전로와 대지 사이 및 배선상호간의 절연저항은 1경계구역마다 직류 250[V]의 절연측정기를 사용하여 측정한 절연저항이 0.1[MΩ] 이상이 되도록 할 것

⑥ 배선은 다른 전선과 별도의 관・덕트・몰드 또는 풀박스 등에 설치할 것. 다만, 60[V] 미만의 약전류회로에 사용하는 전선으로서 각각의 전압이 같을 때에는 그러하지 아니한다.

6. 용어의 정의

① '비상벨설비'라 함은 화재발생 상황을 경종으로 경보하는 설비를 말한다.
② 자동식 사이렌설비'라 함은 화재발생 상황을 사이렌으로 경보하는 설비를 말한다.
③ '단독경보형 감지기'라 함은 화재발생 상황을 단독으로 감지하여 자체에 내장된 음향장치로 경보하는 감지기를 말한다.
④ '발신기'라 함은 화재발생 신호를 수신기에 수동으로 발신하는 장치를 말한다.
⑤ '수신기'라 함은 발신기에서 발하는 화재신호를 직접 수신하여 화재의 발생을 표시 및 경보해주는 장치를 말한다.

제4장 비상방송설비

비상방송설비는 화재시 기동장치를 조작하여 증폭기의 전원이 자동으로 투입되게 하거나 수신기에서 화재 수신시 자동 또는 수동으로 증폭기의 전원이 투입되어 조작장치의 마이크로폰이나 화재시 비상안내방송을 확성기를 통하여 비상경보방송을 동작하는 설비이다.

1. 비상방송설비 설치대상

① 연면적 3,500[㎡] 이상인 것
② 지하층을 제외한 층수가 11층 이상인 것
③ 지하층의 층수가 3개층 이상인 것
④ 가스시설 · 지하구 및 지하가 중 터널을 제외한다

2. 비상방송설비 구성

비상방송설비는 자동화재탐지설비로부터 화재신호를 받아서 확성기로 화재발생을 알려준다. 비상경보는 피난시 안전사고를 최소화하고 질서 있게 피난할 수 있도록 다음과 같이 경보하도록 되어 있다. 2층 이상의 층에서 발화한 때에는 발화층 및 직상층에, 1층에서 발화한 때에는 발화층, 그 직상층 및 지하층에, 지하층에서 발화한 때에는 발화층 · 직상층 및 기타의 지하층에 우선적으로 경보를 발할 수 있도록 하여야 한다.

또한 자동화재탐지설비에는 비상방송설비로 화재신호를 보내지 못하도록 하는 연동정지 스위치가 있는데 이 스위치가 연동정지에 있으면 비상방송설비가 작동하지 못하므로 검사시 이에 대한 사항을 주의하여야 한다.

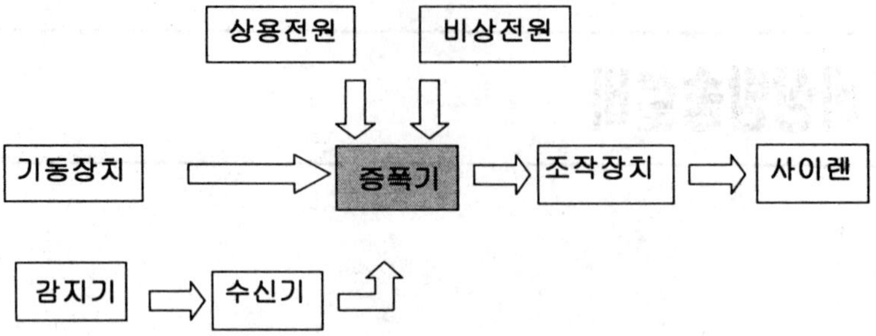

[그림 4-1] 비상경보설비 구성도

비상방송설비의 제어부의 각 스위치 및 표시등의 역할을 설명하면 다음과 같다.

1) 화재발생 표시부

자동화재탐지설비로부터 화재신호를 수신하면 점등하여 화재발생을 표시한다.

2) 방송작동층 표시부

비상방송설비는 자동화재탐지설비로부터 화재신호와 발화층에 대한 정보를 수신하여 직상층 경보방식으로 경보를 발신하도록 되어 있는데 방송작동층 표시부는 현재 방송이 되고 있는 층을 표시하는 기능을 한다.

3) 방송층 선택스위치

수동으로 방송시 방송층을 선택할 수 있는 스위치로 선택층을 누르고 방송을 하면 해당 층에만 방송이 된다.

3. 비상방송설비 설치방법

① 확성기의 음성출력은 3[W](실내에 설치하는 것에 있어서는 1[W]) 이상일 것

② 확성기는 각층마다 설치하되 그 층의 각 부분으로부터 하나의 확성기까지의 수평거리가 25[m] 이하가 되도록 할 것

③ 음량조정기를 설치하는 경우 음량조정기의 배선은 3선식으로 할 것

④ 조작부의 조작스위치는 바닥으로부터 0.8[m]~1.5[m] 이하의 높이에 설치할 것

⑤ 조작부는 기동장치의 작동과 연동하여 당해 기동장치가 작동한 층 또는 구역을 표시할 수 있는 것으로 할 것

⑥ 증폭기 및 조작부는 수위실 등 상시 사람이 근무하는 장소로서 점검이 편리하고 방화상 유효한 곳에 설치할 것

⑦ 5층(지하층은 제외한다) 이상의 소방대상물 또는 그 부분에 있어서는 2층 이상의 층에서 발화한 때에는 발화층 및 그 직상층에, 1층에서 발화한 때에는 발화층, 그 직상층 및 지하층에, 지하층에서 발화한 때에는 발화층, 그 직상층 및 기타의 지하층에 우선적으로 경보를 발하는 구분경보방식으로 할 것. 그러나 층수가 5층 이상이어도 연면적이 3,000[㎡] 이하인 것 또는 3,000[㎡]를 초과하더라도 층수가 4층 이하인 경우에는 일제경보방식으로 시설한다.

⑧ 다른 방송설비와 공용하는 것에 있어서는 화재시 비상경보 외의 방송을 차단할 수 있는 구조로 할 것

⑨ 다른 전기회로에 따라 유도장애가 생기지 아니하도록 할 것

⑩ 하나의 소방대상물에 둘 이상의 조작부가 설치되어 있는 때에는 각각의 조작부가 있는 장소 상호간에 동시통화와 전구역에 방송이 가능하도록 할 것

⑪ 기동장치에 따른 화재신고를 수신한 후 필요한 음량으로 화재발생 상황 및 피난에 유효한 방송이 자동으로 개시될 때까지의 소요시간은 10초 이하로 할 것

⑫ 음향장치는 다음 각목의 기준에 따른 구조 및 성능의 것으로 하여야 한다.

㉮ 정격전압의 80[%] 전압에서 음향을 발할 수 있는 것으로 할 것

㉯ 자동화재탐지설비의 작동과 연동하여 작동할 수 있는 것으로 할 것

⑬ 엘리베이터 내부에는 별도의 음향장치를 설치할 수 있다.

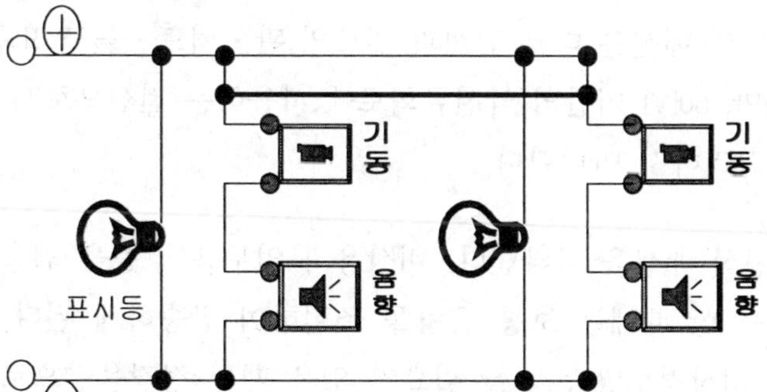

[그림 4-2] 비상방송설비 구성

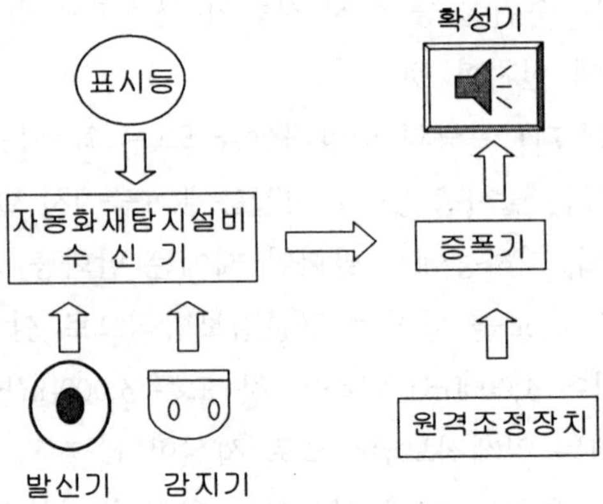

[그림 4-3] 비상방송설비 연동

4. 비상방송설비의 배선기준

① 화재로 인하여 하나의 층의 확성기 또는 배선이 단락 또는 단선되어도 다른 층의 화재통보에 지장이 없도록 할 것

② 전원회로의 배선은 내화배선에 따르고 그밖의 배선은 내화배선 또는 내열배선에 따라 설치할 것

③ 전원회로의 전로와 대지 사이 및 배선 상호간의 절연저항은 1경계구역마다 직류 250[V]의 절연저항측정기를 사용하여 측정한 절연저항이 0.1[MΩ] 이상이 되도록 할 것

④ 비상방송설비의 배선은 다른 전선과 별도의 관·덕트·몰드 또는 풀박스 등에 설치할 것. 다만, 60[V] 미만의 약전류회로에 사용하는 전선으로서 각각의 전압이 같을 때에는 그러하지 아니한다.

[그림 4-4]는 3선식 배선을 나타낸다. 비상용과 업무용 방송을 겸용하는 경우 일반적으로 업무용방송을 할 때에는 보통 음량을 조절하여 방송하게 된다. 그러나 돌발적인 사태가 발생하여 비상경보방송을 할 필요가 있을 때는 정격음량으로 유효하게 피난방송을 할 수 없게 될 우려가 있다.

따라서 음량조절기를 설치하는 경우에는 별도의 비상용 배선으로 유효하게 피난유도를 할 수 있도록 하는 배선을 3선식 배선이라 한다.

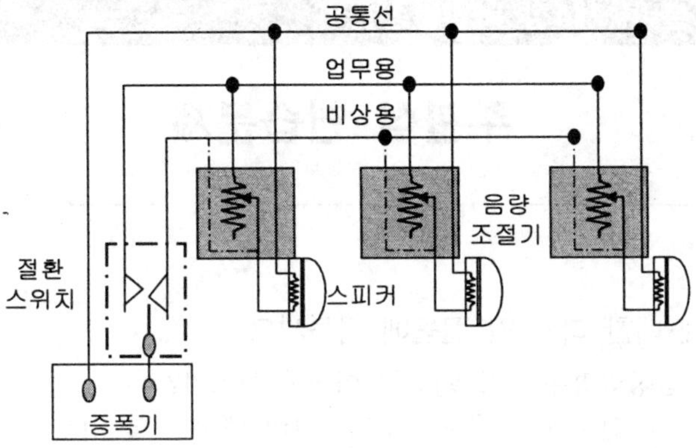

[그림 4-4] 비상방송설비 3선식 배선

5. 비상방송설비의 전원 설치기준

① 전원은 전기가 정상적으로 공급되는 축전지 또는 교류전압의 옥내간선으로 하고 전원까지의 배선은 전용으로 할 것

② 개폐기에는 '비상방송설비용'이라고 표시한 표지를 할 것

③ 비상방송설비에는 그 설비에 대한 감시상태를 60분간 지속한 후 유효하게 10분 이상 경보할 수 있는 축전지설비(수신기에 내장하는 경우를 포함한다)를 설치하여야 한다.

6. 용어의 정의

① '확성기'라 함은 소리를 크게 하여 멀리까지 전달될 수 있도록 하는 장치로서 일명 스피커를 말한다.

② '음량조절기'라 함은 가변저항을 이용하여 전류를 변화시켜 음량을 크게 하거나 작게 조절할 수 있는 장치를 말한다.

③ '증폭기'라 함은 전압전류의 진폭을 늘려 감도를 좋게 하고, 미약한 음성전류를 커다란 음성전류로 변화시켜 소리를 크게 하는 장치를 말한다.

제3장 비상경보설비, 제4장 비상방송설비

주관식 연습문제

1. 비상방송설비에 대한 다음 각 물음에 답하시오.

   가. 확성기의 음성입력은 몇 [W] 이상이어야 하는가?

   나. 음량조정기를 설치하는 경우 음량조정기의 배선은 몇 선식으로 하여야 하는가?

   다. 기동장치에 의한 화재신고를 수신한 후 필요한 음량으로 방송이 개시될 때까지의 소요시간은 몇 초 이하로 하여야 하는가?

   라. 조작부의 조작스위치는 바닥으로부터 몇 [m]의 높이에 설치하여야 하는가?

   마. 확성기는 몇 개층마다 설치하는가?

2. 답안지의 도면은 사무실 건물로 사용되는 어떤 5층 건물에서 비상방송설비를 업무용 방송설비와 겸용하는 경우의 미완성도면이다. 도면을 보고 다음 각 물음에 답하시오.

   가. 확성기의 음성입력은 실내에 설치하는 경우 몇 [W] 이상이어야 하는가?

   나. 3층에서 발화한 경우 우선적으로 경보를 발할 수 있어야 하는 층은?

   다. 도면의 ※표( )의 명칭은 무엇인가?

   라. 업무용배선과 긴급용배선을 도면에 그려넣으시오.

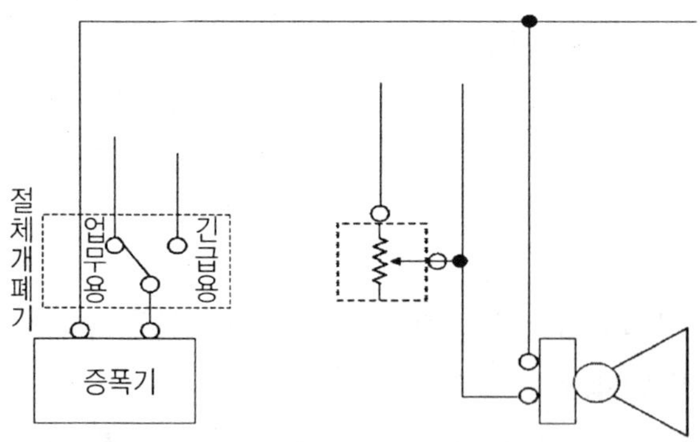

3. 비상방송설비의 구성도를 나타낸 그림을 보고 다음 각 물음에 답하시오.

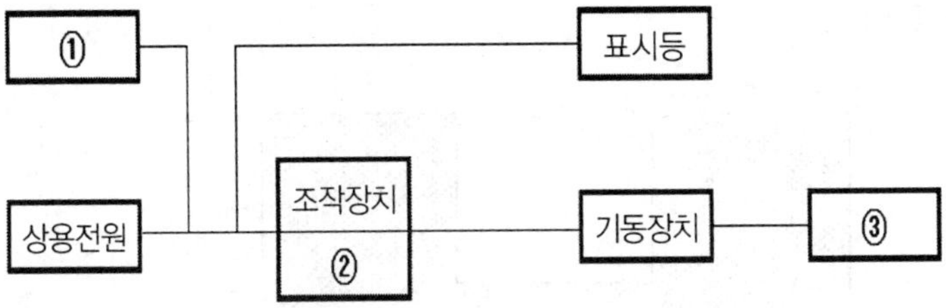

가. ①~③의 명칭은 무엇인가?
나. 기동장치를 기동하는 전원의 전압은 몇 [V]인가?
다. 비상방송설비에 음량조정기를 설치하는 경우 음량조정기의 배선은 몇 선식으로 하는가?
라. 기동장치 상부에 설치하는 표지판의 표지색상은 어떻게 하여야 하는가?
마. ③을 옥외에 설치할 때 음성입력은 얼마인가?
바. 구성도와 같은 방송설비가 동작할 때 경보를 우선적으로 발하여야 하는 층은?(단, 화재발생은 1층이다.)

4. 비상방송설비에 대한 다음 각 물음에 답하시오.
가. 확성기의 음성입력기준을 실외에 설치하는 경우 몇 [W] 이상이어야 하는가?
나. 유선경보방식에 대하여 발화층의 예를 들어 상세히 설명하시오.
다. 음량조정기를 설치할 때 배선은 어떻게 하는가?
라. 조작부의 조작스위치의 설치높이에 대한 기준을 쓰시오.

5. 비상방송설비의 설치기준에 대한 다음 각 물음에 답하시오.
가. 확성기는 몇 개층마다 설치하는가?
나. 음량조정기를 설치하는 경우 음량조정기의 배선은 몇 선식으로 하는가?
다. 조작부의 조작스위치는 바닥으로부터 몇 [m] 이상 몇 [m] 이하의 높이에 설치하는가?
라. 다음과 같은 층에서 발화한 경우 우선적으로 경보를 발하여야 할 층은?
(단, 지상 15층, 지하 5층 건물임)
① 1층　　② 5층　　③ 지하 2층

6. 그림과 같은 구역에 비상방송설비를 설치하려고 한다. 스피커의 설치위치를 표시하시오. 단, 스피커의 개수는 최소로 하고, 배관 · 배선은 표시하지 않으며, 스피커의 심벌은 별도로 표시한다.

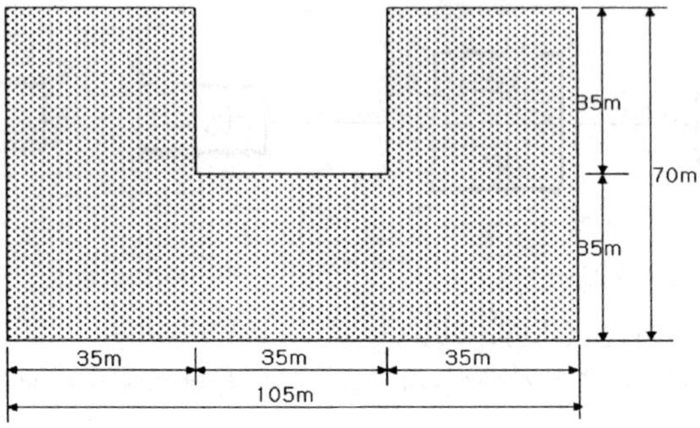

제3장 비상경보설비, 제4장 비상방송설비

객관식 연습문제

1. 방송에 의한 비상경보설비에서 1층에서 화재가 발생했을 경우 우선적으로 경보를 발하여야 할 곳은 어느 곳인가? 단, 건물의 층수는 12층이며, 지하의 층수는 3층이다.

   가. 1층, 2층, 지하층　　나. 1층, 2층
   다. 1층, 지하층　　라. 1층, 이상의 층

2. 대형건축물의 비상방송설비에서 1층에서 발화한 경우 우선경보를 발하여야 할 곳은?

   가. 1층　　나. 1층, 지하층
   다. 1층, 2층, 지하층　　라. 건물 전층

3. 단독형 화재경보기를 실내에 설치하는 경우, 실내 면적이 200[㎡]인 경우 최소한의 설치 수는 몇 개인가?

   가. 1　　나. 2　　다. 3　　라. 4

4. 1층에서 발화한 경우 우선적으로 경보를 발하지 않아도 되는 것은?

   가. 3　　나. 2　　다. 1　　라. 지하

5. 지상 5층 이상이고 연면적 3,000[m^2]의 소방대상물에 비상경보용 음향장치를 설치하였다. 2층에 발화하였을 경우의 경보는?

   가. 발화층에서만 발하여야 한다.
   나. 발화층 및 지하층에서 발하여야 한다.
   다. 발화층 및 전층에 발하여야 한다.
   라. 발화층 및 직상층에 발하여야 한다.

6. 수신기로부터 음향장치까지의 배선과 관계가 없는 것은?

   가. 600[V] 2종 비닐절연전선 사용
   나. 합성수지몰드 공사
   다. 2종 금속제 가요선관공사
   라. 금속닥트공사

7. 실내에 설치하는 비상방송설비 중에서 확성기의 음성입력은 몇 [W] 이상이어야 하는가?

   가. 1　　나. 3　　다. 3　　라. 10

정답

1. 가 2. 다 3. 나 4. 가 5. 다 6. 나 7. 가

8. 비상방송설비에 음량조정기를 설치할 경우 음량조정기의 배선방식으로 옳은 것은?

가. 1선식　나. 2선식　다. 3선식　라. 4선식

9. 비상방송설비에 대한 설명으로 틀린 것은?

가. 확성기 음성 입력은 3[W](실내 1[W] 이상일 것)
나. 음량조정기를 부착하여 2선식 배선을 할 것
다. 2층 이상에서 발화한 때에는 그 발화층 및 그 직상층에 우선 경보를 할 것
라. 증폭기는 상시 사람이 근무하는 장소로서 점검이 편리하고, 방화상 유효한 곳에 설치

10. 비상방송설비의 배선을 직류 250[V] 절연저항측정기를 사용하여 절연저항을 측정할 때 대지전압이 150[V] 이하인 경우에는 몇 [MΩ] 이상이어야 하는가?

가. 0.1　나. 0.2　다. 1　라. 2

11. 방송에 의한 비상경보설비의 설치기준이 틀린 것은?

가. 확성기 음성입력은 3[W](실내 설치시는 1[W] 이상일 것)
나. 음량조정기를 설치하는 경우 배선은 3선식으로 할 것
다. 기동장치에 의한 화재신호를 수신한 후 필요한 음량으로 방송이 개시될 때까지의 소요시간은 15초 이내로 할 것
라. 조작부는 기동장치의 작동과 연동하여 당해 기동장치가 작동한 층 또는 구역을 표시할 수 있는 것으로 할 것

12. 화재신고를 수신한 후 필요한 음량으로 방송이 개시될 때까지의 비상방송설비의 방송개시소요시간은 몇 초 이내이어야 하는가?

가. 10　나. 30
다. 60　라. 90

13. 비상방송설비에 의한 경보설비를 설치할 경우 확성기는 각 층마다 설치하되 그 층의 각 부분으로부터 하나의 확성기까지의 수평거리는 몇 [m] 이하가 되도록 하는가?

가. 15　나. 20
다. 25　라. 30

14. 비상방송설비의 조작 스위치는 바닥으로부터 어느 정도의 높이에 설치하여야 하는가?

가. 0.8[m] 이상 1.5[m] 이하　나. 1.0[m] 이상 1.5[m] 이하
다. 0.8[m] 이상 1.2[m] 이하　라. 1.0[m] 이상 1.8[m] 이하

정답

8. 다 9. 나 10. 가 11. 다 12. 가 13. 다 14. 가

제5장 자동화재속보설비

화재발생시 자동화재탐지설비로부터 화재신호를 받아 자동 또는 수동으로 화재발생과 소방대상물의 위치를 소방서에 음성으로 통보하는 설비를 자동화재속보설비라 한다. 자동화재속보설비는 화재신호를 수신하면 5~7초 동안 화재 여부를 판정하여 화재발생을 소방관서에 통보하고, 전화를 설치하고 있는 경우에는 상용전화선을 차단하고 119를 구동시켜 5분 이상 녹음테이프에 녹음된 세트에 연결되어 20초 이내에 3회 이상 반복하여 신호를 발생한다. 신고가 끝나면 일반전화 선로로 자동 복귀되고 '신고끝'이라는 램프가 점등되면서 속보기의 동작은 완료된다.

1. 화재속보설비 설치대상

① 공장 및 창고시설 또는 업무시설(사람이 근무하지 아니하는 시간에는 무인경비시스템으로 관리하는 시설에 한한다)로서 바닥면적이 1500[㎡] 이상인 층이 있는 것

② 노유자시설로서 바닥면적이 500[㎡] 이상인 층이 있는 것

③ 교육연구시설 중 청소년시설(숙박시설이 있는 건축물에 한한다)로서 바닥면적이 500[㎡] 이상인 층이 있는 것

【면제대상】

수신반이 설치된 장소에 상시 통화가 가능한 전화가 설치되어 있고 감시인이 상주하는 경우에는 자동화재속보설비를 하지 아니할 수 있다. 또한 설비의 실효성이 적어 98년 행정자치부 규제개혁 추진 방침에 따라 폐지하였으므로 관리자의 필요성에 따라 자율적으로 설치를 결정할 수 있다.

2. 자동화재속보설비의 종류

(1) A형 자동화재속보설비

P형, R형 수신기로부터 신호를 수신하여 소방대상물 위치를 소방관서에 자동적으로 통보해주는 것으로 지구등은 없다. A형은 지구등이 없으므로 관계자에게 통보할 수 없다.

(2) B형 자동화재속보설비

P형, R형 수신기와 A형 화재속보설비 성능을 복합한 것으로 감지기 또는 발신기에 의해 발생된 신호를 중계기를 통해 소방대상물 관계자에게 통보하여 소방대상물 위치를 자동적으로 통보해주는 것으로 지구등 · 단락 · 단선 시험장치가 있다.

[그림 5-1]은 A형 자동화재속보설비의 외관으로 동작시간표시 · 동작횟수표시 · 전화번호표시 · 예비전원감시 · 화재경보표시 · 비상스위치 동작표시 기능이 있고 일반전화에 접속하여 사용할 수 있다.

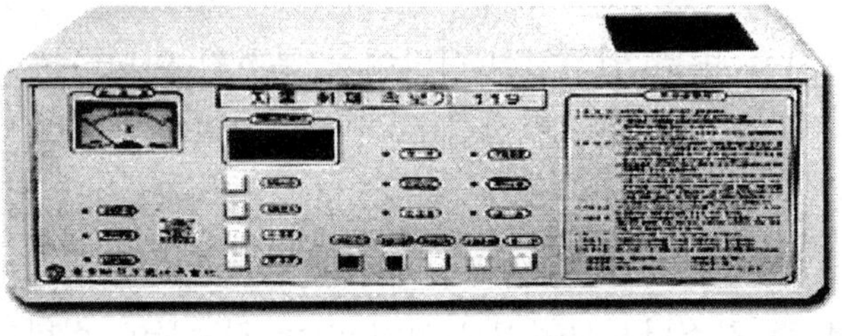

[그림 5-1] 자동화재속보설비

3. 자동화재속보설비 설치방법

① 자동화재탐지설비와 연동으로 작동하여 자동적으로 화재발생 상황을 소방관서에 전달되는 것으로 하여야 한다.

② 스위치는 바닥으로부터 0.8[m]∼1.5[m] 이하의 높이에 설치하고 보기 쉬운 곳에 스위치임을 표시한 표지를 하여야 한다.

③ 수신기가 설치된 장소에 상시 통화 가능한 전화가 설치되어 있고 감시인이 상주하는 경우에는 자동화재속보설비를 설치하지 아니할 수 있다.

④ 자동화재탐지설비로부터 화재신호를 수신하거나 속보기를 수동으로 동작시키는 경우 자동적으로 적색 화재표시등이 점등되고 음향장치로 화재를 경보하여야 한다.

⑤ 일반전화선에서 연결시 옥내 통신기구 1차측에서 연결되어야 한다(일반전화 사용 중 일반전화를 차단시켜 자동으로 소방관서에 연결된다).

⑥ 상용전원은 속보기 전용으로 구성하고 속보기 동작은 수동으로 복구 및 정지시키지 않는 한 지속되어야 한다(내부에는 주전원의 양극을 동시에 개폐할 수 있는 전원스위치를 설치하여야 한다).

⑦ 전원입력측의 양단 및 속보기로부터 외부 부하에 직접 전원을 송출하도록 구성된 회로에는 퓨즈 또는 브레이커를 설치하여야 한다.

⑧ 전면에는 주회로 전압을 감시할 수 있도록 전압계 또는 전원표시등을 설치한다.

⑨ 속보기의 예비전원은 원통밀폐형 니켈카드뮴 축전지로서 60분간 감시상태를 지속한 후 10분 이상 동작이 지속될 수 있어야 한다.

⑩ 예비전원은 자동으로 충전할 수 있어야 하며 자동 과충전 방지장치가 있어야 한다.

⑪ 속보기는 주위온도가 -10～50[℃]까지의 범위에서 기능에 이상이 없어야 한다.

⑫ 변압기 정격 1차전압은 300[V] 이하로 한다.

⑬ 정격전압이 60[V]를 넘는 기구의 금속제 외함에는 접지단자를 설치하여야 한다.

⑭ 음압은 1[m] 떨어진 위치에서 90[dB] 이상이어야 한다. 다만 전화용 부저 및 고장표시 장치용 등의 음압은 60[dB] 이상이어야 한다.

⑮ 종합방재센터가 설치되어 있어도 감시인의 비상주시에는 자동화재속보설비를 설치해야 한다.

⑯ 먼지 · 습기 등 속보기 자체에 위해의 우려가 없는 곳에 설치한다.

⑰ 속보기는 전원전압이 정격전압의 ±20[%] 범위에서 변동이 생기는 경우 기능에 이상이 생기지 않아야 하며 예비전원을 주전원으로 사용하여서는 안 된다.

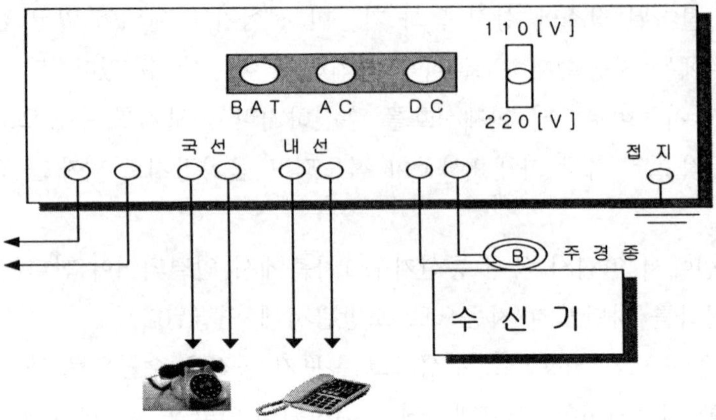

[그림 5-2] 자동화재속보설비 구성

4. 동작시험

① 시간·횟수·설정표시 : 평상시에는 현재시각이 나타나며 작동시에는 작동한 시간 및 횟수가 표시된다.

② 수동통화 : 경보1과 경보2를 동시에 누르면 소방서에 신고된다.

③ 교류전원등, 예비전원등, 복구스위치의 기능은 자동화재탐지설비의 기능과 같다.

5. 속보기의 특징

① 사람이 없어도 화재 발생시 언제든지 신속한 속보가 가능하다.

② 정확한 녹음테이프 또는 기억회로를 사용하므로 인위적 사고시 당황하지 않아 신고가 정확하다.

③ 잘못 감지한 오보 신고를 제어하는 회로가 구성되어 있어 오보 우려가 없다.

④ 일반전화에 쉽게 연결하여 설치할 수 있다.

⑤ 일반전화 사용중 일반전화를 차단시켜 자동으로 소방관서에 연결된다.

⑥ 아무리 큰 대형건물이라도 1대의 자동화재속보설비로 대응할 수 있다.

6. 속보기의 성능시험

① 속보기는 정격전압에서 10,000회 화재자동을 반복하는 경우 그 구조 및 기능에 이상이 없어야 한다.

② 속보기의 절연된 충전부와 외함간의 절연저항은 직류 500[V]의 절연계로 측정하는 경우 5[MΩ](교류측-외함 또는 선로간 절연저항은 20[MΩ]) 이상이어야 한다.

③ 속보기의 단자와 외함간의 절연내력은 60[Hz]의 정현파에 가까운 실효전압 500[V](정격전압이 60[V]를 초과하고 150[V] 이하인 것은 1,000[V], 정격전압이 150[V]를 초과하는 것은 그 정격전압에 2를 곱하여 얻은 값에 1,000[V]를 더한 값)의 교류전압을 가하는 시험에서 1분간 견디어야 한다.

제5장 자동화재속보설비

주관식 연습문제

1. 자동화재속보설비의 스위치는 바닥으로부터 몇 [m] 이상 몇 [m] 이하에 설치하여야 하는가?

2. 자동화재속보설비의 속보기에 대한 다음 각 물음에 답하시오.
   가. 속보기의 절연된 충전부와 외함간의 절연저항은 직류 500[V]의 절연저항계로 측정한 값이 몇 [MΩ] 이상이어야 하는가?
   나. 화재의 발생을 표시하는 표시등은 등이 켜질 때 무슨 색으로 표시되어야 하는가?
   다. 사용되는 변압기(전자기기용 소형변압기)의 정격 1차전압을 몇 [V] 이하로 하여야 하는가?
   라. 상기 가)번 문항과 같은 방법으로 교류입력측과 외함간을 측정할 때에는 몇 [MΩ] 이상이어야 하는가?

제5장 자동화재속보설비

객관식 연습문제

1. 자동화재속보설비의 속보기의 구조로서 틀린 것은?
   가. 내부에는 예비전원을 설치할 것
   나. 전면에는 주전원 및 예비전원의 상태를 표시할 수 있는 장치를 설치할 것
   다. 화재표시 복구스위치 및 음향장치의 울림을 정지시킬 수 있는 스위치를 설치할 것
   라. 자동 통화용 수화기를 설치할 것

2. 자동화재속보설비의 속보기는?
   가. A형과 B형으로 구분된다.
   나. M형과 P형으로 구분된다.
   다. P형 1급과 P형 2급으로 구분된다.
   라. R형과 GR형으로 구분된다.

3. 자동화재속보설비의 설치기준 중 맞지 않는 것은?
   가. 자동화재탐지설비와 연동으로 작동하여 소방관서에 전달되는 것으로 한다.
   나. 스위치는 사람이 만지지 못하도록 자물쇠 장치를 해둔다.
   다. 종합방재센터가 설치되어 있고, 상시 근무하는 자가 있는 경우에는 설치하지 아니할 수 있다.
   라. 스위치는 바닥으로부터 0.8[m] 이상 1.5[m] 이하의 높이에 설치한다.

4. 자동화재속보설비에 대한 설명으로 틀린것은?
   가. 자동화재탐지설비와 연동하여 작동되어야 한다.
   나. 예비전원을 설치하여야 한다.
   다. 스위치는 바닥으로부터 0.8[m] 이상 1.5[m] 이하의 높이에 설치한다.
   라. 종합방재센터가 설치되어 있으면 시설하지 않아도 된다.

5. 자동화재속보설비의 속보기에 대한 기능으로 옳지 않은 것은?
   가. 화재표시 작동시험을 할 수 있는 장치 부착
   나. 화재 탐지시 설비로부터 발해진 신호를 수신하여 20초 이내에 소방관에 자동 통보
   다. 상용전원을 교류전원으로 사용할 경우 정전시 자동적으로 전환
   라. 예비전원의 양부를 시험할 수 있는 것으로서 자동 충전기능

정답

1. 라 2. 가 3. 나 4. 라 5. 가

6. 자동화재속보설비의 속보기에 대한 설명으로 옳지 않은 것은?
   가. 음향장치의 울림을 정지시키는 스위치 설치
   나. 속보기의 내부에 주전원의 양극을 동시에 개폐할 수 있는 전원스위치 설치
   다. 전원 입력측의 양단 및 속보기로부터 외부부하에 직접 전원을 송출하도록 구성된 회로에는 퓨즈 설치
   라. A형은 지구등이 있고 B형에는 지구등이 없는 구조

7. 자동화재속보설비의 속보기는 화재탐지설비로부터 신호를 몇 초 이내에 소방관서에 자동적으로 신호를 발하여야 하는가?
   가. 10　　나. 20
   다. 30　　라. 60

8. 자동화재속보설비는 어떤 설비와 연동으로 작동하여 소방관서에 전달되는 것으로 하여야 하는가?
   가. 누전경보설비　　나. 자동화재탐지설비
   다. 비상경보설비　　라. 피난설비

9. 자동화재속보설비의 속보기에 대한 설명으로 옳은 것은?
   가. 화재발생을 30초 이내에 소방관서에 통보하는 설비이다.
   나. R형 발신기, R형 수신기 또는 화재속보기로 구성된다.
   다. M형 발신기, R형 수신기 또는 화재속보기로 구성된다.
   라. 그 기능에 따라 A형과 B형으로 구분한다.

10. 자동화재속보설비의 속보기는 화재시에 화재속보를 계속해서 몇 회 이상 속보할 수 있어야 하는가?
   가. 1　　나. 2
   다. 3　　라. 4

11. 자동화재탐지설비의 속보기의 전원 입력측 양단 및 속보기로부터 외부 부하에 직접 전원을 송출하도록 구성된 회로에는 무엇을 설치하여야 하는가?
   가. 비상용 콘센트　　나. 변류기
   다. 브레이커　　라. 전압조정기

12. 자동화재속보설비는 어느 설비와 연동으로 작동하는가?
   가. 스프링클러설비　　나. 포말소화설비
   다. 할로겐 화합물소화설비　　라. 자동화재탐지설비

정답

6. 라 7. 나 8. 나 9. 라 10. 다 11. 다 12. 라

13. 소방기관에 통보하는 자동화재속보설비에 대한 설명으로 틀린 것은?

가. 자동화재탐지설비와 연동되지 않아야 한다.
나. 스위치는 바닥으로부터 0.8～1.5[m] 이하의 높이에 설치하여야 한다.
다. 종합방재센터가 있고, 상주자가 있는 경우 자동화재속보설비를 설치하지 않아야 한다.
라. 자동화재속보설비는 화재시 소방관서에 자동적으로 연락되는 장치이다.

14. 자동화재속보설비의 구조 · 원리 등에 대한 설명으로 옳지 않은 것은?

가. 음향장치의 경보를 정지시키는 스위치를 설치하여야 한다.
나. 자동화재 속보기 A형은 지구등이 있으며, B형은 지구등이 없다
다. 전면에 예비전원 상태를 감시할 수 있는 장치가 있어야 한다.
라. 자동화재속보기는 그 작동시간과 횟수를 표시할 수 있는 장치를 하여야 한다.

15. 녹음기를 사용하는 자동화재속보기의 녹음테이프는 몇 분 이상 계속 사용할 수 있어야 하는가?

가. 2 나. 3 다. 5 라. 10

16. 자동화재속보설비의 설치시 주의사항으로 틀린 것은?

가. 사용전원은 속보기전용으로 시설한다.
나. 자동화재탐지설비와 연동으로 작동할 수 있게 한다.
다. 전화선에 연결할 때 옥내통신기구의 2차측에 연결한다.
라. 속보내용을 3회 이상 반복하여야 한다.

17. 자동화재속보설비의 스위치의 설치높이는 최대 몇 [m] 높이까지 설치할 수 있는가?

가. 1 나. 1.2
다. 1.5 라. 1.8

정답

13. 가 14. 나 15. 다 16. 다 17. 다

제6장 누전경보기

누전경보기는 건축물의 천장·바닥·벽 등의 보강재로 사용하고 있는 금속류 등이 누전의 경로가 되어 화재가 발생하는 것을 방지하기 위하여 누설전류가 흐르면 자동적으로 경보하는 설비이다. 이러한 누전경보기는 600[V] 이하인 전기선로에 설치되며 부하측으로 부터 지락·단락 등에 의해 절연파괴로 인한 화재 및 감전사고를 방지하기 위한 설비이다.

1. 누전경보기 설치대상

누전경보기는 계약 전류용량이 100[A]를 초과하는 특정 소방대상물에 설치하여야 한다.

【주요 설치대상】

내화구조가 아닌 건축물으로서 벽·바닥 또는 반자의 전부나 일부를 불연재료 또는 준불연재료가 아닌 재료에 철망을 넣어 만든 재료를 사용해 건축한 소방대상물로서 계약 전류용량(동일 건축물에 계약종별이 다른 전기가 공급되는 경우에는 그 중 최대 계약전류 용량을 말한다)이 100[A]를 초과하는 것에는 누전경보기를 설치해야 한다.

【면제대상】

누전경보기를 설치하여야 할 소방대상물 또는 그 부분에 전기관련법령에 의한 지락차단장치를 설치한 경우에는 그 설비의 유효범위 안의 부분에는 누전경보기를 설치하지 아니할 수 있다.

2. 누전경보기 작동원리

전선로의 절연파괴 또는 지락에 의해 정상적인 전류 통로 이외의 통로로 흐르는 것을 누전이라 한다.

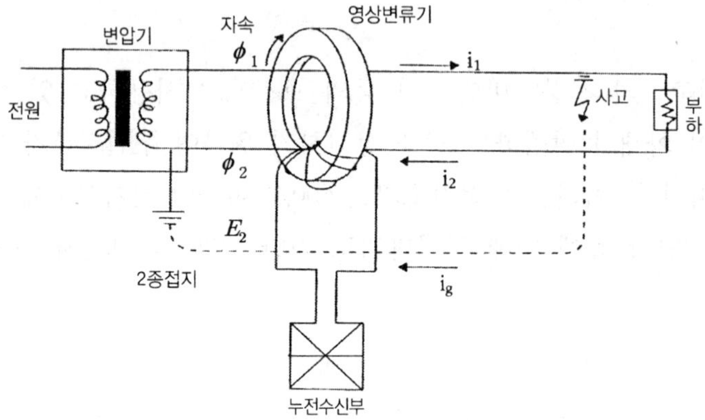

[그림 6-1] 누전경보기 작동원리

누전경보기의 작동원리는 누설전류가 없는 경우에는 [그림 6-1]과 같이 회로에 흐르는 왕로전류 i_1과 귀로전류 i_2는 같고 왕로전류 i_1에 의한 자속 ϕ_1과 귀로전류 i_2에 의한 자속 ϕ_2는 $\phi_1 = \phi_2$가 되어 자속은 서로 상쇄된다. 누전이 발생하여 누설전류 i_g가 흐르면 왕로전류는 i_1이 되고 귀로전류는 왕로전류 i_1보다 작은 $i_1 - i_g$가 되어 누설전류 i_g에 의한 자속의 차가 생기게 되어 변류기에 유기전압이 유도된다. 누설전류(i_g)에 의해 발생된 자속의 유기전압은 다음과 같다.

$$E = 4.44 f n \phi g \times 10^{-8} [V]$$

f : 주파수

n : 2차 권선수

ϕg : 누설전류자속

변류기에서 발생된 유기전압이 수신부에 전달되면 경보를 발하여 누전의 발생을 통보한다.

누전경보기의 주요 구성요소로는 누설전류를 검출하는 영상변류기와 그 전류를 수신하여 선로차단과 동시에 음향장치에 신호를 발생하는 수신부와 음향장치 등으로 구성된다.

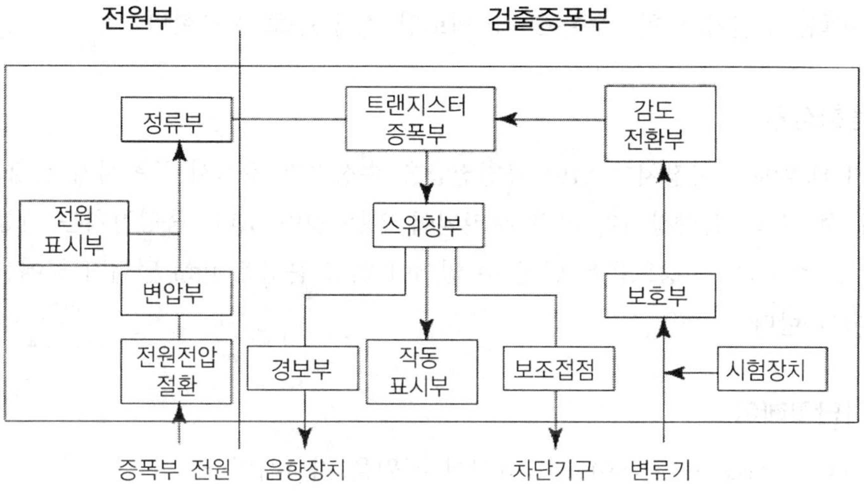

[그림 6-2] 누전경보기 구성도

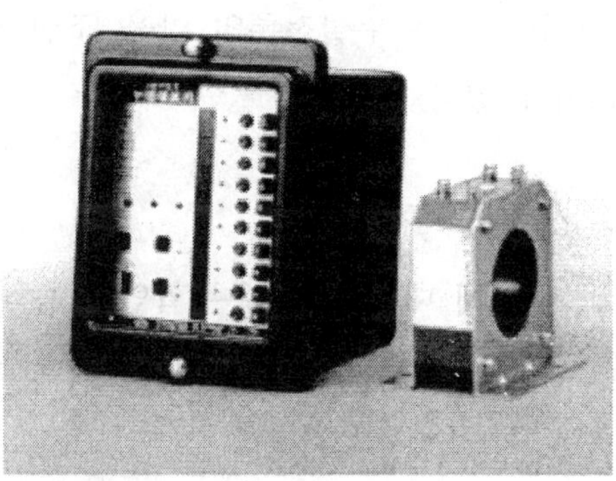

[그림 6-3] 수신부와 영상변류기

(1) 영상변류기

영상변류기는 누설전류를 검출하는 장치로 변류기 내부를 통과하는 왕로전류(i_1)와 귀로전류(i_2)가 동일하지 않을 때 유기전압이 발생된다.

(2) 수신기

변류기로부터 누설전류에 의한 전압을 수신하며 변류기 입력신호를 증폭시켜 릴레이를 동작시키고 음향장치를 동작시켜주는 기기로서 1개의 변류기를 연결하는 단독형과 여러 개를 연결시킬 수 있는 집합형이 있다. 집합형 누전경보기 수신부는 2개 이상의 변류기를 연결시켜 사용하는 수신기로서 하나의 전원장치 및 음향장치 등으로 구성된 것을 말한다. 수신기의 회로수는 5~10회로인 것을 주로 사용한다.

(3) 음향장치

수신기 내부에 음향장치가 있어 공칭전압을 수신기가 수신시 증폭시켜 음향을 발하는 것과 수신부와 음향장치가 따로 분리되어 있는 것이 있다. 음향장치는 사용전압의 80[%]에서 정상적으로 경보음을 발할 수 있어야 하고 음량은 1[m] 떨어진 곳에서 70[dB] 이상이어야 한다.

(4) 차단릴레이

누설전류가 흐를 때 릴레이를 동작시켜 전원을 차단시킨다.

(5) 감도조절 스위치

수신기가 경보음을 발하여야 하는 누설전류의 양을 조절하는 스위치로 선택범위는 200[mA], 500[mA], 1000[mA]가 있다.

(6) 도통시험 스위치

수신기와 변류기 사이의 배선에 대한 단선 유무확인과 동작시험을 하는 스위치이다. 이 스위치를 누르면 작동표시등 · 도통표시등 · 경보음이 울린다.

(7) 자동복구 스위치

자동화재탐지설비 수신기의 복구스위치와 동일한 역할을 한다.

3. 전기화재

전력설비에 사용되는 배선이 공사결함, 노후화, 사용상 부주의로 손상을 입게 되면 건축물 내의 금속물질에 접촉되어 전류가 흐르게 되면 어느 부분에서 전열기와 같은 원리로 가열되어 발화하는데 이를 전기화재라 하며, 그 원인은 다음과 같다.

① 과전류 · 단락 · 지락에 의한 발화
② 접속부분의 과열로 인한 발화
③ 전기 스파크에 의한 발화

④ 절연열화에 의한 발화
⑤ 정전기 스파크에 의한 발화
⑥ 낙뢰에 의한 발화

절연전선에 과전류가 흐르는 경우 다음과 같은 단계로 발화가 진행된다.

① 인화단계 : 허용전류의 3배가 흐를 때
② 착화단계 : 과전류에 의한 절연물이 탄화되고 심선이 노출됨
③ 발화단계 : 심선이 용단됨
④ 순간용단 : 대전류가 순간적으로 흐를때 심선이 용단되고 피복이 벗겨지고 도선이 폭발

〈표 6-1〉 단계별 전류밀도

단 계	인화단계	착화단계	발화단계		순간용단 단계
			발화 후 용단	용단과 동시발화	
전선전류밀도 [mA/㎟]	40～43	43～60	60～70	75～120	120 이상

4. 누전경보기 설치방법

① 경계전로의 정격전류가 60[A]를 초과하는 전로에 있어서는 1급 누전경보기를 설치하고 60[A] 이하의 전로에 있어서는 1급 또는 2급 누전경보기를 설치한다. 다만, 정격진류가 60[A]를 초과하는 경계전로가 분기되어 각 분기회로의 정격전류가 60[A] 이하로 되는 경우 당해 분기회로마다 2급 누전경보기를 설치한 때에는 당해 경계전로에 1급 누전경보기를 설치한 것으로 본다.
② 변류기는 소방대상물의 형태, 인입선의 시설방법 등에 따라 옥외 인입선의 제1지점의 부하측 또는 제2종 접지선측의 점검이 쉬운 위치에 설치할 것. 다만, 인입선의 형태 또는 소방대상물의 구조상 부득이한 경우에 있어서는 인입구에 근접한 옥내에 설치할 수 있다.
③ 변류기를 옥외의 전로에 설치하는 경우에는 옥외형으로 설치할 것

④ 변류기는 전로에 2종 접지공사를 실시한다.
⑤ 개폐부는 수동으로 개폐되며 자동적으로 복귀되지 않아야 한다.

5. 누전경보기 수신부 설치

① 누전경보기의 수신부는 옥내의 점검에 편리한 장소에 설치하되 가연성의 증기·먼지 등이 체류할 우려가 있는 장소의 전기회로에는 당해 부분의 전기회로를 차단할 수 있는 차단기구를 가진 수신부를 설치하여야 한다. 이 경우 차단기구의 부분은 해당 장소 외의 안전한 장소에 설치하여야 한다.
② 누전경보기의 수신부는 다음 장소는 가급적 제외하여야 한다. 다만, 당해 누전경보기에 대하여 방폭·방식·방습·방온·방진 및 정전기 차폐 등의 방호조치를 한 것에 있어서는 그러하지 아니하다.
- 가연성의 증기·먼지·가스 등이나 부식성의 증기·가스 등이 다량으로 체류하는 장소
- 화약류를 제조하거나 저장 또는 취급하는 장소
- 습도가 높은 장소
- 온도의 변화가 급격한 장소
- 대전류회로·고주파 발생회로 등에 따른 영향을 받을 우려가 있는 장소

6. 음향장치

음향장치는 수위실 등 상시 사람이 근무하는 장소에 설치하여야 하며 그 음량 및 음색은 다른 기기의 소음 등과 명확히 구별할 수 있는 것으로 하여야 한다.

① 사용전압의 80[%]에서 정상적으로 경보음을 발할 수 있어야 한다.
② 음량은 1급 누전경보기가 70[폰], 2급은 60[폰] 이상이어야 한다

7. 누전경보기의 전원

① 전원은 분전반으로부터 전용회로로 하고 각 극에 개폐기 및 15[A] 이하의 과전류

차단기(배선용 차단기에 있어서는 20[A] 이하)를 설치할 것

② 전원을 분기할 때에는 다른 차단기에 따라 전원이 차단되지 아니하도록 할 것

③ 전원의 개폐기에는 누전경보기용임을 표시한 표지를 할 것

④ 누전변류기는 직류 500[V]의 절연저항계로 절연된 1차권선과 2차권선 간의 절연저항을 측정하여 5[MΩ]을 유지하여야 한다.

8. 누전경보기 구조 및 기능

① 누전경보기 단자는 적당한 보호장치를 하여야 한다.

② 누전경보기 단자 이외의 부분은 견고한 상자에 수납하여야 한다.

③ 사용전압으로 8시간 연속하여 울리게 할 수 있어야 한다.

④ 호환성형 수신부에서 신호 입력회로에 공칭 동작전류값에 대응하는 변류기의 설계 출력전압의 52[%]인 전압을 가하는 경우 30초 이내에는 작동하지 않아야 한다.

⑤ 공칭 동작전류값에 대응하는 변류기의 설계 출력전압의 75[%]인 전압을 가하는 경우 1초 이내에는 동작하여야 한다.

⑥ 비호환성형 수신부는 신호 입력회로에 공칭 동작전류값의 42[%]에 대응하는 변류기의 설계 출력전압을 가하는 경우 30초 이내에는 작동하지 않아야 한다. 공칭 동작전류값에 대응하는 변류기의 설계 출력전압을 가하는 경우 1초 이내에는 동작하여야 한다.

⑦ 누전경보기구의 정격전압이 60[V] 이상인 경우 접지단자를 시설하여야 한다.

⑧ 변류기는 경계전로에 정격전류를 흘리는 경우 전압강하가 0.5[V] 이하이어야 한다.

9. 누전경보기 동작성능

① 누전경보기의 공칭 동작전류는 200[mA] 이하이고 감도 조정장치를 갖는 누전경보기 조정 범위는 최대값이 1[A]이어야 한다.

② 호환성형 변류기는 정격주파수에서 변류기에 정격전류를 흘린 상태에서 시험 누설전류를 0～1,000[mA]로 흘리는 경우 그 출력전압값은 시험전류값에 비례하고 그 변동범위는 설계 출력전압값의 75～125[%] 이하이어야 한다.

③ 누전경보기의 1차측에는 충격파로부터 수신기 보호 방지를 위해 ZNR을 설치한다.

10. 변류기 설치 방법

변류기는 아래와 같은 기준에 의한다.

① 변류기를 본선에 설치하여야 한다.
② 3선 모두 변류기를 관통하여야 한다. 단상 2선식 · 단상 3선식 · 삼상 3선식 · 삼상 4선식의 경우에는 2선, 3선 및 4선 모두를 변류기에 관통시켜 설치하여야 한다.
③ 옥내의 전로에 변류기를 설치하는 인입구에 근접한 옥내의 인입구 개폐기에서 전원측에 설치한다.
④ 옥외의 전로에 변류기를 설치하는 인입접속점 바로 뒤 지점에 설치한다.
⑤ 공동주택에 누전경보기 설치하는 각 집의 인입배선마다 누전경보기를 설치한다.
⑥ 공장에 누전경보기를 설치하는 공동 인입선에 누전경보기를 설치한다.
⑦ 가연성 증기 · 가연성 분진 등이 증류할 우려가 있는 장소에서는 분기회로에 설치한다.

11. 용어의 정의

① '누전경보기' 라 함은 내화구조가 아닌 건축물로서 벽, 바닥 또는 천장의 전부나 일부를 불연재료 또는 준불연재료가 아닌 재료에 철망을 넣어 만든 건물의 전기설비로부터 누설전류를 탐지하여 경보를 발하며 변류기와 수신부로 구성된 것을 말한다.
② '수신부' 라 함은 변류기로부터 검출된 신호를 수신하여 누전의 발생을 당해 소방대상물의 관계인에게 경보하여 주는것(차단기구를 갖는 것을 포함한다)을 말한다.
③ '변류기' 라 함은 경계전로의 누설전류를 자동적으로 검출하여 이를 누전경보기의 수신부에 송신하는 것을 말한다.

제6장 누전경보기

주관식 연습문제

1. 다음은 누전경보기의 설치방법이다. ( )안을 채우시오.
   - ㅇ 경계전로의 정격전류가 60[A]가 초과하는 전로에 있어서는 (①)누전경보기를 설치할 것
   - ㅇ 변류기는 소방대상물의 형태, 인입선의 시설방법 등에 따라 옥외인입선의 제1지점의 (②) 또는 제2종의 (③)의 점검이 쉬운 위치에 설치할 것
   - ㅇ 변류기를 옥외의 전로에 설치하는 경우에는 (④)의 것을 설치할 것

2. 경계전로의 정격전류가 몇 [A]를 초과하는 전로에는 1급 누전경보기를 설치하는가?

3. 누전경보기에 대한 다음 설명 중 ( )에 적당한 것은?
   - ㅇ 사용전압의 (①)[%]인 전압에서 소리를 내어야 한다.
   - ㅇ 변류기는 소방대상물의 형태, 인입선의 시설방법 등에 따라 옥외인입선의 (②)측 또는 제2종 접지선측의 점검이 쉬운 위치에 설치할 것. 다만, 인입선의 형태 또는 소방대상물의 구조상 부득이한 경우에 있어서는 인입구에 근접한 (③)에 설치할 수 있다.
   - ㅇ 감도조정장치를 갖는 누전경보기에 있어서 감도조정장치의 조정범위는 최대값이 (④)[A]일 것
   - ㅇ 누전경보기의 공칭작동 전류값은 (⑤)[mA] 이하이어야 한다.

4. 그림은 누전경보기의 시설을 예시한 도면이다. 이 도면을 보고 다음 각 물음에 답하시오.

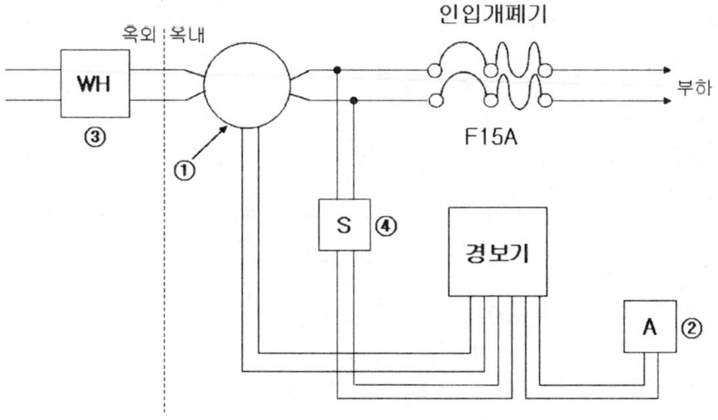

가. 도면의 ①, ②에 해당되는 기구의 명칭은 무엇인가?

나. 그림기호 ③, ④의 명칭은 무엇인가?

다. 그림기호 ④대신에 과전류차단기를 설치한다면 그 용량은 몇 [A] 이하의 것이어야 하는가? 또, 배선용차단기일 경우에는 몇 [A] 이하의 것이어야 하는가?

5. ZCT의 명칭 및 그 용도는?

제6장 누전경보기

객관식 연습문제

1. 누전경보기의 전원부 1차측에 ZNR의 설치목적과 거리가 먼 것은?
   가. 충격파로부터 부품 보호
   나. 수신기 보호
   다. 오동작 방지
   라. 변류기 보호

2. 누전경보기에 설치하는 감도조절 장치의 조정범위는 최대 몇 [A] 이하인가?
   가. 1　　나. 2　　다. 3　　라. 5

3. 누전경보기의 미소전압을 증폭시켜주는 것은?
   가. 수신기　　나. 음향장치　　다. 변류기　　라. 세렉터

4. 누전경보기가 경보를 발하는 경우는?
   가. 전로가 과부하인 경우
   나. 전로가 지락이 된 경우
   다. 전로가 단락이 된 경우
   라. 전로가 다른 전로로부터 음파장해를 받은 경우

5. 누전경보기가 전원설치 방법으로 옳지 않은 것은?
   가. 전원의 개폐기에는 누전경보기임을 표시한 표지를 하도록 한다.
   나. 전원은 분전반으로부터 전용회로로 하도록 한다.
   다. 개폐기 및 용량 30[A] 이하의 자동차단기를 설치하도록 한다.
   라. 전원을 분기할 때에는 다른 차단기에 의하여 전원이 차단되지 않도록 한다.

6. 누전경보기의 증폭기는 어느 부분에 내장되어 있는가?
   가. 변류기　　나. 수신기　　다. 경보기　　라. 계전기

7. 누전경보기구의 정격전압이 몇 [V] 이상이면 접지단자를 설치하여야 하는가?
   가. 60　　나. 100　　다. 200　　라. 300

정답

1. 라 2. 가 3. 가 4. 나 5. 다 6. 나 7. 가

8. 누전경보기의 변류기는 소방대상물의 형태, 인입선의 시설방법 등에 따라 어디에 설치하는가?

가. 옥외인입선의 제1지점의 전원측 또는 제1종 접지측선의 점검이 쉬운 위치에 설치
나. 옥외인입선의 제1지점의 부하측 또는 제1종 접지측선의 점검이 쉬운 위치에 설치
다. 옥외인입선의 제1지점의 전원측 또는 제2종 접지선측의 점검이 쉬운 위치에 설치
라. 옥외인입선의 제1지점의 부하측 또는 제2종 접지선측의 점검이 쉬운 위치에 설치

9. 변류기가 1개일 경우 누전경보기의 주요 구성요소는?

가. 변류기, 수신기, 전원장치, 증폭기
나. 변류기, 수신기, 음향장치, 차단기구
다. 수신기, 감지기, 전원장치, 변류기
라. 변류기, 증폭기, 차단장치, 수신기

10. 누전경보기의 공칙작동 전류값은 몇[mA] 이하이어야 하며, 감도조정 장치를 가지고 있는 누전경보기에 있어서도 그 조정범위의 최소값에 대하여 이를 적용하되 조정범위는 최대값이 몇 [A] 이하이어야 하는가?

가. 200[mA], 1[A]　　나. 200[mA], 1.2[A]
다. 300[mA], 1[A]　　라. 300[mA], 1.2[A]

11. 집합형 누전경보기의 수신부란 무엇을 의미하는가?

가. 1개 이상의 변류기를 사용하는 수신부
나. 2개 이상의 변류기를 사용하는 수신부
다. 3개 이상의 변류기를 사용하는 수신부
라. 4개 이상의 변류기를 사용하느 수신부

12. 누전경보기의 검출시험 방법을 설명한 것이다. 가장 적합한 시험방법은?

가. 시험용 조작스위치를 돌려서 실시한다.
나. 부하전류를 변류기에 흘려서 실시한다.
다. 누설전류를 변류기에 흘려서 실시한다.
라. 공칭값의 전류를 음향장치에 흘려서 실시한다.

13. 누전경보기의 변류기는 직류 500[V]의 절연저항계로 절연된 1차 권선과 2차 권선간의 절연저항을 측정할 때 몇 [MΩ] 이상이어야 하는가?

가. 1　　나. 2
다. 4　　라. 5

14. 누전경보기에서 옥외형과 옥내형의 차이는?

가. 변류기의 절연저항　　나. 방수구조

정답

8. 라 9. 나 10. 가 11. 나 12. 다 13. 라 14. 나

다. 증폭기의 설치장치 라. 정전압회로

15. 누전경보기의 공칭작동 전류값은 몇 [mA] 이하이어야 하는가?

가. 200 나. 300
다. 500 라. 800

16. 누전경보기의 설치방법으로 옳지 않는 것은?

가. 경계전로의 정격전류가 60[A]를 초과하는 것은 1급을 사용하였다.
나. 경계전로의 정격전류가 60[A] 이하의 전로에 있어서는 1급 또는 2급을 사용하였다.
다. 변류기는 옥외인입선의 제1지점의 부하측에 설치하였다.
라. 소방대상물의 구조가 부득이하여 변류기를 인입구에서 멀리 떨어진 옥내로 설치했다.

17. 누전경보기의 트랜지스터 증폭부에서 계전기를 동작시켰을 경우 이에 따라 동작하지 않는 것은?

가. 경보부 나. 작동표시부
다. 보조접점 라. 보호부

18. 누전경보부의 설치방법으로 옳지 않은 것은?

가. 경계전로의 정격전류가 60[A]를 초과하는 전로에 있어서는 1급 누전경보기를 설치
나. 경계전류의 정격전류가 60[A] 이하의 전로에 있어서는 1급 또는 2급 누전경보기를 설치한다. 정격전류가 60[A]를 초과하는 경계전로가 분기되어 각 분기회로의 정격전류가 60[A] 이하로 되는 경우에 각 분기회로마다 2급 누전경보기를 설치한다.
다. 감도조정장치의 최대범위는 10[A] 이하이어야 한다.
라. 변류기는 소방대상불의 형태, 인입선의 시설방법 등에 옥외인입선에 제1지점의 부하측 또는 제2종 접지선 점검이 쉬운 위치에 설치한다.

19. 누전경보기의 경계전로에서 전압강하의 최대값은 몇 [V] 이하이어야 하는가?

가. 0.1 나. 0.3 다. 0.5 라. 1.0

20. 경계전로의 정격전류가 몇[A]를 초과하는 전로에 1급 누전경보기를 설치하는가?

가. 20 나. 30 다. 50 라. 60

21. 누전경보기의 설치장소로 적당한 것은?

가. 온도의 변화가 급격한 장소 나. 가연성 증기가 있는 장소
다. 화약류 저장장소 라. 옥내 건조한 장소

정답

15. 가 16. 라 17. 라 18. 다 19. 다 20. 라 21. 라

22. 누전경보기의 온도보정용 서미스터에 관한 특성으로 옳은 것은?

가. 온도가 상승하면 전기저항이 온도의 제곱에 비례해서 증가한다.
나. 온도가 상승하면 전기저항이 감소한다.
다. 온도가 상승하면 전기저항은 온도의 세제곱에 비례하여 증가한다
라. 온도가 상승하면 전기저항이 비례적으로 증가한다.

23. 누전경보기 구조 및 기능에 관한 설명으로 옳은 것은?

가. 예비전원을 설치할 경우에는 단락 사고 등으로 부터 보호하기 위한 단로기 설치
나. 전원개폐 스위치나 경보감도조절부 등을 노출되게 설치
다. 전원공급의 상태를 쉽게 확인할 수 있는 변류기 설치
라. 정격전압이 60[V]를 초과하는 금속제 외함에는 접지단자 설치

24. 누전경보기의 수신기를 설치하여도 되는 것은?

가. 가연물의 공기, 먼지, 가스 등이나 부식성의 증기, 가스 등이 다량으로 체류하는 장소
나. 화약류를 제조하거나 저장 또는 취급하는 장소
다. 습도가 높은 장소
라. 온도의 변화가 없는 장소

25. 누전경보기에 관한 다음 설명 중 틀린 것은?

가. 변류기의 온도 특성시험을 할 때 옥내형인 것은 섭씨 영하 10°에서 50°까지의 주위온도에서 기능에 이상이 생기지 않아야 한다.
나. 누전경보기의 공칭동작 전류값은 300[mA] 이하이어야 한다.
다. 수신부는 정격전류가 60[A] 이하의 경계전로에 한하여 사용하는 것은 2급, 그 이외의 것은 1급 누전경보기를 설치한다.
라. 감도조정장치를 갖는 누전경보기에 있어서 감도조정장치의 조정범위는 최대값이 1[A] 이하이어야 한다.

26. 누전경보기에서 누전되는 것을 무엇이 검출하는가?

가. 차단기(계전기 포함) 나. 수신기
다. 변류기 라. 음향장치

27. 누전경보기의 구성요소로 볼 수 없는 것은?

가. 수신기 나. 음향장치
다. 감지기 라. 변류기

정답

22. 나 23. 라 24. 라 25. 나 26. 다 27. 다

제7장 가스누설경보기

가스누설경보기는 가연성가스(LNG, LPG 등) 또는 불완전 연소가스가 누설되는 것을 탐지하여 관계자나 이용자에게 경보하여 가스누출로 인한 폭발사고 예방 및 독성가스로 인한 중독사고를 예방하기 위한 설비이다.

1. 가스누설경보기 설치대상

가스를 사용하는 아래의 다중이용시설에는 가스누설경보기 설치를 의무화한다(위반시 과태료 200만 원).

① 숙박시설 · 노유자시설 · 판매시설 및 영업시설

② 교육연구시설 중 청소년시설 · 의료시설 · 문화집회 및 운동시설

2. 가스누설경보기의 종류

(1) 가스누설경보기 구분

- 용도별
  - 가정용(단독형)
  - 영업용(분리형, 1회로)
  - 공업용(분리형, 1회로 이상)

- 구조별
  - 단독형
  - 분리형

단독형이란 주로 가정용에서 사용되는 기기로 탐지부와 수신부가 일체화된 기기에서

누설된 가스를 탐지하고 경고음을 발생한다. [그림 7-1]과 같이 탐지부, 경보부, 전원부가 일체화된 것으로 가스 발생장소에 간편하게 설치되지만 대형 저장소나 소음이 많은 곳에는 설치가 부적합하다.

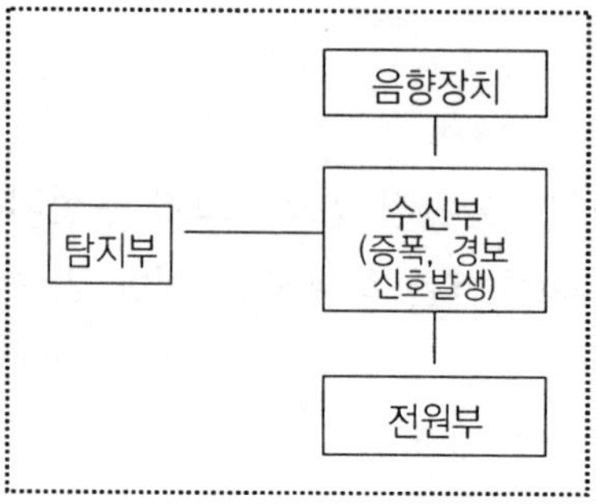

[그림 7-1] 단독형 가스누설경보기

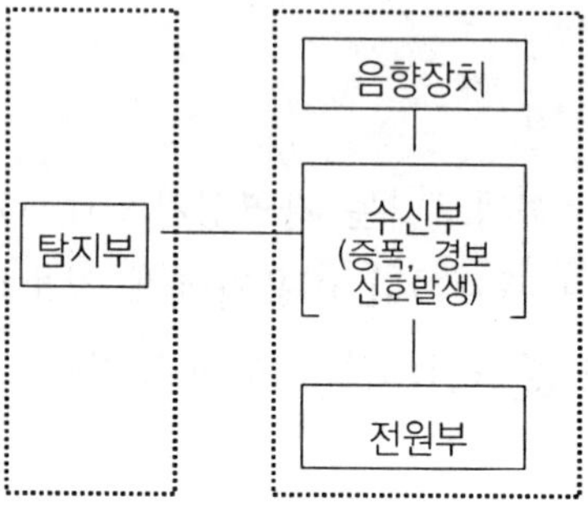

[그림 7-2] 분리형 가스누설경보기

[그림 7-2]의 분리형 가스경보기는 탐지부와 경보부가 분리되어 있어 탐지부를 가스 저장실 등 원거리에 설치하고 경보부는 사람이 항상 상주하는 장소에 설치한다. 주로 차량충전소나 가스중앙공급실 등의 충전실 내부나 배관설비가 있는 장소에 설치되며 탐지부는 방폭형으로 되어 있는 것도 있다. 수신부와 배출기를 연동시켜 일정 농도 이상의 가스 검출시 환풍기가 자동적으로 동작되도록 하는 방법도 있다. 그 외에도 휴대용 가스누설경보기는 가수누설 우려부분에 휴대용 감지소자를 접촉하여 누설시 계측기 바늘이 누설농도를 표시하는 기기이다.

(2) 가스누설경보기 구성

① 수신기 : G형 수신기, GP형 수신기, GR형 수신기

② 탐지부 : 반도체식, 접촉연소식, 기체 열전도식

③ 경보장치 : 음성경보장치, 가스누설표시등, 탐지구역 경보장치

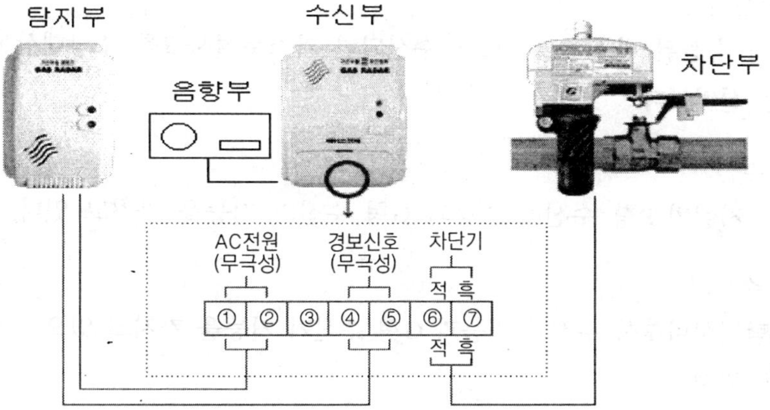

[그림 7-3] 가스경보기 구성

도시가스와 프로판가스와의 차이점은 〈표 7-1〉과 같다.

〈표 7-1〉 도시가스와 프로판가스 특징

구 분	도시가스(LNG : 액화천연가스)	프로판가스(LPG : 액화석유가스)
원 료	가스형태로 매장된 천연가스를 액화시킨 가스	석유 중에 포함된 프로판, 부탄 등을 정제공정에서 회수한 가스
비 중	비중이 0.61~0.81로 공기보다 가벼우며 누출시 대기중으로 쉽게 확산된다. 메탄이 주성분	프로판은 1.5, 부탄은 2로 공기보다 현저히 무거운 기체이다.
사용지역	대도시권 연료용	그 외 지역
특 징	1. 액화점이 낮아서 액화하는 비용이 비싸 액화하지 않고 가스를 이용해 공급한다. 2. 탐지부는 천장에 설치하다.	1. 액화점이 높아 쉽게 액화된다. 2. 공업용으로 가격이 저렴한 부탄가스가 사용된다. 3. 가스누설이 발생되어도 쉽게 확산되지 않는다. 4. 탐지부는 바닥부분에 설치한다.

1) 수신부

탐지부에서 검출된 가스누설신호를 수신하여 이를 관계자에게 음향으로 경보하여 주는 기기이다. 가스누설이 탐지되면 가스누설등, 주음향장치, 경계지구 표시장치가 작동된다.

① G형 수신기

탐지부에서 수신된 가스누설신호가 수신되면 가스누설사고를 소방대상물 관계자에게 통보하는 설비이다.

② GP형 수신기

자동화재탐지설비 P형 수신기 기능과 G형 수신기 기능을 가지고 있다.

③ GR형 수신기

자동화재탐지설비 R형 수신기 기능과 G형 수신기 기능을 가지고 있으며 수신부의 기능은 다음과 같다.

㉮ 수신 개시로부터 가스누설표시까지 소요시간은 60초 이내이어야 한다.

㉯ 예비전원이 설치된 것은 주 전원이 정지한 경우에 자동적으로 예비전원으로 전환되고 주전원이 정상상태로 복귀한 경우에 자동적으로 예비전원으로부터 주전원으로 전환되는 장치가 있어야 한다.

㉰ 가스 누설표시 작동 시험장치의 조작중에 다른 회선으로부터 가스 누설신호를 수신하는 경우 가스 누설표시가 될 수 있어야 한다.

㉱ 2회선에서 가스 누설신호를 동시에 수신하는 경우 가스 누설표시를 할 수 있어야 한다.

㉲ 도통 시험장치의 조작중에 다른 회선으로부터 누설신호를 수신하는 경우 가스 누설표시를 할 수 있어야 한다. 다만, 접속할 수 있는 회선수가 1인 것 및 탐지부 전원의 정지를 경보음측에서 알 수 있는 장치를 가진 것에 있어서는 그러하지 아니하다.

㉳ 다음 경우에 발해지는 신호를 수신하는 때에는 음향장치 및 고장표시등이 자동으로 작동하여야 한다.

- 탐지부 · 수신부 또는 다른 중계기로부터 전력을 공급받는 방식의 중계기에서 외부 부하에 전력을 공급하는 회로의 퓨즈, 브레이커, 그밖의 보호장치가 작동하는 경우
- 탐지부 · 수신부 또는 다른 중계기에서 전력을 공급받지 아니하는 방식의 중계기의 전원이 정지한 경우 및 그 중계기에서 외부 부하에 전력을 공급하는 회로의 퓨즈, 브레이커 등의 보호장치가 작동하는 경우

㉴ 경보기의 수신표시는 가스누설신호를 수신한 경우 황색표시등 및 주음향장치에

의하여 가스발생을 표시하고 동시에 지구등에 의해서 가스누설구역을 표시할 수 있어야 한다. 다만, 단독형 및 1회로용인 것은 누설등 및 지구등을 생략할 수 있다. 또한 가스누설표시는 수동으로 복귀하지 않는 한 표시상태를 계속 유지하여야 한다. 다만, 단독형 및 분리형 중 영업용은 그렇지 않아도 된다.

2) 탐지부

가스누설을 탐지하여 중계기 또는 수신기에 가스누설신호를 발신하거나 또는 음향으로 경보하는 부분으로 반도체식 · 접촉연소식 · 기체 열전도식이 있다.

① 반도체식

산화주석(SnO_2)이나 산화철(Fe_2O)의 반도체를 350° 정도 가열해 두고 여기에 가연성 가스가 접촉하면 가스가 반도체의 표면에 흡착되어 반도체의 자기 저항값이 감소하는 특성을 이용하여 가스누설을 검출하는 방식이다. 출력전압은 가스농도에 비례하는데 대개 40～80[V] 정도의 고출력을 얻을 수 있으므로 증폭기를 사용하지 않아도 소형 벨을 울릴 수가 있다. 그러나 반도체식 가스검지기는 일산화탄소는 검지 못하며 검지 소자의 크기는 2[mm]×4[mm] 정도이다. 이 방식은 가스에 의한 변화가 비교적 안정적이며 큰 출력을 얻을 수 있다.

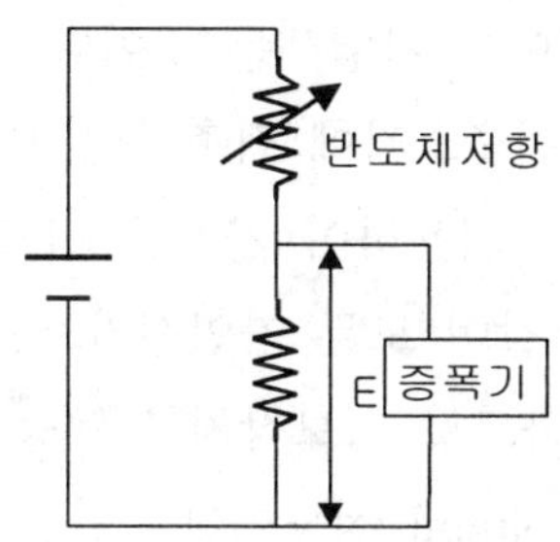

(a) 감지회로

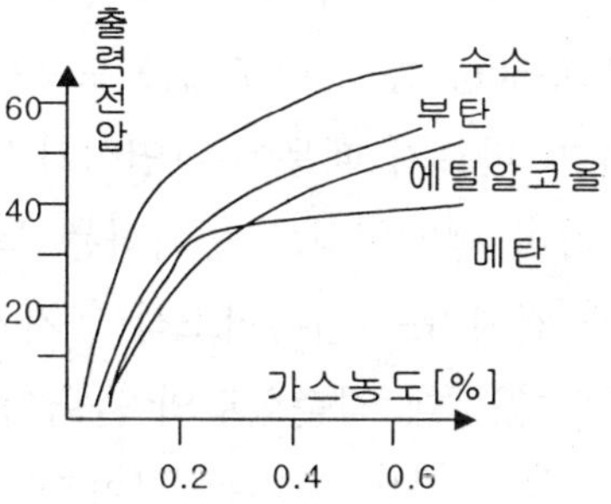

(b) 가스별 출력특성

[그림 7-4] 반도체식 가스검지기

② 백금선 접촉연소식 검지기

코일 상태로 감은 백금선의 표면에 알루미나를 소결시켜 만든 산화촉매를 부착시키고 약 500[℃] 정도로 가열해둔다. 가연성가스가 표면에 접촉하면 백금선의 온도가 상승하고 가스농도에 비례하는 연소현상이 발생되며 이때 온도상승으로 인한 열선륜의 전기저항이 커지는 특성을 이용하여 모든 가연성가스를 검지한다. 이 방식은 반도체식과는 달리 폭발한계 부근까지 가스농도에 비례하는 출력전압 특성을 갖는다. 그러나 출력(최대 50[mV])이 약하므로 경보기를 울리기 위해서는 증폭기를 사용해야 한다. 검지소자의 크기는 길이가 약 1[mm] 정도이다.

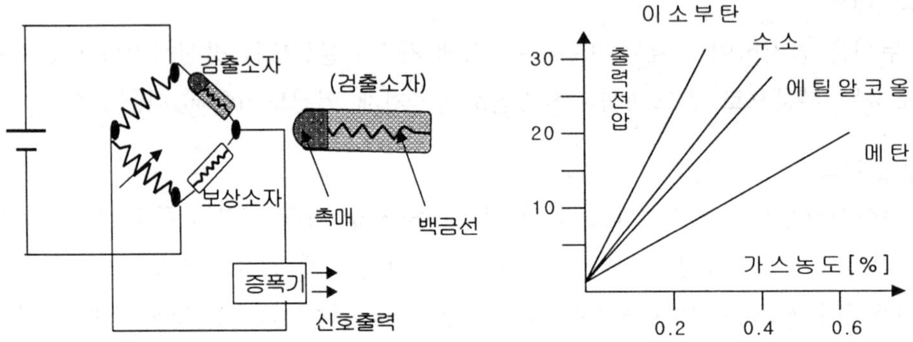

(a) 감지회로 (b) 가스별 출력특성

[그림 7-5] 백금선 접촉연소식 검지기

③ 기체 열전도식 검지기

검출소자, 보상소자에 접촉연소식과 같이 백금선을 사용하되 검출소자에는 백금선 코일에 산화주석(SnO_2) 등의 반도체를 도포하고 이를 가열해둔 것이다. 공기와 가연성가스의 열전도도가 다르기 때문에 가연성가스가 검출소자에 접촉하면 백금선의 온도가 변화하고 이에 따라 전기저항도 변화하는 특성을 이용하여 가스를 검출하는 것이다.

기체 열전도식 검지기도 접촉연소식 검지기와 같이 모든 가연성가스를 검지하고 그 농도도 지시할 수 있는데 검출회로의 출력이 약하므로 경보장치를 구동시키려면 증폭기가 필요하다. 검지소자의 크기는 길이가 약 0.5[mm] 정도이다.

3) 경보장치

경보장치는 음성경보장치 · 가스누설표시등 · 탐지구역 경보장치 등이 있으며 경보시간에 따라 즉시경보형 · 경보지연형 · 반한시경보형이 있다. 이러한 경보지연 회로는 가스경보 오동작을 방지하기 위한 것이다. 일반적으로 도시가스용일 경우 탐지부의 탐지농도는 폭발 하한값의 1/200～1/4 정도이다.

도시가스의 농도가 폭발하한계의 1/4 이상, 액화석유가스에서는 1/5 이상일 때 확실히 동작하고, 1/200 이하에서는 동작하지 않아야 한다. 그러나 가스농도가 1/4(1/5) 이상인 경우에는 계속해서 동작하여야 한다. 1/4 이하에서의 경보는 가스 누출시 가스제거 시간여유를 확보하기 위함이고, 1/200 미만에서 경보하지 않는 것은 경보남발을 방지하기 위함이다.

경보기는 작동경보 시험농도에서는 20초 이내에 경보를 발하여야 하고 부작동 시험농도는 5분 이내에는 경보를 발하지 않아야 한다.

〈표 7-2〉 시험가스 시험농도

탐지대상가스	시험가스	작동시험농도[%]	부작동 시험농도[%]
액화석유가스용	이소부탄 (또는 부탄)	0.45	0.05
도시가스용 및 액화천연가스용	이소부탄 수소 메탄	0.45 1.00 1.25	0.05 0.04 0.05

※ 비고 : 도시가스 중에서 공기보다 가벼운 가스를 탐지대상으로 하는 것은 시험가스를 수소 또는 메탄으로 하고, 공기보다 무거운 가스를 탐지대상으로 하는 것은 시험가스를 이소부탄으로 하며 공기보다 무거운 가스 및 가벼운 가스 모두를 탐지대상으로 하는 것은 시험 가스를 이소부탄 및 수소 또는 이소부탄 및 메탄으로 한다.

또한 경보장치의 음향설비는 다음과 같은 기능을 가져야 한다.

① 사용전압의 80[%]인 전압에서 음향을 발하여야 한다.

② 음압은 무향실 내에서 정위치에 부착된 음향장치의 중심으로부터 1[m] 떨어진 지점에서 주음향 장치용은 90[dB](단, 단독형 및 분리형 중 영업용인 경우에는 70[dB] 이상이어야 한다. 다만 고장표시등의 음압은 60[dB]) 이상이어야 한다.

3. 가스탐지기 설치장소

가스탐지기는 다음 장소에 설치하여 점검 및 유지관리에 이상이 없도록 하여야 한다.

① 수분 · 증기가 체류할 우려가 없는 장소

② 가스가 체류하기 쉬운 장소
③ 주위온도가 40[℃] 이상될 우려가 없는 곳에 설치

그러나 다음과 같은 장소는 설치하지 않아야 한다([그림 7-6]).

① 출입구 부근의 기류가 빈번히 유통되는 장소
② 흡기구에서 1.5[m] 이내 장소
③ 연소기의 폐가스가 접촉되는 장소
④ 가스기기의 직상부에 수증기나 연기가 직접 닿는 장소
⑤ 가구의 뒷면 등 가스의 유통이 어려운 장소

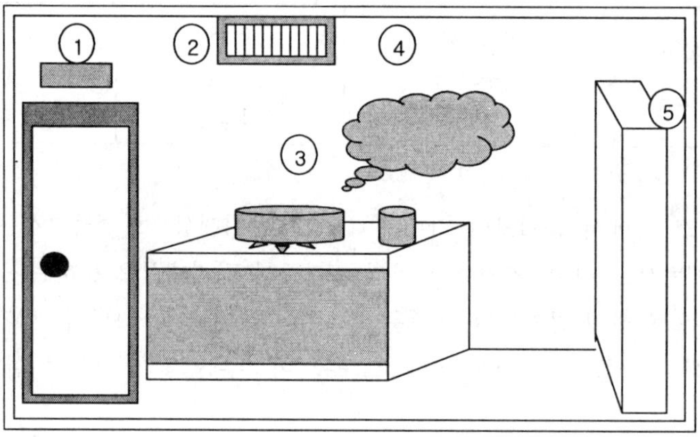

[그림 7-6] 감지기 설치 위치

(1) 가스감지기의 설치위치

가스종류별로 감지기의 설치위치를 아래와 같이 고려하여야 한다.

1) 공기보다 무거운 가스(LPG)의 경우

탐지부는 연소기로부터 4[m] 이내, 바닥으로부터 0.3[m] 이내의 벽면에 설치한다.

2) 공기보다 가벼운 가스(LNG)의 경우

탐지부는 연소기로부터 8[m] 이내, 천장으로부터 0.3[m] 이내의 벽면에 설치한다.

만일 0.6[m] 이상 돌출된 보가 있는 경우에는 보보다 안쪽에 설치하고, 천장부에 흡기구가 있으면 누출된 가스가 흡기구로 빠져나가므로 연소기에서 가장 가까운 흡기구 앞에 설치한다.

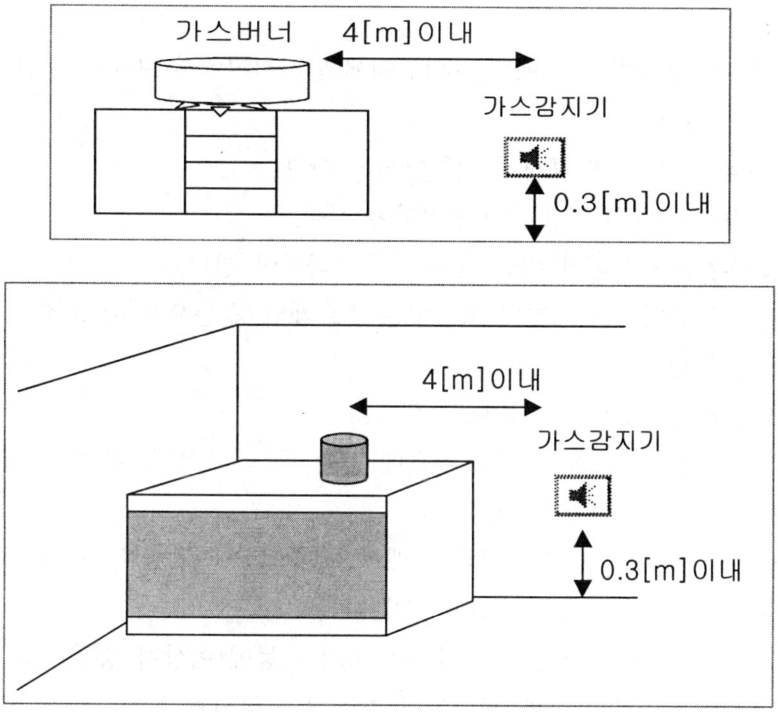

[그림 7-7] 가스종류별 감지기의 위치

4. 가스누설경보기의 구조

① 경보기의 수신부 · 탐지부의 외함은 불연성 또는 난연성의 재질로 만들어야 하며 강판을 사용하는 경우에는 두께 1.0[mm] 이상인 것을 사용하고, 합성수지를 사용하는 경우에는 두께가 강판의 2.5배(단독형 및 분리형 중 영업용인 경우에는 1.5배) 이상인 것을 사용하여야 한다.

② 경보기의 수신부 및 탐지부 외함에 합성수지를 사용하는 경우에는 섭씨 80[℃] 이상의 온도에서 열로 인한 변형이 생기지 아니하여야 하며 자기소화성이 있어야 한다.

③ 전원공급의 상태를 쉽게 확인할 수 있는 표시등이 있어야 한다.

④ 전원 개폐스위치나 경보농도 조정부 등이 노출되지 아니하여야 한다.

⑤ 정격전압이 60[V]를 초과하는 기구의 금속제 외함에는 접지단자를 설치하여야 한다.

한다.

⑥ 예비전원을 설치할 경우에는 예비전원에 단락사고에서 보호하기 위한 퓨즈를 설치하여야 한다.

⑦ 흡입식의 것은 다음 규정에 적합하여야 한다.

㉮ 흡입량은 1분에 1.5[ℓ] 이상이어야 한다.

㉯ 흡입량을 표시하기 위한 장치를 부착하여야 한다.

㉰ 가스를 흡입하는 배관의 입구에는 스트레나 (청동으로 된 소결금속등)로 보호하여야 한다.

㉱ 시험용 밸브등이 부착되어야 한다.

㉲ 흡입용 배관은 KS D 5301(이음매 없는 동 및 동합금 관)에 적합하거나 이와 동등 이상의 것이어야 한다.

㉳ 탐지부의 입력측 및 출력측의 배관 내에 불꽃으로 인하여 가스에 불이 붙는 것을 방지할 수 있는 구조이어야 한다.

⑧ 내부의 부품 등에서 발산되는 열에 의하여 기능에 이상이 생길 우려가 있는 것은 방열판 또는 방열공 등에 의하여 보호조치를 하여야 한다.

5. 전원설치

① 전원은 배전반 또는 분전반에서 기기까지의 배선도중에 다른 배선을 분기시키지 않아야 한다.

② 개폐기는 가스누설설비 전용으로 설치하고 '가스누설경보설비용'이라는 적색표시를 한다.

③ 예비전원을 경보기의 주전원으로 사용하여서는 안 된다.

④ 경보기의 예비전원은 원통 밀폐형 Ni-cd 축전지이거나 이와 동등 이상의 밀폐형 축전지로서 그 용량은 2회선을 10분간 유효하게 작동시키고 동시에 다른 회선을 10분간 감시할 수 있는 용량이어야 한다.

⑤ 자동 충전장치 및 전기적 기구에 의한 자동 과충전 방지장치를 설치하여야 한다. 다만, 과충전상태가 되어도 성능 또는 구조에 이상이 생기지 아니하는 축전지를 설치하는 경우에는 자동 과충전 방지장치를 설치하지 않을 수도 있다.

6. 성능시험

① 분리형 경보기의 수신부는 주위온도가 섭씨 영하 0[℃] 이상 40[℃] 이하에서 기능에 이상이 생기지 않아야 한다.

② 수신부의 가스누설작동은 정격전압에서 10,000회 반복하여도 구조 및 기능에 이상이 없어야 한다.

③ 경보기의 절연된 충전부와 외함의 절연저항은 직류 500[V]의 절연저항계로 측정한 값이 5[MΩ] 이상(교류입력측과 외함간에는 20[MΩ])이어야 한다. 또한 절연된 선로간의 절연저항은 직류 500[V]의 절연저항계로 측정한 값이 20[MΩ] 이상이어야 한다.

④ 절연저항 시험규정에 의한 시험부의 절연내력은 60[Hz]의 정현파에 가까운 실효전압 500[V](정격전압이 60[V]를 초과하고 150[V] 이하인 것은 1,000[V], 정격전압이 150[V]를 초과하는 것은 그 전압에 2를 곱하여 1000을 더한값)의 교류전압을 가하는 시험에서 1분간 견디어야 한다.

⑤ 가스의 누설을 탐지하는 탐지소자는 STS 316 또는 이와 동등 이상의 스테인레스 강선인 100mesh의 금속망을 밀착시켜 사용하되 망의 구멍에 변형이 없어야 하며, 분리형에 있어서는 탐지소자를 스트레나(청동주물로 된 소결금속등)로 보호하여야 한다.

제7장 가스누설경보기

객관식 연습문제

1. 가스누설경보기의 경보농도 시험의 범위로 이소부탄가스에 대한 ⓐ 부작동 시험농도와 ⓑ 작동 시험농도를 바르게 표시한 것은?

가. ⓐ 0.05% ⓑ 0.45% 나. ⓐ 0.15% ⓑ 0.55%
다. ⓐ 0.30% ⓑ 0.75% 라. ⓐ 0.45% ⓑ 0.85%

2. 가스누설탐지기에 사용되는 변압기의 정격 1차전압은 몇 [V] 이하로 하여야 하는가?

가. 220 나. 300
다. 380 라. 440

3. 분리형 가스누설탐지기의 수신부에 대한 설명으로 옳은 것은?

가. 내부에 주전원 각 극을 별도로 개방할 수 있는 전원스위치를 설치해야 한다.
나. 예비전원을 설치할 수 있다.
다. 후면에 주전원의 상태만을 감시할 수 있는 장치를 해야 한다.
라. 복구스위치 또는 음향장치의 울림정지용 스위치를 다른 용도와 겸용으로 설치한다.

4. 가스누설경보기의 예비전원으로 사용되는 것은?

가. 납축전지 나. 니켈카드뮴축전지
다. 알칼리축전지 라. 수은축전지

5. 가스누설경보기에서 분리형으로서 영업용인 것의 회로 수는?

가. 1 나. 2
다. 3 라. 5

6. 가스누설경보기의 절연된 충전부와 외함간의 절연저항은 직류 500[V]의 절연저항계로 측정한 값이 몇 [MΩ] 이상이어야 하는가?

가. 1 나. 3 다. 5 라. 10

7. 흡입식 탐지부의 구조로서 적합하지 않은 것은?

가. 흡입펌프는 충분한 성능을 갖는 것
나. 가스흡입량의 표시방법은 단위시간당 흡입량을 지시할 수 있을 것
다. 공기유량계는 보기 쉬운 구조일 것

정답

1. 가 2. 나 3. 나 4. 나 5. 가 6. 다 7. 나

라. 공기유량계에 부착된 여과장치는 분진 등의 흡입을 방지하기 위한 구조일 것

8. 가스누설경보기의 금속제 외함에 접지단자를 설치해야 하는 것은 정격전압이 몇 [V]를 초과하는 경우인가?

가. 30　　나. 40　　다. 50　　라. 60

9. 가스누설경보기에서 주음향장치용의 사용전압에서의 음압은 일반용인 경우 몇 [dB] 이상이 되어야 하는가?

가. 50　　나. 60　　다. 70　　라. 90

10. 가스누설경보기의 탐지부를 옳게 설명한 것은?

가. 가스누설을 검지하여 중계기 또는 수신부에 가스누설의 신호를 발신하는 부분
나. 가스누설신호를 수신하고 이를 관계자에게 음량으로 경보해주는 부분
다. 탐지기에 수신부로부터 발하여진 신호를 받아 경보음을 발하는 부분
라. 탐지기에 연결하여 사용되는 환풍기 또는 지구경보부에 작동신호원을 공급시켜주는 부분

11. 가스누설경보기의 일반구조에 대한 설명으로 옳은 것은?

가. 전원개폐기는 노출, 경보농도 조정부는 노출되지 않게 한다.
나. 전원개폐기는 노출되지 않게, 경보농도 조정부는 노출되게 한다.
다. 전원개폐기, 경보농도 조정부는 모두 노출되게 한다.
라. 전원개폐기, 경보농도 조정부 모두 노출되지 않게 한다.

12. 가스누설경보기의 누설등 및 지구등의 점등색으로 옳은 것은 다음 중 어느 것인가?

가. 누설등 : 황색, 지구등 : 적색
나. 누설등 : 황색, 지구등 : 황색
다. 누설등 : 적색, 지구등 : 황색
라. 누설등 : 적색, 지구등 : 적색

13. 가스누설경보기의 음향장치는 사용전압의 최소 몇 [%]인 전압에서 음향을 발하여야 하는가?

가. 75　　나. 80
다. 85　　라. 90

14. 가스탐지기 중 일반적으로 사용되지 않은 탐지기는 어느 것인가?

가. 가연성가스용　　나. 독성가스용
다. 산소용　　라. 공기용

정답

8. 라 9. 다 10. 가 11. 라 12. 나 13. 나 14. 나

15. 가스누설경보기의 주위온도 시험에서 분리형 경보기의 수신부는 주위온도가 섭씨 몇 도 이상, 몇 도 이하에서 기능에 이상이 생기지 아니하여야 하는가?

가. 영하 10도 이상 30도 이하
나. 영하 10도 이상 40도 이하
다. 영하 0도 이상 40도 이하
라. 영하 0도 이상 50도 이하

16. 가스누설경보기의 분리형 수신기의 수신부의 기능으로 수신개시로부터 가스누설 표시까지의 소요기간은 몇 초 이내이어야 하는가?

가. 10 나. 20
다. 30 라. 60

정답

15. 다 16. 라

제2편

피난유도설비

피난유도설비는 화재 발생시 시야를 확보하기 위한 피난구유도등, 통로유도등, 객석유도등과 같은 조명기구와 유도표지가 있다. 또한 화재시 정전이 발생된 경우 원활한 피난활동을 할 수 있도록 거실이나 피난통로에 설치하여 최소시간의 시야를 확보하기 위한 비상조명등이 있다.

제8장 유도등 및 유도표지

제9장 비상조명등

제8장 유도등 및 유도표지

피난유도설비는 화재 발생시 시야를 확보하기 위한 피난구유도등·통로유도등·객석유도등과 같은 조명기구와 유도표지가 있다. 유도등은 정상상태에서는 상용전원에 의해 점등되고 정전시에는 비상전원으로 자동 절환되어 점등되는 구조이어야 하며 비상전원 용량은 20분 또는 60분 이상 확보되어야 한다.

1. 유도등 설치대상

피난구유도등·통로유도등 및 유도표지는 소방시설설치유지관리법 별표 2의 특정 소방대상물(지하구 및 지하가 중 터널을 제외한다)에 설치하고, 객석유도등은 유흥주점영업(유흥주점영업 중 손님이 춤을 출 수 있는 무대가 설치된 카바레, 나이트클럽 등)과 문화집회 및 운동시설에 설치하여야 한다.

소방설비설치기준에 따라서 피난유도등설비를 분류하면 다음과 같다.

- 유도등
  - 피난구유도등
  - 통로유도등
    - 거실통로유도등
    - 복도통로유도등
    - 계단통로유도등
  - 객석유도등
- 유도표지
- 비상조명등

〈표 8-1〉 유도등 및 유도표지 설치기준

설 치 장 소	유도등 및 유도표지의 종류
가. 공연장·집회장·관람장·운동시설	대형피난구유도등 통로유도등 객석유도등
나. 위락시설·판매시설 및 영업시설·관광숙박시설·의료시설·통신촬영시설·전시장·지하상가·지하철역사	대형피난유도등 통로유도등
다. 일반숙박시설·오피스텔 또는 가목 및 나목 외의 지하층·무창층 및 11층 이상의 부분	중형피난구유도등 통로유도등
라. 근린생활시설·노유자시설·업무시설·종교집회장·교육연구시설·공장·창고시설·교정시설·기숙사·자동차정비공장·자동차운전학원 및 정비학원, 가목 내지 다목외의 다중이용업소	소형피난유도등 통로유도등
마. 그밖의 것	피난구유도표지 통로유도표지

※비고 : 소방서장은 소방대상물의 위치·구조 및 설비의 상황을 판단하여 대형피난구유도등을 설치하여야 할 장소에 중형피난구유도등 또는 소형피난구유도등을, 중형피난구유도등을 설치하여야 할 장소에 소형피난구유도등을 설치하게 할 수 있다.

2. 유도등 및 유도표지의 종류

소방대상물의 용도별로 설치하여야 할 유도등 및 유도표지는 〈표 8-1〉에 따라 적절한 종류의 것을 선택하여 설치하여야 하며 외형은 [그림 8-1]과 같다.

3. 유도등별 설치기준

(1) 피난구유도등

피난구유도등은 피난구로 사용되는 출입구 부근의 밝기를 확보할 수 있는 녹색유도등이며 소형·중형·대형이 있다. 글자표시는 '비상구', '비상계단', '계단'으로 표시되며, 화살표와 EXIT를 함께 표시할 수 있다. 피난구유도등의 설치기준은 다음과 같다.

피난구유도등

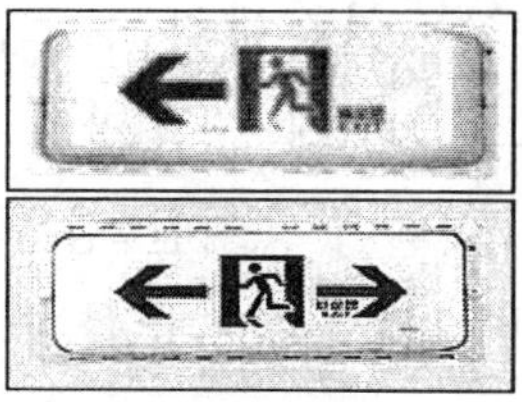

통로유도등

객석유도등

피난구유도표지

[그림 8-1] 유도등 및 유도표지

① 옥내로부터 직접 지상으로 통하는 출입구 및 그 부속실의 출입구
② 직통계단, 직통계단의 계단실 및 그 부속실의 출입구
③ 제①호 및 제②호의 규정에 따른 출입구에 이르는 복도 또는 통로로 통하는 출입구
④ 안전구획된 거실로 통하는 출입구
⑤ 피난구유도등은 피난구의 바닥으로부터 높이 1.5[m] 이상의 곳에 설치하여야 한다.
⑥ 피난구유도등의 조명도는 피난구로부터 30[m]의 거리에서 문자 및 색채를 쉽게 식별할 수 있는 것으로 하여야 한다.

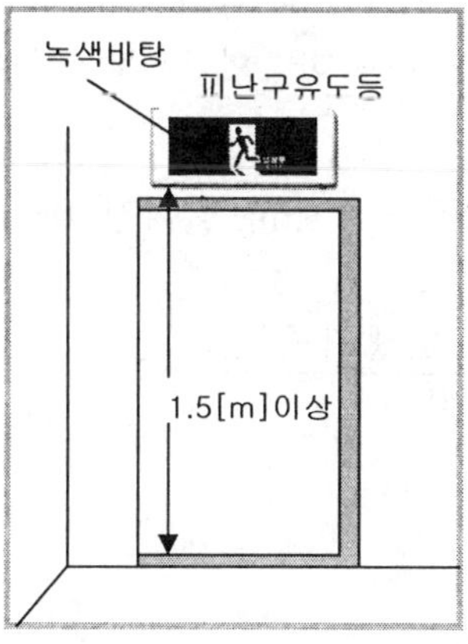

[그림 8-2] 피난구유도등 설치

【피난구유도등 설치제외 장소】

① 바닥면적이 1,000[㎡] 미만인 층으로서 옥내로부터 직접 지상으로 통하는 출입구(외부의 식별이 용이한 경우에 한한다)

② 거실 각 부분으로부터 쉽게 도달할 수 있는 출입구

③ 거실 각 부분으로부터 하나의 출입구에 이르는 보행거리가 20[m] 이하이고 비상조명등과 유도표지가 설치된 거실의 출입구

④ 출입구가 3 이상 있는 거실로서 그 거실 각 부분으로부터 하나의 출입구에 이르는 보행거리가 30[m] 이하인 경우에는 주된 출입구 2개소 외의 출입구(유도표지가 부착된 출입구를 말한다). 다만, 공연장・집회장・관람장・전시장・판매시설 및 영업시설・숙박시설・노유자시설・의료시설의 경우에는 그러하지 아니한다.

(2) 통로유도등

통로유도등은 소방대상물의 각 거실로부터 지상에 이르는 복도 또는 계단의 통로에 피난할 수 있도록 조명하는 것을 목적으로 한다. 복도통로유도등은 복도, 거실통로유도등은 거실통로, 계단통로유도등은 계단 및 경사로에 설치하여야 한다.

1) 복도통로유도등의 설치

① 복도에 설치할 것

② 구부러진 모퉁이(교차점, 굴곡점) 및 보행거리 20[m]마다 설치할 것

③ 바닥으로부터 높이 1[m] 이하의 위치에 설치할 것. 다만, 지하층 또는 무창층의 용도가 도매시장・소매시장・여객자동차터미널・지하역사 또는 지하상가인 경우에는 복도・통로 중앙부분의 바닥에 설치한다.

④ 바닥에 설치하는 통로유도등은 하중에 따라 파괴되지 아니하는 강도의 것으로 할 것

⑤ 조도는 통로유도등 아래에서 0.5[m] 떨어진 바닥면에서 1[lx] 이상이어야 한다.

$$\text{설치개수} = \frac{\text{굴곡이 없는 보행거리[m]}}{20} - 1$$

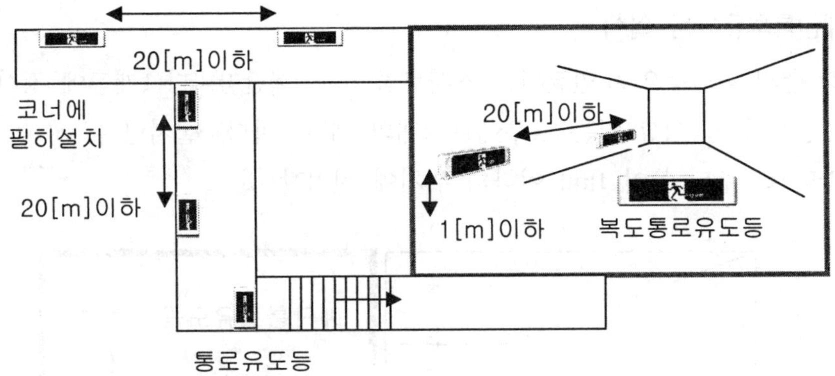

[그림 8-3] 복도 통로유도등 설치

2) 거실통로유도등 설치

백화점 등과 같이 불특정 다수인이 모이는 거실 · 주차장 등 개방된 복도 또는 거실 내의 통로에 해당하는 부분에 설치하는 유도등으로 설치기준은 다음과 같다.

① 거실의 통로에 설치할 것. 다만, 거실의 통로가 벽체 등으로 구획된 경우에는 복도통로유도등을 설치하여야 한다.
② 구부러진 모퉁이 및 보행거리 20[m]마다 설치할 것
③ 바닥으로부터 높이 1.5[m] 이상의 위치에 설치할 것
④ 실내 각 부분에서 상시 출입구를 식별할 수 없는 경우 설치한다.
⑤ 호텔 · 숙박업소 등의 대형건물에서 연회장 · 오락실 등에서 피난유도등이 설치되어 있는 출구까지의 보행거리가 20[m]를 넘는 경우 설치한다.
⑥ 조명도는 유도등 바로 밑에서 0.5[m] 떨어진 곳에서 1[lx] 이상이어야 한다.

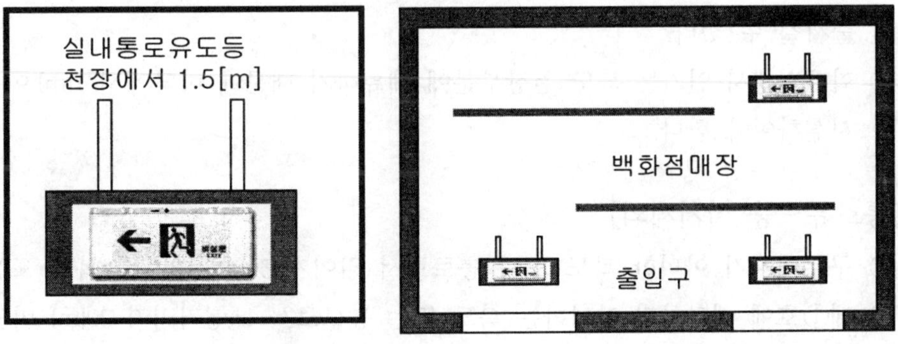

[그림 8-4] 거실 통로유도등 설치

3) 계단통로유도등 설치

① 각 층의 피난층으로 연결되는 경사로참 또는 계단참마다(1개층에 경사로참 또는 계단참이 둘 이상 있는 경우에는 2개의 계단참마다) 설치한다.

② 바닥으로부터 높이 1[m] 이하의 위치에 설치할 것

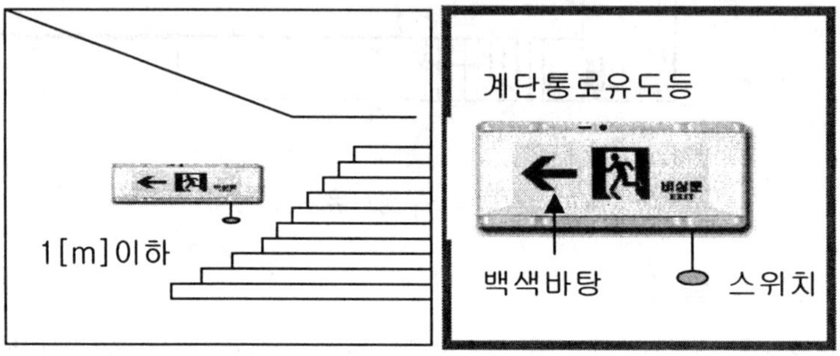

[그림 8-5] 계단통로유도등 설치

【기타 통로유도등 설치기준】

① 통행에 지장이 없도록 설치할 것

② 주위에 이와 유사한 등화·광고물·게시물 등을 설치하지 아니할 것

③ 조도는 통로유도등의 바로 밑의 바닥으로부터 수평으로 0.5[m] 떨어진 지점에서 측정하여 1[lx] 이상(바닥에 매설한 것에 있어서는 통로유도등의 직상부 1[m]의 높이에서 측정하여 1[lx] 이상)이어야 한다.

④ 통로유도등은 백색바탕에 녹색으로 피난방향을 표시한 등으로 하여야 한다. 다만, 계단에 설치하는 것에 있어서는 피난의 방향을 표시하지 아니할 수 있다.

⑤ 계단통로유도등은 백색바탕으로 하지 않고 필요한 조도를 얻기 위하여 광원을 노출시킬 수 있다.

⑥ 화재발생시 연기는 복도 천장부분에 체류하기 때문에 바닥에서 1[m] 이하 위치에 시설하여야 한다.

【통로유도등 설치제외】

① 구부러지지 아니한 복도 또는 통로로서 길이가 30[m] 미만인 복도 또는 통로

② 제①호에 해당하지 아니하는 복도 또는 통로로서 보행거리가 20[m] 미만이고, 그 복도 또는 통로와 연결된 출입구 또는 그 부속실의 출입구에 피난구유도등이 설

치된 복도 또는 통로

(3) 객석유도등

객석유도등은 객석의 통로·바닥 또는 벽에 설치하는데 내부에 전원회로는 없으며 백열전구를 점등하게 되어 있고 비상전원에서 전원을 공급받는다.

① 객석 내의 통로가 경사로 또는 수평로로 되어 있는 부분에 있어서는 다음의 식에 따라 산출한 수(소수점 이하의 수는 1로 본다)의 유도등을 설치하고 그 조도는 통로·바닥의 중심선에서 측정하여 0.2[lx] 이상이어야 한다.

$$\text{설치개수} = \frac{\text{객석의 통로의 직선부분의 길이[m]}}{4} - 1$$

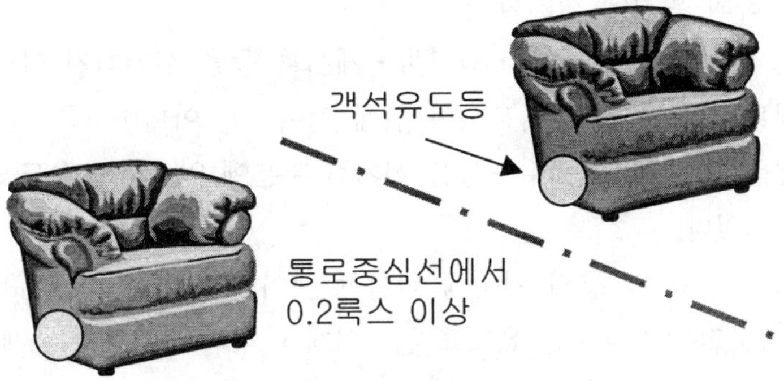

[그림 8-6] 객석유도등 설치

② 객석 내의 통로가 옥외 또는 이와 유사한 부분에 있는 경우에는 당해 통로 전체에 미칠 수 있는 수의 유도등을 설치하되, 그 조도는 통로·바닥의 중심선에서 측정하여 0.2[lx] 이상이 되어야 한다.

【객석유도등 설치제외】

① 주간에만 사용하는 장소로서 채광이 충분한 객석

② 거실 등의 각 부분으로부터 하나의 거실 출입구에 이르는 보행거리가 20[m] 이하인 객석의 통로로서 그 통로에 통로유도등이 설치된 객석

4. 유도표지

유도표지는 피난할 수 있는 장소를 신속하게 유도하는 목적으로 전원이 없는 설비이며 다음 기준에 따라 설치한다.

① 계단에 설치하는 것을 제외하고는 각 층마다 복도 및 통로의 각 부분으로부터 하나의 유도표지까지의 보행거리가 15[m] 이하가 되는 곳과 구부러진 모퉁이의 벽에 설치할 것

$$설치개수 = \frac{굴곡이\ 없는 보행거리[m]}{15} - 1$$

② 피난구유도표지는 출입구 상단에 설치하고 통로유도표지는 바닥으로부터 높이 1.5[m] 이하의 위치에 설치할 것

③ 주위에는 이와 유사한 등화·광고물·게시물 등을 설치하지 아니할 것

④ 유도표지는 부착판 등을 사용하여 쉽게 떨어지지 아니하도록 설치할 것

⑤ 피난방향을 표시하는 통로유도등을 설치한 부분에 있어서는 유도표지를 설치하지 아니할 수 있다.

⑥ 유도표지는 다음 각 호의 기준에 적합한 것이어야 한다.

㉮ 방사성물질을 사용하는 유도표지는 쉽게 파괴되지 아니하는 재질로 처리할 것

㉯ 유도표지는 주위 조도 0[lx]에서 20분간 발광후 직선거리 20[m] 떨어진 위치에서 보통시력으로 표시면의 문자 또는 화살표 등을 쉽게 식별할 수 있는 것으로 할 것

㉰ 유도표지의 표시면은 쉽게 변형·변질 또는 변색되지 아니할 것

㉱ 유도표지의 표지면의 휘도는 주위 조도 0[lx]에서 20분간 발광 후 24[mcd/㎡] 이상으로 할 것

㉲ 유도표지의 크기는 〈표 8-2〉의 기준에 따를 것

〈표 8-2〉 유도표지의 크기

종 류	가로의 길이[㎜]	세로의 길이[㎜]
피난구유도표지	360 이상	120 이상
복도통로유도표지	250 이상	85 이상

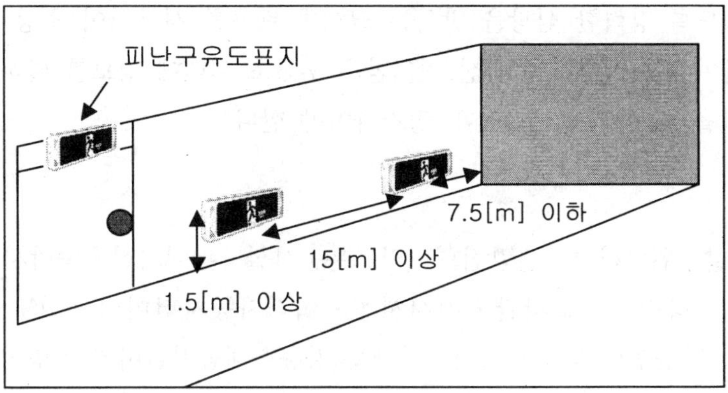

[그림 8-7] 유도표지 설치

【유도표지 설치제외】

① 유도등이 규정에 적합하게 설치된 출입구·복도·계단 및 통로

② 바닥면적이 1,000[㎡] 미만인 층으로서 옥내로부터 직접 지상으로 통하는 출입구

③ 거실 각 부분으로부터 쉽게 도달할 수 있는 출입구

④ 통로유도등 설치 제외 장소

5. 특수유도등

(1) 시각경보기

화재발생시 경보장치로는 청각장애인들에게 화재 피난경보를 알릴 수 없기 때문에 시각으로 알려주는 경보장치가 시각경보기이다. 시각경보기는 청각장애자에게 화재경

[그림 8-8] 시각경보기

보를 알 수 있도록 강력한 섬광을 발하는 크세론 램프를 사용하여 초당 1회 이상 3회 이하로 점멸하여 수신기에서 동작신호를 받은 후 3초 이내에 경보를 발하여야 하며 정지신호를 받았을 경우에는 3초 이내 정지하여야 한다.

【설치대상】

근린생활시설・위락시설・관람집회 및 운동시설・판매시설・숙박시설・노유자시설・의료시설・방송국・도서관・전시시설・여객자동차터미널・철도역사・공항시설・항만시설 및 종합여객실과 지하상가에는 자동화재탐지설비의 음향장치 외에 청각장애인용 시각경보장치를 설치하여야 한다.

(2) 음향장치부 유도등

크세논램프도 안 보이는 짙은 농연 속에서 음향으로 피난통로를 알리는 설비이다.

(3) 광점멸 피난유도 시스템

바닥에 일정한 간격으로 녹색광원을 설치하여 피난방향을 향해 점멸하는 설비이다.

(4) 방전관유도등

연기 속에서는 가시거리는 거리 제곱에 반비례하므로 피난유도등의 가시거리는 짙은 농도에 의해 매우 낮아진다. 그러므로 형광등의 수백배 순간광속을 발생하는 크세논램프를 이용하여 화재시 초당 2회 정도 섬광을 발생하게 하여 연기 속에서도 피난방향을 유도할 수 있는 섬광램프이다.

(5) 허스 효과에 의한 음성피난 유도 시스템

여러 개의 스피커를 이용하여 시간차를 가지고 음성을 발함으로써 음성이 비상구로부터 들려오는 것처럼 느끼게 하여 피난로를 안내할 수 있는 설비이다.

6. 유도등 비상전원 기준

유도등의 전원은 축전지 또는 교류전압의 옥내간선으로 하고 전원까지의 배선은 전용으로 하여야 한다. 또한 비상전원은 다음 기준에 적합하게 설치한다.

① 축전지로 할 것

② 유도등을 20분 이상 유효하게 작동시킬 수 있는 용량으로 할 것. 다만, 다음 소방대상물의 경우에는 그 부분에서 피난층에 이르는 부분의 유도등을 60분 이상 유효하게 작동시킬 수 있는 용량으로 하여야 한다.

㉮ 지하층을 제외한 층수가 11층 이상의 층

㉯ 지하층 또는 무창층으로서 용도가 도매시장 · 소매시장 · 여객자동차터미널 · 지하역사 또는 지하상가

7. 유도등 배선

① 유도등의 인입선과 옥내배선은 직접 연결하여야 한다.

② 유도등은 전기회로에 점멸기를 설치하지 아니하고 항상 점등상태를 유지할 것. 다만, 다음에 해당하는 장소로서 3선식 배선인 경우에는 그러하지 아니한다.

㉮ 외부광(光)에 따라 피난구 또는 피난방향을 쉽게 식별할 수 있는 장소

㉯ 공연장, 암실(暗室) 등으로서 어두워야 할 필요가 있는 장소

㉰ 소방대상물의 관계인 또는 종사원이 주로 사용하는 장소

③ 3선식 배선에 따라 전기회로에 점멸기를 설치하는 경우에는 다음에 해당되는 때에 점등되도록 하여야 한다.

㉮ 자동화재탐지설비의 감지기 또는 발신기가 작동되는 때

㉯ 비상경보설비의 발신기가 작동되는 때

㉰ 상용전원이 정전되거나 전원선이 단선되는 때

㉱ 방재업무를 통제하는 곳 또는 전기실의 배전반에서 수동으로 점등하는 때

㉲ 자동소화설비가 작동되는 때

④ 유도등의 인출선의 길이는 전선 인출부분으로부터 150[mm] 이상이어야 한다.

⑤ 전선의 굵기는 인출선인 경우에는 단면적 0.75[㎟] 이상이고, 인출선 이외의 경우에는 단면적0.5[㎟] 이상이어야 한다.

㉮ 2선식 유도등 배선 : 2선식 유도등은 유도등에 2선이 인입되는 방식으로 형광등과 축전지에 동시에 전원이 공급된다. 그러므로 평상시에도 형광등이 점등되어 있다.

㉯ 3선식 유도등 배선 : 3선식 유도등은 형광등에 공급되는 전원의 선로와 축전지에 공급되는 전원의 분리하여 구성하는 방식으로 평상시에는 형광등에는 전원

이 공급되고 있지 않고 일정한 경우에만 전원의 공급되는 방식으로 되어 있다. 그래서 3선식 유도등은 평상시에는 점등되어 있지 않는다.

〈표 8-3〉 2선식 배선과 3선식 배선

2선식 배선	3선식 배선
① 소등하면 예비전원으로 자동충전이 안 되므로 유도등으로의 기능을 상실한다. ② 정전이 되어 교류전압에 의한 전원공급이 안 되면 20분 이상 점등된 후 꺼진다.	① 점멸기에 의해 소등하면 유도등은 꺼지나 예비전원에 충전은 계속되고 있는 상태가 됨 ② 정전 또는 단선이 되어 교류전압에 의한 전원공급이 안 되면 자동적으로 예비전원으로 절환되어 20분 이상 점등됨

⑥ 유도등의 교류입력측과 외함 사이, 절연된 교류입력측과 충전부 사이 및 절연된 충전부와 외함 사이의 각 절연저항은 DC 500[V]의 절연저항계로 측정한 값이 5[MΩ] 이상이어야 한다.

⑦ 유도등의 자동절환장치는 정격전압의 80[%] 이하인 범위에서 동작하여야 한다.

⑧ 유도등은 정격사용 전압에서 10,000회 동작을 반복하는 경우 구조 및 기능에 이상이 없어야 한다.

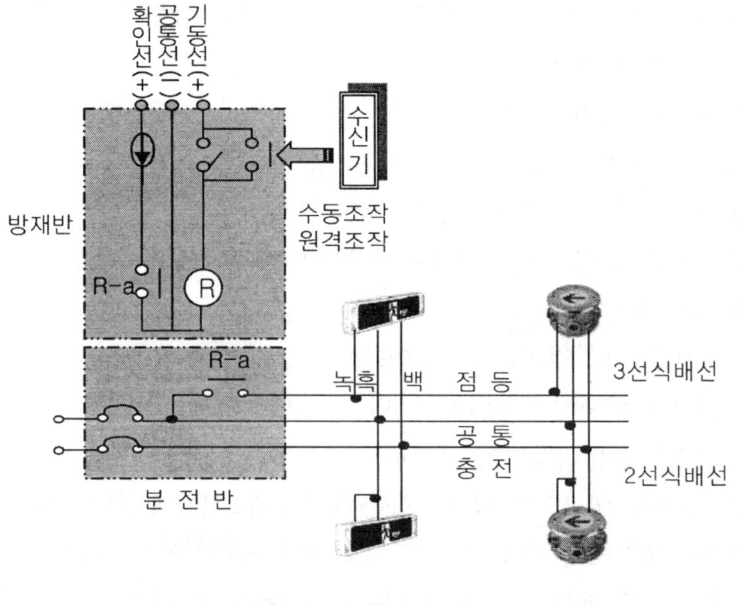

[그림 8-9] 유도등 2선식 배선과 3선식 배선

⑨ 사용전압은 2[V] 이상 300[V] 이하이어야 한다.

⑩ 축전지 배선 등은 직접 납땜하지 아니하여야 한다.

8. 작동점검 방법

(1) 유도등이 점등이 안 되었을 때

① 2선식에서는 형광등이나 배선에 이상이 있다.

② 3선식에는 정상이다. 그러나 수동으로 작동시켰을 경우에는 점등되어야 한다.

(2) 자동복귀형 점멸기를 작동시켰을 때

2선식 · 3선식 모두 점등되어야 한다. 점등되지 않으면 이상이 있는 것이다.

(3) 축전지감시등이 점등되어 있을 때

소등되어 있어야 정상인데 점등이 되었다면

① 축전지의 접촉불량

② 비상전원용 퓨즈의 단선

③ 축전지의 불량

④ 축전지의 미설치

등에 이상이 있다.

9. 유도등과 수신기와의 연결

[그림 8-10]은 수신기와 유도등과의 연동동작 회로이다.

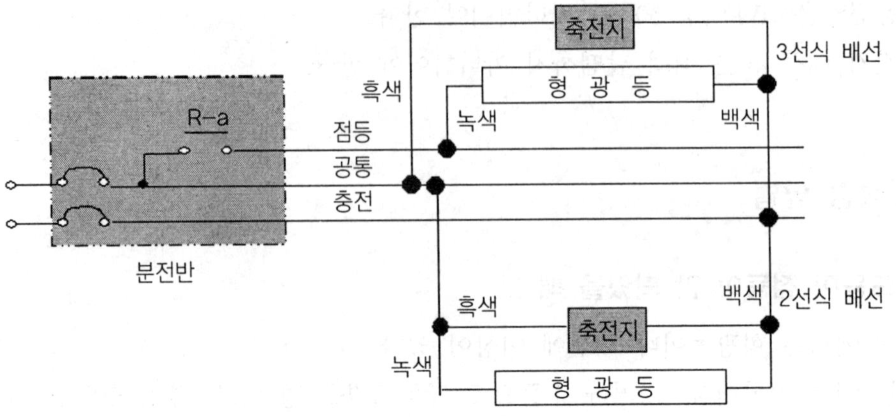

[그림 8-10] 수신기와 유도등간의 연동동작

10. 유도등 외함구조

① 피난구유도등 및 거실통로유도등의 외함재질은 소형 0.5[mm] 이상, 중형 0.7[mm] 이상, 대형은 1.0[mm] 이상, 복도통로유도등은 소·중형 0.5[mm] 이상, 대형은 0.7[mm] 이상, 계단통로유도등은 0.7[mm] 이상, 객석유도등은 1.0[mm] 이상의 방청 가공된 금속판 또는 고내식성 재질(스테인레스)을 사용한다

② 난연재료 또는 방염성능이 있는 두께 3[mm] 이상의 합성수지로서 80[℃] 온도에서 열로 인한 변형이 생기지 않아야 하며, 자기소화성이 있을 것

③ 피난구유도등·통로유도등의 표시면과 조사면의 재질 및 두께는 소형 1[mm], 중형 2[mm], 대형 3[mm] 이상의 난연재료 또는 방염성능이 있는 합성수지이거나 이와 동등 이상의 것을 사용하여야 한다

④ 외함의 표시면은 쉽게 분해할 수 있는 구조이고 축전지 등 내부부품을 쉽게 교환·보수·점검할 수 있도록 조립된 구조이어야 한다. 다만, 방수형·방폭형의 것은 그러하지 않다

⑤ 두께 3[mm] 이상의 내열성 강화유리를 사용할 것

11. 광원의 크기와 조도

(1) 광원의 크기

유도등에 사용되는 광원의 크기와 점등수량은 〈표 8-4〉와 같다.

〈표 8-4〉 유도등 광원의 크기

유도등의 종류		광원의 크기	점등수량
피난구유도등 거실통로유도등	소형	6[W] 또는 10[W] 이상	일반조명용 형광램프
	중형	20[W] 이상	
	대형	40[W] 이상	
복도통로유도등	소형	6[W] 이상	
	중형	10[W] 이상	
	대형	20[W] 이상	
계단통로유도등		6[W] 이상	일반조명용 형광램프 일반조명용 백열전구
객석유도등		현장여건에 따라 설치	일반조명용 형광램프 면광원, 자동차용전구, 발광 다이오드

(2) 광원의 밝기

유도등 광원의 밝기는 〈표 8-5〉의 규정의 밝기를 유지하여야 한다.

〈표 8-5〉 광원의 밝기

유도등의 구분		사용전원	100㎠당 밝기[lm]
피난구유노등 거실통로유도등	표시면이 1개 이상인 것	상용전원	60 이상
		비상전원	12 이상
	표시면이 1개 이상인 것	상용전원	30 이상
		비상전원	6 이상
복도통로유도등		상용전원	40 이상
		비상전원	8 이상

(3) 조사면 글자크기

표시면의 글자크기는 피난구유도등은 25[㎠] 이상(함께 표시하는 글자의 크기는 6.25

[㎠] 이상), 거실통로유도등은 9[㎠] 이상, 복도통로유도등은 6.25[㎠] 이상이어야 한다.

또한 조사면의 돌출치는 소형은 10[mm]~60[mm], 중형은 20[mm]~80[mm], 대형은 30[mm]~100[mm]이다.

12. 용어의 정의

① '유도등'이라 함은 화재시에 피난을 유도하기 위한 등으로서 정상상태에서는 상용전원에 따라 켜지고, 상용전원이 정전되는 경우에는 비상전원으로 자동전환되어 켜지는 등을 말한다.

② '피난구유도등'이라 함은 피난구 또는 피난경로로 사용되는 출입구를 표시하여 피난을 유도하는 등을 말한다.

③ '통로유도등'이라 함은 피난통로를 안내하기 위한 유도등으로 복도통로유도등, 거실통로유도등, 계단통로유도등을 말한다.

④ '복도통로유도등'이라 함은 피난통로가 되는 복도에 설치하는 통로유도등으로서 피난구의 방향을 명시하는 것을 말한다.

⑤ '거실통로유도등'이라 함은 거주·집무·작업·집회·오락, 그밖에 이와 유사한 목적을 위하여 계속적으로 사용하는 거실·주차장 등 개방된 통로에 설치하는 유도등으로 피난의 방향을 명시하는 것을 말한다.

⑥ '계단통로유도등'이라 함은 피난통로가 되는 계단이나 경사로에 설치하는 통로유도등으로 바닥면 및 디딤 바닥면을 비추는 것을 말한다.

⑦ '객석유도등'이라 함은 객석의 통로·바닥 또는 벽에 설치하는 유도등을 말한다.

⑧ '피난구유도표지'라 함은 피난구 또는 피난경로로 사용되는 출입구를 표시하여 피난을 유도하는 표지를 말한다.

⑨ '통로유도표지'라 함은 피난통로가 되는 복도·계단 등에 설치하는 것으로서 피난구의 방향을 표시하는 유도표지를 말한다.

제9장 비상조명등

비상조명등이란 화재시 정전이 발생된 경우에도 원활한 피난활동을 할 수 있도록 거실이나 피난통로에 설치하여 최소시간 동안 시야를 확보하기 위한 조명장치이다. 정상상태에서는 상용전원에 의해 점등되나 상용전원 차단시 자동으로 예비전원으로 절환되어 바닥면의 조도를 1[lx] 이상으로 20분 이상 조명을 확보할 수 있어야 한다.

1. 비상조명등 설치대상

① 지하층을 포함하는 층수가 5층 이상인 건축물로서 연면적 3,000[㎡] 이상인 것

② ①목에 해당하지 아니하는 특정소방대상물로서 그 지하층 또는 무창층의 바닥면적이 450[㎡] 이상인 경우에는 그 지하층 또는 무창층

③ 지하가 중 터널로서 그 길이가 500[m] 이상인 것

휴대용 비상조명등 설치기준은 다음과 같다.

① 숙박시설

② 수용인원 100인 이상의 지하역사 · 백화점 · 대형쇼핑센터 · 지하상가 · 영화상영관

【비상조명등 설치제외】

① 거실의 각 부분으로부터 하나의 출입구에 이르는 보행거리가 15[m] 이내인 부분

② 의원, 경기장, 공동주택, 의료시설, 학교의 거실

③ 지상 1층 또는 피난층으로서 복도 · 통로 또는 창문 등의 개구부를 통하여 피난이 용이한 경우에는 휴대용비상조명등을 설치하지 아니한다.

④ 비상조명등의 설치면제 요건에서 '그 유도등의 유효범위 안의 부분'이라 함은 유도등의 조도가 바닥에서 1[lx] 이상이 되는 부분을 말한다.

2. 비상조명등의 종류

비상조명등은 사용전압이 AC110[V], 220[V] 이며, 사용전구 수에 따라 단구형과 쌍구형이 있다.

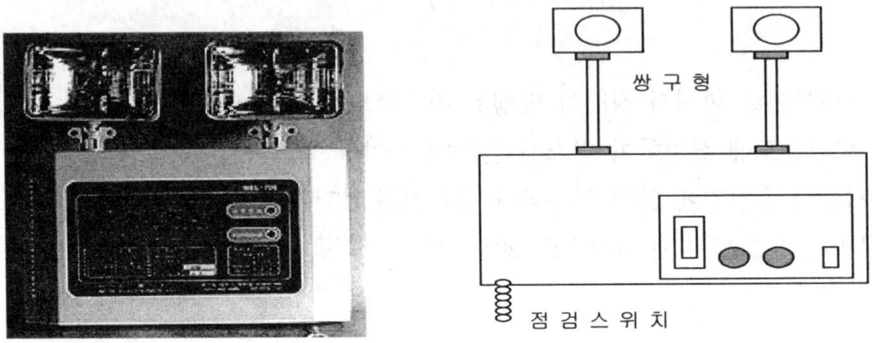

[그림 9-1] 쌍구형 비상조명등

① 전용형 : 비상시에 점등하는 비상용 광원만 내장되어 있는 비상조명이다.
② 겸용형 : 상용 광원과 비상용 광원을 겸하여 사용하는 비상조명등이다.
③ 방폭형 : 폭발성 가스가 폭발하였을 때 압력에 견디거나 인화될 우려가 없도록 만들어진 비상조명등이다.
④ 방수형 : 방수구조로 된 비상조명등이다.

3. 비상조명등 설치방법

① 소방대상물의 각 거실과 지상에 이르는 복도 · 계단 및 그밖의 통로에 설치할 것
② 조도는 비상조명등이 설치된 장소의 각 부분의 바닥에서 1[lx](지하상가는 10[lx]) 이상이 되도록 할 것
③ 예비전원을 내장하는 비상조명등에는 평상시 점등여부를 확인할 수 있는 점검스위치를 설치하고, 당해 조명등을 유효하게 작동시킬 수 있는 용량의 축전지와 예비전원 충전장치를 내장할 것

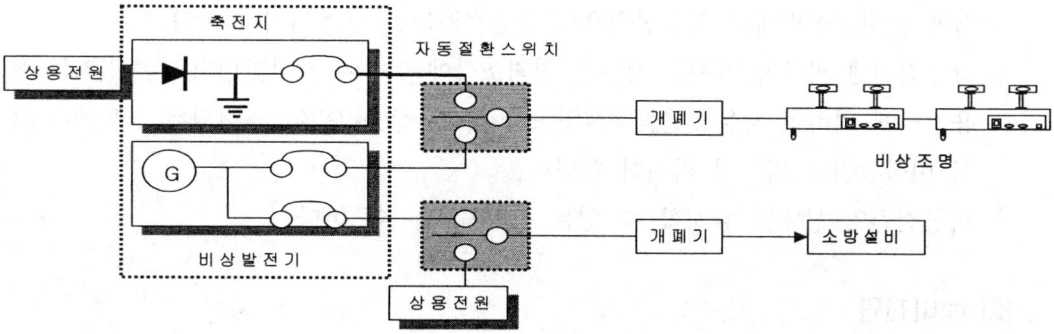

[그림 9-2] 비상조명등 전원계통

4. 휴대용 비상조명등 설치방법

① 숙박시설 또는 다중이용업소에는 객실 또는 영업장 안의 구획된 실마다 잘 보이는 곳(외부에 설치시 출입문 손잡이로부터 1[m] 이내 부분)에 1개 이상 설치

② 백화점 · 대형점 · 쇼핑센터 및 영화상영관에는 보행거리 50[m] 이내마다 3개 이상 설치

③ 지하상가 및 지하역사에는 보행거리 25[m] 이내마다 3개 이상 설치

④ 설치높이는 바닥으로부터 0.8[m]~1.5[m] 이하의 높이에 설치할 것

⑤ 어둠 속에서 위치를 확인할 수 있도록 할 것

⑥ 사용시 자동으로 점등되는 구조일 것

⑦ 외함은 난연 성능이 있을 것

⑧ 건전지를 사용하는 경우에는 방전방지 조치를 하여야 하고, 충전식 배터리의 경우에는 상시 충전되도록 할 것

⑨ 건전지 및 충전식 배터리의 용량은 20분 이상 유효하게 사용할 수 있는 것으로 할 것

5. 비상전원 확보기준

(1) 전원확보

① 비상조명등에 사용하는 전원은 정전시에는 상용전원에서 비상전원으로, 정전복귀

시에는 비상전원에서 상용전원으로 자동절환되는 구조이어야 한다.

② 상용전원에 의하여 켜지는 광원을 원격조작에 의하여 차단하더라도 축전지는 상용전원에 의하여 자동충전할 수 있도록 하고, 상용전원이 정전되는 경우에는 즉시 비상전원에 의하여 켜져야 한다.

③ 비상전원의 상태를 감시할 수 있는 장치가 있어야 한다.

(2) 예비전원

① 비상전원등의 주전원으로 사용하여서는 안 된다.

② 인출선은 적당한 색깔에 의하여 쉽게 구분할 수 있어야 한다.

③ 먼지·수분 등에 의해 성능에 지장이 생길 우려가 있는 부분은 적당한 보호커버를 하여야 한다.

④ 비상조명등의 예비전원은 원통밀폐형 Ni-Cd 축전지로 그 용량은 방전 개시한 후 20분 이상 점등되는 용량(20분 방전 직후 셀당 1.1[V] 이상 용량)이어야 한다. 이 경우 부하는 비상조명등으로 한다.

⑤ 전기적 기구에 의한 자동 충전장치 및 자동 과충전 방지장치를 설치하여야 한다. 다만, 과충전상태가 되어도 성능 또는 구조에 이상이 생기지 아니하는 축전지를 설치한 경우에는 자동 과충전 방지장치를 설치하지 아니할 수 있다.

⑥ 예비전원을 병렬로 접속하는 경우는 역충전 방지장치 등의 조치를 하여야 한다.

⑦ 축전지를 직렬 또는 병렬로 사용하는 경우에는 용량(전압, 전류)이 균일한 축전지를 사용해야 한다.

⑧ 원통밀폐형 Ni-Cd 축전지의 충전시험 및 방전시험은 완전방전상태를 기동하여 시작한다. 이 경우 완전방전이라 함은 셀당 0.6[V] 이하가 되도록 방전시킨 것을 말한다.

⑨ 원통밀폐형 Ni-Cd 축전지의 주위온도 충·방전 시험은 완전방전상태의 축전지를 상온에서 정격전압 및 1/20C의 전류로 48시간 충전한 후 1C의 전류로 방전하는 시험을 실시하는 경우 48분 이상 지속 방전되어야 하며, 축전지에 이상이 생기지 않아야 한다.

⑩ 원통밀폐형 Ni-Cd 축전지의 주위온도 충방전 시험은 완전방전상태의 축전지를 주위온도 섭씨 영하 10±2[℃] 및 섭씨 50±2[℃]의 조건에서 1/20C의 전류로 96시간 충전한 다음 1C로 방전하는 충방전을 3회 반복하는 경우 방전 정지전압(정격용량

/1.414[V])이 되는 시간이 20분 이상이어야 하며. 외관이 부풀어오르거나 누액이 생기지 않아야 한다.

⑪ 예비전원의 안전장치 시험은 1/5C 이상 1C 이하의 전류로 역충전하는 경우 5분 이내에 안전장치가 동작하여야 하며, 외관이 부풀어오르거나 누액이 생기지 않아야 한다.

(3) 비상전원 설치기준

① 점검에 편리하고 화재 및 침수 등의 재해로 인한 피해를 받을 우려가 없는 곳에 설치할 것

② 상용전원으로부터 전력의 공급이 중단된 때에는 자동으로 비상전원으로부터 전력을 공급받을 수 있도록 할 것

③ 비상전원의 설치장소는 다른 장소와 방화구획할 것. 이 경우 그 장소에는 비상전원의 공급에 필요한 기구나 설비 외의 것(열병합 발전설비에 필요한 기구나 설비는 제외한다)을 두어서는 아니된다.

④ 비상전원을 실내에 설치하는 때에는 그 실내에 비상조명등을 설치할 것

⑤ 비상전원은 비상조명등을 20분 이상 유효하게 작동시킬 수 있는 용량으로 할 것. 다만, 다음 각 목의 소방대상물의 경우에는 그 부분에서 피난층에 이르는 부분의 비상조명등을 60분 이상 유효하게 작동시킬 수 있는 용량으로 하여야 한다.

㉮ 지하층을 제외한 층수가 11층 이상의 층

㉯ 지하층 또는 무창층으로서 용도가 도매시장·소매시장·여객자동차터미널·지하역사 또는 지하상가

6. 비상조명등 외함 및 재질

비상조명등의 외함 및 부품재질은 다음과 같이 구성되어야 한다.

① 두께 0.5[mm] 이상의 방청 가공된 금속판, 다만 20[W]용 형광램프를 내장하는 경우에는 두께 0.7[mm] 이상, 40[W]용 형광램프를 내장하는 경우에는 두께 1.0[mm] 이상의 방청 가공된 금속판을 사용한다.

② 난연재료 또는 방염 성능이 있는 두께 3[mm] 이상의 합성수지로서 80[℃] 온도에

서 열로 인한 변형이 생기지 않아야 하며, 자기소화성이 있을 것

③ 비상조명등의 조사면의 재질 및 두께는 1[mm] 이상(다만 20[W] 형광램프 내장시는 2[mm] 이상, 40[W] 형광램프 내장시는 3[mm] 이상)의 난연재료 또는 방염 성능이 있는 합성수지이거나 이와 동등 이상의 것으로 쉽게 파손되거나 변형·변질 또는 변색되지 않아야 한다.

④ 절연저항, 반복시험 등은 유도등 시험과 동일하다.

7. 용어의 정의

① '비상조명등'이라 함은 화재발생 등에 따른 정전시에 안전하고 원활한 피난활동을 할 수 있도록 거실 및 피난통로 등에 설치되어 자동점등되는 조명등을 말한다.

② '휴대용 비상조명등'이라 함은 화재발생 등으로 정전시 안전하고 원활한 피난을 위하여 피난자가 휴대할 수 있는 조명등을 말한다.

제8장 유도등 및 유도표지, 제9장 비상조명등

주관식 연습문제

1. 피난구유도등에 대한 다음 각 물음에 답하시오.
   가. 피난구유도등을 반드시 설치하여야 할 장소를 4가지로 구분하여 쓰시오.
   나. 피난구유도등은 피난구의 바닥으로부터 높이 몇 [m] 이상의 곳에 설치하여야 하는가?

2. 객석유도등에 관한 관련사항이다. (   )안을 완성하시오.
   ○ 객석유도등은 객석의 통로, (①) 또는 (②)에 설치하여야 한다.
   ○ 객석내의 통로가 옥외 또는 이와 유사한 부분에 있는 경우에는 당해 통로 전체에 미칠 수 있는 수의 유도등을 설치하되 그 조도는 통로·바닥의 중심선에서 측정하여 (③) [lx] 이상이어야 한다.

3. 피난구유도등 대형 20개를 천장 노출배관 배선하여 설치할 때 분기회로 배선용 차단기 용량은 몇 [A]이며, 사용할 수 있는 전선관 및 전선은 무엇인가?

4. 통로유도등의 설치에 관한 다음 각 물음에 답하시오.
   가. 통로유도등을 설치하여야 할 곳에 대한 가장 기본적인 원칙을 간단히 설명하시오. (단, 복도·거실·계단통로유도등으로 구분하여 설명하지 말고, 통로유도등에 대한 총괄적인 설명을 하도록 한다.)
   나. 계단통로유도등은 어느 곳에 설치하여야 하는지 그 설치기준을 상세히 설명하시오.
   다. 거실통로유도등은 구부러진 모퉁이 및 보행거리 몇 [m]마다 설치하여야 하는가?
   라. 복도통로유도등은 바닥으로부터 높이 몇 [m] 이하의 위치에 설치하여야 하는가?

5. 유도등의 설치에 관한 다음 각 물음에 답하시오.
   가. 피난구유도등은 피난구의 바닥으로부터 높이 몇 [m] 이상의 곳에 설치하여야 하는가?
   나. 피난구유도등의 조명도는 피난구로부터 몇 [m]의 거리에서 문자 및 색채를 쉽게 식별할 수 있는 것으로 하여야 하는가?
   다. 유도등의 전원으로 사용할 수 있는 전원의 종류 2가지를 쓰시오.
   라. 비상전원은 어느 것으로 하며, 그 용량은 당해 유도등을 유효하게 몇 분 이상 작동시킬 수 있는 것으로 하여야 하는가?

6. 통로유도등에 대한 다음 각 물음에 답하시오.
   가. 통로유도등을 바닥에 매설하여 시설하는 경우의 조도기준을 쓰시오.

나. 복도통로유도등을 바닥으로부터 높이 몇 [m] 이하의 위치에 설치하여야 하는가?
다. 통로유도등 색깔은 어떻게 표시되어야 하는가?

7. 유도등의 설치 등에 대한 다음 물음에 답하시오.

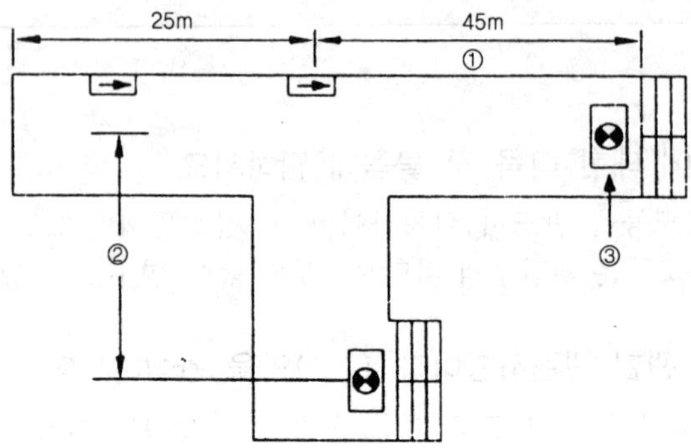

가. 이 설비에서 정상으로 동작하다가 상용전원이 차단되었을 때 비상전원이 동작하여야 할 시간은 얼마 이상인가?
나. ①부분의 유도등 설치수량은 얼마로 하여야 하는가?
다. 통로유도등은 피난구까지의 보행거리 ②가 얼마를 넘을 때 시설하여야 하는가?
라. ③은 어떤 종류의 유도등이라 할 수 있는가?
마. ③의 설치에 적당한 곳을 쓰시오.
바. ③의 제작시 표시면의 문자 및 색채를 용이하게 식별할 수 있는 최대거리는 몇 [m]이어야 하는가?
사. 통로유도등을 설치할 때 그 조명도는 통로유도등의 바로 밑으로부터 0.5[m] 떨어진 바닥에서 측정하여 몇 [lx] 이상이어야 하는가?

8. 다음 평면도의 복도(빗금친 부분)에 유도등을 설치하려고 한다. 그 위치를 ⊗로 표시하시오..

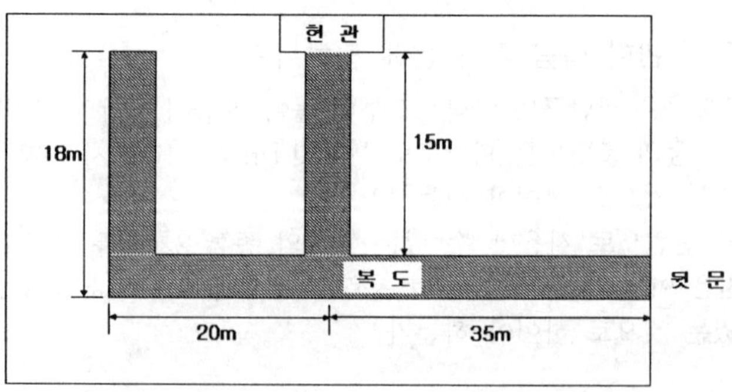

9. 비상조명등의 설치기준에 대하여 다음 각 물음에 답하시오.
   가. 조도는 비상조명등의 설치된 장소의 각 부분의 바닥에서 몇 [lx] 이상이 되도록 하여야 하는가?
   나. 예비전원을 내장하는 비상조명등에는 평상시 점등여부를 확인할 수 있는 점검스위치를 설치하고, 당해 조명등을 몇 분 이상 유효하게 작동시킬 수 있는 용량의 축전지와 예비전원 충전장치를 내장하여야 하는가?
   다. 비상용등을 백열등과 형광등으로 구분하여 그 그림기호를 그리시오.

10. 길이 18[m]의 통로에 객석유도등을 설치하려고 한다. 이때 필요한 객석유도등의 수량은 몇 개인가?

제8장 유도등 및 유도표지, 제9장 비상조명등

객관식 연습문제

1. 피난구유도등의 설치기준으로 옳지 않은 것은?
   가. 옥내로부터 직접 지상으로 통하는 출입구에 설치
   나. 피난구의 바닥으로부터 1.5[m] 이상의 높이에 설치
   다. 피난구로부터 최대 25[m] 거리에서 문자 및 색채를 식별할 수 있도록 설치
   라. 직통계단 또는 직통계단의 계단실 및 그 부속실의 출입구에 설치

2. 피난구유도등은 바닥으로부터 높이 몇 [m] 이상의 곳에 설치하여야 하는가?
   가. 1 　　나. 1.5
   다. 2 　　라. 2.3

3. 피난구유도등의 설치장소로 잘못된 것은?
   가. 옥내로부터 직접 지상으로 통하는 출입구 및 그 부속실의 출입구
   나. 직통계단의 계단실 및 그 부속실 출입구
   다. 복도 또는 내실로 통하는 출입구
   라. 안전 구획된 거실로 통하는 출입구

4. 피난구유도등의 설치장소로 적당하지 않는 곳은?
   가. 거실 각 부분으로부터 쉽게 도달할 수 있는 출입구
   나. 옥내로부터 직접 지상으로 통하는 출입구
   다. 직통계단, 직통계단의 계단실 및 그 부속실의 출입구
   라. 안전 구획된 거실로 통하는 출입구

5. 유도등의 설치기준에 대한 설명으로 옳은 것은?
   가. 피난구유도등은 피난구의 바닥으로부터 높이 2[m] 이상의 곳에 설치해야 한다.
   나. 피난구유도등의 조명도는 피난구로부터 30[m]의 거리에서 문자 및 색채를 쉽게 식별할 수 있어야 한다
   다. 통로유도등은 바닥으로부터 높이 1.5[m]이하의 위치에 설치해야 한다.
   라. 객석유도등의 조명도는 통로바닥의 중심선에서 측정하여 1.0룩스 이상이어야 한다.

정답

1. 다 2. 나 3. 다 4. 가 5. 나

6. 계단 · 통로유도등의 광원으로 사용하는 백열전구의 내부 구성품 중 몰리브덴을 사용하는 부분은?

가. 필라멘트
나. 내부도입선
다. 외부도입선
라. 지지선(support wire)

7. 유도등에 해당되지 않는 것은?

가. 비상유도등
나. 객석유도등
다. 통로유도등
라. 피난구유도등

8. 바닥에 매설한 통로유도등의 조명도로 옳은 것은?

가. 통로유도등의 직상부 0.5[m]의 높이에서 0.2[lx] 이상
나. 통로유도등의 직상부 0.5[m]의 높이에서 1[lx] 이상
다. 통로유도등의 직상부 1[m]의 높이에서 0.2[lx] 이상
라. 통로유도등의 직상부 1[m]의 높이에서 1[lx] 이상

9. 유도등에 사용되는 전구의 접속방법은?

가. 2개 이상 직렬접속
나. 2개 이상 병렬접속
다. 3개 이상 직렬접속
라. 방전등 사용시 2개 이상 직렬접속

10. 통로유도등의 표시색으로 적합한 것은?

가. 녹색바탕에 백색문자
나. 녹색바탕에 적색문자
다. 백색바탕에 적색문자
라. 백색바탕에 녹색문자

11. 유도등에 사용되는 표시등으로서 전구를 2개 이상 병렬로 접속하지 않아도 되는 것은?

가. 방전등 또는 발광 다이오드
나. 형광등 또는 발광 다이오드
다. 형광등 또는 백열전등
라. 방전등 또는 백열전등

12. 유도등에 대한 설명으로 틀린 것은?

가. 광원 · 퓨즈 등을 쉽게 교환할 수 있어야 한다.
나. 축전지 내부부품은 방열처리가 되어야 한다.
다. 축전지 배선 등은 직접 납땜으로 하여야 한다.
라. 사용전압은 200~300[V]로 다양하다.

13. 유도등에 관한 설명으로 틀린 것은?

가. 피난구유도등의 조명도는 피난구로부터 30[m]의 거리에서 문자 및 색채를 쉽게 식별할 수 있는 것으로 하여야 한다.
나. 통로유도등의 바탕색은 녹색, 문자색은 백색이다.
다. 복도 · 통로유도등은 바닥으로부터 높이가 1[m] 이하의 위치에 설치하여야 한다.

정답

6. 라 7. 가 8. 라 9. 나 10. 라 11. 가 12. 다 13. 나

라. 피난구유도등의 종류에는 소형 · 중형 · 대형이 있다.

14. 유도표시와 설치기준에 대한 설명으로 옳지 않는 것은?
   가. 계단에서 설치하는 것을 제외하고 각 층 부분의 각 부분에서 유도표시까지 보행거리 15[m] 이하로 하였다.
   나. 구부러진 모퉁이의 벽에 설치하였다.
   다. 바닥으로부터 높이 1.5[m]에 설치하였다.
   라. 주위에 광고물 · 게시물 등을 함께 설치하였다.

15. 객석통로의 직선부분의 길이가 15[m]인 경우 객석유도등은 최대 몇 개 이상 설치하여야 하는가?
   가. 6　　나. 5
   다. 4　　라. 3

16. 복도 등의 굴절이 없는 부분의 보행거리가 90[m]일 때 유도표지 개수는 최소 몇 개인가?
   가. 1　　나. 3　　다. 5　　라. 7

17. 형광등을 사용하는 유도등 회로에서 점등관(글로우스타트) 사이에 병렬로 콘덴서를 설치하였다. 그이유가 가장 적당한 것은?
   가. 잡음방지　　나. 역률개선
   다. 효율개선　　라. 소등방지

18. 바닥으로부터 높이 1[m] 이하의 위치에 설치하는 것은?
   가. 통로유도등　　나. 피난구유도등
   다. 비상콘센트　　라. 피난구에 설치하는 유도표지

19. 유도등을 설치하는 경우로 잘못된 것은?
   가. 전원은 교류전압의 옥내간선을 사용하였다.
   나. 전원은 축전지이어도 된다.
   다. 통로유도등을 계단에 설치할 때에는 피난의 방향을 반드시 표시하여야 한다.
   라. 피난구유도등을 옥내로부터 직접 지상으로 통하는 출입구 및 그 부속실의 출입구에 설치하였다.

20. 유도등 배선에 사용되는 인출선의 굵기는 최소 몇 [mm^2] 이상이어야 하는가?
   가. 0.75　　나. 1.0　　다. 1.25　　라. 2.0

정답

14. 라 15. 라 16. 다 17. 가 18. 가 19. 다 20. 가

21. 유도등설비의 비상전원인 축전지의 용량으로 옳은 것은? (단, 지하상가 및 11층 이상은 제외한다.)

가. 당해 유도등을 유효하게 10분 이상 작동시킬 수 있는 것
나. 당해 유도등을 유효하게 15분 작동 시킬 수 있는 것
다. 당해 유도등을 유효하게 20분 이상 작동시킬 수 있는 것
라. 당해 유도등을 유효하게 30분 이상 작동시킬 수 있는 것

22. 객석 내의 통로가 경사로 또는 수평로로 되어 있는 부분에 객석유도등을 설치할 때 그 조도는 통로 바닥의 중심선에서 측정하여 최소 몇 [lx] 이상이어야 하는가?

가. 0.2　　　나. 0.5
다. 1.0　　　라. 1.5

23. 예비전원을 내장하는 비상조명등에는 평상시 점등여부를 확인할 수 있는 점검스위치만을 설치하고 당해 조명등을 몇 분 이상 유효하게 작동할 수 있는 용량의 축전지와 예비전원 충전장치를 내장하는가?

가. 5분　　　나. 10분
다. 15분　　　라. 20분

24. 비상경보설비, 비상구 유도등 및 비상조명기구 등에 가장 적당한 축전지의 형은?

가. 오픈형　　　나. 밴드형
다. 시일드형　　　라. 원통밀폐형

정답

21. 다 22. 가 23. 라 24. 라

제3편

소화활동설비

화재발생시 소화활동을 위한 고정설비로 비상콘센트설비, 무선통신설비, 옥내소화전설비, 옥외소화전설비, 제연설비가 있다. 그 이외 소화활동설비로는 스프링클러, 물분무소화설비, 포소화설비, 이산화탄소소화설비, 할로겐소화설비, 분말소화설비 등이 있다.

제10장 비상콘센트설비

건물 내에 설치된 일반 전력배선은 화재에 대한 피해대책이 충분하지 않아 화재시 연소되어 전력공급이 차단될 우려가 많다. 전력공급 차단시 소방대의 소화활동장비에 전원을 공급하기 위해서는 소방용 발전차를 사용해야 하는데 고층건물이나 지하층은 소방발전차로 전원을 공급하기가 불가능하다.

그러므로 일정 규모 이상의 건물에 화재발생시 소화활동에 필요한 비상조명이나 비상동력전원을 전용으로 공급받을 수 있는 설비를 설치하도록 하고 있는데 이를 비상콘센트라고 한다.

이 설비는 일반전원이 차단되어도 비상콘센트에 전원이 확보될 수 있도록 전원에서 비상콘센트까지는 전용배선으로 하고 전선은 내화배선과 내열배선으로 설치한다.

1. 비상콘센트 설치대상

① 지하층을 포함하는 층수가 11층 이상인 경우에는 11층 이상의 층
② 지하층의 층수가 3개층 이상이고 지하층의 바닥면적의 합계가 1,000[㎡] 이상인 것은 지하층의 전층
③ 지하가 중 터널로서 길이가 500[m] 이상인 것

2. 비상콘센트 구성

비상콘센트설비는 비상전원 · 전용배선(내화배선) · 콘센트 · 보호함 · 분기개폐기 · 표시등으로 구성되어 있다.

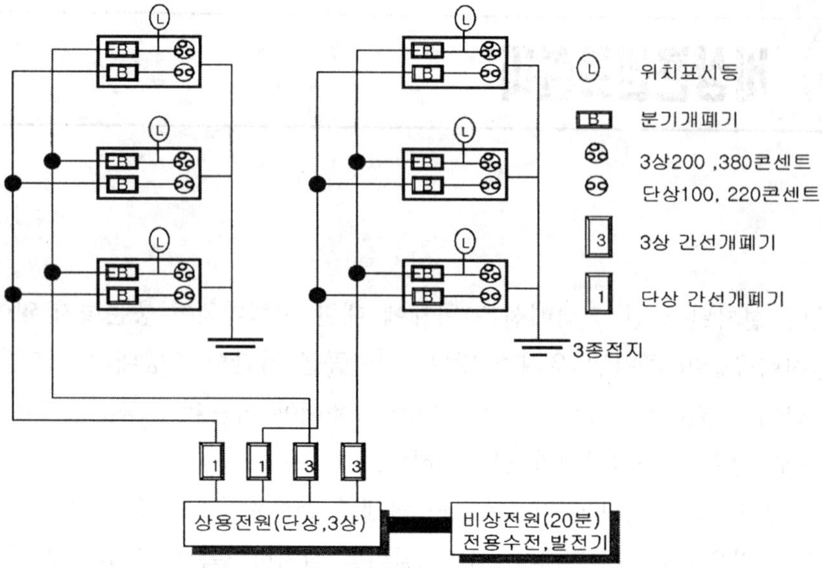

[그림 10-1] 비상콘센트 구성

3. 비상콘센트 전원구성

① 상용전원 회로의 배선은 저압수전인 경우에는 인입개폐기의 직후에서, 특별고압수전 또는 고압수전인 경우에는 전력용변압기 2차측의 주차단기 1차측 또는 2차측에서 분기하여 전용배선으로 한다.

② 지하층을 제외한 층수가 7층 이상으로서 연면적이 2,000[㎡] 이상이거나 지하층의 바닥면적(차고 · 주차장 · 보일러실 · 기계실 또는 전기실의 바닥면적을 제외한다)의 합계가 3,000[㎡] 이상인 소방대상물의 비상콘센트설비에는 자가발전설비 또는 비상전원수전설비를 비상전원으로 설치할 것. 다만, 2 이상의 변전소에서 전력을 동시에 공급받을 수 있거나 하나의 변전소로부터 전력의 공급이 중단되는 때에는 자동으로 다른 변전소로부터 전력을 공급받을 수 있도록 상용전원을 설치한 경우에는 비상전원을 설치하지 아니할 수 있다.

③ 제②호의 규정에 따른 비상전원 중 자가발전설비는 다음기준에 따라 설치한다.

㉮ 점검에 편리하고 화재 및 침수 등의 재해로 인한 피해를 받을 우려가 없는 곳에 설치할 것

㉯ 비상콘센트설비를 유효하게 20분 이상 작동시킬 수 있는 용량으로 할 것

㉰ 상용전원으로부터 전력공급이 중단된 때에는 자동으로 비상전원으로부터 전력을 공급받을 수 있도록 할 것

㉱ 비상전원의 설치장소는 다른 장소와 방화 구획할 것. 이 경우 그 장소에는 비상전원의 공급에 필요한 기구나 설비 외의 것(열병합 발전설비에 필요한 기구나 설비는 제외한다)을 두어서는 아니된다.

㉲ 비상전원을 실내에 설치하는 때에는 그 실내에 비상조명등을 설치할 것

④ 비상전원 수전설비는 소방시설용 비상전원 수전설비의 화재안전기준(NFSC 602)에 따라 설치할 것

4. 비상콘센트 전원회로

① 비상콘센트설비의 전원회로는 3상교류 200[V] 또는 380[V]인 것과 단상교류 100[V] 또는 220[V]인 것으로서 그 공급용량은 3상교류의 경우 3[KVA] 이상인 것과 단상교류의 경우 1.5[KVA] 이상인 것으로 할 것

② 전원회로는 각 층마다 전압별로 2 이상이 되도록 설치할 것. 다만, 설치하여야 할 층의 비상콘센트가 1개인 때에는 하나의 회로로 할 수 있다.

③ 전원회로는 주배전반에서 전용회로로 할 것

④ 전원으로부터 각 층의 비상콘센트에 분기되는 경우에는 분기배선용 차단기를 보호함 안에 설치할 것

⑤ 콘센트마다 배선용 차단기(단상은 20[A], 3상은 30[A])를 설치하여야 하며 충전부가 노출되지 아니하도록 할 것

⑥ 개폐기에는 '비상콘센트'라고 표시한 표지를 할 것

⑦ '비상콘센트용'의 풀박스 등은 방청도장을 한 것으로서 두께 1.6[mm] 이상의 철판으로 할 것

⑧ 하나의 전용회로에 설치하는 비상콘센트는 10개 이하로 할 것. 이 경우 전선의 용량은 각 비상콘센트(비상콘센트가 3개 이상인 경우에는 3개)의 공급용량을 합한 용량 이상의 것으로 하여야 한다.

⑨ 비상콘센트의 플러그 접속기는 3상교류 200[V] 또는 3상교류 380[V]의 것에 있어서는 접지형 3극 플러그 접속기를 단상교류 100[V] 또는 단상교류 220[V]의 것에 있어서는 접지형 2극 플러그 접속기를 사용하여야 한다.

⑩ 비상콘센트의 플러그 접속기의 칼받이의 접지극에는 접지공사를 하여야 한다.

⑪ 비상콘센트는 다음 기준에 따라 설치하여야 한다.

㉮ 지하층 및 지하층을 제외한 층수가 11층 이상의 각 층마다 설치할 것

㉯ 바닥으로부터 높이 1[m]~1.5[m] 이하의 위치에 설치할 것

㉰ 비상콘센트의 배치는 아파트 또는 바닥면적이 1,000[㎡] 미만인 층에 있어서는 계단의 출입구(계단의 부속실을 포함하며, 계단이 2 이상 있는 경우에는 그 중 1개의 계단을 말한다)로부터 5[m] 이내에, 바닥면적 1,000[㎡] 이상인 층(아파트를 제외한다)에 있어서는 각 계단의 출입구 또는 계단부속실의 출입구(계단의 부속실을 포함하며 계단이 3 이상 있는 층의 경우에는 그 중 2개의 계단을 말한다)로부터 5[m] 이내에 설치하되 그 비상콘센트로부터 그 층의 각 부분까지의 거리가 다음 각 목의 기준을 초과하는 경우에는 그 기준 이하가 되도록 비상콘센트를 추가하여 설치할 것

㉠ 지하상가 또는 지하층의 바닥면적의 합계가 3,000[㎡] 이상인 것은 수평거리 25[m] 이내

㉡ ㉠목에 해당하지 아니하는 것은 수평거리 50[m] 이내

㉢ 터널은 주행방향의 측벽길이 50[m] 이내

⑫ 비상콘센트설비의 전원부와 외함 사이의 절연저항 및 절연내력은 다음 기준에 적합하여야 한다.

㉮ 절연저항은 전원부와 외함 사이를 500[V] 절연저항계로 측정할 때 20[MΩ] 이상일 것

㉯ 절연내력은 전원부와 외함 사이에 정격전압이 150[V] 이하인 경우에는 1,000[V]의 실효전압을, 정격전압이 150[V] 이상인 경우에는 그 정격전압에 2를 곱하여 1,000을 더한 실효전압을 가하는 시험에서 1분 이상 견디는 것으로 할 것

〈표 10-1〉 비상콘센트 공급용량

구분	사용전압	공급용량	플러그 접속기
3상	200[V], 380[V]	3[kVA]	접지형 3극
단상	100[V], 220[V]	1.5[kVA]	접지형 2극

5. 비상콘센트 보호함 설치

① 보호함에는 쉽게 개폐할 수 있는 문을 설치할 것

② 보호함 표면에 '비상콘센트'라고 표시한 표지를 할 것

③ 보호함 상부에 적색의 표시등을 설치할 것. 다만, 비상콘센트의 보호함을 옥내소화전함 등과 접속하여 설치하는 경우에는 옥내소화전함 등의 표시등과 겸용할 수 있다.

④ 대부분의 비상콘센트함은 지하층과 11층 이상 층의 계단 부근의 소화전함과 상단부에 내장되어 있다.

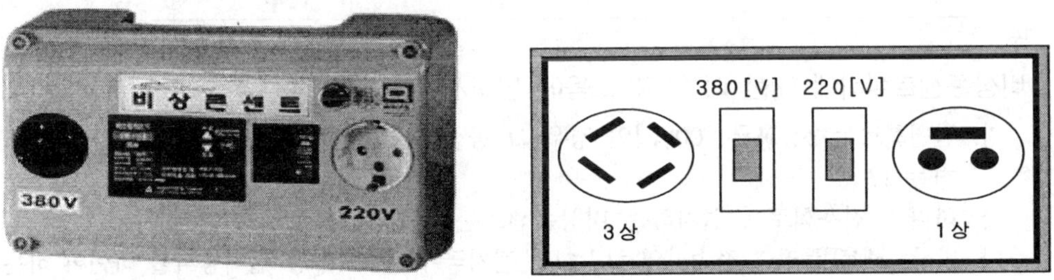

[그림 10-2] 비상콘센트 외함

6. 용어의 정의

① '인입개폐기'라 함은 전기설비기술기준 제190조의 규정에 따른 것을 말한다.

② '저압'이라 함은 직류는 750[V] 이하, 교류는 600[V] 이하인 것을 말한다.

③ '고압'이라 함은 직류는 750[V]를, 교류는 600V를 넘고 7,000[V] 이하인 것을 말한다.

④ '특별고압'이라 함은 7,000[V]를 넘는 것을 말한다.

제10장 비상콘센트설비

주관식 연습문제

1. 비상콘센트설비의 전원회로에 대한 표를 완성하시오.

전원회로의 종류	전 압	공급용량
단 상	①	③
3 상	②	④

2. 비상콘센트설비에 대한 다음 각 물음에 답하시오.

가. 전원회로는 3상교류 200[V]인 경우 그 공급용량이 몇 [kVA] 이상인 것으로 하여야 하는가?

나. 하나의 전용회로에 설치하는 비상콘센트는 몇 개 이하로 하여야 하는가?

다. 비상콘센트 플러그 접속기의 칼받이의 접지극에는 제 몇 종 접지공사를 하여야 하는가?

라. 비상콘센트설비는 몇 층 이상의 각 층에 설치하여야 하는가?

마. 비상콘센트설비의 그림기호를 그리시오.

3. 비상콘센트 설치기준으로 (   )안에 알맞는 말을 써넣으시오.

㉮ 보호함에는 쉽게 개폐할 수 있는 (①)을 설치하여야 한다.

㉯ 비상콘센트의 보호함에는 그 (②)에 '비상콘센트'라고 표시한 표식을 하여야 한다.

㉰ 비상콘센트 보호함에는 그 상부에 (③)색의 (④)을 설치하여야 한다. 다만, 비상콘센트의 보호함을 옥내소화전함과 접속하여 설치하는 경우에는 (⑤) 등의 표시등과 겸용할 수 있다.

㉱ 비상콘센트는 바닥으로부터 높이 (⑥)[m] 이상, (⑦)[m] 이하의 위치에 설치하여야 한다.

4. 비상콘센트설비에 대한 다음 각 물음에 답하시오.

가. 하나의 전용회로에 설치하는 비상콘센트는 몇 개 이하로 하여야 하는가?

나. 비상콘센트설비의 전원으로부터 각 층의 비상콘센트에 분기되는 경우에 비상콘센트의 보호함 안에 어떤 보호기기를 반드시 설치하여야 하는가?

다. 일정 규모 이상인 소방대상물의 비상콘센트설비에는 자가발전설비 또는 비상전원 수전설비를 비상전원으로 설치하여야 한다. 그러나 이와 같은 비상전원을 설치하지 않아도 될 경우가 있는 어떤 전원을 어떤 방법으로 설치하였을 경우인지 2가지로 요약하여 설명하시오.

5. 비상콘센트설비의 설치기준에 대한 (   )안을 채우시오.

가. 비상콘센트설비의 전원회로는 단상교류 100[V] 또는 220[V]인 것과 3상교류 (①)[V] 또는 (②)[V]인 것으로서, 그 공급용량은 3상교류의 경우 (③)[kVA] 이상인 것과 단상교류의 경우 (④)[kVA] 이상인 것으로 할 것

나. 전원으로부터 각 층의 비상콘센트에 분기되는 경우에는 (⑤)를 보호함에 안에 설치할 것

다. 비상콘센트설비는 지하층 및 지하층을 제외한 층수가 (⑥)층 이상의 각 층마다 설치할 것

라. 절연저항은 전원부와 외함 사이를 500[V] 절연저항계로 측정할 때 (⑦)[MΩ] 이상일 것

마. 하나의 전용회로에 설치하는 비상콘센트는 (⑧)개 이하로 할 것

6. 그림과 같이 비상콘센트가 설치된 건물이 있다. 사용전압은 단상 100[V] 및 3상 200[V]이며, 공사방법은 금속관공사를 하고 사용전선은 동선을 사용한다. 주어진 조건 및 표를 참조하여 다음 각 물음에 답하시오.

【조 건】

① 주위온도 30[℃] 이하로 하며, 최고 허용온도는 60[℃]이다.
② 접지선은 별도의 공사를 한다.
③ 단상 및 3상은 별도의 관에 배관한다.
④ 역률은 각 100[%]로 한다.

가. ①~③의 명칭은 무엇인가?
나. ③의 설치높이는?
다. Ⓐ부분의 간선의 최소 굵기는?
라. Ⓑ부분의 간선의 최소 굵기는?
마. 후강전선관 사용시 Ⓐ부분의 전선관의 최소 굵기는?
바. 박강전선관 사용시 Ⓑ부분의 전선관의 최소 굵기는?

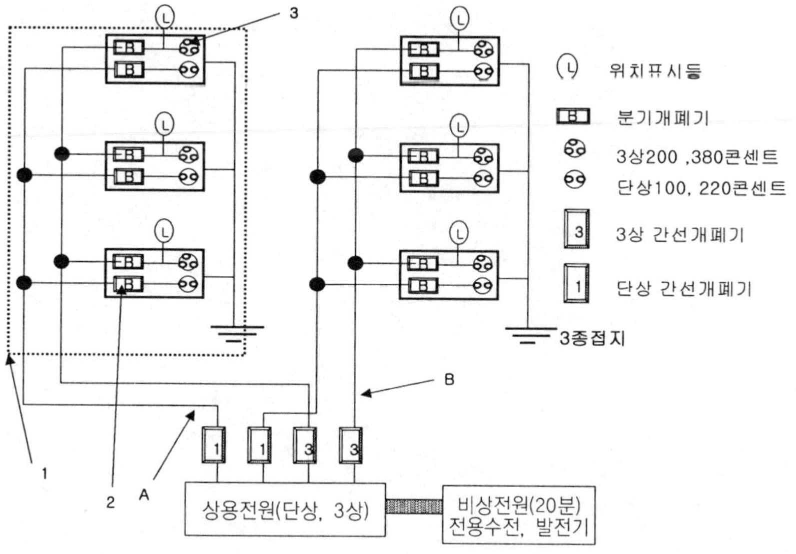

7. 비상콘센트설비의 전원 및 콘센트 등의 설치기준에 대하여 다음 각 물음에 답하시오.

가. 전원회로는 어떻게 구분하여야 하는지 전원회로 구성방식의 종류와 그 용량의 설치기준을 쓰시오.

나. 지하 3층, 지상 11층의 건축물에 비상콘센트설비를 할 때 비상콘센트의 설치대상을 열거하시오.

다. 비상콘센트설비의 절연내력 시험방법과 그 기준을 설명하시오. (단, 전원부와 외함 사이의 정격전압이 150[V] 이하인 경우로 설명할 것.)

8. 비상콘센트에 전력을 공급하는 비상콘센트설비의 전원회로에 대한 다음 각 물음에 답하시오.

가. 3상교류인 경우와 단상교류인 경우에 사용되는 전압을 모두 쓰시오.

나. 전원회로는 각 층에 있어서 전압별로 몇 개 이상이 되도록 설치하여야 하는가?

다. 하나의 전용회로에 설치하는 비상콘센트가 10개이다. 이 경우 전선의 용량은 최소 몇 개의 비상콘센트 공급용량을 합한 용량 이상의 것으로 하여야 하는가?

제10장 비상콘센트설비

객관식 연습문제

1. 3상 200[V]용 비상콘센트 10개를 묶어 전원에 연결공사를 할 때 전원에 연결되는 전선의 최소 굵기는 몇 [㎟]인가?(단, 선로는 금속관 매입공사로 시행하며, 비상콘센트 1개의 전류용량은 30[A], 전선의 허용전류는 8[㎟] : 42[A], 14[㎟] : 61[A], 22[㎟] : 80[A], 30[㎟] : 97[A]이다.)

   가. 8　　나. 14　　다. 22　　라. 30

2. 하나의 전용회로에 설치하는 비상콘센트는 몇 개 이하로 하여야 하는가?

   가. 3　　나. 5　　다. 7　　라. 10

3. 비상콘센트설비의 절연저항은 전원부와 외함 사이를 500[V] 절연저항계로 측정할 때 몇 [MΩ] 이상이어야 하는가?

   가. 20　　나. 15　　다. 10　　라. 0.5

4. 비상콘센트에 접지공사를 하는 경우 접지공사의 종류는?

   가. 1종접지　　나. 2종접지
   다. 3종접지　　라. 특별3종접지

5. 비상콘센트설비의 비상전원의 종류를 열거한 것이다. 옳은 것은?

   가. 자가발전설비 또는 비상전원 수전설비
   나. 자가발전설비 또는 축전지설비
   다. 비상전원 수전설비 또는 축전지설비
   라. 자가발전설비 또는 축전지설비 또는 비상전원 수전설비

6. 비상콘센트설비의 전원회로 기준으로 옳은 것은?

   가. 2상교류 220볼트로서 2[kVA] 이상
   나. 단상교류 100볼트로서 1[kVA] 이상
   다. 3상교류 200볼트로서 3[kVA] 이상
   라. 단상교류 380볼트로서 3[kVA] 이상

정답

1. 라 2. 라 3. 가 4. 다 5. 가

7. 비상콘센트설비의 전원회로에 대한 공급용량으로 옳은 것은?

가. 100V회로 : 1.5[kVA] 이상, 200[V]회로 : 3[kVA] 이상
나. 100V회로 : 1[kVA] 이상, 200[V]회로 : 2[kVA] 이상
다. 100V회로 : 1.5[kVA] 이상, 200[V]회로 : 2[kVA] 이상
라. 100V회로 : 1[kVA] 이상, 200[V]회로 : 3[kVA] 이상

8. 비상콘센트 보호함의 설치기준으로 옳지 않은 것은?

가. 비상콘센트 보호함에는 그 표면에 '비상콘센트'라고 표시한 표지를 하여야 한다.
나. 보호함에는 쉽게 개폐할 수 있는 문을 설치한다.
다. 보호함 상부에 녹색의 표시등을 설치한다.
라. 보호함을 옥내소화전함과 접속하여 설치하는 경우 옥내소화전의 표시등과 겸용할 수 있다.

9. 비상콘센트설비의 전원 및 콘센트 등의 설치기준으로 옳지 않은 것은?

가. 3상교류 200[V] 또는 380[V]인 것과 단상교류100[V] 또는 220[V]를 사용할 것
나. 콘센트마다 배선용 차단기를 설치하여야 하며, 충전부가 노출되지 않도록 할 것
다. 비상콘센트용의 풀박스 등은 방청도장을 한 두께 1.2[mm] 이상의 철판으로 할 것
라. 전원회로의 공급용량은 3상교류의 경우 3[kVA] 이상으로 할 것

10. 비상콘센트 설비의 전원회로로 옳은 것은?

가. 단상교류 220[V], 공급용량 1.5[kVA] 이상
나. 단상교류 110[V], 공급용량 3[kVA] 이상
다. 단상교류 380[V], 공급용량 3[kVA] 이상
라. 단상교류 220[V], 공급용량 1.5[kVA] 이상

11. 비상콘센트 보호함에 대한 사항으로 옳지 않은 것은?

가. 비상콘센트 보호함은 외부를 적색으로 도장하여야 한다.
나. 보호함에는 쉽게 개폐할 수 있는 문을 설치한다.
다. 보호함에는 그 표면에 '비상콘센트'라고 표시한 표지를 한다.
라. 보호함 상부에 적색의 표시등을 설치한다.

12. 비상콘센트설비의 전원회로는 각 층에 있어서 전압별로 몇 개 이상이 되도록 설치하여야 하는가?

가. 1　　나. 2
다. 3　　라. 5

정답

6. 다 7. 가 8. 다 9. 다 10. 가 11. 가 12. 나

13. 비상콘센트설비의 전원회로의 설치기준으로 옳지 않은 것은?

가. 하나의 전용회로에 설치하는 비상콘센트는 10개 이하로 하여야 한다.
나. 콘센트마다 배선용 차단기를 설치하여야 한다. 단, 비상콘센트용의 풀박스 등은 방청 도장을 한 것으로서 두께 1.6[mm] 이상의 철판으로 하여야 한다.
다. 바닥으로부터 높이 0.8[m]~1.5[m] 이하에 설치할 것
라. 3상교류 3[kVA] 이상 200[V] 또는 380[V]인 것과 단상교류 1.5 [kVA] 이상 100[V] 또는 220[V]를 사용한다.

14. 비상콘센트설비에 관한 설명으로 옳지 않은 것은?

가. 비상콘센트는 보호함 안에 설치
나. 전원회로의 배선은 내화배선
다. 하나의 회로에 설치하는 콘센트의 수는 20개 이상
라. 비상콘센트의 상부에 적색등 설치

15. 비상콘센트설비의 콘센트마다 반드시 설치하여야 하는 것은?

가. 배선용 차단기　　나. 소형변압기
다. 변류기　　라. 전류계

16. 비상콘센트에 관한 설명 중 틀린 것은?

가. 전원에서 비상콘센트까지의 배선은 도중에 타 배선은 분기하여서는 아니된다.
나. 비상콘센트의 접지선은 1.2[m] 이상이어야 한다.
다. 비상콘센트의 플러그 접속기의 칼받이의 접지극에는 접지공사를 하여야 한다.
라. 비상콘센트를 설치한 층의 비상콘센트의 수가 1개인 경우는 1개의 간선으로 하고 2개인 경우는 2개의 간선으로 한다.

17. 비상콘센트의 플러그 접속기는 3상 교류용으로 어떤 것을 사용하는가?

가. 한류형 3극 플러그 접속기　　나. 한류형 4극 플러그 접속기
나. 접지형 3극 플러그 접속기　　라. 접지형 4극 플러그 접속기

정답

13. 다 14. 다 15. 가 16. 나 17. 다

제11장 무선통신보조설비

지하층이나 지하상가 등은 건축구조상 전파의 차폐로 반송특성이 저하되어 화재시 무선통신기기를 사용하여 지상의 소방대원과 교신할 경우 지상과 전파 전달이 어려워진다. 따라서 지하층과 지상과의 원할한 무선교신을 위하여 누설동축케이블이나 안테나를 설치하여 무선호출 · 방송수신 · 소방무선 등을 할 수 있도록 한 설비를 무선통신보조설비라 한다.

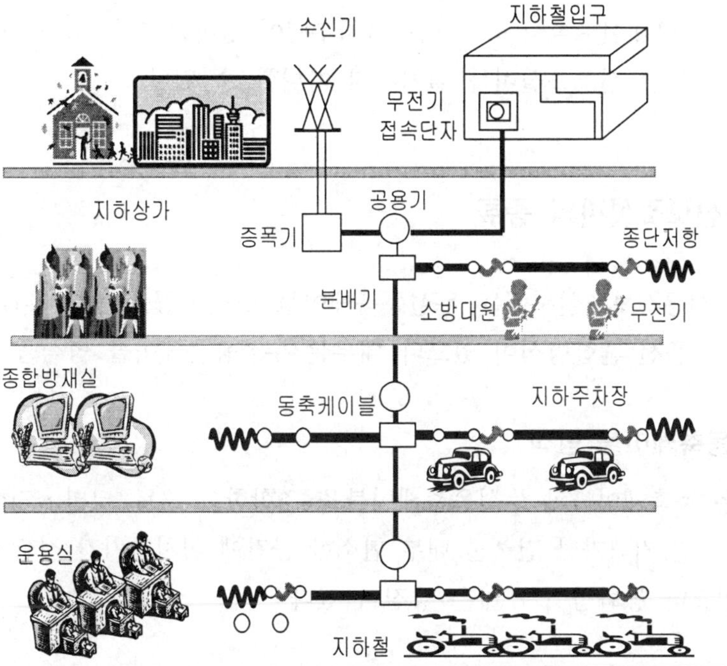

[그림 11-1] 무선통신보조설비 구성

1. 무선통신보조설비 설치대상

① 지하가(터널을 제외한다)로서 연면적 1,000[㎡] 이상인 것

② 지하층의 바닥면적의 합계가 3,000[㎡] 이상인 것 또는 지하층의 층수가 3개층 이상이고 지하층의 바닥면적의 합계가 1,000[㎡] 이상인 것은 지하층의 전층

③ 지하가 중 터널로서 길이가 500[m] 이상인 것

④ 지하구로서 규정에 의한 공동구

【설치제외】

① 지하층으로서 소방대상물의 바닥부분 2면 이상이 지표면과 동일하거나 지표면으로부터의 깊이가 1[m] 이하인 경우에는 해당층에 한하여 무선통신보조설비를 설치하지 아니할 수 있다.

② 이동통신 구내선로설비 등을 행정자치부령에 정하는 기준에 적합하게 설치한 경우에는 무선통신보조설비를 설치하지 아니할 수 있다.

2. 무선통신보조설비의 종류

소방용 무선통신보조설비에는 누설동축케이블 방식 · 공중선(안테나) 방식 · 누설동축케이블과 공중선 혼합방식이 있으나 대부분 누설동축케이블 방식을 사용하고 있다

(1) 누설동축케이블 방식

이 방식은 동축케이블과 누설동축케이블을 조합한 것으로 터널 · 지하철 · 지하상가 등 폭이 좁고 긴 지하가나 건축물 내부 협소한 공간에 설치하기가 적합하다. 외관의 노출부분이 많으나 통화범위가 넓은 장점이 있다.

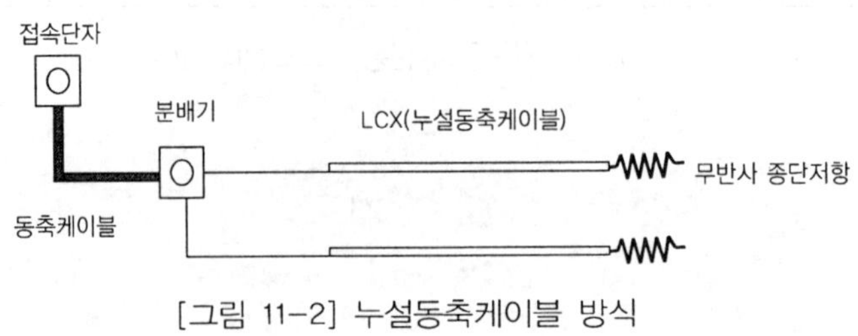

[그림 11-2] 누설동축케이블 방식

(2) 공중선 방식

공중선이란 전파를 발사하거나 흡수하기 위해 공중에 도선이 놓인 상태로서 안테나라고도 하며 사용장소에 따라 송신공중선과 수신공중선이 있다.

이 방식은 동축케이블과 안테나를 조합하여 동축케이블을 천장 내부에 은폐하여 배선할 수 있다. 그러므로 외관이 양호하고 화재로 인한 영향이 적다. 그러나 안테나 설치위치에 따라 통화영향을 많이 받는다.

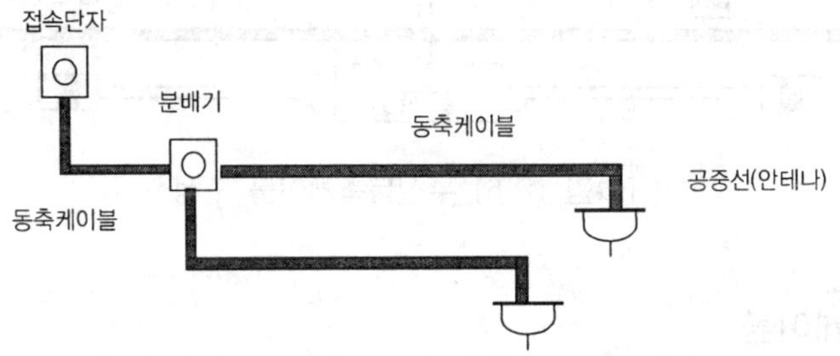

[그림 11-3] 공중선 방식

(3) 혼합 방식

누설동축케이블 방식과 공중선 방식을 조합하여 사용한 것이다.

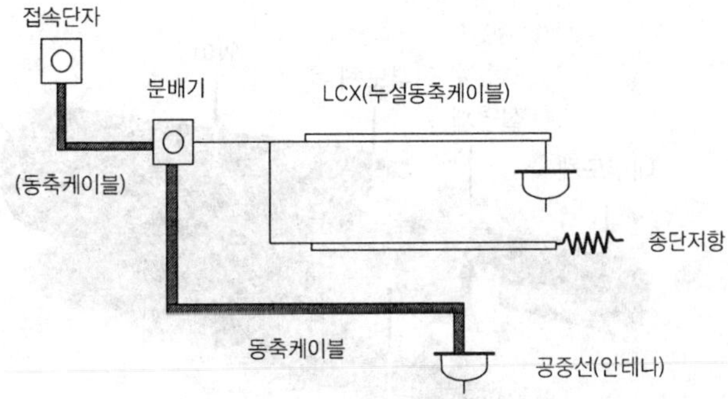

[그림 11-4] 혼합 방식

3. 구성요소

누설동축케이블 방식은 동축케이블 · 누설동축케이블 · 무선기기 접속단자 · 분배기 · 증폭기 · 케이블 커넥터 · 무반사 종단저항으로 구성된다.

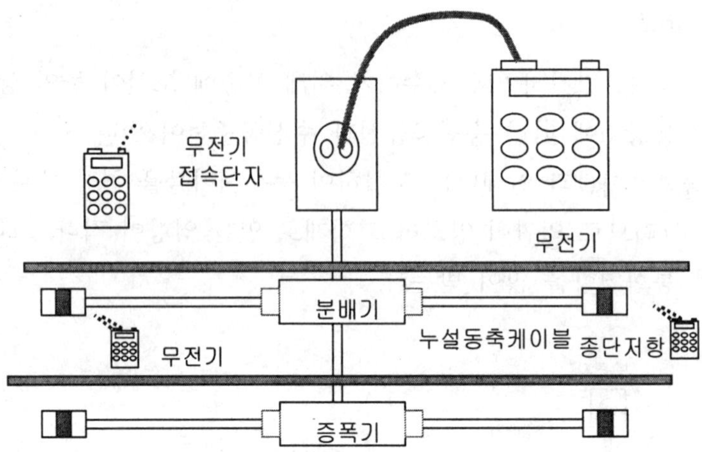

[그림 11-5] 누설동축케이블 구성

(1) 누설동축케이블

누설동축케이블(LCX : Leakage Co-Axial Cable)은 동축케이블과 안테나의 기능을 동시에 갖는 것으로 동축케이블 외부도체에 슬롯을 만들어 전파가 외부로 용이하게 누설되도록 한 케이블이다. 슬롯의 기울기와 길이로 주파수를 선택할 수 있다. 절연체 외부에 내열층을 두고 최외각에 난연성의 2차 시스를 감은 내열 누설동축케이블이 있다.

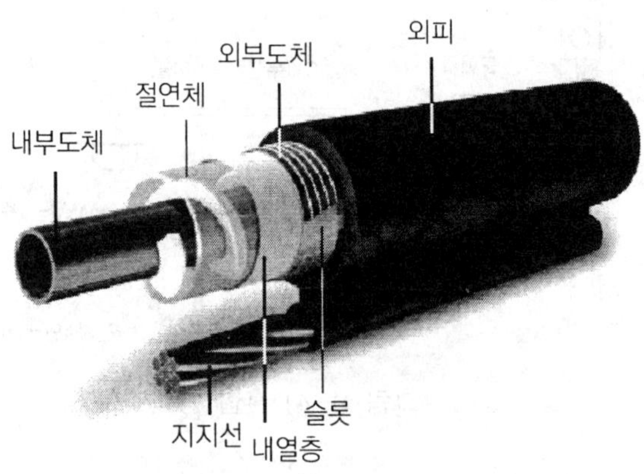

[그림 11-6] 누설동축케이블의 구조

【누설동축케이블의 특징】

① 균일한 전자계를 방사시킬 수 있다.
② 전자계의 방사량을 조절할 수 있다.
③ 유지보수가 용이하다.
④ 이동체 통신에 적합하다.
⑤ 전자파 방사특성이 우수하다.

(2) 동축케이블

동축케이블이란 일반케이블과는 달리 두 도체의 동심원 상에서 내부도체와 외부도체를 동일축으로 하여 배열한 케이블로 통신용 및 TV용 케이블을 말한다. 내부도체와 외부도체는 폴리에틸렌 또는 폴리스테롤 테이프에 의해 절연되어 있다. 회선수는 200회선 정도이며 외부 잡음에 거의 영향을 받지 않아 고주파 전송용 회로의 도체로 많이 사용된다.

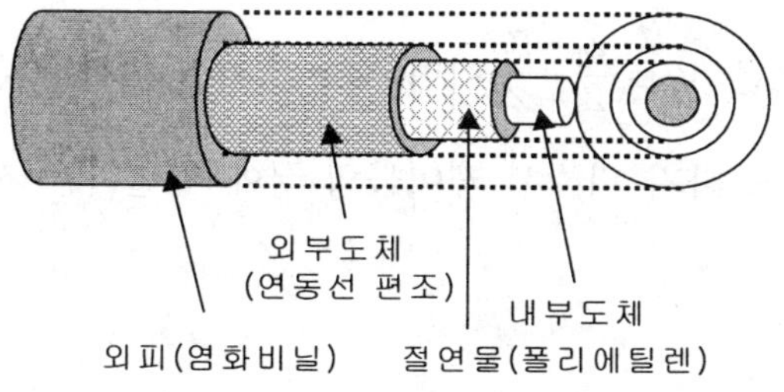

[그림 11-7] 동축케이블의 구조

(3) 무선기기 접속단자

소화활동을 지휘하는 소방대원의 휴대용 무전기를 접속하기 위한 것으로 무선기기 접속함은 지상 또는 방재센터에 설치되며 외함과 접속단자로 구성되어 있다.

(4) 분배기

분배기는 신호의 전송로가 분기되는 장소에 설치하여 임피던스 매칭(matching)과 신호균등 분배를 위해서 사용한다. 또한 신호의 최대 전력 전달을 유도한다.

(5) 증폭기

누설동축케이블의 길이가 길어짐에 따라 선로저항 증가로 출력이 약해지므로 이를 위해 증폭기를 사용한다. 전파의 출력을 높이기 위해서 증폭기에는 전원이 설치되는 데 전원은 상용전원과 축전지가 사용된다. 상용전원 차단시 비상전원으로 절체되는데 비상전원의 용량은 무선통신보조설비를 유효하게 30분 이상 작동시킬 수 있는 것으로 한다.

(6) 무반사 종단저항

빛이 공기중을 통과하다가 공기와 밀도가 다른 유리에 도달하면 일부는 유리를 투과하고 일부는 반사한다. 전압·전류 전송시 임피던스가 다른 지점에 도달하면 그 점에서 전자파는 반사되고 일부는 투과된다. 마찬가지로 누설동축케이블로 전송된 전자파는 동축케이블의 끝에 도달하면 임피던스가 무한대로 되므로 그 지점에서 반사되어 정방향 진행파와 합성되어 교신을 방해한다.

즉, 특성임피던스 Z_1인 케이블에 전압의 입사파 V_i가 진행하다가 임피던스가 Z_2인 점에 도달하면 반사파 V_r은 $V_r = \frac{Z_2 - Z_1}{Z_2 + Z_1}$이며, $Z_1 = Z_2$이면 반사파의 크기는 0이 되는데 이와 같이 반사파를 0으로 하기 위해서 케이블의 끝에 연결하는 저항을 무반사 종단저항이라 한다.

(7) 케이블 코넥터

동축케이블과 누설동축케이블, 누설동축케이블과 종단저항, 동축케이블과 분배기 등은 서로 규격이 다르므로 이들을 서로 결합하기 위하여 사용하는 접속기구이다.

(8) 동축케이블 그레이딩

동축케이블 내의 신호는 전송되어지는 데 따라 약해지고 외부로의 누설전계도 약해지기 때문에 이의 손실보상이 필요하다. 누설동축케이블인 경우 중계기나 증폭기를 설치하는 대신 신호레벨이 높은 곳에는 결합손실이 큰 케이블을 사용하고, 신호레벨이 낮은 곳에는 결합손실이 작은 케이블을 사용하여 평준화시켜주는 것을 그레이딩(grading)이라고 한다.

(9) 혼합기

혼합기란 두 개 이상의 입력신호를 원하는 비율로 조합한 출력이 생기도록 하는 회로이다.

(10) 분파기

분파기는 혼합기와 반대의 기능을 가지는 회로로서 서로 다른 주파수의 신호가 합성된 신호를 주파수에 따라서 분리하기 위하여 사용하는 장치이다.

4. 무선통신보조설비의 설치방법

(1) 누설동축케이블

① 소방전용 주파수 대역에서 전파의 전송 또는 복사에 적합한 것으로서 소방전용의 것으로 할 것. 다만, 소방대 상호간의 무선연락에 지장이 없는 경우에는 다른 용도와 겸용할 수 있다.

② 누설동축케이블과 이에 접속하는 공중선 또는 동축케이블과 이에 접속하는 공중선에 의한 것으로 할 것

③ 누설동축케이블은 불연 또는 난연성의 것으로서 습기에 따라 전기의 특성이 변질되지 아니하는 것으로 하고 노출하여 설치한 경우에는 피난 및 통행에 장애가 없도록 할 것

④ 누설동축케이블은 화재에 따라 당해 케이블의 피복이 소실된 경우에 케이블 본체가 떨어지지 아니하도록 4[m] 이내마다 금속제 또는 자기제 등의 지지금구로 벽·천장·기둥 등에 견고하게 고정시킬 것. 다만, 불연재료로 구획된 반자 안에 설치하는 경우에는 그러하지 아니한다.

⑤ 누설동축케이블 및 공중선은 금속판 등에 따라 전파의 복사 또는 특성이 현저하게 저하되지 아니하는 위치에 설치할 것

⑥ 누설동축케이블 및 공중선은 고압의 전로로부터 1.5[m] 이상 떨어진 위치에 설치할 것. 다만, 당해 전로에 정전기 차폐장치를 유효하게 설치한 경우에는 그러하지 아니한다.

⑦ 누설동축케이블의 끝부분에는 무반사 종단저항을 견고하게 설치할 것

⑧ 누설동축케이블 또는 동축케이블의 임피던스는 50[Ω]으로 하고 이에 접속하는 공중선 · 분배기, 기타의 장치는 당해 임피던스에 적합한 것으로 하여야 한다.

(2) 무선기기 접속단자

① 지상에서 유효하게 소방활동을 할 수 있는 장소 또는 수위실 등 상시 사람이 근무하고 있는 장소에 설치할 것
② 단자는 바닥으로부터 높이 0.8[m]~1.5[m] 위치에 설치할 것
③ 지상에 설치하는 접속단자는 보행거리 300[m] 이내마다 설치하고 다른 용도로 사용되는 접속단자에서 5[m] 이상의 거리를 둘 것
④ 지상에 설치하는 단자를 보호하기 위하여 견고하고 함부로 개폐할 수 없는 구조의 보호함을 설치하고, 먼지 · 습기 및 부식 등에 따라 영향을 받지 아니하도록 조치할 것
⑤ 단자의 보호함의 표면에 '무선기기 접속단자'라고 표시한 표지를 할 것

(3) 분배기 · 분파기 및 혼합기

① 먼지 · 습기 및 부식 등에 따라 기능에 이상을 가져오지 아니하도록 할 것
② 임피던스는 50[Ω]의 것으로 할 것
③ 점검에 편리하고 화재 등의 재해로 인한 피해의 우려가 없는 장소에 설치할 것

(4) 증폭기 및 무선 이동중계기

① 전원은 전기가 정상적으로 공급되는 축전지 또는 교류전압 옥내간선으로 하고 전원까지의 배선은 전용으로 할 것
② 증폭기의 전면에는 주회로의 전원이 정상인지 여부를 표시할 수 있는 표시등 및 전압계를 설치할 것
③ 증폭기에는 비상전원을 확보할 수 있도록 하고 당해 비상전원 용량은 무선통신보조설비를 유효하게 30분 이상 작동시킬 수 있는 것으로 할 것
④ 무선이동중계기를 설치하는 경우에는 전파법 제46조의 규정에 따른 형식검정을 받거나 형식등록한 제품으로 설치할 것
⑤ 무선통신보조설비는 1[W] 정도의 휴대용 무전기의 사용을 고려하여 설계되었으므로 출력이 큰 차량적재 무전기는 직접 접속할 수 없다.

⑥ 1[W] 휴대용 무전기를 접속단자로 접속해서 지하가 내부에서 가장 최적 거리는 1.5[km] 정도이다. 그 이상 통화거리를 늘리려면 저손실 동축케이블을 시설하거나 증폭기를 설치해야 한다.

5. 무선통신보조설비의 손실특성

누설동축케이블은 광범위하게 전계를 방사할 수 있으며 케이블의 표면오염이나 경년변화에 대해 열효과가 적은 특징이 있다.

도체 내에 전류가 흐르는 경우 저항손실이 발생되는 것처럼 통신선로에서도 신호전송 손실이 발생되는데 누설동축케이블에서는 도체손실·절연체손실·복사손실이 있다. 또한 유선통신에 비해 무선통신은 송·수신 안테나 때문에 결합손실이 발생되며 결합손실이 작을수록 복사손실이 커져 전송손실이 증가된다.

예를 들면 전송손실과 결합손실이 각각 다른 3가지의 케이블을 [그림 11-8]과 같이 접속할 경우 케이블 A는 전송손실이 제일 적은 반면에 결합손실이 가장 많고, 케이블 C는 3가지의 케이블 중 전송손실이 가장 많은 반면에 결합손실이 가장 적으므로 케이블의 길이방향으로 거의 균일한 신호레벨을 얻을 수 있게 된다.

내열 누설동축케이블의 결합손실이란 누설동축케이블의 내부로 전송되는 송신전력(Pr)과 케이블에서 1.5[m] 떨어진 거리에서 표준 다이폴 안테나(Dipole Antenna)의 수신전력(Ps)의 차이로서 다음 식으로 구한다.

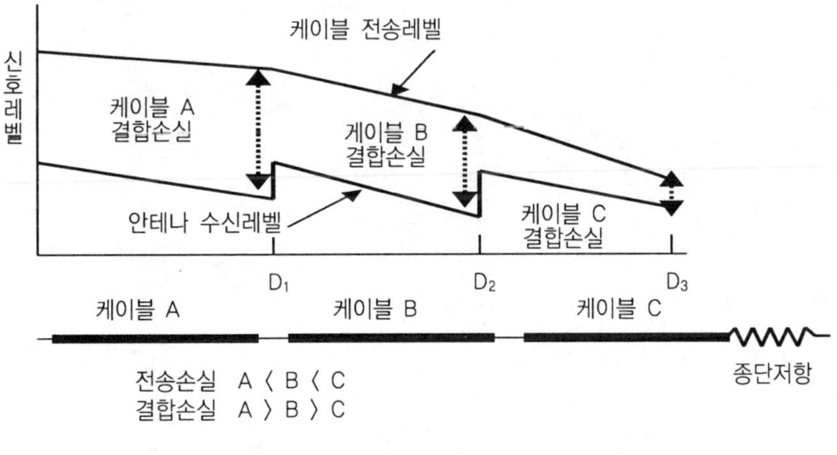

[그림 11-8] 무선통신 손실특성

$$결합손실 = -10\log \frac{P_r}{P_s} [dB]$$

6. 용어의 정의

① '누설동축케이블'이라 함은 동축케이블의 외부도체에 가느다란 홈을 만들어서 전파가 외부로 새어나갈 수 있도록 한 케이블을 말한다.

② '분배기'라 함은 신호의 전송로가 분기되는 장소에 설치하는 것으로 임피던스 매칭(matching)과 신호 균등분배를 위해 사용하는 장치를 말한다.

③ '분파기'라 함은 서로 다른 주파수의 합성된 신호를 분리하기 위해서 사용하는 장치를 말한다.

④ '혼합기'라 함은 두 개 이상의 입력신호를 원하는 비율로 조합한 출력이 발생하도록 하는 장치를 말한다.

⑤ '증폭기'라 함은 신호전송시 신호가 약해져 수신이 불가능해지는 것을 방지하기 위해서 증폭하는 장치를 말한다.

제11장 무선통신보조설비

주관식 연습문제

1. 무선통신보조설비에 대한 다음 각 물음에 답하시오.
   가. 누설동축케이블은 몇 [m] 이내마다 금속제 또는 자기제 등의 지지금구로 벽·천장·기둥 등에 견고하게 고정시켜야 하는가?
   나. 누설동축케이블·분배기·혼합기 등의 임피던스는 몇 [Ω]의 것으로 하여야 하는가?
   다. 증폭기에 사용되는 비상전원 용량은 무선통신보조설비를 유효하게 몇 분 이상 작동시킬 수 있는 것으로 하여야 하는가?

2. 무선통신보조설비의 증폭기의 전면에 설치하여야 하는 것 2가지를 쓰시오.(단, 주회로의 전원이 정상인지의 여부를 표시할 수 있도록 답할 것).

3. 무선통신보조설비의 누설동축케이블 등에 관한 다음 ( )안에 알맞은 말은?
   - 누설동축케이블 및 공중선은 고압의 전로로부터 1.5[m] 이상 떨어진 위치에 설치할 것. 다만, 당해 전로에 (㉮) 장치를 유효하게 설치한 경우에는 그러하지 아니한다.
   - 누설동축케이블의 끝부분에는 (㉯)을 견고하게 설치할 것
   - 누설동축케이블 또는 동축케이블의 임피던스는 (㉰)[Ω]으로 하고, 이에 접속하는 공중선, 분배기, 기타의 장치는 당해 임피던스에 적합한 것으로 하여야 한다.
   - 누설동축케이블은 화재에 의하여 당해 케이블의 피복이 소실된 경우에 케이블 본체가 떨어지지 아니하도록 (㉱) [m] 이내마다 금속제 또는 자기제 등의 지지금구로 벽·천장·기둥 등에 견고하게 고정시킬 것. 다만, 불연재료로 구획된 반자 안에 설치하는 경우에는 그러하지 아니한다.

4. 무선통신보조설비의 누설동축케이블 등의 설치기준에 대한 다음 각 물음에 답하시오.
   가. 누설동축케이블은 화재에 의하여 당해 케이블의 피복이 소실될 경우에 케이블 본체가 떨어지지 아니하도록 4[m] 이내마다 금속제 또는 자기제 등의 지지금구로 벽·천장·기둥 등에 견고하게 고정시켜야 한다. 다만, 어떤 경우에 그렇게 하지 않아도 되는가?
   나. 누설동축케이블의 끝부분에는 어떤 종류의 종단저항을 견고하게 설치하여야 하는가?
   다. 누설동축케이블 및 공중선은 고압의 전로로부터 몇 [m] 이상 떨어진 위치에 설치하여야 하는가?
   라. 누설동축케이블 또는 동축케이블의 임피던스는 몇 [Ω]으로 하는가?

5. 무선통신보조설비에 대한 다음 각 물음에 답하시오.

가. 증폭기에는 비상전원이 부착된 것으로 하고, 당해 비상전원용량은 무선통신보조설비를 몇 분 이상 작동시킬 수 있는 것으로 하여야 하는가?

나. 증폭기의 전면에는 주회로의 전원이 정상인지의 여부를 표시할 수 있는 것으로 어떤 것을 설치하여야 하는지 2가지를 쓰시오.

다. 분배기, 분파기, 혼합기 등의 임피던스는 몇 [Ω]의 것으로 하여야 하는가?

라. 누설동축케이블의 끝부분에는 어떤 종류의 종단저항을 견고하게 설치하여야 하는가?

6. 무선통신보조설비의 시설기준에 대한 다음 각 물음에 답하시오.

가. 누설동축케이블 및 공중선은 당해 전로에 정전기 차폐장치를 설치하지 않은 경우에 고압의 전로로부터 몇 [m] 이상 떨어진 위치에 설치하여야 하는가?

나. 분배기, 분파기, 혼합기 등의 임피던스는 몇 [Ω]의 것으로 하여야 하는가?

다. 증폭기를 설치하는 경우 증폭기의 전면에는 주회로의 전원이 정상인지의 여부를 표시할 수 있는 표시등 및 ( )를 설치하여야 한다. ( )에 해당되는 것은?

라. 증폭기에는 비상전원이 부착된 것으로 하고, 당해 비상전원용량은 무선통신보조설비를 유효하게 몇 분 이상 작동시킬 수 있는 것으로 하여야 하는가?

7. 무선통신보조설비에 대한 다음 각 물음에 답하시오.

가. 누설동축케이블 또는 동축케이블의 임피던스는 몇 [Ω]으로 하는가?

나. 누설동축케이블의 끝부분에는 어떤 종류의 종단저항을 견고하게 설치하여야 하는가?

다. 다음에 대한 증폭기의 설치기준을 쓰시오.

- 전원
- 전원감시설비
- 비상전원

제11장 무선통신보조설비

객관식 연습문제

1. 무선통신보조설비의 분배기, 분파기, 혼합기 등의 임피던스는 몇 [Ω]인가?

   가. 50　　나. 70
   다. 70　　라. 150

2. 무선통신보조설비의 누설동축케이블은 화재에 의하여 당해 케이블의 피복이 소실된 경우에 케이블 본체가 떨어지지 아니하도록 몇 [m] 이내마다 금속제 또는 자기제 등의 지지금구로 벽 · 천장 · 기둥 등에 견고하게 고정시켜야 하는가?

   가. 2　　나. 3
   다. 4　　라. 5

3. 무선통신보조설비의 증폭기에는 비상전원이 부착된 것으로 하고, 당해 비상전원 용량은 무선통신보조설비를 유효하게 몇 분 이상 작동시킬 수 있어야 하는가?

   가. 10　　나. 20
   다. 30　　라. 40

4. 무선통신보조설비의 누설동축케이블 및 증폭기의 설치기준으로 틀린 것은?

   가. 전원은 전기가 정상적으로 공급되는 축전기 또는 교류전압 옥내간선으로 한다.
   나. 주회로의 전원이 정상인지의 여부를 표시할 수 있는 표시등 및 전압계를 설치한다.
   다. 비상전원용량은 무선통신보조설비를 유효하게 20분 이상 작동시킬 수 있는 것으로 한다.
   라. 누설동축케이블의 임피던스는 50[Ω]으로 한다.

5. 무선통신 보조설비는 지하층의 바닥면적의 합이 얼마 이상일 경우 지하층의 전층에 설치하여야 하는가?

   가. 1000[㎡]　　나. 2000[㎡]　　다. 3000[㎡]　　라. 5000[㎡]

6. 가스누설탐지기의 가스누설표시등은 점등시 어떤 색으로 표시되어야 하는가?

   가. 황색　　나. 녹색　　다. 적색　　라. 청색

정답

1. 가 2. 다 3. 다 4. 다 5. 다 6. 가

7. 무선통신보조설비의 누설동축케이블 등의 설치기준으로 옳은 것은?
   가. 누설동축케이블과 이에 접속하는 공중선 또는 동축케이블과 이에 접속하는 공중선에 의한 것으로 할 것
   나. 습기에 의하여 전기특성이 저하되지 않는 것으로 하며, 노출배선을 하지 않도록 할 것
   다. 6[m] 이내마다 금속제로 견고하게 고정시킬 것
   라. 끝부분에는 아무것도 설치하지 말고 그대로 단락시킬 것

8. 무선통신보조설비의 무선기기 접속단자의 설치기준으로 옳지 않은 것은?
   가. 지상에서 유효하게 소방활동을 할 수 있는 장소 또는 수위실 등 상시 사람이 근무하고 있는 장소에 설치한다.
   나. 단자는 한국산업규격에 적합한 것으로 하고, 바닥으로부터 높이 0.8[m] 이상, 1.5[m] 이하의 위치에 설치한다.
   다. 지상에 설치하는 접속단자는 보행거리 400[m] 이내마다 설치하고 다른 용도로 사용되는 접속단자에서 5[m] 이상의 거리를 둔다.
   라. 단자의 보호함의 표면은 적색으로 도색하고 '무선기접속단자'라고 표시한다.

9. 무선통신보조설비에서 무선기기 접속단자의 설치방법으로 틀린 것은?
   가. 단자는 규격에 적합한 것으로 하고, 바닥으로부터 0.8[m] 이상 1.5[m] 이하의 위치에 설치하였다.
   나. 지상에 설치하는 접속단자는 다른 용도로 사용되는 접속단자에서 3[m] 이상의 거리를 유지하였다.
   다. 상시 사람이 근무하고 있는 장소에 설치하였다.
   라. 지상에 설치하는 단자를 보호하기 위하여 함부로 개폐할 수 없는 구조의 보호함을 설치하였다.

10. 무선통신보조설비의 설치기준으로 틀린 것은?
   가. 공중선은 천장 · 기둥 · 벽 등에 견고히 설치한다.
   나. 누설동축케이블은 불연성 또는 난연성의 것으로 본다.
   다. 누설동축케이블의 임피던스는 1000[Ω]으로 한다.
   라. 누설동축케이블의 끝부분에는 무반사 종단저항을 설치한다.

11. 무선통신보조설비 중 누설동축케이블의 주된 특성이 된 것은? 단, P_s : 수신전력, P_r : 송신전력이다.
   가. 결합손실 $-10\log\frac{P_s}{P_r}$[dB]이다.
   나. 결합손실이 적을수록 복사손실이 크게 되어 손실도 크게 된다.
   다. 전송손실은 도체손실과 복사손실을 말하며, 절연체 손실은 포함되지 않는다.
   라. 케이블 표면의 오염 또는 경년변화에 대해 절연화가 적다.

정답

7. 가 8. 다 9. 나 10. 다 11. 가

12. 무선통신보조설비의 누설동축케이블 또는 동축케이블의 임피던스는 몇 [Ω]으로 하는가?

가. 10 나. 25 다. 50 라. 100

13. 무선통신보조설비의 분배기의 임피던스는 몇 [Ω]으로 하는가?

가. 10 나. 25 다. 50 라. 100

14. 무선통신보조설비의 신호전송선로에서 누설동축케이블에서의 전송손실이 아닌 것은?

가. 도체손실 나. 절연도체손실
다. 복사손실 라. 방식손실

15. 무선통신보조설비에 사용되는 공중선은 또는 누설동축케이블은 고압의 전로로부터 최소 몇 [m] 이상 격리시켜야 하는가?

가. 0 나. 1.0 다. 1.5 라. 3.0

16. 무선통신보조설비의 누설동축케이블의 끝부분에는 어떤 것을 설치하는가?

가. 인덕터 나. 음량형 콘덴서
다. 리액터 라. 무반사 종단저항

17. 무선통신보조설비의 구성요소 중 안테나의 역할을 하는 것은?

가. 동축케이블 나. 공용기
다. 분배기 라. 공중선

18. 무선통신보조설비는?

가. 누설동축케이블과 이에 접속하는 지중선 또는 동축케이블과 이에 접속하는 지중선에 의한 것일 것
나. 누설동축케이블과 이에 접속하는 공중선 또는 동축케이블과 이에 접속하는 지중선에 의한 것일 것
다. 누설동축케이블과 이에 접속하는 공중선 또는 동축케이블과 이에 접속하는 공중선에 의한 것일 것
라. 누설동축케이블과 이에 접속하는 지중선 또는 동축케이블과 이에 접속하는 공중선에 의한 것일 것

19. 무선통신보조설비의 지상에 설치하는 무선기기 접속단자 보호함의 표면 색상은 어느 색인가?

가. 흑색 나. 적색
다. 백색 라. 황색

정답

12. 다 13. 다 14. 라 15. 다 16. 라 17. 라 18. 다 19. 나

20. 누설동축케이블의 설치기준으로 옳지 않은 것은?

가. 누설동축케이블은 불연 또는 난연성의 것으로 할 것
나. 소방전용 주파수대에서 전파의 전송에 적합할 것
다. 누설동축케이블은 그 특성상 금속관 가까이에 설치할 것
라. 누설동축케이블의 끝부분에는 무반사 종단저항을 설치할 것

정답

20. 다

제12장 제연설비

화재발생시 생성되는 유독성 가스 및 연기는 질식에 의한 사망의 원인이 된다. 또한 연기란 화재에 의해 발생하는 연소생성물로서 화재발생 지점에 접근을 어렵게 하여 소화활동 작업에 막대한 지장을 초래하게 된다.

일반적인 건축물 내장재에서 사용되는 고분자 화학물질의 가연물질은 대부분 탄소로 구성되어 있다. 화재발생시 탄소가 불완전 연소하면 CO, 숯, 산소 결핍공기 등이 발생된다. CO는 일산화탄소 중독을 유발하고, 산소결핍 공기는 질식사의 원인이 된다. 화재발생시 화재공간 내에서 연기의 수평 이동속도는 0.5～1.0[m/s] 이고, 수직 상승속도는 2～3[m/s]의 빠른 속도로 이동한다. 그러므로 화재발생시 피난경로(복도・계단・전실)에 연기가 침입하는 것을 방지하여 피난활동 및 소화활동에 도움을 주는 제연설비로 배연설비와 방연설비가 있다.

- 배연설비 : 연기를 일정한 장소로 유인하여 창문이나 기계적인 동력을 이용하여 옥외로 배출하는 설비를 말한다.
- 방연설비 : 연기를 한정된 장소에서 다른장소로 유동되지 않도록 하고, 동시에 연기가 침입하는 것을 방지하는 설비를 말한다.

1. 제연구역 설치대상

① 문화집회 및 운동시설로서 무대부의 바닥면적이 200[㎡] 이상 또는 문화집회 및 운동시설 중 영화상영관으로서 수용인원 100인 이상인 것

② 근린생활시설・위락시설・판매시설 및 영업시설, 숙박시설로서 지하층, 또는 무창층의 바닥면적이 1,000[㎡] 이상인 것은 당해 용도로 사용되는 모든 층

③ 판매시설 및 영업시설 중 시외버스정류장・철도역사・공항시설・해운시설의 대합실 또는 휴게시설로서 지하층 또는 무창층의 바닥면적이 1,000[㎡] 이상인 것

④ 지하가(터널을 제외한다)로서 연면적 1,000[㎡] 이상인 것
⑤ 지하가 중 터널로서 길이가 1,000[m] 이상인 것
⑥ 특정소방대상물(갓복도형 아파트를 제외한다)에 부설된 특별피난계단 또는 비상용승강기의 승강장
⑦ 또한 건축법에서는 6층 이상의 건축물로서 다중이용시설에는 배연설비를 설치하도록 규정되어 있다.

【제연설비 설치면제】

① 공기조화설비를 화재안전기준의 제연설비기준에 적합하게 설치하고, 공기조화설비가 화재시 제연설비 기능으로 자동전환되는 구조로 설치되어 있는 경우
② 외기로 통하는 배출구 면적의 합계가 당해 제연구역 바닥면적의 1/100 이상이며 배출구로부터 각 부분의 수평거리가 30[m] 이내이고 자연 유입할 경우에 유입구의 크기가 배출구의 크기보다 큰 경우
③ 제연설비를 설치하여야 할 소방대상물 중 화장실·목욕실 또는 사람이 상주하지 아니하는 50[㎡] 미만의 창고 등으로 사용되는 부분에 대하여는 제연설비, 공기유입구의 설치 등에서 배출량산정에서 이를 제외한다.

2. 제연설비 구성

제연설비는 연기의 수평 및 수직이동을 막기 위해 제연구역을 설정하고 연기를 화재구역에 제한함으로써 화재시 인명의 대피 및 소화활동을 원활하게 하기 위한 설비이다.

제연설비는 화재발생시 예상되는 제연구역에 연기배출과 동시에 공기유입이 될 수 있도록 하고, 배출구역이 거실인 경우에는 통로에 공기가 유입될 수 있도록 하여야 한다. 제연설비 기동용으로 사용되는 감지기는 주로 연기감지기를 사용하는 것이 적당하며, 주로 지하층·무창층 등 개구부가 없는 건물이나 바닥면적에 비하여 개구부가 작은 건축물에 중점을 두고 관리하고 있다.

가동식의 벽, 제연경계벽, 댐퍼 및 배출기의 작동은 자동화재탐지설비와 연동되어야 하며, 예상 제연구역(또는 인접장소) 및 제어반에서 수동으로 기동이 가능하도록 하여야 한다.

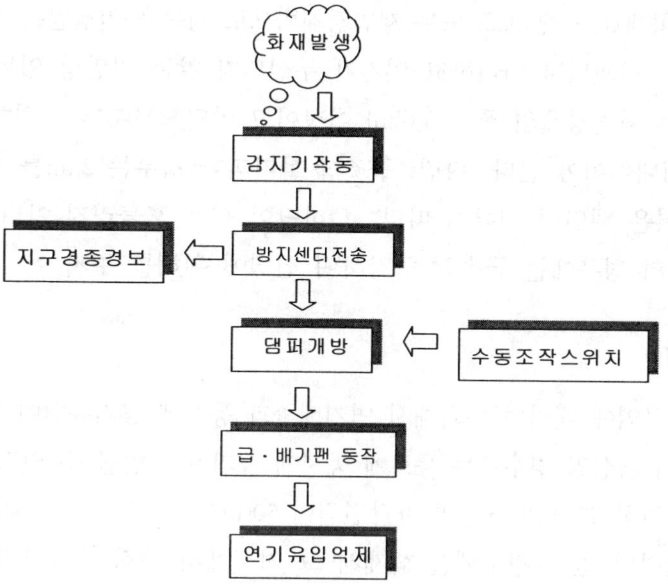

[그림 12-1] 제연설비 동작 흐름도

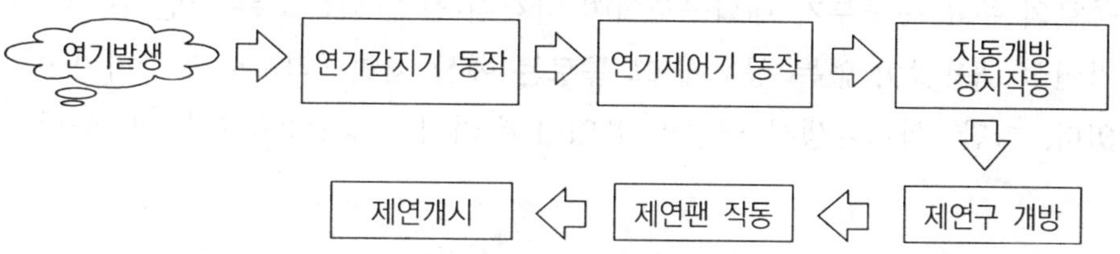

[그림 12-2] 제연설비 구성

(1) 제연구역 구획

① 하나의 제연구역의 면적은 1,000[㎡] 이내로 할 것

② 거실과 통로, 복도는 상호 제연구획할 것

③ 통로상의 제연구역은 보행중심선의 길이가 60[m]를 초과하지 아니할 것

④ 하나의 제연구역은 직경 60[m] 원 내에 들어갈 수 있을 것

⑤ 하나의 제연구역은 2개 이상 층에 미치지 아니하도록 할 것

또한 제연구역의 구획은 보, 제연경계벽 및 벽(가동벽, 셔터, 방화문)으로 다음 기준에 적합하여야 한다.

① 재질은 내화재료, 불연재료 또는 제연경계벽으로 성능을 인정받은 것으로서 화재시 쉽게 변형·파괴되지 아니하고 연기가 누설되지 않는 기밀성 있는 재료로 할 것
② 제연경계는 제연경계의 폭이 0.6[m] 이상이고 바닥으로부터 수직하단까지의 거리가 2[m] 이내이어야 한다. 다만, 구조상 불가피한 경우는 2[m]를 초과할 수 있다.
③ 제연경계벽은 배연시 기류에 따라 그 하단이 쉽게 흔들리지 아니하여야 하며 또한 가동식의 경우에는 급속히 하강하여 인명에 위해를 주지 아니하는 구조일 것

(2) 제연방식

① 예상 제연구역에 대하여는 화재시 연기배출과 동시에 공기유입이 될 수 있게 하고 배출구역이 거실일 경우에는 통로에 동시에 공기가 유입될 수 있도록 하여야 한다.
② 통로와 인접하고 있는 거실의 바닥면적이 50[㎡] 미만으로 구획되고 그 거실에 통로가 인접하여 있는 경우에는 화재시 그 거실에서 직접 배출하지 아니하고 인접한 통로의 배출만으로 갈음할 수 있다. 다만, 그 거실이 다른 거실의 피난을 위한 경우에는 그 거실에서 직접 배출하여야 한다.
③ 통로의 주요 구조부가 내화구조이며 마감이 불연재료 또는 난연재료로 처리되고 가연성 내용물이 없는 경우에 그 통로는 예상 제연구역으로 간주하지 아니할 수 있다. 다만, 화재발생시 연기의 유입이 우려되는 통로는 그러하지 아니한다.

3. 연기의 유해성

(1) 유해가스의 종류

1) 일산화탄소(CO)

화재발생시 화재중독사의 주원인이 되는 치명적인 가스이다. 중독증상이 가벼울 때는 두통·현기증 등을 나타내고 중독이 진행되면서 의식상실·경련·사망 등에 이른다. 1[%]의 농도에서 1분 내에 치사할 수 있고 1.4[%] 이상의 농도에서는 몇 번의 호흡으로 사망할 수 있다.

2) 이산화탄소(CO_2)

무색무취의 가스로 유기물이 연소할 때 주로 발생한다. 탄산가스라고 하며 그 자체는 독성이 없으나 산소농도를 저하시키고 호흡심도를 빠르게 해서 유독성가스가 공존하면

그 유독성을 들여마시는 속도가 빨라져 산소 결핍증을 일으킨다.

(2) 연기 농도표시법

연기의 농도표시법에는 절대 농도표시법과 상대 농도표시법이 있다. 그리고 절대 농도표시법에는 중량농도법과 입자농도법이 있고 상대 농도표시법으로는 투과율법을 주로 사용하고 있다.

1) 중량농도법

연기입자를 채취하여 중량을 측정하는 방법으로 단위체적당 연기입자의 중량[mg/㎥]을 나타내는 방식으로 입자의 크기와는 관계가 없다.

2) 입자농도법

단위체적당 연기입자의 개수[개/㎥]를 나타내는 방식이다.

3) 투과율법

연기 속을 투과한 빛의 양으로 연기의 농도를 평가하는 농도표시 방법으로 감광계수를 이용한다.

〈표 12-1〉 감광계수

감광계수	가시거리[m]	연기농도
0.1	20~30	연기감지기 작동
0.3	5	건물내부에 상활에 익숙지 못한 자는 피난에 곤란
0.5	3	어두침침함
1.0	1~2	거의 앞을 분간하지 못함
10	0.2~0.5	유도등이 안 보임
30	-	출화시 연기농도

4. 연기의 제어

화재발생시 온도상승으로 인한 가스의 팽창과 굴뚝효과, 외부바람의 영향, 건물의 급·배기 덕트를 통한 연기의 유동 등으로 연기는 점차 확산된다. 이러한 연기를 제어하기 위한 방법으로 배기(exhaust)·차단(confinement)·희석(dilution) 등이 있다.

(1) 배 기

효과적인 연기배출을 위하여 제연 샤프트 연기배출기를 설치한다. 제연 샤프트는 공기를 옥외로 배출시키는 통로로 건물바닥에서 지붕꼭대기까지 이어진 수직관통부로 매 층마다 댐퍼가 설치되며, 평상시에는 폐쇄된다. 배연력은 굴뚝효과에 의해 얻어지며 보조팬을 설치하기도 한다. 이 방식은 운영상 여러 단점이 있어 제연용 배출기를 설치하거나 또는 공조설비(HVAC : Heating Ventilating Air Conditioning)를 화재시 제연용으로 전환하여 배기한다.

(2) 차 단

문이나 벽 · 댐퍼 등과 같이 물리적인 차단물을 설치하여 연기가 들어오지 못하도록 차단하고 차단된 구역 내에 신선한 공기를 주입하는 가압 배연방식을 채용한다. 구역 내의 압력이 연기 쪽의 압력보다 약간 높아야 하며 계단전실 · 승강기 샤프트 등에 채용된다.

(3) 희 석

사람은 공기 중에 섞인 1[%]의 연기에 장기간 견딜 수 있으며 아주 짧은 시간에서는 2～3[%]의 연기에서도 견딜 수 있다. 그러므로 화재시 생성된 연기나 연소생성물을 외부로 배출하거나 신선한 공기를 유입시켜 오염된 공기를 위험수준 이하의 농도로 저하시키는 방식을 희석이라 한다.

5. 제연설비의 종류

제연방식은 소방대상물의 규모와 특성에 따라 고려되어야 한다. 단층건물에서는 지붕배기와 제어커튼을 이용하여 제연하고, 중층건물에서는 지붕 · 외벽 등의 개구부를 이용한다. 그러나 무창층 · 지하층 및 고층건물에서의 제연은 스모크 샤프트(smoke shaft), 배출기, 공조기 등을 이용하여 강제 기계배연방식을 이용하고 있다.

① 밀폐제연방식 : 제연의 기본방식
② 자연제연방식 : 지하층 · 유창층에 적용
③ 스모크 타워(smoke tower) 제연방식 : 통기력을 이용하는 방식

④ 기계제연방식 : 지하층 · 무창층 · 고층건물에 적용
- 제1종 기계제연방식
- 제2종 기계제연방식
- 제3종 기계제연방식

(1) 밀폐제연방식

화재발생시 문이나 벽으로 화재실을 은폐하여 공기유입과 연기유출을 억제하는 제연방식이다. 공동주택이나 호텔 등과 같이 구획이 작은 건물에 적합하다.

(2) 자연제연방식

화재시 온도상승에 의한 부력이나 외부공기의 흡출효과에 의해 배연구 또는 창문을 통해 연기를 외부로 배출시키는 방식이다. 이 방식은 별도의 기계장치가 필요하지 않아 평상시에도 환기장치로 이용할 수 있다.

실내에 화재가 발생하면 천장 상부의 온도가 상승하고 기체팽창에 의해 실내 · 외의 동일 수평면상의 정압차이가 나타난다. 이때 천장 쪽은 정압이 높고 바닥 쪽은 정압이 낮은데 천장과 바닥 사이의 어느 점에서 실내와 외부의 정압이 동일한 수평면이 존재하는데 이 면을 중성대(neutral zone)라고 한다. 따라서 연기 배출구는 중성대보다 위쪽에 있어야 한다.

배출구의 크기는 설계기준에 따라 계산되며 일반적으로 자연배출구는 건축물 바닥면적의 1/50을 확보하여야 한다. 그러나 자연배연구는 외부의 바람의 영향을 받아 화세가 강해지면 상층부로의 연소확대가 되는 단점이 있다. 국내 NFSC에서는 자연제어방식은 인정하지 않고 기계제연방식만 인정한다.

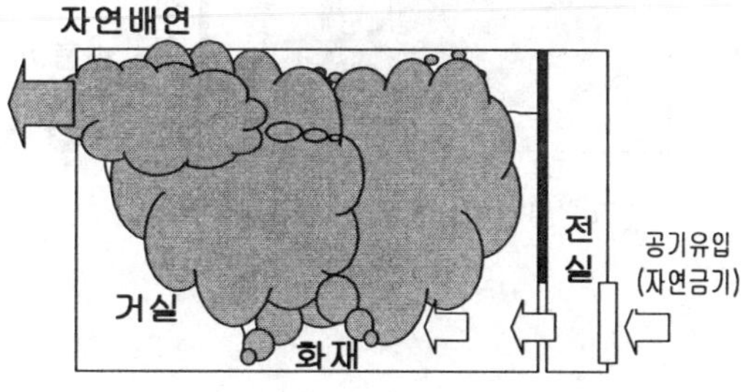

[그림 12-3] 자연제연방식

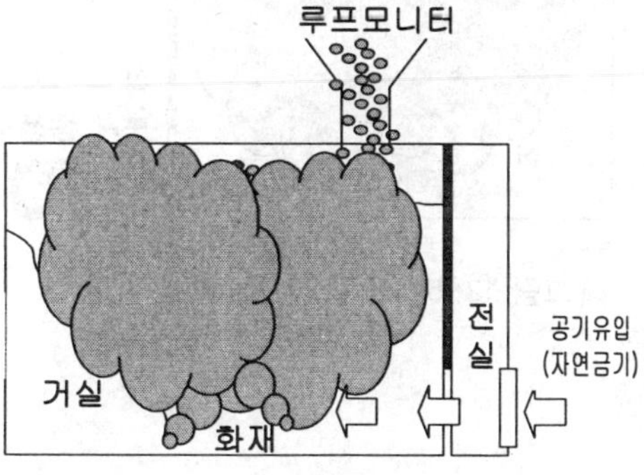

[그림 12-4] 스모크 타워 제연방식

(3) 스모크 타워 제연방식

화재시 온도상승에 의한 부력 및 상층부의 루프 모니터 등의 외풍에 의한 흡인력으로 제연하는 방식으로 주로 고층건물에 채용되면 어느 정도 고온의 연기도 제연할 수 있는 장점이 있다.

(4) 기계 제연방식

1) 제1종 기계제연방식(가압/흡입제연방식)

화재발생 지역이나 복도·계단 등을 통한 기계력에 의한 제연방식이다. 급기용과 배기용 송풍기를 설치하여 균형이 이루어지면 제연효과가 가장 우수하지만 덕트·기계 등의 설치공간이 필요하고 화재실 풍압이 부압이 되도록 하는 제어가 필요하다. 급기와 제연 모두 기계력에 의존하기 때문에 장치가 복잡하며 거실·지하층·무창층·지하가 등에 설치한다.

2) 제2종 기계제연방식(가압제연방식)

복도·피난계단 부속실·전실(비상용 엘리베이터, 계단)·계단실 등 피난통로로 신선한 공기를 송풍기에 의해 급기하고 그 부분의 압력을 화재실의 압력보다 높여서 연기 침입을 방지하는 방식이다. 이 방식은 과잉급기가 되면 연소 확대가 될 우려가 있고 공기의 도피구가 확보되어 있지 않는 상태에서는 열기나 연기가 역류할 우려가 있다.

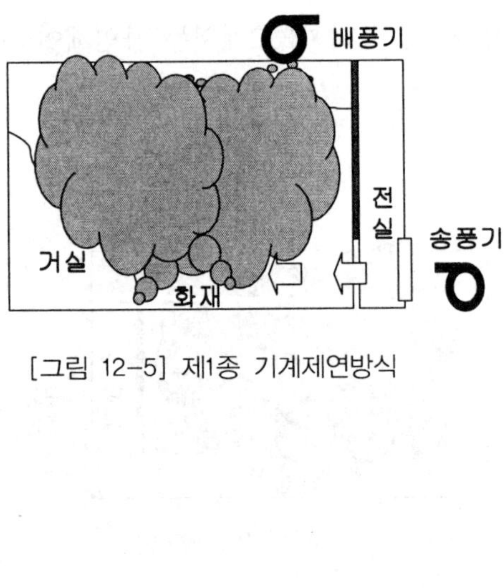

[그림 12-5] 제1종 기계제연방식

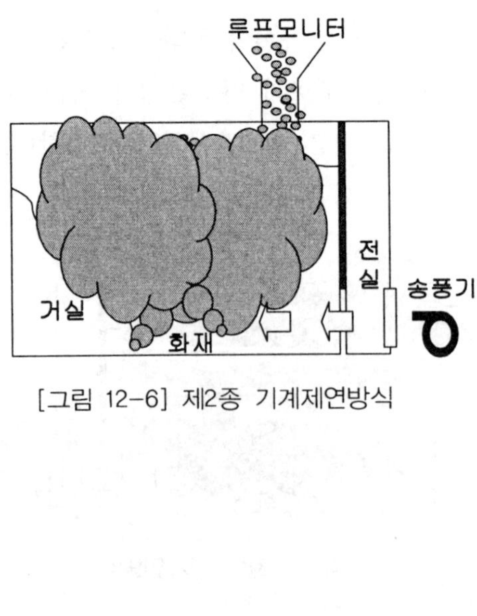

[그림 12-6] 제2종 기계제연방식

3) 제3종 기계제연방식(흡입제연방식)

화재발생시 상부에 설치되어 있는 배연기로 연기를 외부로 방출하는 방식으로 연기가 다른 구역으로 이동하지 않는 장점이 있어 많이 사용되고 있다. 그러나 연기의 양이 많아지면 흡입기계의 배연능력 한계와 연기온도 상승으로 인한 내열성의 한계로 배연이 중단되는 단점이 있다. 또한 설비 유지관리비가 많이 든다.

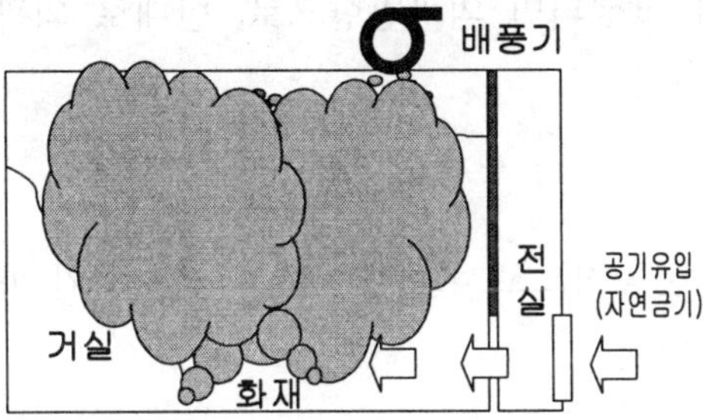

[그림 12-7] 제3종 기계제연방식

6. 피난계획과 제연계획

제연계획은 피난을 안전하게 행하기 위한 수단이므로 제연계획을 세울 때 인간의 본능적 행동을 고려한 피난동선을 구성하여야 한다. 피난통로는 평상시에도 자주 인지하여 무의식중에도 그 방향으로 피난할 수 있도록 하여야 한다.

(1) 피난동선 계획

1) 귀소본능

인간은 본능적으로 자신의 신체를 보호하기 위해 익숙한 경로로 피난하는 경향이 있다. 따라서 피난경로는 일상적이고 익숙한 계단·복도 등을 주로 이용하게 되므로 이 지역의 안전성 확보가 중요하다.

2) 지광본능

화재시 정전 또는 연기에 의해 어두워지면 인간은 밝은 곳으로 피난하려 한다. 따라서 채광이 어두운 옥내의 피난경로를 밝게 하고 이와 혼돈하기 쉬운 다른 조명등은 소등하여야 한다.

3) 추종본능

비상시에는 대부분의 사람들이 한 사람의 리더를 추종하는 경향이 있다. 따라서 불특정 다수인이 모이는 곳에서는 피난유도를 할 수 있는 안전요원 육성이 필요하다.

4) 퇴피본능

인간은 비상상황을 감지하면 반사적으로 그 지점에서 멀어지려 하는 경향이 있다. 건물의 중심부에서 화재가 발생되면 외곽방향으로, 반대로 외곽방향에서 위험이 발생되면 중앙부로 퇴피하려 한다.

5) 좌회본능

인간은 비상상황에서 본능적으로 왼쪽방향으로 피난하기 때문에 피난경로는 왼쪽으로 유도하는 것이 안전하다.

(2) 안전구획

피난은 화재실→복도→전실→계단→옥외의 경로로 이루어지며, 피난하는 방향으로 갈수록 연기의 침입이 적어지도록 계획하여야 한다. 그러므로 화재실에서 직접계단이 연결되지 않아야 하며 각 안전구획의 경계는 방연성능이 있는 문으로 구획하는 것이 바람직하다.

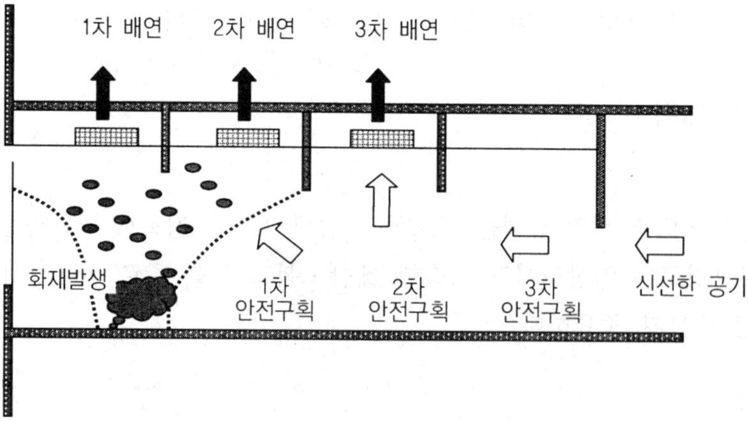

1차 안전구획 : 복도, 2차 안전구획 : 계단 앞방(전실), 3차 안전구획 : 계단

[그림 12-8] 구획별 안전구역

각 구획에서 고차 안전구획으로 연기가 유동하기 않도록 계획하기 위해서는 각 구획마다 별도의 제연기와 급기경로를 확보하고 급기는 고차 안전구획에서 저차 안전구획으로 공기가 유동하도록 하여야 한다. 이렇게 함으로써 화재시 사람들이 신선한 공기가 있는 방향으로 피난할 수 있다.

(3) 계단전실

계단전실은 안전구획 중 특별피난계단 다음으로 중요한 구역이다. 특별피난계단은 화재장소나 복도보다 신선한 공기에 의해 정압이 확보되어야 하기 때문에 복도와 직접적으로 연결되어서는 안 되고 전실을 통하여 신선한 공기를 공급받도록 구획되어야 한다. [그림 12-12]는 각 부분별 정압선도를 나타낸다.

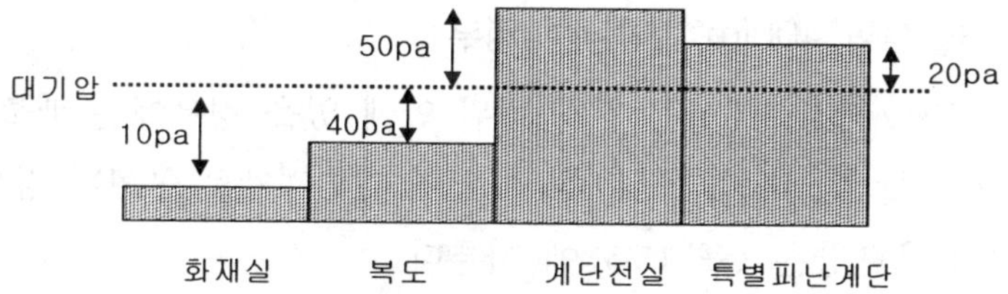

[그림 12-9] 안전구획별 정압선도

7. 제연구역 연기제어

(1) 연기배출량

1) 거실의 바닥면적이 400[m^2] 미만인 경우

① 바닥면적 1[㎡]당 1[㎥/min] 이상으로 하고, 예상 제연구역 전체에 대한 최저 배출량은 5,000[㎥/hr] 이상으로 한다. 다만, 예상 제연구역이 다른 거실의 피난을 위한 경유하는 거실인 경우 그 예상 제연구역의 배출량은 이 기준량의 1.5배 이상으로 하여야 한다.

② 바닥면적이 50[㎡] 미만인 예상 제연구역을 통로 배출방식으로 하는 경우에는 통로 보행중심선의 길이 및 수직거리에 따라 〈표 12-2〉에서 정하는 기준량 이상으로 한다.

〈표 12-2〉 거실 바닥면적에 따른 연기배출량(400㎡ 미만)

통로길이	수직거리	배 출 량
40[m] 이하	2[m] 이하	25,000[㎥/hr]
	2[m] 초과 2.5[m] 이하	30,000[㎥/hr]
	2.5[m] 초과 3[m] 이하	35,000[㎥/hr]
	3[m] 초과	45,000[㎥/hr]
40[m] 초과 60[m] 이하	2[m] 이하	30,000[㎥/hr]
	2[m] 초과 2.5[m] 이하	35,000[㎥/hr]
	2.5[m] 초과 3[m] 이하	40,000[㎥/hr]
	3[m] 초과	50,000[㎥/hr]

2) 거실의 바닥면적이 400[m^2] 이상인 경우

① 예상제연구역이 직경 40[m]인 원의 범위 안에 있을 경우에는 배출량이 40,000[㎥/hr] 이상으로 할 것. 다만, 예상 제연구역이 제연경계로 구획된 경우에는 그 수직거리에 따라 배출량은 〈표 12-3〉에 따른다.

〈표 12-3〉 수직거리에 따른 연기배출량(직경 40[m] 범위)

수 직 거 리	배 출 량
2[m] 이하	40,000[㎥/hr] 이상
2[m] 초과 2.5[m] 이하	45,000[㎥/hr] 이상
2.5[m] 초과 3[m] 이하	50,000[㎥/hr] 이상
3[m] 초과	55,000[㎥/hr] 이상

〈표 12-4〉 수직거리에 따른 연기배출량(직경 40[m] 초과)

수 직 거 리	배 출 량
2[m] 이하	45,000[㎥/hr] 이상
2[m] 초과 2.5[m] 이하	50,000[㎥/hr] 이상
2.5[m] 초과 3[m] 이하	55,000[㎥/hr] 이상
3[m] 초과	65,000[㎥/hr] 이상

② 예상 제연구역이 직경 40[m]인 원의 범위를 초과할 경우에는 배출량이 45,000[㎥

/hr] 이상으로 할 것. 다만, 예상 제연구역이 제연경계로 구획된 경우에는 그 수직거리에 따라 배출량은 〈표 12-4〉에 따른다.

③ 예상 제연구역이 통로인 경우의 배출량은 45,000[㎥/hr] 이상으로 할 것.

④ 2개 이상의 예상 제연구역이 설치된 소방대상물에서 배출을 각 예상 지역별로 구분하지 아니하고 공동 예상 제연구역을 동시에 배출하고자 할 때의 배출량은 다음 각호에 따라야 한다. 다만, 거실과 통로는 공동 예상 제연구역으로 할 수 없다.

㉮ 공동 예상 제연구역 안에 설치된 예상 제연구역이 각각 벽으로 구획된 경우에는 각 예상 제연구역의 배출량을 합한 것 이상으로 할 것

㉯ 공동 예상 제연구역 안에 설치된 예상 제연구역이 각각 제연경계로 구획된 경우에 배출량은 각 예상 제연구역의 배출량중 최대의 것으로 할 것. 이 경우 공동 제연 예상구역이 거실일 때에는 그 바닥면적이 1,000[㎡] 이하이며, 직경 40[m] 원 안에 들어가야 하고, 공동 제연 예상구역이 통로일 때에는 보행중심선의 길이를 40[m] 이하로 하여야 한다.

⑤ 수직거리가 구획부분에 따라 다른 경우는 수직거리가 긴 것을 기준으로 한다.

(2) 연기배출구 설치기준

1) 바닥면적이 400[m^2] 미만인 예상 제연구역(통로인 예상 제연구역을 제외한다)

① 예상 제연구역이 벽으로 구획되어 있는 경우의 배출구는 천장 또는 반자와 바닥사이의 중간 윗부분에 설치할 것

② 예상 제연구역 중 어느 한부분이 제연경계로 구획되어 있는 경우에는 천장·반자 또는 이에 가까운 벽의 부분에 설치할 것. 다만, 배출구를 벽에 설치하는 경우에는 배출구의 하단이 당해 예상 제연구역에서 제연경계의 폭이 가장 짧은 제연경계의 하단보다 높도록 하여야 한다.

2) 통로인 예상 제연구역과 바닥면적이 400m^2 이상인 통로 외의 예상 제연구역

① 예상 제연구역이 벽으로 구획되어 있는 경우의 배출구는 천장·반자 또는 이에 가까운 벽의 부분에 설치할 것. 다만, 배출구를 벽에 설치한 경우에는 배출구의 하단과 바닥간의 최단거리가 2[m] 이상이어야 한다.

② 예상 제연구역 중 어느 한 부분이 제연경계로 구획되어 있을 경우에는 천장·반

자 또는 이에 가까운 벽의 부분에 설치할 것. 다만, 배출구를 벽 또는 제연경계에 설치하는 경우에는 배출구의 하단이 당해 예상 제연구역에서 제연경계의 폭이 가장 짧은 제연경계의 하단보다 높이 되도록 설치하여야 한다.

3) 예상 제연구역의 각 부분으로부터 하나의 배출구까지의 수평거리는 10[m] 이내가 되도록 한다.

(3) 공기유입구

예상 제연구역에 대한 공기유입은 유입풍도를 경유한 강제유입 또는 자연유입방식으로 하거나 인접한 제연구역 또는 통로에 유입되는 공기가 당해구역으로 유입되는 방식으로 할 수 있다. 예상 제연구역에 설치되는 공기유입구는 다음 기준에 적합하여야 한다.

① 바닥면적 400[㎡] 미만의 거실인 예상 제연구역에 대하여서는 바닥 외의 장소에 설치하고 공기유입구와 배출구간의 직선거리는 5[m] 이상으로 하여야 한다. 다만, 공연장·집회장·위락시설의 용도로 사용되는 부분의 바닥면적이 200[㎡]를 초과하는 경우의 공기유입구는 제②호의 기준에 따른다.

② 바닥면적이 400[㎡] 이상의 거실인 예상 제연구역에 대하여는 바닥으로부터 1.5[m] 이하의 높이에 설치하고, 그 주변 2[m] 이내에는 가연성 내용물이 없도록 할 것

③ 제①호 내지 제②호에 해당하는 것 외의 예상 제연구역에 대한 유입구는 다음 각 목에 따를 것. 다만, 제연경계로 인접하는 구역의 유입공기가 당해 예상제연구역으로 유입되게 한 때에는 그러하지 아니한다.

㉮ 유입구를 벽에 설치할 경우에는 제②호의 기준에 따를 것

㉯ 유입구를 벽 외의 장소에 설치할 경우에는 유입구 상단이 천장 또는 반자와 바닥 사이의 중간 아랫부분보다 낮게 되도록 하고, 수직거리가 가장 짧은 제연경계 하단보다 낮게 되도록 설치할 것

④ 인접한 제연구역 또는 통로에 유입되는 공기를 당해 예상 제연구역에 대한 공기유입으로 하는 경우에는 그 인접한 제연구역 또는 통로의 유입구가 제연경계 하단보다 높은 경우에는 그 인접한 제연구역 또는 통로의 화재시 그 유입구는 다음 각호의 1의 기준에 적합할 것

㉮ 각 유입구는 자동 폐쇄할 것

㉯ 당해구역 내에 설치된 유입풍도가 당해 제연구획 부분을 지나는 곳에 설치된 댐퍼는 자동 폐쇄될 것

⑤ 예상 제연구역에 공기가 유입되는 순간의 풍속은 5[m/s] 이하가 되도록 하고, 유입구의 구조는 유입공기를 하향 60° 이내로 분출할 수 있도록 하여야 한다.

⑥ 예상 제연구역에 대한 공기유입구의 크기는 당해 예상 제연구역 배출량 1[m³/min]에 대하여 35[cm²] 이상으로 하여야 한다.

(4) 공기배출기 및 유입구

배출기는 다음 각 호의 기준에 따라 설치하여야 한다.

① 배출기와 배출풍도의 접속부분에 사용하는 캔버스는 내열성(석면재료는 제외한다)이 있는 것으로 할 것

② 배출기의 전동기와 배풍기 부분은 분리하여 설치하여야 하며 배풍기 부분은 유효한 내열처리를 할 것

배출풍도는 다음 기준에 따라야 한다.

① 배출풍도는 아연도금강판 또는 이와 동등 이상의 내식성·내열성이 있는 것으로 하며 내열성(석면재료를 제외한다)의 단열재로 유효한 단열 처리를 하고 강판의 두께는 배출풍도의 크기에 따라 〈표 12-5〉에 따른 기준 이상으로 할 것

〈표 12-5〉 배출풍도의 두께

풍도단면의 긴변 또는 직경의 크기	450[mm] 이하	450[mm]~ 750[mm] 이하	750[mm]~ 1, 500[mm] 이하	1, 500[mm]~ 2, 250[mm] 이하	2, 250[mm] 초과
강판두께	0.5[mm]	0.6[mm]	0.8[mm]	1.0[mm]	1.2[mm]

② 배출기의 흡입측 풍도 안의 풍속은 15[m/s] 이하로 하고 배출측 풍속은 20[m/s] 이하로 한다.

공기유입 풍도 안의 풍속은 20[m/s] 이하로 하며 옥외에 면하는 배출구 및 공기유입구는 비 또는 눈 등이 들어가지 아니하도록 하고 배출된 연기가 공기유입구로 순환·유입되지 아니하도록 하여야 한다.

8. 방연방식과 댐퍼의 종류

건물 내에 있는 냉난방설비, 주방배기 등 덕트설비는 화재발생시 연기와 화염을 전파하는 통로 구실을 하게 된다. 그러므로 화재발생시 화재구역에서 연기를 제거하기 위한 방법으로 발생된 연기를 흡인하여 다른 구역으로 확산되지 않도록 하는 흡입식 방연방식과 계단과 복도 등의 피난로에 신선한 공기를 주입해 연기를 밀어내는 가압식 방연방식이 있다. 또한 화재시 샤프트·덕트를 통한 연기확산을 방지하기 위하여 덕트 내에 설치하는 자동셔터로 연기와 열을 자동으로 차단하는 방화·방연 댐퍼설비가 있다.

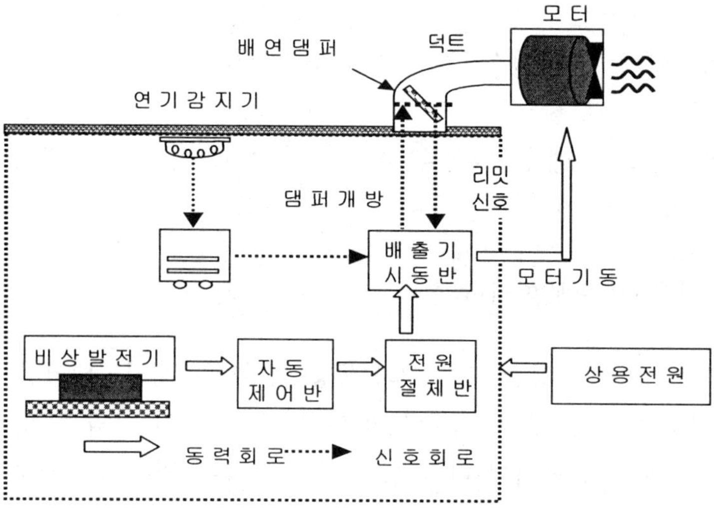

[그림 12-10] 댐퍼동작 순서도

(1) 방화댐퍼

방화댐퍼(fire damper)란 방화구역으로 설정된 방화벽이나 덕트 내부에 설치하는 것으로 화재가 발생하면 열감지기에 의해 또는 퓨즈의 용융(72[℃] 정도)과 동시에 자동적으로 닫혀 연소 확대를 방지하는 댐퍼이다.

(2) 방연댐퍼

방연댐퍼(smoke damper)란 연기감지기에 의해 연기가 검출되었을 때 자동적으로 폐쇄되는 댐퍼로서 전자식이나 전동기에 의해 작동되며 수동으로 복구된다.

(3) 풍량조절댐퍼

덕트 속의 풍량조절 및 개폐에 사용하는 댐퍼이다.

(4) 퓨즈댐퍼

폐쇄형 헤드(head)의 퓨즈 볼링크의 작동원리와 같이 온도에 의해서 퓨즈가 용융되어 자동으로 폐쇄되는 댐퍼이다.

(5) 모터댐퍼

모터에 의해 기계적으로 폐쇄되는 댐퍼로서 자동으로 복구된다.

방화댐퍼 설치는 다음과 같은 기준에 의해 실시한다.

① 방화댐퍼는 온도상승 및 연기발생에 자동 차단되어야 하고 차단 후 방화상 틈새가 없어야 한다.
② 덕트가 수직 샤프트, 벽체나 방화구획 벽체를 관통하는 경우 댐퍼를 벽체에 매입・고정하고 시멘트・모르타르 등 불연재료로 충진하여야 한다.
③ 방화댐퍼에 사용하는 철재는 1.5[mm] 이상되어야 한다.

9. 전실제연방식

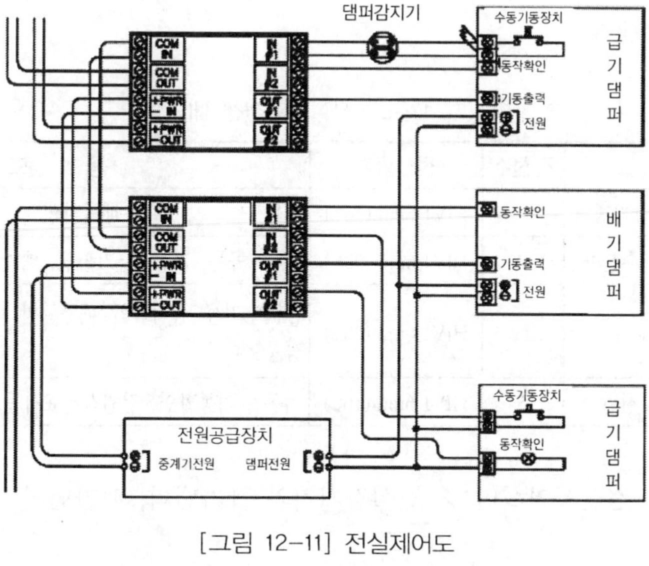

[그림 12-11] 전실제어도

전실은 각 층 복도와 특별피난계단의 중간에 설치되는 공간으로 화재시 복도에서 출입구 쪽으로 대피시 함께 유입되는 연기가 계단 쪽으로 유입되는 것을 방지하기 위해 주로 특별피난계단에 설치된다.

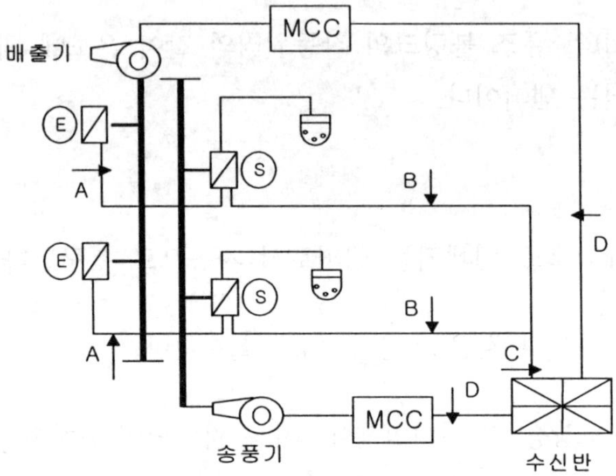

[그림 12-12] 전실제연설비 계통도

화재발생시 전실에 설치된 연기감지기가 작동되면 전실 내에 설치된 급·배기 댐퍼가 개방되고 동시에 급·배기 팬이 가동되어 전실에는 신선한 공기가 유입되어 피난로를 제공할 수 있게 된다. 최근에는 전실 내부에 높은 기압으로 급기만 하여도 연기유입이 차단되기 때문에 배기댐퍼를 생략하는 경우가 많다. [그림 12-12]는 전실제연설비 제어계통도를 나타낸다.

〈표 12-6〉 전실제어전선 내역

구분	연결선	전선수	전선굵기	용 도
A	배기댐퍼↔급기댐퍼	4	HIV1.6mm(16C)	전원 +, −, 기동, 배기확인
B	급기댐퍼↔수신반	7	HIV1.6mm(22C)	지구, 공통, 기동, 급기확인, 배기확인, 전원 +, −
C	2경계	11	HIV1.6mm(28C)	(지구, 기동, 급기확인, 배기확인)×2, 공통 전원 +, −, 공통
D	MCC↔수신반	5	HIV1.6mm(16C)	기동2, 기동확인, 전원감시표시등, 표시등 공통

[그림 12-13]은 전실제연설비 중 전실감지기와 급기댐퍼, 배기댐퍼 구성에 따른 계통도를 나타낸다.

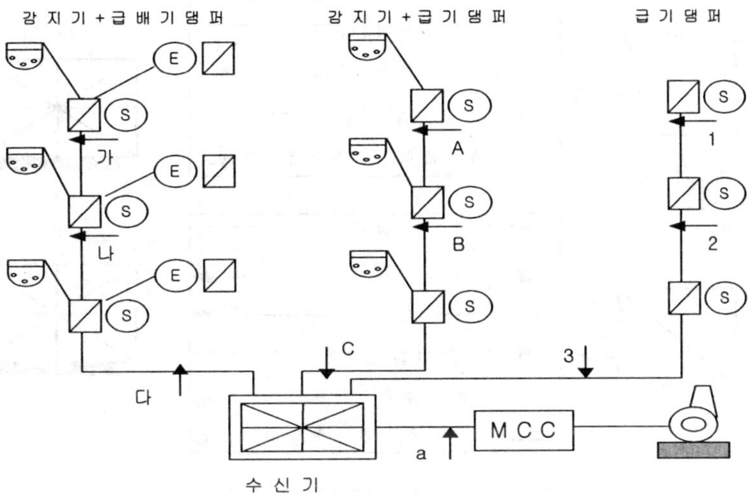

[그림 12-13] 전실제연설비 계통도(구분별)

〈표 12-7〉 댐퍼 제어종류별 제어전선 내역

구분	연결선	전선수	전선굵기	용 도
가	4층→3층	7	HIV1.6mm(22C)	지구, 공통, 급·배기댐퍼동작확인, 기동, 전원 +, −
나	3층→2층	11	HIV1.6mm(28C)	(지구, 급·배기댐퍼동작확인, 기동)×2, 전원 +, − 공통
다	2층→수신기	15	HIV1.6mm(36C)	(지구, 급·배기댐퍼동작확인, 기동)×3, 전원 +, − 공통
A	4층→3층	6	HIV1.6mm(22C)	지구, 공통, 급기댐퍼동작확인, 기동, 전원 +, −
B	3층→2층	9	HIV1.6mm(28C)	(지구, 급기댐퍼동작확인, 기동)×2, 전원 +, − 공통
C	2층→수신기	12	HIV1.6mm(28C)	(지구, 급기댐퍼동작확인, 기동)×3, 전원 +, − 공통
1	4층→3층	4	HIV1.6mm(16C)	급기댐퍼동작확인, 기동 전원 +, −
2	3층→2층	6	HIV1.6mm(22C)	(급기댐퍼동직확인, 기동)×2 선원 +, −
3	2층→수신기	8	HIV1.6mm(28C)	(급기댐퍼동작확인, 기동)×3 전원 +, −
a	수신기→MCC	5	HIV1.6mm(22C)	기동2, 기동확인등, 전원감시등, 표시등 공통

[그림 12-14]는 댐퍼와 모터제어반 수신기간의 전선 구성을 보여준다.
전실제연설비 구성기준을 보면 다음과 같다.

① 배연구 및 배연풍도는 불연재료로 하고 외기 또는 평상시에 사용하지 않는 굴뚝에 연결할 것

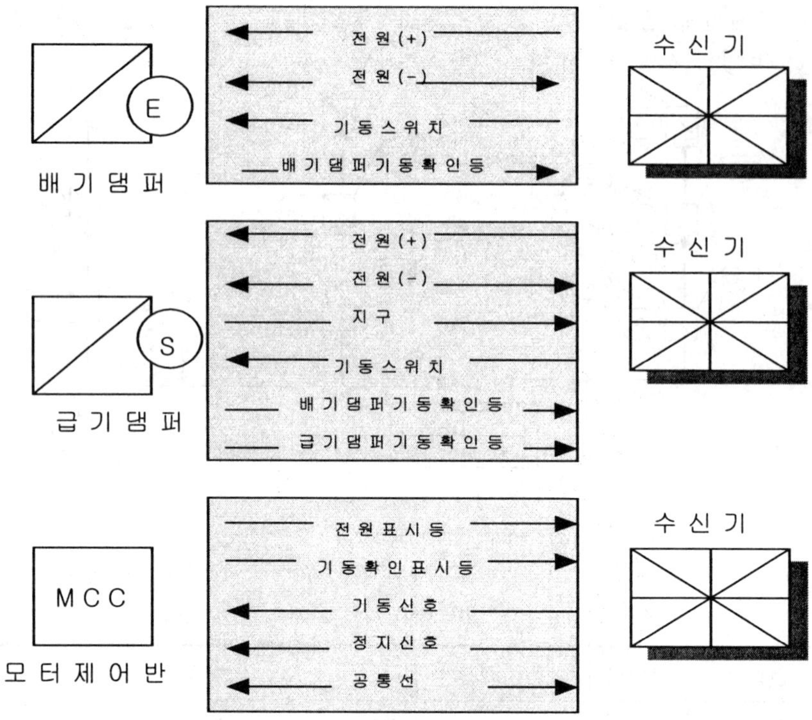

[그림 12-14] MCC와 수신기간의 회로구성

② 배연구에 설치하는 수동·자동 개방장치는 손으로도 열고 닫을 수 있을 것

③ 배연구는 평상시에는 닫힌 상태를 유지하고 개방된 경우에는 배연에 의한 기류로 인하여 닫히지 않도록 할 것

④ 배연구가 외기에 접하지 않는 경우에는 배연기를 설치할 것

⑤ 배연기는 배연구가 열림에 따라 자동적으로 작동하고 충분한 공기배출·가압능력이 있을 것

⑥ 배연기에는 예비전원을 설치할 것

10. 상가제연설비

[그림 12-15]는 개방형 제연방식으로 제연구획 설정을 위해 고정식 또는 전동식 배연케텐이 사용된다. A구역에 화재 발생시 감지기동작으로 A구역 배기댐퍼 동작과 동시에 B구역 급기댐퍼가 동작되면서 공기의 흐름이 B구역에서 A구역으로 이동하게 된다.

또한 B구역으로 연기 유입이 억제되어 효과적인 제연기능을 발휘하게 된다.

(1) 개방형 상가제연설비

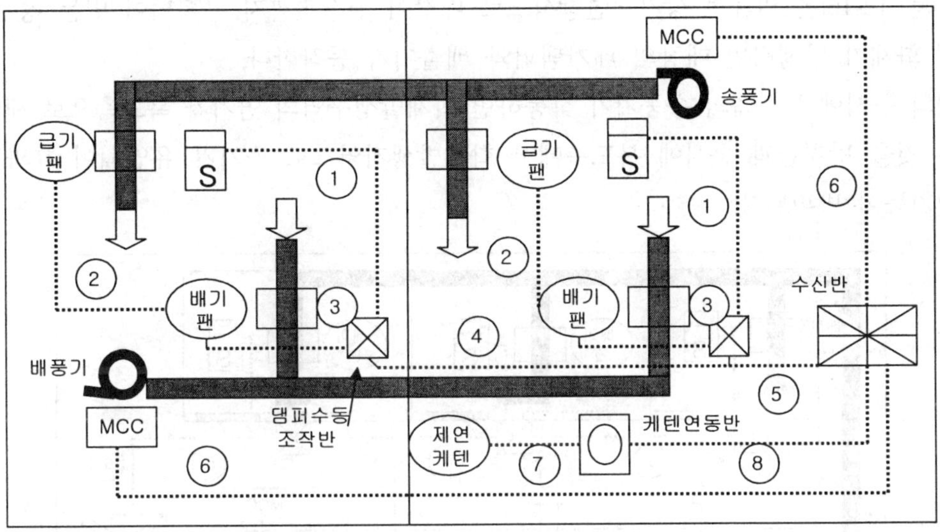

[그림 12-15] 개방형 상가제연설비 계통도

〈표 12-8〉 개방형 상가 제연설비의 소요 회선수 산출

기호	적용구간	배선수	배선굵기	배선의 용도	비고
①	감지기⇔ 수동조작함	4	IV 1.2[mm](16C)	지구 2, 공통 2	송배선식 방식
②	급기댐퍼⇔배기댐프	4	HIV 1.6[mm](16C)	전원 (+), (−) 기동스위치, 급기댐퍼 기동확인	(1) 전원 (+), (−)는 직류 전원이다. (2) 감지기 회로의 공통선은 전원선(−)을 사용한다. (3) 급·배기 댐퍼 기동스위치는 다른 선으로 한다. (4) 지구선은 HIV 1.2[mm] (5) 16C, 22C 등은 후강 전선관의 선정 기준에 따라 결정
③	배기댐퍼⇔수동조작함	6	HIV 1.6[mm](22C)	전원 (+), (−) 급기댐퍼 기동스위치, 배기댐퍼 기동스위치, 급기댐퍼 기동확인, 배기댐퍼 기동확인	
④	수동조작함⇔수동조작함	7	HIV 1.6[mm](22c)	전원 (+), (−), 지구, 기동 2, 확인 2	
⑤	2 개의 지구일 때	12	HIV 1.6[mm](28C)	전원 (+), (−) (지구, 급기댐퍼 기동, 배기댐퍼 기동, 급기댐퍼 기동확인, 배기댐퍼 기동확인)×2	
⑥	MCC⇔수신반	5	HIV 1.6[mm](22C)	공통, 기동, 정지, 전원표시등, 기동확인표시등	
⑦	제연커텐 Sol⇔ 연동제어반	3		기동, 확인, 공통	
⑧	연동제어반⇔수신기	4		기동 2, 확인 2	

(2) 밀폐형 상가제연설비

[그림 12-16]은 밀폐형 상가제연방식으로 매장이 천장면까지 구획되어 있는 경우 매장에 화재가 발생하면 매장의 배기댐퍼와 배출기가 동작한다.

이와 동시에 복도측의 송풍기가 작동하면 화재발생구역의 연기가 복도측으로 새어나오는 것을 방지함과 동시에 복도측에서 화재발생지역으로 공기가 유입되어 효과적인 제연기능이 발휘된다.

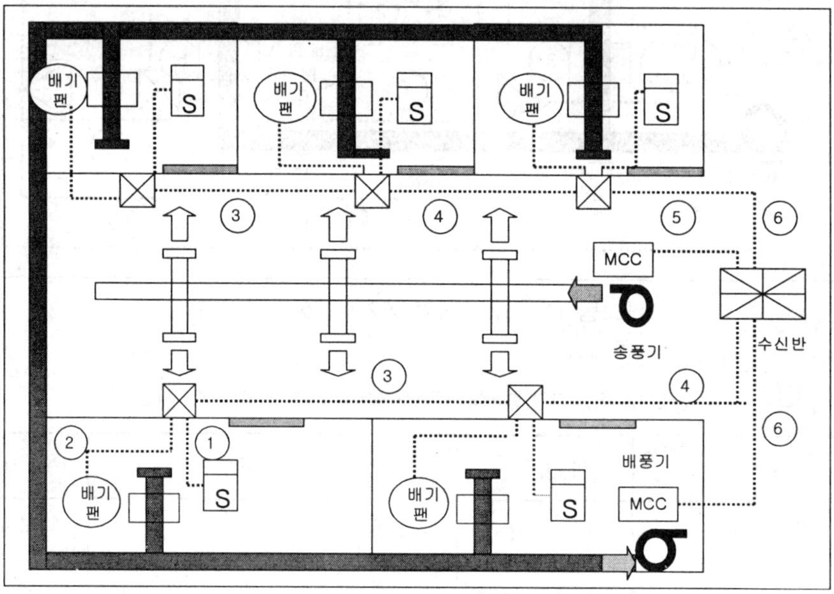

[그림 12-16] 밀폐형 상가제연설비의 계통도

〈표 12-9〉 밀폐형 상가 제연설비의 소요 회선수 산출

기호	적용구간	배선수	배선굵기	배선의 용도	비고
①	감지기⇔수동조작함	4	IV 1.2[mm](16C)	지구 2, 공통 2	송배선식 방식
②	배기댐퍼⇔수동조작함	4	HIV 1.6[mm](16C)	전원 (+), (−) 기동, 배기댐퍼 기동확인	(1) 전원 (+), (−)는 직류 전원이다. (2) 감지기 회로의 공통선은 전원선(−)을 사용한다. (3) 급배기 댐퍼 기동 스위치는 다른 선으로 한다. (4) 지구선은 HIV 1.2[mm] (5) 16C, 22C 등은 후강 전선관의 선정 기준에 따라 결정
③	수동조작함⇔ 수동조작함	5	HIV 1.6[mm](22C)	전원 (+), (−), 지구, 기동, 배기댐퍼기동확인	
④	2 개의 지구 일 때	8	HIV 1.6[mm](28C)	전원 (+), (−) (지구, 기동, 배기댐퍼 기동확인)×2	
⑤	3 개의 지구 일 때	11	HIV 1.6[mm](28C)	전원 (+), (−) (지구, 기동, 배기댐퍼 기동확인)×3	
⑥	MCC ⇔ 수신반	5	HIV 1.6[mm](22C)	공통, 기동, 정지, 전원 표시등, 기동확인	

11. 자동방화문

화재시 연기가 계단측으로 유입되면 피난활동에 막대한 지장을 초래한다. 평상시에는 자동방화문설비(전실 출입문, 피난계단 출입문)를 열어놓고 화재가 발생하면 연동으로 문을 폐쇄시켜 연기가 유입되지 않도록 하는 설비이다. 방화문 자동폐쇄기(door release)는 전자석이나 영구자석을 이용하는 방식을 사용하여 왔으나 정전, 자력감소 등 사용상 문제점이 있어 근래에는 걸고리 방식이 주로 사용되고 있다. [그림 12-17]에서 D는 자동폐쇄장치를 나타낸다.

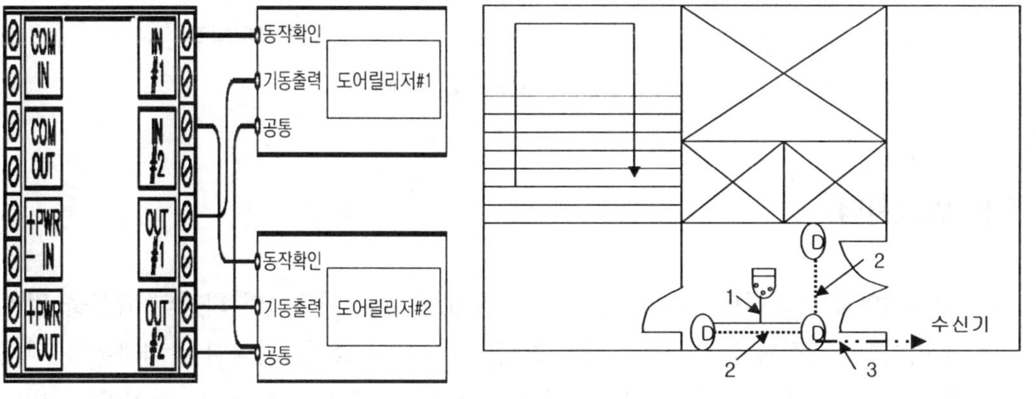

(a) 제어선 결선도 (b) 방화문 계통도

[그림 12-17] 자동방화문 결선도

〈표 12-10〉 자동방화문 전선내역

구분	연결선	전선수	전선굵기	용 도
1	감지기↔자동폐쇄기	4	HIV1.2mm(16c)	지구1, 지구1, 지구공통1, 지구공동1
2	자동폐쇄기↔자동폐쇄기	3	HIV1.6mm(16c)	공통, 기동스위치, 기동확인표시
3	자동폐쇄기↔수신반	9	HIV1.6mm(22c)	지구1, 지구1, 지구공통1, 지구공통1, 기동스위치, 기동확인표시3, 공통

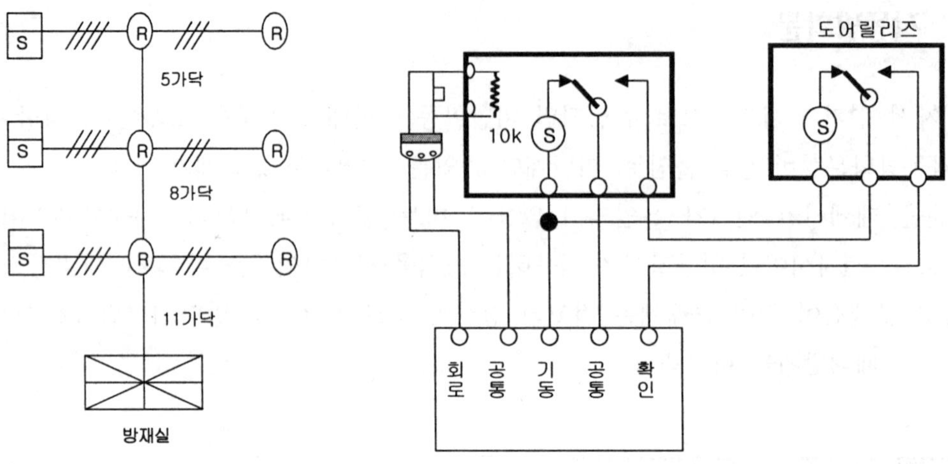

(a) 계통도 (b) 자동방화문 제어회로

[그림 12-18] 자동방화문 계통도

12. 방화셔터

[그림 12-19]의 방화셔터는 넓은 공간에서 화재시 문을 폐쇄시켜 화재의 확산을 방지하는 설비이다. 고정벽을 설치하기 곤란한 큰 개구부의 층간, 지역별 방화구획을 경계하기 위해 통로 등에 시설된다. 평상시에는 개방상태이지만 화재시에는 감지기 또는 기동스위치 동작에 따라 방화셔터가 폐쇄되어 방화구획을 형성한다.

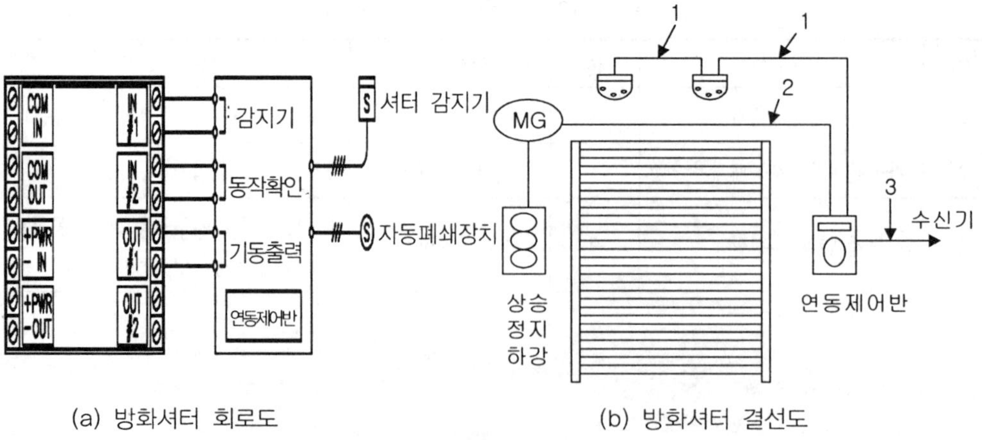

(a) 방화셔터 회로도 (b) 방화셔터 결선도

[그림 12-19] 방화셔터

방화셔터용 감지기는 셔터를 중심으로 좌・우측에 부착되며 연동제어반에는 비상전원 축전지를 내장하여 정전시에도 작동에 이상이 없어야 한다. 수동스위치는 평상시 셔터의 점검이나 화재로 인한 동작 후 복구시에 사용되는 스위치이다.

〈표 12-11〉 방화셔터 전선내역

구분	연결선	전선수	전선굵기	용 도
1	감지기↔연동제어반	4	HIV1.2mm(16C)	지구1, 지구1, 지구공통1, 지구공통1
2	폐쇄장치↔연동제어반	3	HIV1.6mm(16C)	공통, 기동스위치, 기동확인표시
3	연동제어반↔수신반	6	HIV1.6mm(22C)	지구, 지구공통, 기동스위치2, 기동확인표시2

13. 배연창

배연창 설비는 6층 이상 고층건물에 시설하는 것으로 화재시 발생되는 연기를 신속하게 외부로 유출시켜 피난 및 소화활동에 도움을 주는 설비이다. 배연창 설비의 구동방식으로는 솔레노이드 방식과 모터 방식이 있다.

(1) 솔레노이드 방식

배연창 솔레노이드 방식은 화재감지기가 작동되거나 수동조작함의 스위치를 on시키면 배연창이 동작되어 수신기에 동작상태를 표시하게 된다.

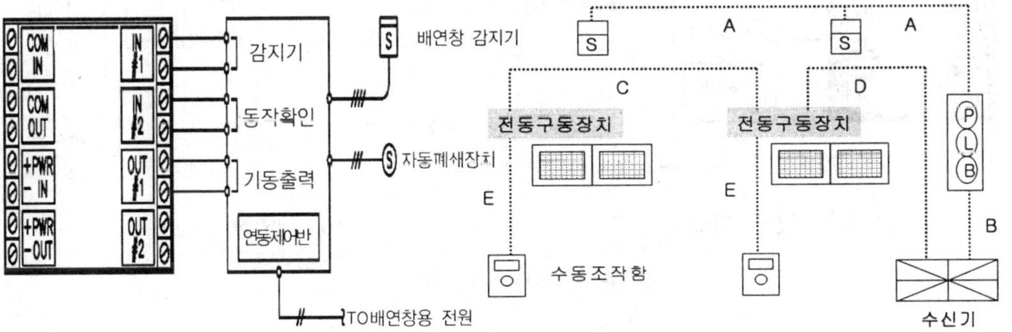

(a) 배연창 회로도 (b) 배연창 결선도

[그림 12-20] 솔레노이드 기동방식

[그림 12-20]의 솔레노이드 전동 구동장치를 사용하므로 원상 복구시에는 현장에 설치된 수동손잡이를 회전시켜 조작한다.

〈표 12-12〉 배연창 솔레노이드방식 전선내역

구분	연결선	전선수	전선굵기	용 도
A	감지기↔감지기	4	IV1.2mm(16C)	지구1, 지구1, 지구공통1, 지구공통1
B	발신기↔수신기	7	HIV1.6mm(22C)	응답확인, 지구, 지구공통, 전화, 표시등, 벨표시등공통
C	전동구동장치↔전동구동장치	3	HIV1.6mm(16C)	공통, 기동, 기동확인
D	전동구동장치↔수신기	5	HIV1.6mm(22C)	공통, (기동, 기동확인)×2
E	전동구동장치↔수동조작함	3	HIV1.6mm(16C)	공통, 기동, 기동확인

(2) 모터 방식

배연창 모터 방식은 원격스위치에 의해 배연창의 개방, 폐쇄, 각도조정이 가능하다. [그림 12-21]에서 전동 구동장치로 모터를 사용하므로 소비전력이 많이 소모되어 별도의 전원장치가 필요하다.

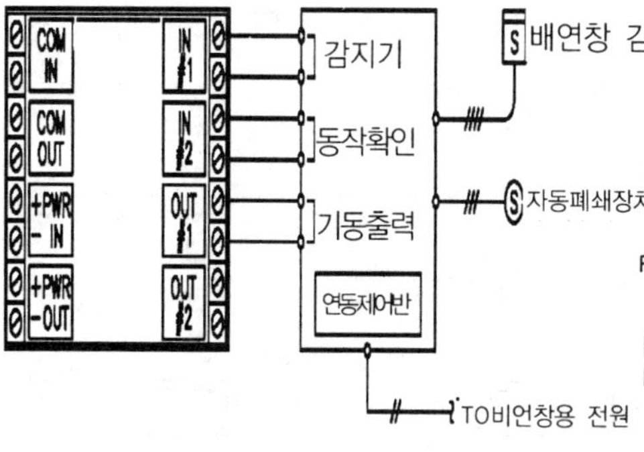

(a) 배연창 회로도

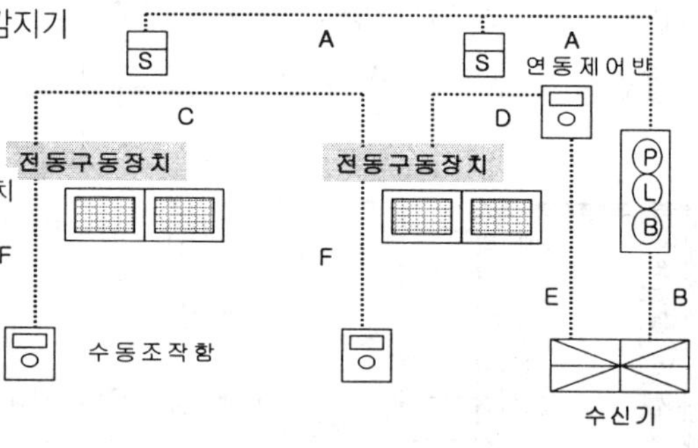

(b) 배연창 결선도

[그림 12-21] 모터 기동방식

〈표 12-13〉 배연창 모터방식 전선내역

기호	연결선	전선수	전선굵기	용 도
A	감지기 ↔ 감지기, 발신기	4	IV1.2mm(16C)	지구 1, 지구 1, 지구공통 1, 지구공통 1
B	발신기 ↔ 수신기	7	HIV1.6mm(22C)	응답확인, 지구, 지구공통, 전화, 표시등, 벨, 표시등 공통
C	전동구동장치 ↔ 전동구동장치	5	HIV1.6mm(22C)	+, −, 기동, 복구, 기동 확인
D	전동구동장치 ↔ 연동제어반	6	HIV1.6mm(22C)	+, −, 기동, 복구, 기동 확인 2
E	연동제어반 ↔ 수신기	8	HIV1.6mm(28C)	+, −, 기동, 복구, 기동 확인 2, AC 전원
F	전동구동장치 ↔ 수동조작함	5	HIV1.6mm(22C)	+, −, 기동, 복구, 정지

15. 터널의 제연설비 설치기준

터널에 설치되는 제연설비는 도로의 구조, 시설기준 규정에 따른 환기설비가 화재발생시 제연설비의 기능에 적합하도록 설치하여야 한다.

① 화재발생 상황을 자동으로 감지하여 유효하게 제연기능으로 전환될 수 있도록 할 것

② 화재시 발생한 연기의 역류를 방지하고 연기층이 교란되지 않도록 할 것

③ 송풍기는 다음 기준에 적합할 것

㉮ 화재시 열기류에 노출되는 송풍기와 그 부품들은 250[℃]의 온도에서 1시간 이상의 가동상태를 유지할 수 있도록 할 것

㉯ 화재에 직접 노출되는 송풍기를 설치할 경우에는 예비 송풍기를 별도로 확보할 것

④ 제연용량의 산정시 화재강도는 20[MW] 이상으로 할 것

⑤ 비상전원을 설치할 것

16. 제연설비의 전원

제연설비의 비상전원은 자가발전설비 또는 축전지설비(내연기관에 따른 펌프를 사용하는 경우에는 내연기관의 기동 및 제어용 축전지를 말한다)로서 다음 기준에 따라 설치하여야 한다.

① 점검에 편리하고 화재 및 침수 등의 재해로 인한 피해를 받을 우려가 없는 곳에 설치할 것
② 제연설비를 유효하게 20분 이상 작동할 수 있도록 할 것
③ 상용전원으로부터 전력의 공급이 중단된 때에는 자동으로 비상전원으로부터 전력을 공급받을 수 있도록 할 것
④ 비상전원의 설치장소는 다른 장소와 방화구획할 것
⑤ 비상전원을 실내에 설치하는 때에는 그 실내에 비상조명등을 설치할 것

17. 용어의 정의

① '제연구역'이라 함은 제연경계(제연설비의 일부인 천장을 포함한다)에 의해 구획된 건물 내의 공간을 말한다.
② '예상제연구역'이라 함은 화재발생시 연기의 제어가 요구되는 제연구역을 말한다.
③ '제연경계의 폭'이라 함은 제연경계의 천장 또는 반자로부터 그 수직하단까지의 거리를 말한다.
④ '수직거리'함은 제연경계의 바닥으로부터 그 수직하단까지의 거리를 말한다.
⑤ '공동 예상 제연구역'이라 함은 2개 이상의 예상 제연구역을 말한다.
⑥ '방화문'이라 함은 건축법 시행령 제64조의 규정에 따른 갑종방화문 또는 을종방화문으로서 언제나 닫힌 상태를 유지하거나 화재로 인한 연기의 발생 또는 온도의 상승에 따라 자동적으로 닫히는 구조를 말한다.
⑦ '유입풍도'라 함은 예상 제연구역으로 공기를 유입하도록 하는 풍도를 말한다.
⑧ '배출풍도' 라 함은 예상 제연구역의 공기를 외부로 배출하도록 하는 풍도를 말한다.

제12장 제연설비

주관식 연습문제

1. 그림은 특별피난계단에 시설되는 전실 제연설비에 대한 것이다. 주어진 각 조건을 숙지한 다음 각 물음에 답하시오.

【조 건】

· 각 댐퍼(damper)의 기동은 동시기동방식이다.
· 수동 조작함은 없는 것으로 가정한다.
· 감지기의 공통선만 별도로 한다.
· MCC의 전원 감시기능은 있는 것으로 본다.

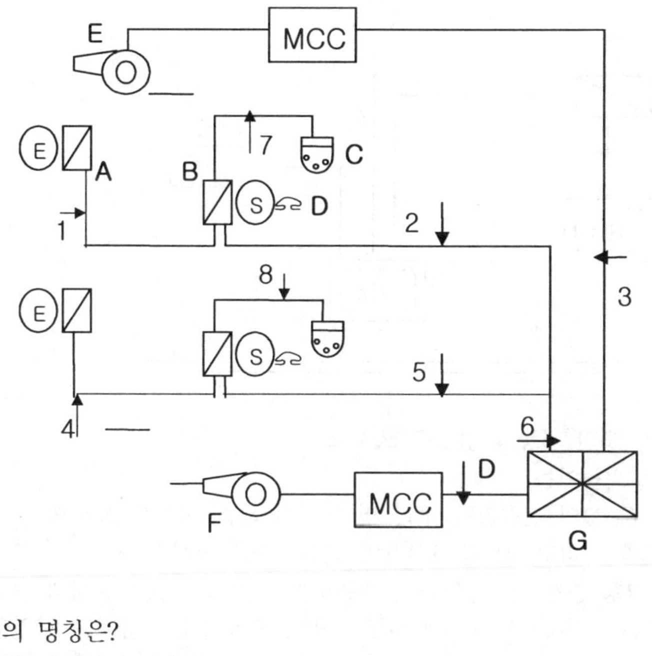

가. Ⓐ~Ⓖ의 명칭은?
나. ①~⑧의 전선가닥 수는?
다. ②에서 각 전선의 용도는?
라. ⑦에서 각 전선의 용도는?

2. 주어진 조건과 도면을 이용하여 다음 각 물음에 답하시오.

【조 건】

- ㅇ 스모크 타워에 설치되는 감지기 연동회로이다(제연설비).
- ㅇ 제연설비의 댐퍼기동방식 중 기동 : 솔레노이드, 복구 : 모터 방식이며, 급배기 기동 및 복구는 각각 동시에 행한다.
- ㅇ 건물층수는 1층에서 5층까지만 생각해서 작도한다.
- ㅇ 전선의 수량은 가닥수만 표시한다.
- ㅇ 기능에 지장이 없는 한 최소 전선수로 한다.
- ㅇ 공통선은 전원선과 표지선·기동복구선 등에 1개를 사용하고, 감지기 배선은 별개로 한다.
- ㅇ 감지기용 전선은 각 층에서 독립되게 배선한다.
- ㅇ 계통도 작성시 각 층에 단자반(TB)을 설치한다.
- ㅇ 수신기의 위치는 1층에 설치한다.

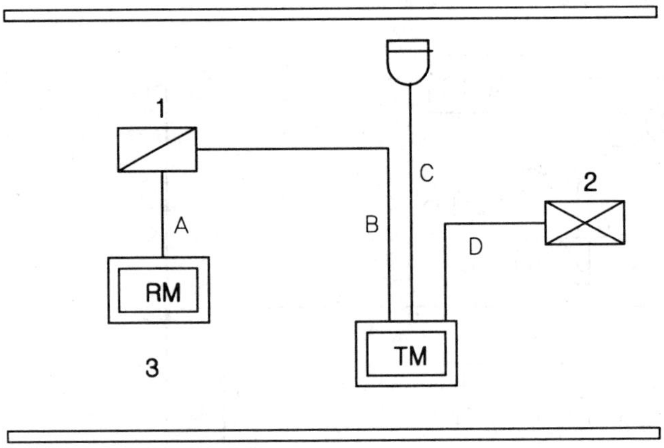

가. ①, ②, ③의 기능상 명칭을 쓰시오.

나. ③의 설치높이는?

다. A, B, C, D의 전선가닥 수는 몇 본인지 최소 선수를 쓰시오.

라. 계통도를 그리고, 각 층 TB간의 전선수량을 쓰시오.

마. TB를 R형 중계기로 생각하여 계통도를 그리고 전선의 수량과 각 전선의 회로명칭을 쓰시오(단, 사용하는 수신기는 R형이며, 중계기에 공급되는 전원은 수신기에서 공급되도록 한다).

ㅇ 전선의 회로명칭에 대한 예 : 신호선, 전화선, 전원선, 기동선, 복구선, 표시선 등

3. 그림과 같이 백화점의 매장에 설치된 제연설비의 전기적인 계통도를 보고 Ⓐ~Ⓖ까지의 배선가닥 수와 각 배선의 용도를 쓰도록 하시오.

【조 건】
- 모든 댐퍼는 모터 구동방식이며, 별도의 복구선은 없는 것으로 한다.
- 배선가닥 수는 운전조작상 필요한 최소 전선수를 쓰도록 한다.
- 배선의 용도는 Ⓗ와 같은 방법으로 기록하도록 한다.

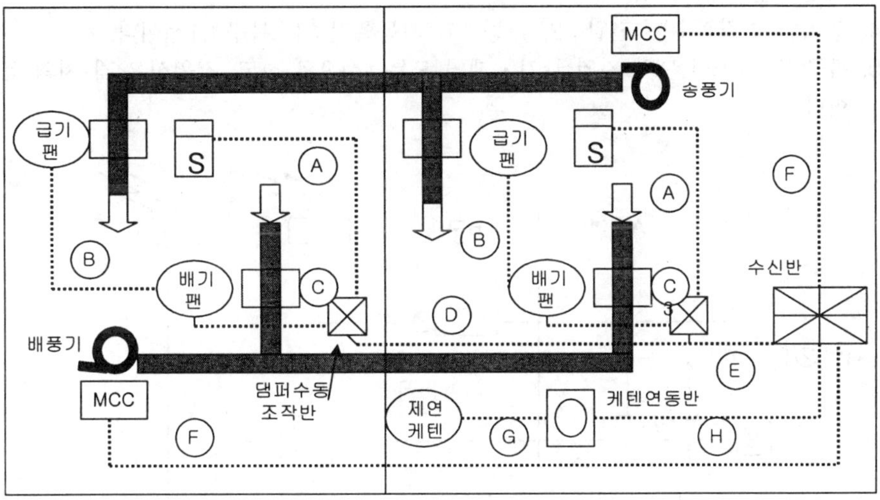

4. 그림은 자동 방화문설비(auto door release)의 자동방화문 결선도 및 계통도이다. 다음 각 물음에 답하시오. 단, 방화문 감지기회로는 제외

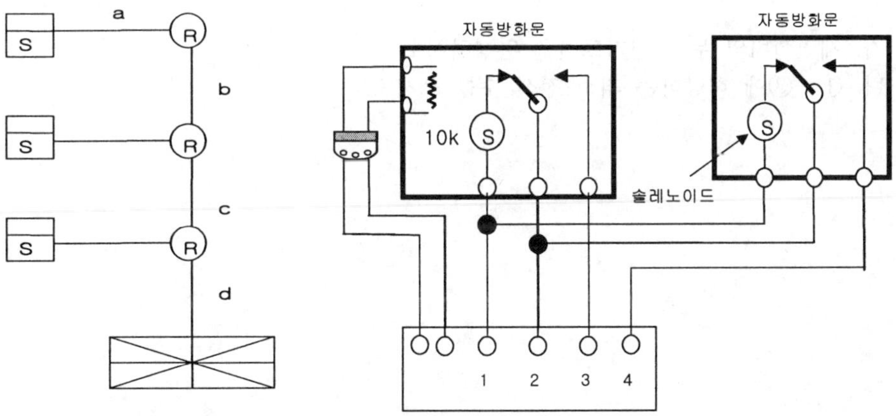

가. ①~④ 배선의 용도를 쓰시오.

나. ⓐ~ⓓ의 전선가닥 수는 최소한 몇 가닥인가?

5. 제연설비에 있어서 주어진 조건과 도면을 이용하여 다음 각 물음에 답하시오.

【조 건】

1. 도면 작성시 전선관의 크기는 표기하지 않으며 전선수는 '보기'와 같이 표기한다.
2. '보기' 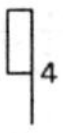
3. 각 지역의 감지기 종단저항은 제연 수동조작함에 내장하며, 1선은 공통선으로 전원선의 (−)를 이용한다.
4. 댐퍼의 연결선수는 전원 : 2, 기동 : 1, 기동확인 : 1, 복구 : 1선이다.
5. 복구 및 기동선은 각 지역 급기 · 제연 모두 1선으로 하고, 전원선은 각 지역 공통 이용한다.

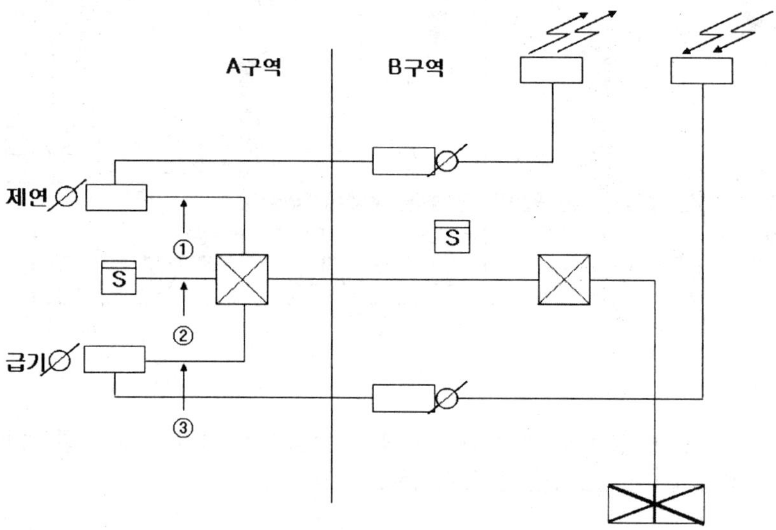

가. 제연설비의 부대 전기도면을 완성하시오.

나. ①~③에 해당하는 최소 전선 수를 쓰시오.

제12장 제연설비

객관식 연습문제

1. 제연설비에서 제연경계는 천장 또는 반자로부터 그 수직 하단까지의 거리가 최소 몇 [m] 이상이어야 하는가?

가. 0.2 나. 0.4 다. 0.6 라. 0.8

2. 정격전류 1[A]인 댐퍼를 구동시킬 경우 댐퍼 선로의 전압강하는 몇 [V]인가? 단, 제연설비 제어반과 댐퍼 사이의 거리는 50[m]이며, 선로의 굵기는 5.5[mm^2]이다.

가. 0.32 나. 0.42 다. 0.54 라. 0.64

3. 제연설비의 비상전원은 제연설비가 몇 분간 유효하게 동작할 수 있어야 하는가?

가. 10 나. 20 다. 30 라. 60

4. 제연설비의 기동장치는 수동식과 자동식이 있다. 자동 기동장치가 화재로 인하여 작동하였다면 이것은 어느 요소에 의하여 작동하는 것인가?

가. 온도 나. 습도 다. 압력 라. 수분

5. 계단 전실에 설치된 제연댐퍼 중 배기댐퍼에서 배기댐퍼 리모콘 스위치까지 연결된 배선의 수는 몇 가닥인가? 단, 1개의 공통선을 사용하는 조건에서 최소의 전선수를 구하도록 한다.

가. 4 나. 5 다. 6 라. 7

6. 제연설비의 기동장치 중 수동으로 할 경우 설치높이는 바닥에서 얼마인가?

가. 0.5[m]~0.8[m] 나. 0.8[m]~1.5[m]
다. 1.5[m]~1.8[m] 라. 1.8[m]~2.0[m]

7. 제연설비의 설치장소를 제연구역으로 구획할 때 옳은 것은?

가. 하나의 제연구역의 면적은 2,000[m^2] 이내로 할 것
나. 하나의 제연구역의 2개 이상층에 미치지 아니하도록 한다.
다. 하나의 제연구역은 직경 80[m] 원 내에 들어갈 수 있을 것
라. 거실과 통로는 합쳐서 제연구획으로 할 것

정답

1. 다 2. 가 3. 나 4. 가 5. 가 6. 나 7. 나

8. 제연구획의 구획이 될 수 없는 것은?

가. 보 나. 셔터
다. 방화문 라. 계단

9. 220[V], 3상, 7.5[kW]인 제연용 배풍기 모터 외함의 접지공사 종류로 옳은 것은?

가. 제1종 접지공사 나. 제2종 접지공사
다. 제3종 접지공사 라. 제4종 접지공사

10. 제연설비의 비상전원에 대한 설명 중 잘못된 것은?

가. 비상전원의 용량은 20분 이상으로 해야 한다.
나. 상용전원 정전시 자동적으로 비상전원으로 전환되어야 한다.
다. 축전지실의 벽과의 이격거리가 0.1[m] 이상으로 해야 한다.
라. 배선은 비닐전선으로 단선을 사용한다.

11. 지하 1층인 상가의 제연설비 연동용으로 가장 적합한 감지기는?

가. 이온식 연기 감지기 나. 차동식 스포트형 감지기
다. 차동식 분포형 감지기 라. 정온식 스포트 감지기

12. 배연댐퍼와 100[m] 떨어진 곳에 방재반이 설치되어 방재반에서 전원을 공급하여 배연댐퍼에 기동시키려고 한다. 댐퍼의 용량이 24[W], 댐퍼와 방재반 사이에 연결된 전원선이 5.5[mm^2]일 때 댐퍼 기동시 선로에서의 전압강하는 몇 [V]인가? 단, 공급전원은 직류 24[V]로 한다.

가. 0.56 나. 0.65
다. 0.89 라. 0.98

13. 3상, 220[V], 60[Hz], 15마력, 극수 4극인 배연용 팬 구동용 전동기의 동기속도는 몇 [rpm]인가?

가. 1200 나. 1800
다. 2200 라. 3600

정답

8. 라 9. 다 10. 라 11. 가 12. 나 13. 나

제13장 옥내소화전설비

옥내소화전은 화재가 발생한 소방대상물 관계자가 초기진화를 위한 수동식 고정 물 소화설비이다. 옥내소화전의 주요 구성요소는 물 · 가압송수장치 · 기동장치 · 배관 · 호스 · 노즐 등으로 구성되어 있다.

옥내소화전은 복도와 계단 등 눈에 쉽게 띄는 곳에 방수구 및 호스를 소화전함에 설치한다. 화재시 소화전 방수구에 호스를 연결하고 호스 끝에 노즐을 부착하여 화점에 직사형이나 방사형등으로 물을 분출하여 소화할 수 있다.

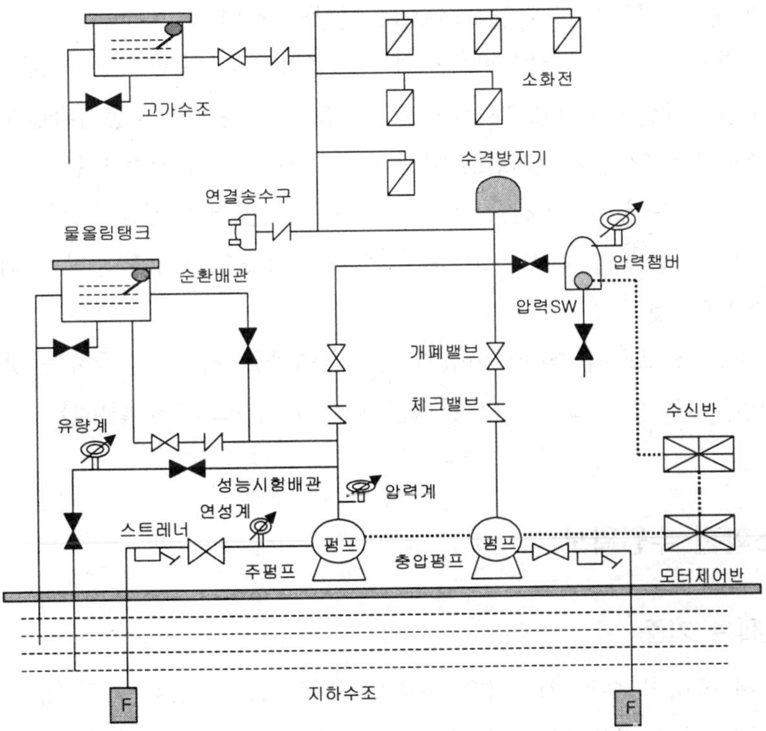

[그림 13-1] 옥내소화전 설비계통도

소화전 설비에는 가압송수장치에 따라 고압수조방식 · 압력수조방식 · 펌프방식으로 분류할 수 있다.

가압송수장치 기동방식은 수동기동방식(온오프 방식)과 자동기동방식(개폐밸브 압력방식)이 있다. 수동기동방식은 소화전함 내부 또는 근처에 설치되어 있는 기동스위치를 작동시킴으로써 가압송수장치를 기동할 수 있으며, 자동기동방식은 소화전 내의 개폐밸브 개방으로 압력의 변화를 감지하여 가압송수장치를 자동으로 기동하는 방식이다.

1. 옥내소화전 설치대상

① 연면적 3,000[㎡] 이상

② 지하층, 무창층 또는 층수가 4층 이상인 것 중 바닥면적이 600[㎡] 이상인 층이 있는 것은 전층에 설치한다.

③ 지하가 중 터널로서 길이가 1,000[m] 이상인 터널

④ 근린생활시설 · 위락시설 · 판매시설 및 영업시설 · 숙박시설 · 노유자시설 · 의료시설 · 업무시설 · 통신촬영시설 · 공장 · 창고시설 · 운수자동차관련시설 또는 복합건축물로서 연면적 1,500[㎡] 이상이거나 지하층, 무창층 또는 층수가 4층 이상인 층 중 바닥면적이 300[㎡] 이상인 층이 있는 것은 전층에 설치한다.

⑤ 건축물의 옥상에 설치된 차고 또는 주차의 용도로 사용되는 부분의 면적이 200[㎡] 이상인 것

⑥ 공장 또는 창고로서 750배 이상의 특수가연물을 저장 · 취급하는 것. 다만, 아파트 · 업무시설 또는 노유자 시설에는 호스릴 옥내소화전 설비를 설치할 수 있다.

2. 옥내소화전 수원확보

(1) 수원확보 기준

옥내소화전 설비의 수원 저수량은 옥내소화전의 설치수량이 가장 많은 층의 설치개수(5개 이상 설치된 경우에는 5개)에 2.6[㎥](호스릴 옥내소화전 설비의 경우에는 1.2[㎥])를 곱한 양 이상이 되도록 하여야 한다.

$$Q[m^3] = N[개] \times 2.6[m^3]$$

왜냐하면 옥내소화전 최대수원 확보기준은 1대당 130[ℓ/min]×20[분]=2600[ℓ]=2.6[㎥]이고 소화전 최대 설치수량이 5개이므로 2.6[㎥]×5[개]=13[㎥]이 된다.

이와 같이 산출된 옥내소화전 설비의 수원은 유효수량의 1/3 이상을 옥상(옥내소화전 설비가 설치된 건축물의 주된 옥상을 말한다)에 설치하여야 한다. 다만 다음에 해당하는 경우에는 그러하지 아니한다.

① 옥상이 없는 건축물 또는 공작물
② 지하층만 있는 건축물
③ 고가수조를 가압송수장치로 설치한 옥내소화전설비
④ 수원이 건축물의 지붕보다 높은 위치에 설치된 경우
⑤ 지표면으로부터 당해 건축물의 상단까지의 높이가 10[m] 이하인 경우
⑥ 내연기관의 기동에 따른 펌프 또는 주펌프와 동등 이상의 성능이 있는 별도의 펌프에 비상전원을 연결하여 설치한 경우

옥상수조는 이와 연결된 배관을 통하여 상시 소화수를 공급할 수 있는 구조인 소방대상물인 경우에는 둘 이상의 소방대상물이 있더라도 하나의 소방대상물에만 이를 설치할 수 있다.

(2) 소화전 유효수량

옥내소화전 설비의 수원은 전용수조로 하여야 하며 다음에 해당하는 경우에는 그러하지 아니한다.

① 옥내소화전 펌프의 후드밸브 또는 흡수배관의 흡수구를 일반용 설비의 후드밸브 또는 흡수구보다 낮은 위치에 설치한 때
② 고가수조로부터 옥내소화전 설비의 수직배관에 물을 공급하는 급수구를 다른 설비의 급수구보다 낮은 위치에 설치한 때

소화수조의 저수량을 산정함에 있어서 다른 설비와 겸용하여 옥내소화전 설비용 수조를 설치하는 경우에는 옥내소화전 설비의 후드밸브·흡수구 또는 수직배관의 급수구와 다른 설비의 후드밸브·흡수구 또는 수직배관의 급수구와의 사이의 수량을 그 유효

수량으로 한다.

(3) 옥내소화전 수조 설치기준

① 점검에 편리한 곳에 설치할 것
② 동결방지 조치를 하거나 동결의 우려가 없는 장소에 설치할 것
③ 수조의 외측에 수위계를 설치할 것. 다만, 구조상 불가피한 경우에는 수조의 맨홀 등을 통하여 수조 안의 물의 양을 쉽게 확인할 수 있도록 하여야 한다.
④ 수조의 상단이 바닥보다 높은 때에는 수조의 외측에 고정식 사다리를 설치할 것
⑤ 수조가 실내에 설치된 때에는 그 실내에 조명설비를 설치할 것
⑥ 수조의 밑부분에는 청소용 배수밸브 또는 배수관을 설치할 것
⑦ 수조의 외측의 보기 쉬운 곳에 '옥내소화전 설비용 수조'라고 표시한 표지를 할 것. 이 경우 그 수조를 다른 설비와 겸용하는 때에는 그 겸용되는 설비의 이름을 표시한 표지를 함께 하여야 한다.
⑧ 옥내소화전 펌프의 흡수배관 또는 옥내소화전 설비의 수직배관과 수조의 접속부분에는 '옥내소화전 설비용 배관'이라고 표시한 표지를 할 것

3. 가압송수장치

대부분의 화재는 물로 소화되는데 소화방법에 따라 소화시간이 좌우된다. 물을 뿌리는 방법에 따라 봉상주수 · 수적상 주수 · 분무상 주수가 있다. 물입자의 표면적이 커질수록 소화효과(냉각효과)가 커지며 물 입자가 적을수록 화원으로의 도달거리가 짧아진다.

봉상주수란 호스 끝의 물의 압력으로 봉 형태의 물을 분출시켜 화원까지 도달시키는 주수방법이다. 화원과의 거리가 길어지면 봉상주수의 끝은 공기의 저항에 봉상의 형태는 무너지고 호우상태로 변하여 수적주수로 된다. 옥외화재시 효과적인 소화를 위해서는 75° 각도로 위쪽를 향하여 봉상주수를 하고, 호우상태로 화원에 물이 떨어지는 것이 가장 효과적인 소화방법이다. 그러나 옥내에서는 천장이 있으므로 화원을 향해 봉상주수로 하여야 한다. 이처럼 효과적인 주수를 위해서는 수압이 높아야 하는데 수압을 높이기 위한 설비가 가압송수장치이다. 가압송수장치의 종류는 펌프방식 · 고가수조방식 · 압력수조방식이 있다.

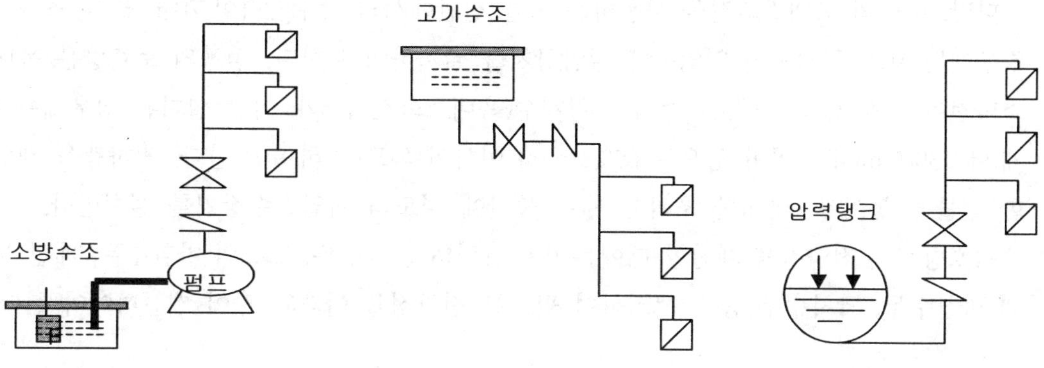

(a) 펌프방식 (b) 고가수조방식 (c) 압력수조방식

[그림 13-2] 가압송수장치의 종류

(1) 펌프방식

펌프방식은 전동기를 이용하여 가압송수하는 방식으로 가장 많이 이용되는 방식이다. 소방대상물의 어느 층에 있어서도 해당층의 옥내소화전(5개 이상 설치된 경우에는 5개의 옥내소화전)을 동시에 사용할 경우 각 소화전의 노즐 선단에서의 방수압력이 1.7[kg/㎠](호스릴 옥내소화전 설비의 경우에는 2.5[kg/㎠]) 이상이고, 방수량이 130[ℓ/min](호스릴 옥내소화전 설비의 경우에는 [60ℓ/min]) 이상이 되는 성능의 것으로 하여야 한다.

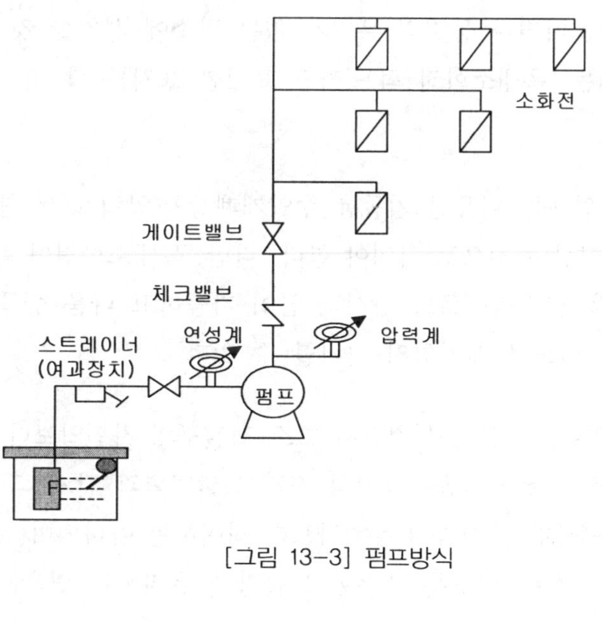

[그림 13-3] 펌프방식

다만, 하나의 옥내소화전을 사용하는 노즐 선단에서의 방수압력이 7[kg/㎠]을 초과할 경우에는 호스 접결구의 인입측에 감압장치를 설치하여야 한다. 펌프의 토출량은 옥내소화전이 가장 많이 설치된 층의 설치개수(옥내소화전이 5개 이상 설치된 경우에는 5개)에 130[ℓ/min]를 곱한 양으로 650[ℓ/min] 이상이 되도록 하여야 한다. 지하층을 제외한 건물의 높이가 60[m]를 초과한 때는 중간에 별도의 가압송수장치를 설치한다.

펌프방식의 전양정을 계산할 때에는 방수압력의 환산수두, 호스의 마찰수두, 배관 등의 마찰수두, 낙차수두 등을 고려하여 필요한 전양정을 아래와 같이 계산하여야 한다.

$$H = H_1 + H_2 + H_3 + H_4 + H_5 + H_6 [\mathrm{m}]$$

H_1 : 흡입높이의 양정[m]
H_2 : 펌프에서 최고위치에 설치된 소화전 방수구까지의 높이[m]
H_3 : 직관부분의 마찰손실두수[m]
H_4 : 관이음쇠, 밸브류 등의 마찰손실두수[m]
H_5 : 호스의 마찰손실두수[m]
H_6 : 노즐선단에서의 방수압력(1.7[kg/㎠]=17[m])

1) 소화수조 설치기준

① 쉽게 접근할 수 있고 점검하기에 충분한 공간이 있는 장소로서 화재 및 침수 등의 재해로 인한 피해를 받을 우려가 없는 곳에 설치할 것
② 동결방지 조치를 하거나 동결의 우려가 없는 장소에 설치할 것
③ 가압송수장치에는 '옥내소화전 펌프'라고 표시한 표지를 할 것

2) 기동장치

기동장치로는 충압펌프를 이용한 기동용 수압개폐장치(압력 챔버)를 설치하여야 하며 그 용적은 100[ℓ] 이상의 것으로 하여야 한다. 다만, 옥내소화전이 각 층에 1개씩 설치된 경우로서 소화용 급수펌프로도 상시 충압이 가능하고 다음 항목의 성능을 갖춘 경우에는 충압펌프를 별도로 설치하지 아니할 수 있다.

① 펌프의 토출압력은 그 설비의 최고위 호스 접결구의 자연압보다 적어도 2[kg/㎠]이 더 크도록 하거나 가압송수장치의 정격 토출압력과 같게 되는 경우
② 펌프의 정격 토출량은 정상적인 누설량보다 적어서는 아니되며 옥내소화전설비가 자동적으로 작동할 수 있도록 충분한 토출량을 유지하는 경우

3) 물올림장치

수원의 수위가 펌프보다 낮은 위치에 있는 가압송수장치에는 다음의 기준에 따른 물올림장치를 설치하여야 한다.

① 물올림장치에는 전용의 탱크를 설치할 것
② 탱크의 유효수량은 100[ℓ] 이상으로 하되 구경 15[㎜] 이상의 급수배관에 따라 당해 탱크에 물이 계속 공급되도록 할 것

펌프의 토출측에는 압력계를 체크밸브 이전에 펌프 토출측 플랜지에서 가까운 곳에 설치하고 흡입측에는 연성계 또는 진공계를 설치하여야 한다. 다만, 수원의 수위가 펌프의 위치보다 높거나 수직 회전축 펌프의 경우에는 연성계 또는 진공계를 설치하지 아니할 수 있다.

4) 내연기관 설치기준

① 내연기관의 기동은 기동장치를 설치하거나 또는 소화전함의 위치에서 원격조작이 가능하고 기동을 명시하는 적색등을 설치하여야 한다.
② 제어반에 따라 내연기관의 자동 및 수동기동이 가능하고 상시 충전되어 있는 축전지설비를 갖추어야 한다.

(2) 고가수조방식

소방대상물의 옥상 등 지형이 높은 장소에 설치하여 규정의 방수압력 1.7[kg/㎠]과 130[ℓ/min]를 토출할 수 있도록 자연낙차를 이용하는 가압송수방식이다.

고가수조의 하단부분에 소화전 호스를 연결하여 자연낙차 압력을 이용하는 가장 안전하고 신뢰성 있는 방법이다. 고가수조의 설치기준은 다음과 같다.

① 고가수조의 자연낙차수두(수조의 하단으로부터 최고층에 설치된 소화전 호스 접결구까지의 수직거리를 말한다)는 다음의 식에 따라 산출한 수치 이상이 되도록 할 것

$H = H_1 + H_2 + 17$(호스릴 옥내소화전설비의 경우에는 25)

H_1 : 소방용 호스 마찰손실수두[m]
H_2 : 배관의 마찰손실수두[m]

② 고가수조에는 수위계・배수관・급수관・오버플로관 및 맨홀을 설치하여야 한다.

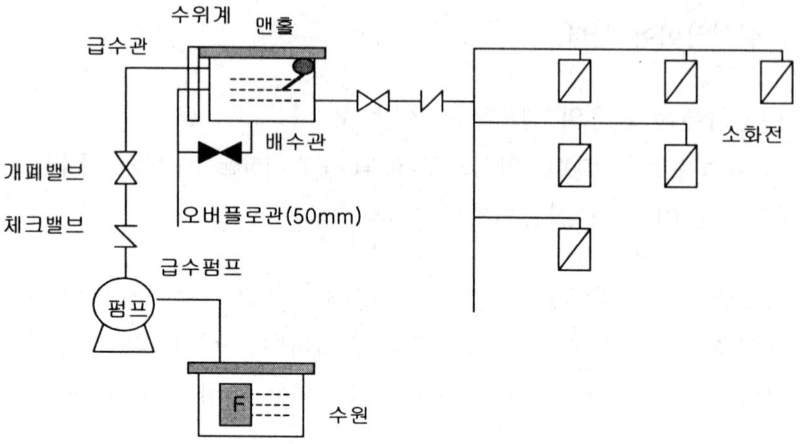

[그림 13-4] 고가수조방식

(3) 압력수조방식

압력수조방식은 탱크 내의 물을 탱크용량의 2/3로 하고 압축공기를 1/3으로 충전하여 공기의 압력으로 송수하는 방식이다. 급수관은 80[mm], 급기관은 20[mm] 이상이어야 하며 안전장치는 작동압력의 10[%]이상에서 작동되어야 한다. 탱크는 모든 밸브를 잠근 상태에서 사용압력으로 24시간 유지하여야 하며 0.05[kg/㎠] 이상의 압력저하가 되지 않아야 한다. 압력수조방식의 설치기준은 다음과 같다.

① 압력수조의 압력은 다음의 식에 따라 산출한 수치 압력 이상으로 하여야 한다.

$$P = P_1 + P_2 + P_3 + 1.7(\text{호스릴 옥내소화전설비의 경우에는 } 2.5)$$

P_1 : 소방용 호스의 마찰손실수두압[kg/㎠]

P_2 : 배관의 마찰손실수두압[kg/㎠]

P_3 : 낙차의 환산수두압[kg/㎠]

② 압력수조에는 수위계・급수관・배수관・급기관・맨홀・압력계・안전장치 및 압력저하 방지를 위한 자동식 공기압축기를 설치하여야 한다.

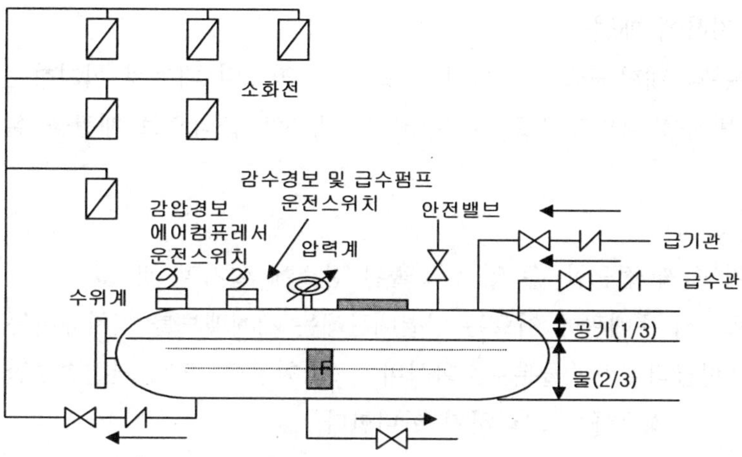

[그림 13-5] 압력수조방식

4. 옥내소화전설비 설치기준

(1) 배 관

배관은 배관용 탄소강관 또는 배관 내 사용압력이 10[kg/㎠] 이상일 경우에는 압력배관용 탄소강관이나 이와 동등 이상의 강도·내식성 및 내열성을 가진 것으로 하여야 한다.

① 급수배관은 전용으로 하여야 한다.

② 가압송수장치의 체절운전시 수온의 상승을 방지하기 위하여 체크밸브와 펌프 사이에서 분기한 구경 20[㎜] 이상의 배관에 체절압력 미만에서 개방되는 릴리프밸브를 설치하여야 한다.

③ 급수배관에 설치되어 급수를 차단할 수 있는 개폐밸브(옥내소화전 방수구를 제외한다)는 개폐표시형으로 하여야 한다. 이 경우 펌프의 흡입측 배관에는 버터플라이 밸브 외의 개폐표시형 밸브를 설치하여야 한다.

④ 기계실·공동구 또는 덕트에 설치되는 배관은 다른 설비의 배관과 쉽게 구분이 될 수 있는 위치에 설치하거나 그 배관표면 또는 배관 보온재 표면의 색상은 적색으로 소방용설비의 배관임을 표시하여야 한다.

또한 다음의 경우에는 소방용 합성수지 배관으로 설치할 수 있다.

① 배관을 지하에 매설하는 경우
② 다른 부분과 내화구조로 구획된 덕트 또는 피트의 내부에 설치하는 경우
③ 천장과 반자를 불연재료로 설치하고 그 내부에 습식으로 배관을 설치하는 경우

(2) 송수구

① 소방차가 쉽게 접근할 수 있고 노출된 장소에 설치할 것
② 송수구로부터 주배관에 이르는 연결배관에는 개폐밸브를 설치해서는 안 된다. 다만, 스프링클러설비·물분무소화설비·포소화설비 또는 연결송수관설비의 배관과 겸용하는 경우에는 그러하지 아니한다.
③ 지면으로부터 높이가 0.5[m]~1[m] 이하의 위치에 설치할 것
④ 구경 65[㎜]의 쌍구형 또는 단구형으로 할 것
⑤ 송수구의 가까운 부분에 자동 배수밸브(또는 직경 5[㎜]의 배수공) 및 체크밸브를 설치할 것. 이 경우 자동배수밸브는 배관 안의 물이 잘 빠질 수 있는 위치에 설치하되 배수로 인하여 다른 물건 또는 장소에 피해를 주지 아니하여야 한다.
⑥ 연결송수관설비의 배관과 겸용할 경우의 주배관은 구경 100[㎜] 이상, 방수구로 연결되는 배관의 구경은 65[㎜] 이상의 것으로 하여야 한다.

(3) 흡입측 배관과 토출측 배관

① 흡입측 배관은 공기고임이 생기지 아니하는 구조로 하고 여과장치를 설치할 것
② 흡입측 배관은 수조가 펌프보다 낮게 설치된 경우에는 각 펌프마다 수조로 부터 별도로 설치할 것
③ 펌프의 토출측 주배관의 구경은 유속이 3[m/s] 이하가 될 수 있는 크기 이상으로 하여야 하고, 옥내소화전 방수구와 연결되는 가지배관의 구경은 40[㎜](호스릴 옥내소화전설비의 경우에는 25[㎜]) 이상으로 하여야 하며, 주배관중 수직배관의 구경은 50[㎜](호스릴 옥내소화전설비의 경우에는 32[㎜]) 이상으로 하여야 한다.

(4) 펌프성능 시험배관

펌프의 성능은 체절 운전시 정격 토출압력의 140[%]를 초과하지 아니하고 정격 토출량의 150[%]로 운전시 정격 토출압력의 65[%] 이상이 되어야 하며, 펌프의 성능시험 배관은 다음 각 호의 기준에 적합하여야 한다.

① 성능시험 배관은 펌프의 토출측에 설치된 개폐밸브 이전에서 분기하여 설치하고, 유량 측정장치를 기준으로 전단 직관부에 개폐밸브를 후단 직관부에는 유량 조절 밸브를 설치할 것

② 유량 측정장치는 성능시험 배관의 직관부에 설치하되, 펌프의 정격 토출량의 175[%]까지 측정할 수 있는 성능이 있을 것

(5) 옥내소화전함

① 함의 재질은 두께 1.5[㎜] 이상의 강판 또는 두께 4[㎜] 이상의 합성수지재로 하고 문짝의 면적은 0.5[㎡] 이상으로 하여 밸브의 조작, 호스의 수납 등에 충분한 여유를 가질 수 있도록 할 것. 연결송수관의 방수구를 같이 설치하는 경우에도 또한 같다.

② 함의 재질이 강판인 경우에는 염수 분무시험 방법에 따라 시험한 경우 변색 또는 부식되지 아니하여야 하고, 합성수지재인 경우에는 내열성 및 난연성의 것으로서 80[℃]의 온도에서 24시간 이내에 열로 인한 변형이 생기지 아니하는 것으로 할 것

③ 옥내소화전 설비의 함에는 그 표면에 '소화전'이라는 표시와 그 사용요령을 기재한 표지판을 붙여야 한다.

(6) 소화전 방수구

① 소방대상물의 층마다 설치하되 당해 소방대상물의 각 부분으로부터 하나의 옥내소화전 방수구까지의 수평거리가 25[m](호스릴 옥내소화전설비의 경우에는 15[m]) 이하가 되도록 할 것. 다만, 지하가 중 터널의 경우에는 옥내소화전 방수구를 주행방향의 측벽길이 50[m] 이내마다 설치할 수 있다.

② 바닥으로부터의 높이가 1.5[m] 이하가 되도록 할 것

③ 호스는 구경 40[㎜](호스릴 옥내소화전설비의 경우에는 25[㎜]) 이상의 것으로서 소방대상물의 각 부분에 물이 유효하게 뿌려질 수 있는 길이로 설치할 것

④ 호스릴 옥내소화전 설비의 경우 노즐을 쉽게 개폐할 수 있는 장치를 부착할 것

【방수구의 설치제외 장소】

불연재료로 된 소방대상물 또는 다음에 해당하는 곳에는 옥내소화전 방수구를 설치하지 아니할 수 있다.

① 냉장창고의 냉장실 또는 냉동창고의 냉동실
② 고온의 노가 설치된 장소 또는 물과 격렬하게 반응하는 물품의 저장 또는 취급 장소
③ 발전소 · 변전소 등으로서 전기시설이 설치된 장소
④ 식물원 · 수족관 · 목욕실 · 수영장(관람석 부분을 제외한다) 또는 그밖의 이와 비슷한 장소
⑤ 야외음악당 · 야외극장, 또는 그밖의 이와 비슷한 장소

(7) 표시등

① 옥내소화전 설비의 위치를 표시하는 표시등은 함의 상부에 설치하되 그 불빛은 부착면으로부터 15° 이상의 범위 안에서 부착지점으로부터 10[m] 이내의 어느 곳에서도 쉽게 식별할 수 있는 적색등으로 할 것
② 가압송수장치의 시동을 표시하는 표시등은 옥내소화전함의 상부 또는 그 직근에 설치하되 적색등으로 할 것
③ 표시등은 사용전압의 130[%]인 전압을 24시간 연속하여 가하는 경우에도 단선, 현저한 광속변화, 전류변화 등의 현상이 발생되지 아니할 것

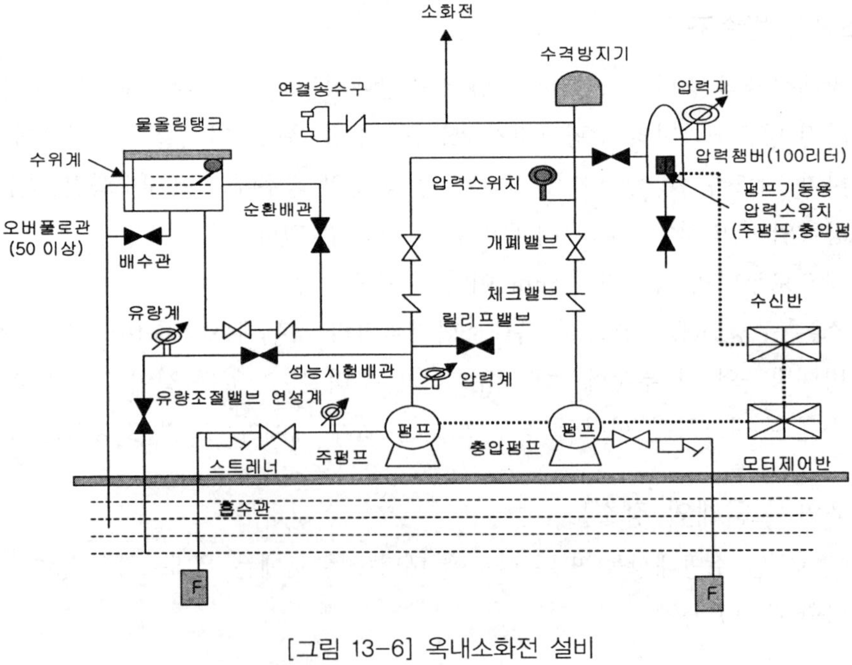

[그림 13-6] 옥내소화전 설비

(8) 방수압력 측정

방수구의 유속을 측정하는 탄성압력계로 피토 게이지를 사용한다. 압력을 전달받는 부분의 탄성체의 변화량에 의해 압력을 구할 수 있다. 방수압력은 1.7～7[kg/㎠] 이며 방수거리는 25[m]이고 방호거리를 의미한다. 방수압력이 7[kg/㎠]로 제한되는 이유는 그 이상의 압력이 되면 사람의 힘으로 노즐을 잡고 작업하기가 어렵고 방수량이 빨리 소모되기 때문이다. 그러므로 방수압력이 7[kg/㎠] 이상이 되면 감압밸브로 감압하여야 한다.

5. 전원설비 구성

옥내소화전 설비에는 다음 기준에 따른 상용 전원회로의 배선을 설치하여야 한다.

① 저압수전인 경우에는 인입개폐기의 직후에서 분기하여 전용배관, 배선으로 구성한다.

② 특고압 또는 고압수전일 경우에는 전력용 변압기 2차측의 주차단기 1차측에서 분기하여 전용배선으로 하되 상용전원의 상시공급에 지장이 없을 경우에는 주차단기 2차측에서 분기하여 전용배선으로 하여야 한다.

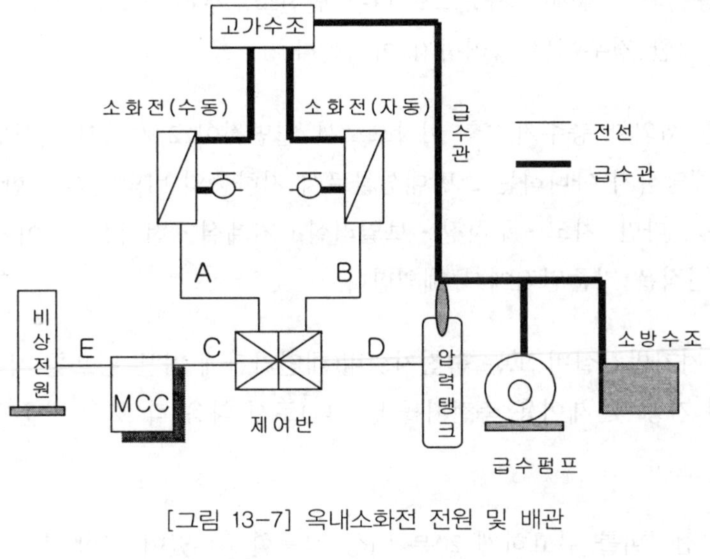

[그림 13-7] 옥내소화전 전원 및 배관

〈표 13-1〉 제어선 배선수량

구분	배선계통	가닥수	배선굵기	배선의 구분
A	소화전함 → 제어반	5	HIV1.6mm(22C)	기동확인표시등 2, 기동, 정지, 공통
B	소화전함 → 제어반	2	HIV1.6mm(16C)	기동확인표시등 2
C	MCC → 제어반	5	HIV1.6mm(22C)	기동확인표시등, 기동 2, 전원감시표시등 표시등공통
D	압력탱크 → 제어반	2	HIV1.6mm(16C)	압력스위치 2
E	비상전원 → 제어반	6	HIV1.6mm(22C)	비상전원감시표시등 2 상용전원감시표시등 2 비상발전기원격기동 2

(1) 옥내소화전 비상전원

다음에 해당하는 소방대상물의 옥내소화전 설비에는 비상전원을 설치하여야 한다. 다만, 2 이상의 변전소에서 전력을 동시에 공급받을 수 있거나 하나의 변전소로부터 전력의 공급이 중단되는 때에는 자동으로 다른 변전소로부터 전원을 공급받을 수 있도록 상용전원을 설치한 경우에는 그러하지 아니한다.

① 지하층을 제외한 층수가 7층 이상으로서 연면적이 2,000[㎡] 이상인 것

② ①항에 해당하지 아니하는 소방대상물로서 지하층의 바닥면적의 합계가 3,000[㎡] 이상인 것. 다만, 차고 · 주차장 · 보일러실 · 기계실 · 전기실 및 이와 유사한 장소의 바닥면적은 기준면적에서 제외한다.

비상전원은 자가발전설비 또는 축전지설비(내연기관에 따른 펌프를 사용하는 경우에는 내연기관의 기동 및 제어용 축전지를 말한다)로서 다음 각 호의 기준에 따라 설치하여야 한다.

① 옥내소화전설비를 유효하게 20분 이상 작동할 수 있어야 할 것

② 점검에 편리하고 화재 및 침수 등의 재해로 인한 피해를 받을 우려가 없는 곳에 설치할 것

③ 상용전원으로부터 전력의 공급이 중단된 때에는 자동으로 비상전원으로부터 전력을 공급받을 수 있도록 할 것
④ 비상전원의 설치장소는 다른 장소와 방화구획할 것. 이 경우 그 장소에는 비상전원의 공급에 필요한 기구나 설비 외의 것(열병합 발전설비에 필요한 기구나 설비는 제외한다)을 두어서는 아니된다.
⑤ 비상전원을 실내에 설치하는 때에는 그 실내에 비상조명등을 설치할 것

(2) 감시제어반 · 동력제어반

옥내소화전설비에는 감시제어반과 동력제어반으로 구분하여 설치하여야 한다. 다만, 다음에 해당하는 옥내소화전설비의 경우에는 감시제어반과 동력제어반으로 구분하여 설치하지 아니할 수 있다.

① 저압수전인 소방대상물에 설치되는 옥내소화전설비
② 내연기관에 따른 가압송수장치를 사용하는 옥내소화전설비
③ 고가수조에 따른 가압송수장치를 사용하는 옥내소화전설비

감시제어반의 기능은 다음과 같다.

① 각 펌프의 작동여부를 확인할 수 있는 표시등 및 음향경보 기능이 있어야 할 것
② 각 펌프를 자동 및 수동으로 작동시키거나 작동을 중단시킬 수 있어야 할 것
③ 비상전원을 설치한 경우에는 상용전원 및 비상전원의 공급여부를 확인할 수 있어야 하고, 자동 또는 수동으로 상용전원 또는 비상전원으로의 전환이 가능할 것
④ 수조 또는 물올림탱크가 저수위로 될 때 표시등 및 음향으로 경보할 것
⑤ 각 확인회로(기동용 수압 개폐장치의 압력 스위치회로, 수조 또는 물올림탱크의 감시회로를 말한다)마다 도통시험 및 작동시험을 할 수 있어야 할 것
⑥ 예비전원이 확보되고 예비전원의 적합여부를 시험할 수 있어야 할 것

감시제어반의 설치기준은 다음과 같다.

① 화재 및 침수 등의 재해로 인한 피해를 받을 우려가 없는 곳에 설치할 것
② 감시제어반은 옥내소화전설비의 전용으로 할 것
③ 감시제어반은 다음 기준에 따른 전용실 안에 설치할 것

④ 다른 부분과 방화구획을 할 것. 이 경우 전용실의 벽에는 기계실 또는 전기실등의 감시를 위하여 두께 7[㎜] 이상의 망입유리(두께 16.3[㎜] 이상의 접합유리 또는 두께 28[㎜] 이상의 복층유리를 포함한다)로 된 4[㎡] 미만의 붙박이창을 설치할 수 있다.

⑤ 피난층 또는 지하 1층에 설치할 것. 다만, 다음의 1에 해당하는 경우에는 지상 2층에 설치하거나 지하 1층 외의 지하층에 설치할 수 있다.

- 특별피난계단이 설치되고 그 계단(부속실을 포함한다) 출입구로부터 보행거리 5[m] 이내에 전용실의 출입구가 있는 경우
- 아파트의 관리동(관리동이 없는 경우에는 경비실)에 설치하는 경우

⑥ 비상조명등 및 급·배기설비를 설치할 것

⑦ 무선통신보조설비 설치장소는 무선기기 접속단자를 설치할 것

⑧ 바닥면적은 감시제어반의 설치에 필요한 면적 외에 화재시 소방대원이 그 감시제어반의 조작에 필요한 최소면적 이상으로 할 것

동력제어반은 다음 기준에 따라 설치하여야 한다.

① 앞면은 적색으로 하고 '옥내소화전 설비용 동력제어반'이라고 표시한 표지를 설치할 것

② 외함은 두께 1.5[㎜] 이상의 강판 또는 이와 동등 이상의 강도 및 내열성능이 있는 것으로 할 것

(3) 배 선

비상전원으로부터 동력제어반 및 가압송수장치에 이르는 전원회로의 배선은 내화배선으로 하여야한다. 다만, 자가발전설비와 동력제어반이 동일한 실에 설치된 경우에는 자가발전기로부터 그 제어반에 이르는 전원회로의 배선은 그러하지 아니한다.

상용전원으로부터 동력제어반에 이르는 배선 그밖의 옥내소화전설비의 감시·조작 또는 표시등회로의 배선은 내화배선 또는 내열배선으로 하여야 한다.

전기배선의 표시방법은 다음과 같다.

① 옥내소화전 설비의 과전류차단기 및 개폐기에는 '옥내소화전 설비용'이라고 표시한 표지를 하여야 한다.

② 단자에는 '옥내소화전단자'라고 표시한 표지를 부착할 것
③ 옥내소화전설비용 전기배선의 양단에는 다른 배선과 식별이 용이하도록 표시할 것

내화배선 및 내열배선에 사용되는 전선 및 설치방법은 [제18장. 방재배선설비] 기준에 따른다.

6. 수원 및 가압송수장치의 펌프 겸용

① 옥내소화전설비의 수원을 스프링클러설비·간이스프링클러설비·화재조기진압용 스프링클러설비·물분무소화설비·포소화전설비 및 옥외소화전설비의 수원과 겸용하여 설치하는 경우의 저수량은 각 소화설비에 필요한 저수량을 합한 양 이상이 되도록 하여야 한다. 다만, 이들 소화설비 중 고정식 소화설비(펌프·배관과 소화수 또는 소화약제를 최종 방출하는 방출구가 고정된 설비를 말한다. 이하 같다)가 2 이상 설치되어 있고, 그 소화설비가 설치된 부분이 방화벽과 방화문으로 구획되어 있는 경우에는 각 고정식 소화설비에 필요한 저수량 중 최대의 것 이상으로 할 수 있다.
② 옥내소화전설비의 가압송수장치로 사용하는 펌프를 스프링클러설비, 간이스프링클러설비, 화재조기진압용 스프링클러설비, 물분무소화설비, 포소화설비 및 옥외소화전설비의 가압송수장치와 겸용하여 설치하는 경우의 펌프의 토출량은 각 소화설비에 해당하는 토출량을 합한 양 이상이 되도록 하여야 한다. 다만, 이들 소화설비 중 고정식 소화설비가 2 이상 설치되어 있고, 그 소화설비가 설치된 부분이 방화벽과 방화문으로 구획되어 있으며, 각 소화설비에 지장이 없는 경우에는 펌프의 토출량중 최대의 것 이상으로 할 수 있다.
③ 옥내소화전설비·스프링클러설비·간이스프링클러설비·화재조기진압용스프링클러설비·물분무소화설비·포소화설비 및 옥외소화전설비의 가압송수장치에 있어서 각 토출측 배관과 일반급수용의 가압송수장치의 토출측 배관을 상호 연결하여 화재시 사용할 수 있다. 이 경우 연결배관에는 개폐표시형 밸브를 설치하여야 하며, 각 소화설비의 성능에 지장이 없도록 하여야 한다.
④ 옥내소화전설비의 송수구를 스프링클러설비·간이스프링클러설비·화재조기진

압용스프링클러설비 · 물분무소화설비 · 포소화설비 또는 연결송수관비의 송수구와 겸용으로 설치하는 경우에는 스프링클러설비의 송수구의 설치기준에 따르고, 연결살수설비의 송수구와 겸용으로 설치하는 경우에는 옥내소화전설비의 송수구의 설치기준에 따르되 각각의 소화설비의 기능에 지장이 없도록 하여야 한다.

7. 용어의 정의

① '고가수조'라 함은 구조물 또는 지형지물 등에 설치하여 자연낙차의 압력으로 급수하는 수조를 말한다.

② '압력수조'라 함은 소화용수와 공기를 채우고 일정압력 이상으로 가압하여 그 압력으로 급수하는 수조를 말한다.

③ '충압펌프'라 함은 배관 내 압력손실에 따른 주펌프의 빈번한 기동을 방지하기 위하여 충압역할을 하는 펌프를 말한다.

④ '정격토출량'이라 함은 정격 토출압력에서의 펌프의 토출량을 말한다.

⑤ '정격토출압력'이라 함은 정격 토출량에서의 펌프의 토출측 압력을 말한다.

⑥ '진공계'라 함은 대기압 이하의 압력을 측정하는 계측기를 말한다.

⑦ '연성계'라 함은 대기압 이상의 압력과 대기압 이하의 압력을 측정할 수 있는 계측기를 말한다.

⑧ '체절운전'이라 함은 펌프의 성능시험을 목적으로 펌프 토출측의 개폐밸브를 닫은 상태에서 펌프를 운전하는 것을 말한다.

⑨ '기동용 수압개폐장치'라 함은 소화설비의 배관 내 압력변동을 검지하여 자동적으로 펌프를 기동 및 정지시키는 것으로서 압력챔버 또는 기동용 압력스위치 등을 말한다.

⑩ '급수배관'이라 함은 수원 및 옥외송수구로부터 옥내소화전 방수구에 급수하는 배관을 말한다.

⑪ '개폐표시형 밸브'라 함은 밸브의 개폐여부를 외부에서 식별이 가능한 밸브를 말한다.

【옥내소화전 사용요령】

1) 조작순서

옥내소화전설비는 소방대상물의 화재시 3명이 1조가 되어 조작하며, 다음 순서로 행한다.

① 옥내소화전함을 열고 소방용 호스와 방사관창(노즐)을 꺼낸다.
② 2명은 화원(화재가 발생된 장소)으로 달려가 방사관창을 잡는다.
③ 수동기동 방식인 경우 옥내소화전함의 상부에 설치되어 있는 기동스위치를 누른다(나머지 1명).
④ 옥내소화전 방수구(개폐밸브)의 핸들을 5~6회 회전시켜 완전히 개방하여 소화약제인 물이 방사되도록 한다(나머지 1명).
⑤ 화점에 방사한다.
⑥ 소화 후에는 소화전 방수구의 핸들을 돌려 완전히 밸브를 닫는다.
⑦ 호스는 건조 후에 원래의 위치에 보관한다.

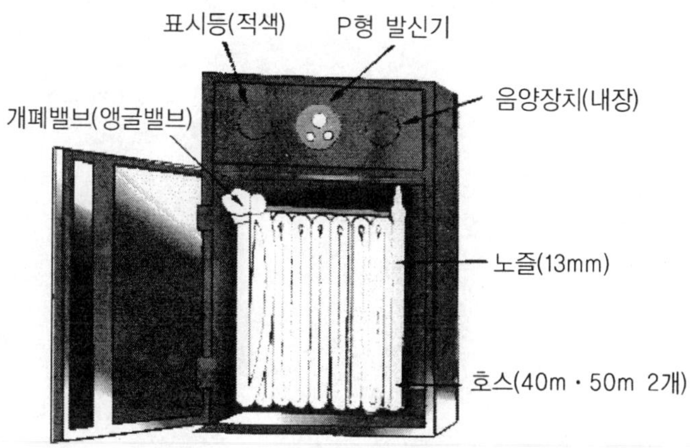

[그림 13-8] 옥소화전함

2) 옥내소화전의 사용상 주의사항

① 방수시 호스가 꺽이지 않도록 하여야 한다.
② 방수시 호스의 반동력이 크므로 노즐을 도중에 놓아서는 안 된다.
③ 옥외소화전은 특히 반동력이 크므로 노즐 조작시 보조조작자가 필요하다.

④ 봉상주수의 경우 75° 각도로 주수하는 것이 효과적이다.

3) 옥내소화전 동작

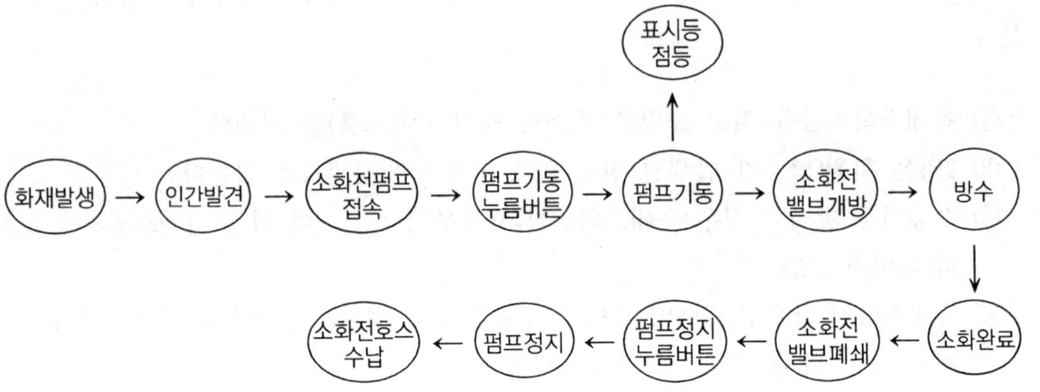

제13장 옥내소화전설비

주관식 연습문제

1. 다음은 옥내소화전설비에 대한 그림이다. 주어진 조건을 숙지한 다음 각 물음에 답하시오.

【조 건】
1. 각 표시등의 공통선은 별도로 1선을 사용한다.
2. MCC의 전원감시 기능은 있는 것으로 본다.
3. 펌프의 기동방식은 on, off 스위치에 의한 수동 기동방식이다.

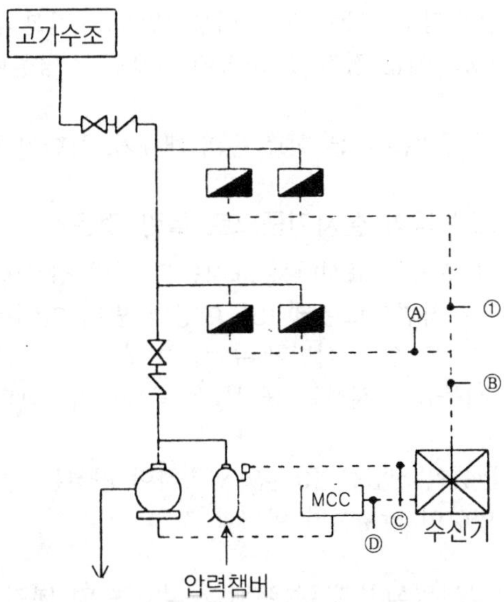

가. Ⓐ~Ⓓ의 전선가닥 수는?
나. ①의 각 전선에 대한 전선용도는?
다. 수압개폐장치를 부설하는 자동 기동방식에 의해 펌프를 기동할 경우 ①의 각 전선에 대한 전선용도는?

2. 소화전 가압송수장치를 기동하는 데 필요한 전기적인 기기장치류를 소화전함의 상부에 취부하려고 한다. 반드시 취부하여야 할 것을 3가지 쓰시오.

제13장 옥내소화전설비

객관식 연습문제

1. 옥내소화전설비에 설치하여야 하는 제어반은?

가. 감시제어반과 발신제어반　　나. 동력제어반과 정류제어반
다. 발신제어반과 정류제어반　　라. 감시제어반과 동력제어반

2. 옥내소화전설비의 비상전원의 설치기준에 대한 설명으로 틀린 것은?

가. 비상전원은 당해 옥내소화전설비를 유효하게 10분 이상 작동할 수 있는 용량으로 할 것
나. 상용전원이 정전된 경우 자동적으로 비상전원으로 전환되는 것으로 할 것
다. 비상전원을 설치장소에는 점검 및 조작에 필요한 조명설비와 비상전원의 표시를 할 것
라. 비상전원 전용수전설비는 다른 회로 등의 개폐기, 차단기에 의하여 차단되지 않을 것

3. 옥내소화전설비에서 표시등의 설치기준으로 틀린 것은?

가. 옥내소화전설비의 위치를 표시하는 표시등은 함의 상부에 설치한 것
나. 표시등의 불빛은 부착면으로부터 15° 이상의 범위 안에서 부착지점으로부터 10[m] 이내의 어느 곳에서도 쉽게 식별할 수 있을 것
다. 가압송수장치의 시동을 표시하는 표시등은 옥내소화전함의 내부 또는 직근에 설치할 것
라. 사용전압에 130[%]인 전압을 10시간 연속하여 가하는 경우, 단선, 현저한 광속변화, 전류변화 등의 현상이 발생하지 아니할 것

4. 옥내소화전설비의 비상전원설비 용량은 해당 설비를 몇 분간 유효하게 동작시킬 수 있는 용량이어야 하는가?

가. 60분　　나. 40분
다. 30분　　라. 20분

5. 옥내소화전설비의 조작회로 및 표시등 회로의 전기배선공사 방법으로 틀린 것은?

가. 가요전선관 공사　　나. 합성수지관 공사
다. 애자사용 공사　　라. 금속덕트 공사

정답

1. 라 2. 가 3. 라 4. 라 5. 다

6. 프리액션 밸브와 소화설비반이 200[m] 떨어진 곳에 각각 설치되어 있다. 소화설비반에서 전원을 공급하여 프리액션 밸브를 기동시킬 경우 선로에서의 전압강하는 몇[V]인가? 단, 프리액션 밸브 구동솔레노이드 밸브의 정격전류는 1.5[A], 선로의 전선은 5.5[㎟])

가. 0.94 나. 1.49

다. 1.94 라. 2.94

7. 옥외소화전함에 설치하지 않아도 되는 것은?

가. 옥외소화전이라고 표시한 표식 나. 가압송수장치 조작스위치

다. 가압송수장치 기동 확인램프 라. 가압송수장치 정지 확인램프

8. 옥외소화전설비에서 가압송수장치의 시동을 명시하는 표시들의 색상은 어떤 색인가?

가. 적색 나. 청색

다. 황색 라. 녹색

정답

6. 다 7. 라 8. 가

제14장 옥외소화전설비

옥외소화전은 건축물의 화재를 진압하는 외부에 설치된 고정설비로서 건축물의 1층과 2층의 화재발생시 또는 옆 건물로의 화재 확대를 방지하기 위해 설치한다. 옥외소화전은 자위소방대의 초기 소화시 또는 소방대가 도착하여 이용할 수 있는 소화설비이다. 설비의 구성은 수원 · 가압송수장치 · 옥외소화전 · 배관 등으로 구성되며, 옥내소화전과는 방수구의 규격만 다른 뿐 거의 구성요소가 비슷하다. 또한 소화전 설치 위치에 따라 지상식과 지하식이 있으며, 방수구의 수량에 따라 단구형과 쌍구형이 있다.

(a) 지상식

(b) 지하식

[그림 14-1] 옥외소화전

1. 옥외소화전 설치대상

① 지상 1층 및 2층의 바닥면적의 합계가 9,000[㎡] 이상인 것. 이 경우 동일구내에 2이상의 건축물이 있는 경우에는 그 건축물의 외벽 상호간의 중심선으로부터 수평거리가 지상 1층에서는 3[m] 이하, 지상 2층에서는 5[m] 이하인 것은 1개의 건축물로 본다.

② 지정문화재로서 연면적 1,000[㎡] 이상인 것

③ 공장 또는 창고로서 750배 이상의 특수가연물을 저장 · 취급하는 것

2. 수원확보 기준

옥외소화전 설비의 수원은 방수량이 350[ℓ/min] 이상이 되고 20분간 사용할 수 있는 양을 확보하여야 하므로 옥외소화전이 2개 이상 설치된 경우 최대수원의 양은 다음과 같다.

$$Q = 350[\ell/min] \times 20[min] = 7000[\ell] = 7[m^3] \times 2[개] = 14[m^3]$$

2개의 옥외소화전을 동시에 사용할 경우 각 옥외소화전의 노즐선단에서의 방수압력은 2.5[kg/㎠]~5[kg/㎠]이어야 하며 노즐선단에서의 방수압력이 7[kg/㎠]을 초과할 경우에는 호스 접결구의 인입측에 감압장치를 설치하여야 한다.

위 식에서 산출된 옥외소화전설비의 수원은 유효수량의 1/3 이상을 옥상(옥외소화전설비가 설치된 건축물의 주된 옥상을 말한다)에 설치하여야 한다.

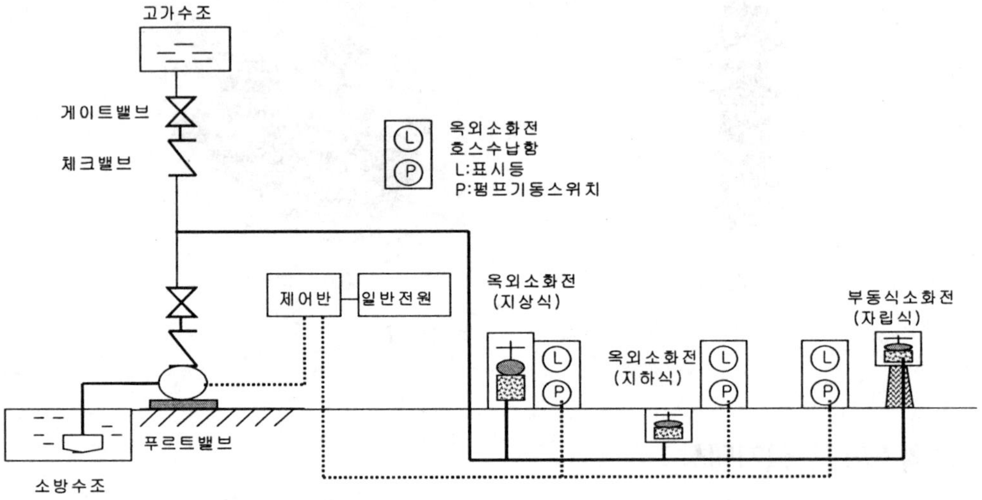

[그림 14-2] 옥외소화전 구성도

3. 가압송수장치

(1) 펌프방식

소화전펌프는 전용으로 하며 토출측에는 압력계, 흡입측에는 진공계 또는 연성계를 설치한다. 그리고 수원의 수위가 펌프보다 낮은 위치에 있는 가압송수장치에는 물올림 장치를 설치해야 한다.

1) 펌프의 토출량

$Q = N \times 350[\ell/\text{min}]$

N : 옥외소화전 수(2개 이상인 경우에는 2개)

2) 펌프의 양정[m]

$H = H_1 + H_2 + H_3 + H_4 + H_5 + H_6$

H_1 : 펌프 흡입높이의 양정[m]
H_2 : 펌프 중심에서 옥외소화전이 설치된 위치까지의 높이[m]
H_3 : 직관부분의 마찰손실두수[m]
H_4 : 관이음쇠, 밸브류 등의 마찰손실두수[m]
H_5 : 호스의 마찰손실두수[m]
H_6 : 최상부 옥외소화전 방수압력의 환산두수(25[m])

(2) 고가수조방식

고가수조방식은 가압송수장치를 기동하기 위한 장치가 필요없는 가압장치이나 소방대상물에 적용하기에는 어려움이 있다. 고가수조방식의 설치기준은 다음과 같다.

① 고가수조의 자연낙차수두(수조의 하단으로부터 최고층에 설치된 소화전 호스 접결구까지의 수직거리를 말한다)는 다음의 식에 따라 산출한 수치 이상이 되도록 하여야 한다.

$H = H_1 + H_2 + 25$

H_1 : 소방용 호스 마찰손실수두[m]
H_2 : 배관의 마찰손실수두[m]

② 고가수조에는 수위계 · 배수관 · 급수관 · 오버플로관 및 맨홀을 설치하여야 한다.

(3) 압력수조방식

압력탱크에 2/3 정도의 물을 채우고 1/3 정도의 압축공기를 채워 규정의 방수량과 압력을 낼 수 있는 수조방식이며 설치기준은 다음과 같다.

① 압력수조의 압력은 다음의 식에 따라 산출한 수치 이상으로 하여야 한다.

$$P = P_1 + P_2 + P_3 + 2.5[\text{kg/㎠}]$$

P_1 : 소방용 호스의 마찰손실수두[kg/㎠]
P_2 : 배관의 마찰손실수두[kg/㎠]
P_3 : 낙차의 환산수두[kg/㎠]

② 압력수조에는 수위계 · 급수관 · 배수관 · 급기관 · 맨홀 · 압력계 · 안전장치 및 압력저하 방지를 위한 자동식 공기압축기를 설치할 것

4. 옥외소화전 설치방법

옥외소화전 설치시 배수가 잘 될 수 있도록 모래 · 자갈 등으로 주변을 채워야 하며 소방법상 표준 지표상의 깊이는 600[mm] 이지만 동결상태 환경에 따라 적절히 시공하여야 한다.

(1) 호스 접결구

① 호스 접결구는 소방대상물의 각 부분으로부터 하나의 호스 접결구까지의 수평거리가 40[m] 이하가 되도록 설치하여야 한다. 이 경우 수평거리가 40[m] 이상인 옥내 부분에는 지름65[㎜] 이상의 방수구를 40[m] 이하마다 설치하여야 한다.
② 호스는 구경이 65[㎜], 길이가 15[m] 것을 2개 설치한다.

(2) 소화전함

옥외소화전 설비에는 옥외소화전마다 5[m] 이내의 장소에 소화전함을 설치하여야 한다.

① 옥외소화전이 10개 이하 설치된 때에는 옥외소화전마다 5m 이내의 장소에 1개 이상의 소화전함을 설치하여야 한다.

② 옥외소화전이 11개 이상, 30개 이하 설치된 때에는 11개 이상의 소화전함을 각각 분산하여 설치하여야 한다.
③ 옥외소화전이 31개 이상 설치된 때에는 옥외소화전 3개마다 1개 이상의 소화전함을 설치하여야 한다.

(3) 소화전함의 재질

옥외소화전 설비의 함의 재질은 다음 기준에 따라 설치하여야 한다.

① 함의 재질은 두께 1.5[㎜] 이상의 강판 또는 두께 4[㎜] 이상의 합성수지재로 하고, 문짝의 면적은 0.5[㎡] 이상으로 하여 밸브의 조작, 호스의 수납 등에 충분한 여유를 가질 수 있도록 하여야 한다.
② 함의 재질이 강판인 경우에는 변색 또는 부식되지 아니하여야 하고, 합성수지재인 경우에는 내열성 및 난연성의 것으로서 8[℃]의 온도에서 24시간 이내에 열로 인한 변형이 생기지 아니하는 것으로 할 것
③ 옥외소화전 설비의 소화전함 표면에는 '옥외소화전'이라고 표시한 표지를 하고, 가압송수장치의 조작부 또는 그 부근에는 가압송수장치의 기동을 명시하는 적색등을 설치하여야 한다.

(4) 표시등

① 옥외소화전 설비의 위치를 표시하는 표시등은 함의 상부에 설치하되 그 불빛은 부착면으로부터 15° 이상의 범위 안에서 부착지점으로부터 10[m] 이내의 어느 곳에서도 쉽게 식별할 수 있는 적색등으로 할 것
② 가압송수장치의 시동을 표시하는 표시등은 옥외소화전함의 상부 또는 그 직근에 설치하되 적색등으로 할 것
③ 표시등은 사용전압의 130[%]인 전압을 24시간 연속하여 가하는 경우에도 단선, 현저한 광속변화, 전류변화 등의 현상이 발생되지 않도록 할 것

5. 전원시설

옥외소화전 설비에는 그 소방대상물의 수전방식에 따라 다음 기준에 따른 상용 전원

회로의 배선을 설치하여야 한다.

① 저압수전인 경우에는 인입개폐기의 직후에서 분기하여 전용배선으로 하여야 하며, 전용의 전선관에 보호되도록 할 것
② 특별고압수전 또는 고압수전일 경우에는 전력용 변압기 2차측의 주차단기 1차측에서 분기하여 전용배선으로 하되, 상용전원의 상시공급에 지장이 없을 경우에는 주차단기 2차측에서 분기하여 전용배선으로 할 것

옥외소화전 설비에는 제어반을 설치하되 감시제어반과 동력제어반으로 구분하여 설치하여야 한다. 다만, 다음 각 호의 1에 해당하는 경우에는 감시제어반과 동력제어반으로 구분하여 설치하지 아니할 수 있다.

① 다음 각 목에 해당하지 아니하는 소방대상물에 설치되는 옥외소화전설비
   ㉮ 지하층을 제외한 층수가 7층 이상으로서 연면적이 2,000[㎡] 이상인 것
   ㉯ ㉮호에 해당하지 아니하는 소방대상물로서 지하층의 바닥면적의 합계가 3,000[㎡] 이상인 것. 다만, 차고 · 주차장 또는 보일러실 · 기계실 · 전기실 등 이와 유사한 장소의 면적은 제외한다.
② 내연기관에 따른 가압송수장치를 사용하는 옥외소화전설비
③ 고가수조에 따른 가압송수장치를 사용하는 옥외소화전설비

6. 용어의 정의

① '고가수조'라 함은 구조물 또는 지형지물 등에 설치하여 자연낙차 압력으로 급수하는 수조를 말한다.
② '압력수조'라 함은 소화용수와 공기를 채우고 일정압력 이상으로 가압하여 그 압력으로 급수하는 수조를 말한다.
③ '충압펌프'라 함은 배관 내 압력손실에 따른 주펌프의 빈번한 기동을 방지하기 위하여 충압역할을 하는 펌프를 말한다.
④ '연성계'라 함은 대기압 이상의 압력과 대기압 이하의 압력을 측정할 수 있는 계측기를 말한다.
⑤ '진공계'라 함은 대기압 이하의 압력을 측정하는 계측기를 말한다.

⑥ '정격 토출량'이라 함은 정격 토출압력에서의 펌프의 토출량을 말한다

⑦ '정격 토출압력'이라 함은 정격 토출량에서의 펌프의 토출측 압력을 말한다.

⑧ '개폐표시형 밸브'라 함은 밸브의 개폐여부를 외부에서 식별이 가능한 밸브를 말한다.

⑨ '기동용 수압개폐장치'라 함은 소화설비의 배관 내 압력변동을 검지하여 자동적으로 펌프를 기동 및 정지시키는 것으로서 압력챔버 또는 기동용 압력스위치 등을 말한다.

⑩ '급수배관'이라 함은 수원으로부터 옥외소화전 방수구에 급수하는 배관을 말한다.

제15장 스프링클러 소화설비

스프링클러설비는 화재가 발생한 경우 화재발생 부분의 천장에 있는 배관을 통하여 공급된 물이 스프링클러 헤드에 의해 방사되어 화재를 신속하고 효과적으로 진압할 수 있는 소화설비이다.

이 설비의 종류는 크게 습식 · 건식 · 준비작동식으로 나눌 수 있다.

1. 습식 스프링클러 소화설비

습식 스프링클러 소화설비는 평상시에는 배관 내의 물이 헤드까지 도달해 있는 상태를 유지하고, 화재가 발생하면 헤드 감열체가 열에 의해 용해되어 가압수가 화재발생지점으로 방사되도록 구성된 설비이다.

화재시 방수가 이루어지게 되면 배관내 물의 유동을 유수검지장치(alarm valve)에 의해 압력 스위치가 동작하고 이 신호를 경보신호로 발생한다.

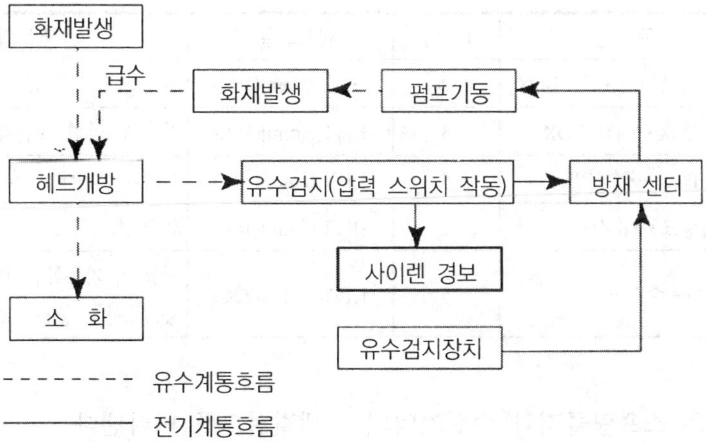

[그림 15-1] 습식 스프링클러설비의 흐름도

습식 스프링클러 소화설비는 동절기 배관 동결 우려가 없는 장소에 설치하거나 보온대책을 세우는 것이 필수적이며 일반적으로 많이 사용되는 스프링클러 방식이다.

[그림 15-1]은 습식 스프링클러의 흐름도이며, [그림 15-2]는 습식 스프링클러의 계통도이다.

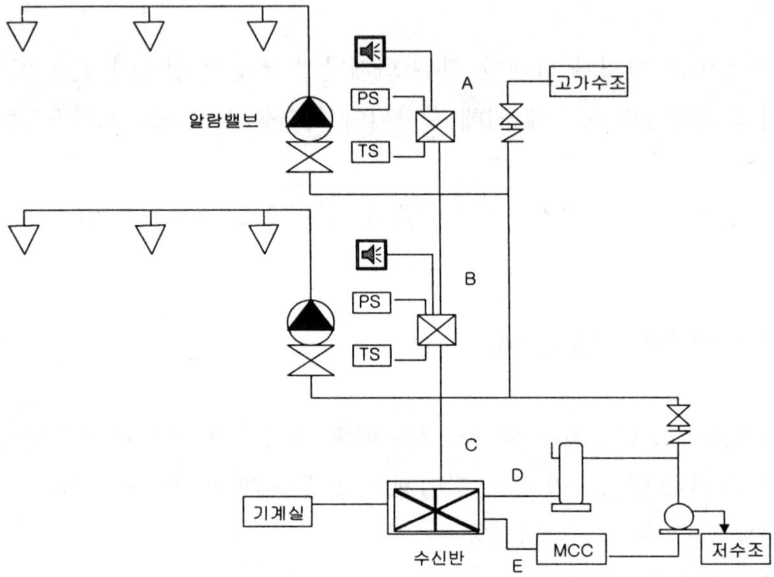

[그림 15-2] 습식 계통도

〈표 15-1〉 사용전선내역

기호	구 분	배선수	배선의 굵기	배선의 용도
A	압력 스위치 ↔ 4각 BOX	2	HIV1.6[mm](16C)	유수검지 스위치2
B	4각 BOX ↔ 4각 BOX	3	HIV1.6[mm](16C)	사이렌, 압력 스위치 동작확인, 공통
C	4각 BOX ↔ 수신반	5	HIV1.6[mm](22C)	사이렌 2, 압력 스위치 동작 확인2, 공통
D	압력탱크 ↔ 수신반	2	HIV1.6[mm](16C)	압력 스위치 2
E	MCC ↔ 수신반	5	HIV1.6[mm](22C)	기동 2, 기동확인 표시등, 전원감시표시등, 표시등 공통

[그림 15-3]은 스프링클러와 수신기와의 상세결선도를 나타낸다.

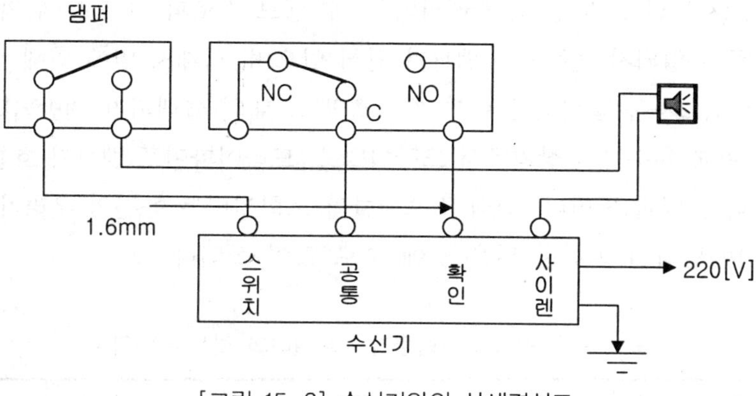

[그림 15-3] 수신기와의 상세결선도

2. 건식 스프링클러 소화설비

습식은 배관내 물이 항상 채워져 있는 반면 건식은 밸브를 중심으로 1차측에만 물이 채워져 있고 2차측에는 에어컴퓨레셔에 의한 압축공기가 채워져 있다.

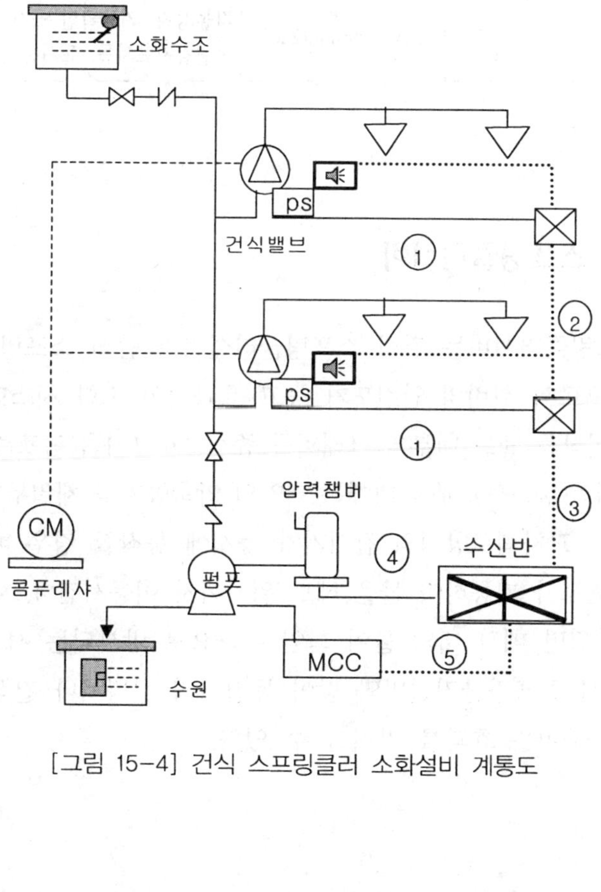

[그림 15-4] 건식 스프링클러 소화설비 계통도

평상시에는 2차측의 공기 압력, 클래퍼의 무게, 밸브 스토퍼 기구 등에 의해서 1차측 물이 2차측으로 유입되지 못하도록 밸브가 닫혀 있으며, 화재시 열에 의해 헤드의 감열부가 용해되어 1, 2차측 압력의 균형이 깨지고 밸브 내의 클래퍼가 개방되면서 소화수가 방출된다. 이때 유수검지 장치로서 드라이밸브, 드라이파이프 밸브가 흐름을 감지하여 경보를 발하는 역할을 한다. 건식 스프링클러 소화설비는 동결의 우려가 있는 장소에 주로 쓰이며 난방이 곤란한 넓은 곳에 주로 많이 쓰인다.

〈표 15-2〉 건식 스프링클러 소화설비의 회선수 내역

<table>
<tr><th>기호</th><th>적용구간</th><th>배선수</th><th>배선굵기</th><th>배선의 용도</th><th>비고</th></tr>
<tr><td>①</td><td>압력스위치⇔4각 박스</td><td>2</td><td>IV 1.6[mm](16C)</td><td>유수검지스위치2</td><td rowspan="5">건식 스프링클러 소화설비의 소요전선 내역은 습식 스프링클러 소화설비의 소요 전선내역과 같다.</td></tr>
<tr><td>②</td><td>4각 박스⇔4각 박스</td><td>3</td><td>HIV 1.6[mm](16C)</td><td>사이렌, 유수검지스위치, 공통</td></tr>
<tr><td>③</td><td>4각 박스⇔수신반</td><td>5</td><td>HIV 1.6[mm](22C)</td><td>사이렌 2, 유수검지스위치 2, 공통</td></tr>
<tr><td>④</td><td>압력탱크⇔수신반</td><td>2</td><td>HIV 1.6[mm](16c)</td><td>압력스위치2</td></tr>
<tr><td>⑤</td><td>MCC⇔수신반</td><td>5</td><td>HIV 1.6[mm](22C)</td><td>기동정지, 기동확인 표시등, 전원감지표시등, 표시등 공통</td></tr>
</table>

3. 준비 작동식 스프링클러설비

준비작동식 스프링클러설비는 건식 스프링클러설비와 습식 스프링클러설비의 장단점을 보완한 시스템으로서 설비의 안전도가 높고 효과적인 소화 시스템이라 할 수 있다.

이 시스템은 준비작동 밸브 내부의 클래퍼를 중심으로 1차측(펌프측)에는 압력을 가진 물이 위치하고, 2차측(헤드측) 배관 내에는 저압의 압축공기를 채워두거나 대기압 상태를 유지시킨다. 화재시 교차회로방식의 감지기가 동시에 동작할 경우 배관 내의 클래퍼가 열려지고 동시에 펌프가 기동하여 물을 헤드 위치까지 이동시킨다. 이후 헤드의 감열부가 열에 의해 개방되면 배관 내의 물이 화염 부근으로 방사되는 시스템이다.

이 시스템은 습식 스프링클러설비와 같이 동절기의 결빙이나 건식의 방수 개시시간 지연 등의 단점을 줄이는 효과를 가져올 수 있다.

그러나 이러한 여러 가지 장점에도 불구하고 먼지 등에 의해 연기 감지기 등의 오작동으로 인한 시스템의 신뢰성 문제를 야기시킴으로써 준비작동식 스프링클러설비의 설치를 기피하는 현상도 다소 발생하고 있다.

[그림 15-5]는 준비작동식 스프링클러 설비의 동작흐름도를 나타낸다.

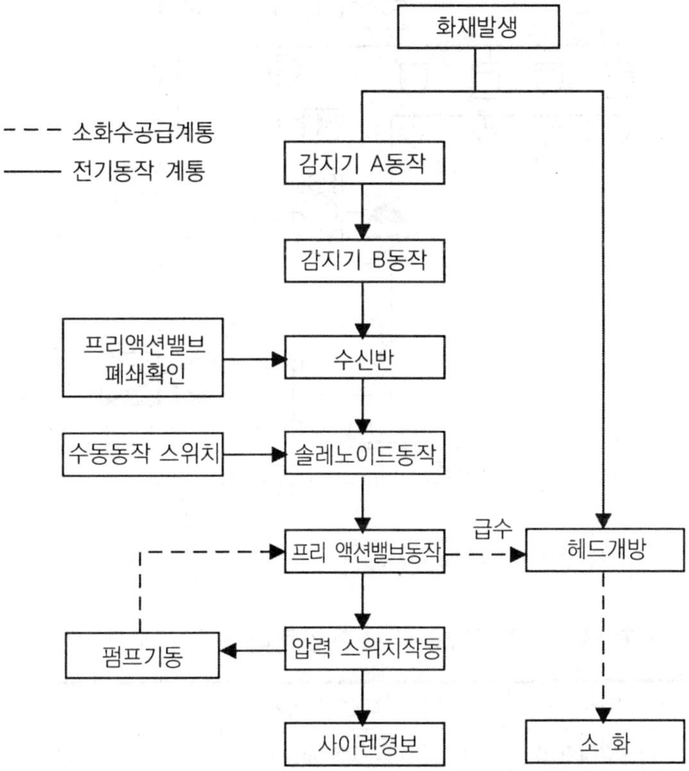

[그림 15-5] 준비작동식 스프링클러설비의 동작 흐름도

[그림 15-6]은 준비작동식 스프링클러설비의 계통도를 말한다.

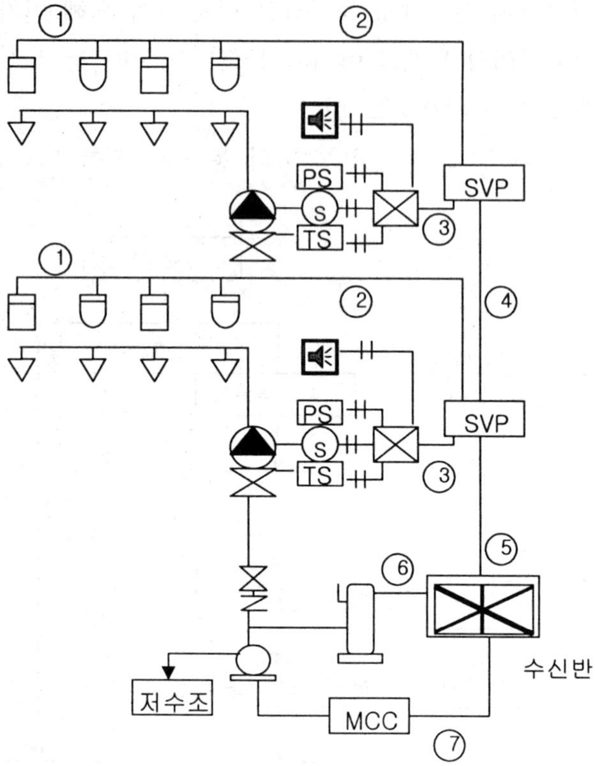

[그림 15-6] 준비작동식 스프링클러설비의 계통도

〈표 15-3〉 준비작동식 스프링클러설비의 소요 회선수

기호	구 분	배선수	배선의 굵기	배선의 용도
①	감지기 A ↔ 감지기 B	4	IV1.2[mm](16C)	지구, 공통 각 2가닥
②	감지기 B ↔ SVP	8	HIV1.2[mm](16C)	지구, 공통 각 4가닥
③	준비작동밸브 ↔ SVP	5	HIV1.6[mm](16C)	밸브 기동(SV), 밸브개방 확인,(PS), 밸브 주의(TS), 사이렌, 공통
④	SVP ↔ SVP	9	HIV1.6[mm](28C)	전원(+), (−), 전화, 감지기 A, B, 밸브 기동, 밸브개방 확인, 밸브 주의, 사이렌
⑤	2지구 일 때	15	HIV1.6[mm](36C)	전원(+), (−), 전화, (감지기 A, B, 밸브 기동, 밸브개방 확인, 밸브주의, 사이렌)×2
⑥	압력 탱크 ↔ 수신반	2	HIV1.6[mm](16C)	압력스위치 2
⑦	MCC ↔ 수신반	5	HIV1.6[mm](22C)	기동 2, 기동확인 표시등, 전원감시표시등, 표시등 공통

[그림 15-7]은 일반적으로 사용되는 수동조작함의 결선도 및 계통도를 나타낸다.

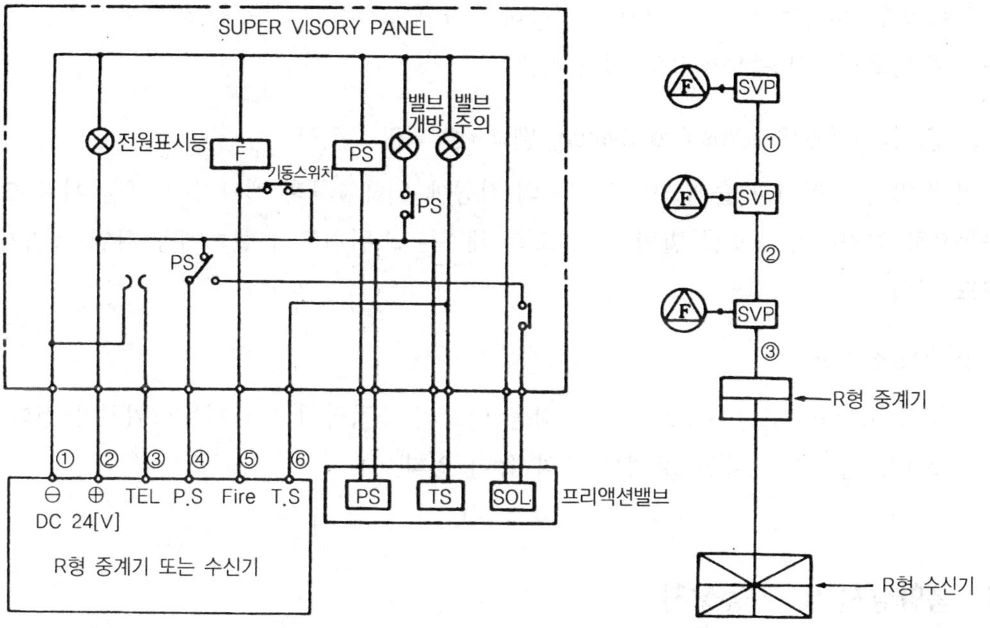

[그림 15-7] 수동조작함의 결선도 및 배선 용도

〈표 15-4〉 수동조작함 연결 소요 회선수

기호	구 분	배선수	배선의 용도	배선의 용도
①	SVP 1↔SVP 2	6	전원(+), (−), 전화, 밸브 기동, 밸브개방 확인, 밸브 주의	감지기 A, B, 밸브, 사이렌 선은 추가되지 않았음.
②	SVP 2↔SVP 3	9	전원(+), (−), 전화, (밸브 기동, 밸브개방 확인, 밸브 주의)×2	
③	SVP 3↔수신반	12	전원(+), (−), 전화, (밸브 기동, 밸브개방 확인, 밸브 주의)×3	

1) 솔레노이드 밸브 기동 스위치(SoL : Solenoid Valve switch)

배관 내의 클레퍼가 1차측을 폐쇄하고 있도록 하는 전기적인 잠금 장치이다. 이 밸브는 화재시 자동화재담지설비와 연동하여 동작하거나 수동조작함의 기동으로 작동된다.

2) 템퍼 스위치(TS : Temper Switch, 밸브주의)

개폐지시형 밸브에 부착하여 수동조작함(supervisory panel) 및 감지기회로의 고장 등으로 인한 부작동시 이 스위치를 이용하여 수동조작함의 기능을 회복시켜주는 비상용 스위치로서 밸브주의라고도 한다.

3) 압력스위치(PS : Pressure Switch, 밸브개방 확인 스위치)

이 스위치는 화재시 솔레노이드 밸브의 작동에 의해 1차측 밸브가 개방될 때 유수를 자동으로 검지하여 경보를 발할 수 있도록 해주는 스위치로서 밸브개방 확인 스위치라고도 한다.

4) 수동조작함

수동조작(supervisory panel)은 준비작동 밸브의 조정장치로서 기동스위치와 전화 잭이 있으며, 밸브개방 확인 및 밸브주의 등이 있다.

4. 음향장치 및 기동장치

화재 조기진압용 스프링클러설비의 음향장치 및 기동장치는 다음 각 호의 기준에 따라 설치하여야 한다.

① 유수검지장치를 사용하는 설비에 있어서는 헤드가 개방되면 유수검지장치가 화재신호를 발신하고 그에 따라 음향장치가 경보되도록 하여야 한다.
② 음향장치는 유수검지장치 등의 담당구역마다 설치하되 그 구역의 각 부분으로부터 하나의 음향장치까지의 수평거리는 25m 이하가 되도록 한다.
③ 음향장치는 경종 또는 사이렌(전자식 사이렌을 포함한다)으로 하되, 주위의 소음 및 다른 용도의 경보와 구별이 가능한 음색으로 할 것. 이 경우 음향장치를 경종으로 설치하는 경우에는 유수검지장치 등의 부근에 유수검지장치 등이 개방되어 2차측에 유수가 있는 때 경보되는 사이렌을 1개 이상 설치하여야 하며 그 사이렌은 자동화재담지설비・비상벨설비 또는 자동식 사이렌설비의 음향장치와 겸용할 수 있다.
④ 주음향장치는 수신의 내부 또는 그 직근에 설치할 것
⑤ 5층(각하층을 제외한다) 이상으로서 연면적이 3,000[m^2]를 초과하는 소방대상물

또는 그 부분에 있어서는 2층 이상의 층에서 발화한 때에는 발화층 및 그 지상층에 한하여 1층에서 발화할 때에는 발화층·그 직상층 및 지하층에 한하여, 지하층에서 발화한 때에는 발화층·그 직상층 및 기타의 지하층에 한하여 경보를 발할 수 있도록 할 것

⑥ 음향장치는 다음 각목의 기준에 따른 구조 및 성능의 것으로 할 것
 - 정격전압의 80[%] 전압에서 음향을 발할 수 있는 것으로 할 것
 - 음량은 부착된 음향장치의 중심으로부터 1[m] 떨어진 위치에서 90[폰] 이상이 되는 것으로 할 것

화재 조기진압용 스프링클러설비의 가압송수장치로서 펌프가 설치되는 경우에는 그 펌프의 작동은 유수검지장치의 발신이나 기동용 수압개폐장치에 따라 작동되거나 또는 이 두 가지의 혼용에 따라 작동될 수 있도록 하여야 한다.

5. 전 원

화재 조기진압용 스프링클러설비에는 다음 각 호의 기준에 따른 상용전원회로의 배선을 설치하여야 한다.

① 저압수전인 경우에는 인입개폐기의 직후에서 분기하여 전용배선으로 하여야 하며 전용의 전선관에 보호되도록 할 것

② 특별 고압수전 또는 고압수전일 경우에는 전력용 변압기 2차측의 주차단기 1차측에서 분기하여 전용배선으로 하되 상용전원의 상시공급에 지장이 없을 경우에는 주차단기 2차측에서 분기하여 전용배선으로 할 것. 다만, 가압송수장치의 정격입력전압이 수전전압과 같은 경우에는 제1호의 기준에 따른다.

화재 조기진압용 스프링클러 설비에는 자가발전설비 또는 축전지설비에 따른 비상전원을 설치하여야 한다. 다만, 2 이상의 변전소에서 전력을 동시에 공급받을 수 있거나 하나의 변전소로부터 전력의 공급이 중단되는 때에는 자동으로 다른 변전소로부터 전력을 공급받을 수 있도록 상용전원을 설치한 경우에는 비상전원을 설치하지 아니할 수 있다.

제②항의 규정에 따라 비상전원 중 자가발전설비 또는 축전설비(내연기관에 따른 펌프를 설치한 경우에는 내연기관의 기동 및 제어용 축전지를 말한다)는 다음 각 호의 기준을 비상전원수전설비는 소방시설용 비상전원수전설비의 화재안전기준(NFSC 602)에 따라 설치하여야 한다.

① 점검에 편리하고 화재 및 침수 등의 재해로 인한 피해를 받을 우려가 없는 곳에 설치할 것
② 화재 조기진압용 스프링클러설비를 유효하게 20분 이상 작동할 수 있어야 함
③ 상용전원으로부터 전력 공급이 중단된 때에는 자동으로 비상전원으로부터 전력을 공급받을 수 있도록 할 것
④ 비상전원의 설치장소는 다른 장소와 방화구획할 것. 이 경우 그 장소에는 비상전원의 공급에 필요한 기구나 설비외의 것(열병합 발전설비에 필요한 기구나 설비는 제외한다)을 두어서는 아니된다.
⑤ 비상전원을 실내에 설치하는 때에는 그 실내에 비상조명등을 설치할 것

6. 제어반

화재 조기전압용 스프링클러설비에는 제어반을 설치하되 감시제어반과 동력제어반으로 구분하여 설치하여야 한다. 다만, 다음 각 호의 1에 해당하는 경우에는 감시제어반과 동력제어반으로 구분하여 설치하지 아니할 수 있다.

① 다음 각 목의 1에 해당하지 아니하는 소방대상물에 설치되는 화재조기전압용 스프링클러설비
 - 지하층을 제외한 층수가 7층 이상으로서 연면적이 2,000[m^2] 이상인 것
 - 제1호에 해당하지 아니하는 소방대상물로서 지하층의 바닥면적의 합계가 3,000[m^2] 이상인 것. 다만, 차고·주차장 또는 보일러실·기계실·전기실 등 이와 유사한 장소의 면적을 제외한다.
② 내연기관에 따른 가압송수장치를 사용하는 화재장치진압용 스프링클러설비
③ 고가수조에 따른 가압송수장치를 사용하는 화재조기진압용 스프링클러설비

감시제어반의 기능은 다음 각 호의 기준에 적합하여야 한다. 다만, 제1항 각 호의 1

에 해당하는 경우에는 제3호 및 제5호의 규정을 적용하지 아니한다.

① 각 펌프의 작동여부를 확인할 수 있는 표시등 및 음향경보기능이 있어야 할 것
② 각 펌프를 자동 및 수동으로 작동시키거나 자동을 중단시킬 수 있어야 할 것
③ 비상전원을 설치한 경우에는 상용전원 및 비상전원의 공급여부를 확인할 수 있어야 하고, 자동 또는 수동으로 상용전원 또는 비상전원으로의 전환이 가능할 것
④ 수조 또는 물올림탱크가 저수위로 될 때 표시등 및 음향으로 경보할 것
⑤ 예비전원이 확보되고 예비전원의 적합여부를 시험할 수 있어야 할 것

감시제어반은 다음 각 호의 기준에 따라 설치하여야 한다.

① 화재 및 침수 등의 재해로 인한 피해를 받을 우려가 없는 곳에 설치할 것
② 감시제어반은 스프링클러설비의 전용으로 할 것. 다만, 스프링클러설비의 제어에 지장이 없는 경우에는 다른 설비와 겸용할 수 있다.
③ 감시제어반은 다음 각 목의 기준에 따른 전용실안에 설치할 것. 다만 제1항 각 호의 1에 해당하는 경우와 공장, 발전소 등에서 설비를 집중 제어 · 운전할 목적으로 설치하는 중앙제어실내에 감시제어반을 설치하는 경우에는 그러하지 아니한다.
   - 다른 부분과 방화구획을 할 것. 이 경우 전용실의 벽에는 기계실 또는 전기실 등의 감시를 위하여 두께 7[mm] 이상의 방임유리(두께 16.3[mm] 이상의 접합유리 또는 두께 28[mm] 이상의 복층유리를 포함한다)로 된 4[m^2] 미만의 붙박이창을 설치할 수 있다.
   - 피난층 또는 지하 1층에 설치할 것. 다만, 건축법시행령 제35조의 규정에 따라 특별피난계단이 설치되고 그 계단(부속실을 포함하다) 출입구로부터 보행거리 5[m] 이내에 전용실의 출입구가 있는 경우에는 지상 2층에 설치하거나 지하1층외의 지하층에 설치할 수 있다.
   - 비상조명등 및 급 · 배기설비를 설치할 것

7. 배 선

화재 조기진압용 스프링클러설비 배선은 다음 각호의 기준에 따라 설치하여야 한다.

① 비상전원으로부터 동력제어반 및 가압송수장치에 이르는 전원회로배선은 내화배선으로 할 것. 다만, 자가발전설비와 동력제어반이 동일한 실에 설치된 경우에는 자가발전기로부터 그 제어반에 이르는 전원회로 배선은 그러하지 아니한다.

② 사용전원으로부터 동력제어반에 이르는 배선, 그 밖의 스프링클러설비의 감시·조작 또는 표시등회로의 배선은 내화배선 또는 내열배선으로 할 것. 다만, 감시제어반 또는 동력제어반 안의 감시·조작 또는 표시등회로의 배선은 그러하지 아니한다.

위항의 규정에 따른 내화배선 및 내열배선에 사용되는 전선 및 설치방법은 옥내소화전설비의 화재안전기준(NFSC 102)의 별표 1의 기준에 따른다.

화재조기진압용 스프링클러설비의 과전류차단기 및 개폐기에는 '화재조기진압용 스프링클러설비용'이라고 표시한 표지를 하여야 한다.

화재조기진압용 스프링클러설비 전기배선의 양단 및 접속단자에는 다음 각호의 기준에 따라 표지하여야 한다.

① 단자에는 '화재조기진압용 스프링클러설비단자'라고 표시한 표지를 부착할 것

② 화재조기진압용 스프링클러설비용 전기배선의 양단에는 다른 배선과 식별이 용이하도록 표시할 것

8. 설치제외

다음 각 호에 해당하는 물품의 경우에는 화재조기진압용 스프링클러를 설치하여서는 아니된다. 다만, 물품에 대한 화재시험등 공인기관의 시험을 받은 것은 제외한다.

① 제4류 위험물

② 타이어, 두루마리 종이 및 섬유류, 섬유제품 등 연소시 화염의 속도가 빠르고 방사된 물이 하부까지에 도달하지 못하는 것

제16장 이산화탄소 소화설비와 하론 소화설비

이산화탄소 소화설비 및 하론 소화설비는 물을 이용하는 스프링클러설비와 달리 가스를 이용한 질식 소화방식을 이용한 소화설비이다. 화재시 물질의 연소현상을 지속하기 위해서는 산소가 필수적으로 필요하다. 따라서 이산화탄소 또는 하론 가스 등을 주입시켜 공기 중의 산소 농도를 줄임으로써 더 이상 연소현상이 발생되지 못하도록 하여 소화하는 방식이다.

약제방출방식에 따라 전역방출방식과 국소방출방식 및 호스릴방식 등이 있다.

1. 이산화탄소 소화설비

(1) 약제의 방출방식

1) 전역방출방식

불연성의 벽 등으로 밀폐되어 있는 경우 구역 전역에 가스를 방출하는 방식으로서 고정식 이산화탄소 공급장치에 배관 및 분사헤드를 고정 설치하여 밀폐방호공간 내에 이산화탄소를 방출하는 설비를 말한다.

2) 국소방출방식

개구부가 큰 곳, 또는 가스 방출시 인명피해의 우려가 있는 경우 방호대상물이 있는 부분만 가스를 방출하는 방식으로서 고정식 이산화탄소 공급장치에 배관 및 분사헤드를 설치하여 직접 화점에 이산화탄소를 방출하는 설비로 화재 발생부분에만 집중적으로 소화약제를 방출하도록 하는 설비를 말한다.

3) 호스릴방식

분사헤드가 배관에 고정되어 있지 않고 소화약제 저장용기에 호스를 연결하여 사람이 직접화점에 소화약제를 방출하는 이동식 소화설비를 말한다.

(2) 기동장치

이산화탄소 소화설비의 수동식 기동장치는 다음 각 호의 기준에 따라 설치하여야 한다. 이 경우 수동식 기동장치의 부근에는 소화약제의 방출을 지연시킬 수 있는 비상스위치(자동복귀형 스위치로서 수동식 기동장치의 타이머를 순간정지시키는 기능의 스위치를 말한다)를 설치하여야 한다.

① 전역방출방식에 있어서는 방호구역마다, 국소방출방식에 있어서는 방호대상물마다 설치할 것
② 당해 방호구역의 출입구 부분 등 조작을 하는 자가 쉽게 피난할 수 있는 장소에 설치할 것
③ 기동장치의 조작부는 바닥으로부터 높이 0.8[m] 이상 1.5[m] 이하의 위치에 설치하고, 보호판 등에 따른 보호장치를 설치할 것
④ 기동장치에는 그 가까운 곳의 보기 쉬운 곳에 '이산화탄소 소화설비 기동장치'라고 표시한 표지를 할 것
⑤ 전기를 사용하는 기동장치에는 전원표시등을 설치할 것
⑥ 기동장치의 방출용 스위치는 음향경보장치와 연동하여 조작될 수 있는 것으로 할 것

이산화탄소 소화설비의 자동식 기동장치는 자동화재탐지설비의 감지기의 작동과 연동하는 것으로서 다음 각 호의 기준에 따라 설치하여야 한다.

① 자동식 기동장치에는 수동으로도 기동할 수 있는 구조로 할 것
② 전기식 기동장치로서 7병 이상의 저장용기를 동시에 개방하는 설비에 있어서는 2병 이상의 저장용기에 전자 개방밸브를 부착할 것
③ 가스압력식 기동장치는 다음의 기준에 따를 것
  - 기동용 가스용기 및 당해 용기에 사용하는 밸브는 250[kg/cm^2] 이상의 압력에 견딜 수 있는 것으로 할 것
  - 기동용 가스용기에는 내압시험 압력의 0.8배 내지 내압시험압력 이하에서 작동하는 안전장치를 설치할 것
  - 기동용 가스용기의 용적은 1 이상으로 하고 당해 용기에 저장하는 이산화탄소의 양은 0.6[kg] 이상으로 하며 충전비는 1.5 이상으로 할 것

④ 기계식 기동장치에 있어서는 저장용기를 쉽게 개방할 수 있는 구조로 할 것

이산화탄소 소화설비가 설치된 장소의 출입구 등 보기 쉬운 곳에 소화약제의 방사를 표시하는 표시등을 설치하여야 한다.

(3) 제어반

이산화탄소 소화설비의 제어반 및 화재표시반은 다음 각 호의 기준에 따라 설치하여야 한다. 다만, 자동화재탐지설비 수신기의 제어반이 화재표시반의 기능을 가지고 있는 것에 있어서는 화재표시반을 설치하지 아니할 수 있다.

① 제어반은 수동기동장치 또는 감지기에서의 신호를 수신하여 음향경보장치의 작동, 소화약제의 방출 또는 지연 기타의 제어기능을 가진 것으로 하고 제어반에는 전원표시등을 설치할 것

② 화재표시반은 제어반에서의 신호를 수신하여 작동하는 기능을 가진 것으로 하되 다음의 기준에 따라 설치할 것

- 각 방호구역마다 음향경보장치의 조작 및 감지기의 작동을 명시하는 표시등과 이와 연동하여 작동하는 벨·부자 등의 경보기를 설치할 것. 이 경우 음향경보장치의 조작 및 감지기의 작동을 명시하는 표시등을 겸용할 수 있다.
- 수동식 기동장치에 있어서는 그 방출용 스위치의 작동을 명시하는 표시등을 설치할 것
- 소화약제의 방출을 명시하는 표시등을 설치할 것
- 작동식 기동장치에 있어서는 자동·수동의 절환을 명시하는 표시등을 설치할 것

③ 제어반 및 화재표시반의 설치장소는 화재에 따른 영향·진동 및 충격에 따른 영향 및 부식의 우려가 없고 점검에 편리한 장소에 설치할 것

④ 제어반 및 화재표시반에는 회로도 및 취급설명서를 비치할 것

(4) 화재감지기 및 음향경보장치

이산화탄소 소화설비의 자동식 기동장치는 다음 각 호의 기준에 따른 화재감지기를 설치하여야 한다.

① 각 방호구역 내의 화재감지기의 감지에 따라 작동되도록 할 것
② 화재감지기의 회로는 교차회로방식으로 설치할 것

이산화탄소 소화설비의 음향경보장치는 다음 각 호의 기준에 따라 설치하여야 한다.

① 수동식 기동장치를 설치한 것에 있어서는 그 기동장치의 조작으로 경보하고 자동식 기동장치를 설치한 것에 있어서는 화재감지기와 연동하여 자동으로 경보를 발하는 것으로 할 것
② 소화약제의 방사개시 후 1분 이상 경보를 계속할 수 있는 것으로 할 것
③ 방호구역 또는 방호대상물이 있는 구획 안에 있는 자에게 유효하게 경보할 수 있는 것으로 할 것

방송에 따른 경보장치를 설치할 경우에는 다음 각 호의 기준에 따라야 한다.

① 증폭기 재생장치는 화재시 연소의 우려가 없고 유지관리가 쉬운 장소에 설치할 것
② 방호구역 또는 방호대상물이 있는 구획의 각 부분으로부터 하나의 확성기까지의 수평거리는 25[m] 이하가 되도록 할 것

(5) 자동폐쇄장치

전역방출방식의 이산화탄소 소화설비를 설치한 소방대상물 또는 그 부분에 대하여는 다음 각 호의 기준에 따라 자동폐쇄장치를 설치하여야 한다.

① 환기장치를 설치한 것에 있어서는 이산화탄소가 방사되기 전에 당해 환기장치가 정지할 수 있도록 할 것
② 개구부가 있거나 천장으로부터 1[m] 이상의 아래부분 또는 바닥으로부터 해당층의 높이의 3분의 2 이내의 부분에 통기구가 있어 이산화탄소의 유출에 따라 소화효과를 감소시킬 우려가 있는 것에 있어서는 이산화탄소가 방사되기 전에 당해 개구부 및 통기구를 폐쇄할 수 있도록 할 것
③ 자동폐쇄장치는 방호구역 또는 방호대상물이 있는 구획의 밖에서 복구할 수 있는 구조로 하고, 그 위치를 표시하는 표지를 할 것

(6) 비상전원

이산화탄소 소화설비의 비상전원은 자가발전설비 또는 축전지설비로서 다음 각 호의 기준에 따라 설치하여야 한다.

① 점검에 편리하고 화재 및 침수 등의 재해로 인한 피해를 받을 우려가 없는 곳에 설치할 것
② 이산화탄소 소화설비를 유효하게 20분 이상 작동할 수 있어야 할 것
③ 상용전원으로부터 전력의 공급이 중단된 때에는 자동으로 비상 전원으로부터 전력을 공급받을 수 있도록 할 것
④ 비상전원의 설치장소는 다른 장소와 방화구획할 것. 이 경우 그 장소에는 비상전원의 공급에 필요한 기구나 설비 외의 것(열병합발전설비에 필요한 기구나 설비는 제외한다)을 두어서는 안된다.
⑤ 비상전원을 실내에 설치하는 때에는 그 실내에 비상조명등을 설치할 것

2. 하론 소화설비

하론 1301(CF_3Br) 가스는 인체에 무해하며 대상물에 대한 부식성이 없고 전기적으로 절연이 되기 때문에 화재의 충격, 손상, 청결화가 요구되는 곳에 많이 쓰이고 있다. 이 가스는 공기보다 밀도가 커서 방호대상물의 깊숙한 곳까지 침투하여 소화할 수 있다.

하론 소화설비의 약제방출 방식 및 기동장치, 제어반, 화재감지기 그리고 음향경보장치 및 비상전원 등에 대한 기준은 'NFSC 107'에 자세히 설명되어 있으므로 생략하기로 한다.

(1) 고정식 하론설비

[그림 16-1]은 고정식하론 소화설비 계통도이다. 화재발생시 감지기가 동작되면 하론 소화설비 수신반에 표시되면서 경보사이렌이 울린다.

또한 방출설정시간 경과 후 기동 솔레노이드에 의해 하론가스용기에 저장된 소화약제가 방출되며 압력스위치에 의해 방출표시등이 점등된다.

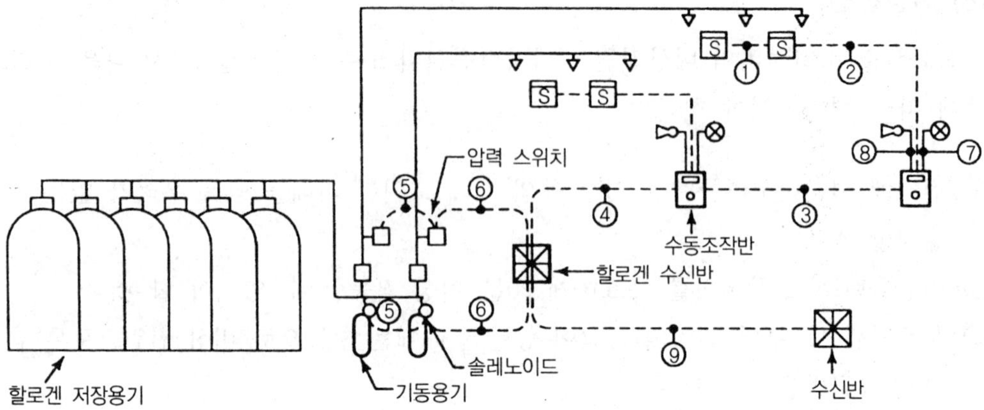

[그림 16-1] 고정식 하론 소화설비

〈표 16-1〉 고정식 하론설비 소요회선수

기호	구분	배선수	배선굵기	배선의 용도
①	감지기↔감지기	4	IV 1.2[mm](16[C])	지구, 공통 각 2가닥
②	감지기↔수동조작함	8	HIV 1.2[mm](16[C])	지구, 공통 각 4가닥
③	수동조작함↔수동조작함	7	HIV 1.6[mm](22[C])	전원 + −, 감지기 A.B, 기동 S/W, 사이렌, 방출표시등 (방출지연 생략)
④	2zone일 경우	12	HIV 1.6[mm](36[C])	전원 + −, (감지기 A.B, 기동 S/W, 사이렌, 방출표시등)×2
⑤	압력 S/W↔압력 S/W↔솔레노이드 ↔솔레노이드	2	HIV 1.6[mm](16[C])	기동, 공통
⑥	압력 S/W, 솔레노이드↔할로겐화합물 수신반	3	HIV 1.6[mm](16[C])	압력 2, 공통 SOL 2, 공통
⑦	방출표시등↔수동조작함	2	HIV 1.6[mm](16[C])	기동, 공통
⑧	사이렌↔수동조작반	2	HIV 1.6[mm](16[C])	기동, 공통
⑨	할로겐화합물 수신반↔수신기	7	HIV 1.6[mm](28[C])	전원 +, −, 감지기 A, B, 기동, 방출표시등, 방출지연

[그림 16-2]는 고정식 하론 소화설비 평면도를 나타낸다.

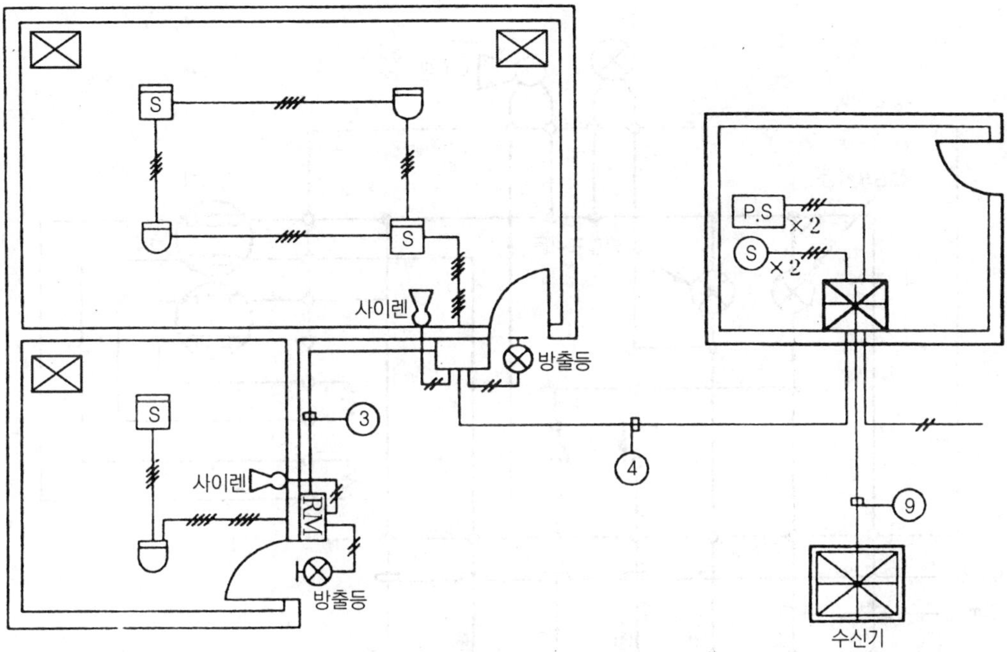

[그림 16-3]은 고정식 하론 소화설비 전역방출방식 결선도를 나타낸다.

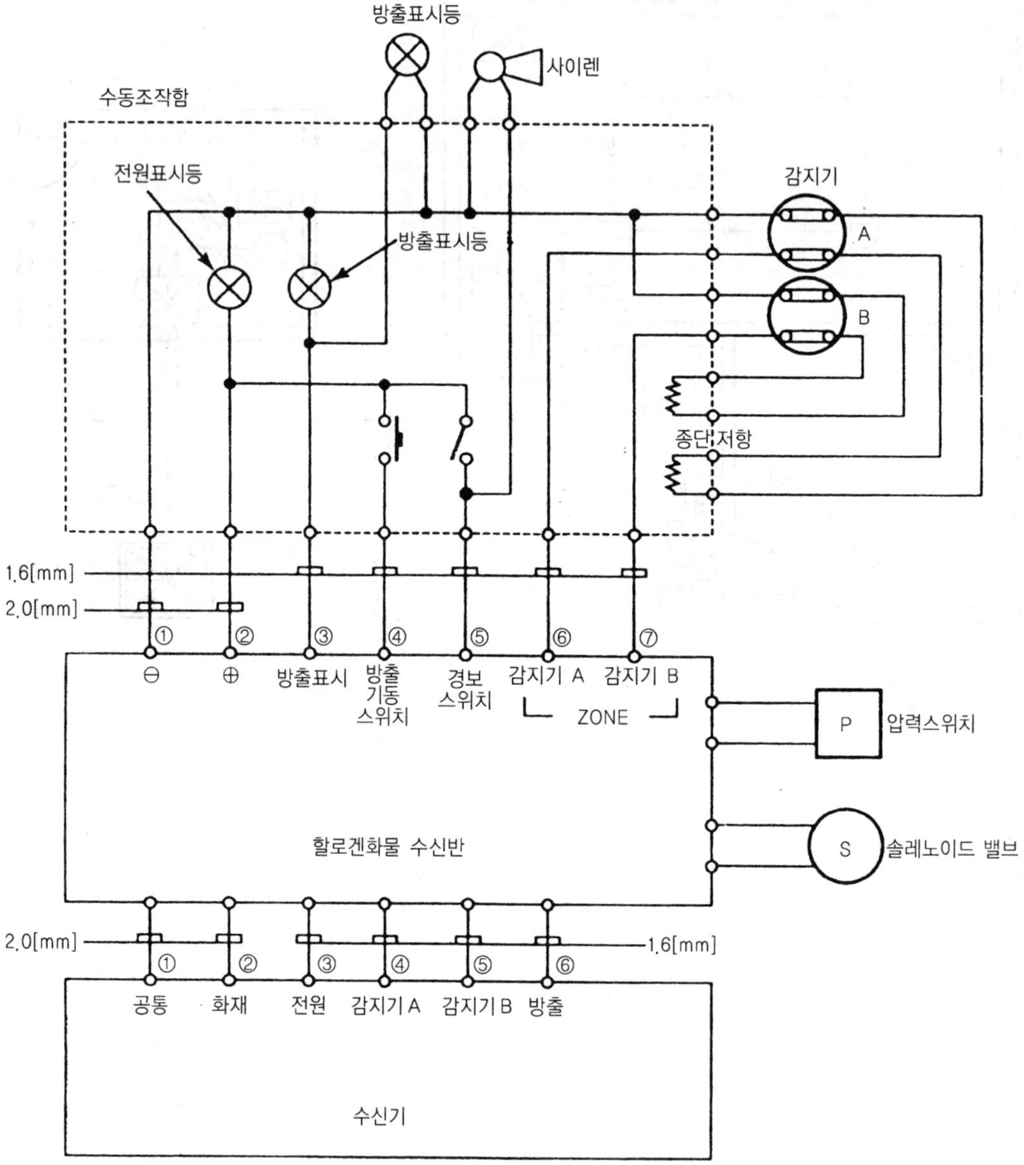

[그림 16-3] 하론 소화설비 결선도

[그림 16-4]는 하론 소화설비 계통도를 나타낸다.

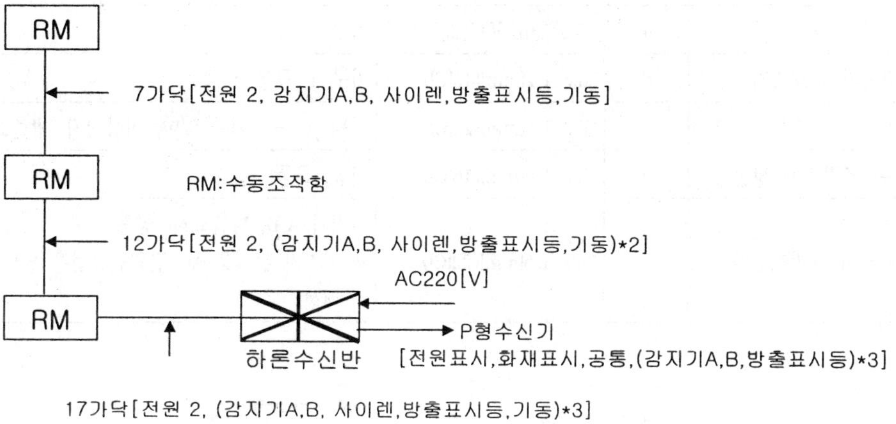

[그림 16-4] 하론 소화설비 계통도

(2) 패키지 시스템

이 시스템은 캐비넷 안에 하론가스용기 및 기동장치 등을 집약시켜 놓은 것으로 방출표시등과 감지기만 외부에 설치되어 있다.

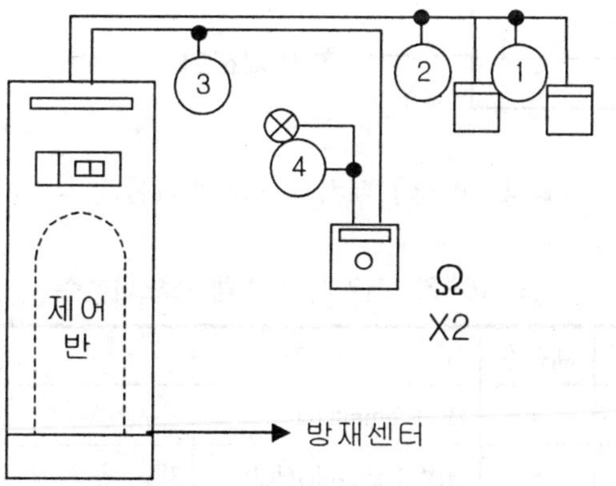

[그림 16-5] 패키지 시스템 계통도 I

〈표 16-2〉 패키지 시스템 소요회선수

기호	구 분	배선수	배선굵기	배선의 용도
①	감지기↔감지기	4	IV 1.2[mm](16[C])	지구 2, 공통 2
②	감지기↔패키지	8	HIV 1.2[mm](16[C])	지구 4, 공통 4
③	패키지↔수동조작함	5	HIV 1.6[mm](22[C])	전원 + −, 기동 S/W, 비상정지, 방출표시등
④	수동조작함↔방출등	2	HIV 1.6[mm](16[C])	기동, 공통
⑤	패키지↔방재센터	4	HIV 1.6[mm](22[C])	감지기 A.B, 방출표시, 공통 ※ 패키지 판넬용 AC 전원공급선은 별도 배관, 배선

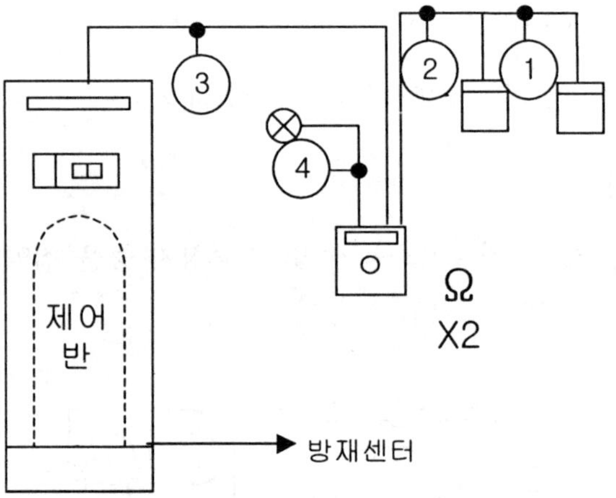

[그림 16-6] 패키지 시스템 계통도 Ⅱ

〈표 16-3〉 패키지 시스템 소요회선수

기호	구분	배선수	배선굵기	배선의 용도
①	감지기↔감지기	4	IV 1.2[mm](16[C])	지구, 공통 각 2가닥
②	감지기↔패키지	8	HIV 1.2[mm](16[C])	지구, 공통 각 4가닥
③	패키지↔수동조작함	7	HIV 1.6[mm](22[C])	전원 + −, 감지기 A.B, 기동 S/W, 비상정지, 방출표시등
④	수동조작함↔방출등	2	HIV 1.6[mm](16[C])	기동, 공통
⑤	패키지↔방재센터	4	HIV 1.6[mm](22[C])	감지기 A.B, 방출표시, 공통 ※ 패키지 판넬용 AC 전원공급선은 별도 배관, 배선

[그림 16-7]은 패키지 시스템 계통도를 나타낸다.

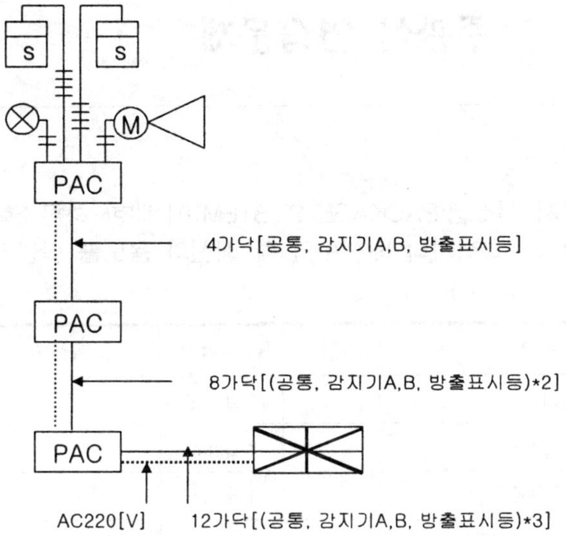

[그림 16-7] 패키지 시스템 계통도

제15장 스프링클러 소화설비, 제16장 이산화탄소 소화설비와 하론 소화설비

주관식 연습문제

1. 전기실에 설치된 패키지 시스템(PACKAGE SYSTEM)에 대한 하론소화설비의 전기적인 계통도를 참고하여 Ⓐ~Ⓒ까지의 배선수와 각 배선의 용도를 답안지표에 작성하시오.

기 호	구 분	배선수	배선굵기	배선의 용도
Ⓐ	감지기 – 감지기		1.2[mm]	
Ⓑ	감지기 – PACKAGE		1.2[mm]	
Ⓒ	PACKAGE – 수동조작함		1.6[mm]	
Ⓓ	수동조작함 – 방출표시등	2	1.6[mm]	방출표시등 (2가닥)

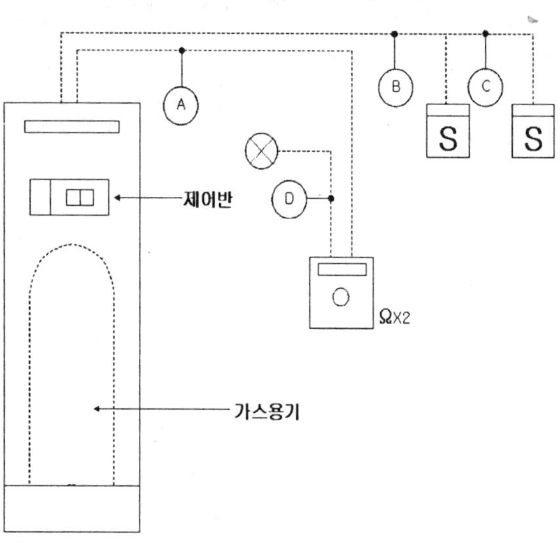

2. 다음은 준비작동식 스프링클러설비의 계통도이다. ①~⑦까지의 전선 가닥수와 용도를 답안지 표에 작성하시오. 단, 감지기회로의 공통선은 별도 배선하며 전화도 설치하다.

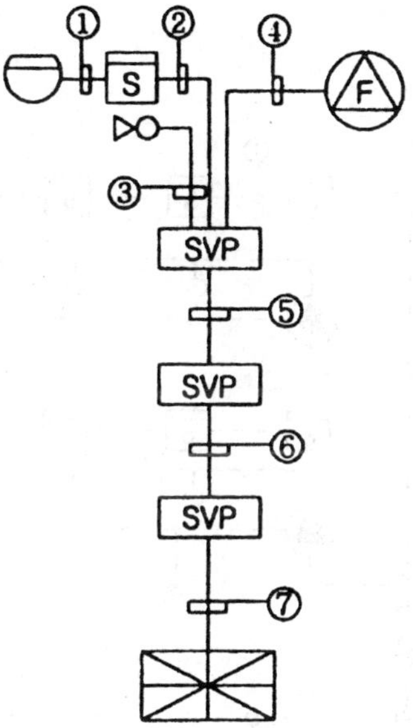

기호	가닥수	배선의 종류	배선의 용도
①		IV 1.2	
②		IV 1.2	
③		HIV 1.6	
④	6	HIV 1.6	솔레노이드 밸브 2, 압력스위치 2, 템퍼스위치 2
⑤		HIV 1.6	
⑥		HIV 1.6	
⑦		HIV 1.6	

3. 그림은 준비작동식 스프링클러설비의 전기적 계통도이다. ①~⑤까지에 대한 답안지표의 배선수와 배선의 용도를 작성하시오. 단, 배선수는 운전조작상 필요한 최소전선수를 쓰도록 하시오.

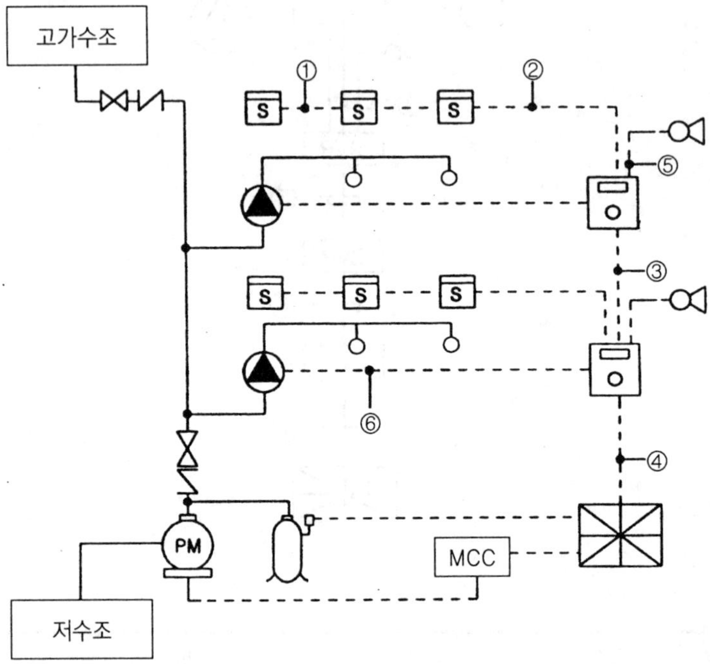

기 호	구 분	배선수	배선굵기	배선의 용도
①	감지기 – 감지기		1.2[mm]	
②	감지기 – SVP		1.2[mm]	
③	SVP – SVP		1.6[mm]	
④	2 ZONE일 경우		1.6[mm]	
⑤	사이렌 – SVP		1.6[mm]	
⑥	PREACTION VALVE – SVP	6	1.6[mm]	밸브기동 2, 밸브개방 확인 2, 밸브주의 2

4. 다음은 하론(HALON) 소화설비의 고정식 시스템에 대한 것이다. 주어진 조건을 이용하여 물음에 답하시오.

【조건】 1. 전선의 가닥수는 최소한으로 한다.
2. 복구스위치 및 도어스위치는 없는 것으로 한다.

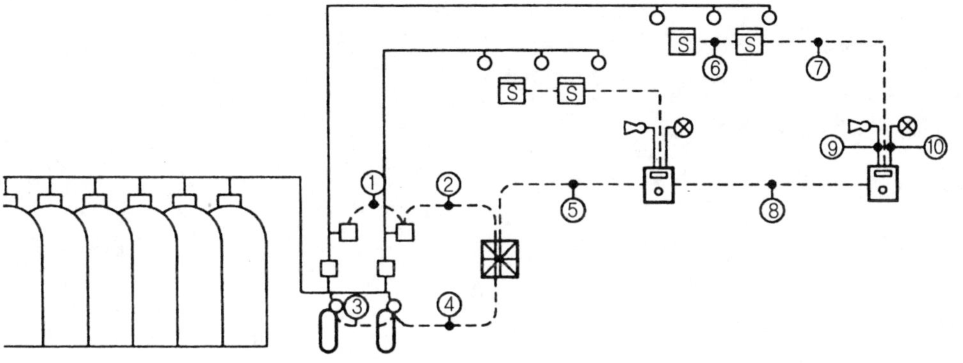

(가) ①~⑩의 전선가닥수는?
(나) ⑧에 사용된 각 전선들의 용도는?
(다) 사이렌의 설치목적을 설명하시오.
(라) 감지기의 배선방식을 설명하시오.
(마) 감지기에 의해서 하론설비가 작동할 때 그 동작순서를 설명하시오.

제4편

방재전원설비

화재발생시 전원설비 소손으로 발생되는 정전은 소화 · 경보 · 피난설비 등의 소방설비 동작에 지장을 주어 피난유도뿐만 아니라 소화활동 등에도 매우 큰 위험을 초래한다. 그러므로 소방법에서는 화재발생시에도 소방시설이 정상적으로 비상전원을 확보할 수 있도록 법규를 규정하고 있다.

제17장　비상전원설비
제18장　방재배선설비

제17장 비상전원설비

1. 비상용 예비전원의 필요성

빌딩 · 공장 등 모든 분야에서 전기설비는 중요한 기능을 발휘하고 있다. 그러나 전력회사로부터 공급받고 있는 상용전원에 정전사고가 발생하면 생활에 불편뿐만 아니라 안전에도 큰 위협을 미치고 있다. 상용전원의 신뢰도는 설비 개선을 통해서 향상되고 있지만 태풍이나 풍수해 등 천재에 의한 정전사고와 기기교체 등 보수작업으로 인한 정전 등을 생각한다면 완전한 무정전 공급이란 도저히 불가능하다.

따라서 상용전원이 정전된 경우에 자위상 최소한의 전력을 확보하기 위해서 소방법 · 건축법을 통하여 비상용 예비전원 설비확보를 규정하고 있다.

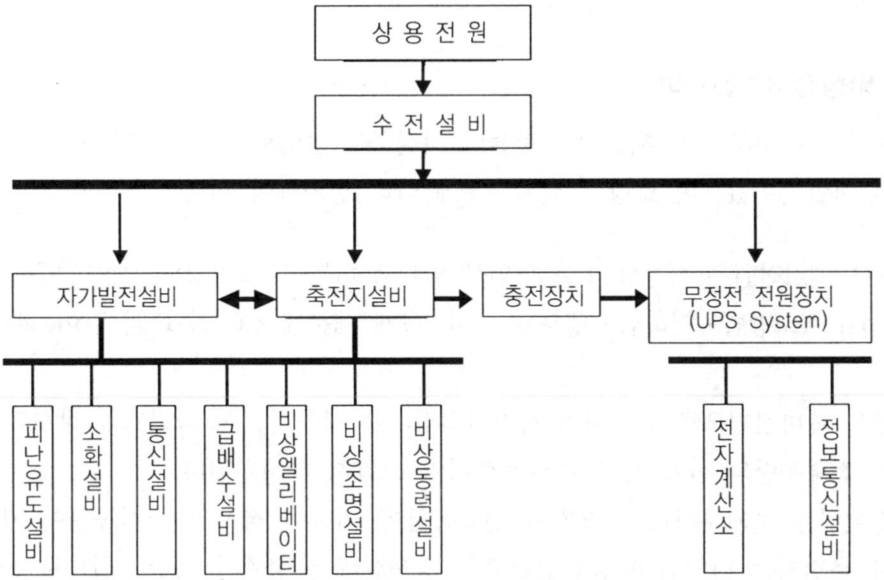

[그림 17-1] 비상용 예비전원설비의 개념도

법규에 의한 예비전원설비로서는 자가용 발전설비 · 축전지설비 · 무정전 전원장치 · 비상전원 전용수전설비 등이 인정되고 있다.

(1) 자가발전설비

자가발전설비는 상용전원이 차단된 경우에만 사용하는 것으로 내연기관 또는 가스터빈(이하 원동기라 한다)에 의하여 발전기를 구동하여 부하에 전력을 공급하는 장치로 원동기 · 발전기 · 제어장치 및 부속장치로 구성된다.

(2) 축전지설비

수변전설비의 조작용 전원, 비상용 조명장치, 방송통신장치의 예비전원으로 사용되는 것으로 상용전원 정전시 즉시 전원을 공급할 수 있어 병원이나 소방법의 비상용 전원설비로 사용된다.

(3) 무정전 전원설비

일반적으로 UPS(Uninterruptible Power System)라 부르며 정류기 · 인버터 · 축전지 · 절환스위치로 구성된다.

(4) 비상전원수전설비

연면적 1,000[m^2] 이하 제한적 건축물에 시설하는 설비로서 특별 고압 · 고압 및 저압으로 수전할 수 있으며 소방법 설치규정에 따라 설치해야 한다.

비상용 예비전원은 보안상 또는 영업상 필요로 하는데, 보안상 필요한 경우는 자위상 또는 법규상(소방법 · 건축법 · 행자부 고시) 규제 때문에 〈표 17-1〉과 같이 설치되어야 한다.

비상용 예비전원으로 축전지와 자가발전장치를 사용하는데 축전지는 장시간의 전력공급과 전력용량의 한계 등으로 발전설비와 조합하여 시설된다.

발전설비는 초기투자비는 크지만 연료공급에 의하여 장시간 전력공급이 가능하다. 따라서 축전지는 단시간의 공급전원으로 발전설비는 장기간 공급전원으로 사용되며, 그 외 법규상 무정전 전원장치와 비상전원수전설비 등이 예비전원설비로 인정되고 있다.

〈표 17-1〉 예비전원을 필요로 하는 부하

용 도 구 분	예비전원 필요부하
법규상 필요전원	소방법·건축법에 의한 설비 자탐설비, 경보설비, 비상조명, 소화설비, 제연설비 방화셔터, 비상용 승강기
자위상 필요전원	승강기용(대피·구조), 조명용(운전조작) 공조·환기용, 위생용(급·배수펌프), 제어용(중앙감시반) 보안·방재용(항공장애등 자가발전 보조기기)
영업용 대상전원	필요한 영업장소 (은행, 온라인 영업업체, 대중음식점, 체육시설, 양어장)

【비상전원 확보기준】

① 화재 등의 사고로 일반전원이 차단되어도 소방공급 전원은 차단되지 않도록 시설되어야 한다.

② 상용전원 차단시 자동으로 절환되는 비상용전원(비상전원·예비전원)이 확보되어야 한다.

③ 소방시설에 공급되는 전원의 배선은 화재로 인한 화염에 견딜 수 있는 내화배선 또는 내열배선으로 하여야 한다.

④ 비상전원 설치장소는 방화구획으로 하여야 하며 비상전원 공급에 필요한 설비 이외를 배치하여서는 안 된다. 다만 열병합 발전설비에 있어서는 필요한 설비에 대하여는 그러하지 않는다.

⑤ 비상전원을 실내에 설치할 때에는 그 실내에 비상조명등을 설치하여야 한다.

2. 비상전원의 분류

〈표 17-2〉 법령상 인정되는 비상전원 설비

법령 / 예비전원	소방법상 분류	건축법상 분류
자가발전설비	30분 이상 연속운전	비상사태 후 10초 이내 전원 확보하고 30분 이상 연속 공급 용량일 것
축전지설비	정전 후 충전하지 않고서 1시간 이상 감시상태 지속 후 30분 이상 방전할 수 있을 것	자동충전장치 및 시한 충전장치를 가진 것으로 충전하지 않고 계속적으로 30분 이상 방전할 수 있을 것
축전지설비와 자가발전설비 공용	자가발전기는 정전 후 40초 이내 정격전압을 확보하고 30분 이상 계속 운전할 수 있을 것	정전 후 순간적으로 10분간은 축전지가 담당하고 40초 이내에 발전기 전압을 확립하여 30분 이상 연속 운전이 가능할 것
비상전원 전용 수전설비	연면적 1000[㎡] 미만	인정하지 않음

※ 비상용 엘리베이터인 경우 120[분], 병원설비는 10[시간]의 자가발전 시설용량을 요구한다(건축법 예외규정).

※ 병원 전기설비 안전규정이 제일 엄격하게 적용되고 있다.

예비전원은 사용자의 분류에 따라 상용 예비전원과 비상용 예비전원으로 나누며 소방법, 건축법에 따라 분류방법이 약간씩 다르다.

- 상용 예비전원
- 비상용 예비전원

```
┌─예비전원(건축법) : 자가발전설비, 축전지설비, UPS
│                    자가발전설비+축전지설비 조합(병원설비)
└─비상전원(소방법) : 자가발전설비, 축전지설비
    │                비상전원 수전설비
    ├─일반 비상전원 : 상용전원 정지시 40초 이내 전력공급(자가발전설비)
    ├─특별 비상전원 : 상용전원 정지시 10초 이내 전력공급(자가발전설비)
    └─순간 특별 비상전원 : 상용전원 정지시 순간적으로 전력공급(자가발전설
                          비+축전지설비)
```

(1) 소방법 · 건축법 구분해석

건축법에 규정된 예비전원은 비상용 엘리베이터와 방화문에 관한 규정만이 명시되었고, 배연설비 및 비상용 조명장치에 관한 예비전원 사항은 소방법에 명시되어 있다.

소방법에서는 소방대상물에 화재가 발생하는 경우에 화재를 조기에 발견하여 소화 · 통보 · 피난 등을 신속하게 하기 위해 소방용 설비 설치와 함께 공급전원을 의무화하고 있다. 소방법에 의거한 비상전원은 자가발전설비 · 축전지설비 · 비상전원 수전설비로 규정되어 있으며, 건축법에 비해 비상전원 수전설비가 더 포함되어 있다.

그러나 자동화재 탐지설비 · 가스누설경보설비 · 비상경보 및 비상 방송설비 · 유도등 · 무선통신 보조설비 등은 축전지설비가 대부분의 비상예비전원으로 사용된다.

비상(예비)전원의 설치기준은 국가화재안전기준(NFSC 102)을 보면 다음과 같다.

"비상전원은 자가발전설비 또는 축전지설비로서 다음 각호 기준에 의하여 설치해야 한다."

① 점검에 편리하고 화재 및 침수 등의 재해로 인한 피해를 받을 우려가 없는 곳에 설치하여야 한다.
② 옥내소화전 설비를 유효하게 20분 이상 작동할 수 있어야 한다.
③ 상용전원으로부터 전력이 중단된 때에는 자동으로 비상전원으로부터 전력을 공급받을 수 있도록 하여야 한다.
④ 비상전원 설치장소는 다른 장소와 방화구획하여야 하며, 그 장소에는 비상전원 공급에 필요한 기구나 설비 외의 것을 두어서는 아니된다. 다만 열병합발전설비에 있어서 필요한 기구나 설비는 그렇지 아니하다.
⑤ 비상전원을 실내에 설치할 때에는 그 실내에 비상조명등을 설치하여야 한다.
⑥ 그밖의 비상전원 설치에 관한 사항은 행자부장관이 정하여 고시한다.

(2) 비상용 예비전원 운용

- 자가용 발전설비 단독운전
- 축전지 단독운전
- 자가용 발전설비와의 축전지 병용운전

비상용 예비전원이 비상시에 그 기능을 완전히 발휘할 수 있게 하려면 다음과 같은 특성을 구비해야 한다.

① 축전지는 충전을 하지 않는 상태에서 30분 이상 방전할 수 있어야 한다.

② 자가용 발전설비는 비상시에 10초 이내에 기동하여 규정전압을 유지하고 30분 이상 안전하게 전력을 공급할 수 있어야 한다.

③ 충전기를 갖춘 축전지와 자가용 발전설비가 병용하는 경우에는 정전 후 10분간은 축전지가 담당하고 자가용 발전 설비는 40초 이내에 기동하여 30분 이상 안정된 전력을 공급할 수 있어야 한다.

〈표 17-3〉 건축법과 소방법 이외의 관련법규

대 상	비 고
관광호텔	관광진흥법 5조
의료기관	의료법 시행규칙 부칙 제4조
전기통신설비	전기통신설비기술기준에 관한 규칙 제7조
고압가스 제조소	고압가스안전관리법 시행규칙 제6조 별표2
액화가스 저장소	액화석유가스의안전및사업관리법 시행규칙 제7조 별표7

3. 설비별 비상전원

소방법·건축법으로 규정된 비상전원의 종류 및 설비용량은 〈표 17-4〉와 같다.

〈표 17-4〉 설비별 비상전원 종류

관계법	소방설비의 종류	비상전원의 종류			전원용량
		축전지	자가발전	전용수전설비	
소방법	옥내·외 소화전, 스프링클러, 물분부, 포소화설비	○	○	○	20분
	이산화탄소, 할로겐, 분말소화설비	○	○		20분
	자동화재탐지설비	○		○	10분 경보
	비상경보 및 방송설비	○		○	10분
	가스누설 화재경보설비	○	○		10분
	유도등	○			20분
	배연설비(특별피난계단, 비상승강장 로비)	○	○	○	20분
	비상콘센트	○	○	○	20분
	무선통신 보조설비	○			30분
	비상조명등(피난계단, 비상승강장 로비)	○	○	○	20분
건축법	비상용 엘리베이터		○		120분
	방화문	○	○		30분

① 유도등인 경우 지하상가 및 11층 이상은 60분 이상 유지하여야 한다.

② 비상전원전용 수전설비는 특정 소방대상물(여관 · 호텔 · 백화점 · 병원 · 영화관)에서 연면적 1000[㎡] 이상인 장소에서는 사용할 수 없다.

③ 가스누설화재경보기에서 자가발전사용은 지하층을 제외한 7층 이상이고 연면적 2000[㎡] 이상이어야 한다.

④ 비상용 승강기의 예비전원은 정전시에 60초 이내에 정격용량을 발생하는 자동전환방식으로 하되 수동기동이 가능하도록 하고 2시간이 작동되어야 한다.

4. 자가용 발전설비

자가용 발전설비는 전기사업법에 따른 비상용 예비전원 발전장치로서 적용하므로 산업자원부령으로 정하는 기술기준에 적합하도록 유지 · 관리되어야 한다. 이 설비는 부하에 대한 적응성, 전원용량의 크기, 전원의 독립성 측면에서 가장 적절한 예비전원 설비이다.

사용여건에 따라 저압에서는 5～750[kW]의 디젤엔진이 사용되며, 고압인 1,000[kW] 이상에서는 디젤과 가솔린 엔진이 사용된다. 자가발전설비를 건물 지하층에 시설하는 경우 라지에이터의 냉각 시스템 선정 및 급 · 배기시설의 구성에 대한 세심한 고려가 필요하다. 또한, 부하절체 스위치(ATS 또는 ALTS)의 적절한 선정을 위한 기술적인 검토가 필요하다. [그림 17-2]는 디젤발전기의 구성도를 나타낸다.

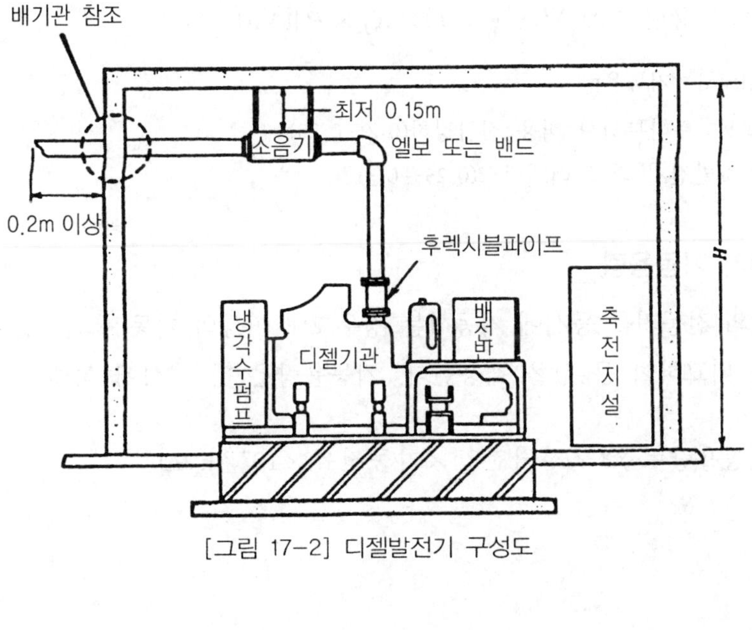

[그림 17-2] 디젤발전기 구성도

자가발전설비는 사용목적에 따라 법령으로 정해진 소방용과 사용상 필요한 보안용 부하에 공급된다. 대부분 사용되는 디젤발전기는 연료를 직접 내부에서 연소시켜 그 압력을 출력측에 전달하여 동력을 얻는 장치이다.

(1) 디젤발전기의 출력

발전기 출력은 부하의 종류와 용량을 산정하고 장래 예상되는 부하를 고려하여 여유를 두고 결정한다. 일반적인 부하인 경우에는 발전기에 걸리는 총부하 용량에 수용률 또는 부하율을 곱한 값 이상으로 한다.

발전기용량[kVA] 〉 총부하용량 × 수용률

수용률은 전등·동력 중 최대설비에서 최초 적용부하 1대는 100[%]를 적용하고 기타 부하는 80[%]를 적용한다.

기동용량이 큰 부하가 있는 경우 상시전원에서 공급시에는 기동전류가 커도 전원용량이 크기 때문에 문제가 없었지만 자가발전기인 경우에는 전동기의 기동전류가 발전기에 걸리게 되므로 발전기의 단자전압이 순간적으로 저하하여 접촉자가 개방되거나 엔진이 정지하는 등 사고를 유발하기도 한다. 이러한 것을 고려하여 발전기의 용량은 다음과 같이 구할 수 있다.

$$\text{발전기용량[kVA]} > \left(\frac{1}{\Delta V}-1\right)\times X_L \times P\ \text{[kVA]}$$

P[kVA] : 기동용량

ΔV : 부하투입시 허용 전압강하(0.2～0.25)

X_L : 발전기 과도 리액턴스(0.25～0.3)

(2) 발전기 기동용량

2대 이상의 전동기를 동시에 기동하는 경우 2대 이상의 기동전력을 합한 값과 1대의 기동용량을 비교하여 큰 값을 적용한다. 기동용량은 다음 식에 의해 구할 수 있다.

$$\text{기동용량} = \sqrt{3}\times \text{정격전압}\times \text{기동전류}\times 10^{-3}\text{[kVA]}$$

발전기의 차단기의 용량은 다음과 같다.

$$P_S > \frac{P_n}{X_L} \times 1.25(\text{여유율})$$

발전기실의 넓이는 다음 식으로 구할 수 있다.

$$S > 1.7\sqrt{P}\,[\text{m}^2](\text{추천값} = 3\sqrt{P}\ [\text{m}^2])$$

예제 1 유도전동기에 사용할 비상발전기를 설치하려고 한다. 이 설비에 사용된 발전기의 조건을 보고 물음에 답하시오. 기동용량은 700[kVA]이고, 기동시 허용전압강하는 20[%], 과도 리액턴스는 25[%]이다. 발전기 차단용량은 얼마인가?

【풀이】 $P > (\frac{1}{\Delta V} - 1) \times X_L \times P$에서 $(\frac{1}{0.2} - 1) \times 0.25 \times 700 = 700[\text{kVA}]$

발전기용 차단기 용량은 다음과 같이 구할 수 있다.

$P_S > \frac{P}{X_L} \times 1.25$(여유율) 이므로 $P_S > \frac{700}{0.25} \times 1.25$

5. 축전지설비

축전지설비는 소방설비의 비상전원에 있어서 중요한 설비로 인정되고 있다. 일본에서는 소방법에서 소방청 고시로 축전지설비의 기준을 규정해 놓았지만 우리나라에서는 아직 별도로 고시되어 있지 않다. 예비전원으로 축전지설비는 상용전원이 정전되었을 경우 자가발전설비가 기동하여 정격전압을 확보할 때까지 중간전원으로 사용되며 소방설비 중 경보설비에서는 축전지설비만 인정하므로 방재전원으로 매우 중요하다.

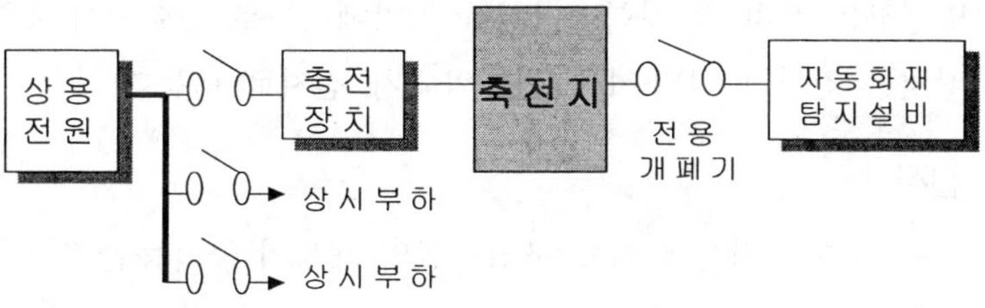

[그림 17-3] 축전지설비 구성

(1) 축전지설비 기능

축전지와 충전장치를 복합시킨 부동 충전방식은 사용전원이 정전된 경우 무정전으로 다른 장치들과 조합하면 융통성있게 사용할 수 있다. 비상전원으로서의 축전지 설비는 중앙감시설비의 전원이나 수 · 변전설비의 각종 차단기의 조작전원, 감시용 표시등 전원으로 이용되고 있다. 또한 주전원이 정전되었을 때 자가발전설비가 기동되어 정격전압이 확보될 때까지 보조전원으로서, 혹은 처리중인 작업의 응급조치에 필요한 최소한의 전원으로 사용된다. 축전지 용량에 대해서는 건축법이나 소방법의 각 부하설비마다 사용할 시간이 정해져 있다.

그러나 축전지설비는 교류 비상설비보다 담당하는 부하의 종류가 적은데 그것은 축전지 자체만으로는 비용이나 공간적 제약으로 인하여 용량이 제한되기 때문이다.

따라서 비상용 직류설비는 비상조명, 감시 및 제어장치, 화재경보, 비상발전기 시동 및 통신용 전원으로 사용범위가 제한되는 것이 일반적이다. 또한 축전지설비를 효과적으로 사용하기 위해서는 법규 내에서 다른 전원으로 변경, 혹은 다른 전원과 병용을 검토한다.

예를 들면 비상용 예비전원설비로서 축전지와 발전기의 병용이 가능하다. 축전지 용량은 일반적으로 발전기 설치 유무가 결정조건이 된다. 발전기가 설치되어 있을 경우 정전에서 발전기의 송전까지 40～60초가 걸리므로 그 동안 축전지에서 전력공급을 할 수 있는 용량이면 좋다.

그러므로 발전기와 공용하는 경우에는 축전지가 10분간 전력을 담당한다. 그러나 발전기가 없는 경우는 다른 법규 설비와의 겸용으로 30분간의 용량이 확보되어야 한다.

축전지설비는 축전지 · 충전장치 · 보안장치 · 제어장치 · 역변환장치로 구성되어 있다.

(2) 축전지의 종류

전기를 발생하는 장치 중 화학에너지를 전기에너지로 변환해서 외부 회로에 전류를 공급하는 장치를 전지라 하며, 1차 전지와 2차 전지로 나눈다.

1) 1차 전지

한번 방전이 되면 충전을 하여도 구성물질의 재생이 불가능한 전지를 말하며 양극 · 음극 · 감극제 · 전해액으로 구성된다.

〈표 17-5〉 축전지 특성

종 별		연 축 전 지		알칼리 축전지	
형식별		클래식 (CS형)	페이스트식 (HS형)	포켓식 (AL, AM, AMH, AH형)	소결식 (AH, AHH형)
작용물질	양극	PBO_2(이산화납)		NiOH(수산화니켈)	
	음극	Pb(납)		Cd(카드뮴)	
	전해액	H_2SO_4(황산)		KOH(수산화칼륨)	
기대수명		10~15년	5~7년	15~20년	
반응식		$PbO2+2H2SO4+Pb \underset{충전}{\overset{방전}{\rightleftarrows}}$ $PbSO_4+2H_2O+PbSO_4$		$2NiOOH+2H_2O+Cd \underset{충전}{\overset{방전}{\rightleftarrows}}$ $2Ni(OH)_2+Cd(OH)_2$	
충전시간		길다		짧다	
기전력		2.05-2.08[V]		1.32[V]	
공칭전압		2.0[V]		1.2[V]	
공칭용량		10시간율[Ah]		5시간율[Ah]	
특징		· 축전지의 셀 수가 적다. · AH당 단가가 낮다. · 기계적 강도가 약하다.		· 기계적 강도가 강하다. · 과방전, 과전류에 대해 강하다.	

2) 2차 전지

전기에너지를 화학에너지로 변환해서 저장하고 필요시 전기에너지를 뽑아 쓸 수 있는 장치이다. 즉, 1차 전지와는 다르게 2차 전지는 충전과 방전이 가능한 장치이다. 이것은 장기간 전지교환 없이 사용할 수 있기 때문에 용량이 큰 축전지는 방재설비, 자동차 등에 용량이 작은 Ni-Cd이나 소형알칼리 축전지는 라디오 · 카세트 · 핸드폰 등 소형 전자제품에 이용된다.

대표적인 2차 축전지는 연축전지와 알칼리 축전지가 있으며 〈표 17-5〉와 같은 특징이 있다.

연축전지는 거치용 및 엔진시동용으로 주로 사용되고 있으며 기술진보에 의하여 현재는 이동식 장치도 널리 이용되고 있다.

알칼리 축전지는 연축전지에 비하여 초기투자비가 많이 드나 수명이 길고 구조가 튼튼하며 정비면에서 유리하기 때문에 경우에 따라서는 초기비용을 상쇄시킬 수도 있다.

특히 현장에서 문제가 발생되는 직류 및 교류 차단기의 선정에 있어서는 기술적인 세심한 검토가 요구되며 특히 직류차단기 선정에 있어서는 잘 검토하여 적용하여야만 축전지의 파손을 방지할 수 있다.

예제 2 다음 그림에서 전지의 기전력은 몇 [V]인가? (단, 외부저항 R을 10[Ω]으로 교체하면 7[A]의 전류가 흐른다.)

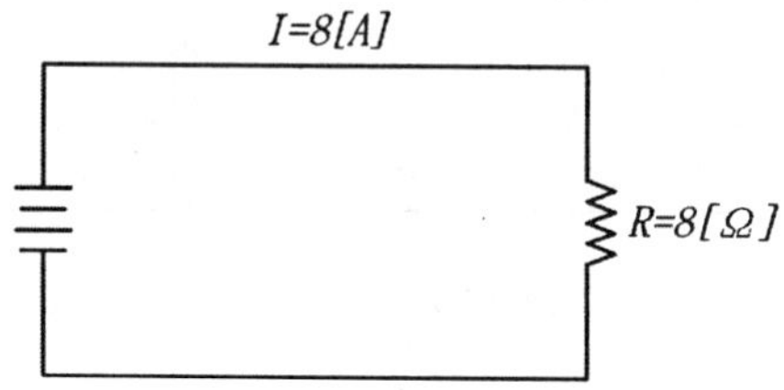

【풀이】 전지기전력을 E[V], 전지 내부저항을 r[Ω]이라 하면

$E = I(r + R)[V]$

8[A]일 때와 7[A]일 때의 기전력은 E[V]로서 일정하므로,

$8 \times (r + 8) = 7 \times (r + 10)$

$8r + 64 = 7r + 70$

$8r - 7r = 70 - 64$

$r = 6[\Omega]$

$\therefore\ E = 8 \times (6 + 8) = 7 \times (6 + 10) = 112[V]$

(3) 축전지 용량 산출

축전지는 직류전원이므로 디젤발전기에 비하여 부하 종류가 한정되어 있으며 사용부하설비는 정전기간 중 연속적으로 사용되는 정상부하(비상등 · 표시등) 이외에 차단기의 릴레이 조작전원 같은 변동부하가 있다. 축전지 용량은 다음과 같은 순서로 산출한다.

① 부하 용량에 필요한 방전전류를 구한다.

$$\text{방전전류[A]} = \frac{\text{부하용량[VA]}}{\text{정격전압[V]}}$$

② 방전시간[t]을 결정한다. 소방법 · 건축법에 의한 전원공급인 경우 약 30분으로 정하고, 교류발전기와 동시 기동되는 경우는 약 10분으로 한다.

③ 방전전류 · 방전시간 특성곡선을 작성한다. 비상조명, 릴레이 조작전원, 표시램프 등의 방전전류 및 방전시간 특성곡선을 작성한다. 여기서 유의사항은 방전의 마지막 시간에 큰 방전전류가 사용됨을 가정해두는 것이 좋다. 왜냐하면 방전 말기의 최저 조건시에 대전류가 필요한 경우에도 작동할 수 있어야 하기 때문이다.

④ 축전지 종류 결정하는 경우 가격면에서는 연축전지의 급방전형(HS형)이 적정하고 성능 · 보수 면에서 선정할 경우 알칼리 축전지의 포켓식 표준형(AM형)이 적정하고, 순간 대전류가 많을 때에는 알칼리 축전지의 포켓식 급방전형(AMH형)이 적당하다.

⑤ 축전지 표준 셀 수로는 연축전지의 경우 54셀(cell), 알칼리 축전지는 86셀로 한다.
- 연축전지 : 54셀×2.0[V]=108[V]
- 알칼리 축전지 : 86셀×1.2[V]=103[V]

〈표 17-6〉 연축전지의 용량 환산시간 K(상단은 900Ah~2000Ah, 하단은 900Ah 이하)

형 식	온도[℃]	10분			30분		
		1.6V	1.7V	1.8V	1.6V	1.7V	1.8V
CS	25	0.9 0.8	1.15 1.06	1.6 1.42	1.41 1.34	1.6 1.55	2.0 1.88
	5	1.15 1.1	1.35 1.25	2.0 1.8	1.75 1.75	1.85 1.8	2.45 2.35
	-5	1.35 1.25	1.6 1.5	2.65 2.25	2.05 2.05	2.2 2.2	3.1 3.0
HS	25	0.58	0.7	0.93	1.03	1.14	1.38
	5	0.62	0.74	1.05	1.11	1.22	1.54
	-5	0.68	0.82	1.15	1.2	1.35	1.68

⑥ 방전시간 K는 전지의 최저온도 및 허용할 수 있는 최저전압에 의하여 결정되는 용량환산 시간으로 〈표 17-6〉은 연축전지의 경우 용량환산 시간을 나타낸다.

⑦ 축전지는 온도가 낮음에 따라 방전특성이 낮아지며, 온도가 상승하면 특성이 양호해지지만 45[℃] 이상이 되면 다시 저하한다. 축전지의 최저온도는 실내에서는 5[℃], 옥외큐비클은 최저 5[℃]~10[℃], 추운 지방에서는 -5[℃]로 하는 것이 좋다.

⑧ 허용 최저전압[V]

$$V = \frac{V_a + V_b}{n} \text{[V/cell]}$$

V_a : 부하 허용 최저전압

V_b : 축전지와 부하간의 전압간의 전압강하

n : 총 셀 수

예제 3 부하허용 최저전압이 95[V] 축전지와 부하간 접속선의 전압강하가 3[V] 일 때 직렬로 접속한 축전지의 갯수가 50개이면 축전지 1개의 허용 최저전압은 몇 [V]인가?

【풀이】 $V = \frac{V_a + V_b}{n} \text{[V/cell]} = \frac{95+3}{50} = 1.96 \text{[V/cell]}$

V_a : 부하허용 최저전압

V_b : 축전지와 부하간의 접속선 전압강하

n : 축전지 개수

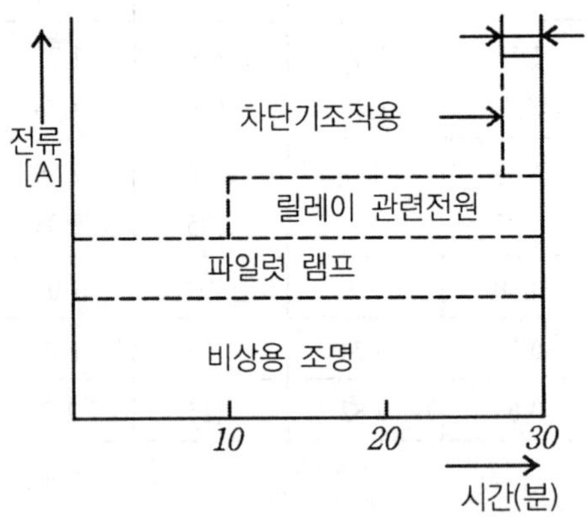

[그림 17-4] 축전지 부하특성 곡선

그러므로 25[℃]에서 축전지의 용량은 다음 식으로 구할 수 있다.

$$C=\frac{1}{L}[K_1I_1+K_2(I_2-I_1)+K_3(I_3-I_2)\ldots K_n(I_n-I_{n-1})][\mathrm{Ah}]$$

L : 보수율(0.8)

I : 방전전류

K : 방전용량 환산시간

예제 4 그림과 같은 부하특성일 때 소결식 알칼리 축전지 용량 저하율 L=0.8, 최저 축전지 온도 5[℃], 허용 최저전압 1.06[V/cell]일 때 축전지 용량은 얼마인가? (단, 여기서 용량 환산시간 K1=1.45(30분), K2=0.69(20분), K3=0.25(10분)이다.)

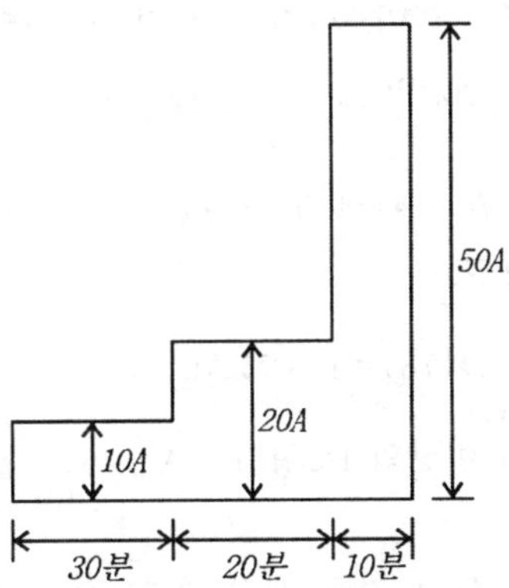

【풀이】 축전지의 용량(C)

$$C=\frac{1}{L}\ [K_1I_1+K_2(I_2-I_1)+K_3(I_3-I_2)]$$

여기서 L : 보수율(용량 저하율)

K : 용량환산 시간[hr]

I : 방전전류[A]($I_1=10$[A], $I_2=20$[A], $I_3=50$[A])

$$\therefore\ \mathrm{C}=\frac{1}{0.8}[1.45\times10+0.69\times(20-10)+0.25\times(50-20)]$$

$$=36.125[\mathrm{Ah}]$$

예제 5 비상용 축전설비의 축전지로서 밀폐형 니켈 카드뮴 전지를 사용하고 있다. 부하가 25[V], 1.3[A]일 때 축전지의 필요한 용량은 몇 [Ah]인가? (단, 사용온도 20[℃], 보수율 0.8, 30분 정격에서의 용량환산 시간율 K는 0.7이며, 이 조건에서의 축전지 용량을 구하도록 한다.)

【풀이】 축전지의 용량

$$C = \frac{1}{L} KI \text{ [Ah]}$$

여기서 L : 보수율(용량 저하율)

K : 용량 환산시간율[hr]

I : 방전전류[A]

$$\therefore\ C = \frac{1}{0.8} \times 0.7 \times 1.3 = 1.14 \text{[Ah]}$$

예제 6 비상용 조명부하, 표시등 총 7600[W] 부하가 있다. 방전시간 30분, 축전지 HS형 54셀, 허용 최저전압 90[V], 최저 축전지 온도 5[℃] 때의 축전지 용량을 구하시오(단, 정격전압은 100[V]이고, 보수율은 0.8이다).

【풀이】 셀당 최저전압은 90[V] / 54 = 1.7[V / cell]이고, 방전전류는 I = 7600 / 100 = 78[A]이다. 표에서 K = 1.22이므로,

$$C = \frac{1}{L}[\text{KI}] = \frac{1}{0.8}(1.22 \times 78) = 118.95 \text{[Ah]}$$

그러므로 118.95[Ah] 이상의 HS형 120[Ah], 54셀을 사용한다.

예제 7 그림과 같은 부하특성인 경우 사용 축전지의 보수율 L = 0.8, 최저 축전지 온도 5[℃], 허용 최저전압 90 / 86 = 1.06[V/cell]일 때 축전지의 용량 C를 계산하여라 (단, $K_1 = 1.17$, $K_2 = 0.96$).

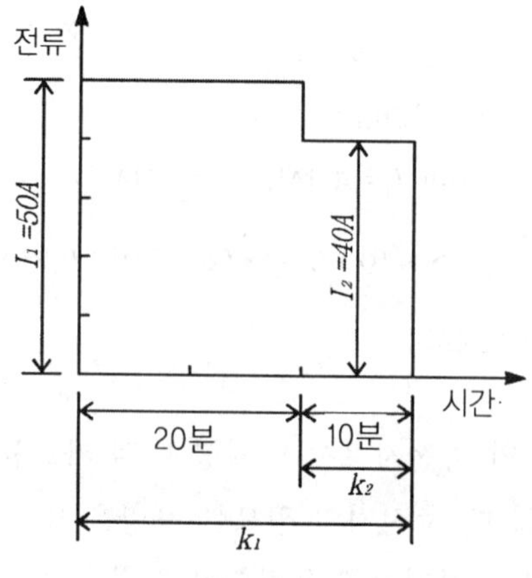

【풀이】 $C = \frac{1}{L}[K_1 I_1 + K_2(I_2 - I_1)]$

$= \frac{1}{0.8}[1.17 \times 50 + 0.96(40 - 50)]$

$= 61.9[\mathrm{Ah}]$

예제 8) 정격용량 60[Ah]인 연축전지를 상시부하 6[kW], 표준전압 100[V]인 소방설비에 부동충전방식으로 시설하고자 한다. 충전기 2차전류(충전전류)는 몇 [A]인가? (단, 연축전지 방전율은 10시간율로 한다.)

【풀이】 2차 충전전류 = 충전전류 + 상시 부하전류

$= \frac{\text{축전지의 정격용량(정격용량)}}{\text{축전지의 방전시간율(공칭용량)}} + \frac{\text{상시부하}}{\text{표준전압}}$

$= \frac{60}{10} + \frac{6000}{100} = 66[\mathrm{A}]$

연축전지의 공칭용량(방전시간율) : 10[Ah]

알칼리 축전지의 공칭용량(방전시간율) : 5[Ah]

예제 9) 알칼리 축전지의 정격용량은 60[Ah], 상시부하 3[kW], 표준전압 100[V]인 부동충전방식인 충전기의 2차 출력은 몇 [kVA]인가?

【풀이】 $\text{2차 충전전류} = \frac{\text{축전지정격용량}}{\text{축전지공칭용량}} + \frac{\text{상시부하}}{\text{표준전압}}$

$= \frac{60}{5} + \frac{3000}{100} = 42[\mathrm{A}]$

충전기 2차 출력 = 표준전압 × 2차 충전전류 = 100 × 42 = 4.2[kVA]

(4) 축전지의 충전방식

방전한 축전지에 방전 전류와 반대방향으로 외부에서 전류를 보내면 축전지 내에 화학변화를 일으켜 용량이 회복되어 다시 방전 전과 같은 상태로 된다. 이와 같이 외부에서 전기적 에너지를 주어 이것을 화학적 에너지로서 축전지에 축전하는 것을 충전이라 한다. 충전은 초기충전과 일상충전으로 나눌 수 있다.

1) 초기충전

초기충전이란 축전지에 아직 전해액을 넣지 않은 미충전 상태의 축전지에 전해액을 주입하여 처음으로 행하는 충전을 말한다.

2) 일상충전

사용과정에서 충전하는 것으로 다음과 같은 방식이 있다.

① 보통충전

필요할 때마다 표준시간율로 충전하는 방식이다.

② 급속충전

비교적 단시간에 이루어지며 보통충전 전류의 2～3배의 전류로 충전하는 방식이다.

③ 부동충전

축전지의 자기방전을 보충함과 동시에 상용부하에 대한 전력공급은 충전기가 부담하도록 하되 부담하기 어려운 일시적인 대전류 부하는 축전지로 하여금 부담케 하는 방식이다. 일반적으로 거치용 축전지설비에서 가장 많이 채용하는 방식으로 다음과 같은 장점을 갖는다.

㉮ 축전지가 항상 완전 충전상태에 있으므로 방전전압을 일정하게 유지할 수 있다.
㉯ 정류기의 용량이 작아도 된다.
㉰ 축전지 수명에 좋은 영향을 준다.

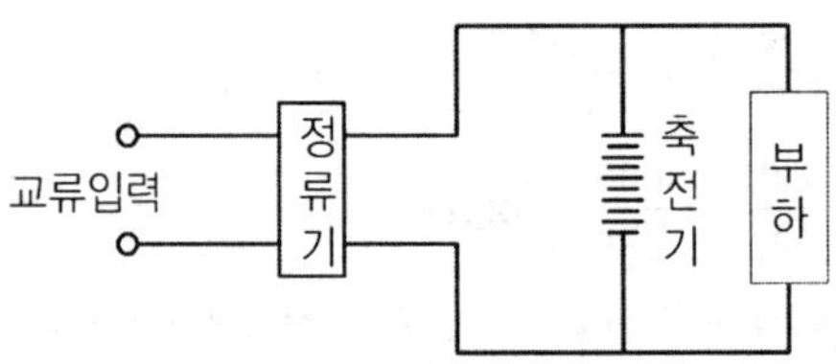

[그림 17-5] 부동충전방식

④ 균등충전

장기간에 걸친 충·방전으로 인하여 각 축전지간에는 전압이 불균일하게 된다. 그러므로 각 전지간의 전압을 균등하게 하기 위해 3주에 1회 정도 정전압(연축전지 : 2.4～2.5[V/cell], 알칼리축전지 : 1.45～1.5[V/cell])으로 10～12시간 충전하는 방식이다.

⑤ 세류충전

자기방전량만을 충전하는 방식이다.

⑥ 전자동충전

정전압 충전의 초기에 대전류가 흐르는 결점을 보완하여 일정한 전류 이상은 흐르지 않도록 자동전류 제한장치를 달아 충전하는 방식으로 보수·관리를 쉽게 하기 위해서 적용하는 방식이다.

⑦ 교호충전

축전지·전류기를 그대로 하여 충·방전을 시행하는 방식이다.

(5) 축전지실

과거에는 연축전지의 산무에 의한 부식을 방지할 목적으로 내산처리를 하기 위해 축전실이 필요했다. 그러나 현재는 연축전지의 경우 실드형·벤디드형 등 밀폐화된 구조이므로 산무의 발산이 거의 문제시되지 않고 있다.

또한 알칼리 축전지도 유해한 가스를 발산하지 않으므로 축전지실이 필요하지 않는 경향이 있다. 따라서 근래에는 축전지와 충전지를 동일 금속 케이스 속에 수납한 큐비클식 전원장치가 널리 채용되고 있으며 변전실·기계실 등에 다른 기기와 함께 설치되고 있다.

6. 비상전원수전설비

비상전원수전설비에 관한 기준은 우리나라 소방법에만 유일하며 소방기술기준에서 비상전원설비로 고시되어 있다. 이 설비는 상용전원 수전방식과 같지만 별도의 전용선로로 구성되어야 하며, 특정 소방대상물의 연면적 1,000[㎡] 이하의 소방대상물로 한정되어 있다. 일반 전기사업자(한전)로부터 특고압으로 수전하는 비상전원수전설비와 저압으로 수전하는 방식이 있다.

비상전원 인입선은 화재가 발생할 경우에도 화재로 인한 손상을 받지 않도록 가능한 지중으로 설치하고, 가공으로 인입하는 경우에는 건축물의 개구부를 피하고 옥측 부분에서 인입한다. 비상전원수전설비는 화재시의 전원확보의 한계성으로 스프링클러설비 설치대상 중 일부분과 비상콘센트설비의 비상전원으로 사용할 수 있다.

특고압, 고압으로 수전하는 비상전원수전설비는 방화구획형·옥외개방형·큐비클형(cubicle)으로 하여야 한다.

(1) 방화구획형 설치기준

① 전용의 방화구획 내에 설치할 것

② 소방회로 배선은 일반회로 배선과 불연성 벽으로 구획할 것. 다만, 소방회로 배선과 일반회로 배선을 15[㎝] 이상 떨어져 설치한 경우는 그러하지 아니한다.

③ 일반회로에서 과부하, 지락 또는 단락사고가 발생한 경우에도 이에 영향을 받지 아니하고 계속하여 소방회로에 전원을 공급시켜줄 수 있어야 할 것

④ 소방회로용 개폐기 및 과전류 차단기에는 '소방시설용'이라 표시할 것

⑤ 전기회로는 다음과 같이 결선할 것

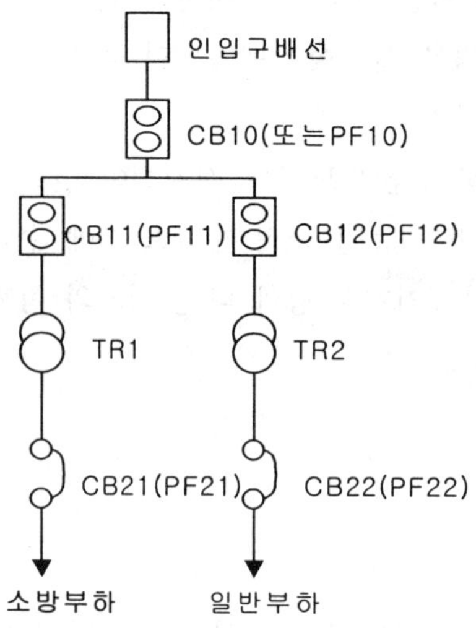

(a) 전용변압기

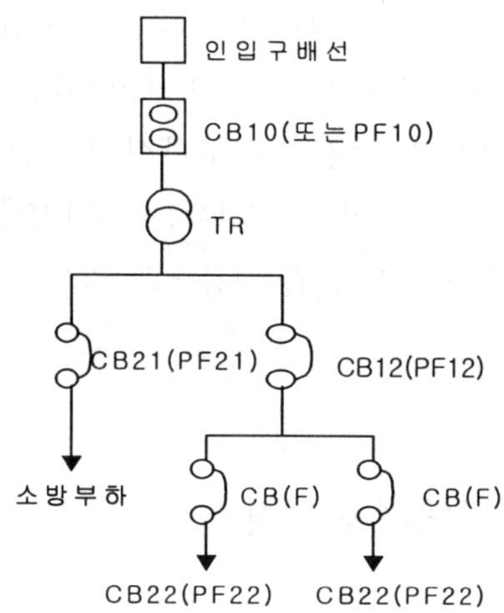

(b) 전용개폐기

[그림 17-6] 특고압 비상전원수전설비

㈜ 1. 일반회로의 과부하 또는 단락사고시에 CB10(또는 PF10)이 CB12(또는 PF12) 및 CB22(또는 PF22)보다 먼저 차단되어서는 아니된다.

2. CB11(또는 PF11)은 CB12(또는 PF12)와 동등 이상의 차단용량일 것

3. 일반회로의 과부하 또는 단락사고시에 CB10(또는 PF10)이 CB12(또는 PF12) 및 CB(또는 F)보다 먼저 차단되어서는 아니된다.

4. CB21(또는 PF21)은 CB12(또는 PF12)와 동등이상의 차단용량일 것

(2) 옥외개방형 설치기준

① 건축물의 옥상에 설치하는 경우에는 그 건축물에 화재가 발생할 경우에도 화재로 인한 손상을 받지 않도록 설치할 것

② 공지에 설치하는 경우에는 인접 건축물에 화재가 발생한 경우에도 화재로 인한 손상을 받지 않도록 설치할 것

(3) 큐비클형 설치기준

① 전용큐비클 또는 공용큐비클식으로 설치할 것

② 외함은 두께 2.3[㎜] 이상의 강판과 이와 동등 이상의 강도와 내화성능이 있는 것으로 제작하여야 하며, 개구부에는 갑종방화문 또는 을종방화문을 설치할 것

③ 다음 각 목(옥외에 설치하는 것에 있어서는 가목 내지 다목)에 해당하는 것은 외함에 노출하여 설치할 수 있다.

㉮ 표시등(불연성 또는 난연성재료로 덮개를 설치한 것에 한한다)

㉯ 전선의 인입구 및 인출구

㉰ 환기장치

㉱ 전압계(퓨즈 등으로 보호한 것에 한한다)

㉲ 전류계(변류기의 2차측에 접속된 것에 한한다)

㉳ 계기용 전환스위치(불연성 또는 난연성재료로 제작된 것에 한한다)

④ 외함은 건축물의 바닥 등에 견고하게 고정할 것

⑤ 외함에 수납하는 수전설비 · 변전설비 그밖의 기기 및 배선은 다음 각 목에 적합하게 설치할 것

㉮ 외함 또는 프레임(frame) 등에 견고하게 고정할 것

㉯ 외함의 바닥에서 10[㎝](시험단자, 단자대 등의 충전부는 15[㎝]) 이상의 높이에 설치할 것

⑥ 전선 인입구 및 인출구에는 금속관 또는 금속제 가요전선관을 쉽게 접속할 수 있도록 할 것

⑦ 환기장치는 다음에 적합하게 설치할 것

㉮ 내부의 온도가 상승하지 않도록 환기장치를 할 것

㉯ 자연환기구의 개부구 면적의 합계는 외함의 한면에 대하여 당해 면적의 3분의 1 이하로 할 것. 이 경우 하나의 통기구의 크기는 직경 10[㎜] 이상의 둥근 막대가 들어가서는 아니된다.

㉰ 자연 환기구에 따라 충분히 환기할 수 없는 경우에는 환기설비를 설치할 것

㉱ 환기구에는 금속망 · 방화댐퍼 등으로 방화조치를 하고, 옥외에 설치하는 것은

빗물 등이 들어가지 않도록 할 것

⑧ 공용 큐비클식의 소방회로와 일반회로에 사용되는 배선 및 배선용기기는 불연재료로 구획할 것

(4) 저압으로 수전하는 경우

전기사업자로부터 저압으로 수전하는 비상전원설비는 전용배전반(1 · 2종), 전용분전반(1 · 2종) 또는 공용분전반(1 · 2종)으로 하여야 한다.

① 제1종 배전반 및 제1종 분전반은 다음 각 호에 적합하게 설치하여야 한다.

㉮ 외함은 두께 1.6[㎜](전면판 및 문은 2.3[㎜]) 이상의 강판과 이와 동등 이상의 강도와 내화성능이 있는 것으로 제작할 것

㉯ 외함의 내부는 외부의 열에 의해 영향을 받지 않도록 내열성 및 단열성이 있는 재료를 사용하여 단열할 것. 이 경우 단열부분은 열 또는 진동에 따라 쉽게 변형되지 아니하여야 한다.

㉰ 다음 각 목에 해당하는 것은 외함에 노출하여 설치할 수 있다.

- 표시등(불연성 또는 난연성 재료로 덮개를 설치한 것에 한한다)
- 전선의 인입구 및 입출구

㉱ 외함은 금속관 또는 금속제 가요전선관을 쉽게 접속할 수 있도록 하고, 당해 접속부분에는 단열조치를 할 것

㉲ 공용배전반 및 공용분전반의 경우 소방회로와 일반회로에 사용하는 배선 및 배선용기기는 불연재료로 구획되어야 할 것

② 제2종 배전반 및 제2종 분전반은 다음 각 호에 적합하게 설치하여야 한다.

㉮ 외함은 두께 1[㎜](함 전면의 면적이 1,000[㎠]를 초과하고 2,000[㎠] 이하인 경우에는 1.2[㎜], 2,000[㎠]를 초과하는 경우에는 1.6[㎜]) 이상의 강판과 이와 동등 이상의 강도와 내화성능이 있는 것으로 제작할 것

㉯ 120℃의 온도를 가했을 때 이상이 없는 전압계 및 전류계는 외함에 노출하여 설치할 것

㉰ 단열을 위해 배선용 불연전용실 내에 설치할 것

(5) 기타 사항

① 일반회로에서 과부하 · 지락 또는 단락사고가 발생한 경우에도 이에 영향을 받지

아니하고 계속하여 소방회로에 전원을 공급시켜줄 수 있어야 할 것

② 소방회로용 개폐기 및 과전류 차단기에는 '소방시설용'이라는 표시를 할 것

③ 전기회로는 다음와 같이 결선할 것

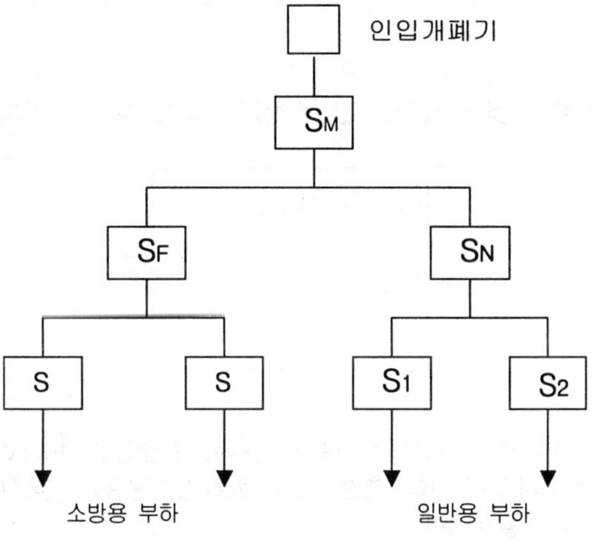

[그림 17-7] 저압수전인 경우

㈜ 1. 일반회로의 과부하 또는 단락사고시 S_M이 S_N, S_1 및 S_2보다 먼저 차단되어서는 아니된다.

2. SF는 SN과 동등 이상의 차단용량일 것

약호	명 칭
CB	전력차단기
PF	전력퓨즈(고압 또는 특별고압용)
F	퓨즈(저압용)
Tr	전력용 변압기
S	저압용 개폐기 및 과전류 차단기

제17장 비상전원설비

주관식 연습문제

1. Ⓐ에 흐르는 전류는 몇 [A]인가? 단, 수신기 전원은 DC 24[V]이다.

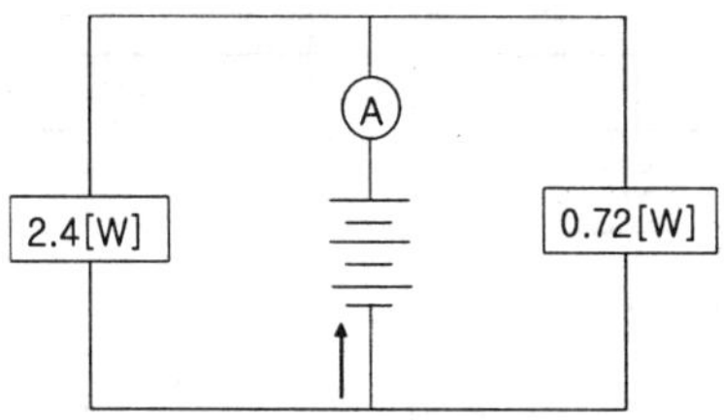

2. 정격용량 60[Ah]인 연축전지를 상시부하 6[kW], 표준전압 100[V]인 소방설비에 부동충전방식으로 시설하고자 한다. 충전기 2차전류(충전전류)는 몇 [A]인가? 단, 연축전지의 방전율은 10시간율로 한다.

3. 축전지의 자기방전을 보충하는 동시에 상용부하에 대한 전력공급은 충전기가 부담 하되, 충전기가 부담하기 어려운 일시적인 대전류 부하는 축전지가 부담하게 하는 충전방식을 무엇이라 하는가?

4. 비상용 축전설비의 축전지로서 밀폐형 니켈-카드뮴 전지를 사용하고 있다. 부하가 24[V], 1.3[A]일 때 축전지의 필요한 용량은 몇 [Ah]인가? 단, 사용온도 20[℃], 보수율 0.8, 30분 정격에서의 용량환산 시간율 K는 0.7이며, 이 조건에서의 축전지 용량을 구하도록 한다.

5. 상용전원 정전시에 사용되는 비상전원과 상용전원 고장시에 사용되는 예비전원의 중요한 요소인 축전지설비에 관한 다음 각 물음에 답하시오.

가. 연축전지와 알칼리 축전지를 비교한 표이다. ①~⑦의 맞는 말을 쓰시오.

구 분	연축전지	알칼리 축전지
공칭용량	(①)[Ah]	(②)[Ah]
충전시간	길다.	짧다.
공칭전압	2.0[V]	(③)[V]
기 전 력	(④)[V]	(⑤)[V]
기계적 강도	(⑥)	(⑦)
종 류	클래드, 페스트식	소결식, 포켓식

나. 축전지와 부하를 충전기에 병렬로 접속하여 사용하는 충·방전을 동시에 행하는 방식은?

다. 연축전지의 방전시에 발생하는 가스의 종류는?

6. 수신기의 예비전원으로 DC 24[V]인 Ni-Cd축전지를 사용한다면 Ni-Cd축전지의 셀(cell) 수는 몇 개인가?

7. 그림과 같이 지구경종과 표시등을 공통선을 사용하여 작동시키려고 한다. 이때 공통선에 흐르는 전류는 몇 [A]인가? 단, 경종은 DC 24[V]용이며 1.52[W], 표시등은 DC 24[V] 3.04[W]용이다.

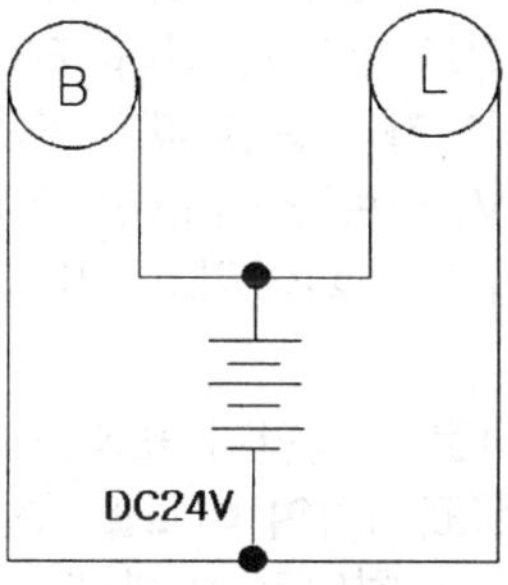

8. 저압회로의 표준전압이 100[V]일 때 연축전지는 몇 셀 정도 있어야 비상시에 대처할 수 있는가?

9. 축전지의 부동충전방식의 장점 3가지만 쓰시오.

10. 축전지설비에 대한 다음 각 물음에 답하시오.

가. 축전지에 수명이 있고, 또한 그 말기에 있어서도 부하를 만족하는 용량을 결정하기 위한 계수로서 보통 0.8로 하는 것을 무엇이라 하는가?

나. 축전지와 부하를 충전기에 병렬로 접속하여 사용하는 충전방식은?

다. 축전지의 과방전 및 방치상태, 가벼운 셀패이션 현상 등이 생겼을 때 기능회복을 위하여 실시하는 충전방식은?

라. 부하의 허용 최저전압이 95[V], 축전지와 부하간 접속선의 전압강하가 3[V]일 때 직렬로 접속한 축전지의 개수가 50개라면 축전지 한 개의 허용 최저전압은 몇 [V]인가?

11. 그림과 같은 부하특성일 때 소결식 알카리 축전지 용량 저하율 L=0.8, 최저 축전지 온도 5[℃], 허용 최저전압 1.06[V/cell]일 때 축전지 용량은 얼마인가? 단, 여기서 용량환산 시간 K1=1.45(30분), K2=0.69(20분), K3=0.25(10분)이다.

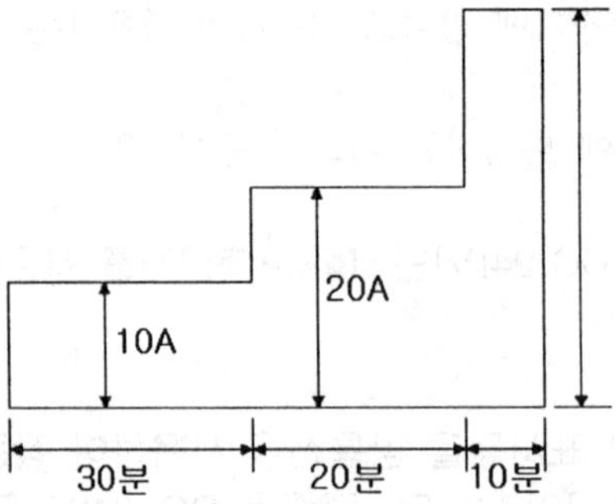

12. 제어반으로부터 전선과 거리가 100[m] 떨어진 위치에 포소화설비의 일제 개방변이 있고, 바로 옆에 기동용 솔레노이드 밸브가 있다. 제어반 출력단자에서의 전압강하는 없다고 가정했을 때 이 솔레노이드가 기동할 때의 솔레노이드 단자전압은 얼마가 되겠는가? 단, 제어회로 전압은 24[V]이며, 솔레노이드의 정격전류는 2.0[A]이고, 배선의 km 당 전기저항의 값은 상온에서 8.8[Ω]이라고 한다.

13. 비상전원으로 시설하는 축전지로서 답안지 표에 기록되어 있는 연축전지와 알칼리축전지의 특성을 답하시오. 숫자로 표기하여 비교할 수 있는 것은 숫자로 비교하고, 그렇지 않은 것은 길다, 짧다, 강하다, 약하다로 이해하기 쉽고 간단하게 비교할 것

구 분	연축전지	알칼리 축전지
공칭전압	(①)[V]	(②)[V]
기계적 강도	약하다	강하다
과충·방전에 의한 전기적 강도	(③)	(④)
충전시간	길다	짧다

14. 예비전원설비는 축전지설비로 하고자 한다. 축전지설비에 대한 다음 각 물음에 답하시오.

가. 축전지설비의 구성은 일반적으로 크게 구분하여 축전지 · 보안장치 · 제어장치 등 네 가지로 구성된다. 나머지 한 가지는 무엇인가?

나. 연축전지를 사용할 때 축전지 전(全)셀의 전압 불균일이 크고 비중이 낮았다. 이런 현상이 나타날 수 있는 추정원인을 2가지만 쓰시오.

다. 상시전원의 정전시에 상시전원에서 예비전원으로 바꾸기 위하여 양전원의 접속점에 연결하는 개폐기는 어떤 종류의 개폐기를 사용하는가? (단, 접속되는 부하 및 배선은 같다.)

15. 비상용전원설비를 축전지설비로 하고자 한다. 사용부하의 방전전류－시간 특성곡선이 그림과 같을 때 다음 각 물음에 답하시오. 단, 용량환산시간 K값은 K1=0.85(30분), K2=0.53(10분), K3=0.70(20분)이다.

가. 보수율의 의미를 설명하고, 이 값은 보통 얼마로 하는지를 밝히시오.

나. 축전지와 부하를 충전기에 병렬로 접속하여 사용하는 충전방식은?

다. 축전지의 용량은 몇 [Ah] 이상의 것을 택하여야 하는가?

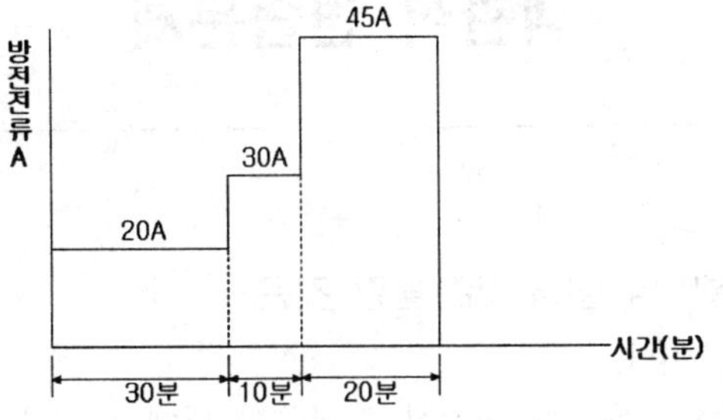

16. 비상전원을 설치하여야 할 옥내소화전설비의 비상전원 설치기준을 4가지만 쓰시오.

제17장 비상전원설비

객관식 연습문제

1. 비상전원 전용수전설비의 설명으로 틀린 것은?
   가. 비상전원의 일종이다.
   나. 실내에 설치하는 경우에는 원칙상 불연구획 내에 설치하여야 한다.
   다. 비상전원 전용수전설비의 종류로는 오픈식의 것도 있다.
   라. 비상전원 전용수전설비는 큐비클식이어야 한다.

2. 내열용 비닐절연전선의 약호는?
   가. FP 나. HP
   다. HIV 라. FR

3. 소방전기시설에 사용되는 비상전원에 해당되지 않는 것은?
   가. 자가발전설비 나. 비상전원수전설비
   다. 축전지설비 라. 무정전 전원공급장치

4. 축전지설비의 구성요소로 맞지 않는 것은?
   가. 방전장치 나. 보안장치
   다. 제어장치 라 역변환장치

5. 연축전지가 방전하면 양극물질 P와 음극물질 N은 어떻게 변화하는가?
   가. P : 과산화납, N : 납 나. P : 황산납, N : 납
   다. P : 과산화납, N : 황산납 라. P : 황산납, N : 황산납

6. 축전지설비의 구성요소로 맞지 않는 것은?
   가. 축전지 나. 충전장치
   다. 역변환장치 라. 방전장치

7. 축전지의 전해액으로 사용되는 물질의 도전율은 어느 것에 의하여 증가될 수 있는가?
   가. 전해액의 농도 나. 전해액의 고유저항
   다. 전해액의 색깔 라. 전해액의 수명

정답

1. 라 2. 다 3. 라 4. 가 5. 라 6. 라 7. 가

8. 전지를 사용하지 않고 오래 방치해두는 경우에 못 쓰게 되는 원인은 주로 어떤 작용 때문인가?

가. 분극작용　　나. 성극작용
다. 국부작용　　라. 전해작용

9. 비상전원용 디젤발전기가 기동하지 못하는 원인으로 볼 수 없는 것은?

가. 축전지의 충전불량　　나. 점화계통의 불량
다. 냉각장치의 고장　　라. 부하설비의 누전

10. 축전지실을 설치할 경우에 대한 설명으로 잘못된 것은?

가. 진동이 없는 장소에 설치한다.
나. 배기설비를 필요로 한다.
다. 충전기는 가급적 부하와 멀리 떨어진 곳에 설치한다.
라. 개방형 축전지의 경우에 조명기구 등은 내산성으로 한다.

11. 정전류부하인 경우 알카리 축전기의 용량산출식은? (단, I : 방전전류, L : 보수율, K : 방전시간, C : 25[℃]에 있어서의 정격방전율 용량)

가. $C=\frac{1}{K}LI$　　나. $C=\frac{1}{4}K^2I$
다. $C=\frac{1}{L}KI$　　라. $C=\frac{1}{K}L^2I$

12. 알칼리 축전지의 공칭전압은?

가. 1.2[V]　　나. 2.0[V]
다. 5[V]　　라. 10[V]

13. 어느 빌딩의 소방부하 설비용량이 500[kVA]이고, 수용률이 90[%]라면 여기에 필요한 변압기 용량은 몇 [kVA]인가?

가. 350　　나. 450
나. 550　　라. 650

14. 다음 축전지설비에 대한 설명으로 옳은 것은?

가. 축전지 · 충전장치 및 제어장치로 구성된다.
나. 축전지 · 충전장치 · 제어장치 및 변환장치로 구성된다.
다. 축전지 · 충전장치 · 보안장치 · 제어장치 및 역변환장치로 구성된다.
라. 축전지 · 충전장치 · 보안장치 · 제어장치 및 변환장치로 구성된다.

정답

8. 다 9. 가 10. 다 11. 다 12. 가 13. 나 14. 다

15. 스프링클러설비의 비상전원으로 축전지설비를 설치하는 경우 축전지실 벽과의 이격거리는 몇 [m] 이상인가?

가. 0.1　　나. 0.2
다. 0.3　　라. 0.4

16. 축전지의 용량 표시의 단위로 옳은 것은?

가. kW　　나. kVA
다. A　　라. Ah

17. 자동화재탐지설비의 비상전원으로 사용하고 있는 연축전지(거치형)의 점검방법으로 적당하지 않은 것은?

가. 전지외함의 온도가 이상 상승하고 있지 않는가를 점검한다.
나. 동선으로 단자를 단락시켜서 불꽃이 튀는가를 점검한다.
다. 전해액의 비중을 측정한다.
라 판의 변형 유무와 침전물 유무를 점검한다.

18. 축전지의 용량을 산출하는 데 필요한 사항이 아닌 것은?

가. 보수율　　나. 용량환산시간
다. 방전전류　　라. 부하전압

19. 소방시설용 비상전원의 종류에 해당하지 않는 것은?

가. 비상전원수전설비　　나. 자가발전설비
다. 축전지설비　　라. 교류전원

20. 그림에서 다이오드의 직접적인 역할은?

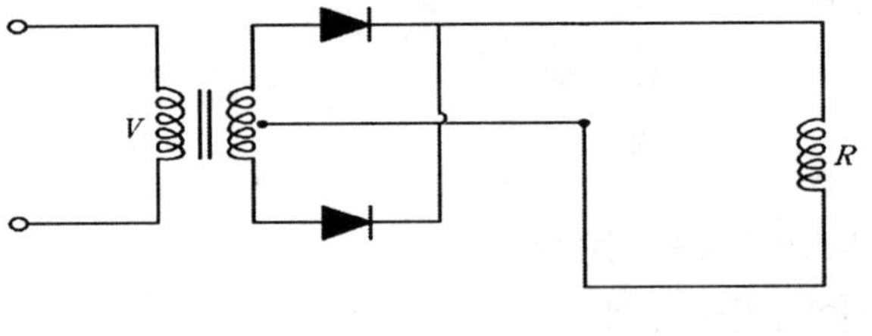

가. 전압강하　　나. 전류제한
다. 절연강화　　라. 교류를 직류로 변환

정답

15. 가 16. 라 17. 나 18. 라 19. 라 20. 라

21. 다음 중 전기화재의 원인으로 볼 수 없는 것은?

가. 과전류에 의한 발화　　나. 정전에 의한 발화
다. 단락에 의한 발화　　라. 누전에 의한 발화

22. 노출용 내화케이블을 금속덕트 또는 단열성이 없는 불연구조의 덕트 등에 포설하는 경우 그 양단이 충분히 개방되고 공기의 유통이 자유롭다면 덕트의 길이는 몇 [m] 이하로 하여야 하는가?

가. 1　　나. 2
다. 3　　라. 4

정답

21. 나 22. 나

제18장 방재배선설비

1. 전선 구성

전선에 사용되는 도체재료는 동과 알루미늄이 주로 사용된다.

동선은 연동선과 경동선이 있으며 연동선은 경동선보다 도전율은 좋지만 기계적인 강도가 떨어져 옥외전선으로 사용되지는 않는다. 알루미늄 전선은 동선에 비해 중량이 가볍고 가격이 저렴하여 송·배전 계통 전선에 대부분 사용된다.

전선 구조에 따라 분류하면 단선과 연선이 있는데 단선은 장력이 부족하고 굵기가 커지면 시공이 어려워 3.2[mm]까지만 사용하고 그 이상에서는 연선을 사용한다. 옥내 배선에서는 대부분 연선을 사용한다. 전선 선정시 전류용량뿐만 아니라 기계적 강도, 경제성 등을 고려하여 다음과 같은 조건이 구비되어야 한다.

- 도전율이 클 것
- 기계적 강도가 클 것
- 가격이 낮을 것
- 가선작업이 용이할 것
- 내구성이 있을 것
- 신장률이 클 것
- 비중이 낮을 것

예제 1 전선 굵기 선정시 고려해야 하는 3가지 조건에 대하여 쓰시오.

【풀이】 전선 굵기 3요소

① 전선의 기계적 강도

② 전선의 허용전류

③ 전압강하

(1) 연선구성

연선 구성에 대하여 단선의 지름이 모두 같을 경우 다음 관계식이 성립된다.

① 연선을 구성하는 단선의 총수

$N=3n(n+1)+1$[개]　　　n : 소선 층수

② 연선의 바깥지름

$D=(2n+1)d$[mm]　　　d = 소선의 지름

전선은 절연피복 유・무에 따라 절연전선과 나전선이 있다. 절연전선은 도체 위에 비닐・고무・석면 등으로 절연피복을 하였거나 절연피복을 전기적・기계적으로 보호하기 위하여 폴리에틸렌 등으로 외피를 씌운 전선도 있다.

나전선은 도체에 절연피복을 아니한 도체로 절연피복물이 부식되기 쉬운 장소나 일반인의 접근이 어려운 장소에 사용되며 배선공사로는 애자사용 노출공사를 사용한다.

(2) 전선공사

배선에 사용되는 도체는 비닐전선・케이블・버스덕트 및 나도체가 있으며 부설장소의 상황, 전기방식, 용량, 경제성 등을 고려하여 선정하여야 한다.

1) 절연전선

대부분의 장소(조명용・동력용・제어용)에 사용되는 전선으로 경동선・연동선 등을 염화비닐로 절연한 전선이다.

〈표 18-1〉 절연전선 종류

전 선 명 칭	주 요 용 도
OW전선(옥외용 비닐절연전선)	저압배전선로
DV전선(인입용 비닐절연전선)	저압인입선
IV전선(600V 비닐절연전선)	옥내배선
RB전선(600V 고무절연전선)	특수한 경우 사용
HIV전선(600V 내열비닐절연전선)	내열성 요구시 사용
ACSR전선(강심알루미늄전선)	송・배전용

2) 케이블

케이블은 절연재료 및 외장(sheath) 재료에 따라 여러 종류로 나누어진다. 절연재료는 대부분 폴리에틸렌을 사용하고 그 위에 염화비닐수지로 외장한 것이다. 〈표 18-2〉는 각종 케이블 종류와 용도를 나타낸다.

〈표 18-2〉 케이블 종류

전선명칭	절연구성 및 용도
EV케이블 (폴리에틸렌 절연비닐 외장케이블)	절연재료 : 폴리에틸렌 외장 : 염화비닐수지 전기특성이 우수하여 저압에서 특고압까지 널리 사용
CV케이블 (가교 폴리에틸렌 케이블)	절연재료 : 가교 폴리에틸렌(내열성 · 내방수성 강화) 외장 : 염화비닐수지 대표적인 전력케이블이고 저압에서 고압에 사용
CN/CV케이블 (동심 중성선 가교 폴리에틸렌 케이블)	절연재료 : 가교 폴리에틸렌 외장 : 염화비닐수지 CV케이블 사용이 곤란한 중성점 다중 접지방식에 사용
BN케이블 (부틸 고무절연 클로로프렌 외장케이블)	절연재료 : 합성고무 외장 : 클로로프렌 내열성이 우수하여 광범위하게 사용
RN케이블 (고무절연 클로로프렌 외장케이블)	절연재료 : 천연고무 외장 : 클로로프렌 기계적 특성이 우수하여 가혹한 장소에서 사용
VV케이블 (비닐절연 외장케이블)	절연재료 : 염화비닐 외장 : 염화비닐 600V 이하 저압옥내 배선에 사용(VVR, VVF)

3) 소방용 전선

비상전원으로부터 동력제어반 및 가압송수장치에 이르는 전원회로 배선은 내화배선으로 하여야 한다. 또한 상용전원으로부터 동력제어반에 이르는 배선, 그밖의 옥내소화전설비의 감시 · 조작과 표시등 회로의 배선은 내화배선 또는 내열배선으로 해야 한다. 내화전선은 연동선, 주석도금 연동선이 사용되며 내열전선은 경동선 · 연동선이 사용된다.

〈표 18-3〉은 소방용 전선의 종류와 특징을 나타낸다.

〈표 18-3〉 소방용 전선

종류 / 항목	방재용 절연전선			일반용
	내열전선(HIV)	내화전선(FR-8)	내열전선(FR-3)	600 비닐전선
가열온도	75℃	840℃	380℃	60℃
사용용도	600[V] 이하 일반전기공작물이나 전기기기 방재설비용 배선에 사용된다. 별도의 내화처리가 필요하다.	방재강전용 비상전원장치 옥내소화전 설비 배연설비 배선 유도등	방재통신용 비상대피 안내방송 자동화재 경보배선 각종 경보 기동장치 표시등 각종 감지기	600[V] 이하 일반전기공작물
도체구성	도체+내열성 염화비닐	도체+내화수지+ 절연체	도체+내열수지 + 절연체	도체+절연체

일반전선관 공사시 내화 처리방법은 다음과 같다.

① 금속관공사

풀박스를 타 일반회로와 공용시 철판으로 격벽 또는 유리테이프, 석면테이프 등으로 감는다.

② 금속덕트공사

덕트 내면에 불연재료 첨부, 배선은 유리테이프 또는 석면테이프로 감는다.

③ 전선관

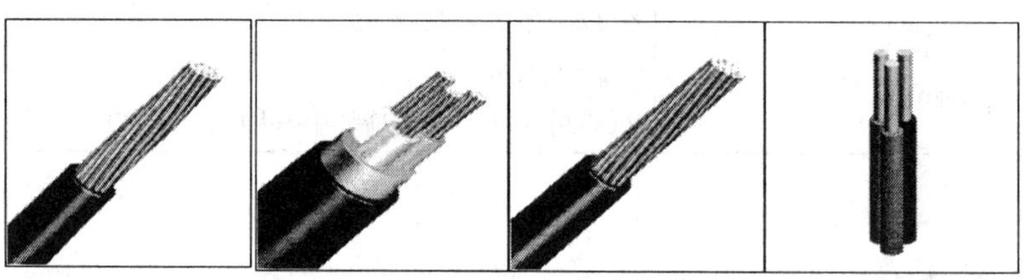

HIV전선 CV전선 OW전선 DV전선

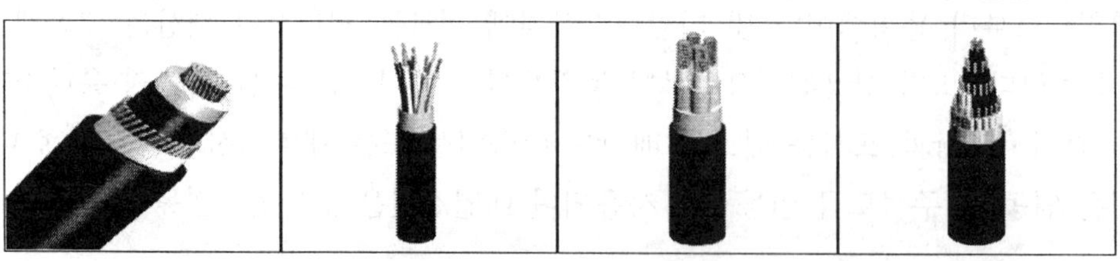

CN-CV전선 FR-3소방용 내열전선 FR-8소방용 내화전선 CVV제어용 절연전선

[그림 18-1] 전선의 종류

표면에 내열처리(모르타르 · 암면)하고 그 위에 알루미늄박을 감은 후 철선으로 감는다. [그림 18-1]은 배선공사에 사용되는 옥외용 · 내열 · 내화 · 제어용 전선의 형상을 나타낸다.

4) 전선 · 케이블의 접속

① 전선의 허용전류에 의하여 접속부분의 온도상승값이 접속부분 이외의 온도상승값을 넘지 않도록 한다.

② 전선 접속기류를 사용하여 접속하고 전선 상호간을 직접 접속하는 경우에는 접속부를 납땜한다.

③ 전선의 강도를 20[%] 이상 감소시키지 않는다. 단, 점퍼선은 제외한다.

④ 접속부분을 절연전선의 절연물과 동등 이상의 절연효력이 있는 것으로 충분히 피복한다.

⑤ 구리와 알루미늄 등 다른 종류의 금속 상호간을 접속할 때는 접속부에 전기적 부식이 생기지 않도록 한다.

⑥ 코드 상호간, 캡타이어 상호간의 접속은 코드 커넥터, 접속함, 기타 기구를 사용한다.

[그림 18-2]는 일반 배선공사시 도면에 나타난 배선표시의 예이다.

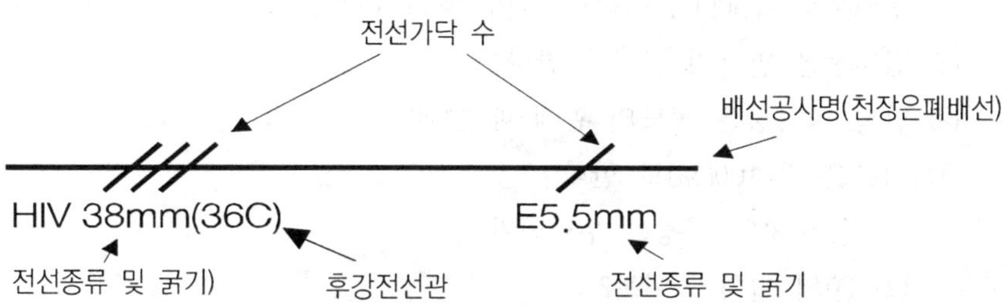

[그림 18-2] 배선기호 구성

〈표 18-4〉 배선그림 기호

명 칭	그림기호	적 요
천장은폐배선	────────	천장은폐배선 중 천장 안쪽 배선을 구별하는 경우 천장 안쪽 배선에 ─ · ─ · · ━ · ━ 를 이용해도 된다.
바닥은폐배선	─ ─ ─ ─ ─	
노출배선	┈┈┈┈┈┈	노출배선 중 바닥면 노출배선을 구별하는 경우에는 바닥면 노출배선에 ─ · · ─ · 을 ━ · · ━ 이용해도 된다.
지중매설배선	─ · ─ · ·	

예제 2 그림과 같이 비상콘센트가 설치된 건물이 있다. 사용전압은 단상 100[V] 및 3상 200[V]이며, 공사방법은 금속관공사를 하고 사용전선은 동선을 사용한다. 주어진 조건 및 표를 참조하여 다음 각 물음에 답하시오.

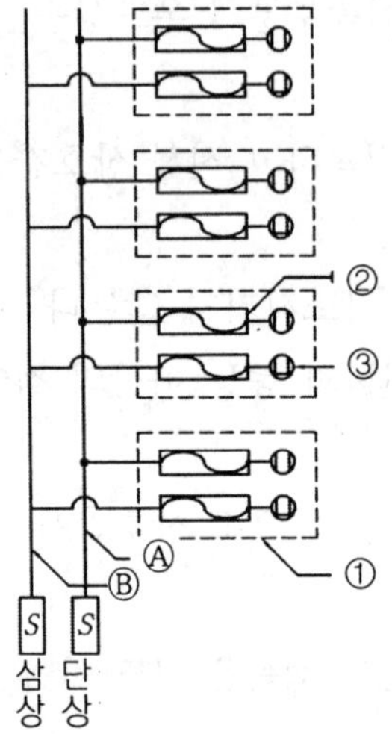

【조 건】

① 주위온도는 30[℃] 이하로 하며, 최고 허용온도는 60[℃]이다.

② 접지선은 별도의 공사를 한다.

③ 단상 및 3상은 별도의 관에 배관한다.

④ 역률은 각 100[%]로 한다.

(1) ①~③의 명칭은 무엇인가?

(2) ③의 설치 높이는?

(3) Ⓐ부분의 간선의 최소 굵기는?

(4) Ⓑ부분의 간선의 최소 굵기는?

(5) 후강전선관 사용시 Ⓐ부분의 전선관의 최소 굵기는?

(6) 박강전선관 사용시 Ⓑ부분의 전선관의 최소 굵기는?

【풀이】 (1) ① 보호함 : 전원으로부터 각 층의 비상콘센트에 분기되는 경우 분기배선용 차단기를 보호함 안에 설치

② 분기배선용 차단기 : 콘센트마다 설치

③ 접지형 3극 플러그 접속기 : 3상교류 200[V] 또는 3상교류 380[V]에 사용

(2) 바닥으로부터 높이 1[m] 이상 1.5[m] 이하의 위치에 설치하여야 한다.

(3) ① 단상교류의 공급용량은 1.5[kVA] 이상인 것으로 할 것

② 전선의 용량은 각 비상콘센트(비상콘센트가 3개 이상인 경우에는 3개)의 공급용량을 합한 용량 이상의 것으로 하여야 한다.

단상전력 $P = VI\cos\theta$[kW]

전류 $I = \frac{P}{V\cos\theta} = \frac{1.5\times10^3\times3}{100\times1} = 45$[A]

허용전류 감소계수 $K = \sqrt{\frac{60-\theta}{30}} = \sqrt{\frac{60-30}{30}} = 1$ (θ : 주위 온도)

허용전류 감소계수를 적용한 전선의 허용전류는

$I \cdot K = 45\times1 = 45$[A]

【저압옥내 간선의 허용전류】

전동기 등의 정격전류의 합계	전선의 허용전류
50[A] 이하인 경우	전동기 등의 정격전류의 합계×1.25배
50[A]를 초과하는 경우	전동기 등의 정격전류의 합계×1.1배

$45\times1.25 = 56.3$[A]이므로 전선 수 3 이하를 적용하여 〈표 18-6〉에서 근사값을 찾으면 61[A]의 14[mm^2]이다.

(4) ① 3상교류의 공급용량은 3.0[kVA] 이상인 것으로 할 것

② 전선의 용량은 각 비상 콘센트(비상 콘센트가 3개 이상인 경우에는 3개)의 공급용량을 합한 용량 이상의 것으로 하여야 한다.

3상전력 $P = \sqrt{3}\,VI\cos\theta$[kW]

전류 $I = \frac{P}{\sqrt{3}\,V\cos\theta} = \frac{(3\times10^3)\times3}{\sqrt{3}\times200\times1} \fallingdotseq 26$[A]

허용전류 감소계수 $K = \sqrt{\frac{60-\theta}{30}} = \sqrt{\frac{60-30}{30}} = 1$

허용전류 감소계수를 적용한 전선의 허용전류는

$I \cdot K = 26\times1 = 26$[A]

$26\times1.25 = 32.5$[A]

〈표 18-6〉에서 전선 수 3 이하의 동을 적용하여 32.5[A] 이상의 근사값을 찾으면 단선은 33[A]의 2.6[mm], 연선은 34[A]의 5.5[mm^2]이다.

(5) 〈표 18-7〉에서 14[mm^2] 2가닥을 넣을 수 있는 후강전선관의 최소 굵기는 22[mm]가 된다.

(6) 〈표 18-8〉에서 2.6[mm] 또는 5.5[mm^2] 3가닥을 넣을 수 있는 박강전선관의 최소

굵기는 19[mm]가 된다.

〈표 18-5〉, 〈표 18-6〉은 전선종류별 · 공사방식별 허용전류값을 나타낸다.

〈표 18-5〉 IV 전선 허용전류

도체(동)			허용전류[A]
선별	공칭단면적[mm²]	소선수/지름[본/mm]	
단선	–	1.0	(16)
	–	1.2	(19)
	–	1.6	27
	–	2.0	35
	–	2.6	48
	–	3.2	62
	–	4.0	81
	–	5.0	107
연선	0.9	7/0.4	(17)
	1.25	7/0.45	(19)
	2	7/0.6	27
	3.5	7/0.8	37
	5.5	7/1.0	49
	8	7/1.2	61
	14	7/1.6	88
	22	7/2.0	115
	30	7/2.3	139
	38	7/2.6	162
	50	19/1.8	190
	60	19/2.0	217
	80	19/2.3	257
	100	19/2.6	298
	125	19/2.9	344
	150	37/2.3	395
	200	37/2.6	469
	250	61/2.3	556
	325	61/2.6	650
	400	61/2.9	745
	500	61/3.2	842

〈표 18-6〉 전선관에 절연물의 최고 허용온도 60[℃]의 IV전선, RB전선 및 VV케이블 등을 넣는 경우와 VV케이블의 허용전류(주위온도 30[℃] 이하)

도체			IV전선을 동일한 관·몰드·덕트 내에 넣는 전선 수													
단선 연선의 구별	공칭 단면적 [mm^2]	소선수/지름 [본/mm]	3 이하		4		5~6		7~15		16~40		41~60		61 이상	
			허용전류[A]													
			동	알루미늄	동	알루미늄	동	알루미늄	동	알루미늄	동	알루미늄	동	알루미늄	동	알루미늄
단선	-	1.2	(13)	(10)	(12)	(9)	(10)	(8)	(9)	(7)	(8)	(6)	(7)	(6)	6	(5)
		1.6	19	(14)	17	(13)	15	(12)	13	(10)	12	(9)	11	(8)	9	(7)
		2.0	24	19	22	17	19	15	17	13	15	12	14	11	12	9
		2.6	33	26	30	23	27	20	23	18	21	16	19	14	17	13
		3.2	43	33	38	30	34	27	30	23	27	21	24	19	21	16
연선	5.5	7/1.0	34	26	31	24	27	21	24	18	21	16	19	15	16	13
	8	7/1.2	42	33	38	30	34	27	30	23	26	21	24	19	21	16
	14	7/1.6	61	48	55	43	49	38	43	34	38	30	34	27	30	23
	22	7/2.0	80	63	72	56	64	50	56	44	49	39	45	35	39	31
	30	7/2.3	97	75	87	68	78	60	68	53	60	46	54	42	47	37
	38	7/2.6	113	88	102	79	90	70	79	62	70	54	63	49	55	43
	50	19/1.8	133	103	119	93	106	83	93	72	82	64	74	58	65	50
	60	19/2.0	152	118	136	106	121	94	106	83	93	73	85	66	74	57
	80	19/2.3	180	140	162	126	144	112	126	98	111	86	100	78	87	68
	100	19/2.6	208	162	187	146	167	130	146	113	128	100	116	90	101	79
	125	19/2.9	241	187	216	169	192	150	168	131	148	115	134	105	117	91
	150	37/2.3	276	216	249	194	221	172	193	151	170	132	154	120	134	105
	200	37/2.6	328	256	295	230	262	205	230	179	202	157	183	143	159	124
	250	61/2.3	389	304	350	273	311	243	272	212	239	187	217	169	189	148
	325	61/2.6	455	354	409	319	364	280	318	248	280	218	254	198	221	172
	400	61/2.9	521	407	469	366	417	326	365	285	320	250	291	227	253	198
	500	61/3.2	589	460	530	417	471	368	412	322	362	283	328	256	286	223

※ 전동기 회로간선용 차단기의 선정

전동기 등의 부하를 포함한 회로의 간선용 차단기의 선정은 다음의 방법으로 결정한다.

부하의 종류	조 건	간선의 허용전류(I_W)	Breaker의 정격전류(I_N)
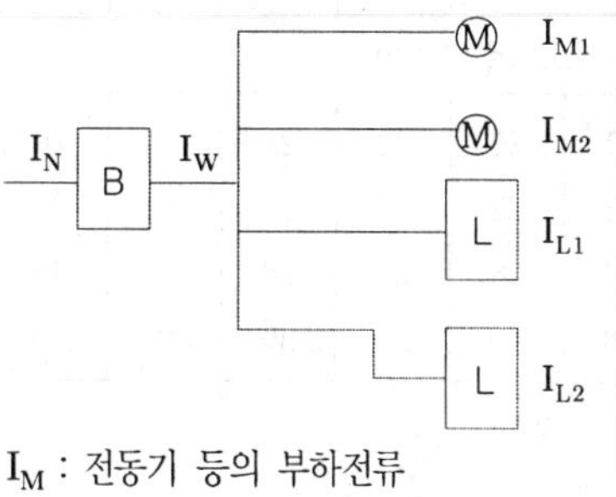	$\Sigma I_M \le \Sigma I_L$	$I_W \ge \Sigma I_M + \Sigma I_L$	$I_N \le 3\Sigma I_M + \Sigma I_L$ 또는 $I_N \le 2.5 I_W$ 두 개의 식 중에서 작은 값으로 한다. $I_W > 100[A]$일 때 Break의 표준정격 전류값에 해당하지 않을 경우는 가장 가까운 바로 위의 정격으로 해도 좋다.
	$50[A] \ge \Sigma I_M > \Sigma I_L$	$I_W \ge 1.25\Sigma I_M + \Sigma I_L$	
I_M : 전동기 등의 부하전류 I_L : 전동기 등 이외의 부하전류	$50[A] \le \Sigma I_M > \Sigma I_L$	$I_W \ge 1.1\Sigma I_M + \Sigma I_L$	

2. 배관공사

전선을 보호하는 배관공사는 부설장소의 조건, 전선의 종류에 따라 금속전선관 · 합성수지관 · 금속덕트 · 케이블 랙 등이 있다. 비닐전선 등은 피복을 보호하기 위해 금속전선관 · 합성수지관 · 금속덕트 등을 사용하고 케이블인 경우에는 금속덕트나 케이블 트레이를 사용한다. 간선계통 부설은 배선용 샤프트나 벽 내부를 통하여 부설하며 가스관 · 약전선관 등과의 병행 또는 교차시 안전상의 이격거리 확보 등을 충분히 검토하여야 한다.

전선관에는 금속관, 합성수지관, 가요전선관 등이 있으며, 이들 중 금속관이 가장 흔하게 사용된다.

(1) 금속관공사

금속관을 콘크리트 내 시설시 두께 1.2[mm] 이상으로 하여야 하며, 금속관 내 전선의 단면적은 40[%] 이내가 되도록 한다.

금속관의 종류에는 후강전선관과 박강전선관이 있으며 후강전선관은 내경에 가까운 짝수를 [mm]로, 박강전선관은 외경에 가까운 홀수를 [mm]로 나타내며, 금속관 1본 표준 길이는 3.66[m]이다. 구배 반지름은 관 안 지름의 6배 이상이 되도록 하여야 한다.

금속관공사는 기계적 강도가 강하여 단락사고 및 접지사고 등에 의한 화재발생 위험이 적고 단락되어도 불꽃이 외부에 전달되지 않아 전기사고의 위험성이 적은 장점이 있다.

〈표 18-7〉 후강전선관 굵기의 선정

전선의 굵기		전선 본수									
단선[mm]	연선[mm^2]	1	2	3	4	5	6	7	8	9	10
		전선관의 최소 굵기[mm]									
1.6		16	16	16	16	22	22	22	28	28	28
2.0		16	16	16	22	22	22	28	28	28	28
2.6	5.5	16	16	22	22	22	28	28	28	36	36
3.2	8	16	22	22	28	28	36	36	36	36	36

	14	16	22	28	28	36	36	36	42	42	42
	22	16	28	28	36	36	42	54	54	54	54
	(30)	16	36	36	36	42	54	54	54	70	70
	38	22	36	36	42	54	54	54	70	70	70
	50	22	36	42	54	54	70	70	70	70	82
	60	22	42	54	54	70	70	70	82	82	82
	80	28	42	54	54	70	70	82	82	82	82
	100	28	54	54	70	70	82	82	92	92	104
	125	36	54	70	70	82	82	92	104	104	
	150	36	70	70	82	92	92	104	104		
	200	36	70	82	82	92	104				
	250	42	82	82	92	104					
	325	54	82	92	104						
	400	54	92	92							
	500	54	104	104							

〈표 18-8〉 박강 전선관 굵기의 선정

전선의 굵기		전 선 본 수									
단선[mm]	연선[mm²]	1	2	3	4	5	6	7	8	9	10
		전선관의 최소굵기[mm]									
1.6		19	19	19	19	25	25	25	31	31	31
2.0		19	19	19	19	25	25	31	31	31	31
2.6	5.5	19	19	19	25	25	31	31	31	39	39
3.2	8	19	19	25	25	31	31	39	39	39	51
	14	19	25	31	31	39	39	51	51	51	51
	22	19	31	31	39	51	51	51	51	63	63
	38	25	39	31	51	51	63	63	63	75	75
	60	25	51	51	63	63	75	75	75		
	100	31	63	63	75	75					
	150	39	63	63							
	200	51	75	75							

예제 3 금속관 끝에는 리밍을 하고 부싱을 끼운다. 그 이유를 설명하시오.

【풀이】 쇠톱 · 커터기로 절단한 금속관은 끝부분이 날카로우므로 전선 삽입시 피복에 손상을 줄 우려가 있어 절단부분을 부드럽게 한 후 부싱을 끼워 전선을 넣는다.

(2) 합성수지관공사

합성수지관은 대부분 경질 비닐전선관을 사용한다. 이 공사법은 금속관공사에 비해 중량이 가볍고 절연성이 있어 접지공사가 필요하지 않으며 내식성이 있으므로 부식성 가스가 체류하는 화학공장 등에 적합하며 저렴하다는 장점이 있다. 반면에 열에 약하며 기계적 충격 및 중량물에 의한 압력 등에 약한 단점을 갖는다.

합성수지관 크기는 내경에 가까운 [mm]로 나타내며 1본의 표준길이는 4[m]이다.

합성수지관 상호접속은 커플링 또는 슬리브를 사용하며 슬리브 사용시 접속부의 길이는 관 외경의 1.2배 이상이 되도록 한다(접착제인 경우 0.8 이상).

관의 지지점간의 거리는 1.5[m] 이하로 하고 그 지지점은 관의 양단 · 관과 박스와 접속점 · 관 상호접속점 가까운 곳에 시설하여야 한다.

예제 4 합성수지관과 금속관 1본의 길이는 각각 얼마인가?

【풀이】

배 관	합성수지관	금 속 관
배관 1본의 길이	4[m]	3.66[m]

예제 5 가요전선관 공사에서 다음에 사용되는 재료 이름은 무엇인가?

① 가요전선관과 박스 연결
② 가요전선관과 금속전선관 연결
③ 가요전선관과 가요전선관 연결

【풀이】 ① 스트레이트 박스 커넥터
② 컴비네이션 커플링
③ 스프리트 커플링

(3) 가요전선관

가요전선관은 굴곡이 자유롭고 길이가 길어 부속품의 종류가 적게 들어 용이하게 시공할 수 있다. 굴곡이 많은 부분, 전동기와 전원박스간의 연결선로에 사용된다.

1종 가요전선관은 플렉시블관이라고 하며 이것은 아연 도금한 연강대를 사용한 것으로 건조하고 전개된 장소, 또는 건조하고 점검할 수 있는 은폐장소에 한하여 시설되며 400[V] 초과시에는 전동기 접속부분에 한하여 사용할 수 있다.

2종 가요전선관은 플리커 튜브라고 불리며 이것은 아연 도금한 강대, 강대 및 파이버를 3중으로 겹친 것으로 1종보다 기계적 강도 및 내수성이 강하므로 시설장소 및 사용전압에 제한을 받지 않고 굴곡부분이 많은 장소의 콘크리트 내의 매입배선으로 사용된다. 1종 금속제 가요전선관은 두께 0.8[mm] 이상으로 직경 1.6[mm] 이상의 나연동선을 전장에 걸쳐 삽입 또는 첨가하여 그 나연동선과 1종 금속제 가요전선관 양단에서 전기적으로 완전하게 접속하여야 한다.

금속관공사 자재명칭 및 용도는 다음과 같다.

1) 부 싱

전선의 절연피복 보호를 위하여 금속관 끝부분에 연결하는 자재

2) 유니온 커플링

금속관 상호접속용으로 관이 고정되어 있을 때 금속관 상호를 취부하는 자재

3) 노멀밴드

배관의 직각 굴곡부분에 사용하는 자재

4) 유니버설 엘보

노출배관공사에서 관을 직각으로 굽히는 곳에 사용하는 자재

5) 로크너트

금속관과 박스를 고정시킬 때 사용하는 재료로 1개소에 2개를 사용한다.

[그림 18-3] 전선관 공사에 사용하는 자재

(4) 전류 감소계수

한 개의 관 속에 넣을 수 있는 전선의 가닥 수는 10본 이하로 하는 것이 원칙이지만 조작회로 등 장기간에 걸쳐 계속 통전하지 않는 것은 10본 이상이어도 무방하다. 그러나 하나의 전선관 속에 여러 본이 구성되는 경우 전선의 허용전류는 〈표 18-9〉와 같이 감소된다.

〈표 18-9〉 전류 감소계수

동일관 내의 전선 수(본)	전류 감소계수[%]
3	0.7
4	0.63
5~6	0.56
7~15	0.49

예제 6 저압옥내배선의 합성수지관 공사에 있어서 관 및 박스, 그밖의 부속품은 다음

각 호에 의해서 시설하여야 한다. ( ) 안에 알맞은 것은?

- 관 상호 및 관과 박스와의 접속시 삽입하는 깊이를 관 바깥지름의 (㈎)배(접착제를 사용하는 경우에는 0.8배) 이상으로 하고, 또한 삽입접속으로 견고하게 접속하여야 한다.
- 관을 새들 등으로 지지하는 경우에는 그 지지점간의 거리는 (㈏)[m] 이하로 하고, 또한 그 지지점은 (㈐)관과 (㈑)와의 접속점 및 관 상호 접속점에서 가까운 곳에 시설하여야 한다.
- 습기가 많은 장소, 또는 물기가 있는 장소에 시설하는 경우에는 (㈒)장치를 할 것.
- 저압옥내배선의 사용전압이 400[V] 미만인 경우에 합성수지관을 금속제 박스에 접속하여 사용하는 때는 제 (㈓)종 접지공사를 할 것. 다만, 다음에 해당하는 경우에는 그렇지 아니한다.
  - 건조한 장소에 시설하는 경우
  - 옥내배선의 사용전압이 직류 300[V] 또는 교류 대지전압이 (㈔)[V] 이하인 경우에 쉽게 접촉할 우려가 없도록 시설할 경우

【풀이】 (가) 1.2 (나) 1.5 (다) 전선 (라) 박스 (마) 방습 (바) 3 (사) 150

(5) 배선용 피트공사

배선용 피트는 전기실 · 기계실 등 복잡한 배선이 필요한 경우 사용된다. 배선용 피트의 폭과 깊이는 전선 및 케이블의 굵기와 가닥 수에 의해 결정되며 피트 깊이는 대략 30[cm] 정도이다.

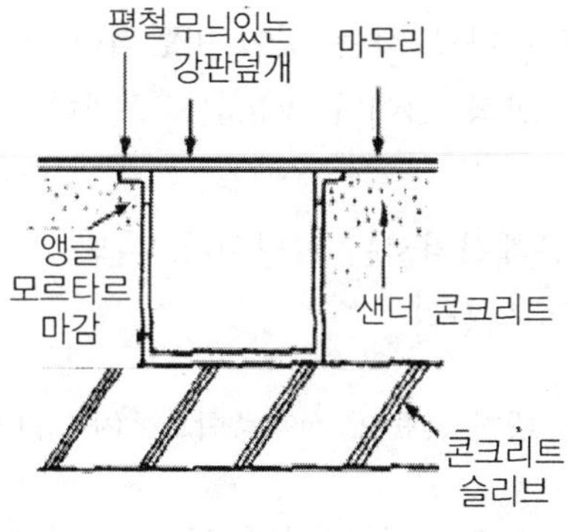

[그림 18-4] 배선용 피트공사

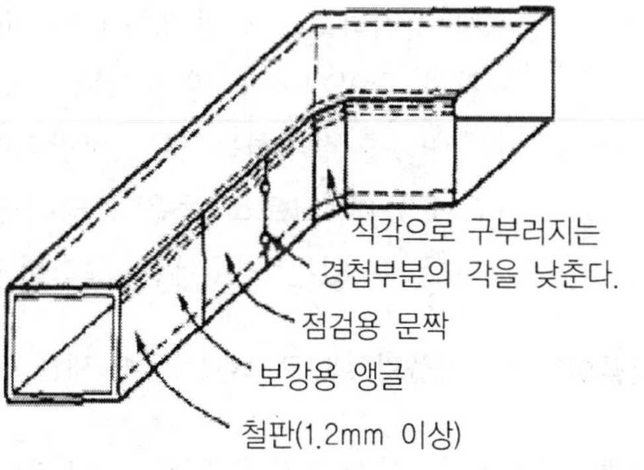

[그림 18-5] 금속덕트공사

(6) 금속덕트

금속덕트는 전기실에서 각 배전반 사이 또는 전기실에서 외부로 배선을 인출할 경우 전선을 수납하기 위해 사용되는 덕트이며 옥내의 건조한 부분으로 노출된 장소나 점검 가능한 은폐장소에 시설한다.

금속덕트의 폭은 5[cm]를 넘고 두께는 1.2[mm] 이상이 되는 철판으로 되어 있으며 덕트 내부는 전선에 손상을 입히는 돌출부분이 없도록 제작하여야 한다.

금속덕트 내부에는 절연전선 및 케이블 모두 설치 가능하며 설치 단면적은 절연피복을 포함하여 덕트 단면적의 20[%] 이내를 유지하여야 한다. 또한 덕트 내에서 전선이 포개지지 않도록 주의하고 덕트 내부에서 전선의 접속이 있어서는 안 되며 접속이 필요한 경우에는 풀박스(pull box)를 사용하거나 점검로를 설치하여 접속하여야 한다.

금속덕트 내의 전선을 외부로 인출하는 부분은 금속관공사 또는 가요전선관공사를 하여야 한다.

예제 7 소방설비의 배선을 금속관 배선공사로 시공할 때 다음 ( )안에 알맞은 것은?

- 금속관 상호간의 접속은 (㈎)으로 접속할 것. 이 경우 조임 등은 확실하게 할 것
- 금속관과 박스, 기타 이와 유사한 것과를 접속하는 경우로서, 틀어 끼우는 방법에 의하지 아니할 때는 (㈏) 2개를 사용하여 박스 또는 캐비닛 접속부분의 양측을 조일 것. 다만, 부싱 등으로 견고하게 부착할 경우에는 (㈏)를 생략할 수 있다.
- 금속관을 조영재에 따라서 시설하는 경우는 (㈐) 또는 (㈑) 등으로 견고하게 지지하고, 그 간격은 (㈒)[m] 이하로 하는 것이 바람직하다.
- 관의 굴곡개소가 많은 경우 또는 관의 길이가 30[m]를 초과하는 경우에는 (㈓)를 설치하는 것이 바람직하다.
- (㈔) 티, 크로스 등은 조영재에 은폐시켜서는 아니된다. 다만 그 부분을 점검할 수 있는 경우에는 그러하지 아니한다.

【풀이】 ㈎ 커플링 ㈏ 로크너트 ㈐ 새들 ㈑ 행거 ㈒ 2 ㈓ 풀박스 ㈔ 유니버설 엘보

또한, 금속덕트 산화방지를 위하여 아연도금을 하거나 에나멜 등으로 피복을 하여야 한다. 덕트 지지점간 거리는 3[m] 이하로 하고 덕트의 종단부는 폐쇄하여 덕트 내부에

먼지와 쥐 등이 침입하지 않도록 하여야 한다.

예제 8 금속관공사의 배관방법에 대한 설명이다. ( ) 안에 알맞은 것은?

- 금속관을 구부릴 때 금속관의 단면이 심하게 변형되지 아니하도록 구부려야 하며, 굴곡 바깥지름은 안지름의 (㈎)배 이상이 되어야 한다.
- 아웃렛 박스 사이 또는 전선 인입구를 가지는 기구 내의 금속관에는 (㈏) 개소가 초과하는 직각 또는 직각에 가까운 굴곡개소를 만들어서는 아니된다.
- 관과 박스, 기타 이와 유사한 것과를 접속하는 경우로서 틀에 끼우는 방법에 의하지 아니할 때는 (㈐) (㈑)개를 사용하여 박스 또는 캐비닛 접속부분의 양측을 죌 것
- 관과 관의 연결은 (㈒)를 사용하고, 관의 끝부분은 (㈓)를 사용하여 모난 부분을 매끄럽게 다듬는다.

【풀이】 ㈎ 6 ㈏ 3 ㈐ 로크너트 ㈑ 2 ㈒ 커플링 ㈓ 리이머

(7) 버스덕트공사

버스덕트(bus duct)는 도체와 덕트 부분의 재료에 따라 여러 종류가 있으며 그 중 알루미늄 도체 강덕트(Al-Fe) 버스덕트가 주로 사용되고 있다. 이는 알루미늄 도체가 가볍고 접속기술 발달로 알루미늄과 동과의 접속이 용이하기 때문이다.

버스덕트는 대용량의 간선에 적합하며 용량은 200[A]~5000[A] 등이 있다. 버스덕트 종류에는 피더 버스덕트 · 플러그인 버스덕트 · 트롤리 버스덕트의 3종류가 있다.

케이블 트레이(cable tray)은 금속제로 된 사다리식 전로로 이것은 천장 · 벽면 등에 앵카볼트를 사용하여 고정시킨다. 케이블 트레이는 케이블만 부설할 수 있으며 금속덕트와는 달리 외부에 노출되어 외력에 대한 보호는 불가능한 반면 케이블 증설 · 보수 작업이 용이한 장점이 있다.

(8) 케이블 랙

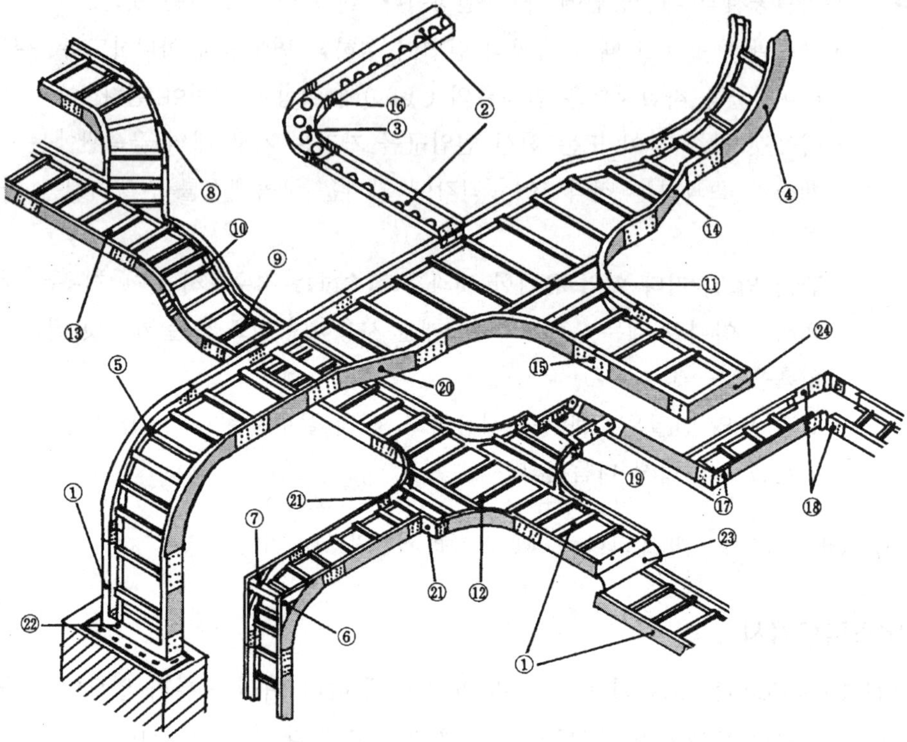

① 케이블 트레이(직선)	⑬ 리듀서 45° 수평 웨이 브랜치
② 케이블 채널(직선)	⑭ 리듀서
③ 채널 수평 고정	⑮ 조인트 커넥터
④ 인사이드 수직 엘보 인사이드 90°	⑯ 채널 커넥터
⑤ 아웃사이드 90° 수직엘보	⑰ 조정 라이저 커넥터
⑥ 수직 케이블 서포트 엘보 90°	⑱ 조정 수평 커넥터
⑦ 서포트 훅 또는 행잉 케이블	⑲ 직선 리듀싱 커넥터
⑧ 45° 수평엘보	⑳ 라이트 핸드 오프셋 리듀서
⑨ 45° 인사이드 수직엘보	㉑ 오프셋 리듀싱 커넥터
⑩ 45° 아웃사이드 수직엘보	㉒ 드롭아웃 박스 커넥터
⑪ 수평 티	㉓ 엔드 드롭아웃
⑫ 수평 크로스	㉔ 블라인드 앤드 플레이트

[그림 18-6] 케이블 트레이

〈표 18-10〉은 시설장소에 따른 공사종류를 나타낸다.

건물의 종류 · 용도 · 외관미 · 내구성 · 증설 예상 등을 검토하고 공사비 · 유지비 등 경제적 사항을 고려하여 공사방법을 결정한다.

〈표 18-10〉 시설장소에 따른 공사종류

사용전압의구분 / 시설장소의 구분		400V 미만인 것	400V 이상인 것
전개된 장소	건조한 장소	애자사용공사 · 합성수지몰드공사 · 금속몰드공사 · 금속덕트공사 · 버스덕트공사 또는 라이팅덕트공사	애자사용공사 · 금속덕트공사 또는 버스덕트공사
	기타의 장소	애자사용공사 버스덕트공사	애자사용공사
점검할 수 있는 은폐된 장소	건조한 장소	애자사용공사 · 합성수지몰드공사 · 금속몰드공사 · 금속덕트공사 · 버스덕트공사 · 셀룰라덕트공사 · 평형보호층공사 또는 라이팅덕트공사	애자사용공사 · 금속덕트공사 또는 버스덕트공사
	기타의 장소	애자사용공사	애자사용공사
점검할 수 없는 은폐된 장소	건조한 장소	플로어덕트공사 또는 셀룰라덕트공사	

(9) 풀박스

전선관 · 금속덕트 등에 간선시공시 전선의 접속장소, 직각으로 구부러지는 부분, 또는 직선길이가 30[m]를 초과하는 장소에는 강판제 풀박스(pull box)를 사용한다.

풀박스의 크기는 사용전선의 굵기, 진신관의 굵기에 따라 그 크기가 날라신다.

3. 소방전원 분기

(1) 전용회로 분기

소방시설에 공급되는 전원은 화재 등의 사고로 일반배선의 전원이 차단되더라고 소방시설에 공급되는 전원에는 영향을 주지 않도록 분기되어 비상시에도 소방시설은 정상적으로 작동할 수 있도록 하여야 한다. [그림 18-7]과 같이 공급된 경우 지상 1층에 화재가 발생하게 되어 전선에 과전류 혹은 단락이 되면 분기 과전류 개폐기는 동작되고 전원은 차단된다. 그러므로 지상 2층 소방시설에는 전원이 공급되지 않는다.

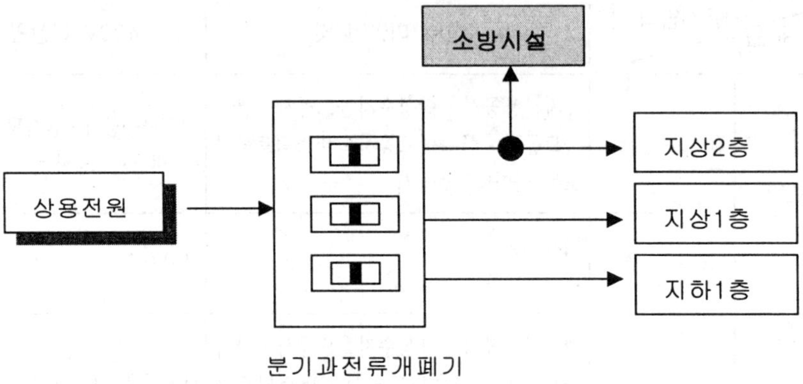

[그림 18-7] 소방전원 일반공급

그러므로 소방시설의 전원은 [그림 18-8]과 같이 전원측에서 분기되면 화재 등의 사고시 분기과전류 개폐기가 차단되어도 소방시설에는 전원이 정상적으로 공급된다.

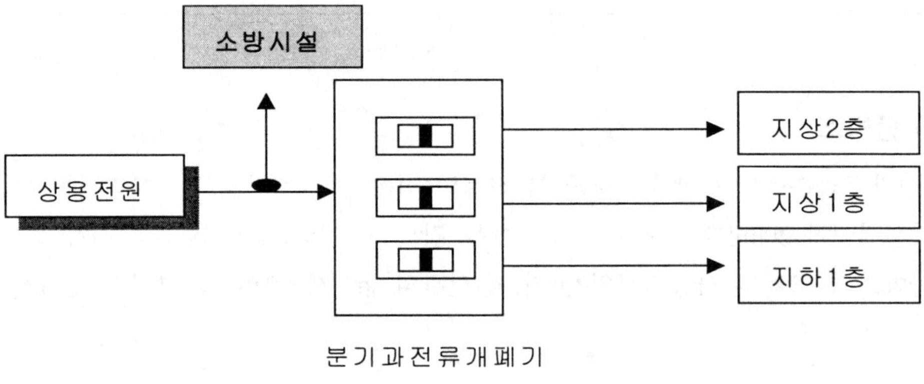

[그림 18-8] 소방시설 전용공급

(2) 자동화재탐지설비 전원공급

자동화재 탐지설비의 상용전원에 대한 공급규정은 다음과 같다.

① 전원은 전기가 정상적으로 공급되는 축전지 또는 교류전압의 옥내간선으로 하고 전원까지의 배선은 전용으로 하여야 한다.

② 개폐기에는 '자동화재탐지설비용'이라고 표시한 표지를 하여야 한다.

자동화재탐지설비에 전원을 공급하는 경우에는 옥내간선으로 하도록 하고 있는데 옥내간선이란 "인입구에서 분기과전류 개폐기에 이르는 배선"으로서 분기회로의 분기점에서 전원측까지의 부분으로 정의되므로 [그림 18-9]와 같이 분기회로의 분기점 이전에서 분기해야 한다.

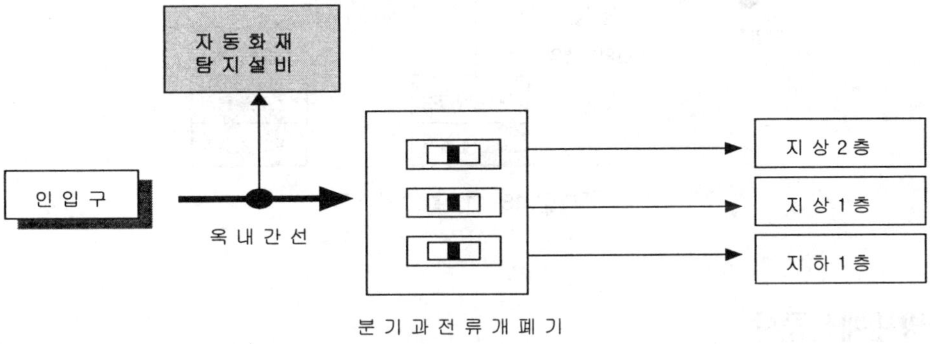

[그림 18-9] 자동화재탐지설비 상용전원의 분기

(3) 소화전, 스프링클러

옥내소화전 설비에는 전압종류에 따라 다음 기준에 의한 상용전원 회로의 배선을 설치하여야 한다.

① 저압수전인 경우에는 인입개폐기의 직후에서 분기하여 전용배선으로 하여야 한다.

② 특별고압수전 또는 고압수전인 경우에는 전력용 변압기 2차측의 주차단기 1차측에서 분기하여 전용배선으로 하되 상용전원 회로의 배선기능에 지장이 없을 경우에는 주차단기 2차측에서 분기하여 전용배선으로 할 수 있다. 다만, 가압송수장치의 정격 입력전압이 수전전압과 같은 경우에는 제①호의 기준에 의한다.

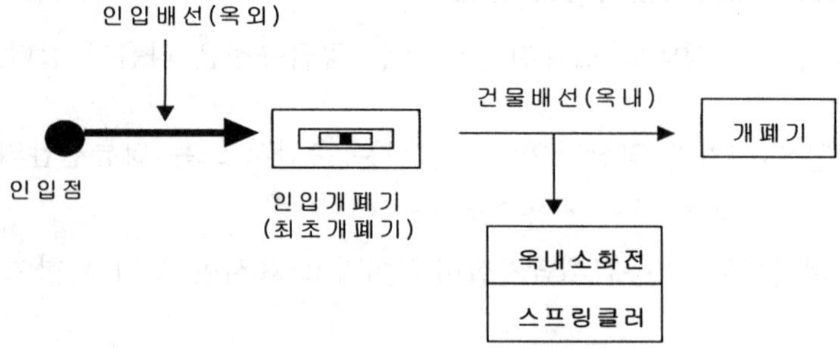

[그림 18-10] 저압수전

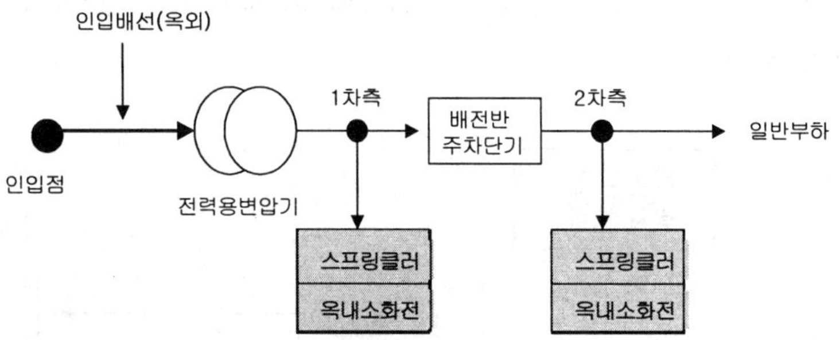

[그림 18-11] 특고압수전

4. 방재배선공사

전선의 온도상승은 전류 흐름에 의한 줄열과 전선 주변 온도상승에 의해 발생된다. 전선의 온도상승은 절연물을 열화하여 전선의 수명을 짧게하고 허용전류를 감소시킨다. 모든 전선은 고유의 허용전류가 정해져 있으나 고온에 장기간 노출된 장소에서는 전선의 허용전류가 감소된다. 그러므로 방화시설에 필요한 전선은 단시간 발열에도 변형되지 않는 내열성과 불에 강한 내화성이 확보된 방재배선을 채용하여야 한다. 소방용 전선에서 요구되는 특성은 난연성 · 저연성 · 무독성 · 내화성 · 내열성 · 내부식성 등이며, 화재발생시 소화활동이 완료될 때까지 그 역할을 다할 수 있어야 한다.

비상전원에서 소방설비까지의 주전원회로는 내화배선을 사용하고 60[V] 이하인 소방설비의 조작회로 · 경보회로 · 표시회로는 내열전선을 사용한다.

[그림 18-12]는 내화전선과 내열전선의 구조를 나타낸다. 내화전선은 0.4[mm] 이상의 내화보강층 위에 난연성 시스를 처리한 것으로 단심케이블 · 평형케이블 · 환형케이블

등이 있다. 내열전선은 도체 위에 특수절연물을 씌우고 내열보강층으로 보강시킨 다음 그 위에 난연성 시스를 처리한 전선이다.

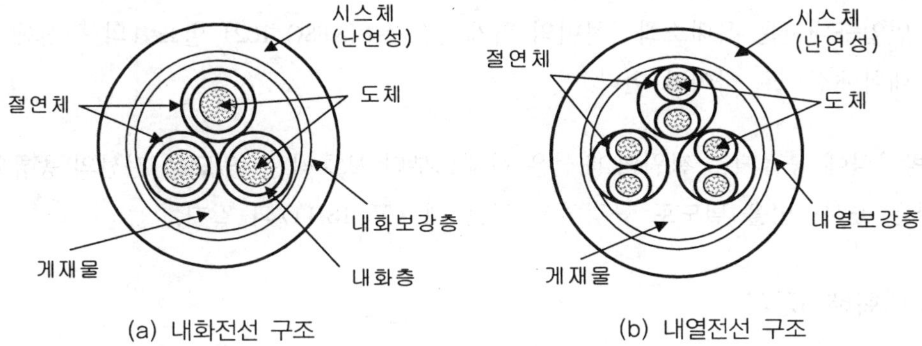

(a) 내화전선 구조 (b) 내열전선 구조

[그림 18-12] 소방용 전선 구조

[그림 18-13]에서 800[℃] 이상의 온도에서는 도체저항이 상온의 4배 이상 되기 때문에 일반적으로 전압강하가 크게 발생된다. 상온에서 도체에 흐르는 전류는 다음과 같이 구할 수 있다.

$$I = \frac{E}{K_1 K_2 L}$$

E : 허용전압강하

K_1 : 상온(20℃)에서 도체저항[Ω/km]

K_2 : 결선방식에 의한 정수(단상2선 $K=2$, 3상3선 $K=\sqrt{2}$, 3상4선 $K=1$)

L : 케이블의 길이[km]

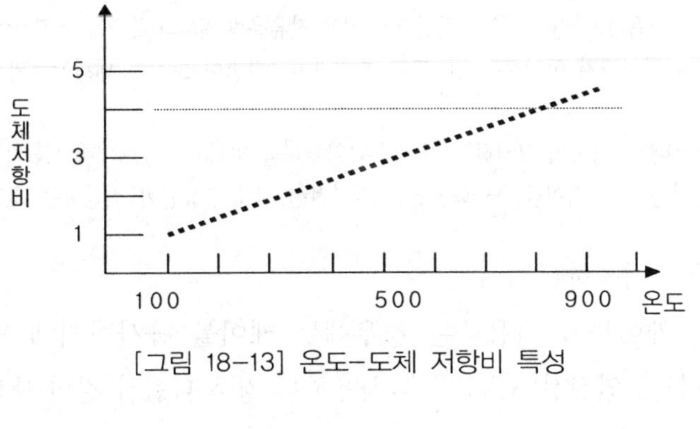

[그림 18-13] 온도-도체 저항비 특성

【소방용 전선의 구비조건】

① 전원공급 인입선은 특정소방대상물에 화재가 발생할 경우에도 화재로 인한 손상을 받지 않도록 설치하여야 한다.

② 인입구배선은 옥내소화전설비의 화재안전기준(KFSC 102) 별표 1의 규정에 따른 내화배선으로 하여야 한다.

소방시설에 공급되는 전원의 배선은 화재로부터 보호될 수 있도록 전선의 종류와 그에 따른 공사방법을 별도로 규정하고 있는 데 〈표 18-11〉과 같다.

(1) 내화배선공사

〈표 18-11〉 내화배선

전선의 종류	공 사 방 법
① 내화 · 내열 전선(FR-8, FR3) ② 엠아이케이블(MI cable)	케이블공사의 방법에 의하여 설치하여야 한다.
① 600V 2종비닐절연 전선(HIV) ② 가교 폴리에틸렌 절연비닐 외장케이블 ③ 클로로프렌 외장케이블 ④ 강대외장케이블 ⑤ 버스덕트 ⑥ 행정자치부장관이 정하여 고시하는 전선	금속관 · 2종금속제가요전선관 또는 합성수지관에 수납하여 내화구조로 된 벽 또는 바닥 등에 벽 또는 바닥으로 부터 25[mm] 이상의 깊이로 매설하여야 한다. 다만 각 목의 기준에 적합하게 설치하는 경우에는 그러하지 아니한다. 가. 내화성능을 갖는 배선전용실 또는 배선을 배선용 샤프트 · 피트 · 덕트 등에 설치하여야 한다. 나. 배선전용실 또는 배선용 샤프트 · 피트 · 덕트 등에 다른 설비의 배선이 있는 경우에는 이로부터 15[cm] 이상 떨어지게 하거나 배선지름(배선의 지름이 다른 경우에는 가장 큰 것을 기준한다)의 1.5배 이상의 높이의 불연성 격벽을 설치하는 경우

※ 비고 : ① 내화전선의 내화성능은 버너의 노즐에서 75[mm]의 거리에서 온도가 섭씨 750±5[℃]인 불꽃으로 3시간 동안 가열한 다음 12시간 경과 후 전선간에 허용 전류용량 3[A]의 퓨즈를 연결하여 내화시험 전압을 가한 경우 퓨즈가 단선되지 아니하는 것, 또는 행정자치부장관이 고시한 내화전선의 성능시험기준에 적합한 것

② 행정자치부장관이 정하여 고시하는 전선이란 알루미늄 피복케이블, CV케이블(가교 폴리에틸렌 비닐케이블), CD케이블, 연피케이블, 4불화에틸렌 절연전선, 주무부장관이 인정하는 것

① 내화전선 등을 사용하는 경우

내화전선과 MI 케이블을 사용하는 경우에는 케이블 공사방법에 의한다.

② 600V 2종 비닐절연전선(HIV) 등을 사용하는 경우 다음과 같이 내화공사를 시행한다.

㉮ 매설하는 방법

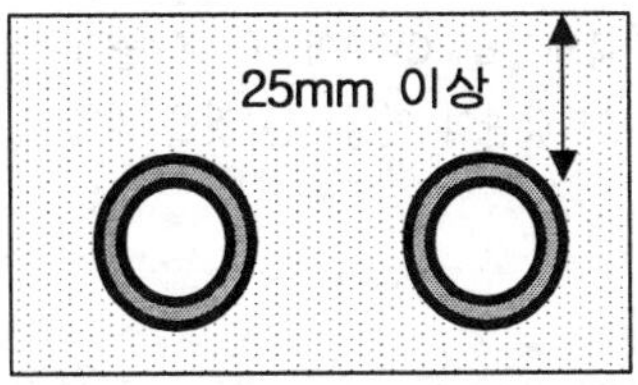

㉯ 배선전용실에 전용으로 설치하는 경우

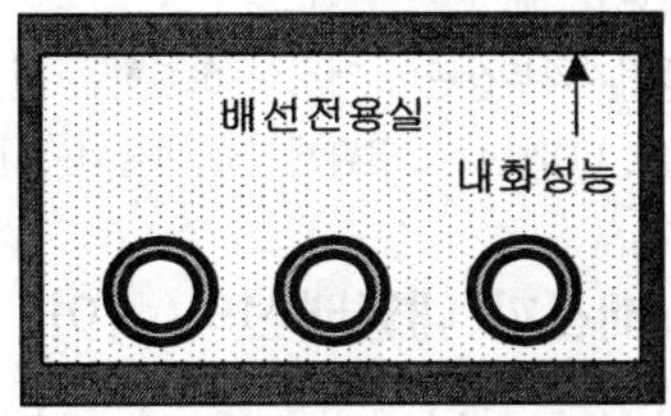

㉰ 다른 설비의 배선과 배선전용실 등을 공동으로 사용할 때

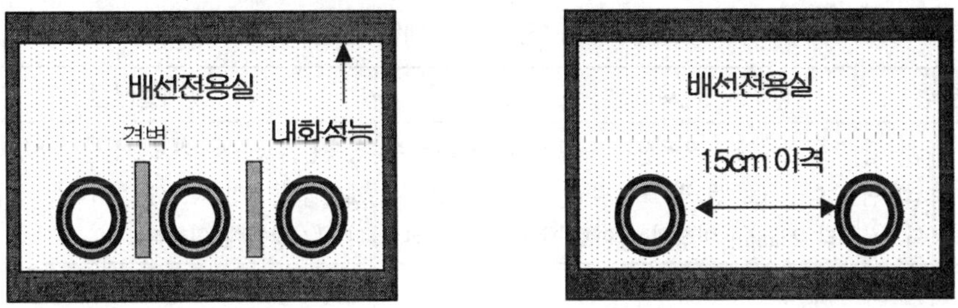

(2) 내열배선공사

〈표 18-12〉 내열배선

전선의 종류	공사방법
① 내화전선(FR-8) ② 내열전선(FR-3) ③ 엠아이케이블(MI cable)	케이블공사의 방법에 의하여 설치하여야 한다.
① 600V 2종비닐절연전선(HIV) ② 가교 폴리에틸렌 절연비닐 외장케이블 ③ 클로로프렌 외장케이블 ④ 강대외장케이블 ⑤ 버스덕트 ⑥ 행정자치부장관이 정하여 고시하는 전선	금속관, 금속제가요전선관, 금속덕트 또는 케이블(불연성 덕트에 설치하는 경우에 한한다) 공사방법에 의하여야 한다. 다만 각 목의 기준에 적합하게 설치하는 경우에는 그러하지 아니한다. ① 배선을 내화성능을 갖는 배선전용실 또는 배선용 샤프트·피트·덕트 등에 설치하여야 한다. ② 배선전용실 또는 배선용 샤프트·피트·덕트 등에 다른 설비의 배선이 있는 경우에는 이로부터 15cm 이상 떨어지게 하거나 배선지름(배선의 지름이 다른 경우에는 가장 큰 것을 기준으로 한다)의 1.5배 이상의 높이의 불연성 격벽을 설치하는 경우

※ 비고 : ① 내열전선의 내열성능은 온도가 섭씨 816±10[℃]인 불꽃을 20분간 가한 후 불꽃을 제거하였을 때 10초 이내에 자연소화가 되고, 전선의 연소된 길이가 180[mm] 이하이거나 가열온도의 값을 한국산업규격(KSF 2257)에서 정한 건축구조부분의 내화시험 방법으로 15분 동안 섭씨 380[℃]까지 가열한 후 전선의 연소된

길이가 가열로의 벽으로부터 150[mm] 이하일 것, 또는 행정자치부장관이 정하여 고시한 내열전선의 성능 시험기준에 적합한 것

② 행정자치부장관이 정하여 고시하는 전선은 알루미늄 피복케이블, CV케이블(가교 폴리에틸렌 비닐케이블), CD케이블, 연피케이블, 4불화에틸렌 절연전선, 주무부장관이 인정하는 것을 말함

(3) 내화배선과 내열배선의 차이

내열배선의 공사방법이 내화배선과 다른 점은 내열배선의 경우에는 매설공사를 하지 않고 금속관 · 금속제 가요전선관 · 금속덕트 등의 공사를 할 수 있다는 것이다.

〈표 18-13〉 내화·내열 전선

공사구분	내화배선	내열배선
규정	금속관, 2종 금속제 가요전선관 또는 합성수지관에 수납하여 내화구조로 된 벽 또는 바닥 등에 벽 또는 바닥으로부터 25[mm] 이상의 깊이로 매설하여야 한다.	금속관, 금속제 가요전선관, 금속덕트 또는 케이블(불연성 덕트에 설치하는 경우에 한한다)공사방법에 의한다.
차이	매설해야 한다.	매설하지 않아도 된다.

5. 배전전압 구성

배전전압의 종류는 〈표 18-14〉와 같이 저압 · 고압 및 특별고압으로 구분한다.

〈표 18-14〉 전압의 종류

종 류	직 류	교 류
저압	750[V] 이하	600[V] 이하
고압	750[V] 초과 7,000[V] 이하	600[V] 초과 7,000[V] 이하
특별고압	7,000[V] 초과	

(1) 설비 불평형률

설비 불평형률이라 함은 중성선과 각 전압측 전선간에 접속되어 있는 부하설비 용량의 차와 총부하설비 용량의 평균값의 비이며, 다음 식으로 구할 수 있다.

$$설비\ 불평형률 = \frac{각\ 전선간\ 부하설비\ 용량차}{총부하설비\ 용량 \times \frac{1}{2}} \times 100[\%]$$

단상 3선식에서 중성선과 각 전압측 전선간의 부하는 평형이 되게 하는 것이 원칙이지만 부득이한 경우 설비 불평형률을 40[%]까지 허용할 수 있다.

3상3선식, 3상4선식에서 불평형 부하는 단상 접속부하로 계산하여 설비 불평형률을 30[%] 이하로 하는 것을 원칙으로 한다.

설비 불평형률은 각 선간에 접속되는 단상부하 총설비용량의 최대값과 최소값 차이를 총부하설비 용량의 평균값의 비를 뜻하며 다음 식으로 구할 수 있다.

$$설비\ 불평형률 = \frac{각\ 전선간\ 최대와\ 최소의\ 차}{총부하설비\ 용량 \times \frac{1}{3}} \times 100[\%]$$

(2) 전압강하

전선에 전류가 흐르면 전선의 임피던스에 의하여 전압강하가 발생하여 전원전압보다 부하측 전압이 낮아지기 때문에 수전단에는 저전압이 발생하게 되어 부하기기는 효율이 나빠지게 된다. 따라서 수전단에 허용전압 강하 이내로 공급될 수 있도록 선로가 구성되어야 한다.

전압강하는 송전단 전압과 수전단 전압간의 차이이며 아래 식으로 구할 수 있다.

$$\Delta V = V_s - V_r$$

V_s : 송전단 전압　　V_r : 수전단 전압

전선 1가닥에서 발생하는 전압 강하는 다음 식으로 구할 수 있다.

$$\Delta \mathrm{V} = \mathrm{KZIL}[\mathrm{V}]$$

$$= K(R\cos\theta + jX\sin\theta)\mathrm{IL}[\mathrm{V}]$$

K : 상수($1\phi 2w$: 2, $3\phi 3w$: $\sqrt{3}$, $3\phi 4w$: 1)

Z : 임피던스[Ω]

R : 전선저항[Ω/km]

X : 전선 리액턴스[Ω/km]

$\cos\theta$: 역률($\sin\theta = \sqrt{1-\cos^2\theta}$)

I : 선전류[A]

L : 선로길이[km]

역률이 1인 선로저항만을 고려한 경우 공급방식별 전압강하는 다음과 같이 구할 수 있다.

1) 단상2선식

$$\Delta V = V_s - V_r = 2(R \times I) = 2(\rho \frac{L}{A})I = 2\left(\frac{1}{58} \times \frac{100}{97} \times \frac{L}{A}\right)I$$

$$\fallingdotseq \frac{35.6LI}{1000A}$$

A : 도체 단면적[mm²]

L : 선로의 길이[m]

여기서 표준연동의 고유저항은 $\frac{1}{58}$[Ω · m]이고 표준연동 도전율 100[%]에 대한 비교 백분율 C값은 동은 97[%], 알루미늄은 67[%]로 한다$\left(\rho = \frac{1}{58} \cdot \frac{100}{C}\right)$.

예제 1 제어반으로부터 전선관 거리가 100[m] 떨어진 위치에 포소화설비의 일제 개방변이 있고, 바로 옆에 기동용 솔레노이드 밸브가 있다. 제어반 출력단자에서의 전압강하는 없다고 가정했을 때 이 솔레노이드가 기동할 때의 솔레노이드 단자전압은 얼마가 되겠는가? 단, 제어회로 전압은 24[V]이며, 솔레노이드의 정격전류는 2.0[A]이고, 배선의 [km]당 전기저항의 값은 상온에서 8.8[Ω]이라고도 한다.

【풀이】 배선의 [km]당 전기저항의 값이 8.8[Ω]이므로 100[m]일 때 0.88[Ω]이 된다.

선로의 전압강하 $e = 2IR = 2 \times 2 \times 0.88 = 3.52$[V]

∴ 솔레노이드 단자전압 $V_r = V_s - e = 24 - 3.52 = 20.48$[V]

2) 3상3선식

$$\Delta V = V_s - V_r = \sqrt{3}(R \times I) = \sqrt{3}\left(\rho \frac{L}{A}\right)I = \sqrt{3}\left(\frac{1}{58} \times \frac{100}{97} \times \frac{L}{A}\right)I$$

$$\fallingdotseq \frac{30.8LI}{1000A}[\text{V}]$$

3) 단상3선식, 3상4선식

이 방식에서는 부하가 평형되어 중성선에는 전류가 흐르지 않는다고 가정한다.

$$\Delta V = V_s - V_r = R \times I = \left(\rho \frac{L}{A}\right) I = \left(\frac{1}{58} \times \frac{100}{97} \times \frac{L}{A}\right) I$$

$$= \frac{17.8LI}{1000A}$$

〈표 18-15〉 전압강하 및 전선 단면적

회로의 전기방식	전압강하	전선의 단면적
직류2선식 및 단상2선식	$e = \frac{35.6 \times L \times I}{1000 \times A}$	$A = \frac{35.6 \times L \times I}{1000 \times e}$
3상3선식	$e = \frac{30.8 \times L \times I}{1000 \times A}$	$A = \frac{30.8 \times L \times I}{1000 \times e}$
직류3선식, 단상3선식 3상4선식	$e = \frac{17.8 \times L \times I}{1000 \times A}$	$A = \frac{17.8 \times L \times I}{1000 \times e}$

예제 2 그림과 같이 지구경종과 표시등을 공통선으로 사용하여 작동시키려고 한다. 이 때 공통선에 흐르는 전류는 몇 [A]인가?(단, 경종은 DC 24[V]용이며 1.52[W], 표시등은 DC 24[V] 3.04[W]용이다)

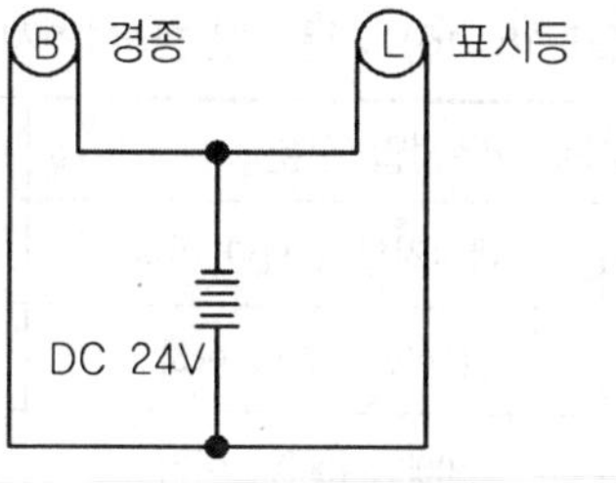

【풀이】 지구경종과 표시등은 병렬회로이다.

지구경종에 흐르는 전류를 $I_1 = \frac{P_1}{V}$, 표시등에 흐르는

전류를 $I_2 = \frac{P_2}{V}$ 라고 할 때 공통선에 흐르는 전류

$$I = I_1 + I_2 = \frac{P_1}{V} + \frac{P_2}{V} = \frac{1.52}{24} + \frac{3.04}{24} = 0.19\text{[A]}$$

(3) 전압강하율

송전단전압과 전압강하의 비를 백분율로 표시하는 것을 전압강하율이라고 부르며 다음식으로 표시한다.

$$전압강하율 = \frac{V_s - V_r}{V_s} \times 100[\%]$$

V_s : 송전단 전압 V_r : 수전단 전압

6. 전기절연

전기배선이 대지로부터 충분히 절연되지 않으면 누설전류로 인하여 화재사고 · 감전사고 등이 일어날 위험이 있을 뿐 아니라 전력손실이 증가한다. 따라서 전기를 안전하게 사용하고 누설전류를 억제하기 위해서는 대지로부터 충분히 절연시켜야 한다.

전기설비의 절연에 대한 신뢰성 판정에는 절연저항 시험과 절연내력 시험이 있다.

(1) 절연저항

저압 전선로의 전선 상호간, 전선로와 대지간의 유지해야 하는 절연저항은 〈표 18-16〉 이상 값을 유지하여야 한다.

〈표 18-16〉 사용전압별 절연저항값

전선로의 사용전압 구분		절연저항값
400[V] 이하	대지전압 150[V] 이하	0.1[MΩ]
	150[V]-300[V] 이하	0.2[MΩ]
	300[V]-400[V] 이하	0.3[MΩ]
400[V] 이상		0.4[MΩ]

〈표 18-16〉에서 규정된 절연저항값은 최소값을 규정한 것이며 신설공사 초기시 절연저항은 1[MΩ] 이상을 유지해야 한다.

예제 3 직류 2선식 배전선의 절연저항을 측정하였더니 각 선의 대지 절연저항이 각각

0.35[MΩ], 0.45[MΩ]이었다. 이 경우 배전선의 합성 절연저항은 몇 [MΩ]인가?

【풀이】 합성저항은 R_0라고 하면 병렬접속이므로

$$R_0 = \frac{0.35 \times 0.45}{0.35 + 0.45} = 0.196[\mathrm{M\Omega}]$$

(2) 절연내력

사용전압이 높아짐에 따라 절연저항이 낮아지고 그 효력이 충분히 발휘하지 못하므로 절연내력 시험을 통하여 절연의 신뢰도를 규정하고 있다. 절연내력은 전선로와 대지간에 계속해서 10분간 인가했을 때 견딜 수 있어야 하며 전압 종류별 시험전압이 〈표 18-17〉에 나타낸다.

〈표 18-17〉 고압 및 특별 고압전로 절연내력

종류 / 전압구분	중성점 접지방식	비접지 방식
7,000[V] 이하	최대 사용전압 1.5배의 전압 (최저 500[V])	최대 사용전압의 1.5배의 전압 (최저 500[V])
7,000[V] 초과 25,000[V] 이하	최대 사용전압의 0.92배의 전압	최대 사용전압의 1.25배의 전압 (최저 10,500[V])
25,000[V] 초과 60,000[V] 이하	최대 사용전압의 1.25배의 전압 (최저 10,500[V])	최대 사용전압의 1.25배의 전압 (최저 10,500[V])
60,000[V] 초과	최대 사용전압의 1.1배의 전압 (최저 75,000[V])	최대 사용전압의 1.25배의 전압
60,000[V] 초과 170,000[V] 이하	최대 사용전압의 0.72배의 전압	최대 사용전압의 1.25배의 전압
170,000[V] 초과	최대 사용전압의 0.64배의 전압	최대 사용전압의 1.25배의 전압

인가전압은 전선로는 선로와 대지 사이, 변압기는 권선 사이, 권선과 외함 사이, 기구 등에는 충전부와 대지 사이에 연속 10분간 인가하여 이상이 없어야 한다.

7. 간선 구성

(1) 간선의 개요

건축물 내에서 사용하고 있는 전력은 전력회사의 송·배전 선로를 통하여 수전하는

전력, 자가용 발전기에 의한 전력, 축전지에서의 직류전력 등이 있으나 전력회사로부터 수전하는 전력이 대부분이다. 이러한 전력은 변압기 · 배전반 등을 경유하여 건물 내의 각 수용장소에 설치된 분전반 · 동력제어반 등으로 배전되고 그곳에서 조명기구 · 콘센트 · 전동기 등의 부하로 공급된다.

이와 같이 전등 · 콘센트 · 전동기 설비에 공급시 일정 구역마다 큰 용량의 전선으로 배선하고 이것을 다시 분배하여 각각의 부하설비에 배전하는데 큰 용량을 가진 배선을 간선이라 한다.

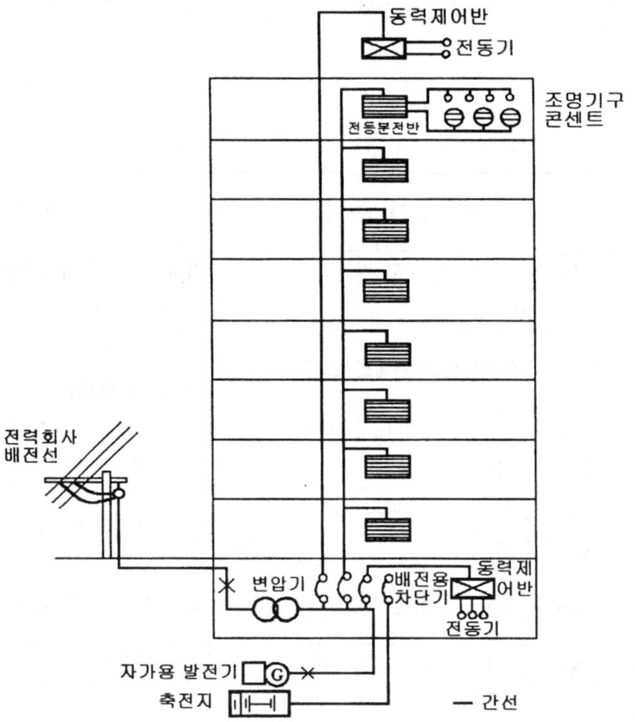

[그림 18-14] 간선 결선도

[그림 18-14]에서 1개의 간선에는 많은 분기회로가 포함되어 있으므로 간선의 허용전류가 분기선의 허용전류보다 훨씬 크다. 따라서 간선에서의 고장은 분기회로의 고장보다 그 피해는 상당히 넓은 범위로 파급된다. 그러므로 간선설계는 높은 공급신뢰도를 갖도록 유의하여야 한다. 다음은 간선 설계시 유의사항이다.

① 전선의 허용전류
② 전선의 허용전압강하
③ 전선의 기계적강도

(2) 간선의 종류

간선을 분류하는 방법은 사용목적 · 배전방식 · 사용전압에 따라 구분하여 사용할 수 있다.

1) 사용목적에 따른 분류

① 동력간선
　㉮ 일반 부하동력 : 급 · 배수펌프, 공조설비, 급 · 배기팬, 열원기기
　㉯ 비상 부하동력 : 소화전 펌프, 비상용 엘리베이터
② 전등간선
　㉮ 일반 전등부하 : 전등, 콘센트, 사무용기기
　㉯ 비상 전등부하 : 비상용전등, 유도등
③ 특수용간선 : 전산기기용, 의료기기, 기타 특수기기용 간선

2) 배전방식에 따른 분류

① 고압 · 특별고압 간선 : 버스덕트
② 저압간선
　㉮ 케이블(금속덕트, 케이블 트레이)
　㉯ 비닐전선(합성수지관, 금속관, 금속덕트)
　㉰ 버스덕트
　㉱ 나도체(동관, 알루미늄 관, 동대)

3) 사용전압에 따른 분류

부하설비의 사용전압에 따라 $1\phi3\omega$은 기존의 110[V] 배전방식을 승압하여 110[V]와 220[V]급을 같이 사용하도록 한 것이다. $3\phi4\omega$은 전등 · 동력 공용의 간선으로 사용되는 것이며 직류 100[V]는 비상조명등용 간선으로 사용된다.

고압간선은 주변전실을 접속하는 1차측 간선이나 대용량의 고압기기에 전력을 공급하는 간선이다. 특별고압 간선은 초고층 빌딩 등의 대규모 건물에서 하나의 구내에 2이상의 특별고압 변전실을 설치하는 경우에 그 변전실간을 접속하는 간선이다.

① 저압간선

㉮ 단상2선식 : 110[V], 220[V]

㉯ 단상3선식 : 110/220[V]

㉰ 3상3선식 : 200[V]

㉱ 3상4선식 : 120/208[V], 220/380[V], 254/400[V]

㉲ 직류 : 100[V]

② 고압간선 : 3상4선식 : 3.3[kV], 6.6[kV]

③ 특별 고압간선 : 3상4선식 : 22.9[kV] 다중 접지방식

(3) 간선의 용량

간선의 용량 결정은 간선을 통해 공급되는 전력부하의 합계용량을 기준으로 한다. 그러나 일반적으로 모든 전력을 동시에 사용하는 경우는 거의 없기 때문에 총설비용량을 간선용량으로 고려하면 너무 과다하게 되어 비경제적으로 운용될 수 있다. 그러므로 총설비용량에 대한 최대 사용하는 전력의 비를 수용률(demand factor)이라 하며 다음과 같이 구할 수 있다.

$$수용률 = \frac{최대수용전력}{설비용량}$$

수용률은 사용부하 · 건물규모 · 용도 등에 따라 다르며 〈표 18-18〉의 같은 값을 참고하여 계산할 수 있다.

〈표 18-18〉 간선의 수용률

건축물의 종류	수용률[%]
주택 · 여관 · 호텔 · 병원	50
학교 · 사무실 · 은행	70

(4) 간선의 배선방식

분전반이 2개소 이상 있는 곳에서는 배선방식에 따라 간선을 분류하면 [그림 18-15]에서와 같이 (a), (b) 나뭇가지형, (c), (d) 나뭇가지형과 평행형 병용, (e) 평행형으로 된다.

평행식은 용량이 큰 부하나 분산되어 있는 부하에 대하여 단독회선으로 배선하는 것이다. 배전반으로부터 각 분전반마다 단독으로 배선되므로 전압강하가 평균화되고 사고의 경우 파급되는 범위가 좁아지지만 배선의 혼잡과 설비비가 많아진다. 그러므로 대규모 건물에 적당하다.

나뭇가지형은 1개의 간선이 각각의 분전반을 거치며 부하가 감소됨에 따라 간선의 굵기도 감소되므로 굵기가 변경되는 접속점에는 보안장치가 필요하다. 이 방식은 소규모 건물에 적당하다. 평행형과 나뭇가지형 병용식에는 집중되어 있는 부하의 중심부근에 분전반을 설치하고 분전반에서 각 부하에 배선하는 것이다. 일반적으로 병용형이 많이 사용된다.

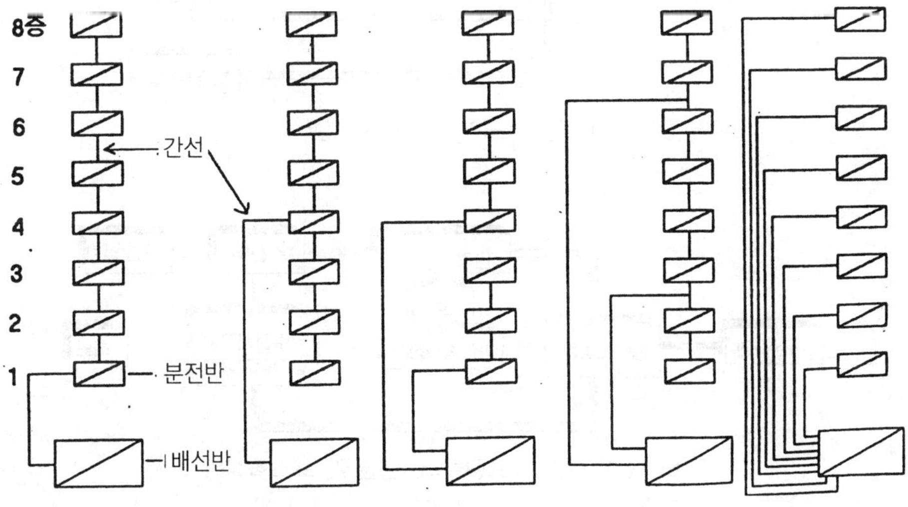

(a) 나뭇가지형 (b) 나뭇가지형 (c) 나뭇가지평행형 (d) 나뭇가지평행형 (e) 평행형

[그림 18-15] 간선의 배선방식

8. 방재배선

소방설비의 전원회로의 배선은 내화배선으로 그밖의 배선 또는 내열배선으로 하여야 하며, 배선 종류별로 구분하면 다음과 같다.

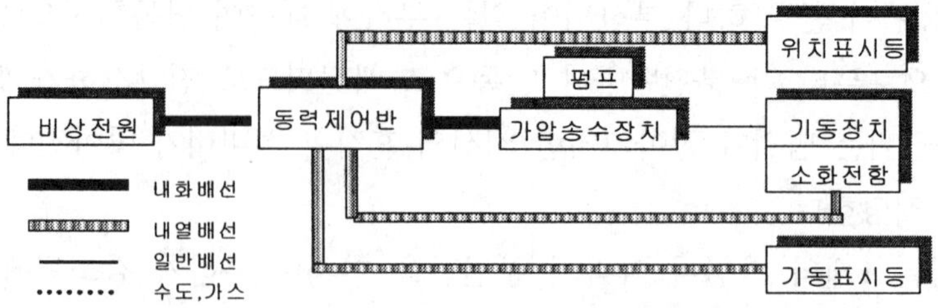

[그림 18-16] 옥내소화전설비

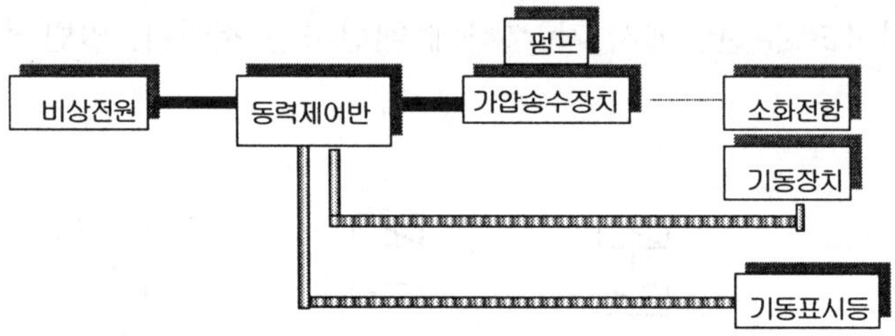

[그림 18-17] 옥외소화전설비

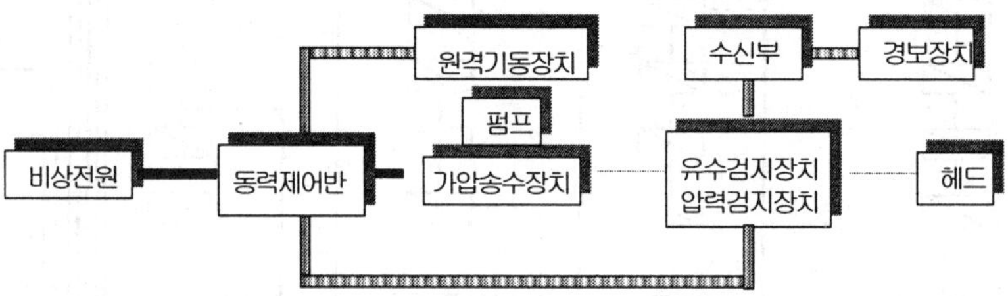

[그림 18-18] 스프링클러, 불분무, 포소화설비

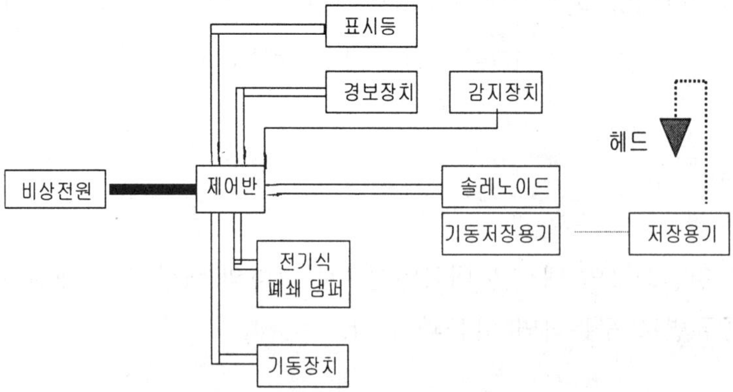

[그림 18-19] 이산화탄소, 하론, 분말소화설비

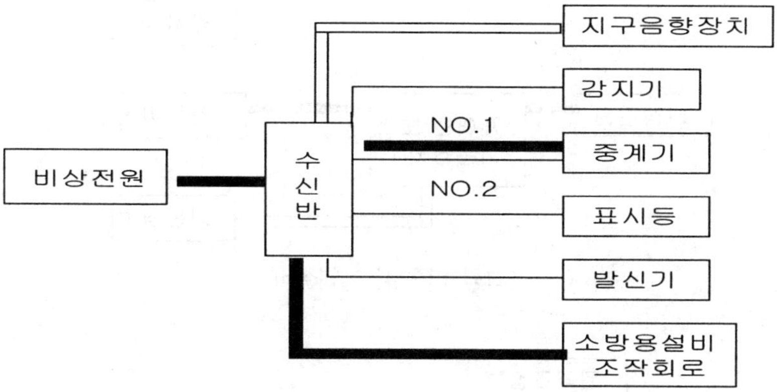

※ NO. 1 : 중계기의 비상전원

※ NO. 2 : 발신기를 다른 소방용 설비 등의 기동장치와 겸용할 경우 발신기 상부표시등의 회로는 비상전원에 연결된 내열전선으로 한다.

[그림 18-20] 자동화재탐지설비

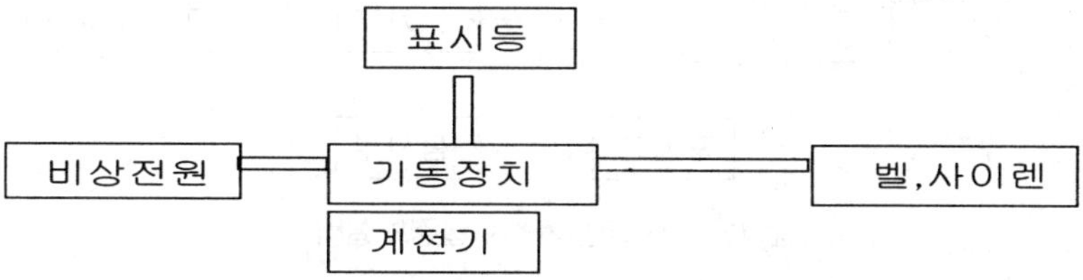

[그림 18-21] 비상벨, 자동식 사이렌

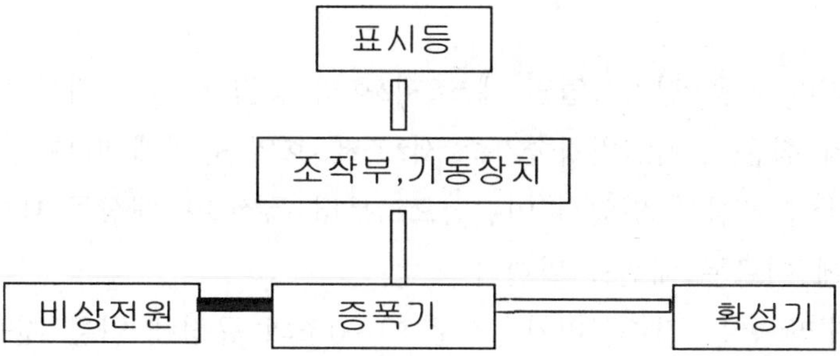

[그림 18-22] 방송설비

[그림 18-23] 유도등설비

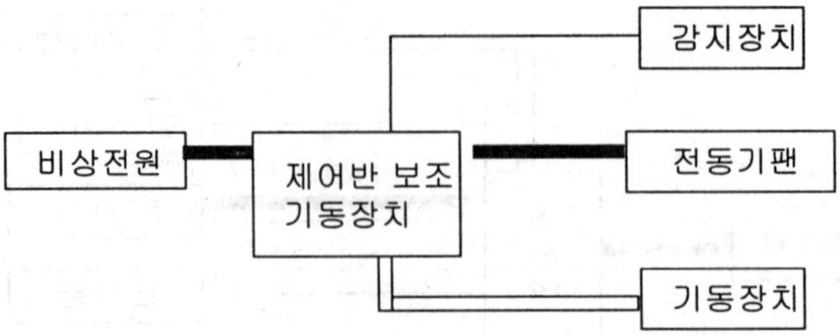

[그림 18-24] 제연설비

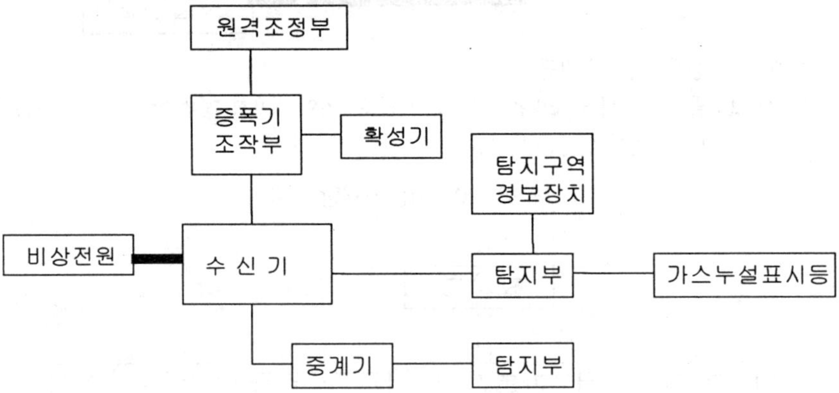

[그림 18-25] 가스누설경보설비

9. 용어의 정의

①'전기사업자'라 함은 전기사업법 제2조제2호의 규정에 따른 자를 말한다.

②'인입선'이라 함은 전기설비기술기준 제2조제8호의 규정에 따른 것을 말한다.

③'인입구배선'이라 함은 인입선 연결점으로부터 특정소방대상물 내에 시설하는 인입개폐기에 이르는 배선을 말한다.

④'인입개폐기'라 함은 전기설비기술기준 제190조의 규정에 따른 것을 말한다.

⑤'과전류 차단기'라 함은 전기설비기술기준 제43조 및 제95조 제4호의 규정에 따른 것을 말한다.

⑥'소방회로'라 함은 소방부하에 전원을 공급하는 전기회로를 말한다.

⑦'일반회로'라 함은 소방회로 이외의 전기회로를 말한다.

⑧'수전설비'라 함은 전력수급용 계기용 변성기, 주차단장치 및 그 부속기기를 말한다.

⑨ '변전설비'라 함은 전력용 변압기 및 그 부속장치를 말한다.
⑩ '전용 큐비클식'이라 함은 소방회로용의 것으로 수전설비 · 변전설비, 그밖의 기기 및 배선을 금속제 외함에 수납한 것을 말한다.
⑪ '공용 큐비클식'이라 함은 소방회로 및 일반회로 겸용의 것으로서 수전설비 · 변전설비, 그밖의 기기 및 배선을 금속제 외함에 수납한 것을 말한다.
⑫ '전용 배전반'이라 함은 소방회로 전용의 것으로서 개폐기, 과전류 차단기, 계기, 그밖의 배선용기기 및 배손을 금속제 외함에 수납한 것을 말한다.
⑬ '공용배전반'이라 함은 소방회로 및 일반회로 겸용의 것으로서 개폐기, 과전류 차단기, 계기, 그밖의 배선용기기 및 배선을 금속제 외함에 수납한 것을 말한다.
⑭ '전용 분전반'이라 함은 소방회로 전용의 것으로서 분기 개폐기, 분기 과전류 차단기, 그밖의 배선용기기 및 배선을 금속제 외함에 수납한 것을 말한다.
⑮ '공용 분전반'이라 함은 소방회로 및 일반회로 겸용의 것으로서 분기 개폐기, 분기 과전류 차단기, 그밖의 배선용 기기 및 배선을 금속제 외함에 수납한 것을 말한다.

제18장 방재배선설비

주관식 연습문제

1. 그림과 같은 소방설비 단면을 보고 다음 각 물음에 답하시오.

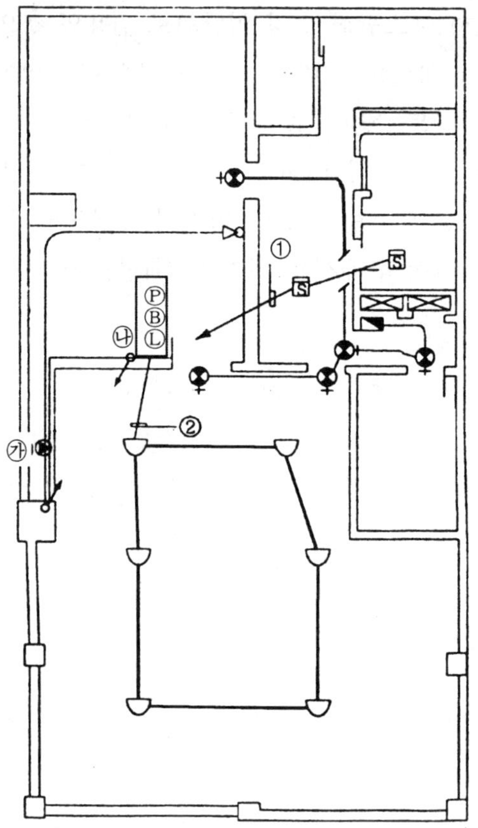

가. 다음 표의 빈칸에 명칭과 수량을 쓰시오.

심벌	명칭	수량	심벌	명칭	수량
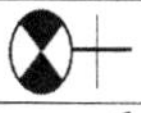				박스	
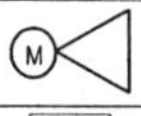				로크너트	
				부싱	
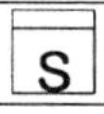					

나. ①과 ②의 배선가닥 수는 최소 몇 가닥인가?

다. ,  이 뜻하는 것은 각각 무엇인가?

라. ㉮와 ㉯의 명칭은 각각 무엇인가?

2. 합성수지관과 금속관의 1본의 길이는 각각 몇 [m]인가?

3. 금속관 관단의 관구에 리이밍을 하고 부싱을 끼우고 전선을 놓는다. 그 이유를 간단히 설명하시오.

4. 다음 배선용 심벌의 명칭을 쓰시오.

가.  　　나. 　　다.

5. 전선의 굵기 선정시 반드시 고려하여야 할 사항 3가지를 쓰시오.

6. 주어진 도면과 조건을 이용하여 다음 각 물음에 답하시오.

가. 도면상의 ①~④에 필요한 전선 수는 최소 몇 본인가?

나. ⑤번 감지기의 심벌 명칭과 ⑥, ⑦번 기구의 심벌 명칭은 무엇인가?

다. 본 설비에 필요한 후강전선관은 몇 [m]인가?

라. 본 설비에는 부싱과 로크너트가 몇 개 필요한가?

마. 본 설비에 필요한 4각박스와 8각박스는 몇 개인가?

【조 건】

- 본 도면은 편의상 일부 생략되었으므로 도면에 표시되지 않은 사항은 고려하지 않는다.
- 감지기 회로방식은 2개 이상의 감지기회로 방식임.
- 모든 전선관은 후강 16C로서 매입배관이며, 전선은 HIV 1.2[mm]임.
- 전선관 3방출 이상은 4각박스 사용, 기타는 필요시 8각박스를 사용하며, 하론 컨트롤반은 별도 제작하여 사용한다.
- 바닥면에서 이중천장까지의 높이는 3[m]이며, 상부 슬라브면과 이중 천장까지는 1[m]이다.
- 하론 컨트롤반은 바닥면에서 상단까지 1.8[m] 높이에 위치하며, 감지기를 제외한 기타 기구는 바닥면에서 2.5[m]임
- 기준거리 수치 하론 컨트롤반에서 ②번 방향 쪽의 기구까지의 평면상 거리 : 6.5[m], 하론 컨트롤반에서 ④번 방향 쪽의 기구까지의 평면상 거리 : 8[m], 하론 컨트롤반에서 첫 감지기까지의 평면상 거리 : 5[m], 기타는 기구 중심에서 중심까지를 적용하여 산출한다.
- 하론 컨트롤반 내에서는 접속 리드선 1[m]를 더하여 적용시킬 것(예 : 전선 3가닥 1×3 =3[m])

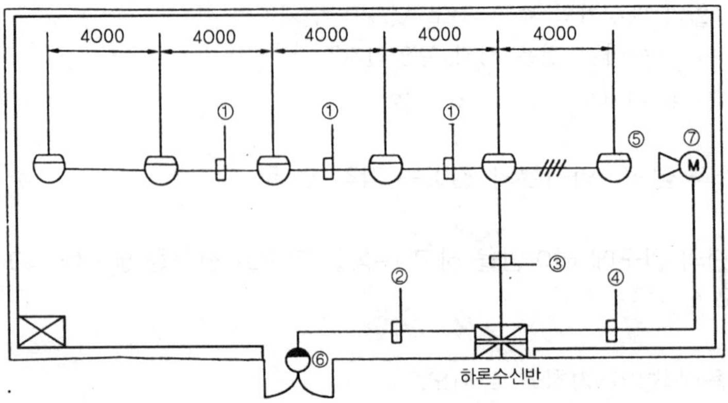

7. 다음과 같은 소방용 배선표시가 의미하는 것에 대하여 상세하게 설명하시오. 단, 금속관에 내열전선에 사용하고, 접지선은 GV 전선을 사용한다.

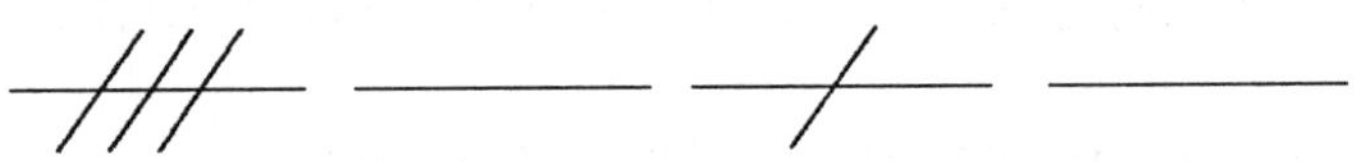

38° (36c) E 5.5

8. 다음은 저압 옥내배선용 자동화재탐지설비의 그림기호에 관한 설명이다. 물음에 답하시오.

가. 이보기의 그림기호를 그리시오.

나. 종단저항의 그림기호를 그리시오.

다. 경계구역 경계선 그림기호를 그리시오.

라. 의 그림기호를 설명하시오.

9. 가요전선관공사에서 다음에 사용되는 재료의 명칭은 무엇인가?

가. 가요전선관과 박스의 연결

나. 가요전선관과 금속전선관의 연결

다. 가요전선관과 가요전선관의 연결

10. 배선도에 다음과 같이 표현되어 있다. 이것의 의미를 상세하게 설명하시오.

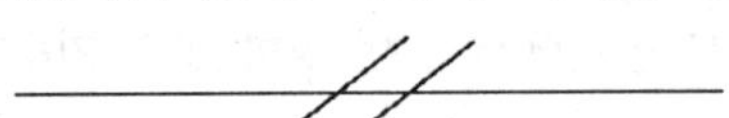

IV 1.6(19)

11. 금속관공사에 사용되는 다음 자재의 명칭을 쓰시오.

가. 전선의 절연피복을 보호하기 위하여 금속관 끝에 취부하여 사용
나. 금속관 상호접속으로 관이 고정되어 있을 때 사용
다. 배관의 직각 굴곡부분에 사용
라. 노출배관공사에서 관을 직각으로 굽히는 곳에 사용

12. 다음 각 물음에 맞는 옥내설비용 심벌을 그리시오.

가. 일반배선의 천장은폐배선을 표시하시오.
나. 케이블의 방화구의 관통부에 대한 '상승'의 그림기호를 표시하시오.
다. 비상콘센트(소방법 기준)의 그림기호를 표시하시오.
라. 매입인 연기감지기의 그림기호를 표시하시오.

13. 주어진 조건과 도면을 이용하여 다음의 물음에 답하시오.

【조 건】
본 도면은 1층 사무실이며, 내화구조로서 천장 높이는 3.6[m], 전선관은 금속관의 후강전선관을 사용하며 콘크리트 매입 배관을 한다. 자동화재탐지설비는 P형 1급을 설치한다.

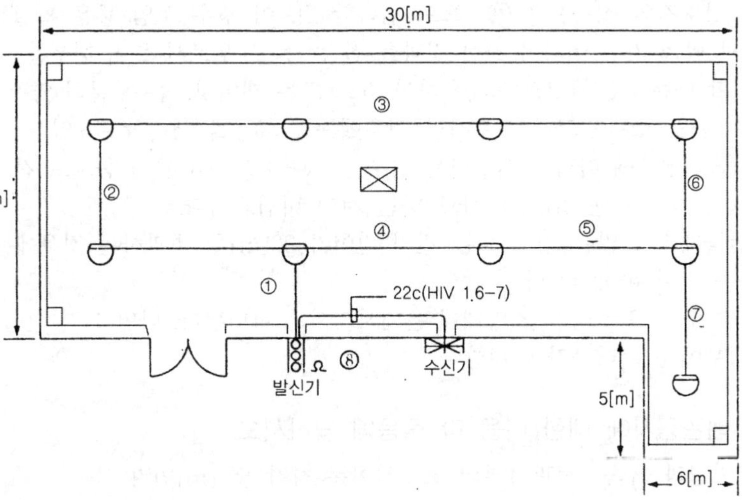

가. ①~⑦에 해당되는 곳의 배선가닥 수는 몇 가닥인가?
나. ⑧에 사용되는 종단저항 수는 몇 개인가?
다. HIV전선과 IV전선의 명칭을 구분하여 쓰시오.

14. 저압옥내배선의 합성수지관공사에 있어서 관 및 박스, 그밖의 부속품은 다음 각 호에 의하여 시설하여야 한다. 다음 ( )안에 알맞은 것은?

- 관상호 및 관과 박스와는 접속시에 삽입하는 깊이를 관 바깥지름의 (㉮)배 (접착제를 사용하는 경우에는 0.8배) 이상으로 하고, 또한 삽입접속으로 견고하게 접속하여야 한다.

○ 관을 새들 등으로 지지하는 경우에는 그 지점간의 거리는 (㉯)[m] 이하로 하고 또한 그 지지점은 (㉰)관과 (㉱)와의 접속점 및 관 상호 접속점에서 가까운 곳에 시설하여야 한다.
○ 습기가 많은 장소 또는 물기가 있는 장소에 시설하는 경우에는 (㉲)장치를 할 것
○ 저압옥내배선의 사용전압이 400[V] 미만인 경우에 합성수지관을 금속제 박스에 접속하여 사용하는 때는 제 (㉳)종 접지공사를 할 것. 다만, 다음에 해당하는 경우에는 그러하지 아니한다.
  - 건조한 장소에 시설하는 경우
  - 옥내배선의 사용전압이 직류 300[V] 또는 교류 대지전압이 (㉴)[V] 이하인 경우에 쉽게 접촉할 우려가 없도록 시설할 경우

15. 전기요소 측정에 관한 다음 각 물음에 답하시오.

가. 훅크온 메타로 측정하는 값은?
나. 옥내전등선의 절연저항을 측정하는 데 사용되는 계기는?
다. 접지저항을 측정할 때 사용되는 브리지는?

16. 소방설비의 배선을 금속관배선공사로 시공할 때 다음 ( )안에 알맞는 것은?

○ 금속관 상호간의 접속은 (㉮)으로 접속할 것. 이 경우 조임 등은 확실하게 할 것.
○ 금속관과 박스 기타 이와 유사한 것과를 접속하는 경우로서 틀어 끼우는 방법에 의하지 아니할 때는 (㉯) 2개를 사용하여 박스 또는 캐비닛 접속부분의 양측을 조일 것. 다만, 부싱 등으로 견고하게 부착할 경우에는 (㉯)를 생략할 수 있다.
○ 금속관을 조영재에 따라서 시설하는 경우는 (㉰) 또는 (㉱) 등으로 견고하게 지지하고 그 간격은 (㉲)[m] 이하로 하는 것이 바람직하다.
○ 관의 굴곡개소가 많은 경우 또는 관의 길이가 30[m]를 초과하는 경우에는 (㉳)를 설치하는 것이 바람직하다.
○ (㉴) 티이, 크로스 등은 조영재에 은폐시켜서는 아니된다. 다만 그 부분을 점검할 수 있는 경우에는 그러하지 아니한다.

17. 소방설비의 배관공사에 대한 다음 각 물음에 답하시오.

가. 합성수지관과 금속전선관 1본의 표준길이는 각각 몇 [m]인가?
나. 금속전선관의 말단을 다듬질하는 데 사용되는 공구의 명칭은?
다. 노출배관 공사시에 관을 직각으로 굽히는 데 사용하는 재료는?
라. 금속관과 박스를 고정시킬 때 사용되는 재료와 그 재료의 사용개수는? (단, 사용개수는 1개소의 것으로 한다.)

18. 다음 배선을 일반배선에 이용되는 그림기호 및 약호에 대하여 다음 각 물음에 답하시오.

가. ——— 은 어떤 배선을 의미하는지 그 명칭을 쓰시오.
나. IV전선과 HIV전선의 우리말 명칭을 쓰시오.

다. 케이블의 방화구획 관통부에 대한 '소통'의 그림기호를 그리시오.

19. 금속관공사의 배관방법에 대한 설명이다. (   )안에 알맞은 것은?

- 금속관을 구부릴 때 금속관의 단면이 심하게 변형되지 아니하도록 구부려야 하며, 굴곡 바깥지름은 안지름의 (①)배 이상이 되어야 한다.
- 아웃렛 박스 사이 또는 전선 인입구를 가지는 기구 내의 금속관에는 (②)개소가 초과하는 직각 또는 직각에 가까운 굴곡개소를 만들어서는 아니된다.
- 관과 박스, 기타 이와 유사한 것과를 접속하는 경우로서 틀어 끼우는 방법에 의하지 아니할 때는 (③) (④)개를 사용하여 박스 또는 캐비닛 접속부분의 양측을 죌 것.
- 관과 관의 연결은 (⑤)을 사용하고, 관의 끝부분은 (⑥)를 사용하여 모난 부분을 매끄럽게 다듬는다.

20. 그림과 같이 2개의 등을 하나의 스위치로 동시에 점멸이 가능하도록 하려고 한다. 도면을 이용하여 다음 각 물음에 답하시오.

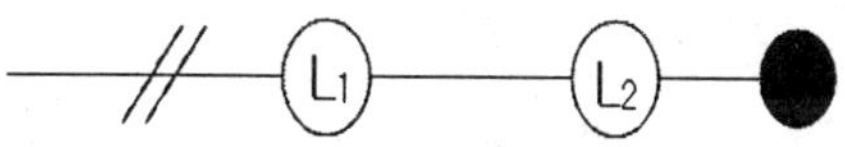

가. ●의 명칭을 구체적으로 쓰시오.
나. 배선에 배선가닥 수를 표시하시오.
다. 전선접속도(실체배선도)를 그리시오.

21. 소방설비의 배관배선공사에 대한 다음 각 물음에 답하시오.

가. 금속관과 박스를 접속할 때 사용하는 것은?
나. 전선의 절연피복을 보호하기 위하여 금속관 끝에 취부하여 사용하는 것은?
다. 금속관 상호간의 접속용으로 관이 고정되어 있을 때 사용하는 것은?
라. 노출배관공사를 할 때 관을 직각으로 눕히는 곳에 사용하는 것은?
마. 합성수지관과 후강전선관 1본의 표준길이는 몇 [m]인가?

22. 일반옥내배선 및 소방설비 도면에 이용되는 그림기호에 대하여 다음 각 물음에 답하시오.

가. 다음과 같은 배선의 그림 기호는 무엇을 뜻하는가?
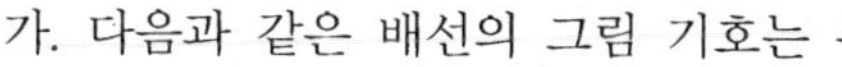

나. 은 유도등(백열등)의 그림기호이다. 객석유도등인 경우에는 필요에 따라 어떤 문자를 방기하는가?

다. 비상콘센트의 그림기호를 그리시오.

라. 소방시설 도면의 배관이 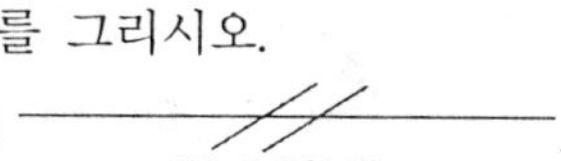

로 표현되어 있다. 이것의 의미를 구체적으로 설명하시오.

제5편

소화설비부대설비

소방시설을 안전하고 효율적으로 이용하기 위해 자동제어를 이용한 제어반 구성과 소방펌프, 비상용 엘리베이터, 공조덕트 등을 제어하는 동력제어반과 모든 설비를 감시·운영·제어하는 종합방재센터가 있다.

제19장 시퀀스 제어

1. 기본 제어계의 개요

시퀀스 제어(sequence control)란 미리 정해진 순서에 따라 제어의 각 단계가 순차적으로 진행되어나가는 것을 의미하며 응용분야는 엘리베이터 · 자동판매기 · 전기세탁기 · 교통신호 제어 등이 있다. 여기에 사용되는 부품으로 마이크로 스위치 · 푸시버튼 스위치 · 센서 스위치 · 압력 · 온도 · 액면 스위치 등 각종 스위치가 조합되며, 구성요소는 전자 릴레이를 통하여 제어되는데 최근에는 반도체 기술의 개발로 반도체 소자를 이용한 무접점 회로가 눈부시게 발전되고 있다.

기본 제어계의 일반적인 개념은 [그림 19-1]과 같다.

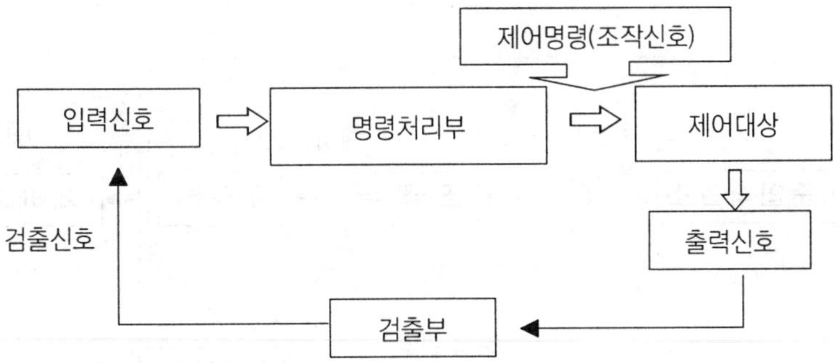

[그림 19-1] 기본 제어계

입력신호와 검출신호를 비교하여 제어대상에 신호를 전달하는 명령처리부는 조합회로 및 순서회로로 구성된다. 이 명령처리부의 출력인 제어명령은 제어대상에 보내지며 이 제어대상은 조작신호를 받을 때마다 그 상태가 변화하며 이 변화는 검출부를 거쳐 계속하여 명령처리부에 전달된다. 이 동작은 제어대상의 상태가 일정한 조건에 도달하여 유지될 때까지 동작이 계속된다.

즉 제어란 어떠한 목적 대상물에 바라는 목적과 일치하도록 하기 위해 그 대상에 필요한 조작을 가하는 것을 말한다.

2. 제어계의 종류

(1) 개회로 제어계

개회로 제어(open-loop control system)는 순차제어(sequence control)라고도 하며 제어계의 출력과 입력이 서로 독립인 제어계이다. 이 종류의 제어계는 부정확하고 신뢰성은 없으나 설치비가 저렴하여 일반적으로 사용되며 시퀀스 제어계라 부른다.

(2) 폐회로 제어계

폐회로 제어(closed-loop control system)는 궤환제어(feedback control)라고도 하며 출력신호가 궤환요소를 통하여 입력측으로 궤환되며 이 궤환신호와 입력신호와의 차를 검출하여 출력을 제어한다. 일반적으로 궤환 자동제어계를 자동제어계라 부른다.

3. 제어계의 기본구성

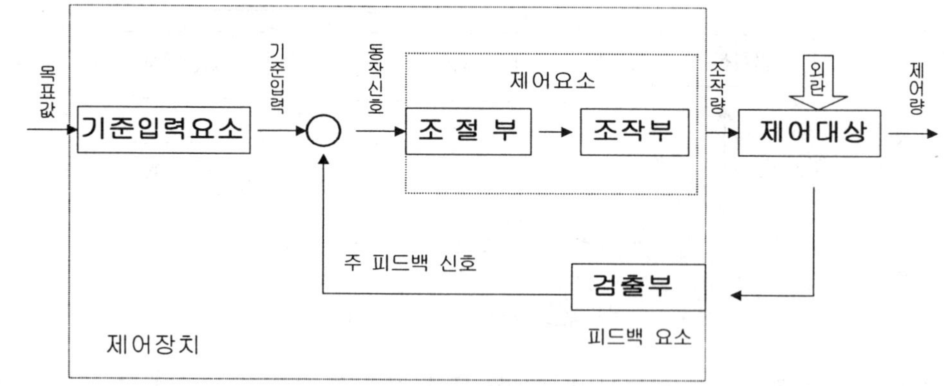

[그림 19-2] 폐회로 제어계 구성

- 제어대상 : 기계 · 프로세스 · 시스템의 제어의 대상이 되는 전체 또는 부분
- 제어장치 : 제어를 하기 위하여 제어대상에 부가되는 장치
- 제어요소 : 동작신호를 조작량으로 변환하는 요소이며 조절부와 조작부로 이루

어지며 조절부는 인간의 두뇌에 해당한다.

- 제어량 : 제어되어야 할 제어대상의 양으로서 보통 출력이라 한다.
- 목표값 : 제어기의 입력신호이며 설정점(set point)을 입력한다.
- 기준입력 : 제어계를 동작시키는 기준으로서 직접 폐회로에 가해지는 입력신호이며 목표값에 대해 일정한 관계를 갖는다.
- 주피드백 신호 : 제어량을 목표값과 비교하기 위해 궤환되는 신호
- 동작신호 : 기준 입력과 주피드백 신호와의 차로서 제어동작을 일으키는 신호
- 조작량 : 제어장치로부터 제어대상에 가해지는 양
- 외란 : 설정값 이외의 제어량을 변화시키는 모든 외적 인자
- 제어편차 : 목표값으로부터 제어량을 뺀 것
- 자동조절계 : 자동조절계 구성요소는 조절부 · 조작부 · 검출부가 있다.

4. 자동제어계의 분류

(1) 제어량의 종류에 따른 분류

1) 서보기구

서보기구(servomechanism)란 물체의 위치 · 방위 · 자세 등의 기계적 변위를 제어량으로 하는 제어계이며 목표값의 임의의 변화에 항상 추종시키는 것을 목적으로 한다.

2) 프로세스 제어

프로세스 제어(process control)란 온도 · 유량 · 압력 · 액위면 등의 공업 프로세스의 상태량을 제어량으로 하는 제어계이며 프로세스에 가해지는 외란의 억제를 주목적으로 한다.

3) 자동조정

자동조정(automatic regulation)이란 전압 · 속도 · 주파수 · 장력 등을 제어량으로 하는 제어계이며 이것은 목표값을 일정하게 유지하는 것을 목적으로 한다.

(2) 제어목적에 따른 분류

1) 추종제어

추종제어(follow-up control)란 목표값이 시간적으로 임의의 변화를 하는 경우의 제어로서 서어보계의 전부가 이에 속한다(추적 레이더).

2) 정치제어

정치제어(constant-value control)란 제어량을 어떤 일정한 목표값에 유지시키는 것을 목적으로 하는 제어이며 프로세스 제어 · 자동조정의 전부가 이에 해당한다(항온도 제어).

3) 프로그램 제어

프로그램 제어(program control)란 미리 정해진 프로그램에 따라 제어량을 변화시키는 것을 목적으로 하는 제어를 말한다(열차 무인운전).

4) 비율제어

비율제어(rate control)란 목표값이 다른 것과 일정한 비율 관계를 가지고 변화하는 경우의 수치제어를 말한다.

(3) 전달신호의 성질에 따른 분류

1) 연속 데이터 제어

제어량의 변동 측정이 연속적인 궤환제어를 말한다.

2) 릴레이형 제어

온-오프(on-off) 제어라고도 불리는 제어로서 불연속 제어이다.

3) 샘플값 제어

제어신호를 단속적으로 측정한 샘플값인 제어이다.

(4) 제어동작에 따른 분류

1) 온-오프(on-off) 동작

제어량이 설정값에서 어긋나면 조작부를 오프(off)하여 운전을 정지하거나 반대로 온(on)하여 운동을 시동하는 것으로서 제어결과가 사이클링(cycling)을 일으키며 오프셋

(off-set)으로 일으키는 결점이 있다. 특히 응답 속도가 빨라야 되는 제어계는 사용불능이며 프로세스 제어의 대부분에 이용된다.

2) 비례동작(P동작)

설정값과 제어결과, 즉 검출값 편차의 크기에 비례하여 조작부를 제어하는 것으로 정상오차를 수반한다. 사이클링은 없으나 오프셋을 일으킨다.

3) 적분동작(I 동작)

오차의 크기와 오차가 발생하고 있는 시간에 둘러싸인 면적, 즉 적분값의 크기에 비례하여 조작부를 제어하는 것으로 오프셋을 소멸시킨다.

4) 비례적분동작(PI동작, 비례 reset동작)

비례동작에 의해 발생하는 오프셋을 소멸시키기 위해 적분동작을 부가시킨 제어동작으로서 제어결과가 진동적으로 되기 쉽다.

5) 미분동작(D동작, rate동작)

제어 오차가 검출될 때 오차가 변화하는 속도에 비례하여 조작량을 가감하는 동작으로서 오차가 커지는 것을 미연에 방지하며 오프셋을 일으킨다.

6) 비례미분동작(PD동작)

제어결과에 빨리 도달하도록 미분동작을 부가한 동작이다.

7) 비례적분미분동작(PID동작)

소비시간이 큰 제어대상인 경우 비례적분동작의 제어결과가 진동적으로 되기 쉬우므로 이 결점을 방지하기 위한 것으로 온도제어·농도제어 등에 사용된다.

5. 시퀀스 제어의 특징

시퀀스 제어는 유접점 방식과 무접점 방식이 있으며 그 특징은 다음과 같다.

(1) 유접점 방식

장 점	단 점
① 과부하에 대한 내량이 크다. ② 개폐 부하 용량이 크다. ③ 전기적 잡음에 대해 안정하다. ④ 온도특성이 양호하다. ⑤ 동작상태 확인이 용이하다.	① 동작속도가 느리다. ② 소비전력이 크다. ③ 접점의 소모 및 마모가 있다. ④ 기계적 충격 진동에 비교적 약하다. ⑤ 외형의 소형화에 한계가 있다.

(2) 무접점 방식

장 점	단 점
① 동작속도가 빠르다. ② 수명이 길다. ③ 고감도 ④ 소형 및 경량 ⑤ 다입력 · 다출력에 유리하다.	① 전기적 잡음에 약하다. ② 온도변화에 약하다. ③ 별도의 전원이 필요하다.

6. 제어기구 동작

(1) 수동스위치

시퀀스 제어계는 외부에서 시동 · 정지 등 작업명령을 지시하거나 동작 도중에 프로그램 변경을 지시하는 경우 수동스위치를 이용한다. 이 수동스위치는 복귀형과 유지형으로 나누어진다.

1) 자동복귀형 스위치

수동조작 자동복귀 접점이란 수동으로 조작하면 접점은 폐로 또는 개로되지만 손을 놓으면 스프링의 힘에 의해서 자동적으로 원래의 상태로 돌아가는 접점을 말한다.

이 접점으로서는 푸시버튼(PB) 스위치가 대표적이다. 수동조작 자동복귀 접점의 심벌은 손으로 조작하지 않을 때의 상태에서 유지되는 접점으로 나타난다.

[그림 19-3] 복귀형 수동스위치

2) 유지형 수동스위치

나이프 스위치 · 텀블러 스위치 등과 같이 한번 조작을 하면 다시 조작할 때까지 접점의 개폐상태가 지속되는 스위치로 심볼은 [그림 19-4]와 같다.

[그림 19-4] 유지형 수동스위치

3) 회전스위치

유지형 수동스위치의 일종으로 선택스위치(select switch) 또는 로터리 스위치(rotary switch)라고도 한다. 동작은 손잡이를 회전하여 회로를 개폐하는 2단계 절환스위치라고도 하며 심볼은 [그림 19-5]와 같다.

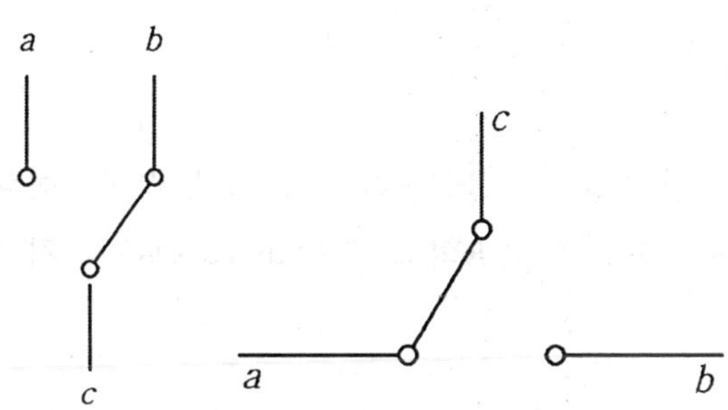

[그림 19-5] 절환스위치

(2) 검출스위치

제어대상의 상태 또는 변화를 검출하기 위한 스위치로 근접스위치 · 광전스위치 · 온도스위치 · 액면스위치 · 압력스위치 등이 있다.

(3) 릴레이

유접점 회로로서 자기력에 의해 접점의 개폐하며 일반적으로 전자접촉기라고 한다. 이 계전기는 교류용과 직류용이 있으며 직류용은 통신기기에 많이 응용하고 있고 교류용은 대전류 개폐에 이용하고 있다.

(4) 유지형 릴레이

이 계전기는 동작용과 복귀용 2개의 여자코일을 가지고 있으며 동작코일이 여자되어 접점이 동작한 후에 동작코일의 여자가 소멸되어도 접점동작은 유기하고, 복귀용 코일이 여자됨으로써 접점이 처음 상태로 복귀되는 계전기로 [그림 19-6]과 같다.

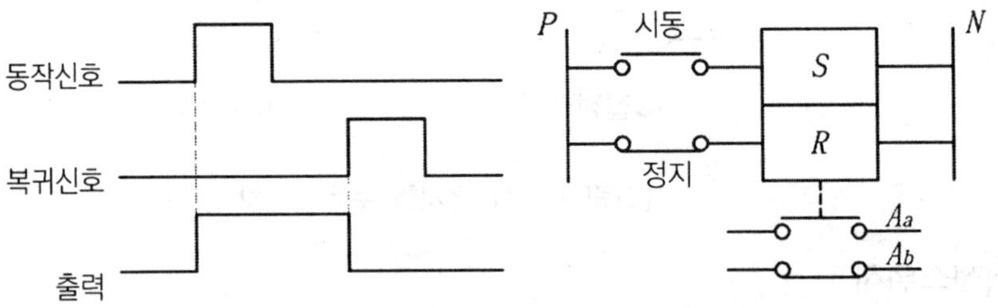

(a) 동작상태 (b) 심볼 출력

[그림 19-6] 키프 릴레이(keep relay)

7. 제어계의 논리식

유접점 회로와 무접점 회로는 〈표 19-2〉와 같이 논리적 · 논리합 · 부정 회로가 기본 회로이며, 이밖에 NAND회로 · NOR회로 · Exclusive OR회로가 있다.

〈표 19-1〉 각종 계전기 심볼

전자코일	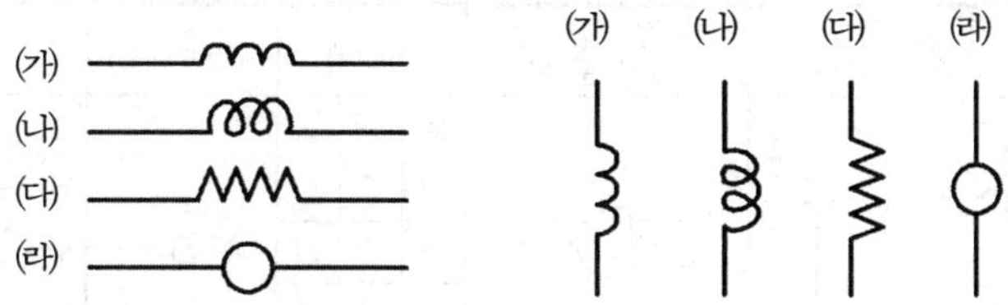		
계전기 접점	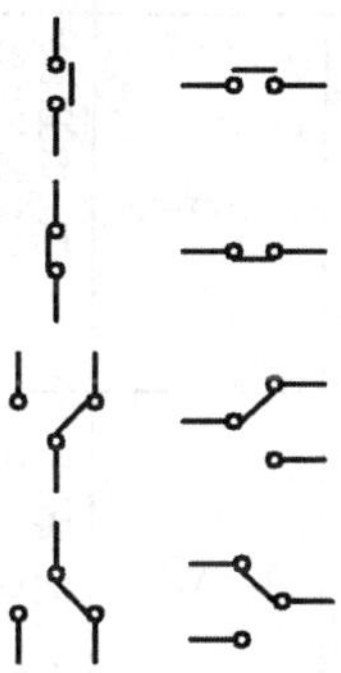	한시동작 접점	폐로에 시한이 있는 접점 (한시동작) *a* 접점  *b* 접점 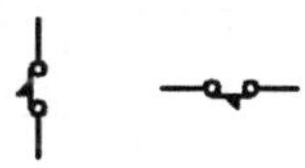 개로에 시한이 있는 접점 (한시동작) *a* 접점 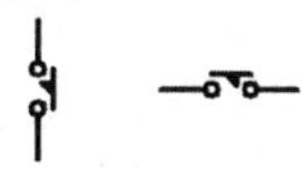 *b* 접점 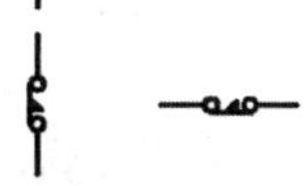
수동복귀 접점	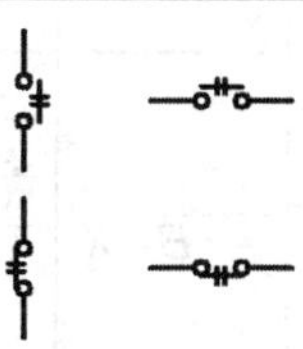	리밋스위치	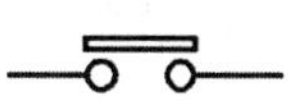
전자접촉기 접점	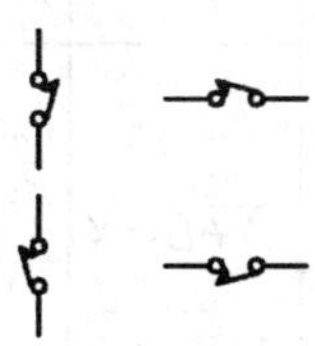		

〈표 19-2〉 기본 회로의 심볼 및 논리식

회 로	접점 기호에 의한 표현	논리 기호에 의한 표현	진리표	논리식	비 고
AND 논리적	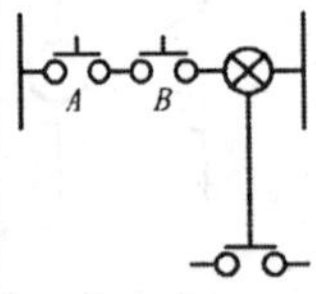	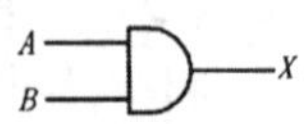	A B X 0 0 0 1 0 0 1 1 1 0 1 0	$A\cdot B=X$	입력신호 A, B가 모두 1일 때, 출력신호가 1인 논리곱 회로
OR 논리화	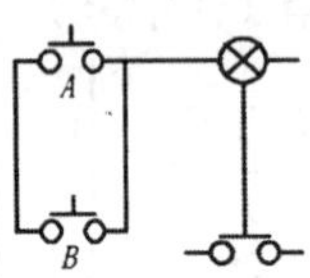	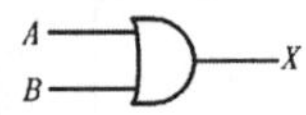	A B X 0 0 0 1 0 1 1 1 1 0 1 1	$A+B=X$	입력신호 A 또는 B의 어느 한 쪽 또는 양쪽이 모두 1일 때 출력신호가 1인 논리합 회로
NOT 부정	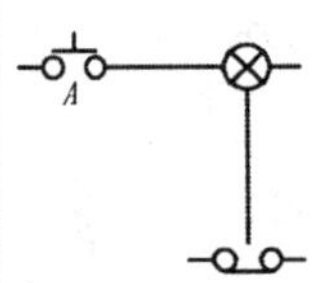	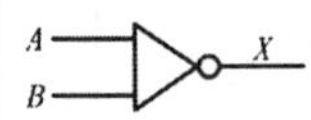	A X 0 1 1 0	$A=X$	입력과 출력의 상태가 반대로 되는 상태, 즉 입력이 1이면 출력은 0, 입력이 0이면 출력이 1인 부정회로
NAND	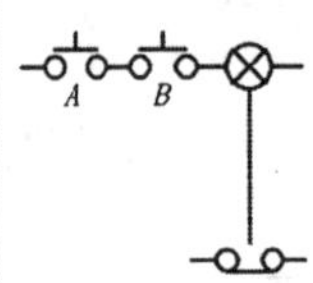	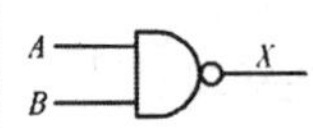	A B X 0 0 1 1 0 1 1 1 0 0 1 1	$\overline{A\cdot B}=X$	AND회로와 NOT회로의 조합으로서 AND회로를 부정하는 회로
NOR	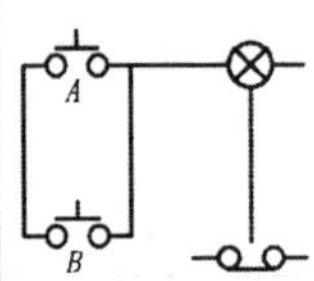	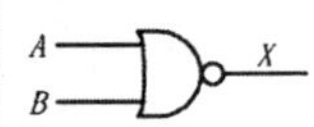	A B X 0 0 1 1 0 0 1 1 0 0 1 0	$\overline{A+B}=X$	OR회로와 NOT회로의 조합으로서 OR회로를 부정하는 회로
EXCLU -SIVE OR	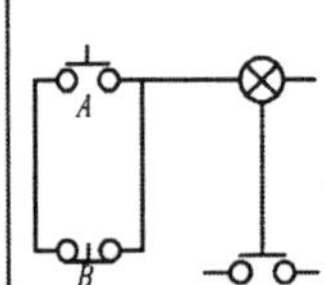	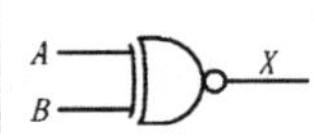	A B X 0 0 0 0 1 1 1 0 1 1 1 0	$\overline{A}\cdot B+A\cdot\overline{B}=X$	입력 A와 B의 상태가 서로 다른 신호를 입력했을 때만 1을 출력하는 회로

8. 불대수 기본공식 및 접점회로

논리회로를 이용한 논리식의 간략화는 〈표 19-3〉과 같다.

〈표 19-3〉 논리연산의 기본공식과 그 접점회로

		논 리 식	접점회로(좌변)	접점회로(우변)
교환의 법칙	1a	$A+B=B+A$	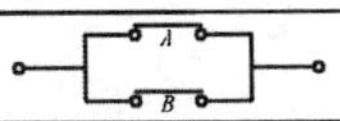	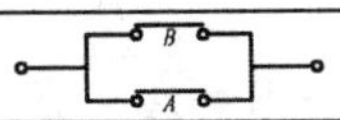
	1b	$A\cdot B=B\cdot A$	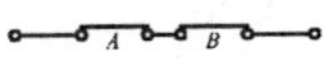	
결합의 법칙	2a	$(A+B+C=A+B+C)$	생 략	생 략
	2b	$(A\cdot B\cdot C=A\cdot B\cdot C)$	생 략	생 략
분배의 법칙	3a	$A\cdot B+A\cdot C$ $=A\cdot(B+C)$	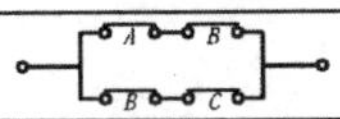	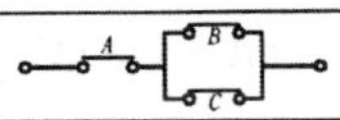
	3b	$(A+B)\cdot(A+C)$ $=A+B\cdot C$	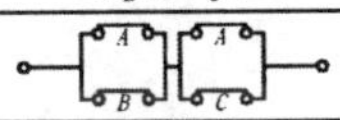	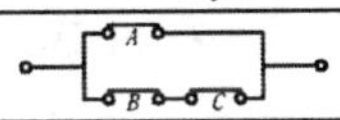
제의 법칙	4a	$A+A=A$	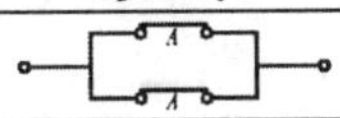	
	4b	$A\cdot A=A$		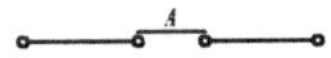
보원의 법칙	5a	$A+\overline{A}=1$	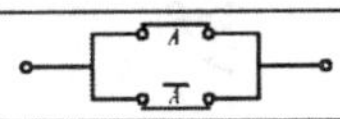	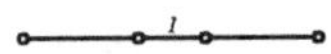
	5b	$A\cdot\overline{A}=0$		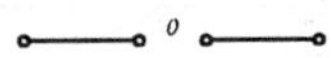
0과 1에 관한 법칙	6a	$A+0=A$	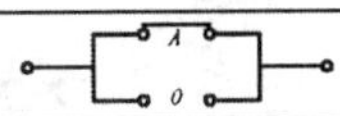	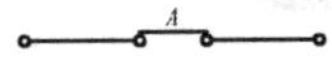
	6b	$A\cdot 1=A$		
흡수의 법칙	7a	$A+1=A$	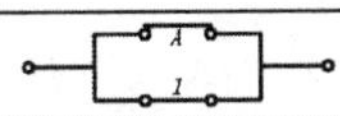	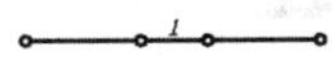
	7b	$A\cdot 0=0$		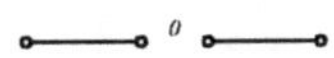
	8a	$A+A\cdot B=A$	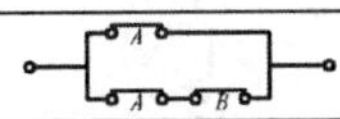	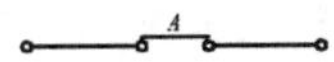
	8b	$A\cdot(A+B)=A$	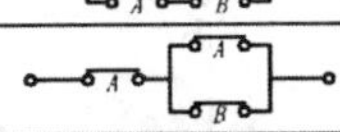	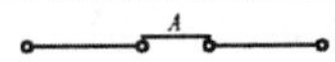
	9a	$A\cdot B+B=A+B$	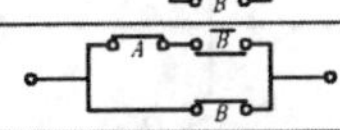	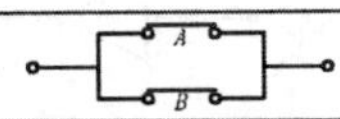
	9b	$(A+\overline{B})\cdot B=A\cdot B$	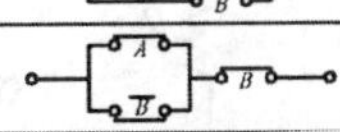	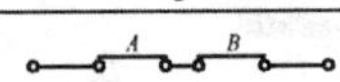
	10a	$(A+B)\cdot(B+C)\cdot(C+A)$ $=(A+B)\cdot(C+\overline{A})$	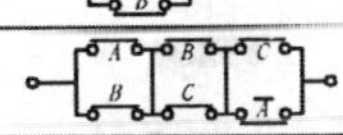	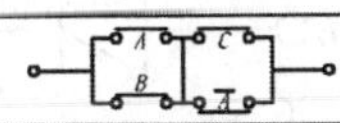
	10b	$A\cdot B+B\cdot C+C\cdot\overline{A}$ $=A\cdot B+C\cdot\overline{A}$	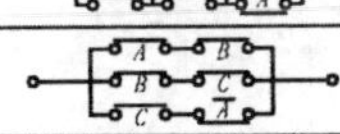	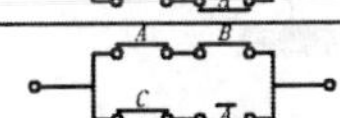
	11a	$A\cdot B+\overline{A}\cdot C$ $=(A+C)\cdot(\overline{A}+B)$	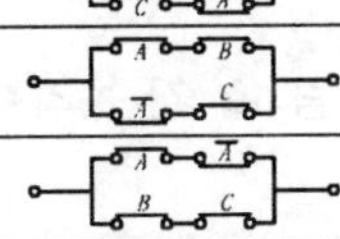	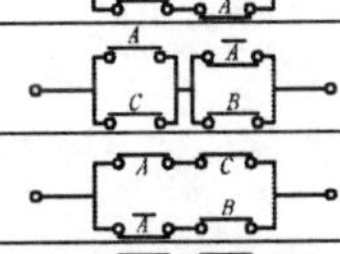
	11b	$(A+B)\cdot(\overline{A}+C)$ $=A\cdot C+A\cdot B$		
	12a	$C\cdot A=C\cdot\overline{A}\cdot B$ $=C\cdot A+C\cdot B$	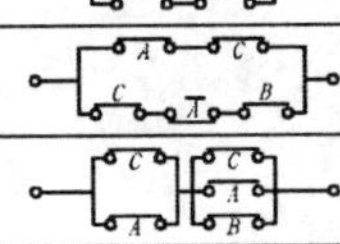	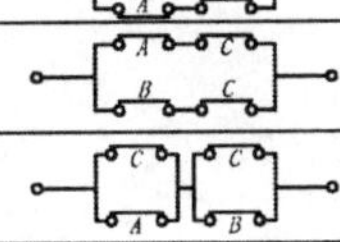
	12b	$(C+A)\cdot(C+\overline{A}+B)$ $=(C+A)\cdot(C+B)$		

드 · 모르간의 정의

$$A+B=\overline{A}\cdot\overline{B}$$

$$(\overline{A}\cdot\overline{B})=A+B$$

$$A\cdot B=\overline{\overline{A}+\overline{B}}$$

※ $(A+B)\cdot(A+C)$

$=AA+AC+BA+BC$

$=A+AC+BA+BC$

$=A\cdot(1+C+B)+BC$

$=A\cdot 1+BC$

$=A+BC$

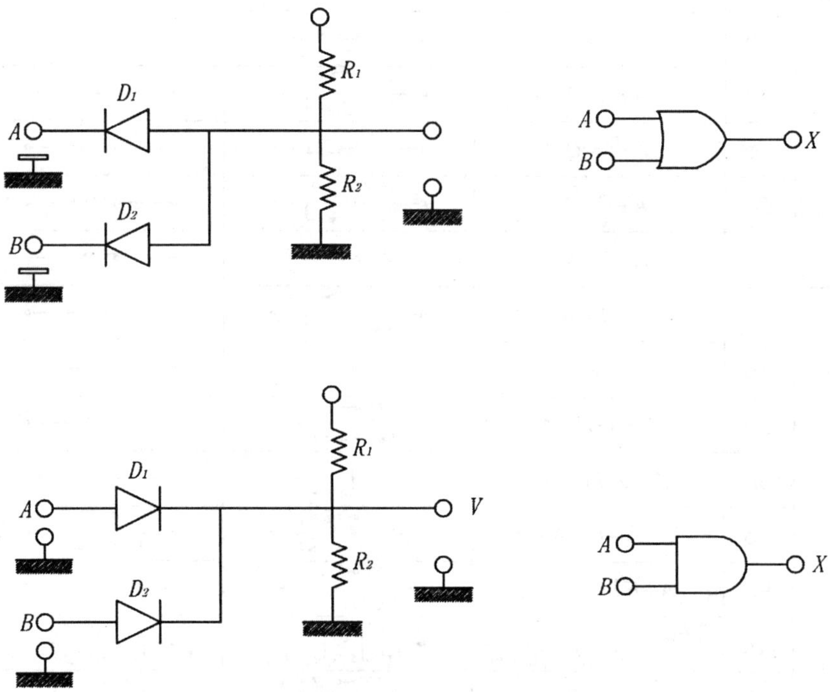

[그림 19-7] 논리회로(AND, OR)

9. 시퀀스 제어기 동작

(1) 전자릴레이 동작원리

전자릴레이란 코일에 전류를 흐릴 때 발생하는 자력의 힘으로 전기접점을 스위칭하는 장치를 말한다. [그림 19-8]에서 코일에 전류가 흐르면 가동철편이 흡입되어 a접점은 폐회로가 구성되고, 전원이 소거되면 a접점은 개방되고 b접점은 폐로된다. 릴레이 회로의 특징은 다음과 같다.

① 작은 전류에 의해 릴레이 코일을 동작시켜 대전류가 흐르는 액추에이터(전동기·전등 등)를 동작시킬 수 있다.
② 식류(5[V], 24[V])에 의해 교류(AC : 110[V], 220[V]) 신호제어가 가능하다.
③ 1개의 신호로 몇 개의 액추에이터를 제어할 수 있다.

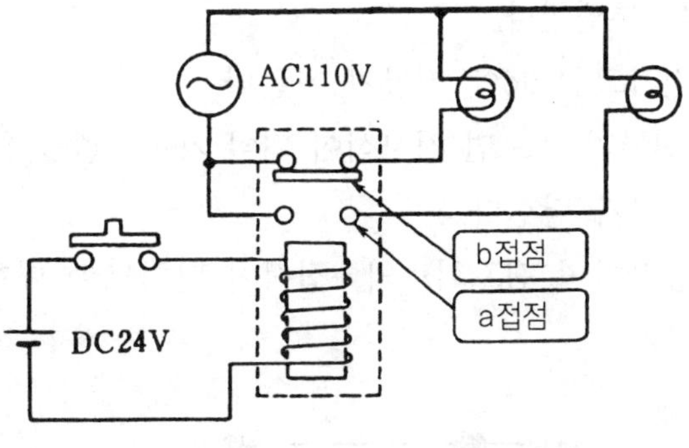

[그림 19-8] 전자릴레이 동작원리

1) 전자릴레이 동작(a접점)

[그림 19-9]는 전자릴레이의 'a접점' 심벌과 구조를 나타내고 있다. 전자코일에 전류가 흐르지 않을 때의 상태에서 '열려 있는 접점'으로 동작한다.

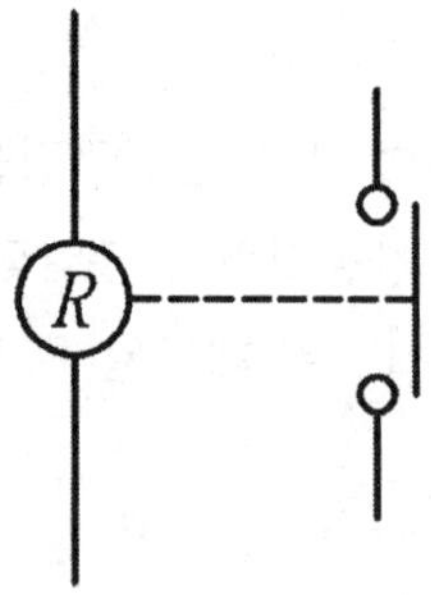

(a) 접점의 심벌

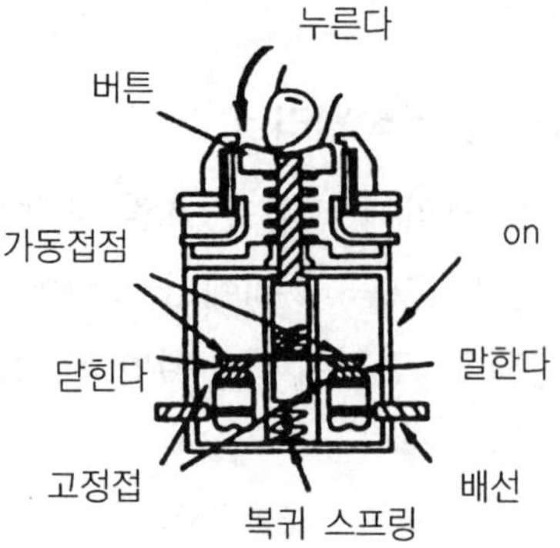

(b) 전자릴레이 구조

[그림 19-9] a접점 전자릴레이 구조

【전자릴레이 a접점의 동작】

① 나이프 스위치를 투입한다.

② 전자릴레이의 전자코일 Ⓡ에 전류가 흐른다.

③ 전자코일 Ⓡ에 전류가 흐르면 전자석이 되어 가동철편을 흡입해서 가동접점 쪽으로 힘을 받아 회로가 닫힌다.

④ 전자릴레이가 동작하면 램프회로의 a접점이 닫히므로 폐회로가 되어 램프 Ⓛ은 점등한다.

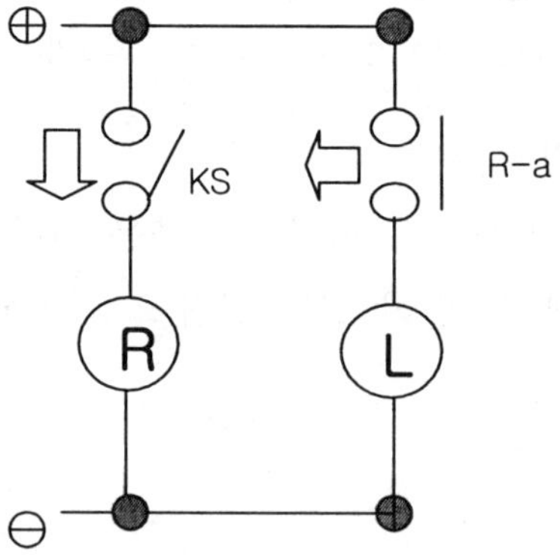

[그림 19-10] 전자릴레이 a접점 동작회로

2) 전자릴레이 동작(b접점)

[그림 19-11]은 전자릴레이 b접점 심벌과 전자코일에 전류를 흘리지 않을 때의 상태에서 닫혀 있는 접점을 표시한다.

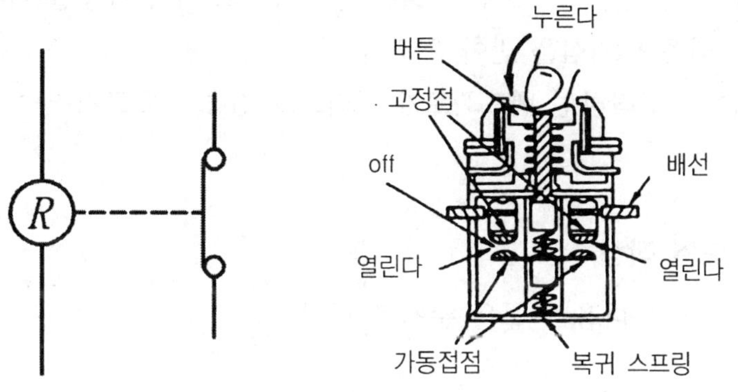

(a) b접점의 심벌　　(b) 전자릴레이 구조

[그림 19-11] b접점 전자릴레이 구조

【전자릴레이 b접점 유지】

① 나이프 스위치 KS는 열려 있는 상태이다.

② 전자릴레이 전자코일 Ⓡ에는 전류가 흐르지 않는다.

③ 전자코일 R에 전류가 흐르지 않으므로 b접점(복귀상태)은 닫혀 있다.

④ b접점이 닫혀 있으므로 램프 Ⓛ은 점등된다.

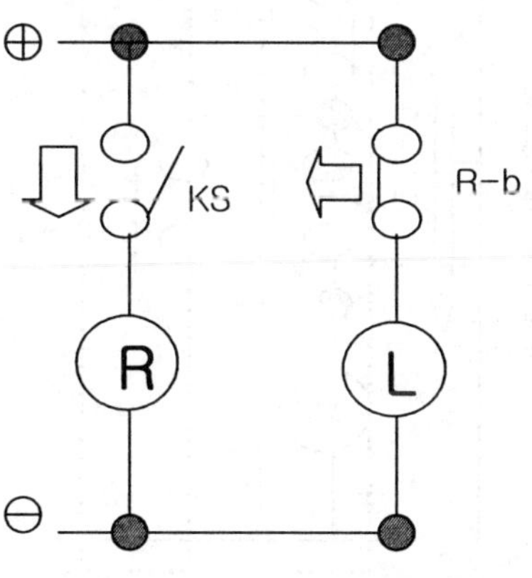

[그림 19-12] 전자릴레이 b접점 동작회로

【전자릴레이 b접점 동작】

① 나이프 스위치 KS를 투입한다.

② 전자릴레이의 전자코일 Ⓡ에 전류가 흐른다.

③ 전자코일 Ⓡ에 전류가 흐르면 코일은 전자석으로 되어 가동철판을 흡입해서 가동접점은 아래쪽으로 힘을 받아 열린다.

④ 전자릴레이가 동작하면 램프회로가 열리므로 전류가 흐르지 않아 램프 Ⓛ은 소등된다.

(2) 시퀀스 도면 작성

시퀀스도의 작성은 다음과 같은 순서로 한다.

① 시퀀스도는 위에서 아래로, 또는 좌에서 우로 작성한다.

② 동작순서는 상에서 하로, 좌에서 우로 동작한다.

③ 제어기기는 정지상태이고 모든 전원이 오픈된 상태로 표시한다.

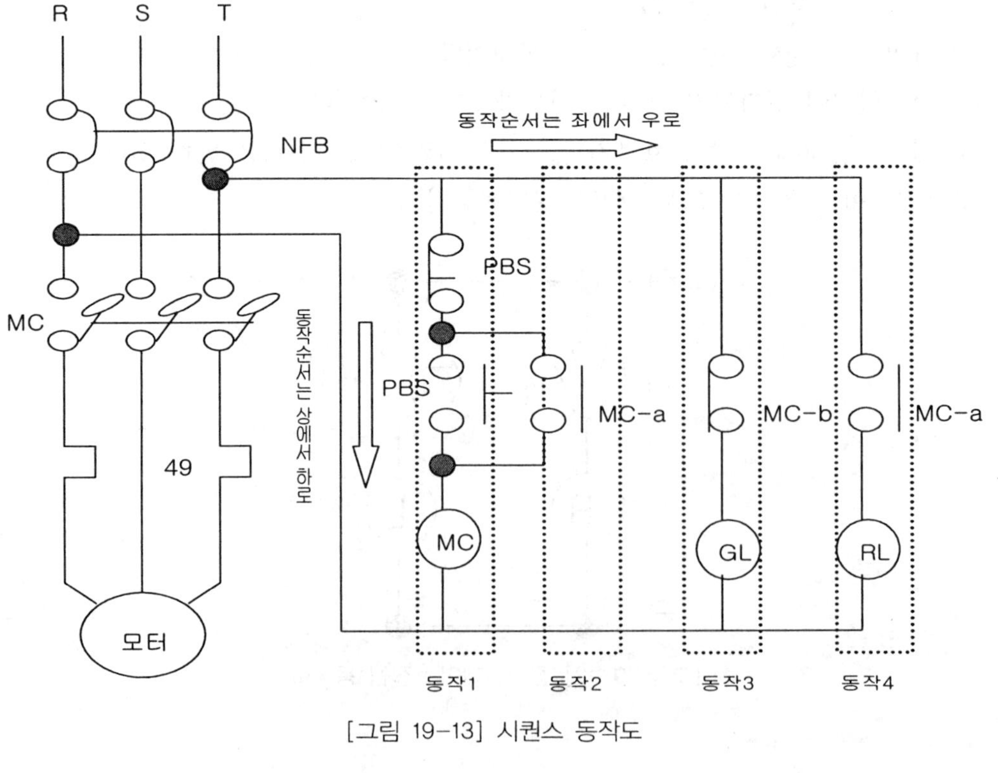

[그림 19-13] 시퀀스 동작도

일반적으로 사용되는 종서 시퀀스도는 회로 결선과 전류의 흐름이 상·하 방향으로 표시된다. 전원공급 모선은 위·아래 가로축으로 공급되어 횡선으로 표시되며 각각의 스위치·부하 등의 접속선은 진원 모신 사이에서 위에서 아래로 표시한다. 기기 동작 순서는 좌에서 우의 순서로 표시한다.

1) AND회로 동작

전자릴레이 A의 a접점 A-a와 B의 접점 B-a를 2개 직렬로 접속하여 전자릴레이 X의 전자코일 ⓧ의 회로에 연결한다.

① 스위치 PB_1를 넣고 전자릴레이 A를 동작시키면 접점 A-a가 닫힌다.
② 스위치 PB_2를 넣고 전자릴레이 B를 동작시키면 접점 B-a가 닫힌다.
③ 접점 B-a가 닫힘과 동시에 전자릴레이 X의 동작조건이 생겨 전류가 흐르기 때문에 전자릴레이 X는 동작한다.
④ 스위치 PB_1을 열어 전자릴레이 A를 복귀하면 접점 A-a가 열린다.
⑤ 접점 A-a가 열림과 동시에 전자릴레이 X에는 전류가 흐르지 않게 되어 복귀한다.

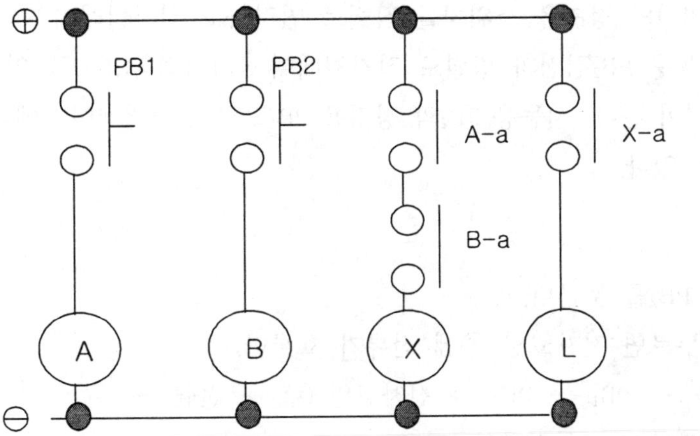

[그림 19-14] AND회로

2) OR회로

① 스위치 PB_1 혹은 PB_2를 넣고 전자릴레이 A또는 B를 동작하면 접점 A-a 혹은 B-a가 닫혀 전자코일 X에 전류가 흐름으로써 전자릴레이 X는 동작한다.
② 스위치 PB_1과 PB_2를 끊고 전자릴레이 A, B를 복귀하면 접점 A-a와 접점 B-a가 개로하여 전자코일 X에 전류가 흐르지 않는다.

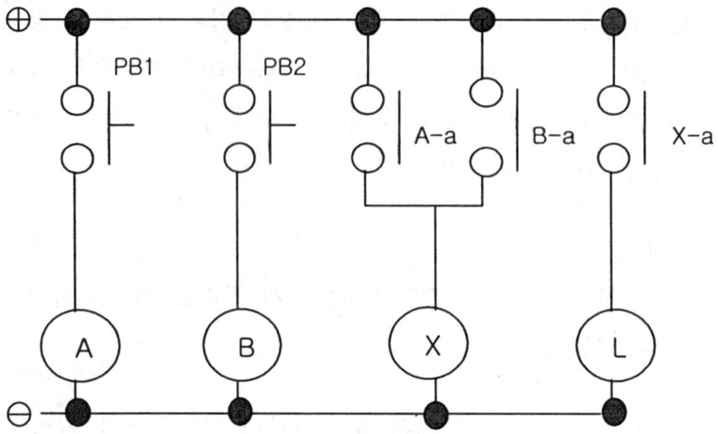

[그림 19-15] OR회로

(3) 자기유지회로

자기유지회로는 전자릴레이에 가해진 입력신호를 자기자신의 동작접점에 의해 바이패스하여 계속적으로 동작신호를 유지하는 것을 말한다. 또한 자기유지회로는 펄스 모양의 짧은 신호를 연속적인 신호로 변환하는 기억기능을 갖는 장점을 가진다.

시동용 스위치와 정지용 스위치를 직렬로 연결하고 전자릴레이 X의 전자코일 ⓧ에 연결한다. 시동용 PB_2접점과 병렬로 전자릴레이 X의 a접점(X-a)을 연결하면 이 X-a가 자기유지 접점이 된다. 시동용 PB_2와 정지용 PB_1으로 전자릴레이 X에 동작명령과 복귀명령을 할 수 있다.

1) 동작시

① 시동용 PB_2를 누른다.

② PB_2를 누르면 전자코일 ⓧ에 전류가 흐른다.
전원 + → PB_1 → PB_2 → 전자코일 ⓧ → 전원 -

③ 전자릴레이 X가 동작한다.

④ 전자릴레이 X가 동작하면 PB_2에 병렬로 접속되어 있는 전자코일 a접점 X-a가 닫힌다.

⑤ PB_2(시동용) 버튼은 off된다(자동복귀).

⑥ PB_2가 복귀하더라도 전자코일 ⓧ에 자기 자신의 a접점 X-a를 지나서 전류가 흐르기 때문에 전자릴레이 X는 동작을 계속하게 된다.

전원 + → PB_1 → X-a → ⓧ → 전원 -

2) 정지시

① 정지용 PB_1를 누른다.

② 정지용 PB_1를 누르면 전자코일 Ⓧ에 전류가 흐르지 않게 된다.

③ 전자릴레이 X가 복귀한다.

④ 전자릴레이 X가 복귀하면 PB_2에 병렬로 접속된 a접점 X-a가 열린다.

⑤ PB_1이 다시 복귀하여 닫히더라도 접점 X-a가 열려 있으므로 전자코일 Ⓧ에는 전류가 흐르지 않고 전자릴레이 X는 복귀한 채로 있다.

⑥ X-a는 열려 있다(off 상태 유지).

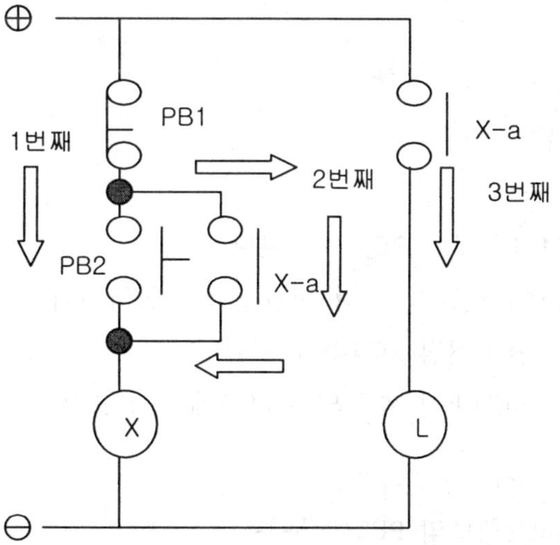

[그림 19-16] 자기유지회로

(4) 인터록회로

인터록(interlock)회로는 복수의 동작을 서로 연관시키는 것으로서 어떤 조건이 구비될 때까지 동작을 저지하는 것을 말한다. 이 회로는 주로 기기의 보호와 조작자의 안전을 목적으로 하고 있다. 전자접촉기 전자코일 MC1의 코일과 직렬로 전자접촉기 MC2의 b접점을 접속한다.

또한 전자접촉기 전자코일 MC2의 코일과 직렬로 전자접촉기 MC1의 b접점을 접속한다. 이 회로는 한 쪽의 전자접촉기가 동작하고 있을 때는 다른 쪽 전자접촉기는 상대방의 b접점에 의해 개방되어 있어 동작하는 일이 없다(전기적 인터록회로).

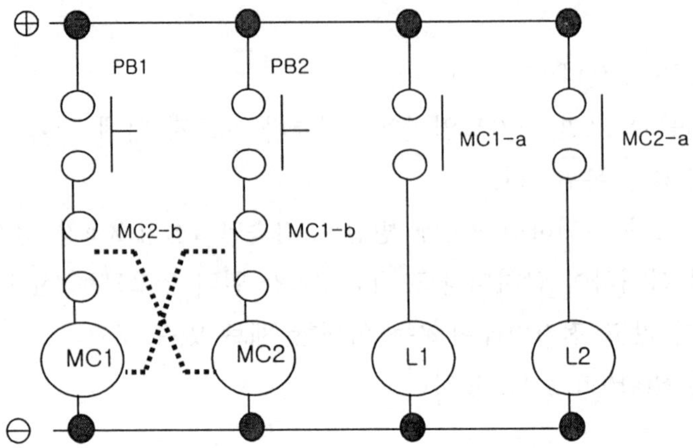

[그림 19-17] 인터록회로

1) 인터록회로 동작법

① 전자접촉기 MC1 동작

㉮ 전자접촉기 MC1회로의 PB1을 누른다.

㉯ 전자코일 MC1에 전류가 흘러 전자코일이 동작한다.

㉰ MC1가 동작하면 b접점 MC1-b가 열린다.

㉱ PB2를 눌러도 MC1-b가 개로되어 MC2에는 전류가 흐르지 않는다.

② 전자접촉기 MC2 동작

㉮ 전자접촉기 MC2회로의 PB2를 누른다.

㉯ 전자코일 MC2에 전류가 흘러 전자코일이 동작한다.

㉰ MC2가 동작하면 b접점 MC2-b가 열린다.

㉱ PB1를 눌러도 MC2-b가 개로되어 MC1에는 전류가 흐르지 않는다.

(5) 표시등회로

표시등회로는 전자접촉기나 개폐기류의 개로 · 폐로 상태 · 기기의 운전 · 정지의 동작상태를 표시하는 데 사용된다.

2등식은 개폐기의 운전 · 정지를 표시할 수 있다. 전자코일 MC에 전류가 흐를 때 적색램프(a접점)는 점등되고, 녹색램프(b접점)는 소등된다. 전자코일 MC에 전류가 흐르지 않으면 램프의 동작은 반대로 된다.

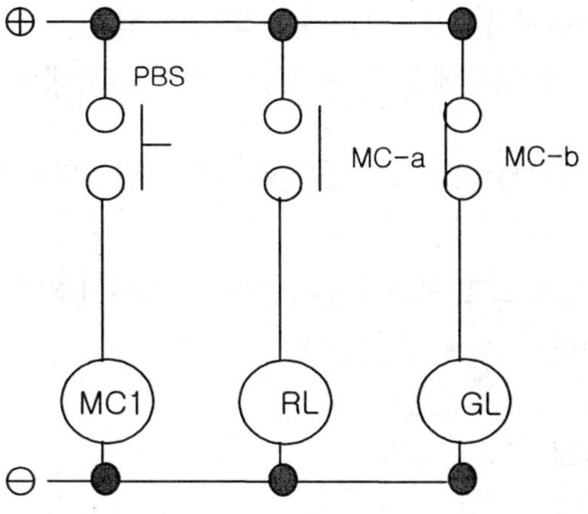

[그림 19-18] 표시등회로

(6) 선택회로

시퀀스 제어장치를 수동제어 또는 자동제어 겸용으로 사용하는 경우에 선택회로를 사용하여 구성할 수 있다. 자동양수장치에서 급수펌프에 의해 물탱크에 물을 공급함에

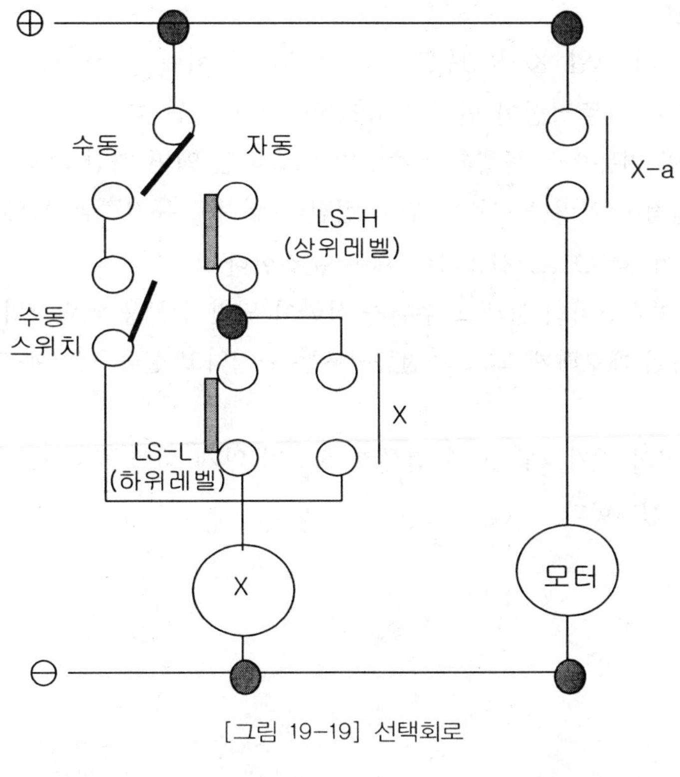

[그림 19-19] 선택회로

있어 자동제어용 액면스위치가 고장났을 경우 또는 특별한 운전상의 형편으로 수동으로도 운전할 수 있도록 할 경우에 수동 · 자동 전환회로(선택회로)가 사용된다.

① 전환개폐기 스위치를 자동측으로 전환하면 액면스위치 LS-h와 LS-L에 의해 자동 운전된다.
② 전환개폐기 수동측으로 전환하면 수동조작 스위치 S의 개폐에 의해 전자접촉기가 on, off되면서 수동 운전된다.

(7) 자동급수펌프 동작

[그림 19-20]은 자동양수장치의 수조 수위가 하한이 되면 전동펌프는 기동 운전하여 탱크에 물을 공급할 수 있는 회로를 나타내며 동작순서는 다음과 같다.

① NFB를 투입한다.
② 스위치 PB는 닫혀 있다.
③ 물탱크 수위가 하한이 되면 하한 액면스위치에 부력이 없어져 LS_2 b접점을 복귀하여 폐로한다.
④ 전자릴레이의 코일 Ⓧ에 전류가 흐르고 X_1, X_2접점이 닫혀지면서 주접촉기 MC에 여자되면서 주접점이 닫히고 유도전동기가 기동한다.
⑤ 전동펌프의 기동으로 물탱크의 수위가 상승하면 액면 하한 스위치(LS_2)가 부력에 의해서 접점이 열린다. 액면스위치 접점이 열려도 유지접점 X_1에 의해 전자코일 X에 전류가 흐르므로 전동기는 계속 운전한다.
⑥ 탱크 자동양수장치의 물탱크 수위가 상한이 되면 상한용 액면스위치(LS_1)의 b접점이 동작하여 개로하게 되므로 전동펌프는 정지하고 물을 탱크에 더이상 급수하지 않는다.
⑦ 전자릴레이의 전자코일 Ⓧ에 전류가 흐르지 않게 되어 X_1, X_2는 복귀하여 유도전동기는 정지한다.

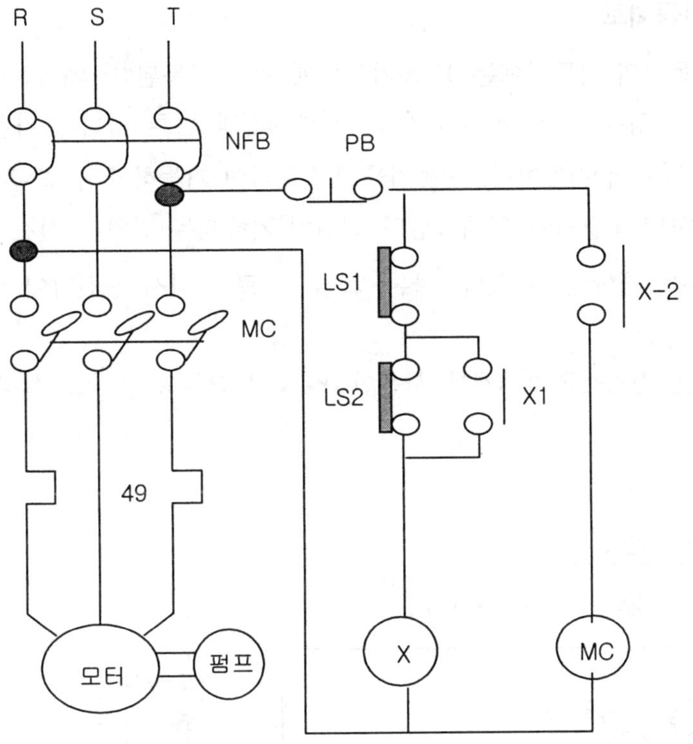

L_{S1}: 상한용 액면스위치 L_{S2}: 하한용 액면스위치
X : 전자릴레이 코일 X_1, X_2 : 전자코일 접점
MC : 전자접촉기 코일(88) THR : 열동계전기(49)

[그림 19-20] 액면스위치회로가 포함된 급수펌프회로

【탱크 수위 저하시】

① 물탱크의 물을 사용함으로써 수위가 저하되면 상한 액면스위치는 부력이 없어져 b접점이 복귀한다.

② b접점이 복귀하여도 하한 액면스위치 접점, 전자릴레이 코일이 열려 있으므로 유도전동기는 정지하고 있다.

③ 물의 수위가 하한 액면스위치 이하로 내려가면 하한 액면스위치가 동작하여 유도전동기를 동작시킨다.

(8) Y–△ 기동회로

농형 유도전동기의 기동시에는 Y-△ 기동법에 의해 기동된다. 왜냐하면 전전압 기동시의 기동전류는 정격전류의 4∼6배가 되어 배전선과 다른 기기에 나쁜 영향을 주게 되므로 전압을 낮추어 기동한다. 전동기를 Y결선하여 기동하고 수초 후에 △결선으로 전환하여 운전하면 Y결선에 의해 1상의 권선에 가해지는 전압은 선간 접압의 $\frac{1}{\sqrt{3}}$이 되어 기동 전류를 제한할 수 있다. 물론 △결선으로 전환시 전전압이 각 상에 가해진다.

[그림 19-21]은 전자접촉기 3개를 사용한 Y-△ 운전회로 동작을 설명한다.

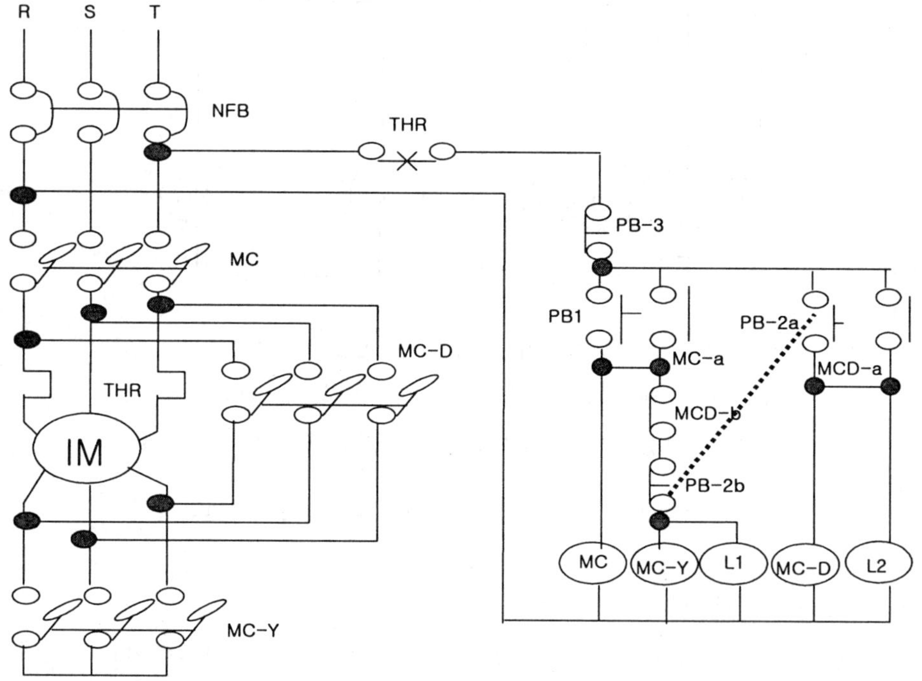

[그림 19–21] Y – △운전회로

① NFB를 투입하고 기동 푸시버튼 스위치(PB1)를 누르면 MC코일과 MCY코일이 여자되어 전동기가 Y운전하게 되고 보조접점 MC-a가 붙어 표시등 L1이 점등된다.

② 운전 푸시버튼 스위치(PB2)를 누르면 MCY코일은 여자가 해제되고 MC △코일은 여자되어 △운전하게 되고, 보조접점 MC △-a가 붙어 표시등 L2가 점등되

고 보조접점 MC △-b가 떨어진다.

③ 정지 푸시버튼 스위치(PB3)를 누르면, 전원이 차단되어 전동기는 정지하고 모든 접점은 원상태로 복귀된다.

(9) 상용전원과 예비전원(비상용전원) 제어회로

방재비상전원을 확보하여 무정전 상태를 유지하기 위해 상용전원과 비상용 전원을 설치하여 무정전 전력을 공급하는 제어회로를 [그림 19-22]와 같이 구성할 수 있다.

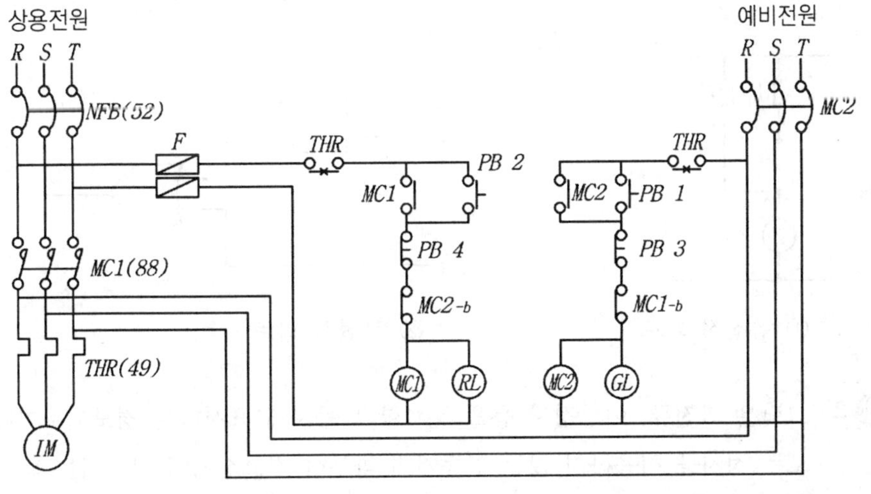

[그림 19-22] 상용전원과 예비전원 제어회로

방재동력회로의 상용전원과 예비전원의 동작회로를 살펴본다.

① 상용전원에 의해 전동기를 기동시키기 위해 기동용 푸시버튼 스위치(PB2)를 누르면 선자접촉기 MC1 코일이 여자되어 주접점 MC1이 붙어 상용 전원에 의해 전동기가 회전하고, 운전표시등(RL)이 점등된다. 동시에 보조접점 MC1-b가 떨어져(인터록회로가 구성) 비상용 전원 투입용 전자접촉기 MC2 코일은 동작하지 못하는 안전 동작이 이루어진다.

② 상용전원을 차단시키기 위한 정지용 푸시버튼 스위치(PB4)를 누름으로써 전동기는 정지한다. 아울러 운전표시등(RL)은 소등된다.

③ 상용전원이 정전된 경우 예비전원인 비상용 전원으로 전동기를 운전시키기 위해 비상용 전원 투입용 푸시버튼 스위치 PB1을 누른다.

예제 1 논리식 $Z=A\cdot B+\overline{A}\cdot C+B\cdot C+\overline{B}\cdot C$를 최소화하여 유접점 회로와 무접점 회로를 그리시오.

【풀이】 위의 정리를 이용하여 논리식을 간소화하면

$$
\begin{aligned}
Z&=A\cdot B+\overline{A}\cdot C+B\cdot C+\overline{B}\cdot C\\
&=A\cdot B+\overline{A}\cdot C+C(B+\overline{B})\\
&=A\cdot B+\overline{A}\cdot C+C\\
&=A\cdot B+C(\overline{A}+1)\\
&=A\cdot B+C
\end{aligned}
$$

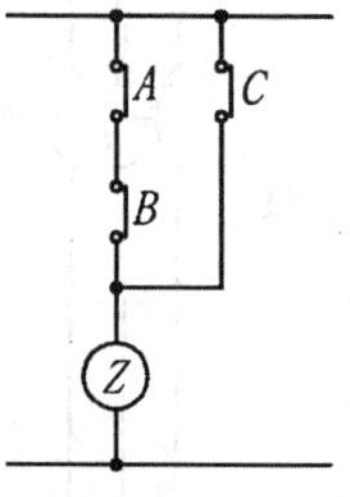

① 유접점 회로

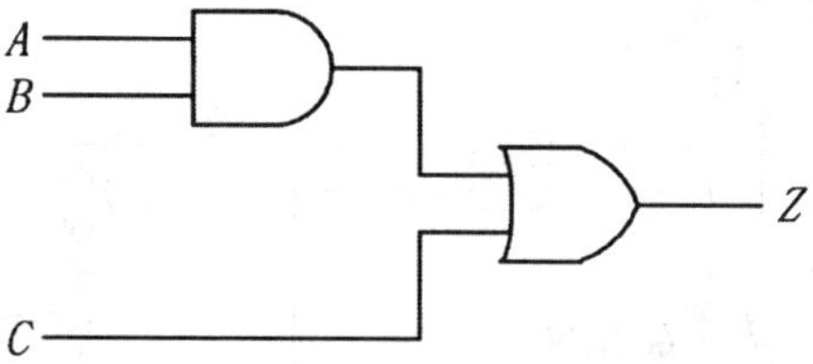

② 무접점 회로

예제 2 그림은 과전류, 이상정지 등을 통보함과 동시에 표시하는 경보회로이다. 이 회로는 정지를 허용하지 않는 전동기의 과부하 경보장치에 사용되는 회로에 이용된다. 도면을 보고 다음 각 물음에 답하시오.

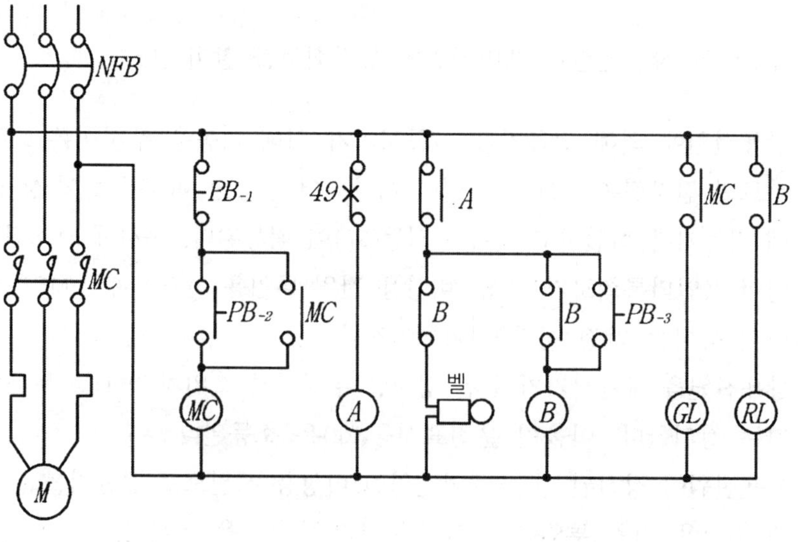

(1) '49' 는 무엇을 의미하는가?

(2) PB-$_1$, PB-$_2$, PB-$_3$의 용도를 구분하여 설명하시오.

(3) MC, A, B는 무엇인가?

【풀이】 용어 설명

(1) 열동계전기

(2) ① PB-1 : 전동기 정지용

② PB-2 : 전동기 기동용

③ PB-3 : 전동기의 과부하로 열동계전기가 동작하여 벨이 울릴 때 벨 정지용

용 어	설 명
열동계전기	전동기의 과부하 보호용(자동제어 기기번호 49)
PB-1, PB-2, PB-3	푸시버튼 스위치(push button switch)의 약자(수동조작 자동복귀 접점)
전자개폐기	전자력에 의해 접점을 개폐하는 기능을 가진 장치(큰 부하전류를 개폐)
계전기(relay)	전자력에 의하여 접점을 개폐하는 기능을 가진 장치

(3) MC : 전자개폐기 코일

A : 과부하 경보용 계전기 코일

B : 벨 정지용 코일

예제 3 다음 도면을 보고 각 물음에 답하시오.

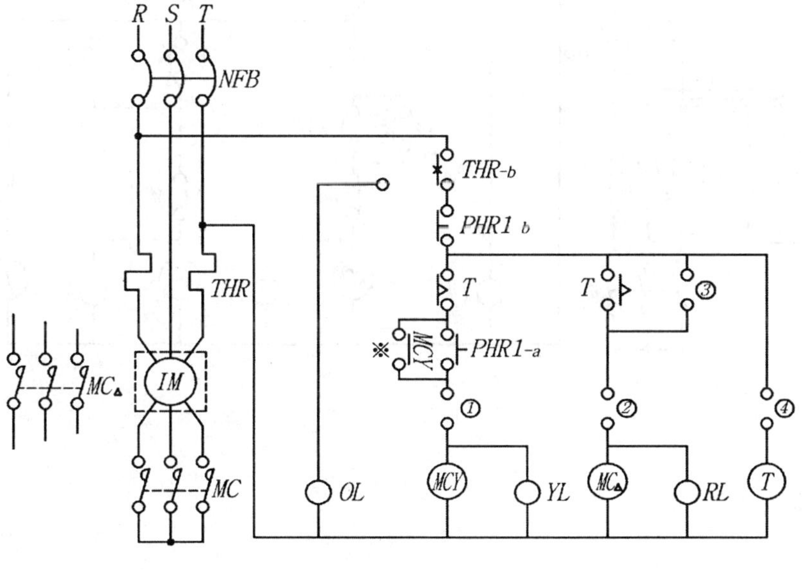

(1) 도면에서 THR은 어떤 계전기인가?

(2) 도면에서 NFB의 원어에 대한 우리말의 명칭은 무엇인가?

(3) ※표 부분의 접점은 어떤 역할의 접점이라 하는가?

(4) 주회로 부분의 $Y-\triangle$에 대한 $\triangle$부분(MC $\triangle$)의 주접점회로를 완성하시오.

(5) MC $\triangle$, MCY에 대한 보조접점의 미완성 부분에 알맞은 접점을 그려넣으시오. 이때 어떤 전자개폐기의 접점인지 구분이 되도록 전자개폐기 명칭을 접점 옆에 쓰도록 하시오.

【풀이】 (1) THR : 열동계전기로서 전동기의 과부하(과전류) 보호용 계전기

(2) NFB : 저압배선용 차단기(no fuse breaker)

(3) 자기유지 접점 : PBS1-a 기동스위치(수동조작 자동복귀 접점)를 누르면 코일이 여자되어 a접점이 닫힌 상태가 된다. 이때 이 접점을 이용하여 코일의 여자상태를 계속 유지시켜주는 접점

(4) 완성된 도면

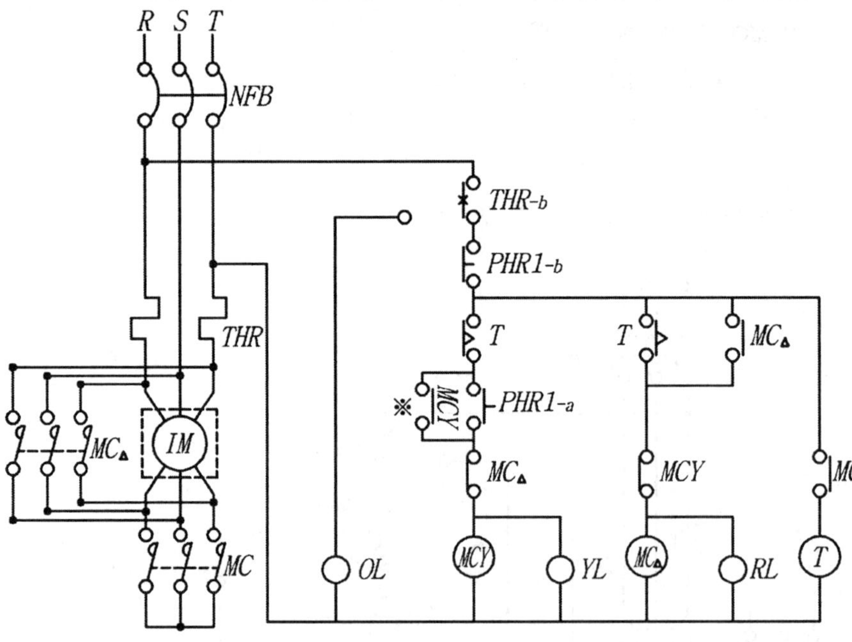

제19장 시퀀스 제어

주관식 연습문제

1. 답안지의 그림은 급수펌프의 수동 on-off에 대한 미완성 시퀀스 제어회로이다. 이 도면을 보고 다음 각 물음에 답하시오.

【조 건】
- PB-on스위치의 투입동작 후에 손을 떼어도 자기유지가 되어 전동기가 동작되도록 할 것
- 전동기 정지시에 GL램프가 점등되도록 할 것
- 전동기 동작시에 GL램프가 소등되고, RL램프가 점등되도록 할 것

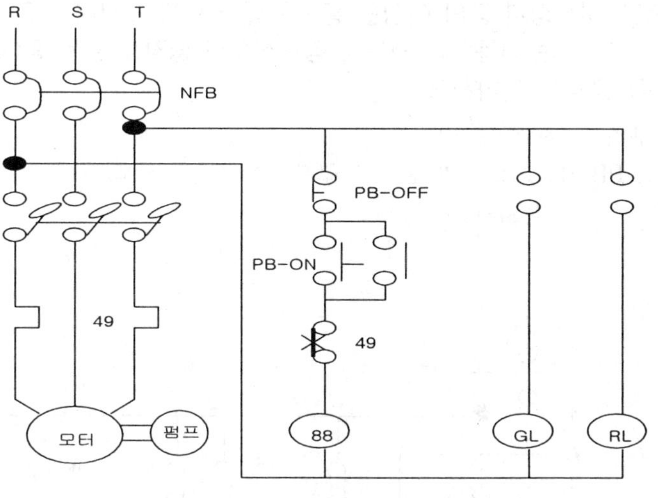

가. 제어기구번호 (49)와 (88)의 우리말 명칭은 무엇인가?
나. 다음 조건에 맞도록 미완성 부분을 완성하시오.

2. 논리식 $Z = A \cdot B + \overline{A} \cdot C + B \cdot C + \overline{B} \cdot C$ 를 최소화하여 유접점회로와 무접점회로를 그리시오.

3. 푸시버튼 스위치 PB1, PB2에 대하여 직접 제어되는 계전기 X1, X2가 있다. 이 2개의 계전기 중 어느 한쪽이라도 동작되면 출력 Z가 나오는 접점제어회로를 완성하시오.

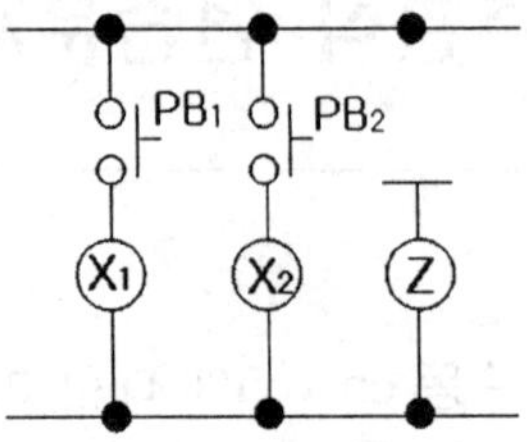

4. 그림의 시퀀스도를 보고 이것을 출력 X에 대한 무접점 논리회로도로 표현하시오.

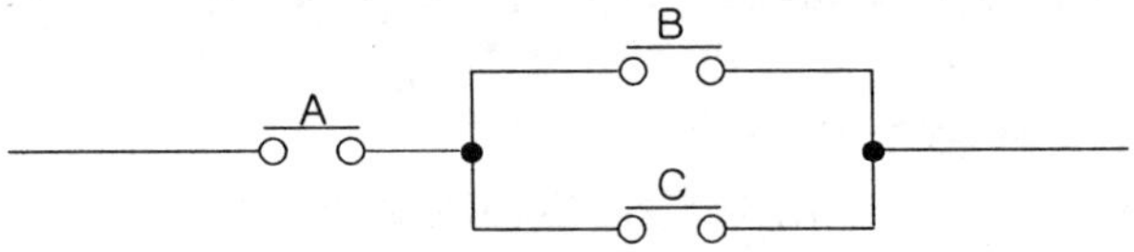

5. 그림은 과전류, 이상정지 등의 이상을 통보함과 동시에 표시하는 경보회로이다. 예컨데 정지를 허용하지 않는 전동기의 과부하 경보장치를 생각할 경우 등에 이용된다. 도면을 보고 다음 각 물음에 답하시오.

가. 49는 무엇을 의미하는가?

나. PB－1, PB－2, PB－3의 용도를 구분하여 설명하시오.

다. (MC), Ⓐ, Ⓑ는 무엇인가?

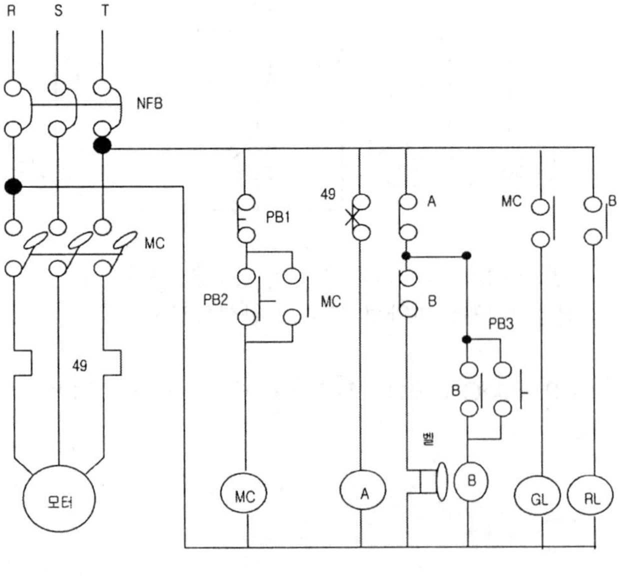

6. 그림은 농형 유도전동기의 기동회로이다. 도면을 보고 다음 각 물음에 답하시오.

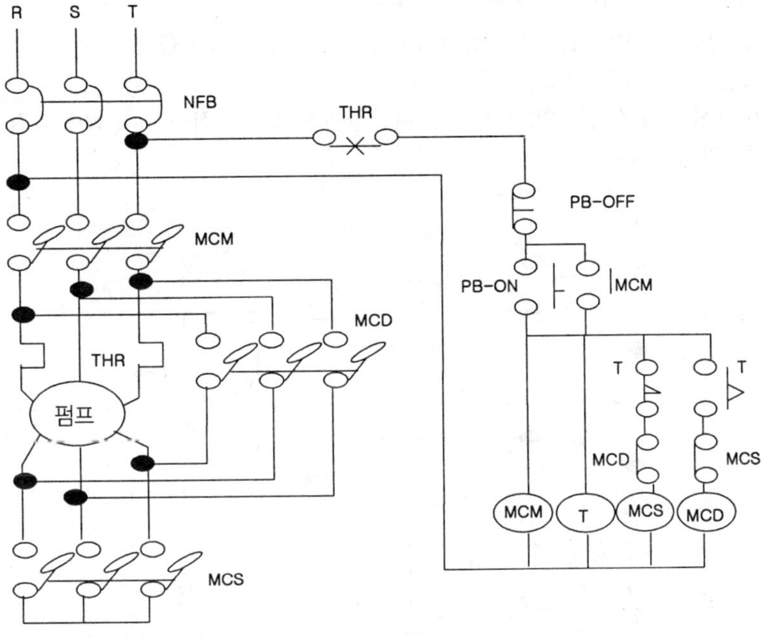

가. 도면과 같은 기동회로의 명칭은?

나. 자기 유지접점은 어느 부분인지 그 부분을 지적(위치 설명) 하시오.

다. THR의 명칭은 무엇이며 이 것이 동작된 후 접점을 원위치 시키려면 어떻게 하여야 하는가?

7. 그림과 같은 릴레이회로를 간략화한 유접점 및 무접점회로로 만들려고 한다. 가장 간단한 식으로 표현하고 이를 유접점 및 무접점회로로 그리시오.

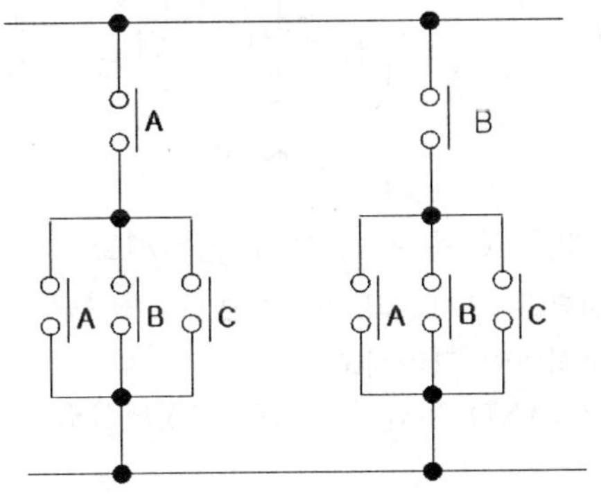

8. 그림은 Y－△시동제어의 시퀀스 다이어프램으로 접점의 일부가 미완성으로 되어 있다. 이 그림을 보고 다음 각 물음에 답하시오.

가. 88, 19－1, 19－2는 전자접촉기이다. 이것의 각 용도를 쓰시오.

나. NFB의 우리말 명칭은 무엇인가?

다. 미완성된 접점 ①, ②는 19－1 전자접촉기의 보조접점이다. 보조접점을 그려서 회로를 완성하시오.

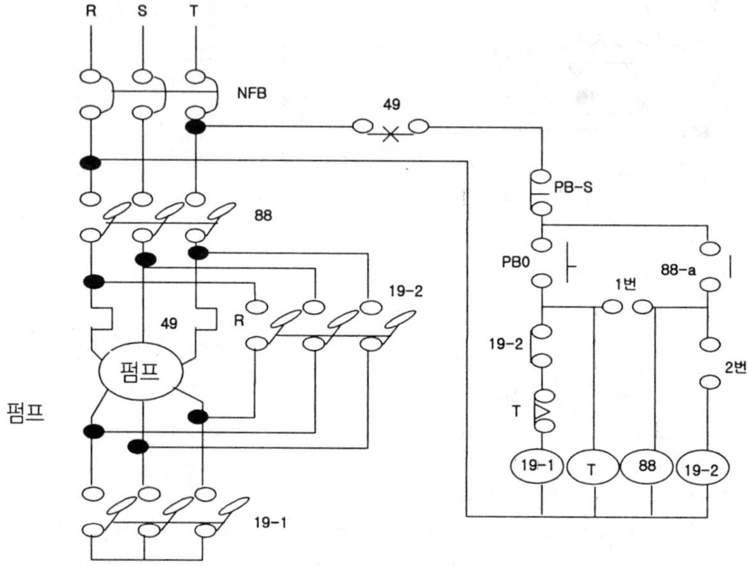

9. 그림과 같은 스위칭 회로의 논리식 Z=A·(A+B+C)를 가장 간단히 하고 간략화된 스위칭 회로를 그리시오.

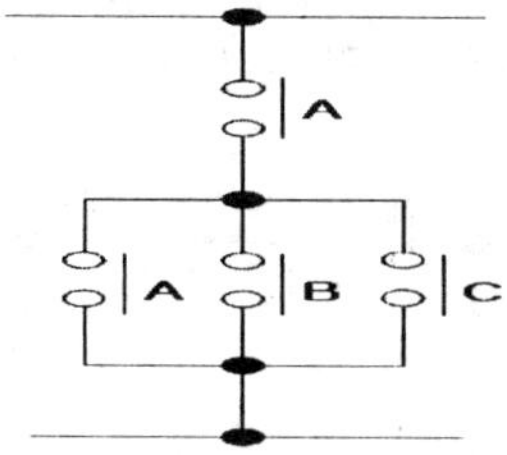

10. 논리식 Z=A+B·C에 대한 다음 각 물음에 답하시오.

가. 유접점 릴레이회로를 구성하여 그리시오.

나. 무접점회로를 구성하여 그리시오.

다. NAND 시퀀스(NAND 무접점회로)로 구성하시오.

11. 그림의 회로도는 서로 등가인 관계에 있다고 한다. 이 회로도를 보고 다음 각 물음에 답하시오.

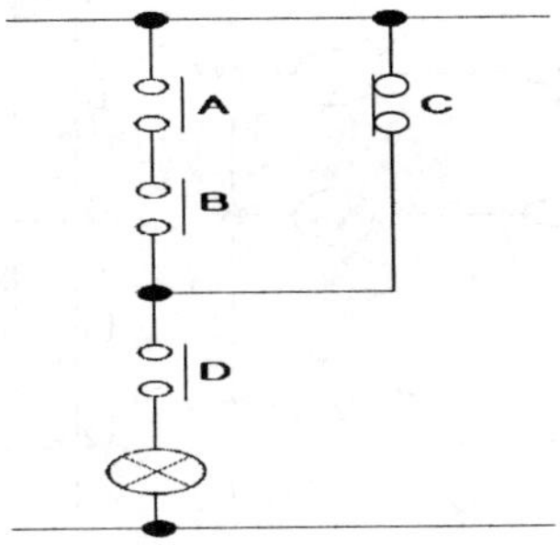

가. 그림의 회로에 대한 논리식을 간소화하게 표현하시오.

나. 논리회로에서 (1)에 해당하는 점선 내에 논리기호를 삽입하여 논리회로를 그리시오.

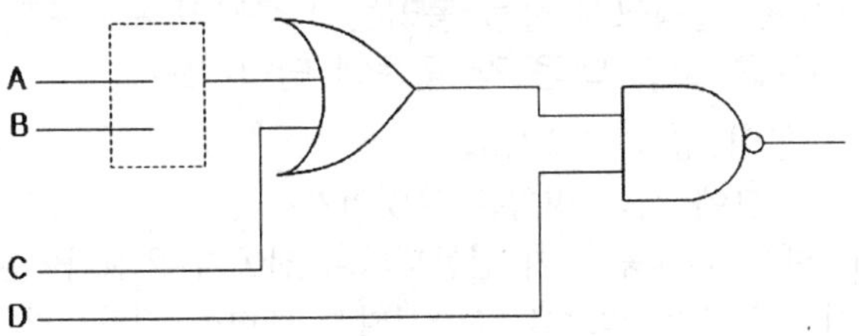

다. 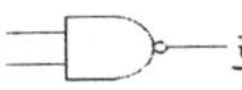 로 표현되는 게이트의 명칭은 무엇인가?

12. 그림과 같은 논리회로를 이용하여 다음 각 물음에 답하시오.

가. 3개의 입력단자 A, B, C에 각각 1의 입력이 들어간다면 출력단자 X, Y에는 어떤 출력이 나오겠는가?

나. X와 Y에 대한 논리식을 작성하시오.

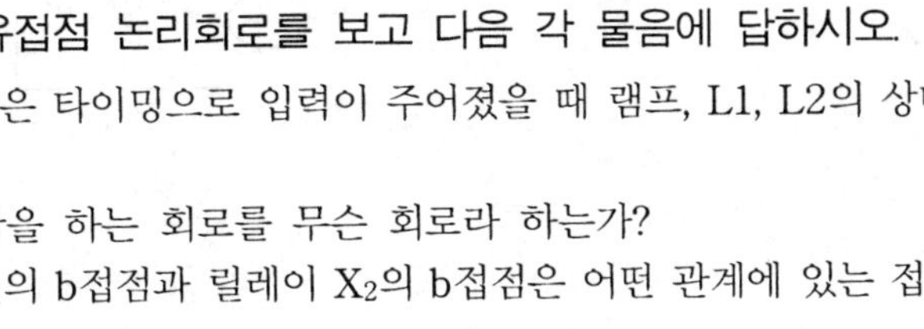

13. 그림과 같은 유접점 논리회로를 보고 다음 각 물음에 답하시오.

가. 그림과 같은 타이밍으로 입력이 주어졌을 때 램프, L1, L2의 상태를 타임차트로 표시하시오.

나. 이런 동작을 하는 회로를 무슨 회로라 하는가?

다. 릴레이 X_1의 b접점과 릴레이 X_2의 b접점은 어떤 관계에 있는 접점이라 할 수 있는가?

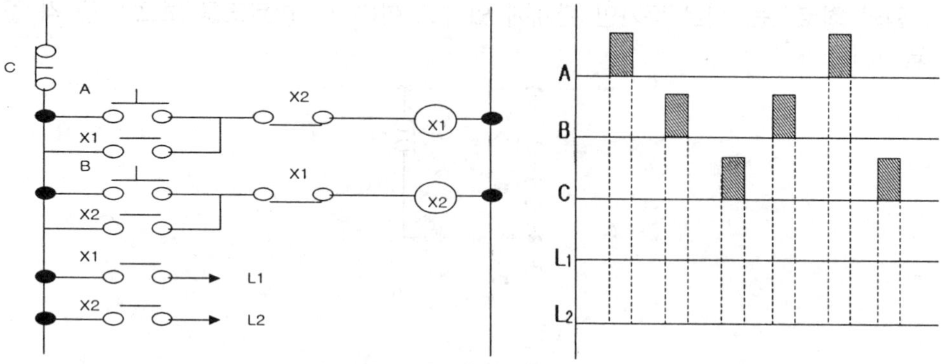

14. 논리식 $Z=(A \cdot B+\overline{A} \cdot C+B \cdot C+\overline{B} \cdot C)$를 최소화하여 유접점회로와 무접점회로를 그리시오.

15. 그림은 옥상에 설치된 물탱크에 물을 올리는데 사용되는 양수펌프의 수동 및 자동제어 회로도이다. 이 회로를 보고 다음 각 물음에 답하시오.

가. ①~③, ④~⑦의 명칭을 쓰시오.

나. ④번 접점의 역할에 대한 명칭은 무엇인가?

다. 전동기정지시에는 녹색등 Ⓖ가 점등되다가 전동기 운전시에는 녹색등 Ⓖ가 소등되고, 적색등 Ⓡ이 점등되는 회로를 추가시켜서 도면을 재작성하시오.

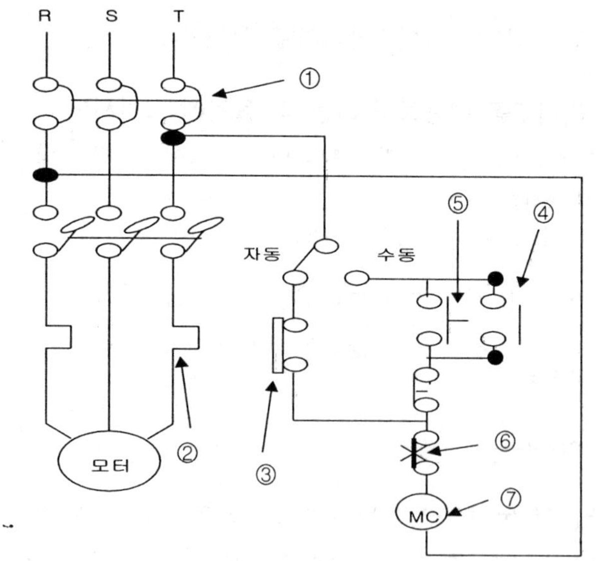

제19장 시퀀스 제어

객관식 연습문제

1. 시퀀스 제어의 접점 심벌에서 계전기의 접점으로 맞는 것은?

가. 
나. 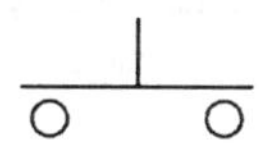
다. 
라. 

2. 그림은 리밋 스위치의 심벌이다. 설명한 것이 맞는 것은?

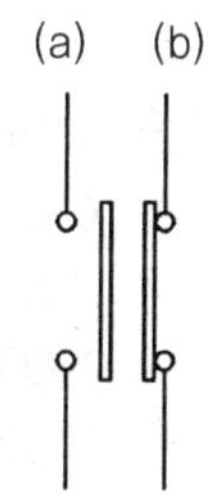

가. (a), (b) 모두 동작하면 개로가 되는 경우
나. (a)는 동작하면 개로 (b)는 동작하면 폐로가 되는 경우
다. (a), (b) 모두 동작하면 폐로가 되는 경우
라. (a)는 동작하면 폐로 (b)는 동작하면 개로가 되는 경우

3. 그림과 같은 심벌의 명칭으로 맞는 것은?

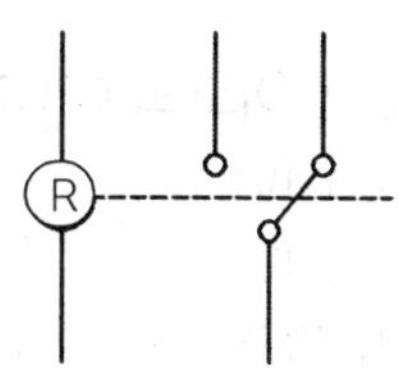

가. 전자릴레이 a접점
나. 전자릴레이 b접점
다. 전자릴레이 c접점
라. 전자접촉기 3로 접점

4. 그림과 같은 논리회로는?

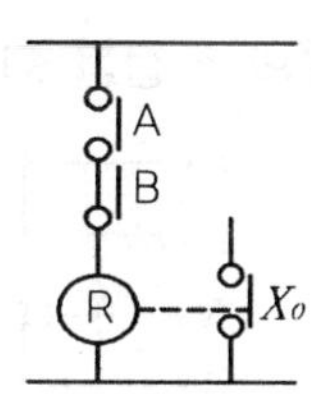

가. AND 회로
나. OR 회로
다. NOT 회로
라. NAND 회로

정답

1. 가 2. 라 3. 다 4. 가

5. 다음 그림과 같은 다이오드 논리회로 명칭은?

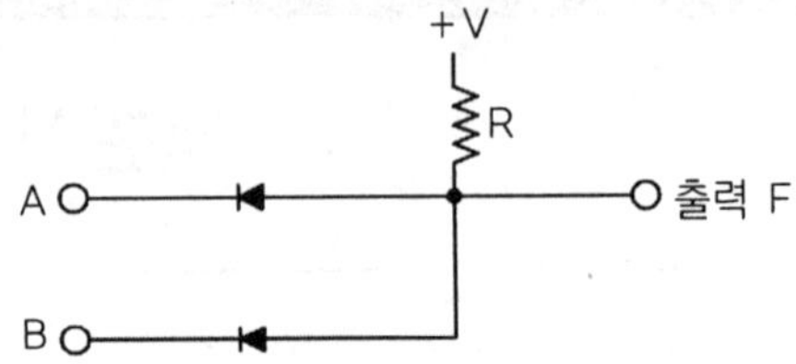

가. NOT 회로
나. AND 회로
다. OR 회로
라. NAND 회로

6. 그림과 같은 게이트의 출력전압은 몇 [V]인가?

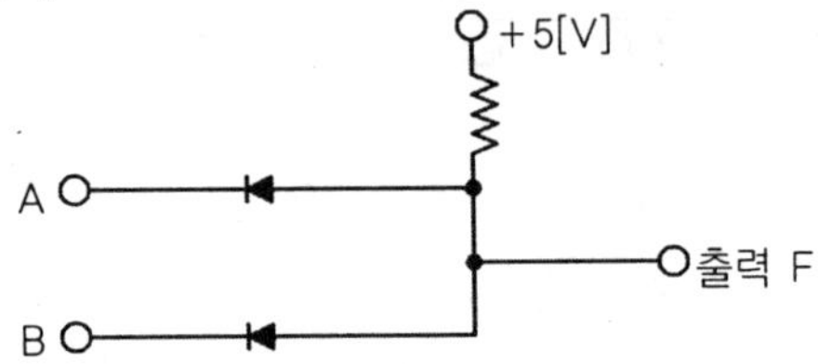

가. 0
나. 5
다. 2.5
라. 24

7. 그림의 다이오드에 의한 회로로 맞는 것은?

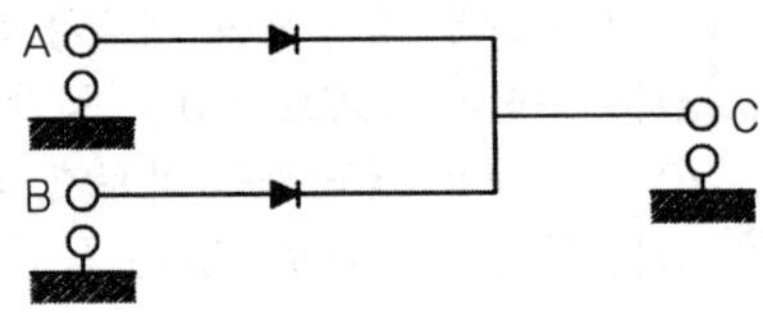

가. OR 회로
나. AND 회로
다. NOT 회로
라. NAND 회로

8. 다음 다이오드 OR 게이트의 출력전압은?

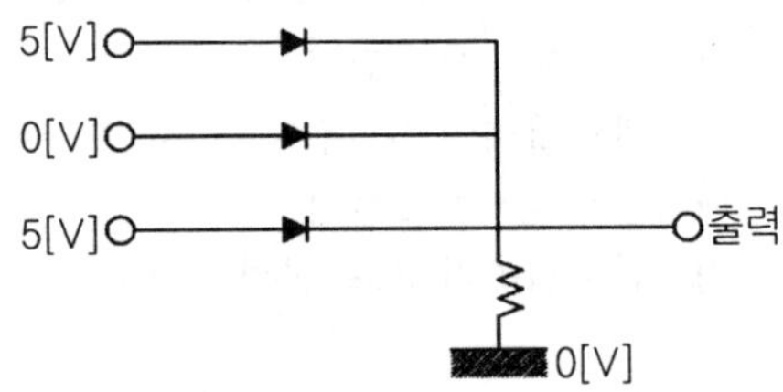

가. 0 [V]
나. 5 [V]
다. 19 [V]
라. -5 [V]

9. 다음의 유접점 회로를 논리회로로 바꿀 때 가장 적당한 것은?

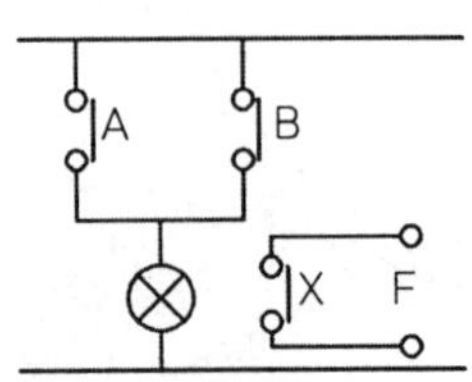

가. 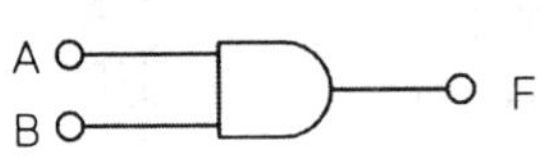

나. 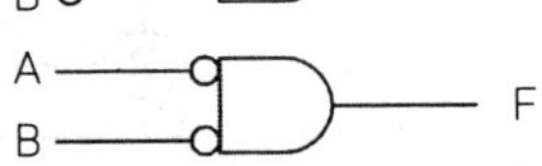

다. 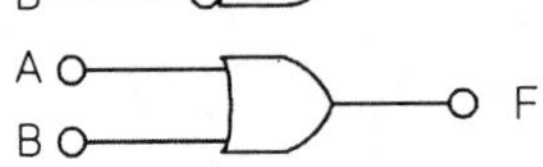

라. 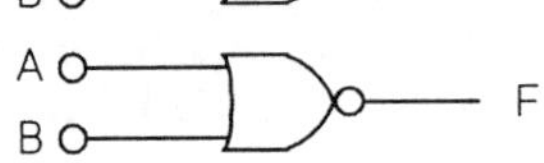

정답

5. 나 6. 가 7. 가 8. 나 9. 다

10. 그림과 같은 접점회로의 논리식으로 맞는 것은

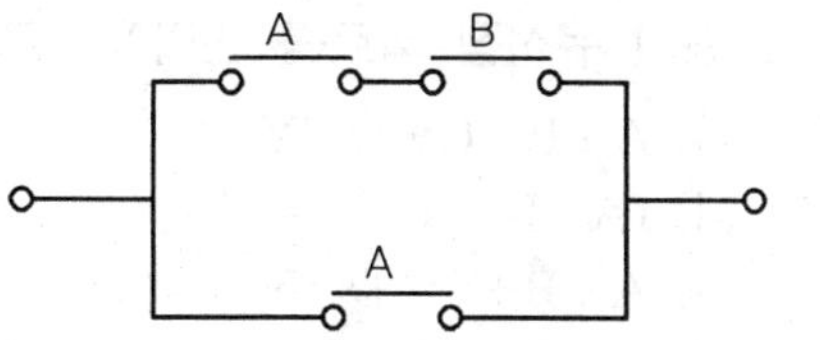

가. A+B+C
나. A · B · C
다. (A+B) · C
라. AB+A

11. 그림의 접점회로의 논리식으로 맞는 것은?

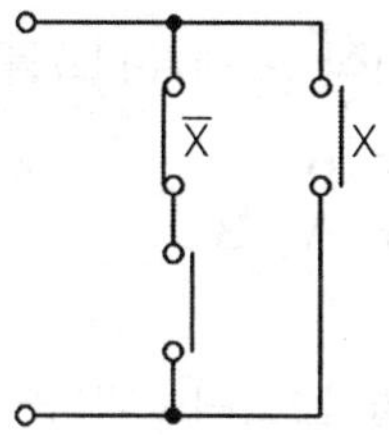

가. $X \cdot \bar{X} \cdot X$
나. $\bar{X} \cdot Y + X$
다. $(\bar{X} + Y) \cdot X$
라. $(\bar{X} + Y) + X$

12. 그림의 접점회로의 논리식으로 맞는 것은?

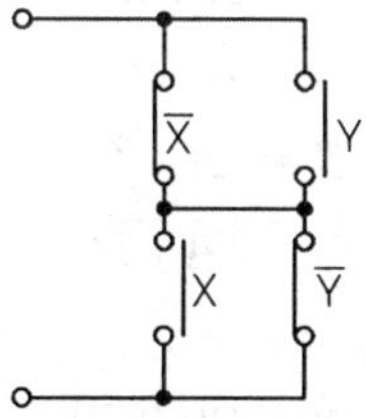

가. $\bar{X}Y + X\bar{Y}$
나. $(\bar{X} + \bar{Y})(X + Y)$
다. $X\bar{Y} + \bar{X} + \bar{Y}$
라. $(\bar{X} + Y)(X + \bar{Y})$

13. 그림의 접점회로의 논리식으로 맞는 것은?

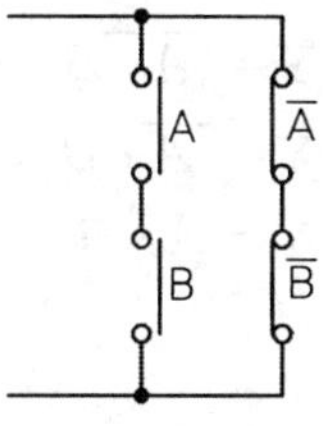

가. $AB + \bar{A}\ \bar{B}$
나. $(\bar{A} + \bar{B}) + (A + B)$
다. $\bar{A}B + A\bar{B}$
라. $(\bar{A} + \bar{B}) + (A + \bar{B})$

14. 논리식 $X = A + \bar{A}B$를 간단히 한 식으로 맞는 것은?

가. AB　　나. $\bar{A}\ \bar{B}$
다. A+B　　라. $\bar{A} + \bar{B}$

15. 논리식 A · (A+B)를 간단히 하면?

가. A　　나. B　　다. A · B　　라. A+B

16. 논리식와 같은 것으로 맞는 것은?

가. $\overline{X\ Y}$
나. $\overline{X + Y}$
다. $\overline{X}\,\overline{Y}$
라. $XY + \overline{XY}$

정답

10. 라 11. 나 12. 라 13. 가 14. 다 15. 가 16. 다

17. 그림의 유접점 회로를 논리식으로 표시하면?

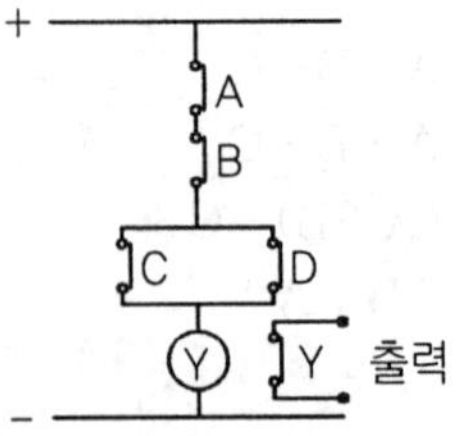

가. A · B · C · D=Y
나. (A+B) · C · D=Y
다. A+B+C · D=Y
라. A · B · (C+D)=Y

18. 논리식 A · (A+B)를 간단히 하면?

가. A　　나. B
다. A · B　　라. A+B

19. 다음 논리회로의 논리식으로 맞는 것은?

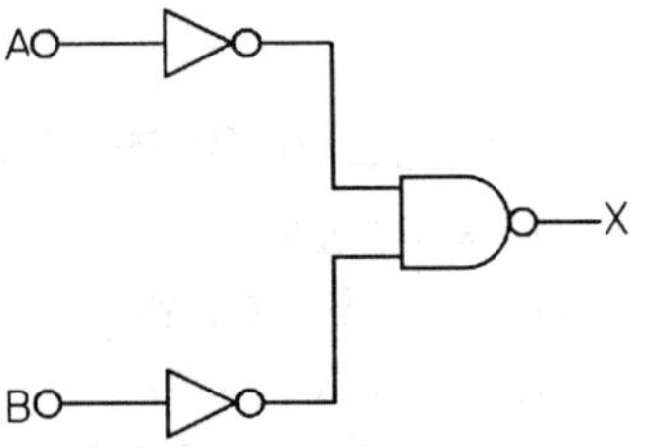

가. X= $A+B$
나. X= $A \cdot B$
다. X= $\overline{A \cdot B}$
라. X= $\overline{A+B}$

20. 다음 회로의 논리식으로 맞는 것은?

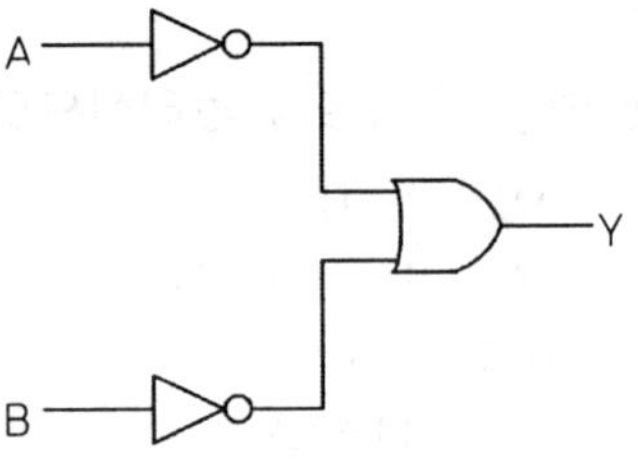

가. Y= $A+B$
나. Y= $\overline{A+B}$
다. Y= $\overline{A \cdot B}$
라. Y= $A \cdot B$

정답

17. 라 18. 가 19. 가 20. 다

제20장 동력설비제어

1. 유도전동기의 종류

우리들이 일상생활에서 사용되고 있는 엘리베이터 · 급배수펌프 · 냉동기 · 환풍기 · 공기청정기 등 기계를 움직이는 원동력은 전동기이다. 이러한 전동기의 전력을 공급하는 배선과 감시 · 제어하는 설비를 동력설비라 한다.

동력원으로 사용되는 전동기는 유도전동기 · 동기전동기 · 직류전동기가 있으며 그 특징은 〈표 20-1〉과 같다.

〈표 20-1〉 전동기의 종류

전동기의 종류	전동기의 특징
유도전동기	가격이 싸고, 구조가 간단하며, 보수 · 점검이 용이하지만 회전자계를 만드는 여자전류가 전원측으로부터 유입되어 역률이 나쁘다. 대부분의 전동기에 사용된다.
동기전동기	역률은 좋지만, 구조가 복잡하여 보수 · 점검이 불편하며, 가격이 비싸다. 전력계통에서 역률조정과 같은 특수한 경우에만 사용된다.
직류전동기	직류전원이 필요하고 주기적인 정류자를 보수해야 하며 가격도 비싼 편이다.

유도전동기는 전원확보가 용이하고 보수 · 점검이 거의 필요없고 가격이 저렴하여 대부분 동력설비에 사용된다. 동력설비에 사용되는 유도전동기는 용도에 따라 아래와 같이 단상 유도전동기와 3상 유도전동기가 있다.

- 단상 유도전동기 : 분상기동형 · 콘덴서형 · 반발형 · 세이딩형 전동기
- 3상 유도전동기
  - 농형 전동기
    - 보통 농형전동기
    - 특수 농형전동기
      - 심구형
      - 2중농형
  - 권선형 전동기

(1) 농형 유도전동기

농형 유도전동기(squirrel cage motor)는 구조가 간단하고 보수·점검이 용이하여 운전하기 쉽다. 그러나 기동전류가 커서 기동시 큰 전류가 흘러 전압강하가 발생하여 다른 기기에 나쁜 영향을 준다. 그러나 기동 후 정상 운전시에는 성능이 양호하다.

또한 속도 조정이 불가능하여 정밀을 요하는 설비에는 사용할 수가 없다.

(2) 권선형 유도전동기

권선형 유도전동기(wound motor)는 2차권선을 도선으로 권선한 전동기로 권선단자는 축에 있는 슬립링에 접속된 브러시를 통하여 외부에 있는 기동용 가변저항기에 접속하여 기동 특성을 개선하고 속도 조정이 가능하게 한 전동기이다.

또한 기동시 기동전류를 작게 하고 기동토크를 크게 하여 기동시 순간 전압강하를 개선하고, 큰 기동토크로 큰 부하를 용이하게 기동할 수 있다. 그러므로 권선형은 농형 전동기에 비해 효율은 떨어지지만 대형전동기에 주로 사용된다.

(3) 전동기의 속도

주파수 f[Hz], 극수를 P극이라 할 때 고정자의 회전자장의 속도, 즉 회전자계의 속도(동기속도)는 다음과 같다.

$$N_s = \frac{120f}{P} \text{ [rpm]}$$

무부하인 경우 회전자계와 회전자의 속도가 같지만 회전자에 부하가 있는 경우에는 회전자계와 회전자 속도는 동기속도에서 벗어나게 된다. 이와 같이 동기속도에서 회전자가 얼마나 벗어나 있는가를 슬립(S : Slip)으로 표시하면 다음과 같다.

$$S = \frac{N_s - N}{N_s} \times 100$$

N_s : 회전자계 속도(동기속도)

N : 회전자 속도

예제 1 주파수 60[Hz], 6극인 교류발전기의 회전수는 얼마인가?

【풀이】 동기속도$(N_s) = \dfrac{120f}{P} = \dfrac{120 \times 60}{6} = 1200$[rpm]

예제 2 옥내소화전 가압펌프에서 3상 유도전동기의 극수가 4인 경우 유도전동기의 동기속도는 몇 [rpm]인가? (단, 전원주파수는 60[Hz]이다)

【풀이】 $N_s = \dfrac{120f}{P} = \dfrac{120 \times 60}{4} = 1800$[rpm]

2. 전동기의 절연종류와 온도

전기기기의 절연종류는 〈표 20-2〉와 같이 구별되며 저압전동기는 E종, 고압전동기는 B종을 채용한다.

〈표 20-2〉 전기기기의 절연종류

절연의 종류	Y종	A종	E종	B종	F종	H종	C종
최고허용온도[℃]	90	105	120	130	155	180	180초과

3. 전동기의 용량선정

전동기에 공급하는 전기배선 · 차단기 · 보호설비를 설치하기 위해서는 전동기 용량을 적정하게 산정하여야 한다. 다음은 용도별로 전동기 용량을 산정할 수 있는 식을 나타낸다.

(1) 펌프용 전동기

$$P = \frac{9.8QHK}{\eta} \text{[kW]}$$

Q : 양수량[㎥/sec]

H : 양수길이[m]

K : 계수(1.1～1.2)

η : 펌프효율

예제 3 유량 10[m^3/min], 양정 50[m]인 소화전 펌프 전동기의 용량은 몇 [kW]인가? (단, 펌프효율 0.85, 여유계수 K=1.1이다) 또한, 전동기 역률이 0.8인 경우 전력공급을 위한 변압기 용량 [kVA]은 얼마인가?

【풀이】 $P=\dfrac{9.8QHK}{\eta}=\dfrac{9.8\times10\times50\times1.1}{0.85\times60[초]}\fallingdotseq 106[kW]$

$변압기용량=\dfrac{P}{\cos\theta}=\dfrac{106}{0.8}\fallingdotseq 132[kVA]$

(2) 송풍기의 전동기

$$P=\frac{9.8QHWK}{\eta}[kW]$$

Q : 풍량[m^3/sec]

H : 풍압[mmHg]

W : 기체밀도[kg/m^3]

K : 계수(1.1～1.5)

η : 송풍기효율

(3) 권상기용 전동기

$$P=\frac{WV}{6120\eta}$$

W : 권상하중[ton]

V : 권상속도[m/min]

η : 권상기 효율

(4) 엘리베이터용 전동기

$$P=\frac{LVK}{4500\eta}\times0.746[kW]$$

L : 적재하중[kg]

V : 운행속도[m/min]

K : 평형추 계수(승용 : 0.6, 화물용 : 0.5)

η : 권상기 효율(기어유 : 0.4～0.55, 기어무 : 0.8～0.85)

4. 전동기의 역률 개선

전동기의 부하는 대부분 유도성 부하로 낮은 역률을 나타낸다. 역률이 낮으면 부하에 전력을 공급해야 하는 경우 다음식과 같이 큰 전류를 필요로 한다.

$$I = \frac{P}{\sqrt{3}\,Vcos\theta}$$

큰 전류가 흐르면 송·배전선로, 변압기 등에는 열손실(I^2R)이 증가되어 설비용량이 커져야 하며 선로의 전압강하도 증가되어 전압변동률을 커지게 한다. 그러므로 부하역률을 개선하여 선로손실 감소와 설비용량 증가를 도모하고 있다.

역률 개선을 위해서는 지상역률을 가지는 유도성 부하와 병렬로 콘덴서를 접속하여 진상역률을 발생시키면 유도성 부하가 상쇄되어 역률이 개선된다.

입력이 P[kW]이고 역률이 $\cos\theta_1$인 전동기에 콘덴서 Q[kvar]를 병렬로 연결하여 역률을 $\cos\theta_2$로 개선하고자 할 때 필요한 콘덴서 용량은 다음과 같이 계산한다.

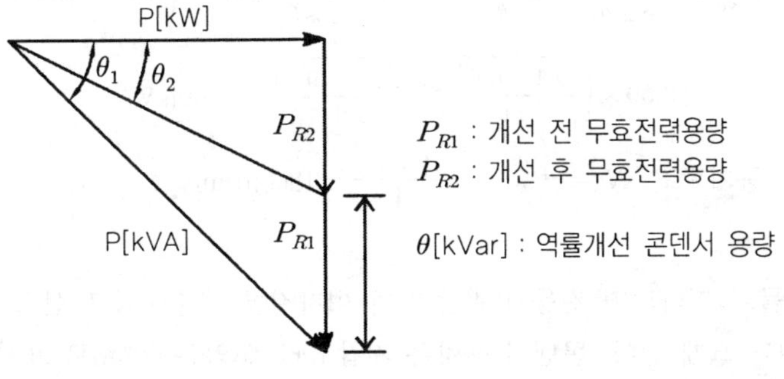

[그림 20-1] 역률 개선 콘덴서 용량

$$Q = P[\mathrm{kW}](\tan\theta_1 - \tan\theta_2)$$

$$= P[\mathrm{kW}]\left(\frac{\sin\theta_1}{\cos\theta_1} - \frac{\sin\theta_2}{\cos\theta_2}\right)$$

$\cos\theta_1$: 개선 전 역률

$\sin\theta_2$: 개선 후 역률

예제 4 양수량이 매분 15[m^3]이고, 총양정이 20[m]인 펌프용 전동기에 대하여 다음 각 물음에 답하시오.

① 펌프의 효율이 65[%]이고, 여유계수가 1.15라고 하면 전동기의 용량은 몇 [kW]인가?

② 이 전동기의 전부하 역률이 60[%]이다. 역률 90[%]로 개선하려면 전력용 콘덴서는 몇 [kVar]가 필요한가?

③ 이 전동기의 주파수가 60[Hz], 극수가 4극일 때 동기속도는 몇 [rpm]인가?

【풀이】 ① 전동기 용량

$$P=\frac{9.8QHK}{\eta}$$

여기서 P : 전동기용량[kW] Q : 양수량[㎥/sec] H : 전양정[m]

K : 여유계수 η : 효율[%]

$$\therefore P=\frac{9.8QHK}{\eta}=\frac{9.8\times 15\ /\ 60\times 20\times 1.15}{0.65}=86.69[\text{kW}]$$

② 전력용 콘덴서의 용량(Q_c)

$$\therefore Q_c=P\left(\frac{\sin\theta_1}{\cos\theta_1}-\frac{\sin\theta_2}{\cos\theta_2}\right)=P\left(\frac{\sqrt{1-(\cos\theta_1)^2}}{\cos\theta_1}-\sqrt{\frac{1-(\cos\theta_2)^2}{\cos\theta_2}}\right)$$

$$=86.69\times\left(\frac{\sqrt{1-0.6^2}}{0.6}-\frac{\sqrt{1-0.9^2}}{0.9}\right)=73.60[\text{kVA}]$$

③ 동기속도 $N_s=\frac{120f}{P}=\frac{120\times 60}{4}=1800[\text{rpm}]$

부하역률이 저하되면 전동기(변압기)의 여자전류가 증대되고 선로전류는 증대되어 선로 손실도 크게 된다. 콘덴서 용량은 저압 [μF], 고압은 [kVar]로 표시한다. 콘덴서를 △결선하면 Y결선시보다 용량이 $\frac{1}{3}$로 감소된다.

$$Q_\triangle=3VI_\triangle=3\omega CV\cdot V=3\omega CV^2$$

$$\left(C=\frac{Q_\triangle}{3\omega V^2}\right)$$

$$Q_Y=\sqrt{3}\,VI_Y=\sqrt{3}\,\omega C\frac{V}{\sqrt{3}}\cdot V=\omega CV^2$$

$$\left(C=\frac{Q_Y}{\omega V^2}\right)$$

예제 5 전동기 제어센터에서 소화전 펌프에 전기를 공급하는 전동기에 대한 다음 물음에 답하시오(단, 전압은 3상 200[V]이고 전동기 용량은 22[kW], 역률은 0.8이다.)

① 모터의 전부하 전류는 몇 [A]인가?

② 모터의 역률은 95[%]로 개선하고자 할 때 필요한 콘덴서의 용량은 몇 [kVar]인가?

③ 전동기 외함의 접지는 몇 종 접지공사를 하여야 하는가?

④ 배관공사를 후강전선관으로 하고자 한다. 후강전선관 1본의 길이는 몇 [m]인가?

【풀이】 ① 3상모터

전 부하전류 $I=\dfrac{P}{\sqrt{3}\,V\cos\theta}=\dfrac{22\times10^3}{\sqrt{3}\times200\times0.8}=79.39[A]$

② 역률 개선용 전력용 콘덴서의 용량(Q_c)

$$Q=P(\tan\theta_1-\tan\theta_2)$$

$$=P\left(\frac{\sin\theta_1}{\cos\theta_1}-\frac{\sin\theta_2}{\cos\theta_2}\right)=P\left(\frac{\sqrt{1-\cos^2\theta_1}}{\cos\theta_1}-\frac{\sqrt{1-\cos^2\theta_2}}{\cos\theta_2}\right)[kVar]$$

$$\therefore Q_c=P\left(\frac{\sqrt{1-\cos^2\theta_1}}{\cos\theta_1}-\frac{\sqrt{1-\cos^2\theta_2}}{\cos\theta_2}\right)$$

$$=22\times\left(\frac{\sqrt{1-0.8^2}}{0.8}-\frac{\sqrt{1-0.95^2}}{0.95}\right)$$

$$\fallingdotseq 9.27[kVar]$$

③ 사용전압이 400[V] 미만이므로 전동기 외함의 접지공사는 제3종 접지공사

④ 금속전선관(후강, 박강) : 3.66[m]

예제 6 3상 유도전동기에 직결된 펌프가 있다. 펌프 출력은 100[HP], 효율 74.6[%], 전동기의 효율과 역률은 94[%]와 90[%]라고 하면 전동기의 입력[kVA]은?

【풀이】 $P=\dfrac{[HP]\times0.746}{\eta}=\dfrac{100\times0.746}{0.746}=100[kW]$

전동기의 피상전력 P_1은,

$$\therefore P_1=\frac{P}{\eta_m\cos\theta}=\frac{100}{0.94\times0.9}=118.2[kVA]$$

5. 전동기 기계적 출력

전동기 입력 전력을 P_2라 하고 기계적 출력은 P_0라 하면 출력은 기계적 힘으로 ωT(각속도×힘)으로 표시할 수 있다. 그러므로 전동기의 출력부분에서 얻어지는 토크값은 다음 식으로 유도할 수 있다.

$$P_0 = \omega T = 2\pi \frac{N}{60} \cdot T$$

$$T = \frac{P_0}{2\pi \frac{N}{60}} [\mathrm{N \cdot m}] = 9.5 \frac{P_0}{N} [\mathrm{N \cdot m}] \quad (1[\mathrm{kg}] = 9.8[\mathrm{N}])$$

$$= \frac{1}{9.8} \times 9.5 \frac{P_0}{N} [\mathrm{kg \cdot m}] = 0.975 \frac{P_0}{N} [\mathrm{kg \cdot m}]$$

$$= 0.975 \frac{P_2}{N_s} [\mathrm{kg \cdot m}]$$

예제 7 3[kW], 1500[rpm]의 유도전동기의 토크는?

【풀이】 $T = 0.975 \frac{P_2}{N_s} = 0.975 \frac{3000}{1500} = 1.95[\mathrm{kg \cdot m}]$

6. 전력손실 계산

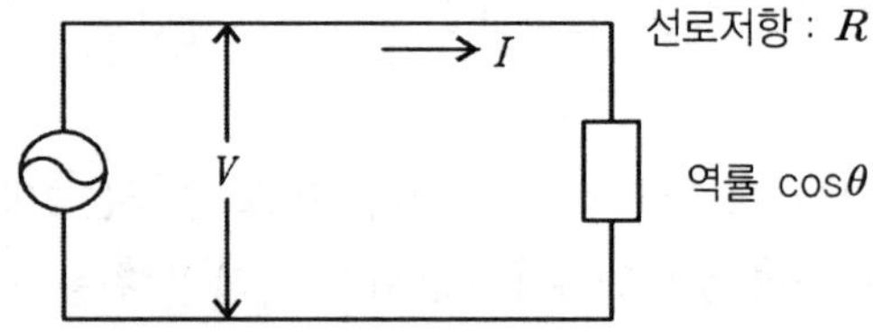

[그림 20-2] 단상회로 부하저항

단상 부하전력 $P = VI\cos\theta$이므로 전선에 흐르는 전류는 다음과 같다.

$$I = \frac{P}{V\cos\theta} [\mathrm{A}]$$

전선 1가닥의 저항이 R[Ω]이라 하면 선로에서 발생되는 손실 $P_L = 2I^2R$

$$P_L = 2I^2R = 2(\frac{P}{V\cos\theta})^2R$$

그러므로 부하전력과 저항이 일정하면 저항손실은 전압 및 역률의 제곱에 반비례한다. 그러므로 전압을 2배 높이면 전력손실은 $\frac{1}{4}$로 줄어들게 된다.

저항손실률을 W_L이라 하면,

$$W_L = \frac{P_L}{P} = \frac{2(\frac{P}{V\cos\theta})^2 \cdot R}{P} = \frac{2PR}{V^2\cos^2\theta}$$

$$\therefore P = \frac{W_L V^2 \cos^2\theta}{2R} (P \propto V^2, \cos^2\theta)$$

제20장 동력설비제어

주관식 연습문제

1. 소방용 저수조에 물을 양수하기 위한 펌프용 전동기의 용량을 산정하려고 한다. 다음과 같은 조건일 때 펌프용 전동기의 용량은 몇 [kW]이겠는가?

   【조 건】
   양 수 량 : 13[m^3/min]
   총 양 정 : 20[m]
   펌프효율 : 65[%]
   여유계수 : 1.15

2. 역률 0.6, 출력 100[kW]인 유도부하가 있다. 이것의 역률을 0.9로 높이기 위해 소요되는 전력용 콘덴서의 용량은 몇 [kVA]인가?

3. 유량 7[m^3/min], 양정 60[m]인 스프링클러 펌프전동기의 용량은 몇 [kW]인가? 단, 펌프효율 η=85[%]이며, 설계상의 여유계수는 1.1이다.

4. 양수량이 매 분 15[m^3]이고, 총양정이 10[m]인 펌프용 전동기의 용량은 몇 [kW]이겠는가? 단, 펌프효율은 65[%]이고, 여유계수는 1.12라고 한다.

5. 토출량 2400[Lpm], 양정 90[m]인 스프링클러설비용 가압펌프의 동력은 몇 [kW]인가? 단, 펌프의 효율은 0.7, 축동력 전달계수는 1.1이다.

6. 주파수가 60[Hz], 6극인 교류발전기의 회전수[rpm]는 얼마인가?

7. 용량이 800[Lpm]이고, 양정이 80[m]인 옥내소화전 펌프전동기의 용량은 몇 [HP]이 필요한가? 단, 펌프의 효율은 65%이고, 전달계수는 1.25이다.

8. 양수량 60[m^3/min], 전양정 50[m]인 소화용 펌프전동기의 용량은 약 몇 [kW]인가? 단, 펌프효율 η=85[%], 여유계수 K=1.2로 한다.

9. 모터 컨트롤센터(MCC)에서 소화전 펌프모터에 전기를 공급하고자 하는 전동기 설비에 대한 다음 각 물음에 답하시오. 단, 전압은 3상 200[V]이고, 모터의 용량은 22[kW], 역률은 80%라고 한다.

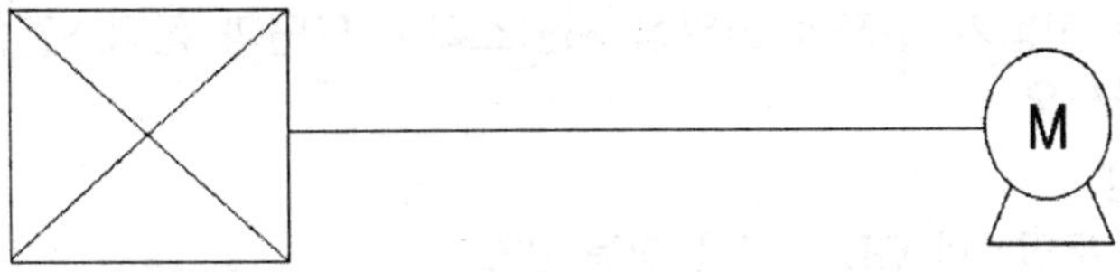

모터 컨트롤센터(MCC)

가. 모터의 전 부하전류(full load current)는 몇 [A]인가?

나. 모터의 역률을 95[%]로 개선하고자 할 때 필요한 전력용 콘덴서의 용량은 몇 [kVA] 인가?

다. 전동기 외함의 접지는 제 몇 종 접지공사를 하여야 하는가?

라. 배관공사를 후강전선관으로 하고자 한다. 후강전선관 1본의 길이는 몇 [m]인가?

10. 그림과 같이 모터 컨트롤센터(MCC)에서 소화전 펌프모터에 전기를 공급하고자 한다. 이때의 전압은 3상 415[V]이고, 모타의 용량은 3상 37.5[kW]이다. 주어진 조건과 참고 자료를 이용하여 다음 각 물음에 답하시오.

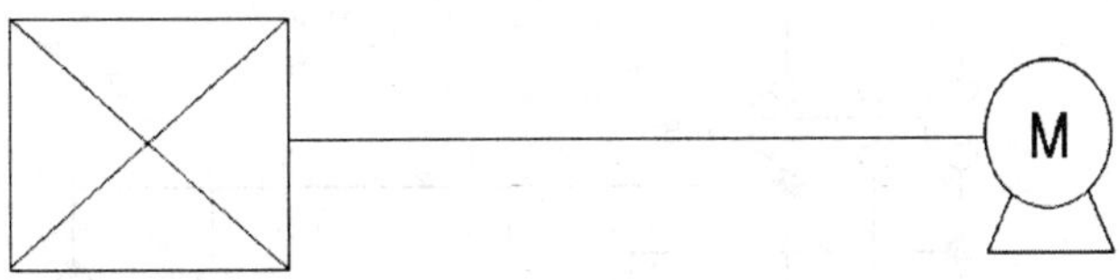

모터 컨트롤센터(MCC)

【조 건】

- 전선은 단심 600[V] 비닐 절연전선을 사용한다.
- 전선의 최고 허용온도는 60[℃]이다.
- 전선의 시설장소의 주위온도는 55[℃]이다.
- 전압강하는 무시한다.
- 모터의 효율은 100[%]로 본다.
- 모터의 역률은 80[%]로 본다.
- 접지선은 동일전선관에 넣지 않는 것으로 한다.
- 모터의 전 부하전류는 전선 허용전류의 80[%]를 초과할 수 없다.
- 모터의 기동방식은 직입기동으로 한다.

가. 모터의 전 부하전류는 몇 [A]인가?

나. 전선의 허용전류 감소계수는 얼마인가?

다. 전선의 최소 허용전류는 몇 [A]인가?

라. 전선의 최소 굵기는 몇 [mm^2]인가?

마. 모터 컨트롤센터에서 소화전 펌프모터에 전기를 공급하는 배선공사에 사용되는 후강전선관의 최소 굵기는 몇 [mm]인가?

11. 그림과 같은 전동기 운전의 미완성 시퀀스회로 도면과 동작조건을 이용하여 다음 각 물음에 답하시오.

【동작조건】

- 전원을 투입하면 GL 램프가 점등된다.
- 전원이 투입된 상태에서 PB－on 스위치를 누르면(on 시키면) 전자접촉기 MC가 여자되어 전자접촉기 주접점이 폐로되어 전동기가 회전한다. 이때 PB－on스위치에서 손을 떼어도 전자접촉기 보조접점(자기유지접점)이 폐로되어 전동기는 계속 회전하게 된다. 또한 전자접촉기가 여자될 때 릴레이 R도 동시에 여자되고, 릴레이 R의 보조접점에 의하여 GL 램프가 소등되고, RL 램프가 점등하게 된다.
- 전동기 운전중 PB－off 스위치를 누르면 (off시키면) 전동기는 정지하고, GL 램프가 점등되면서 RL 램프는 소등하게 된다.
- 전동기 운전중 '49'가 동작되면 전동기는 정지하고, GL 램프가 점등되면서 RL 램프가 소등하게 된다.

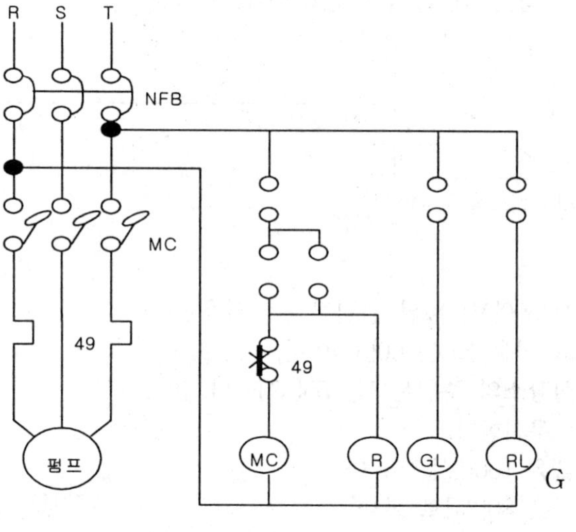

가. 제어기구의 약호 '49'의 명칭을 우리말로 쓰고, 이것은 어떤 때에 동작하는지를 설명하시오.

나. '49'가 동작된 후 이것을 복구시켜 전원을 재투입코자 한다. 어떻게 복구시키는지 그 방법을 설명하시오.

다. 제어회로의 전원을 R과 S에서 인출하여 사용하고 있다. 이것을 S와 T에서 인출하여 사용했을 때 차이점이 없으면 "없다"로 답하고, 차이점이 있으면 그 차이점을 설명하시오.

라. 동작조건을 만족하는 회로가 되도록 미완성회로에 그려넣으시오.

12. 그림은 유도전동기의 정·역회전 제어회로의 미완성도면이다. 도면을 이용하여 다음 각 물음에 답하시오.

가. 미완성 접점부분을 모두 완성하여 정 · 역회전이 가능하도록 회로를 완성하시오.

나. 정 · 역회전이 가능하도록 주회로의 주접점 부분을 완성하시오.

다. NFB를 영문원어(또는 영문에 대한 우리말 표기)로 표현하시오.

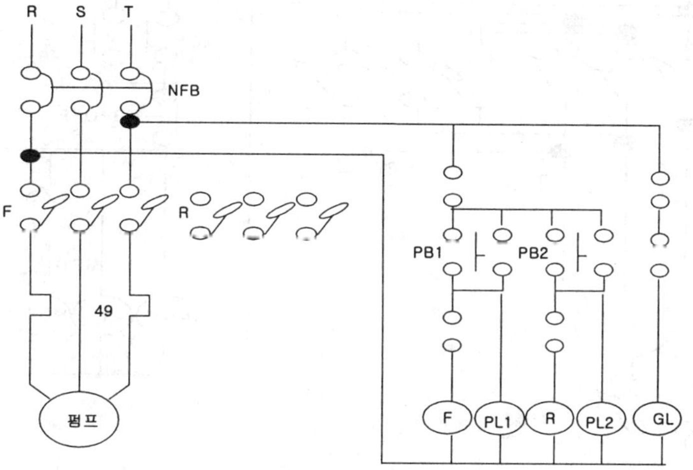

13. 양수량이 매분 15[m^3]이고, 총양정이 20[m]인 펌프용 전동기에 대하여 다음 각 물음에 답하시오.

가. 펌프의 효율이 65[%]이고 여유계수가 1.15라고 하면 전동기의 용량은 몇 [kW]인가?

나. 이 전동기의 전 부하역률이 60[%]이다. 역률 90[%]로 개선하려면 전력용 콘덴서는 몇 [kVA]가 필요한가?

다. 이 전동기의 극수가 4극일 때 동기속도는 몇 [rpm]인가?

14. 지표면상 20[m] 높이에 수조가 설치되어 있고, 이 수조에 분당 12[m^3]의 물을 양수한다고 할 때 다음 각 물음에 답하시오. 단, 여유계수는 1.25이고, 펌프효율은 65%이며, 전동기의 역률은 0.8이다.

가. 펌프용 전동기의 용량은 몇 [kW]이겠는가?

나. 펌프용 전동기의 전력에 공급하기 위한 변압기의 용량은 몇 [kVA]인가?

15. 그림은 농형유도전동기의 기동회로이다. 도면을 보고 다음 각 물음에 답하시오.

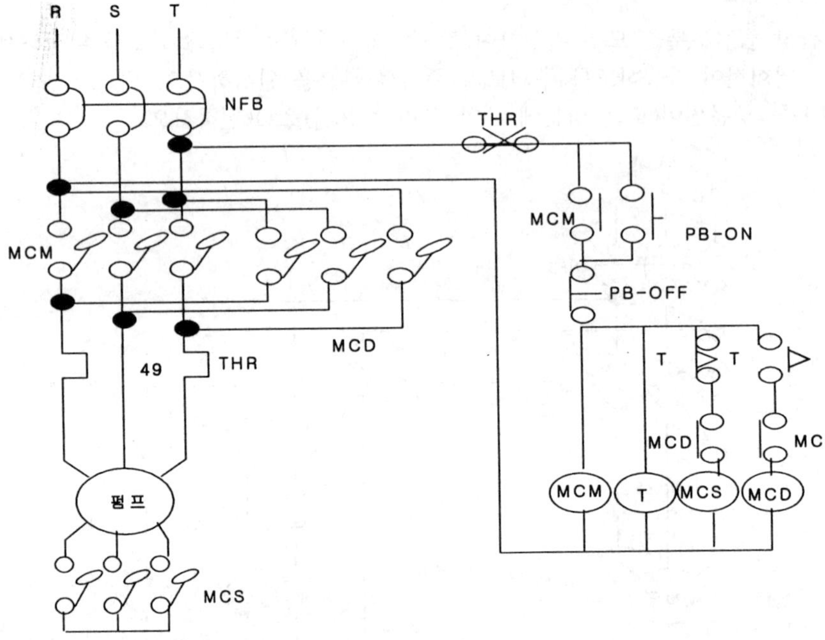

가. 도면과 같은 기동회로의 명칭은?

나. 자기유지접점은 어느 부분인지 그 부분을 지적(위치 설명)하시오.

다. THR의 명칭은 무엇이며, 이것이 동작된 후 접점을 원위치시키려면 어떻게 하여야 하는가?

제20장 동력설비제어

객관식 연습문제

1. 양수량 Q[m^3/min] 총양정 H[m], 펌프의 효율 η인 소방펌프용 전동기의 출력으로 옳은 것은? 단, K는 비례상수임.

   가. $K\frac{QH^2}{\eta}$　　나. $K\frac{QH}{\eta}$
   다. $K\frac{Q^2H}{\eta}$　　라. $K\frac{QH^3}{\eta}$

2. 배연용 송풍기를 기동하기 위하여 $Y-\triangle$ 마그넷 기동기를 설치하였다. 다음은 $Y-\triangle$ 마그넷 기동기의 구성품들을 열거하였는데 이 중 구성품으로 타당하지 않은 것은 무엇인가?

   가. 타이머　　나. 써머릴레이
   다. 마그넷 스위치　　라. 영상변류기

3. 전기기기에 생기는 손실 중 권선의 저항에 의하여 생기는 손실은?

   가. 철손　　나. 동손　　다. 저항손　　라. 유전체손

4. 동일한 조건에서 전동기 중 기동토크가 가장 큰 것은?

   가. 농형 유도전동기　　나. 권선형 유도전동기
   다. 분상형 유도전동기　　라. 반발 기동전동기

5. 역률을 개선하기 위해 설치하는 진상용 콘덴서는 어느 위치에 설치하는 것이 가장 효과가 좋은가?

   가. 수전점　　나. 고압모선
   다. 변압기 2차측　　라. 부하와 병렬

6. 3상 유도전동기의 회전자 철손이 작은 이유는?

   가. 효율, 역률이 나쁘다.
   나. 성층철심을 사용한다.
   다. 주파수가 낮다.
   라. 2차가 권선형이다.

정답

1. 나 2. 라 3. 나 4. 라 5. 라 6. 다

7. $Y-\triangle$ 기동방식인 농형 유도전동기는 직입기동 방식에 비해 기동전류가 몇 배로 되는가?

가. $\dfrac{1}{\sqrt{3}}$ 나. $\dfrac{1}{3}$

다. $\sqrt{3}$ 라. 3

8. 단상 100[V]의 교류전원에 1,500[W]의 전동기를 접속했더니 20[A]의 전류가 흘렀다면 이 전동기의 역률은 몇 [%]인가?

가. 65 나. 70

다. 75 라. 80

정답

7. 나 8. 다

제21장 종합방재센터

대형건축물의 전반적인 설비시스템을 효율적으로 운영 · 감시하면서 비상시에는 화재를 조기발견하고 피난유도 및 소화활동설비를 유기적으로 결합시켜 인명 및 재산을 보호할 수 있는 기능을 갖춘 설비를 종합방재시스템이라 한다.

최근의 건축물은 대규모화 · 복잡화되면서 다양한 설비들의 효율적인 운용과 건물 내에서 발생될 수 있는 화재예방을 인간의 능력으로는 수용하기에는 거의 불가능하다. 또한 도난 우려지역의 상시 감시체제 구축과 보안지역 외부인 출입통제를 철저히 시행함으로써 종합방재시스템의 기능을 최대로 발휘할 수 있다.

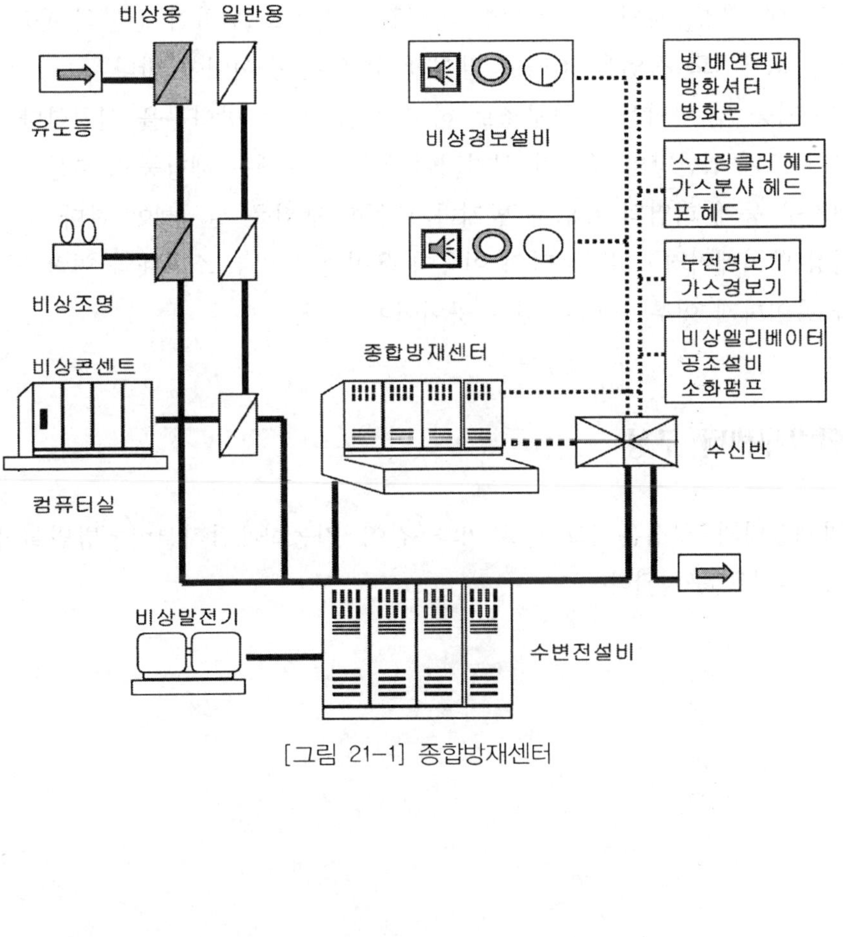

[그림 21-1] 종합방재센터

1. 종합방재센터

(1) 설치대상

일본의 경우 종합방재센터의 설치대상을 일본 건축기준법에서 규정한 중앙관리실의 설치기준에 따라 높이 31[m]를 초과하고 비상 엘리베이터 설치대상인 고층건물, 또는 바닥면적이 1,000[㎡]를 초과하는 지하가, 대규모 건축물로서 조례에 의하여 설치하도록 되어 있으며 설치위치는 피난층 또는 그 직상층 아니면 직하층에 설치하도록 하고 있다. 그러나 국내에는 세부적인 기준은 없고 다음 사항들을 권장하고 있다.

① 종합방재센터는 화재시 마지막까지 남아 진화작업을 지휘 · 통제하여야 하고 소방관계자의 출입이 용이한 장소가 되어야 하므로 피난층(1층)이나 피난층 직 · 상하층(별도 외부 출입구가 있는 경우)에 설치한다.
② 외부와 통하는 출입문이 2개 이상 되도록 하고 건축물 관리자 및 외부 소방대의 접근이 용이한 곳이어야 한다.
③ 근무자나 소방 지휘자의 원활한 화재진화 작업을 위하여 건물의 용도와 규모에 맞는 화재진화 작업을 최대한 발휘할 수 있는 곳이어야 한다.
④ 벽 · 기둥 및 바닥을 내화구조로 하고 출입문에는 방화문을 설치한다.
⑤ 환기 또는 냉난방의 풍도가 설치되어 있는 경우에는 해당풍도 부분의 환기구 및 배기구 등에 화염의 유입을 방지하기 위한 댐퍼를 설치해야 한다.
⑥ 비상 엘리베이터 · 피난계단의 이용이 용이하고 외부 소방대와 연락 및 지휘통제가 용이하게 이루어질 수 있는 곳이어야 한다.

2. 종합방재센터 구성

종합방재센터의 구성은 [그림 21-2]와 같이 자동화재탐지설비 · 방범설비 · 방송설비 · Utility설비로 구성된다.

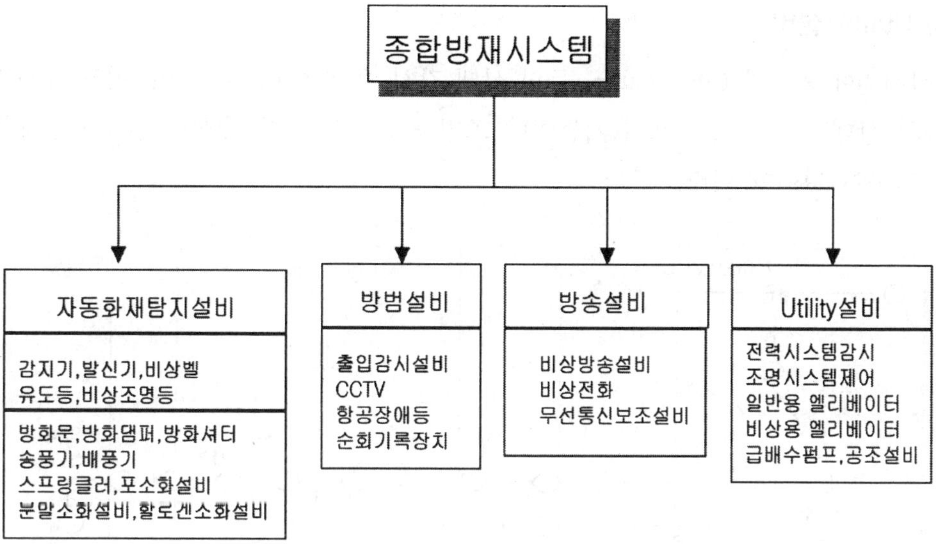

[그림 21-2] 종합방재센터 구성도

(1) 자동화재탐지설비

화재감지 신호에 따라 화재경보・표시기능을 수행하며 연기가 복도・계단 등의 피난경로로 유출하는 것을 방지하기 위해 방화셔터・방화댐퍼・소화설비 기능 등을 수행한다. 스프링클러・포소화설비・옥내・외 소화전설비 및 동력펌프에 부가된 자동시스템으로 미리 작성된 스케줄에 따라 감시 및 운전을 실시한다. 종합감시반은 일자・시간에 따라 동작・제어상황 기록과 자기진단이 있고 시스템 단독이나 네트워크 구성로 구성된다.

(2) 방범설비

방범설비기능은 감시모니터를 이용한 각층별・구역별 동시감시 기능과 필요시 구역별로 모니터를 이용하여 CCTV, Pan/Tilt와 줌 렌즈를 조정하여 목표를 추적하고 필요시 수동녹화기능, 침입자 감지기 알람경고 및 VCR 녹화와 해당화면 확대기능이 있어야 한다. 또한 Monitor Panel에 램프 점등과 동시에 감시반의 부저음이 발생되어야 하며 이러한 방범설비의 동작은 24시간 연속적인 상태를 유지하여야 한다.

(3) 방송설비

종합방재센터의 방송설비는 자동 또는 수동으로 동작되어야 하며 일반방송 중 비상방송을 하여야 할 경우 일반방송을 차단하는 스위치가 있는 경우 겸용하여 사용할 수 있다.

(4) Utility 설비

비상전원에 필요한 UPS, Battery 등의 상태 감시, 공조설비, 급 · 배수 펌프, 급 · 배기 팬 등의 상태감시 및 경보표시 기능이나 조명등의 제어 등에 대하여 감시 · 조작할 수 있는 기능이 있어야 한다.

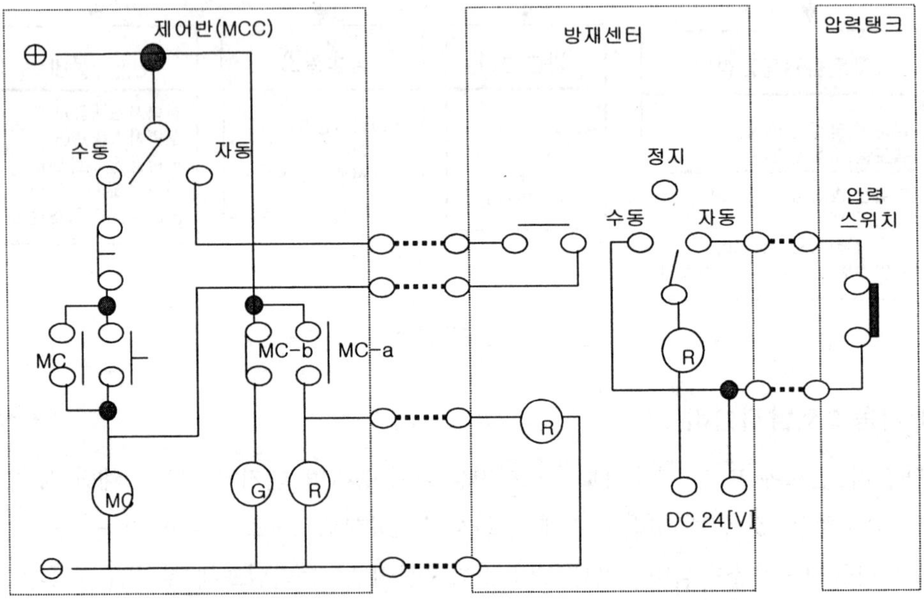

[그림 21-3] 방재센터와 Utility 설비 구성

3. 종합감시반 단말기구 제어장치

종합감시반의 단말기를 제어하는 프로그램 기술은 종전의 Ten-key 방식과 Light-pen, PC Mouse, Touch Screen 방식으로 발전되고 있고 현재에는 음성으로 인식할 수 있는 시스템이 실용화 단계에 있다.

(1) Ten-key 방식

10개의 키(key)로 코드를 설정하여 처리하는 방식으로 로컬(Local)측의 정해진 번호를 기동함으로써 단말기구가 제어된다.

(2) Light-pen 방식

광응답용 Light-pen과 CRT 모니터로 구성되며 화면의 제어 Point Touch Mark에 펜(pen)을 터치(touch)함으로써 컴퓨터가 좌표를 읽어 단말기구가 제어된다.

(3) PC Mouse 방식

마우스를 반사판의 상, 하, 좌, 우로 움직여 화면상에 커서를 움직이면 필요한 단말기구가 제어된다.

(4) Touch-Screen 방식

Touch Screen의 Touch Mark를 직접 촉수함으로써 좌표를 읽어 단말기구를 제어한다.

4. 종합방재센터의 기능

종합방재센터에서는 다음과 같은 기능을 수행하여야 하며 항시 2명이 고정 배치되어 화재발생시 초기소화 태세를 신속히 확립하고 단시간에 관계인과 소방서에 통보하고 피난지시 등의 조치를 하여야 한다.

① 자동화재탐지설비 수신기능
② 소방관서 및 관계자의 화재발생 통보기능
③ 비상방송 연동기능
④ 피난구 및 복도 통로 유도등 자동점등기능
⑤ 스프링클러설비 감시세어기능
⑥ 방연·배연댐퍼의 감시제어기능
⑦ 소방용 펌프 감시제어기능
⑧ 송풍기 및 배출기 감시제어기능
⑨ 일반용·비상용 엘리베이터의 운행감시기능
⑩ 방화·제연구획용 셔터 및 방연 커튼 제어기능
⑪ 할로겐·이산화탄소·분말 소화설비 방출 감시기능
⑫ 항공장애등 및 헬리포트의 작동상태 감시 및 제어기능

⑬ 비상발전기 운전감시기능
⑭ 비상전화 통화기능
⑮ 소방용 물탱크 수위감시기능
⑯ 방재관련 장비의 전원감시기능
⑰ 방재관련 기기장치의 작동기록기능
⑱ 시스템 자기진단기능
⑲ 방범감시반과의 연동기능

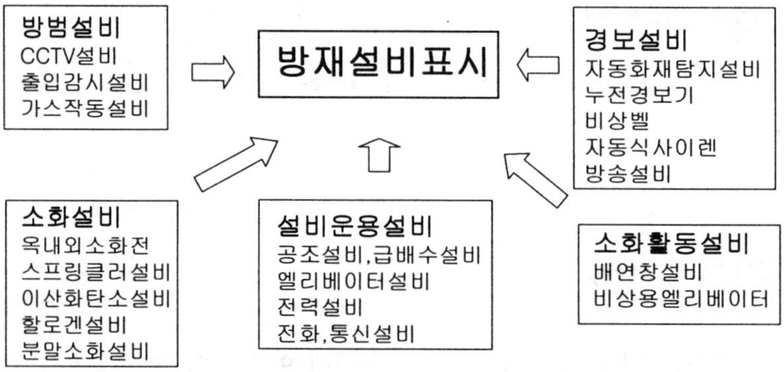

[그림 21-4] 방재설비 표시장치

특히 인텔리전트 빌딩의 통합감시 시스템으로 운용시 방재시설과 빌딩자동화(BAS : Building Automation System)와 사무자동화(OA : Office Automation) 기능이 통합되어 운용되고 있다. BAS의 주요기능은 HVAC · 전력시스템 제어 · 조명시스템 제어 등이 있다.

(1) HVAC(Heating Ventilating Air Conditioning) 제어

① 공조 · 냉난방 제어 및 상태감시
② 냉 · 온 열원과 순환장치 제어 및 상태감시
③ 각종 수위기능 및 급배수설비 제어 및 상태감시

(2) 전력시스템 제어

① 비상발전기, 축전지, UPS 제어 및 감시

② 전력시스템(수변전설비, 배 · 분전반)의 단말(트랜듀서, 차단기, 릴레이) 제어 및 감시

(3) 조명시스템 제어

① 조명분전반 시간대별, 계절별 제어

③ 에너지절약 제어 프로그램

제21장 종합방재센터

객관식 연습문제

1. 종합방재설비의 구성요소가 아닌 것은?
   가. 제연모터　　나. 항공장애등
   다. 엘리베이터　　라. 콘센트

2. 종합방재센터에서 이용하는 제어방식이 아닌 것은?
   가. Ten Key를 이용한 제어방식
   나. Optimization을 이용한 제어방식
   다. Light-pen을 이용한 제어방식
   라. Touch Screen을 이용한 제어방식

3. 종합방재센터는 방재설비들의 상황에 대해 조작 · 표시 · 기록의 3부분으로 나타내고 있다. 동작상황 중 기록만 남기지 않고 있는 설비는 어느 것인가?
   가. 감지기　　나. 비상전화
   다. 유도등　　라. 방화댐퍼

4. 종합방재센터 내에 설치하는 종합방재 수신반에는 어느 종류의 접지시설을 하여야 하는가?
   가. 1종 접지공사　　나. 2종 접지공사
   다. 제3종 접지공사　　라. 특별 3종 접지공사

5. 종합방재센터에는 지상으로 통하는 출입구를 최소 몇 개 이상 설치하여야 하는가?
   가. 2　　나. 3
   다. 4　　라. 5

6. 소방시설 점검기구로서 절연저항계의 전압 및 규격은?
   가. 최고전압 DC 200[V] 이상, 최소눈금 0.1[MΩ] 이하
   나. 최고전압 DC 100[V] 이상, 최소눈금 0.2[MΩ] 이하
   다. 최고전압 DC 200[V] 이상, 최소눈금 1[MΩ] 이하
   라. 최고전압 DC 500[V] 이상, 최소눈금 0.1[MΩ] 이하

정답

1. 라 2. 나 3. 다 4. 다 5. 가 6. 라

부록 1

연습문제 정답 및 풀이

【제1장 자동화재탐지설비】

1. ① 수신기 ② 감지기 ③ 과전류 차단기 ④ 예비전원

2. 1. 선로수가 적고 선로길이를 길게 할 수 있다.
   2. 증설 또는 이설이 쉽다.
   3. 신호의 전달이 확실하다.

3.

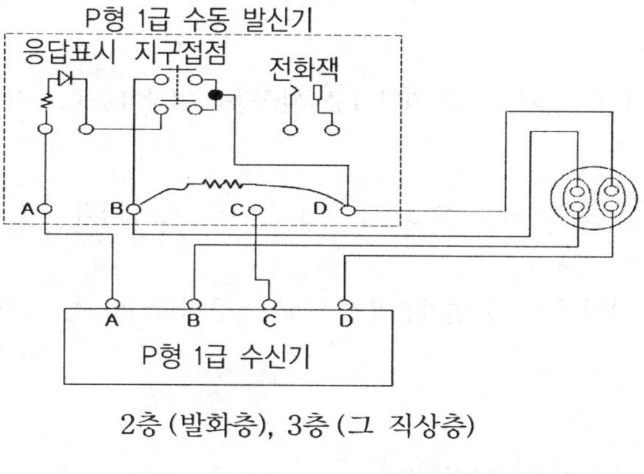

4. 2층 (발화층), 3층 (그 직상층)

5. 가. 2.26[mA]
   나. 40[mA]

6. (1) 조작이 쉬운 장소에 설치하고, 스위치는 바닥으로부터 0.8[m] 이상 1.5[m] 이하의 높이에 설치할 것
   (2) 소방대상물의 층마다 설치하되, 당해 소방대상물의 각 부분으로부터 하나의 발신기까지의 수평거리가 25[m] 이하가 되도록 할 것

7. 7가닥

8. 가. ① 정온식 스포트형 감지기 ② 이보기 ③ 수신기
   나. ㉠ 4본 ㉡ 9본 ㉢ 12본

다. 회로선 5, 회로공통선 1, 응답선 1, 전화선 1, 경종선(공통선 포함) 2, 표시등선 (공통선 포함) 2

9\. 발화 및 직상층 우선경보방식 계통도

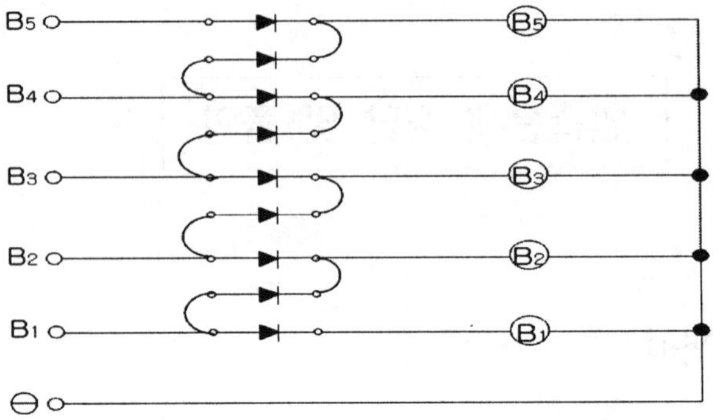

10\. 가. 수신기

나. 부수신기(표시기)

다. 중계기

11\. 가. 80[%]

나. 90폰

다. ① 2층(발화층), 3층(그 직상층), ② 지하 1층(발화층), 지상 1층(그 직상층), 지하 2층(기타 지하층)

12\. 가. ① 2가닥 ② 2가닥 ③ 2가닥 ④ 2가닥 ⑤ 2가닥 ⑥ 2가닥 ⑦ 2가닥 ⑧ 4가닥 ⑨ 4가닥 ⑩ 4가닥

나. ⑪ 차동식 스포트형 감지기 ⑫ 연기감지기 ⑬ 정온식 스포트형 감지기

다. 발신기 세트

라. 16[mm]

13\. 가. ① 어려운 ⇒ 쉬운 ② 1[m] ⇒ 0.8[m]

나. ① 수직거리 ⇒ 수평거리 ② 30[m] ⇒ 25[m]

14\. (1) 메거(직류 250[V]급)

(2) 기기를 부착시키기 전 : 배선 상호간

(3) 기기를 부착시킨 후 : 배선과 대지 사이

15\. (1) 발화층 및 직상층 우선경보방식 : 발화층과 직상층에 우선적으로 경보하는 방식

(2) 일제경보방식 : 발화층 구분 없이 전층에 경보하는 방식

16\. 지구회로선, 공통선

17\. ① 전원입력측의 배선에 과전류 차단기를 설치할 것

② 당해 전원의 정전이 수신기에 표시할 것

③ 상용전원 및 예비전원의 시험을 할 수 있도록 할 것

18. 가. ① 표시등 ② 전화 ③ 발신기응답등 ⑤ 지구경종

나. 일제경보식

19. (1) 시험방법

① 예비전원 시험스위치는 넣는다.

② 전압계의 지시치가 지정값 이내로 될 것

③ 교류전원을 개로하고 자동절환 릴레이의 작동상황을 조사한다.

(2) 양부판단의 기준

① 예비전원의 전압이 정상일 것

② 예비전원의 용량이 정상일 것

③ 예비전원의 절환상황이 정상일 것

④ 예비전원의 복구작동이 정상일 것

20. 지하 1층 (발화층), 지상 1층 (직상층), 지하 2층, 지하 3층 (기타의 지하층)

21. 가. ① 4가닥 ② 4가닥 ③ 4가닥 ④ 4가닥

나. 

다. 일제 명동식의 입상 계통도 (최소 가닥수)

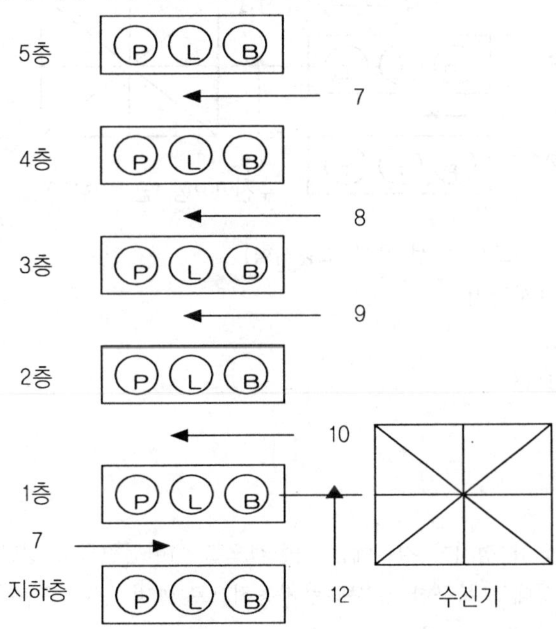

22. 가. 송배전방식

나. 교차회로방식

23. ① 도통 ② 조작 ③ 점검 ④ 과전류 차단기 ⑤ 상용전원 ⑥ 예비전원

24. 가. ① 응답선 ② 지구회로선 ③ 전화선 ④ 발신기공통선 ⑤ 경종선 ⑥ 표시등선 ⑦ 경종표시등 공통선

나. A : 9가닥 B : 11가닥

25. 0.13[A]

26.

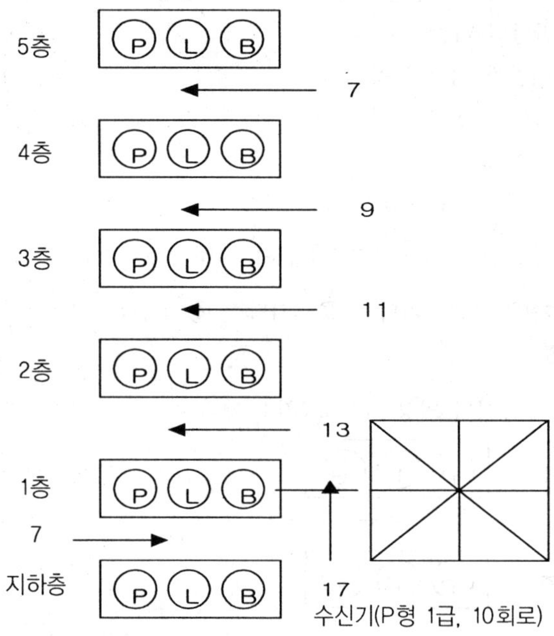

27. 가. 감지기회로의 단선 유무(도통시험)

나. 지구표시장치

다. 5회선

라. 20[MΩ]

마. 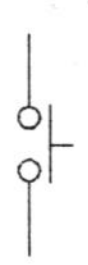

바. 주전원이 정지한 경우에는 자동적으로 예비전원으로 절환되고, 주전원이 정상상태로 복구한 경우에는 자동적으로 예비전원으로부터 주전원으로 절환되는 장치가 있어야 한다.

28. (1) 각 릴레이의 작동이 정상이어야 할 것
(2) 화재표시등, 지구표시등 및 표시장치의 점등이 정상이어야 할 것
(3) 음향장치의 명동 확인, 감지기회로 또는 부속기기 회로와의 접속이 정상이어야 할 것

29. ① 전원입력측의 배선에 과전류 차단기를 설치할 것
② 당해 전원의 정전이 수신기에 표시할 것
③ 상용전원 및 예비전원의 시험을 할 수 있도록 할 것

30. ① 응답확인 램프 : 화재신호가 수신기에 전달되었는가를 확인하는 램프
② 누름버튼 스위치 : 화재를 발견한 자가 수동으로 화재신호를 발신하는 스위치

【제2장 감지기】

1. 가. 차동식 스포트형 감지기(공기팽창 이용)
나. ① 감열실 ② 다이아프램 ③ 접점 (고정접점) ④ 리크구멍 ⑤ 배선

2. 가. (1) 8가닥 (2) 4가닥 (3) 2가닥 (4) 2가닥
나. (5) 차동식 스포트형 감지기 (6) 연기감지기 (7) 사이렌 (8) 종단저항 (9) 방출표시등
다. 매입형

3. 5개

4. ① 15[m] ② 10[m]

5. ① 1.5 ② 옥내 ③ 20 ④ 보일러실 ⑤ 20 ⑥ 45

6. 가. 열반도체식 차동식 분포형 감지기
나. (1) 명칭
① 열반도체 소자 ② 수열판 ③ 동니켈선 ④ 접점
(2) 작용
① 열반도체 소자 : 열기전력을 발생시키는 소자
② 동니켈선 : 열반도체 소자와 역방향의 열기전력을 발생하는 니켈선
다. 화재시 수열판의 온도가 상승하여 열반도체 소자에 제백효과(seeback effect)에 따라 열기전력이 발생하여 감열부의 출력전압이 기준치가 넘으면 미터릴레이를 작동시켜 화재발생을 알리는 원리이다.

7. 가. ① 다이아프램 ② 리크구멍 ③ 공기관
나. ① 공기관의 누설 ② 공기관의 파손이나 줄어듦 ③ 공기관의 길이

다. 마노미터

라. 송기구를 열기 시작한 후부터 수위가 50[mm]까지 내려가는 시간

마. 최소길이 : 20[m], 최대길이 100[m]

바. 굵기 (두께) : 0.3[mm] 이상, 외경 : 1.9[mm] 이상

8. ① 60 ② 50 ③ 30 ④ 45 ⑤ 30

9. (1) 감지기의 다이아프램이 부식되어 검출부의 표면에 구멍이 생겼을 때

(2) 감지기의 리크저항이 기준치 이하일 때

10. 펌프시험

11. (1) 복도 및 통로 : 20[m]

(2) 계단 및 경사로 : 10[m]

12. 가.

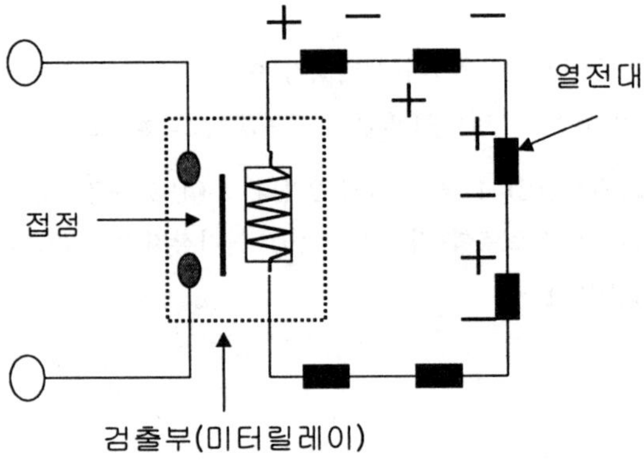

나. ① 미터릴레이(접점 및 코일) ② 열전대부(극성)

다. 가건물 및 천장 안에 시설할 경우

라. 열전대부의 접속 개수 ① 최대 : 20개, ② 최소 : 4개

13. ① 옳은 도면

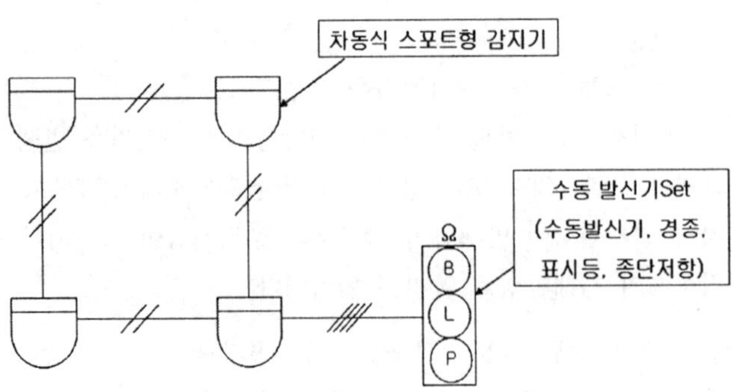

② 이유 : 감지기 회로의 배선이 도통시험을 용이하게 하기 위한 종단저항이 수동발신기 세트에 설치되어 있는 송배전식 배선이다.

14. ① 20 ② 1.5 ③ 6 ④ 9 ⑤ 100 ⑥ 5 ⑦ 검출부

15. (1) 점검 및 관리가 쉬운 장소에 설치할 것
(2) 전용함을 설치하는 경우 그 설치높이는 바닥으로부터 1.5[m] 이내로 할 것
(3) 감지기 회로의 끝부분에 설치하며, 종단감지기에 설치하는 경우에는 구별이 쉽도록 해당감지기의 기판 등에 별도의 표시를 할 것

16. (1) 공기관의 노출부분은 감지구역마다 20[m] 이상이 되도록 할 것
(2) 공기관과 감지구역의 각 변과의 수평거리는 1.5[m] 이하가 되도록 하고, 공기관 상호간의 거리는 6[m](내화구조는 9[m]) 이하가 되도록 할 것
(3) 공기관은 도중에서 분기하지 아니하도록 할 것
(4) 하나의 검출부분에 접속하는 공기관의 길이는 100[m] 이하로 할 것
(5) 검출부는 5° 이상 경사되지 아니하도록 부착할 것

17. (1) 차동식 분포형 감지기
주위온도가 일정 상승률 이상이 되는 경우에 작동하는 것으로서 넓은 범위 내에서의 열효과의 누적에 의하여 작동하는 것
(2) 차동식 스포트형 감지기
주위온도가 일정 상승률 이상이 되는 경우에 작동하는 것으로서 일국소에서의 열효과에 의하여 작동되는 것

18. 가. ① 내부이온실 ② 외부이온실 나. 신호증폭회로 다. 아메리슘 241(Am241)

19. 가. 검출부(미터릴레이) 나. ② 접점 ③ 열전대 다. 20개 이하 라. 18[m^2]

【제3장 비상경보설비, 제4장 비상방송설비】

1. 가. 실내 : 1[W] 이상, 실외 : 3[W] 이상 나. 3선식 다. 10초
라. 0.8[m] 이상 1.5[m] 이하 마. 각 층마다

2. 가. 1[W] 이상 나. 3층(발화층), 4층(직상층) 다. 음량조정기
라.

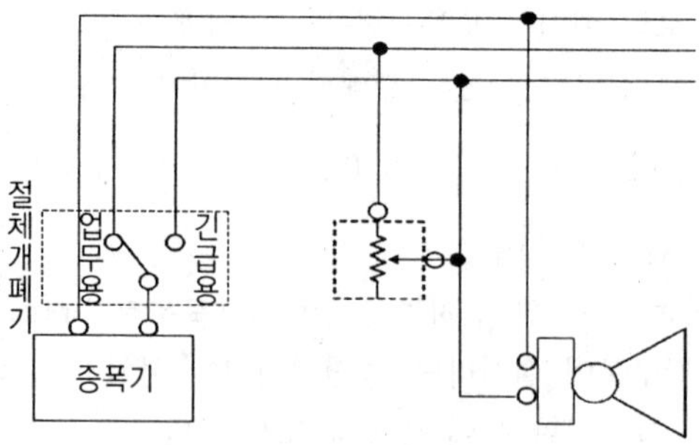

3. 가. ① 비상전원 ② 증폭기 ③ 스피커

나. 직류 24[V]

다. 3선식

라. 적색

마. 3[W] 이상

바. 발화층(1층), 직상층(2층), 지하층

4. 가. 3[W]

나. ① 2층 이상 : 발화층, 직상층

② 1층 : 발화층, 직상층, 지하층

③ 지하층 : 발화층, 직상층, 기타의 지하층

다. 3선식

라. 0.8[m] 이상 1.5[m] 이하

5. 가. 각 층마다

나. 3선식

다. 0.8[m] 이상 1.5[m] 이하

라. ① 1층에 발화 : 1층(발화층), 2층(직상층), 지하 1~5층(지하층), ② 5층에 발화 : 5층(발화층), 6층(직상층), ③ 지하 2층에 발화 : 지하 1층(직상층), 지하 2층(발화층), 지하 3층~5층(기타 지하층)

6.

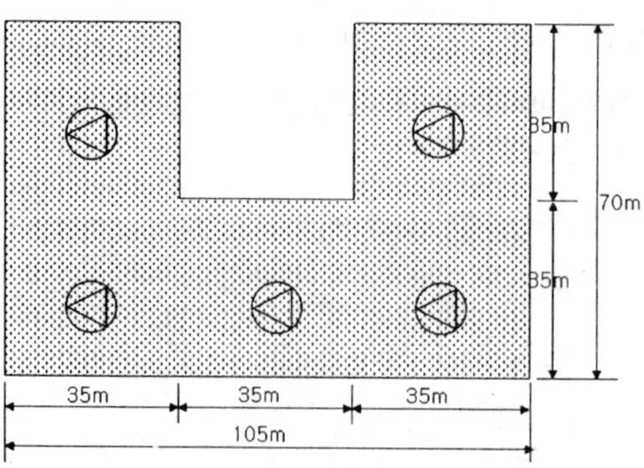

【제5장 자동화재속보설비】

1. 0.8[m] 이상 1.5[m] 이하

2. 가. 5[MΩ] 나. 적색 다. 300[V] 라. 20[MΩ]

【제6장 누전경보기】

1. ① 1급 ② 부하측 ③ 접지선측 ④ 옥외형

2. 60[A]

3. ① 80 ② 제1지점의 부하 ③ 옥내 ④ 1 ⑤ 200

4. 가. ① 영상변류기 ② 부저
   나. ③ 적산전력계 ④ 개폐기
   다. 과전류 차단기의 용량 : 15[A] 이하
   배선용 차단기의 용량 : 20[A] 이하

5. ① 명칭 : 영상변류기 ② 용도 : 누설전류 검출

【제8장 유도등 및 유도표지, 제9장 비상조명등】

1. 가. ① 옥내로부터 직접 지상으로 통하는 출입구 및 그 부속실의 출입구
   ② 직통계단·직통계단의 계단실 및 그 부속실의 출입구
   ③ 안전 구획된 거실로 통하는 출입구
   ④ 출입구에 이르는 복도 또는 통로로 통하는 출입구
   나. 1.5[m] 이상

2. ① 바닥 ② 벽 ③ 0.2

3. (1) 배선용 차단기의 용량 : 20[A]
   (2) 사용전선관 : 후강전선관
   (3) 사용전선 : HIV전선(600[V] 2종 비닐절연전선)

4. 가. 옥내로부터 직접 지상으로 통하는 출입구
   나. 각층의 경사로참 또는 계단참마다 (1개층에 경사로참 또는 계단참이 2 이상 있는 경우에는 2개의 계단참마다 설치)
   다. 20[m]마다
   라. 1[m] 이하

5. 가. 1.5[m] 나. 30[m]
다. ① 축전지 ② 교류전압의 옥내간선
라. ① 비상전원 : 축전지 ② 용량 : 20분

6. 가. 통로유도등의 직상부 1[m]의 높이에서 측정하여 1[lx] 이상
나. 1[m]
다. 백색 바탕에 녹색으로 피난방향을 표시한 등

7. 가. 20분 나. 2개 다. 20[m] 라. 피난구 유도등
마. 피난구의 바닥으로부터 높이 1.5[m] 이상의 곳
바. 30[m] 사. 1

8.

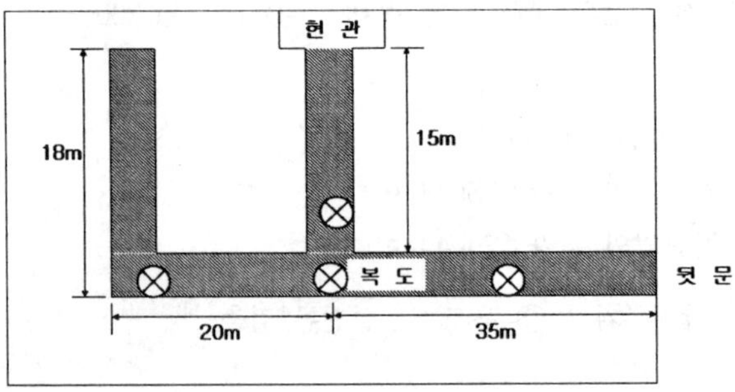

9. 가. 1[lx]
나. 20분
다. 백열등 :  형광등 : 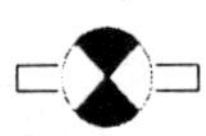

10. 4개

【제10장 비상콘센트설비】

1.

전원회로의 종류	전 압	공급용량
단 상	100[V], 220[V]	1.5[kVA] 이상
3 상	200[V], 380[V]	3[kVA] 이상

2. 가. 3[kVA] 나. 10개 다. 제3종 접지공사 라. 11층 마. 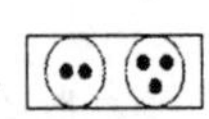

3. ① 문 ② 표면 ③ 적 ④ 표시등 ⑤ 옥내소화전함 ⑥ 1 ⑦ 1.5

4. 가. 10개 이하
나. 분기배선용 차단기

다. ① 둘 이상의 변전소에서 전력을 동시에 공급받을 수 있는 경우
② 하나의 변전소로부터 전력의 공급이 중단되는 때에는 자동으로 다른 변전소로부터 전력을 공급받을 수있도록 상용전원을 설치한 경우

5. ① 200 ② 380 ③ 3 ④ 1.5 ⑤ 분기배선용 차단기 ⑥ 11 ⑦ 20 ⑧ 10

6. 가. ① 보호함 ② 분기배선용 차단기 ③ 접지형 3극 플러그 접속기
나. 바닥으로부터 높이 1[m] 이상 1.5[m] 이하
다. 14[mm^2]
라. 2.6[mm] 또는 5.5[mm^2]
마. 22[mm]
바. 25[mm]

7. 가. 전원회로 구성방식의 종류와 용량

구성방식	공급용량
단상교류	1.5[kVA] 이상
3상교류	3[kVA] 이상

나. 지상 11층
다. 전원부와 외함 사이에 1,000[V]의 실효전압을 가하여 1분 이상 견딜 것

8. 가. ① 단상교류 : 100[V] 또는 220[V]
② 3상교류 : 200[V] 또는 380[V]
나. 2개
다. 3개

【제11장 무선통신보조설비】

1. 가. 4[m] 나. 50[Ω] 다. 30분

2. ① 표시등 ② 전압계

3. 가. 정전기 차폐 나. 무반사 종단저항 다. 50[Ω] 라. 4

4. 가. 불연재료로 구획된 반자 안에 설치하는 경우
나. 무반사 종단저항
다. 1.5[m]
라. 50[Ω]

5. 가. 30분 나. 표시등, 전압계 다. 50[Ω] 라. 무반사 종단저항

6. 가. 1.5 나. 50 다. 전압계 라. 30분

7. 가. 50[Ω] 나. 무반사 종단저항

다. • 전원 : 전기가 정상적으로 공급되는 축전지 또는 교류전압 옥내간선으로 하고, 전원까지의 배선은 전용으로 할 것

• 전원감시설비 : 증폭기의 전면에는 주 회로의 전원이 정상인지의 여부를 표시할 수 있는 표시등 및 전압계를 설치할 것

• 비상전원 : 증폭기에는 비상전원이 부착된 것으로 하고 당해 비상전원용량은 무선통신보조설비를 유효하게 30분 이상 작동시킬 수 있는 것으로 할 것

【제12장 제연설비】

1. 가. Ⓐ 배기댐퍼 Ⓑ 급기댐퍼 Ⓒ 연기감지기 Ⓓ 종단저항 Ⓔ 배기팬 Ⓕ 급기팬 Ⓖ 수신기 (수신반)

나. ① 4가닥 ② 7가닥 ③ 5가닥 ④ 4가닥 ⑤ 7가닥 ⑥ 12가닥 ⑦ 4가닥 ⑧ 4가닥

다. 전원 ⊕·⊖, 감지기, 감지기 공통, 기동, 배기댐퍼 기동확인 (표시등), 급기댐퍼 기동확인 (표시등)

라. 감지기 2가닥, 감지기 공통 2가닥

2. 가. ① 급기댐퍼 ② 배기댐퍼 ③ 수동조작함

나. 바닥에서 0.8[m] 이상 1.5[m] 이하

다. A : 5본 B : 5본 C : 4본 D : 5본

라.

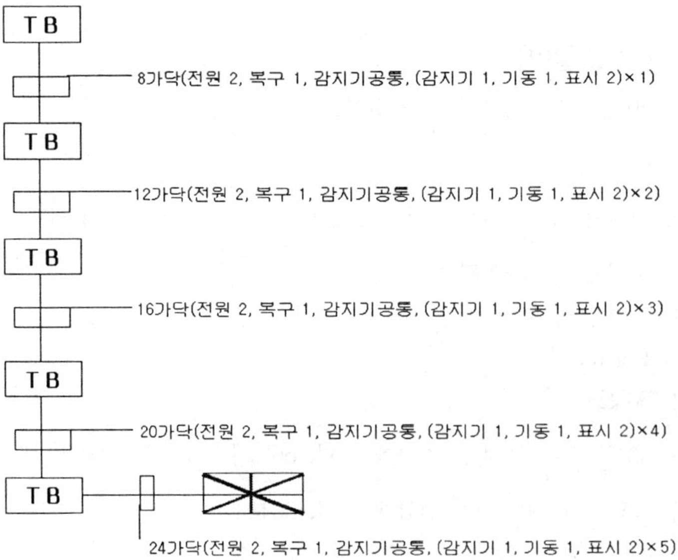

마.

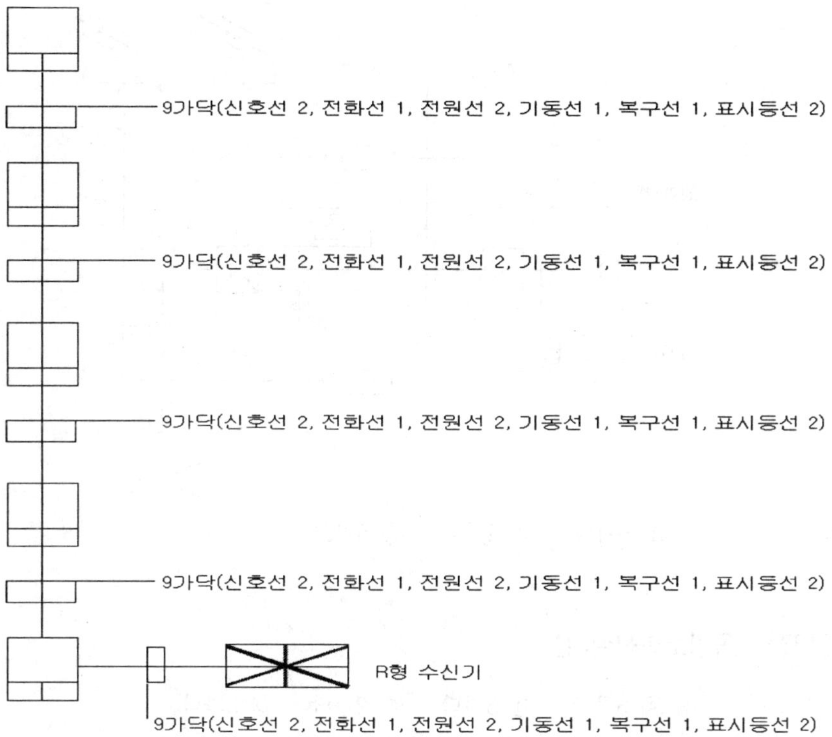

3.

기 호	구 분	배선수	배선의 용도
Ⓐ	감지기↔수동조작함	IV 1.2−4	감지기회로 2, 공통 2
Ⓑ	급기댐퍼↔배기댐퍼	HIV 1.6−4	전원 ⊕·⊖, 기동 1, 표시등 1
Ⓒ	배기댐퍼↔수동조작함	HIV 1.6−6	전원 ⊕·⊖, 기동 2, 표시등 2
Ⓓ	수동조작함↔수동조작함	HIV 1.6−8	전원 ⊕·⊖, 지구회로 1, 감지기공통 1, 기동 2, 표시등 2
Ⓔ	수동조작함↔2 Zone	HIV 1.6−14	전원 ⊕·⊖, (지구회로 1, 감지기공통 1, 기동 2, 표시등 2) × 2구역
Ⓕ	MCC↔수신기	HIV 1.6−5	기동 1, 정지 1, 공통 1, 전원표시등 1, 표시등 1
Ⓖ	커튼 SOL↔연동제어반	HIV 1.6−3	기동 1, 표시등 1, 공통 1
Ⓗ	연동제어반↔수신기	HIV 1.6−4	기동 2, 표시등 2

4.

가. ① 기동 ② 공통 ③ 확인 ④ 확인

나. ⓐ 4가닥 ⓑ 5가닥 ⓒ 8가닥 ⓓ 11가닥

5. 가.

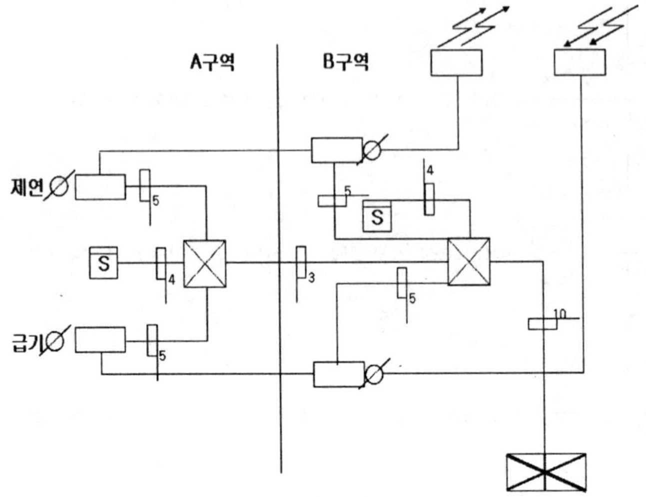

나. ① 5가닥 ② 4가닥 ③ 5가닥

【제13장 옥내소화전설비】

1. 가. Ⓐ 5가닥 Ⓑ 5가닥 Ⓒ 2가닥 Ⓓ 5가닥
나. 기동, 정지, 공통, 기동확인 (표시등), 표시등 공통
다. 기동확인 표시등 (2가닥)

2. (1) 전압계 (2) 전류계 (3) 표시등

【제15장 스프링클러 소화설비, 제16장 이산화탄소 소화설비와 하론 소화설비】

1.

기 호	구 분	배선수	배선굵기	배선의 용도
Ⓐ	감지기 − 감지기	4	1.2mm	지구회로2, 공통2
Ⓑ	감지기 − PACKAGE	8	1.2mm	(지구회로2, 공통2)×2
Ⓒ	PACKAGE − 수동조작함	6	1.6mm	전원⊕·⊖, 감지기 회로 A·B, 기동스위치, 방출표시등(6가닥)
Ⓓ	수동조작함 − 방출표시등	2	1.6mm	방출표시등 (2가닥)

2.

기호	가닥수	배선의 종류	배선의 용도
①	4	IV 1.2	지구회로 2, 공통 2
②	8	IV 1.2	(지구회로 2, 공통 2) × 2
③	2	HIV 1.6	사이렌 2
④	6	HIV 1.6	솔레노이드 밸브 2, 압력스위치 2, 템퍼스위치 2
⑤	10	HIV 1.6	전원 ⊕·⊖, 전화, 감지기 공통, 감지기 A·B, 밸브기동, 밸브개방확인, 밸브주의, 사이렌
⑥	16	HIV 1.6	전원 ⊕·⊖, 전화, 감지기 공통, (감지기 A·B, 밸브기동, 밸브개방확인, 밸브주의, 사이렌) × 2
⑦	22	HIV 1.6	전원 ⊕·⊖, 전화, 감지기 공통, (감지기 A·B, 밸브기동, 밸브개방확인, 밸브주의, 사이렌) × 3

3.

기 호	구 분	배선수	배선굵기	배선의 용도
Ⓐ	감지기 – 감지기	4	1.2mm	지구회로2, 공통2
Ⓑ	감지기 – SVP	8	1.2mm	(지구회로2, 공통2)×2
Ⓒ	SVP – SVP	9	1.6mm	전원⊕·⊖, 전화, 감지기 A·B, 밸브기동스위치, 밸브개방 확인표시등, 밸브 주의 표시등 사이렌
Ⓓ	2 ZONE일 경우	15	1.6mm	전원⊕·⊖, 전화, (감지기 A·B, 밸브기동스위치, 밸브개방 확인표시등, 밸브 주의 표시등 사이렌)×2
Ⓔ	사이렌 – SVP	2	1.6mm	사이렌 2
Ⓕ	PREACTION VALVE – SVP	6	1.6mm	밸브기동 2, 밸브개방 확인 2, 밸브주의 2

4.

가. ① 2가닥 ② 3가닥 ③ 2가닥 ④ 3가닥 ⑤ 12가닥 ⑥ 4가닥
⑦ 8가닥 ⑧ 7가닥 ⑨ 2가닥 ⑩ 2가닥

나. 전원 ⊕·⊖, 감지기 A·B, 싸이렌, 기동스위치, 방출표시등

다. 화재 발생시 경보를 울려 실내에 있는 인명을 대피

라. 교차회로방식 : 감지기의 오동작으로 인한 사고(가스방출)를 방지하기 위해 2개 이상의 감지기 회로가동시에 동작하였을 때 작동되도록 하는 방식

마. ① 감지기회로의 동작(2개회로 이상) 또는 수동조작함의 스위치 동작
② 수신반에 표시등 점등
③ 사이렌 경보
④ 기동용기 솔레노이드 작동
⑤ 소화약제 방출

⑥ 해당 압력스위치 작동
⑦ 방출표시등 점등

【제17장 비상전원설비】

1. 0.13[A]

2. 66[A]

3. 부동충전방식

4. 1.14[Ah]

5. 가. ① 10 ② 5 ③ 1.2 ④ 2.05~2.08 ⑤ 1.32 ⑥ 약하다 ⑦ 강하다
나. 부동충전방식
다. 수소가스

6. 20개

7. 0.19[A]

8. 50셀

9. ① 정류기 용량이 작아도 된다.
② 축전지의 수명이 연장된다.
③ 축전지가 항상 완전충전 상태이므로 방전전압을 일정하게 유지할 수 있다.

10. 가. 보수율 나. 부동충전방식 다. 회복충전방식 라. 1.96[V]

11. 36.125[Ah]

12. 20.48[V]

13. ① 2 ② 1.2 ③ 약하다 ④ 강하다

14. 가. 충전장치 나. ① 과방전 ② 장기간 방치 다. 자동절체 개폐기

15. 가. ① 의미 : 축전지의 수명 말기에도 부하를 만족하기 위한 여유 계수
② 값(수치) : 0.8
나. 부동충전방식
다. 41[Ah]

16. ① 점검에 편리하고 화재 및 침수 등의 재해로 인한 피해를 받을 우려가 없는 곳에 설치
② 옥내소화전설비를 유효하게 20분 이상 작동할 수 있을 것
③ 상용전원으로부터 전력의 공급이 중단된 때에는 자동으로 비상전원으로부터의

전력을 공급받을 수 있도록 하여야 할 것

④ 비상전원을 실내에 설치하는 때에는 그 실내에 비상조명등을 설치할 것

【제18장 방재배선설비】

1. 가.

심 벌	명 칭	수 량
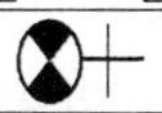	유도등(벽붙이용)	5
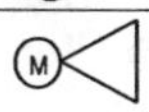	모터사이렌	1
	정온식 스포트형 감지기	6
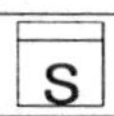	연기감지기	2
	박 스	16
	로크너트	64
	부 싱	32

나. ① 4가닥 ② 4가닥

다.  : 상승,  : 인하

라. 가. 스피커(음향경보장치) 나. 발신기 세트(종합반)

2. (1) 합성수지관 : 4[m] (2) 금속관 : 3.66[m]

3. 전선의 피복손상 방지

4. 가. 천장은폐배선 나. 바닥은폐배선 다. 노출배선

5. (1) 전선의 기계적 강도 (2) 전선의 허용전류 (3) 전압강하

6. 가. ① 8가닥 ② 2가닥 ③ 8가닥 ④ 2가닥

나. ⑤ 차동식 스포트형 감지기 ⑥ 방출표시등 ⑦ 모터 사이렌

다. 49.1[m]

라. ① 부싱 : 16개 ② 로크너트 : 32개

마. ① 4각박스 : 1개 ② 7개

7. 38[mm^2] 내열전선(HIV) 3가닥과 5.5[mm^2] 접지용 비닐전선(GV) 1가닥을 36[mm] 후강전선관에 넣은 바닥은폐배선

8. 가. [R] 나. Ω 다. ▬▬■▬▬ 라. 경계구역 번호

9. 가. 스트레이트 박스 커넥터

나. 컴비네이션 커플링

다. 스프리트 커플링 (split coupling)

10. 1.6[mm] 600[V] 비닐절연전선 2가닥을 19[mm] 박강전선관에 넣은 천장은 폐배선이다.

11. 가. 부싱 나. 유니온 커플링 다. 노멀밴드 라. 유니버설 엘보

12. 가.

나. 

다. 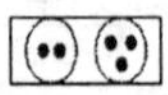

라. 

13. 가. ① 4가닥 ② 2가닥 ③ 2가닥 ④ 2가닥 ⑤ 2가닥 ⑥ 2가닥 ⑦ 4가닥

나. 1개

다. ① HIV : 600[V] 2종 비닐절연전선 ② IV : 600[V] 비닐절연전선

14. 가. 1.2 나. 1.5 다. 전선 라. 박스 마. 방습 바. 3 사. 150

15. 가. 전류 나. 절연저항계 다. 코올라우시 브리지

16. 가. 커플링, 나. 로크너트, 다. 새들, 라. 행거, 마. 2, 바. 풀박스, 사. 유니버설 엘보우

17. 가. ① 합성수지관 : 4[m] ② 금속전선관 : 3.66[m]

나. 리머 (reamer)

다. 노멀밴드

라. 로크너트 2개

18. 가. 천장은폐배선

나. ① IV 전선 : 600[V] 비닐절연전선

② HIV 전선 : 600[V] 2종 비닐절연전선

다. 

19. ① 6 ② 3 ③ 로크너트 ④ 2 ⑤ 커플링 ⑥ 리머

20. 가. 점멸기

나. 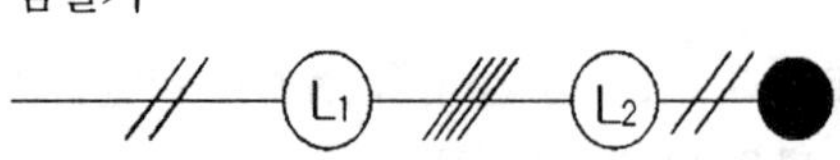

다. 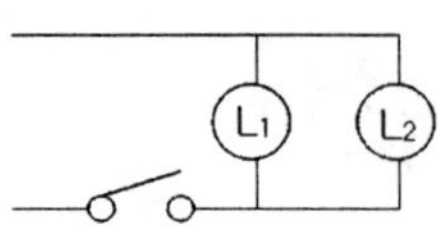

21. 가. 로크너트

나. 부싱

다. 유니온 커플링

라. 유니버설 엘보우

마. ① 합성수지관 : 4[m]

② 후강전선관 : 3.66[m]

22. 가. ① 천장은폐배선

② 바닥은폐배선

③ 노출배선

나. S

다. 

라. 1.6[mm] 전선 2가닥을 19[mm] 박강전선관에 넣은 천장은폐배선

【제19장 시퀀스 제어】

1. 가. ① (49) : 열동계전기 (온도계전기)

② (88) : 전자접촉기 (보조기기용 접촉기)

나.

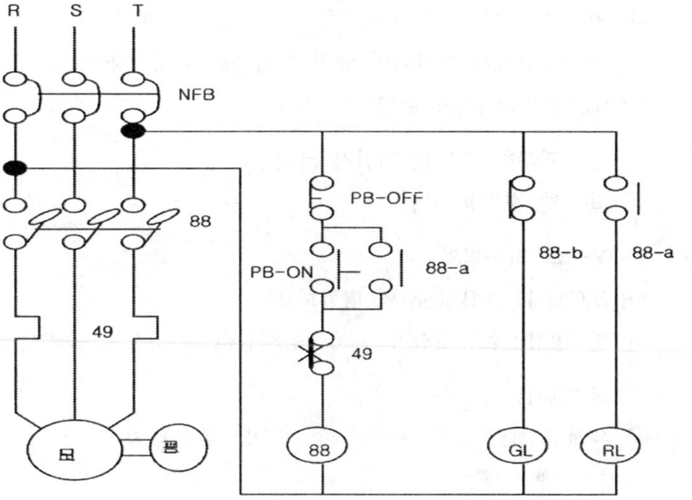

2. ① 유접점 회로 ② 무접점 회로

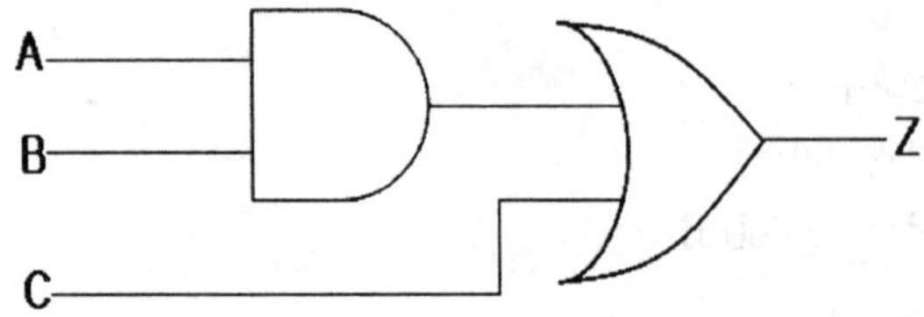

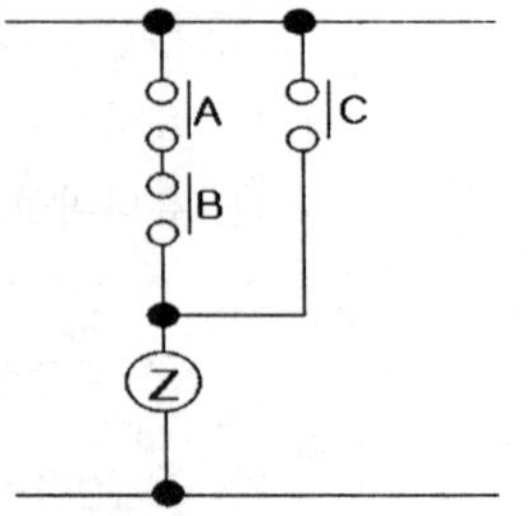

3.

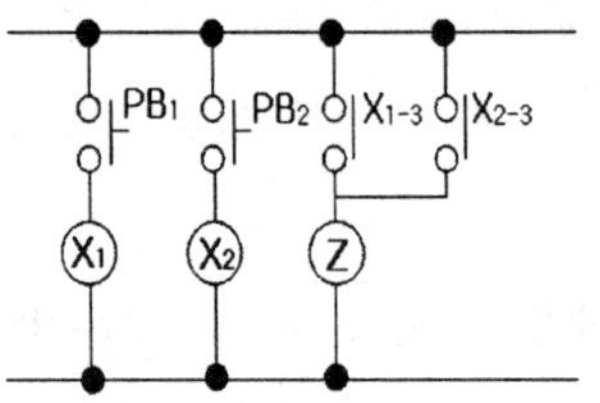

4.

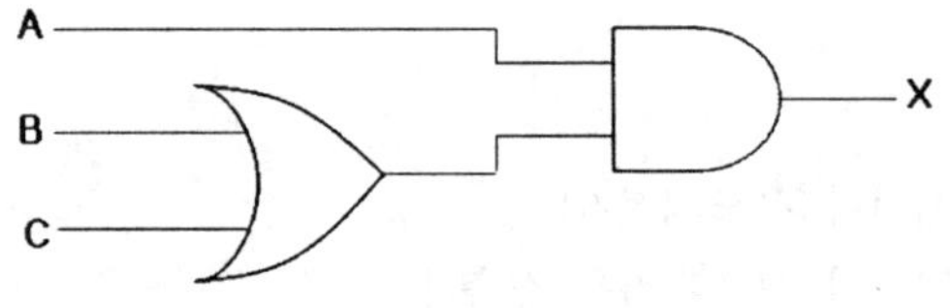

5. 가. 열동계전기

나. PB−1 : 전동기 정지용, PB−2 : 전동기 기동용, PB−3 : 전동기의 과부하로 열동계전기가 동작하여 벨이 울릴 때 벨 정지용

다. (MC) : 전자개폐기 코일

Ⓐ : 과부하 경보용 계전기 코일

Ⓑ : 벨 정지용 코일

6. 가. Y−△ 기동회로

나. MCM(1) (PBS(on)의 병렬회로)

다. ① 명칭 : 열동계전기 ② 동작원리 : 수동으로 복귀시킨다.

7. ① 식 : A+B

② 유접점 회로 ③ 무접점 회로

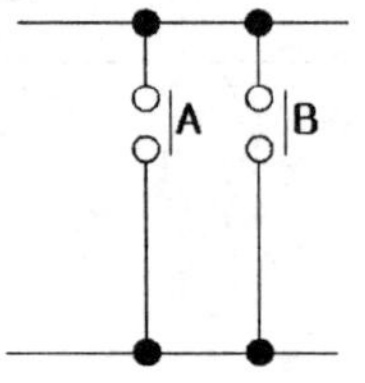

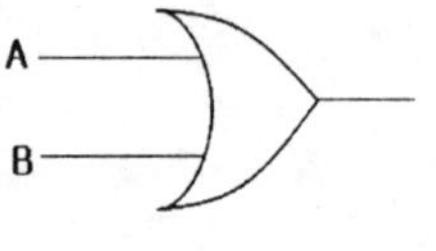

8. 가. ① 88 : 주개폐기 ② 19－1 : 시동용(Y－결선) 개폐기 ③19－2 : 운전용 (△－결선) 개폐기

나. 배선용 차단기

다.

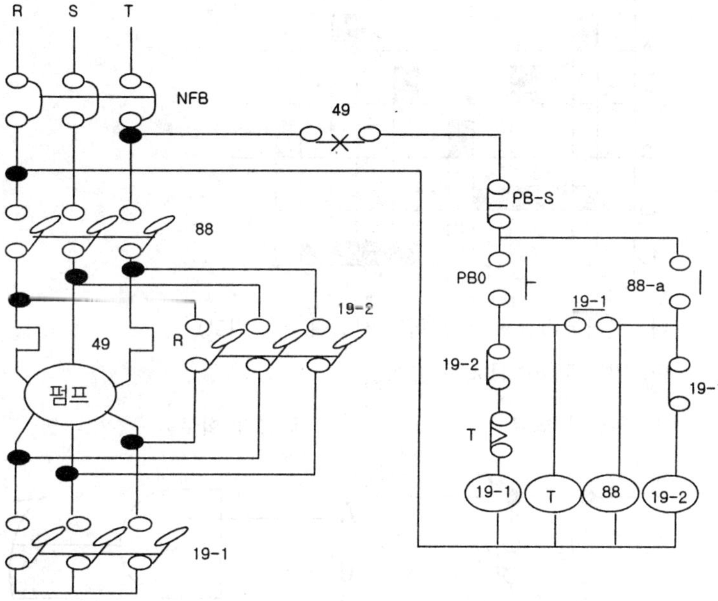

9. (1) Z=A (2)

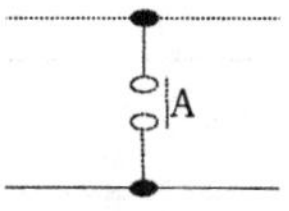

10. 가. 나. 다.

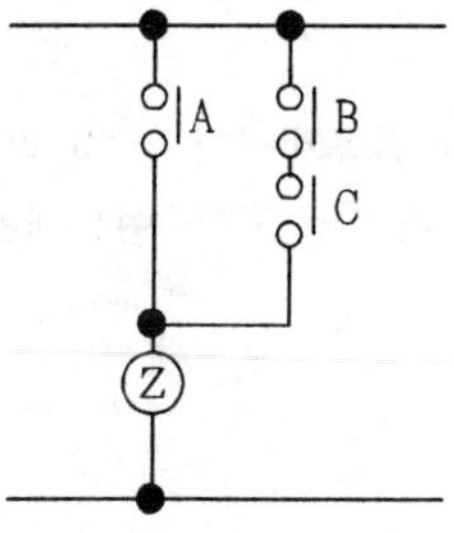

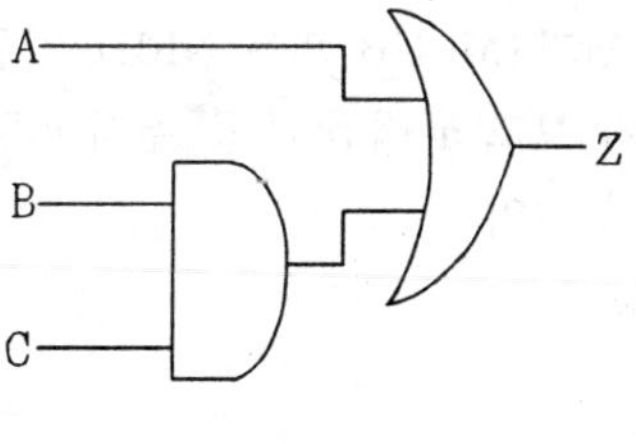

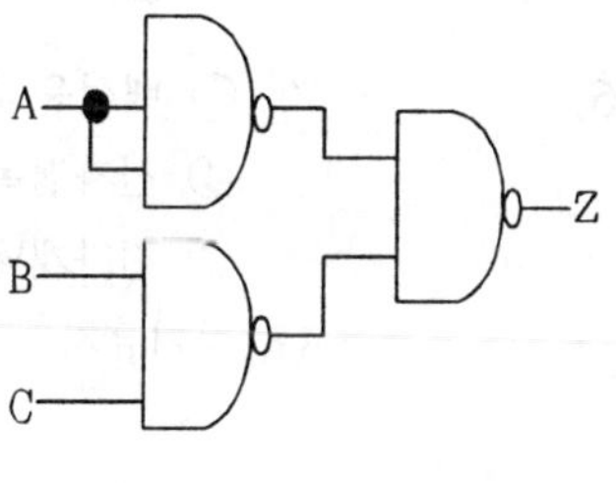

11. 가. $(A \cdot B+\overline{C}) \cdot D=X$

나. AND 게이트(A·B)

다. NAND 게이트

12. 가. ① X = 1 ② Y = 1

나. ① $X=(\bar{A}+B)\cdot C$ ② $Y=B\cdot C$

13. 가.

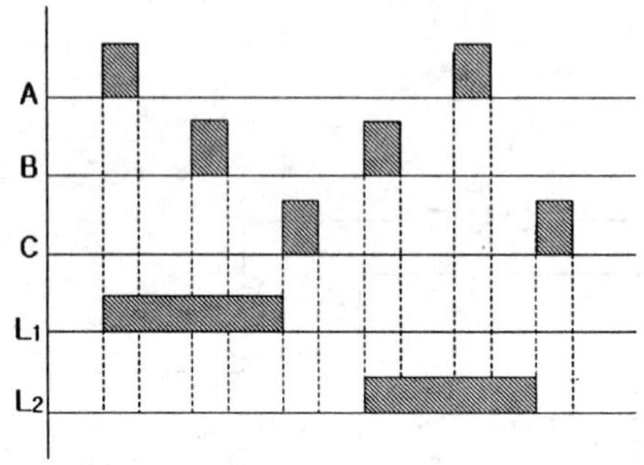

나. 인터록(interlock) 회로(선입력 우선회로)

다. 인터록(interlock) 접점

14. ① 유접점 회로 ② 무접점 회로

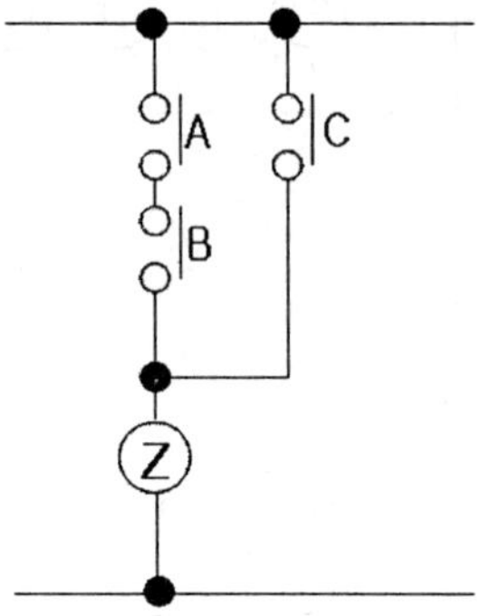

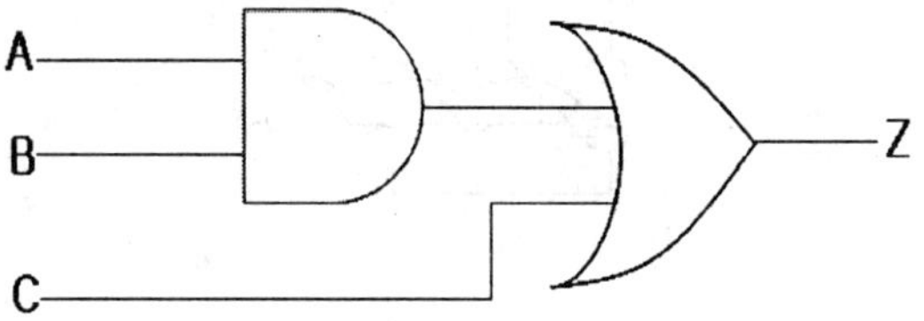

15. 가. ① 배선용 차단기(MCCB 또는 NFB) ② 열동계전기 ③ 리밋 스위치
④ 전자접촉기 보조 a 접점 ⑤ 푸시버튼 스위치 ⑥ 열동계전기 b 접점
⑦ 전자개폐기 코일

나. 자기유지 기능

다.

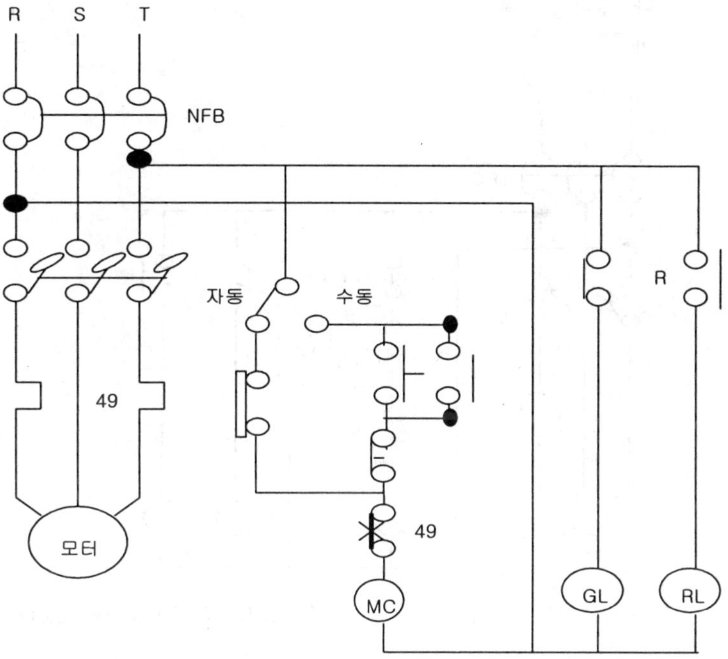

【제20장 동력설비제어】

1. 75.13[kW]

2. 85.5[kVA]

3. 88.78[kW]

4. 42.22[kW]

5. 55.44[kW]

6. 1200[rpm]

7. 26.95[hP]

8. 691.76[kW]

9. 가. 79.39[A], 나. 9.27[kVA], 다. 제3종 접지공사, 라. 3.66[m]

10. 가. 65.2[A], 나. 0.41, 다. 224[A], 라. 125[mm^2], 마. 70[mm]

11. 가. ① 명칭 : 열동계전기(회전기 온도계전기),
    ② 동작시기 : 전동기에 과부하(과전류)시에 동작한다.

    나. 수동조작으로 복구시킨다.

다. 없다.

라.

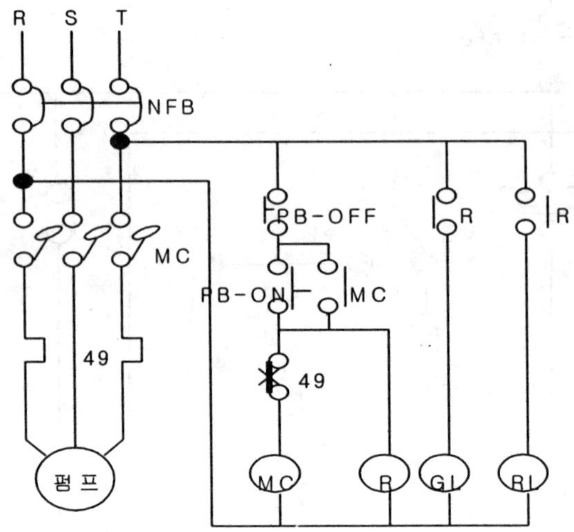

12. 가. 나. 다. NFB (No Fuse Breaker) : 저압배선용 차단기

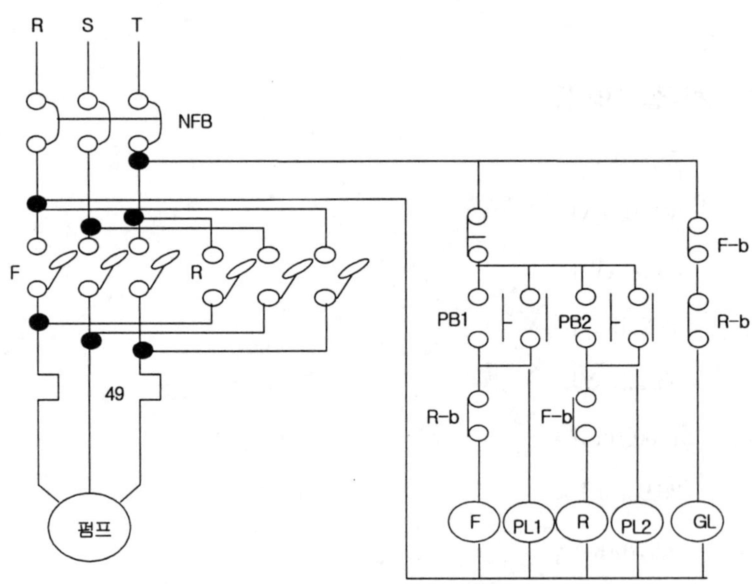

13. 가. 86.69[kW], 나. 73.60[kVA], 다. 1800[rpm]

14. 가. 75.38[kW], 나. 94.23[kVA],

15. 가. Y－△기동회로, 나. MCM(1), 다. ① 열동계전기 ② 수동으로 복귀시킨다.

부록 2

심 볼

1. 적용 범위

이 규격은 일반 옥내배선에서 전등 · 전력 · 통신 · 신호 · 재해방지 · 피뢰설비 등의 배선 · 기기 및 그들의 부착위치 · 부착방법을 표시하는 도면에 사용하는 그림기호에 대하여 규정한다.

2. 배 선

일반 배선(배관 · 덕트 · 금속선 · 홈통 등을 포함한다.)

명 칭	그림기호	적 요
천장은폐배선 배닥은폐배선 노출배선	─────── ─── ─── ─── - - - - - - -	(1) 천장은폐배선 중 천장 속의 배선을 구별하는 경우는 천장 속의 배선에 ─·─·─ 를 사용하여도 좋다. (2) 노출배선 중 바닥면 노출배선을 구별하는 경우는 바닥면 노출배선에 ─··─··─ 를 사용하여도 좋다. (3) 전선의 종류를 표시할 필요가 있는 경우는 기호를 기입한다. 보기 : 600[v] 비닐절연전선 IV 600[V] 2종 비닐절연전선 HIV 가교 플리에틸렌 절연 비닐 시스케이블 CV 600[V] 비닐절연비닐 시스케이블(평형) VVf 내화 케이블 FP 통신용 PVC 옥내선 TIV (4) 절연전선의 굵기 및 전선수는 다음과 같이 기입한다. 단위가 명백한 경우는 단위를 생략하여도 좋다. 보기 : 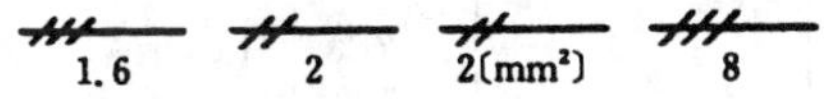 숫자 발기의 보기 : 1.6×5 / 5.5×1 다만, 시방서 등에 전선의 굵기 및 선선수가 명백한 경우는 기입하지 안아도 된다. (5) 접지선의 표시는 다음과 같다. 보기 : 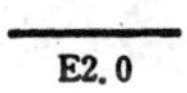 (6) 접지선과 배선을 동일관 내에 넣는 경우는 다음과 같다. 보기 : 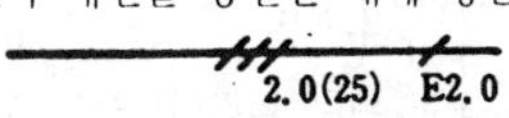 다만, 접지선의 표시 E가 명백한 경우는 기입하지 않아도 좋다. (7) 케이블의 방화구획 관통부는 다음과 같이 표시한다.

		(8) 정원등 등에 사용하는 지중매설 배선은 다음과 같다. (16) 옥외배선은 옥내배선의 그림 기호를 준용한다. (17) 구별을 필요로 하지 않는 경우는 실선만으로 표시하여도 좋다. (18) 건축도의 선과 명확히 구별한다.
상승  인하  소통 		(1) 동일층의 상승, 인하는 특별히 표시하지 않는다. (2) 관, 선 등의 굵기를 명기한다. 다만, 명백한 경우는 기입하지 않아도 좋다. (3) 필요에 따라 공사 종별을 방기한다. (4) 케이블의 방화구획 관통부는 다음과 같이 표시한다.

1) 조명기구

명 칭	그림기호	적 요
일반용 조명 백열등 HID 등	○	(1) 벽붙이는 벽옆을 칠한다.  (2) 기구종류를 표시하는 경우는 ○ 안이나 또는 방기로 글자명, 숫자 등의 문자기호를 기입하고 도면의 비고 등에 표시한다. **보기** : 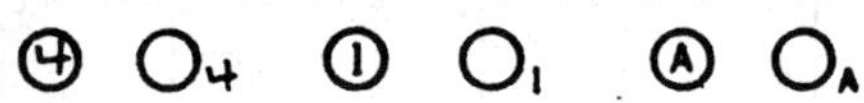 등 같은 방에 같은 기구를 여러개 시설하는 경우는 통합하여 문자기호와 가구 수를 기입하여도 좋다. (3) (2)에 따르기 어려운 경우는 다음 보기에 따른다. 걸림 로제트만  팬던트  실링 · 직접 부착  샹들리에  매입 기구 (로 하여도 좋다) (4) 용량을 표시하는 경우는 와트 수[W]×램프 수로 표시한다. **보기** : 100 200×3 (5) 옥외등은 로 하여도 좋다. (6) HID 등의 종류를 표시하는 경우는 용량 앞에 다음 기호를 붙인다. 수은등 H 메탈 헬라이드등 M 나트륨등 N **보기** : H400

형광등		(1) 그림 기호 는 로 표시하여도 좋다. (2) 벽붙이는 벽 옆을 칠한다.
비상용 조명 (건축 기준법에 따르는 것) 백열등		(1) 일반용 조명 백열등의 적요를 준용한다. 다만, 기구의 종류를 표시하는 경우는 방기한다. (2) 일반용 조명 형광등에 조립하는 경우는 다음과 같다.
형광등		(1) 일반용 조명 백열등의 적요를 준용한다. 다만, 기구의 종류를 표시하는 경우는 방기한다. (2) 계단에 설치하는 통로유도등과 겸용인 것은 로 한다.
유도등 (소방법에 따르는 것) 백열등		(1) 일반용 조명 백열등의 적요를 준용한다. (2) 객석 유도등인 경우는 필요에 따라 S를 방기한다. S
형광등		(1) 일반용 조명 백열등의 적요를 준용한다. (2) 기구의 종류를 표시하는 경우는 방기한다. 보기 : 중 (3) 통로 유도등인 경우는 필요에 따라 화살표를 기입한다. 보기 : (4) 계단에 설치하는 비상용 조명과 겸용인 것은 로 한다.
불멸 또는 비상용등 (건축 기준법, 소방법에 따르지 않는 것) 백열등		(1) 벽붙이는 벽 옆을 칠한다. (2) 일반용 조명 백열등의 적요를 준용한다. 다만, 기구의 종류를 표시하는 경우는 방기한다.
형광등		(1) 벽붙이는 벽 옆을 칠한다. (2) 일반용 조명 형광등의 적요를 준용한다. 다만, 기구의 종류를 표시하는 경우는 방기한다.

2) 콘센트

명 칭	그림기호	적 요
콘센트		(1) 그림기호는 벽붙이를 표시하고 벽 옆을 칠한다. (2) 그림기호 는 로 표시하여도 좋다.

		(3) 천장에 부착하는 경우는 다음과 같다.  (4) 바닥에 부착하는 경우는 다음과 같다.  (5) 용량의 표시방법은 다음과 같다. a. 15[A]는 방기하지 않는다. b. 20[A] 이상은 암페어 수를 방기한다. 보기 : 20A (6) 2극 이상인 경우는 극수를 방기한다. 보기 : 2 (7) 3극 이상인 것은 극수를 방기한다. 보기 : 3P (8) 종류를 표시하는 경우는 다음과 같다. 빠짐방지형  LK 걸림형  T 접지극붙이  E 접지단자붙이  ET 누전차단기붙이  EL (9) 방수형은 WP를 방기한다  WP (10) 방폭형은 EX를 방기한다.  EX (1) 타이머붙이, 덮개붙이 등 특수한 것은 방기한다. (12) 의료용은 H를 방기한다. H (13) 전원 종별을 명확히 하고 싶은 경우는 그 뜻을 방기한다.
비상콘센트 (소방법에 따르는 것)		
풀 박스 및 접속 상자		(1) 재료의 종류, 치수를 표시한다. (2) 박스의 대소 및 모양에 따라 표시한다.
VVF용 조인트 박스		단자붙이임을 표시하는 경우는 t를 방기한다. t

접지단자	⊜	의료용인 것은 H를 방기한다.
접지 센터	EC	의료용인 것은 H를 방기한다.
접지극	⏚	(1) 접지 종별을 다음과 같이 방기한다. 제1종 E_1, 제2종 E_2, 제3종 E_3, 특별 제3종 E_S, 보기 : ⏚ E1 (2) 필요에 따라 재료의 종류, 크기, 필요한 접지저항값 등을 방기한다.
수전점	ϟ	인입구에 이것을 적용하여도 좋다.
점검구	⊡	

3) 개폐기 및 계기

명 칭	그림기호	적 요
개폐기	S	(1) 상자들이인 경우는 상자의 재질 등을 방기한다. (2) 극수, 정격전류, 퓨즈 정격전류 등을 방지한다. 보기 : S 2P 30A f 15A (3) 전류계붙이는 S를 사용하고 전류계의 정격전류를 방기한다. 보기 : S 3P 30A f 15A A5
배선용 차단기	B	(1) 상자들이인 경우는 상자의 재질 등을 방지한다. (2) 극수, 프레임의 크기, 정격전류 등을 방지한다. 보기 : B 3P 225AF 150A (3) 모터브레이커를 표시하는 경우는 B 를 사용한다. (4) B를 S MCB로서 표시하여도 좋다.
누전차단기	E	(1) 상자들이인 경우는 상자의 재질 등을 방지한다. (2) 과전류 소자붙이는 극수, 프레임의 크기, 정격전류, 정격 감도전류 등 과전류 소자 없음은 극수, 성격전류, 정격감도전류 등을 방기한다. 과전류 소자붙이의 보기 : E 2P 30AF 15A 30mA 과전류 소자없음의 보기 : E 2P 15A 30mA (3) 과전류 소자붙이는 BE를 사용하여도 좋다 (4) E를 S ELB로 표시하여도 좋다.
플로트 스위치	⊙F	
플로트리스 스위치 전극	⊙LF	전극수를 방기한다. 보기 : ⊙LF3

타임 스위치	TS	
전력량계	Wh	(1) 필요에 따라 전기방식, 전압, 전류 등을 방기한다. (2) 그림기호 Wh는 WH로 표시하여도 좋다.
전력량계 (상자들이 또는 후드붙이)	Wh	(1) 전력량계의 적요를 준용한다. (2) 집합 계기상자에 넣는 경우는 전력량계의 수를 방기한다. 보기 : WH 12
변류기(상자들이)	CT	필요에 따라 전류를 방기한다.
전류 제한기	L	(1) 필요에 따라 전류를 방기한다. (2) 상자들이인 경우는 그 뜻을 방기한다.
누전 경보기		필요에 따라 전류를 방기한다.
누전 화재 경보기 (소방법에 따르는 것)		필요에 따라 급별을 방기한다.
지진 감지기	EQ	필요에 따라 작동특성을 방기한다. 보기 : EQ 100 170cm/s² EQ 100 170Gal

4) 배전반 · 분전반 · 제어반

명 칭	그림기호	적 요
배전반, 분전반 및 제어반		(1) 종류를 구별하는 경우는 다음과 같다. 배전반  분전반  제어반  (2) 직류용은 그 뜻을 방기한다. (3) 재해방지 전원회로용 배전반 등인 경우는 2중 틀로 하고 필요에 따라 종별을 방지한다. 보기 :  1종  2종

5) 자동화재검지설비

명 칭	그림기호	적 요
차동식 스폿형 감지기		필요에 따라 종별을 방기한다.
보상식 스폿형 감지기		필요에 따라 종별을 방기한다.

정온식 스폿형 감지기		(1) 필요에 따라 종별을 방기한다. (2) 방수인 것은 로 한다. (3) 내산인 것은 로 한다. (4) 내알칼리인 것은 로 한다. (5) 방폭인 것은 EX를 방기한다.
연기감지기		(1) 필요에 따라 종별을 방기한다. (2) 점검 박스붙이인 경우는 로 한다. (3) 매입인 것은  로 한다.
감지선		(1) 필요에 따라 종별을 방기한다. (2) 감지선과 전선의 접속점은 로 한다. (3) 기건물 및 천장 안에 시설할 경우는 로 한다. (4) 관통 위치는 로 한다.
공기관		(1) 배선용 그림기호보다 굵게 한다. (2) 가건물 및 천장 안에 시설할 경우는 로 한다. (3) 관통 위치는 로 한다.
열전대		가건물 및 천장 안에 시설할 경우는 로 한다.
열반도체		
차동식 분포형 감지기의 검출부		필요에 따라 종별을 방기한다.
P형 발신기		(1) 옥외용인 것은 로 한다. (2) 방폭인 것은 EX를 방기한다.
회로시험기		
경보벨		(1) 방수용인 것은 로 한다. (2) 방폭인 것은 Ex를 방기한다.
수신기		다른 설비의 기능을 갖는 경우는 필요에 따라 해당설비의 그림기호를 방기한다. **보기** : 가스 누설 경보설비와 일체인 것  가스 누설 경보설비 및 방배연 연동과 일체인 것 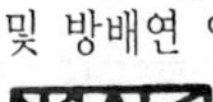
부수신기(표시기)		
중계기		
표시등		
표지판		

6) 비상경보설비

명 칭	그림기호	적 요
기동장치	Ⓔ	(1) 방수용인 것은 로 한다. (2) 방폭인 것은 EX를 방기한다.
비상전화기	Ⓑ	필요에 따라 번호를 방기한다.
경보벨		
경보사이렌		
경보구역 경계선	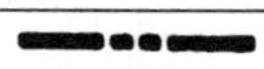	자동 화재경보 설비의 경계구역 경계선의 적요를 준용한다.
경보구역 번호	△	△안에 경보구역 번호를 넣는다.

7) 소화설비

명 칭	그림기호	적 요
기동버튼	Ⓔ	가스계 소화설비는 G, 수제 소화설비는 W를 방기한다.
경보 벨	Ⓑ	자동 화재경보 설비의 경보 벨 적요를 준용한다.
경보버저		자동 화재경보 설비의 경보 벨 적요를 준용한다.
사이렌	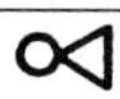	자동 화재경보 설비의 경보 벨 적요를 준용한다.
제어반		
표시반	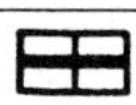	필요에 따라 창수를 방기한다. 보기 : 3
표시등		시동표시등과 겸용인 것은 로 한다. 보기 :

8) 방화댐퍼, 방화문 등의 제어기기

명 칭	그림기호	적 요
연기 감지기 (전용인 것)	Ⓢ	(1) 필요에 따라 종별을 방기한다. (2) 매입인 것은 로 한다.
열 감지기 (전용인 것)		필요에 따라 종류, 종별을 방기한다.

자동 폐쇄장치		용도를 표시하는 경우는 다음 기호를 방기한다. 방화문용 D 방화 셔터용 S 연기방지 수직 벽용 W 방화 댐퍼용 SD
연동 제어기		조작부를 가진 것은 로 한다.
동작 구역번호		 안에 동작 구역번호를 넣는다.

9) 가스 누설 경보관계 설비

명 칭	그림기호	적 요
검지기		(1) 벽걸이형인 것에서는 로 한다. (2) 분리형의 검지부는 로 한다. (3) 버저, 램프를 내장하고 있는 것은 필요에 따라 그 뜻을 방기한다.
		보기 :  
검지구역 경보장치		자동 화재경보 설비의 경보벨 적요를 준용한다.
음성 경보장치		5.4의 스피커 적요를 준용한다.
수신기		
중계기		(1) 복수개로 일체인 것은 개수를 방기한다. 보기 :  (2) 가스 누설 표시등의 중계기에서는 로 한다.
표시등		
경계구역 경계선		
경계구역 번호	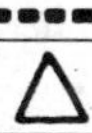	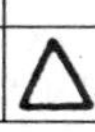 안에 경계구역 번호를 넣는다.

10) 무선통신 보조설비

명 칭	그림기호	적 요
누설 동축 케이블		(1) 일반 배선용 그림기호보다 굵게 한다. (2) 천장에 은폐하는 경우는 를 사용하여도 좋다. (3) 필요에 따라 종별, 형식, 사용길이 등을 기입한다. 보기 :  **LC×500 100m** (4) 내열형인 것은 필요에 따라 H를 기입한다. 보기 : **H−LC×200 50m**

안테나		(1) 필요에 따라 종별, 형식 등을 기입한다. (2) 내열형인 것은 필요에 따라 H를 방기한다.
혼합기		주파수가 다른 경우는 다음과 같다. 
분배기	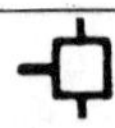	(1) 분개수에 따른 그림기호로 한다. 4분기기의 보기 :  (2) 필요에 따라 종별 등을 방기한다.
분기기	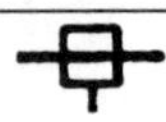	필요에 따라 분기수에 따른 그림기호로 한다. 2분기기의 보기 : 
종단 저항기		
무선기 접속단자		필요에 따라 소방용 Fs, 경찰용 P, 자위용 G를 방기한다. 보기 : 
커넥터	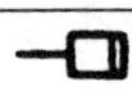	필요에 따라 생략할 수 있다.
분파기(필터를 포함한다)		

찾아보기

참고문헌

백동현, 소방전기시설론, 동일출판사

강성화 · 조성현, 소방전기공학, 신광문화사

경기도소방학교 교육교재

김수제 · 이덕수, 소방설비산업기사, 삼원출판사

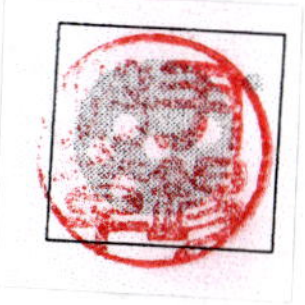

소방전기시설론

2010년 2월 25일 1판 4쇄 발행

저 자 김현우 · 윤석호 · 전중함
발행인 남 승 우

발행처 도서출판 상尙 학學 당堂

서울시 동작구 조홍1길 4 (사당3동 220-43)
TEL : 02) 595-1692 ~ 4
FAX : 02) 595-1394
E-mail : namdoo6@unitel.co.kr
신고 : 2-155호 (1968. 11. 29)

정가 22,000원

ISBN 89-85437-08-9 93560